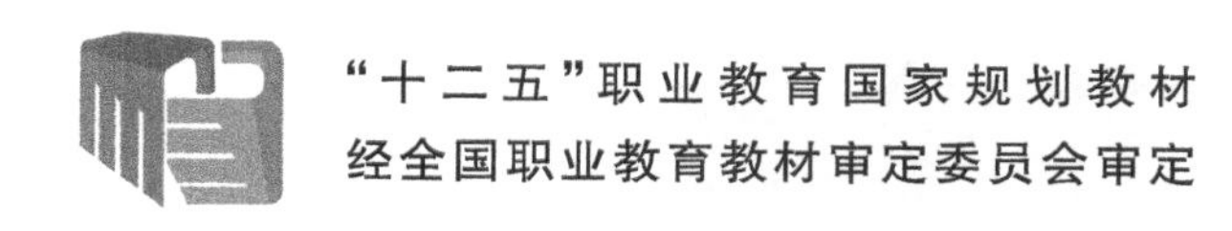

机械设计基础

主　编　李银海　徐振宇　章正伟
副主编　王瑞敏　董杨德　徐卫东

图书在版编目（CIP）数据

机械设计基础 / 李银海等主编．—杭州：
浙江大学出版社，2014.10（2021.7 重印）
ISBN 978-7-308-13711-9

Ⅰ．①机… Ⅱ．①李… Ⅲ．①机械设计
Ⅳ．①TH122

中国版本图书馆 CIP 数据核字（2014）第 186754 号

内容简介

本书根据高等职业教育的特点，以减速器设计为主线，以项目与任务的形式有机整合了工程力学、机械原理及机械零件等的相关内容，从实用的角度出发系统地介绍机械设计的基础知识。全书由 8 个项目，17 个任务组成。全书突出重点知识，强化职业技师技能训练，既方便高等职业院校教师教学，又方便学生学习。

针对教学的需要，本书由浙大旭日科技配套提供全新的立体教学资源库（立体词典），内容更丰富、形式更多样，并可灵活、自由地组合和修改。同时，还配套提供教学软件和自动组卷系统，使教学效率显著提高。

本书"十二五"职业教育国家规划教材，可以作为高职高专、高级技校、技师学院等相关院校机械设计课程的教材，也可供机械工程技术人员和自学者参考使用。

机械设计基础

主　编　李银海　徐振宇　章正伟
副主编　王瑞敏　董杨德　徐卫东

责任编辑　杜希武
封面设计　刘依群
出版发行　浙江大学出版社
（杭州市天目山路 148 号　邮政编码 310007）
（网址：http://www.zjupress.com）
排　　版　杭州好友排版工作室
印　　刷　浙江新华数码印务有限公司
开　　本　787mm×1092mm　1/16
印　　张　23.75
字　　数　578 千
版 印 次　2014 年 10 月第 1 版　2021 年 7 月第 4 次印刷
书　　号　ISBN 978-7-308-13711-9
定　　价　68.00 元

《机械精品课程系列教材》
编审委员会

前　　言

本教材是根据教育部有关“机械设计基础课程教学基本要求”和最新颁布的国家标准，为适应我国当前高等职业教育的改革与发展趋势，并吸取多所院校多年来的教学经验编写而成的一本适合于机制、数控、机电等机械类专业的教材。

在本书的编写过程中，紧密结合机械设计基础课程的教学实践，围绕设计能力的培养，对传统的“机械设计基础”课程的教学内容进行了精选、补充、整合。本教材主要特点：

1．项目导向与任务引领。本教材根据“工学结合”的思想，对原有机械设计知识体系进行分解，并充分考虑生产实际与教学需要，进行知识重整与项目化改造。教材分为8个项目，每个项目根据知识含量多少及学生学习成长规律特点，分解为若干个任务。每个任务以任务导读、教学目标、工作任务、知识储备、任务实施、课后巩固为主线，将知识内容与教学过程有机统一，实现教学一体化。

2．课程教学与课程设计相结合。本教材以减速器的设计为载体，把机械设计课程设计的内容融入到教材中。前7个项目是整个减速器设计工作流程及设计内容的分解，侧重于对零件个体设计的学习。项目8为机械设计课程设计内容，是对前7个项目中相关内容的整合与综合运用，侧重于对减速器整体设计的学习。如此，实现了机械设计与机械设计课程设计的二合一。

全书共由8个项目、17个任务组成。这8个项目分别是机械结构件的强度分析及强度计算、螺纹联接及螺旋传动设计、平面连杆机构设计、凸轮机构设计、挠性传动设计、齿轮传动设计、轴系部件与箱体零件设计和圆柱齿轮减速器设计。

参加本书编写的人员有：金华职业技术学院李银海（项目8），徐振宇（项目7），王瑞敏（项目1），盛一川（项目3），方虹（项目2），戴欣平（项目6），董杨德（项目4），浙江交通职业技术学院章正伟（项目5），杭州星河传动机械研究院徐卫东（项目8）。本书由李银海、徐振宇、章正伟担任主编，王瑞敏、董杨德、徐卫东担任副主编。在本书的编写过程中得到了浙江汤溪齿轮机床有限公司和杭州星河传动机械研究院的大力支持，在此表示感谢。

由于编者水平有限，书中难免存在一些不足之处，恳请广大读者批评指正。

编　者

2014年9月

目 录

项目一　机械零件的强度分析及计算

任务1　简单力系分析与计算

【任务导读】

简单力系的分析与计算是机械零件强度分析及计算的基础，也是进行机械设计最基本的内容。在本任务中，将以静力学基本概念和定理为切入点，通过对简单平面力学和空间力系的学习，掌握与之相对应的力、力矩、力偶的基本定理，从而具备对典型机械零件进行受力分析与计算的能力。

【教学目标】

最终目标：能够对典型机械零件进行受力分析与计算。

促成目标：1. 能理解静力学基本概念和公理；

2. 能对简单平面力系进行分析，熟悉力矩、力偶的基本性质及计算方法；

3. 能理解空间力系分析计算原理；

4. 能正确使用力学知识对典型机械零件进行受力分析并计算。

【工作任务】

任务描述：如图1-1-1所示为某减速器主动轴（齿轮轴），其结构及尺寸如图(a)所示。该轴的最右段安装有带轮，通过键联接实现定位并传递转矩。在$\phi40$的两段轴段上安装有一对6208型深沟球轴承（宽度$B=18$）。齿轮的分度圆直径为$\phi66$，齿根圆直径为$\phi58.5$。工作时，由带轮输入的转矩通过齿轮传给从动轴，齿轮啮合时的作用力可分解为径向力F_r和圆周力F_t，如图(b)所示。已知该齿轮轴传递的转矩T为122.49 N·m，求该轴安装轴承处A、C的支反力。

任务具体要求：

(1)分别计算该轴的圆周力F_t和径向力F_r。（可参考项目6任务1中关于圆周力F_t和径向力F_r的计算公式）

(2)画出该轴的受力分析图，并分别计算其安装轴承处A、C在水平面内的支反力F_{HA}、F_{HC}和垂直面内的支反力F_{VA}、F_{VC}。

【知识储备】

1.1.1　构件受力分析

1. 静力学基本概念和公理

(1)力的概念

力的概念产生于人类从事的生产劳动当中。当人们用手握、拉、掷及举起物体时，由于

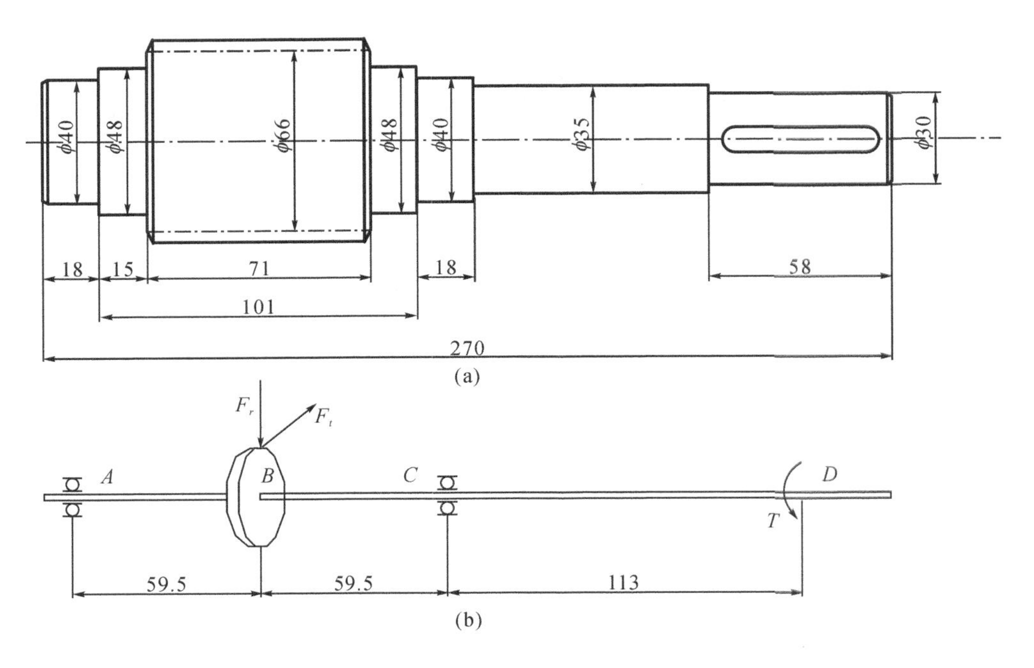

图 1-1-1　减速器主动轴

肌肉紧张而感受到力的作用，这种作用广泛存在于人与物及物与物之间。例如，奔腾的水流能推动水轮机旋转，锤子的敲打会使烧红的铁块变形等。

力的定义：力是物体之间相互的机械作用，这种作用将使物体的机械运动状态发生变化，或者使物体产生变形。

力的效应：力使物体的机械运动状态发生改变，这种效应称外效应；力使物体产生变形，这种效应称内效应。

力的三要素：力对物体的作用效应，决定于力的大小、方向（包括方位和指向）和作用点，这三个因素就称为力的三要素。

力是矢量：力是一个既有大小又有方向的量，因此力是矢量（或称向量）。以一个带有箭头的直线段表示力，箭头表示力的方向，其起点或终点表示力的作用点。此线段的延伸线称为力的作用线，如图 1-1-2 所示。用黑体字母 **F** 表示力矢量，而普通字母 F 表示力的大小。

力的单位：力的国际制单位是牛顿或千牛顿，其符号为 N，或 kN。

(2)静力学基本公理

公理是人类经过长期的观察和经验积累而得到的结论，它可以在实践中得到验证，被确认是符合客观实际的最普遍、最一般的规律。静力学公理是人们关于力的基本性质的概括和总结，它们是静力学全部理论的基础。

1）二力平衡公理

作用在同一刚体上的两个力，使刚体保持平衡的必要和充分的条件是：这两个力的大小相等，方向相反，且作用在同一条直线上，如图 1-1-3 所示，即 $F_1=-F_2$。

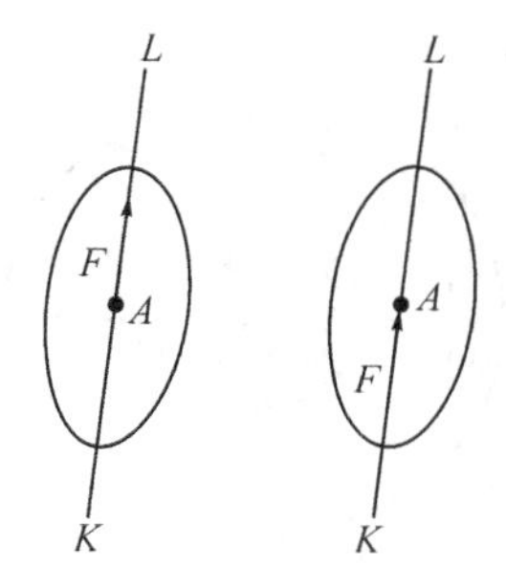

图 1-1-2　力是矢量

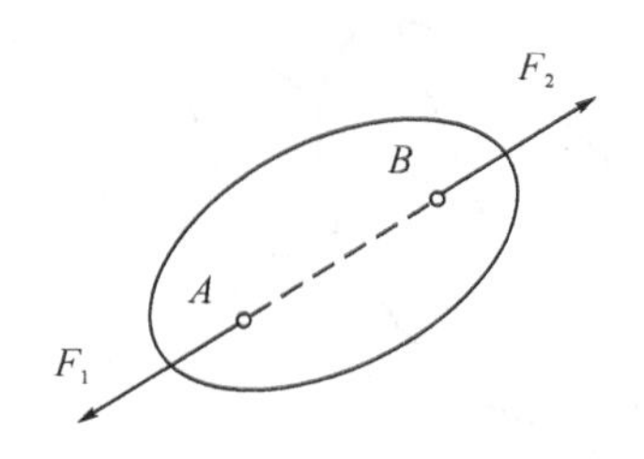

图 1-1-3　二力平衡

二力平衡公理对刚体来说既必要又充分，而对于变形体，却是不充分的。如图 1-1-4 所示，当绳受两个等值、反向、共线的拉力时可以平衡，但当受两个等值、反向、共线的压力时就不能平衡了。

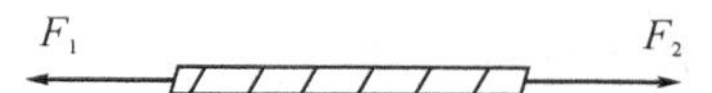

图 1-1-4　力的平衡

二力构件是仅受两个力作用而处于平衡的构件，其特点是：两个力的作用线必沿其作用点的连线。如图 1-1-5(a)中二杆支架中的 AC 构件和 BC 构件，以及图(b)中三铰钢架中的 BC 构件，若不计自重，就是二力构件。

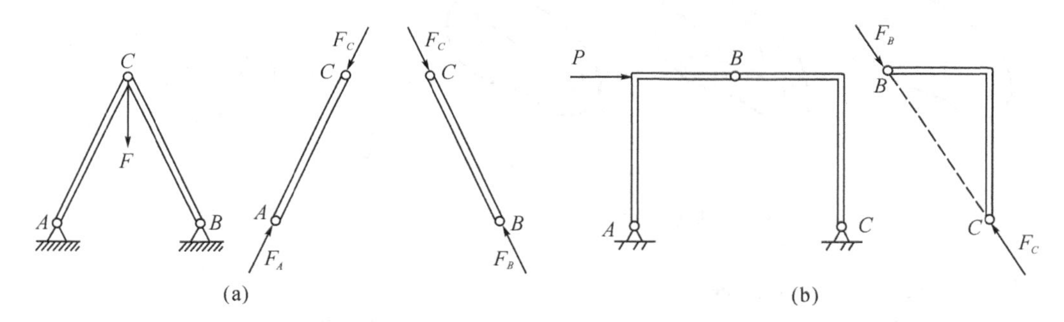

图 1-1-5　二力构件

2）力的平行四边形公理

力的合成：作用在物体同一点上的两个力，可以合成为一个合力。合力作用点仍在该点，合力的大小和方向由这两个力为邻边构成的平行四边形的对角线确定，如图 1-1-6 所示。其矢量表达式为：$F_R = F_1 + F_2$

力的分解：力的分解是力的合成的逆运算，因此也是按平行四边形法则来进行的，但为不定解。在工程实际中，通常是将一个力分解为相互垂直的两个分力，如图 1-1-7 所示。力 F 与两个分力的关系式为：$F_t = F\cos\alpha$，$F_r = F\sin\alpha$。

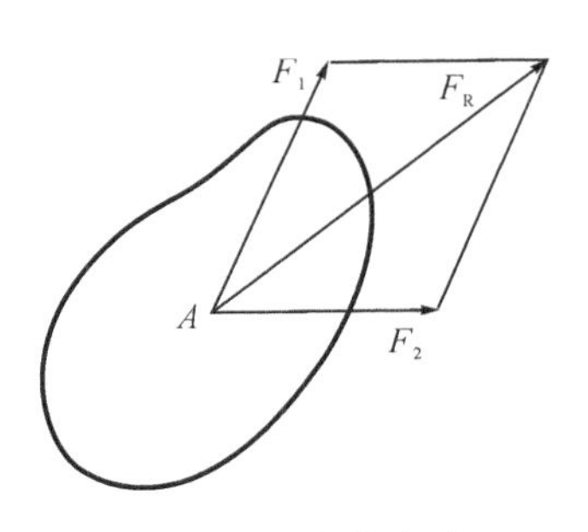

图 1-1-6　力的合成

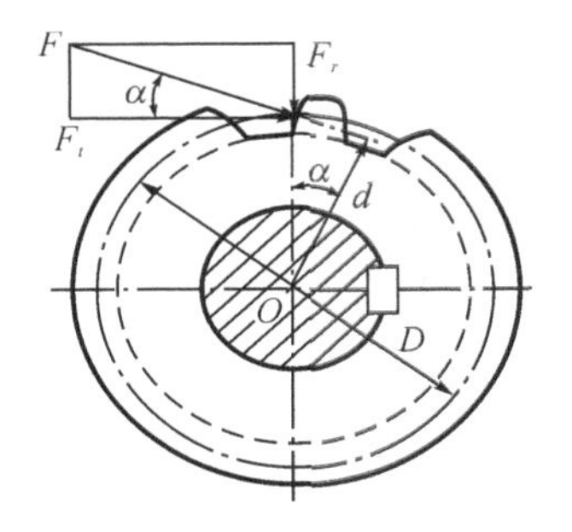

图 1-1-7　力的分解

3）加减平衡力系公理

在已知力系上加上或减去任意的平衡力系，并不改变原力系对刚体的作用效应。加减平衡力系公理主要用来简化力系。但必须注意，此公理只适应于刚体而不适应于变形体。

推理一：力的可传性

作用于刚体上的力可以沿其作用线移至刚体内任一点，而不改变原力对刚体的作用效应。证明：设 F 作用于 A 点（图 1-1-8(a)）；在力的作用线上任取一点 B，并在 B 点加一平衡力系（F_1，F_2），使 $F_1=-F_2=-F$（图 1-1-8(b)）；由加减平衡力系公理知，这并不影响原力 F 对刚体的作用效应；再从该力系中去掉平衡力系（F，F_1），则剩下的 F_2（图 1-1-8(c)）与原力 F 等效。这样就把原来作用在 A 点的力 F 沿其作用线移到了 B 点。

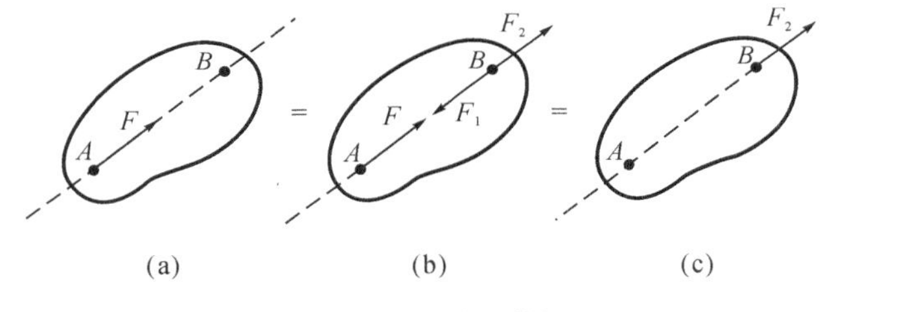

图 1-1-8　力的可传性

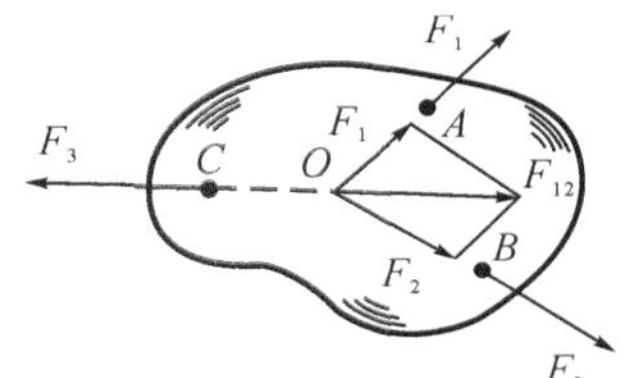

图 1-1-9　三力汇交

推理二：三力平衡汇交定理

刚体受到三个共面但不平行的力作用而处于平衡状态时，此三个力的作用线必然汇交于一点，如图 1-1-9 所示。

4）作用力与反作用力公理

任意两个相互作用物体之间的作用力和反作用力同时存在，这两个力大小相等，作用线相同且指向相反，分别作用在这两个物体上。这个公理表明，力总是成对出现的，只要有作用力就必有反作用力，而且同时存在，又同时消失。

注意，作用力和反作用力分别作用在不同的物体上，而二力平衡条件中的两个力则作用在同一刚体上。

2. 约束与约束反力

在工程实际中，构件总是以一定的形式与周围其他构件相互联结，即物体的运动要受到周围其他物体的限制，如机场跑道上的飞机要受到地面的限制，转轴要受到轴承的限制，房梁要受到立柱的限制。这种对物体的某些位移起限制作用的周围其他物体称为约束，如轴

承就是转轴的约束。约束限制了物体的某些运动，所以有约束力作用于物体，这种约束对物体的作用力称为约束力。工程实际中将物体所受的力分为两类：一类是能使物体产生运动或运动趋势的力，称为主动力，主动力有时也叫载荷；另一类是约束反力，它是由主动力引起的，是一种被动力。

约束反力总是作用在被约束体与约束体的接触处，其方向也总是与该约束所能限制的运动或运动趋势的方向相反。我们将工程中常见的约束理想化，归纳为几种基本类型。

（1）柔性约束（柔索）

特点：只能限制物体沿柔索中心线背离柔索的运动，不能限制物体沿其他方向的运动。例如起吊重物时绳子、带传动的带的约束等，如图 1-1-10 所示。

约束反力的方向：通过接触点沿柔索的中心线背离被约束物，即物体受拉力。通常用 F_T 表示。

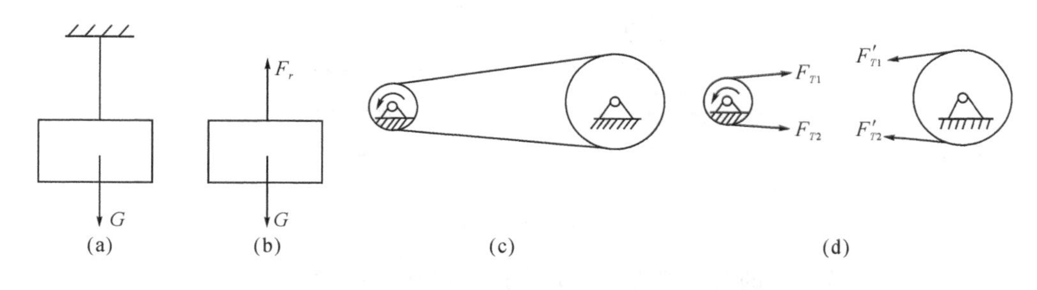

图 1-1-10　柔性约束

（2）光滑面约束

特点：只能限制物体沿公法线指向支承面的运动，即只限靠近不限背离，只限法向不限切向。

约束反力的方向：约束反力沿接触面的公法线指向被约束物体，即物体受压力。

这类约束反力也称法向反力，通常用 F_N 表示，如图 1-1-11 所示。

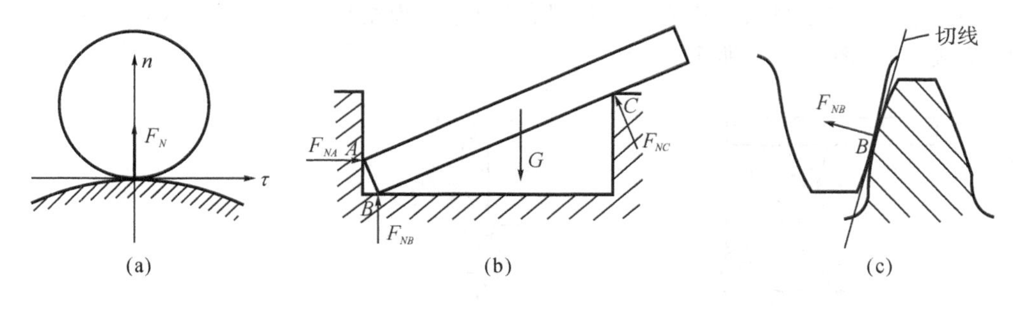

图 1-1-11　光滑面约束

（3）光滑圆柱形铰链约束

1）连接铰链

特点：两构件用圆柱形销钉连接且均不固定。

约束反力：两个正交的分力 F_x 和 F_y，例如图 1-1-12 的 F_A 可以分解为 F_{Ax} 和 F_{Ay}。

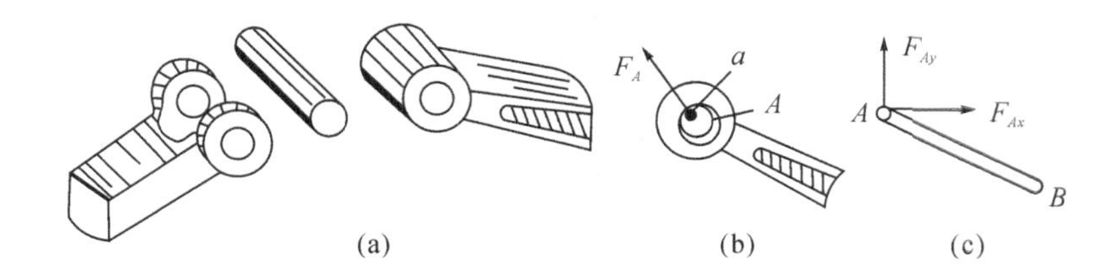

图 1-1-12　连接铰链

2)固定铰链支座

特点:只能限制物体任意方向的相对移动,不能限制物体绕销钉的转动。

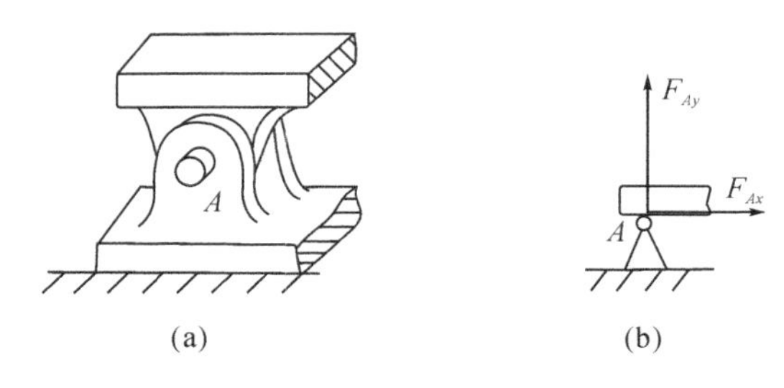

图 1-1-13　固定铰链支座

约束反力通过接触点的公法线方向,即通过销钉的中心。由于接触点的位置不能确定,故其约束反力的方向也不能确定,通常用两个正交分解的分力 F_x、F_y 来表示,如图 1-1-13(b)所示的 F_{Ax} 和 F_{Ay}。

3)活动铰链支座

特点:只能限制物体沿垂直于支承面方向的运动,不能限制物体沿支承面的移动和绕销钉的转动。

这种支座的约束性质与光滑面约束反力相同,其约束反力必垂直于支承面(既可压物体,也可拉物体),且通过铰链中心。在桥梁、屋架等工程结构中经常采用这种约束,约束反力用 F_N 表示,如图 1-1-14 所示。

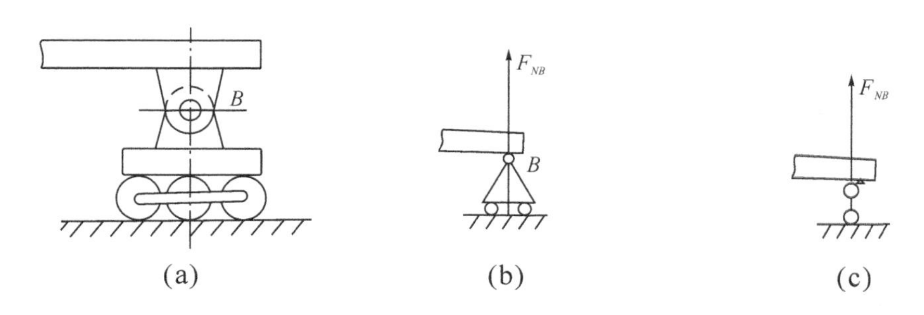

图 1-1-14　活动铰链支座

4)固定端约束

特点:既能限制构件的转动,也能限制构件的移动。

约束反力:一对正交反力 F_x、F_y 和一个约束反力偶 M,如图 1-1-15 所示。

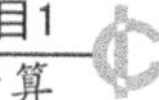

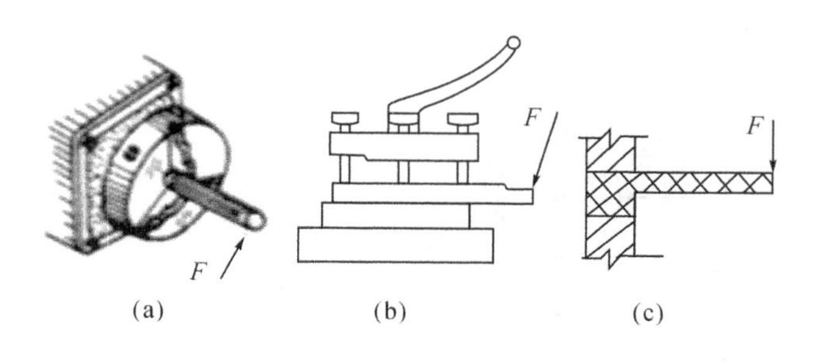

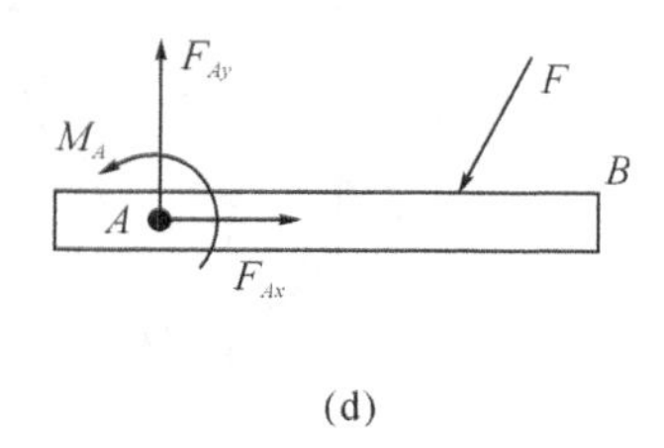

图 1-1-15 固定端约束

工程实际中的约束往往比较复杂，必须根据具体情况分析它对物体运动的限制，将其近似地简化为上述某种约束，以便求解。

3. 受力分析与受力图

(1)受力分析的概念

在工程实际中，常常需要对结构系统中的某一物体或部分物体进行力学计算。这时就要根据已知条件及待求量选择一个或几个物体作为研究对象，然后对它进行受力分析。受力分析是指分析物体受哪些力的作用，并确定每个力的大小、方向和作用点。

(2)画受力图的一般步骤

为了清楚地表示物体的受力情况，需要把所研究的物体(称为研究对象)从与它相联系的周围物体中分离出来，单独画出该物体的轮廓简图，使之成为分离体，在分离体上画上它所受的全部主动力和约束反力，就称为该物体的受力图。

画受力图是解平衡问题的关键，画受力图的一般步骤为：

1)据题意确定研究对象，并画出研究对象的分离体简图。

2)在分离体上画出全部已知的主动力。

3)在分离体上解除约束的地方画出相应的约束反力。

画受力图时要分清内力与外力，如果所取的分离体是由某几个物体组成的物体系统时，通常将系统外物体对物体系统的作用力称为外力，而系统内物体间相互作用的力称为内力。内力总是以等值、共线、反向的形式存在，故物体系统内力的总和为零。因此，取物体系统为研究对象画受力图时，只画外力，而不画内力。

【例 1】 重力为 G 的圆球放在板 AC 与墙壁 AB 之间，如图 1-1-16(a)所示。设板 AC 的重力不计，试作出板与球的受力图。

解：先取球为研究对象，作出简图。球上主动力 G，约束反力有 F_{ND} 和 F_{NE}，均属光滑面约束的法向反力。受力图如图 1-1-16(b)所示。

再取板作研究对象。由于板的自重不计，故只有 A、C、E 处的约束反力。其中 A 处为固定铰支座，其反力可用一对正交分力 F_{Ax}、F_{Ay}表示；C 处为柔索约束，其反力为拉力 F_T；E 处的反力为法向反力 F'_{NE}，要注意该反力与球在处所受反力 F_{NE} 为作用与反作用的关系。受力图如图 1-1-16(c)所示。

【例 2】 如图 1-1-17(a)所示，AB 杆 A 处为固定铰链连接，B 处置于光滑水平面，并由钢绳拉着，钢绳绕过滑轮 C，画出 AB 杆的受力图。

解：选取 AB 杆为研究对象。该杆除了受到重力 G 作用外，左端 A 处因固定铰链连接，

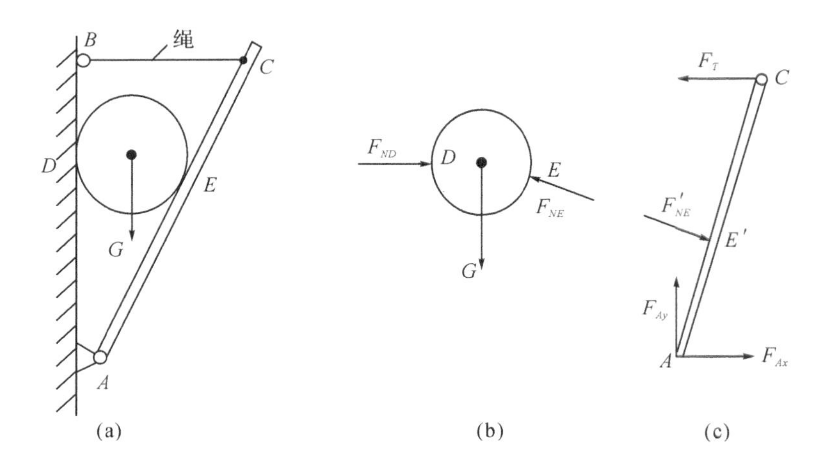

图 1-1-16　球与板的受力分析

其支反力可分解为 F_{Ax}、F_{Ay}；B 端因受钢绳牵引，因此沿钢绳方向有拉力 T'；此外，由于 B 处于光滑水平面上，摩擦力可忽略，因此受到地面的竖直向上的反力 F_{NB}。由此可作出 AB 杆的受力图，如图 1-1-17(b)所示。

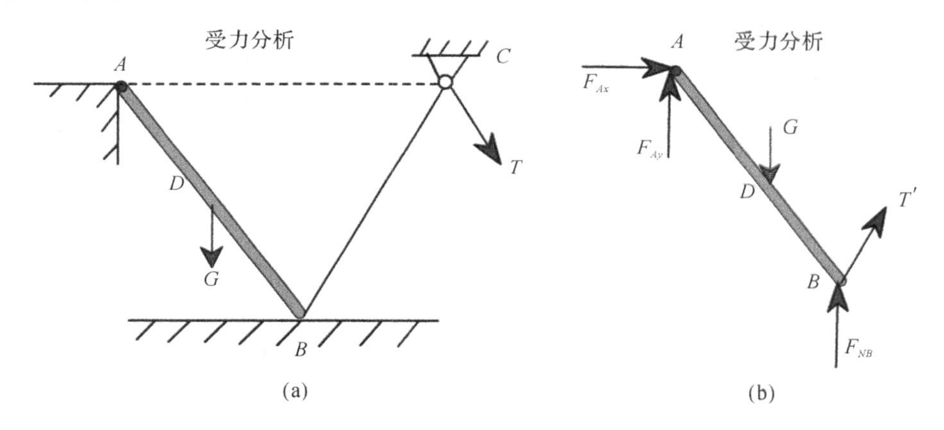

图 1-1-17　杆的受力分析

1.1.2　平面汇交力系

若刚体上作用的所有力的作用线都在同一平面内，则此力系称为平面力系。若各力作用线都在同一平面内并汇交于一点，则此力系称为平面汇交力系。本任务中主要介绍平面汇交力系的简化与平衡问题，以及平面状态下物系平衡问题的解法。

1. 力在坐标轴上的投影

如图 1-1-18 所示，若已知 F 的大小及其与 x 轴所夹的锐角 α，将 F 沿坐标轴方向分解，所得分力 F_x、F_y 的值与在同轴上的投影 F_x、F_y 相等。则有：

$$\left.\begin{aligned} F_x &= F\cos\alpha \\ F_y &= -F\sin\alpha \end{aligned}\right\} \tag{1-1-1}$$

若已知 F_x、F_y 值，可求出 F 的大小和方向，即：

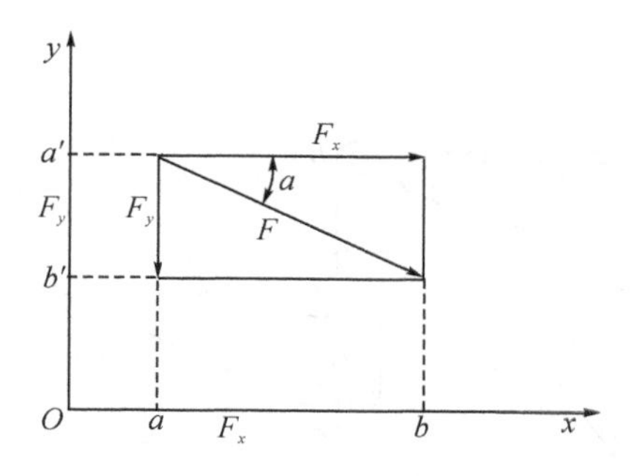

图 1-1-18　力的投影

$$\left.\begin{aligned} F &= \sqrt{F_x^2+F_y^2} \\ \tan\alpha &= |F_y/F_x| \end{aligned}\right\} \tag{1-1-2}$$

2. 合力投影定理

设刚体上作用有一个平面汇交力系 $F_1, F_2, \cdots, F_n$，其合力 F_R 为：

$$F_R = F_1 + F_2 + \cdots + F_n = \sum F \tag{1-1-3}$$

将上式两边分别向 x 轴和 y 轴投影，即有：

$$\left.\begin{aligned} F_{Rx} &= F_{1x} + F_{2x} + \cdots + F_{nx} = \sum F_x \\ F_{Ry} &= F_{1y} + F_{2y} + \cdots + F_{ny} = \sum F_y \end{aligned}\right\} \tag{1-1-4}$$

式(1-1-4)所反映的是合力投影定理，即力系的合力在某轴上的投影，等于力系中各力在同一轴上投影的代数和。

3. 平面汇交力系的平衡方程及其应用

设刚体上作用有一个平面汇交力系 $F_1, F_2, \cdots, F_n$，各力汇交于 A 点(图 1-1-19)。

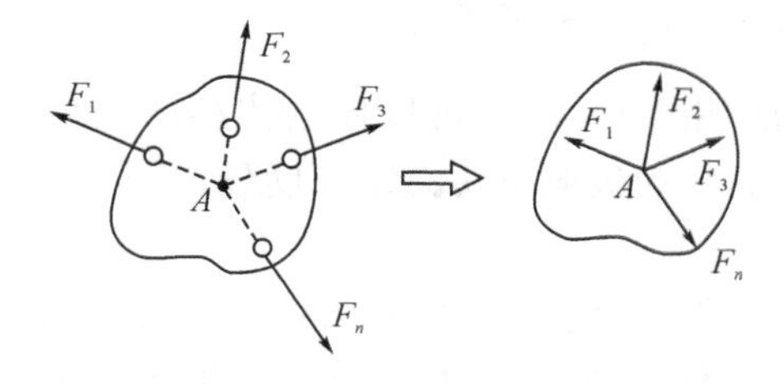

图 1-1-19　平面汇交力系

平面汇交力系的合成结果是一个合力 F_R，合力的作用点是力系的汇交点，平面汇交力系的平衡条件是该力系的合力 F_R 为零，由式(1-1-4)可知平面汇交力系的平衡条件是

$$\left.\begin{aligned} \sum F_x &= 0 \\ \sum F_y &= 0 \end{aligned}\right\} \tag{1-1-5}$$

即力系中各力在两个坐标轴上投影的代数和分别等于零，上式称为平面汇交力系的平衡方程。这是两个独立的方程，可求解两个未知量。

【例 3】 图 1-1-20(a)所示为一简易起重机。利用绞车和绕过滑轮的绳索吊起重物，其重力 $G=20\text{kN}$，各杆件与滑轮的重力不计。滑轮 B 的大小可忽略不计，试求杆 AB 与 BC 所受的力。

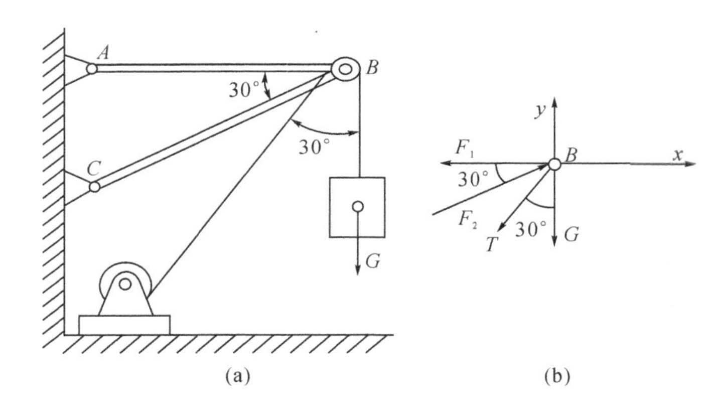

图 1-1-20 简易起重机

解：(1)取节点 B 为研究对象，画其受力图，如图 1-1-20(b)所示。由于杆 AB 与 BC 均为二力构件，对 B 的约束反力分别为 F_1 与 F_2，滑轮两边绳索的约束反力相等，即 $T=G$。

(2)选取坐标系 xBy；

(3)列平衡方程式求解未知力；

$$\sum F_x = 0, F_2\cos30° - F_1 - T\sin30° = 0$$

$$\sum F_y = 0, F_2\sin30° - T\cos30° - G = 0$$

由上述两式分别得：$F_2=74.6\text{kN}$，$F_1=54.6\text{kN}$

由于此两力均为正值，说明 F_1 与 F_2 的方向与图示一致，即 AB 杆受拉力，BC 杆受压力。

1.1.3 力对点之矩及合力矩定理

实践表明，力对刚体的作用效应，不仅可以使刚体移动，而且还可以使刚体转动。其中移动效应可用力矢来度量，而转动效应可用力矩来度量。

1. 力对点之矩

在生产实践中，用扳手拧螺母时(图 1-1-21)，螺母的转动效应除与力 F 的大小和方向有关外，还与点 O 到力作用线的距离 d 有关。因此，可用两者的乘积 $F\cdot d$ 来度量力使物体绕点 O 的转动效应，称为力 F 对点 O 之矩，简称力矩，并记作 $M_o(F)$，即

$$M_o(F)=\pm F\cdot d \tag{1-1-6}$$

式中，点 O 称为矩心，d 称为力臂，即矩心到力的作用线之间的垂直距离，$F\cdot d$ 表示力使物体绕点 O 转动效果的大小，而正负号则表明 $M_o(F)$ 是一个代数量，可以用它来描述物体的转动方向。通常规定：使物体逆时针方向转动的力矩为正，反之为负。力矩的单位为牛·米(N·m)或者千牛·米(kN·m)。

力矩具有以下性质：

(1)力 F 对 O 点之矩不仅取决于力 F 的大小，同时还与矩心的位置即力臂 d 有关。

(2)力 F 对于任意一点之矩，不会因该力的作用点沿其作用线移动而改变。

(3)力 F 的大小等于零或者力的作用线通过矩心时，力矩等于零。

2. 合力矩定理

设刚体上作用有一个平面汇交力系 $F_1, F_2, \cdots, F_n$(见图 1-1-22),则合力矩定理为合力对某一点之矩等于各分力对同一点之矩的代数和。即:

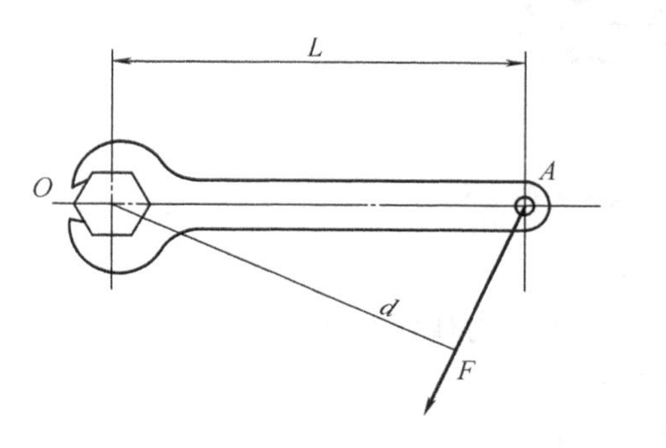

图 1-1-21　扳手拧螺母

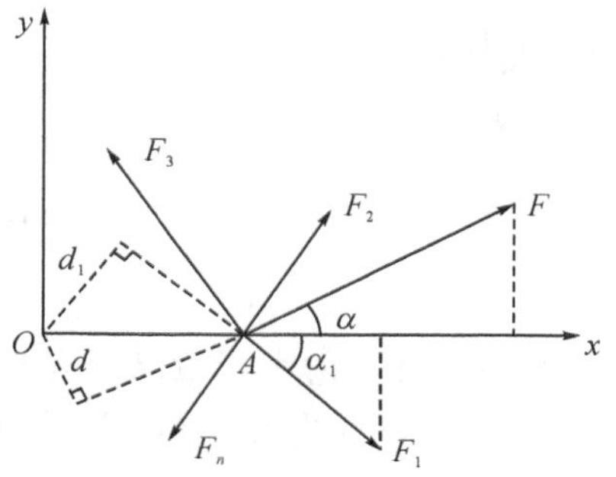

图 1-1-22　平面汇交力系

$$M_o(F_R) = M_o(F_1) + M_o(F_2) + \cdots + M_o(F_n) = \sum M_o(F) \qquad (1\text{-}1\text{-}7)$$

【例 4】 图 1-1-23(a)所示圆柱直齿轮的齿面受一啮合角 $\alpha=20°$ 的法向压力 $F_n=1\text{kN}$ 的作用,齿面分度圆直径 $d=60\text{mm}$。试计算力对轴心 O 的力矩。

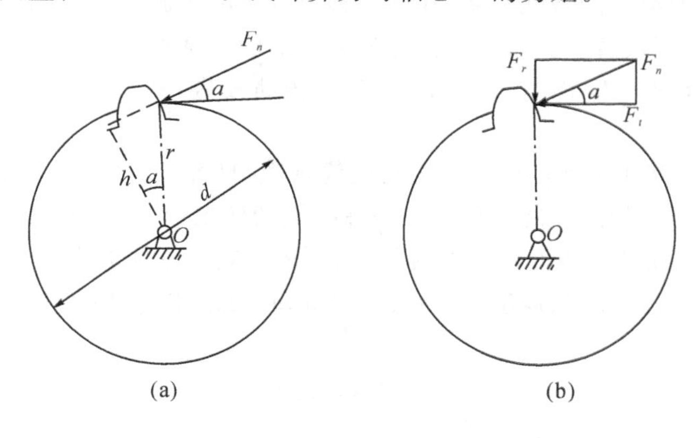

图 1-1-23　圆柱直齿齿轮受力图

解法 1:按力对点之矩的定义,有:

$$M_o(F_n)=F_n h=F_n \frac{d}{2}\cos\alpha=28.2(\text{N}\cdot\text{m})$$

解法 2:按合力矩定理,将 F_n 沿半径的方向分解成一组正交的圆周力 $F_t=F_n\cos\alpha$ 与径向力 $F_r=F_n\sin\alpha$,从而有:

$$M_o(F_n)=M_o(F_1)+M_o(F_2)=F_t r+0=F_n\cos\alpha\, r=28.2\ (\text{N}\cdot\text{m})$$

3. 力偶

(1)力偶及其力偶矩

在日常生活和生产实践中,司机转动驾驶盘及钳工对丝锥的作用力 F 和 F'(图 1-1-24)是一对平行力,对物体有转动效应。一对等值、反向、不共线的平行力组成的力系称为力偶,用符号(F,F')来表示,此二力之间的距离称为力偶臂,力偶对物体只起转动

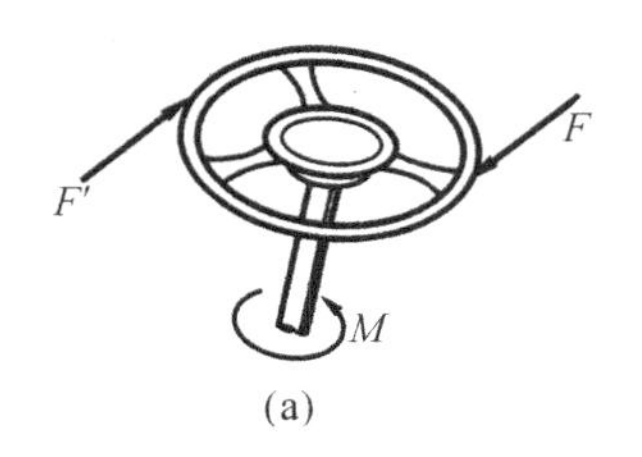

(a)

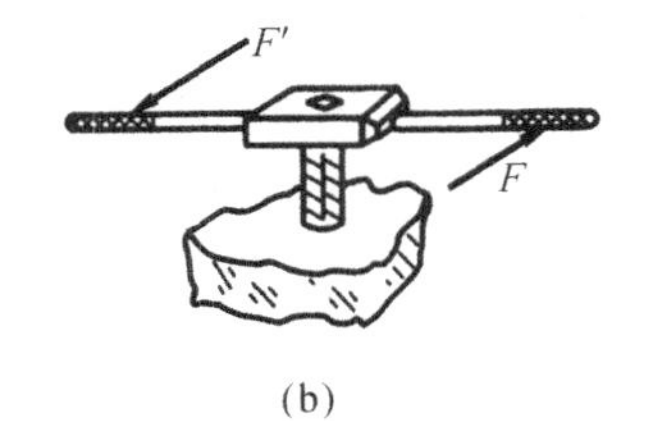

(b)

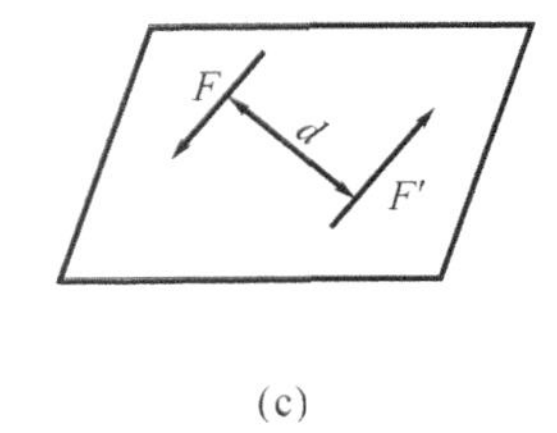

(c)

图 1-1-24　力偶

效果。

以 F 与力偶臂 d 的乘积冠以相应的正负号，作为力偶在其作用面内使物体产生转动效应的度量称为力偶矩，并记作 $M(F,F')$ 或 M，即：

$$M = \pm Fd \tag{1-1-8}$$

力偶矩是代数量，一般规定使物体逆时针转动为正，顺时针转动为负。力偶矩的单位是牛・米(N・m)

(2)力偶的基本性质

性质 1　力偶既无合力，也不能和一个力平衡，力偶只能用力偶来平衡。

力偶是由两个力组成的特殊力系，在任一轴上投影的代数和为零，故力偶不能合成一个合力，或用一个力来等效替换。力和力偶是静力学的两个基本要素，力偶对刚体只能产生转动效应，而力对刚体可产生移动效应，也可产生转动效应，所以，力偶也不能用一个力来平衡。

性质 2　力偶对其作用面内任一点之矩恒为常数，且等于力偶矩，与矩心的位置无关。

这个性质说明力偶使刚体绕其作用面内任一点的转动效果是相同的。

性质 3　力偶可在其作用面内任意转移，而不改变它对刚体的作用效果。

拧瓶盖时，可将力夹在 A、B 位置或 C、D 位置，其效果相同，如图 1-1-25 所示。

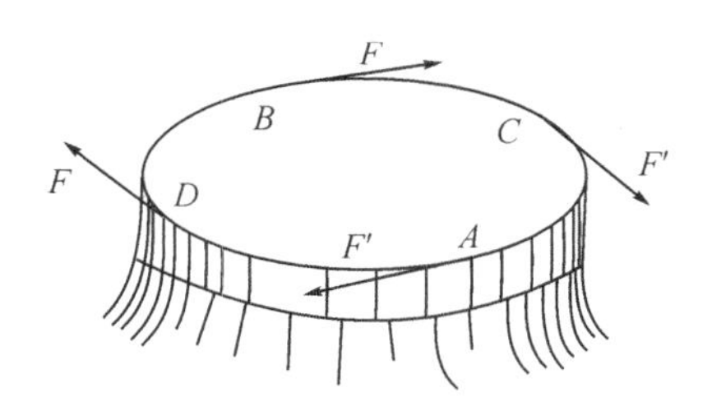

图 1-1-25　力偶的转移

性质 4　只要保持力偶矩的大小和转向不变，可以同时改变力偶中力的大小和力偶臂的长短，而不改变其对刚体的作用效果。

因此，力偶可用力和力偶臂来表示，即用带箭头的弧线表示，箭头表示力偶的转向，M 表示力偶的大小，如图 1-1-26 所示。

(3)平面力偶系的简化与平衡

在同一平面内由若干个力偶所组成的力偶系称为平面力偶系。平面力偶系的简化结果

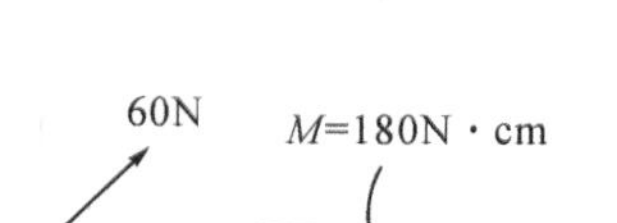

图 1-1-26 力偶的等效

为一合力偶,合力偶矩等于各分力偶矩的代数和。即:

$$M = M_1 + M_2 + \cdots + M_n = \sum M \tag{1-1-9}$$

平面力偶系的简化结果为一合力偶,因此平面力偶系平衡的充要条件是合力偶矩等于零。即:

$$\sum M = 0 \tag{1-1-10}$$

(4) 力的平移定理

作用在刚体上 A 点处的力 F,可以平移到刚体内任意点 O,但必须同时附加一个力偶,其力偶矩等于原来的力 F 对新作用点 O 的矩。这就是力的平移定理,如图 1-1-27 所示,即:

$$F' = F, M = M_o(F) = Fd \tag{1-1-11}$$

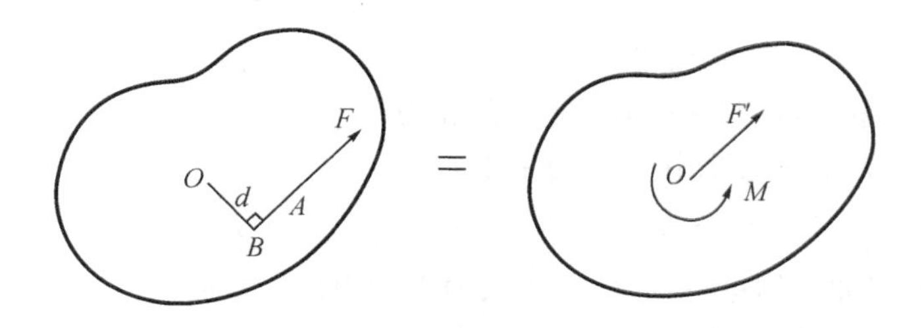

图 1-1-27 力的平移

力的平移定理表明了力对绕力作用线外的中心转动的物体有两种作用,一是平移力的作用,二是附加力偶对物体产生的旋转作用。

力的平移定理的逆定理:刚体的某平面上作用的一力 F 和一力偶 M 可以进一步合成得到一个合力。

1.1.4 平面任意力系

若平面力系中各力的作用线既不汇交于一点,也不互相平行,这类力系称为平面任意力系。

1. 平面任意力系的简化

设刚体上作用有一平面任意力系 $F_1, F_2, \cdots, F_n$,如图 1-1-28(a)所示,在平面内任意取一点 O,称为简化中心。

根据力的平移定理,将各力都向 O 点平移,得到一个汇交于 O 点的平面汇交力系 F'_1,$F'_2, \cdots F'_n$,以及平面力偶系 $M_1, M_2, \cdots, M_n$,如图 1-1-28(b)所示。

平面汇交力系 $F'_1, F'_2, \cdots, F'_n$,可以合成为一个作用于 O 点的合矢量 F'_R,如图 1-1-28(c)所示,即:

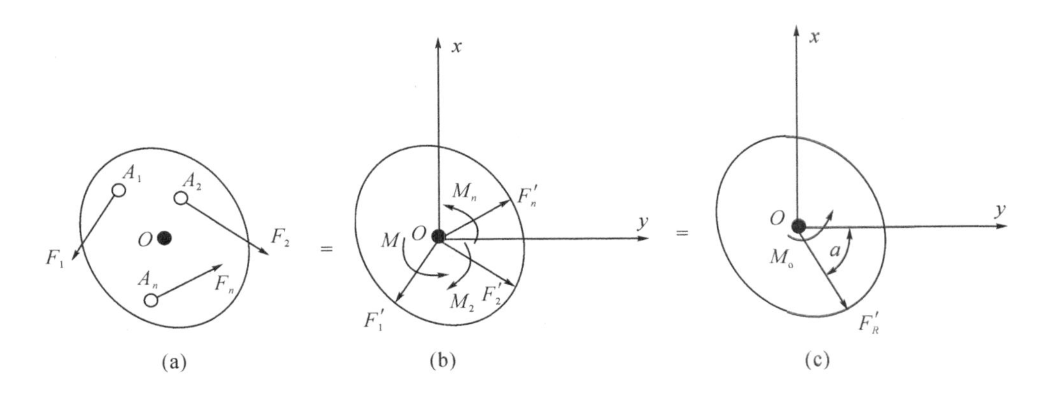

图 1-1-28 平面任意力系的简化

$$F'_R = \sum F' = \sum F \tag{1-1-12}$$

合矢量 F'_R 等于力系中各力的矢量和，称为原力系的主矢。将式(1-1-12)写成直角坐标系下的投影形式：

$$\left.\begin{aligned} F'_{Rx} &= F_{1x} + F_{2x} + \cdots + F_{nx} = \sum F_x \\ F'_{Ry} &= F_{1y} + F_{2y} + \cdots + F_{ny} = \sum F_y \end{aligned}\right\} \tag{1-1-13}$$

附加平面力偶系 $M_1, M_2, \cdots, M_n$ 可以合成为一个合力偶矩 M_o，如图 1-1-28(c)所示。此合力偶矩称为原力系对简化中心 O 的主矩。

$$M_o = M_1 + M_2 + \cdots + M_n = \sum M_o(\mathrm{F}) \tag{1-1-14}$$

综上所述，得到如下结论：平面任意力系向平面内任一点简化可以得到一个主矢 F'_R 和一个主矩 M_o，主矢等于原力系中各力的矢量和，作用于简化中心；主矩等于原力系中各力对简化中心之矩的代数和。主矢 F'_R 的大小和方向与简化中心的选择无关，主矩 M_o 的大小和转向与简化中心的选择有关。

2. 平面任意力系的平衡方程及其应用

(1)平衡方程的基本形式

平面任意力系平衡的充要条件是平面任意力系的主矢和对任一点的主矩都为零，即 $F'_R=0, M_o=0$ 。故得平面任意力系的平衡方程为：

$$\left.\begin{aligned} \sum F_x &= 0 \\ \sum F_y &= 0 \\ \sum M_o(F) &= 0 \end{aligned}\right\} \tag{1-1-15}$$

式(1-1-15)满足平面任意力系平衡的充分和必要条件，所以平面任意力系有三个独立的平衡方程，可求解最多三个未知量。

平衡方程式的形式还有二矩式和三矩式两种形式。

(2) 二矩式

$$\left.\begin{aligned}\sum F_x &= 0\\ \sum M_A(F) &= 0\\ \sum M_B(F) &= 0\end{aligned}\right\} \tag{1-1-16}$$

附加条件:AB 连线不得与 x 轴相垂直。

(3) 三矩式

$$\left.\begin{aligned}\sum M_A(F) &= 0\\ \sum M_B(F) &= 0\\ \sum M_C(F) &= 0\end{aligned}\right\} \tag{1-1-17}$$

附加条件:A、B、C 三点不在同一直线上。

(4) 平面任意力系平衡方程的解题步骤

1) 确定研究对象,画受力图。

2) 选择坐标轴和矩心,列平衡方程。

3) 解平衡方程,求出未知约束反力。

【例 5】 绞车通过钢丝牵引小车沿斜面轨道匀速上升,如图 1-1-29(a) 所示。已知小车重 $G=10\text{kN}$,绳与斜面平行,$\alpha=30°$,$a=0.75\text{m}$,$b=0.3\text{m}$,不计摩擦。求钢丝绳的拉力及轨道对车轮的约束反力。

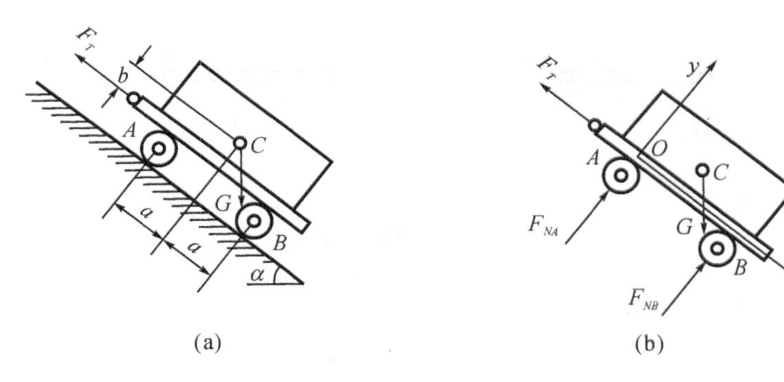

图 1-1-29　绞车受力分析

解:(1) 取小车为研究对象,画受力图,如图 1-1-29(b) 所示。小车上作用有重力 G,钢丝绳的拉力 F_t,轨道在 A、B 处的约束反力 F_{NA} 和 F_{NB}。

(2) 取图示坐标系,列平衡方程

$$\sum F_x = 0,\qquad -F_t + G\sin\alpha = 0$$

$$\sum F_y = 0,\qquad F_{NA} + F_{NB} - G\cos\alpha = 0$$

$$\sum M_O(F) = 0,\qquad F_{NB}(2a) - G\cdot b\sin\alpha - G\cdot a\cos\alpha = 0$$

将 $G=10\text{kN}$、$\alpha=30°$、$a=0.75\text{m}$ 和 $b=0.3\text{m}$ 代入上述式子,解得:$F_T=5\text{kN}$,$F_{NA}=3.33\text{kN}$,$F_{NB}=5.33\text{kN}$。

【例 6】 组合梁由 AC 和 CE 用铰链连接,载荷及支承情况如图 1-1-30(a) 所示,已知:

$l = 8\text{m}$，$F = 5\text{kN}$，均布载荷集度 $q = 2.5\text{kN/m}$，力偶的矩 $M = 5\text{kN}\cdot\text{m}$。求支座 A、B、E 及中间铰 C 的反力。

解：(1) 分别取梁 CE 及 ABC 为研究对象，画出各分离体的受力图，如图 1-1-30(b)、(c) 所示。其中 $F_{Q1} = F_{Q2} = q \times l/4 = 2.5 \times 2 = 5\text{kN}$，分别为梁 CE、梁 ABC 上均布载荷的合力，其作用点分别位于各均布载荷的中点处。

(2) 列平衡方程求解　由图 1-1-30(c) 可知梁 ABC 有五个未知力，不可解；由图 1-1-30(b) 可知梁 CE 有三个未知力，可解，故先求得梁 CE 的反力。于是，列出梁 CE 的平衡方程，如下：

$$\sum F_x = 0, \qquad F_{Cx} - F_{NE}\sin 45^\circ = 0$$

$$\sum F_y = 0, \qquad F_{Cy} - F_{Q1} + F_{NE}\cos 45^\circ = 0$$

$$\sum M_C(F) = 0, \qquad -F_{Q1} \times 1 - 5 + F_{NE}\cos 45^\circ \times 4 = 0$$

将 $F_{Q1} = 5\text{kN}$ 代入上述式子，可解得：$F_{NE} = 3.54\text{kN}$，$F_{Cx} = 2.5\text{kN}$，$F_{Cy} = 2.5\text{kN}$

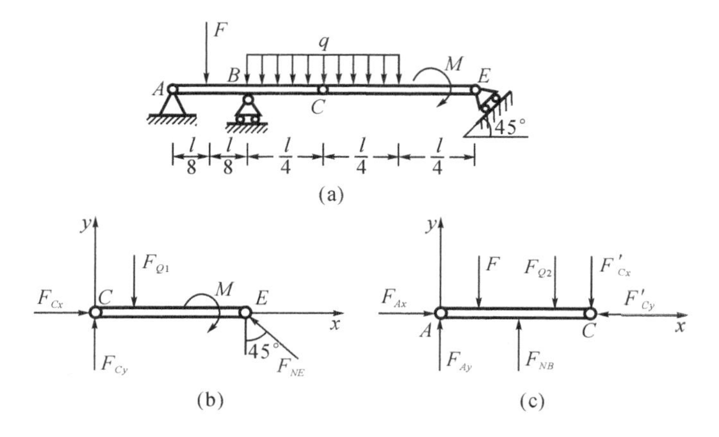

图 1-1-30　组合梁受力分析

(3) 以 ABC 为研究对象，列平衡方程如下：

$$\sum F_x = 0, \qquad F_{Ax} - F'_{Cx} = 0$$

$$\sum F_y = 0, \qquad F_{Ay} - F - F_{Q2} - F'_{Cy} + F_{NB} = 0$$

$$\sum M_A(F) = 0, \qquad -F \times 1 + F_{NB} \times 2 - F_{Q2} \times 3 - F'_{Cy} \times 4 = 0$$

将 $F = 5\text{kN}$、$F_{Q2} = 5\text{kN}$、$F'_{Cx} = 2.5\text{kN}$、$F'_{Cy} = 2.5\text{kN}$ 代入上式，解得：$F_{Ax} = 2.5\text{kN}$，$F_{Ay} = -2.5\text{kN}$(方向向下)，$F_{NB} = 15\text{kN}$。

1.1.5　空间力系

当力系中各力的作用线不在同一平面，而呈空间分布时，称为空间力系。如图 1-1-31 所示车床主轴，受有切削力 F_x、F_y、F_z 和齿轮上的圆周力 F_t、径向力 F_r 以及轴承 A、B 处的约束反力，这些力构成一组空间力系。空间力系可分为空间汇交力系、空间平行力系及空间任意力系。

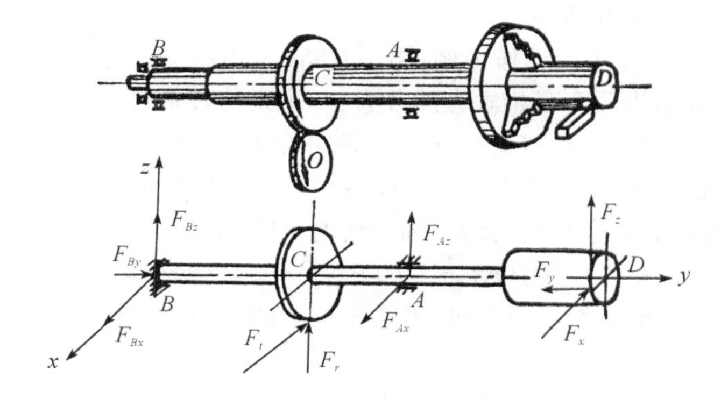

图 1-1-31 空间力系

1. 力在空间直角坐标轴上的投影

(1) 直接投影法

若一力 F 的作用线与 x,y,z 轴对应的夹角已经给定,如图 1-1-32(a) 所示,则可直接将力 F 向三个坐标轴投影,得:

$$\left.\begin{aligned} F_x &= F\cos\alpha \\ F_y &= F\cos\beta \\ F_z &= F\cos\gamma \end{aligned}\right\} \tag{1-1-18}$$

其中,α,β,γ 分别为力 F 与 x,y,z 三坐标轴间的夹角。

(2) 二次投影法

当力 F 与 x、y 坐标轴间的夹角不易确定时,可先将力 F 投影到坐标平面 xOy 上,得一力 F_{xy},进一步再将 F_{xy} 向 x、y 轴上投影。如图 1-1-32(b) 所示。若 γ 为力 F 与 z 轴间的夹角,φ 为 F_{xy} 与 x 轴间的夹角,则力 F 在三个坐标轴上的投影为:

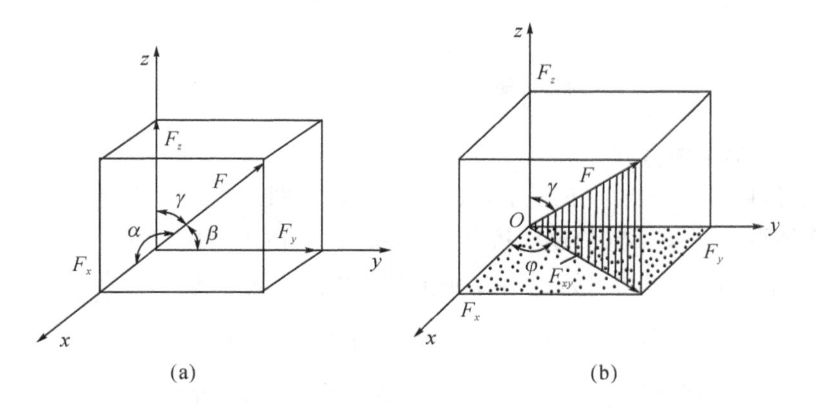

图 1-1-32 力的投影

$$\left.\begin{aligned} F_x &= F_{xy}\cos\varphi = F\sin\gamma\cos\varphi \\ F_y &= F_{xy}\sin\varphi = F\sin\gamma\sin\varphi \\ F_z &= F\cos\gamma \end{aligned}\right\} \tag{1-1-19}$$

2. 力对轴之矩及合力矩定理

力对轴之矩的概念，以关门动作为例，图 1-1-33(a) 中门的一边有固定轴 z，在 A 点作用一力 F，可将该力 F 分解为两个互相垂直的分力：一个是与转轴平行的分力 $F_z = F\sin\beta$；另一个是在与转轴垂直平面上的分力 $F_{xy} = F\cos\beta$。F_z 不能使门绕 z 轴转动，只有分力 F_{xy} 才能产生使门绕 z 轴转动的效应。如以 d 表示 F_{xy} 作用线到 z 轴与平面的交点 O 的距离，则 F_{xy} 对 O 点之矩，就可以用来度量力 F 使门绕 z 轴转动的效应，记作：

$$M_z(F) = M_o(F_{xy}) = \pm F_{xy}d \qquad (1\text{-}1\text{-}20)$$

力矩的正负代表其转动作用的方向。当从 z 轴正向看，逆时针方向转动为正，顺时针方向转动为负。

设有一空间力系 $F_1, F_2, \cdots, F_n$，其合力为 F_R，则合力矩定理为合力 F_R 对某轴之矩等于各分力对同轴力矩的代数和。即：

$$M_z(F_R) = \sum M_z(F) \qquad (1\text{-}1\text{-}21)$$

式(1-1-21) 常被用来计算空间力对轴之矩。

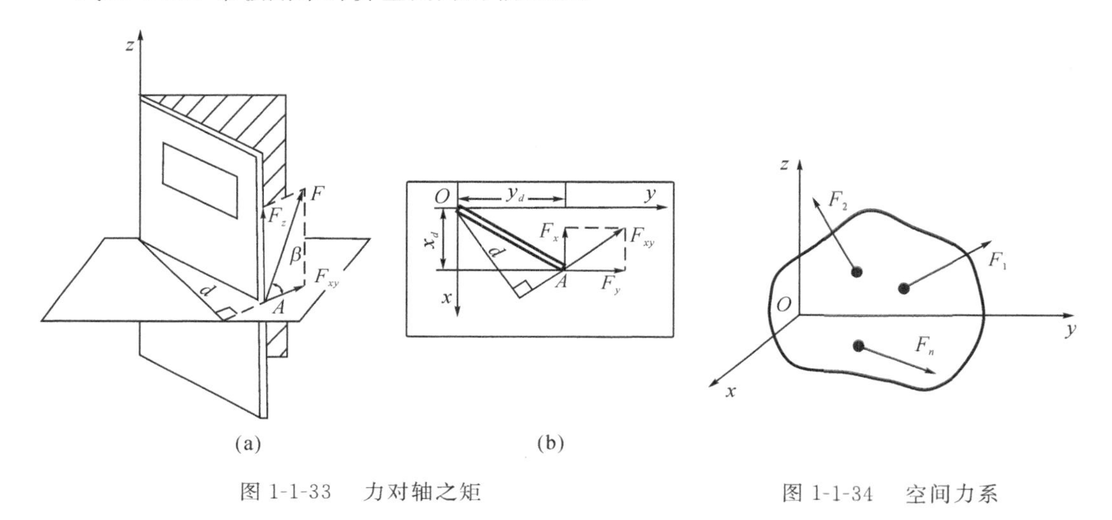

图 1-1-33　力对轴之矩

图 1-1-34　空间力系

3. 空间力系的平衡方程

某物体上作用有一个空间任意力系 $F_1, F_2, \cdots, F_n$(图 1-1-34)，若物体在力系作用下处于平衡，则物体沿 x、y、z 三轴的移动状态不变，绕该三轴的转动状态也不变。当物体沿 x 方向的移动状态不变时，该力系中各力在 x 轴上的投影的代数和为零，即 $\sum F_x = 0$；同理可得 $\sum F_y = 0$，$\sum F_z = 0$。当物体绕 x 轴的转动状态不变时，该力系对 x 轴力矩的代数和为零，即 $\sum M_x(F) = 0$，同理可得 $\sum M_y(F) = 0$，$\sum M_z(F) = 0$。由此可见，空间任意力系的平衡方程为：

$$\left.\begin{array}{l}\sum F_x = 0, \quad \sum F_y = 0, \quad \sum F_z = 0 \\ \sum M_x(F) = 0, \quad \sum M_y(F) = 0, \quad \sum M_x(F) = 0\end{array}\right\} \qquad (1\text{-}1\text{-}22)$$

式(1-1-28) 为空间任意力系平衡的必要和充分条件。利用该六个独立平衡方程式，可以求解六个未知量。空间汇交力系和空间平行力系的平衡方程只有三个。

空间汇交力系的平衡方程为：

$$\sum F_x = 0,\quad \sum F_y = 0,\quad \sum F_z = 0 \tag{1-1-23}$$

空间平行力系的平衡方程为：

$$\sum F_z = 0,\quad \sum M_x(F) = 0,\quad \sum M_y(F) = 0 \tag{1-1-24}$$

【任务实施】

1. 工作任务分析

该轴为减速器的主动轴，扭矩由右端的带轮输入，通过该轴的齿轮传给从动轴。一方面，渐开线齿轮啮合时，轮齿间存在着相互作用的法向压力 F_n，该力可以分解为圆周力 F_t 和径向力 F_r，如图 1-1-35(a) 所示。另一方面，该轴通过两个轴承实现安装与定位，因此该轴在两个安装轴承处 A、C 存在着支反力 F_A 和 F_C。轴承支反力又可以进一步分解为水平面内的支反力 F_{HA}、F_{HC} 和垂直面内的支反力 F_{VA}、F_{VC}，如图 1-1-35(b)，(c) 所示。作用在 D 处的扭矩 T 与齿轮圆周力 F_t 的扭矩形成平衡，不需另外计算其对支反力的影响。

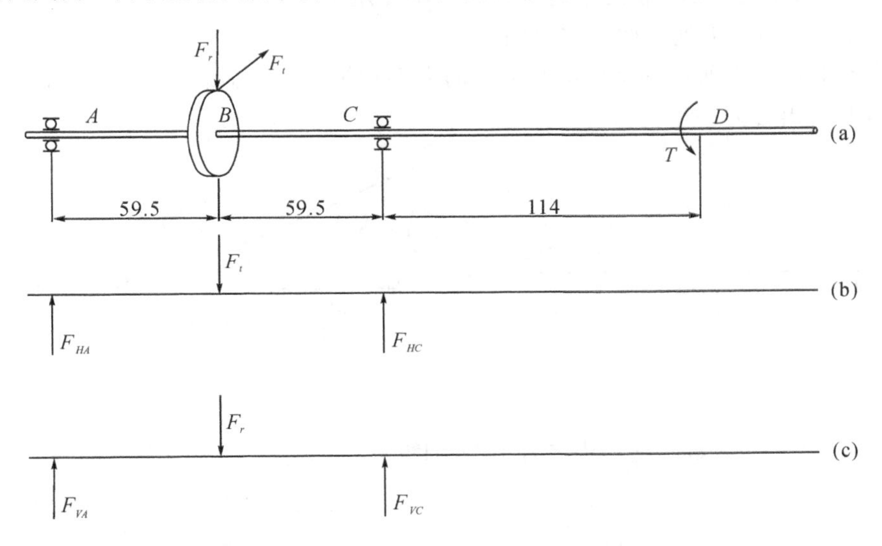

图 1-1-35　受力分析

2. 解题思路

根据上述分析，以及轴和轴承的相关尺寸，可知，齿轮受力点与两端轴承受力点的距离均为 56.5mm。

为了方便计算圆周力 F_t 和径向力 F_r，不妨先引入项目 6 任务 1 中关于圆周力 F_t 和径向力 F_r 的计算公式。根据公式(6-1-25)，可知：

$$F_t = \frac{2T}{d} = \frac{2 \times 1.2249 \times 10^5}{66} = 3711.8\ (\text{N})$$

$$F_r = F_t \tan\alpha = 3711.8 \times \tan 20° = 1351\ (\text{N})$$

在水平面内，圆周力 F_t 与支反力 F_{HA}、F_{HC} 形成力的平衡，如图 1-1-35(b) 所示，因 F_t 的作用点为 AC 的中点，故根据平衡方程，可得出水平面内的支反力：

$$F_{HA} = F_{HC} = \frac{F_t}{2} = \frac{3711.8}{2} = 1855.9\ (\text{N})$$

在垂直面内，径向力 F_r 与支反力 F_{VA}、F_{VC} 亦形成力的平衡，如图 1-1-35(c) 所示，因 F_r 的作用点亦为 AC 的中点，故根据平衡方程，垂直面内的支反力

$$F_{VA}=F_{VC}=\frac{F_r}{2}=\frac{1351}{2}=675.5\ (\mathrm{N})$$

若将水平面与垂直面的支反力进行合成，则有：

$$F_A=F_C=\sqrt{1855.9^2+675.5^2}=1975\ (\mathrm{N})$$

【课后巩固】

1. 作用力与反作用力是一对平衡力吗？

2. 二力平衡条件与作用和反作用定律都说二力等值、反向、共线，二者有何区别？为什么二力平衡公理、加减平衡力系公理和力的可传递性原理只适合刚体？

3. 什么叫二力杆？二力杆都是直杆吗？凡两端用铰链连接的杆都是二力杆吗？

4. 力系的主矢和合力有什么关系？

5. 在什么情况下，力对轴之矩为零？力对轴之矩正负如何判断？

6. 试比较力矩和力偶矩两者的异同。

7. 从图 1-1-36 中所示的平面汇交力系的力多边形中，判断哪个力系是平衡的，哪个力系有合力，并指出合力。

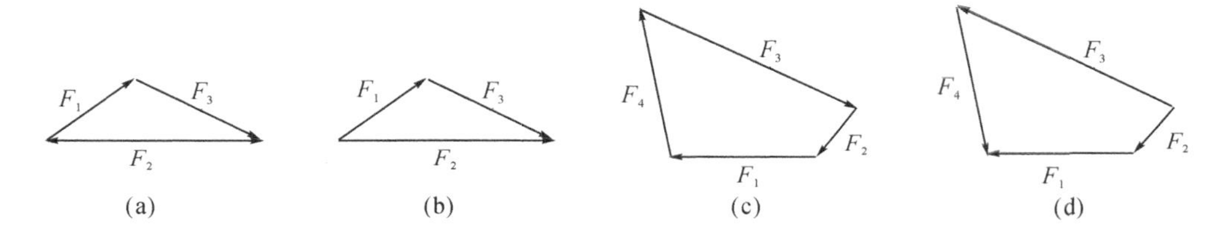

图 1-1-36 题 7 图

8. 如图 1-1-37 所示，画出图中各杆的受力图。

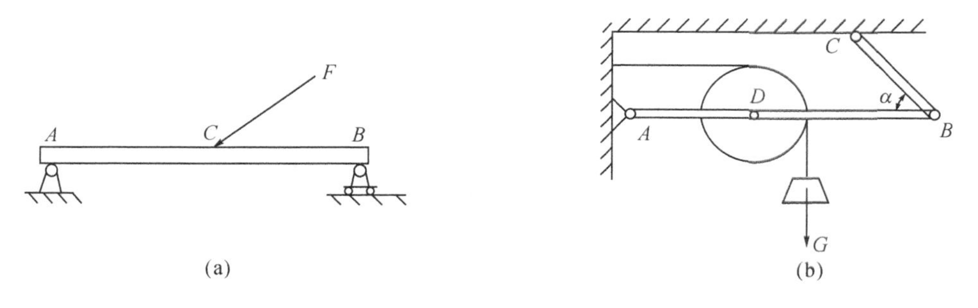

图 1-1-37 题 8 图

9. 计算如图 1-1-38 所示各图构件的力对点之矩。

10. 某圆环物体受到三根绳子的拉力作用，已知 $F_1=30\mathrm{N}$，$F_2=50\mathrm{N}$，$F_3=40\mathrm{N}$，F_1、F_2 的夹角为 30°，F_1、F_3 垂直，如图 1-1-39 所示。摩擦忽略不计，求圆环受到的合力。

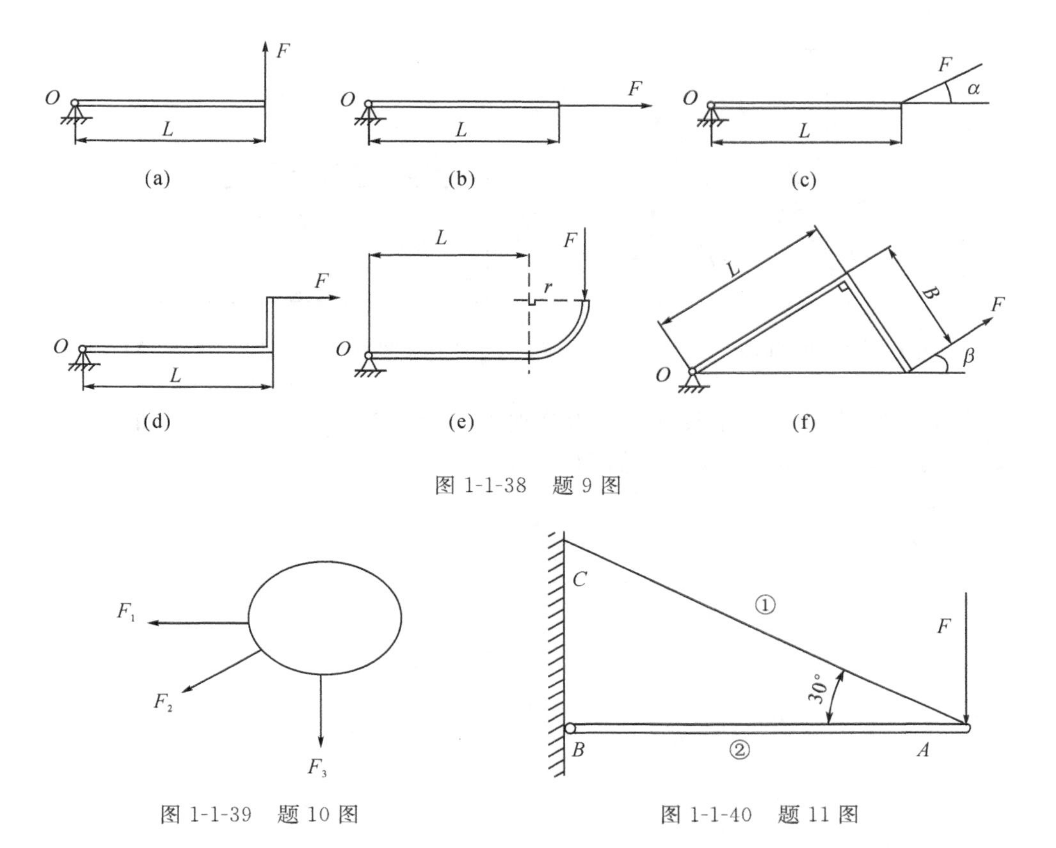

图 1-1-38　题 9 图

图 1-1-39　题 10 图

图 1-1-40　题 11 图

11. 如图 1-1-40 所示，水平杆 AB 被绳子系在墙上，已知绳子与杆 AB 的夹角为 30°，F=100N，求铰链 A 的约束反力和绳子的拉力。

12. 杆 AC 受力状况如图 1-1-41 所示，试求 A、B 两点的约束力。

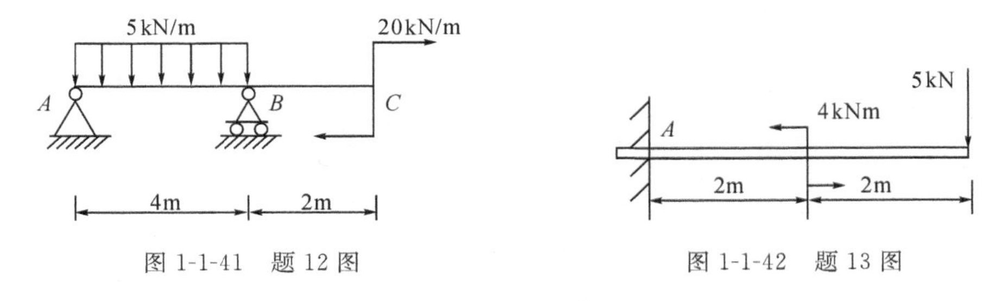

图 1-1-41　题 12 图

图 1-1-42　题 13 图

13. 如图 1-1-42 所示结构中，A 为固定端，求 A 处反力。

14. 一绞盘有三个等长的柄，长度为 l，其夹角均为 120°，每个柄各作用一垂直于柄的力 F，如图 1-1-43 所示。试求该力系：(1)向中心 O 的简化结果；(2)向 BC 连线中点 D 简化的结果。这两个结果说明什么问题。

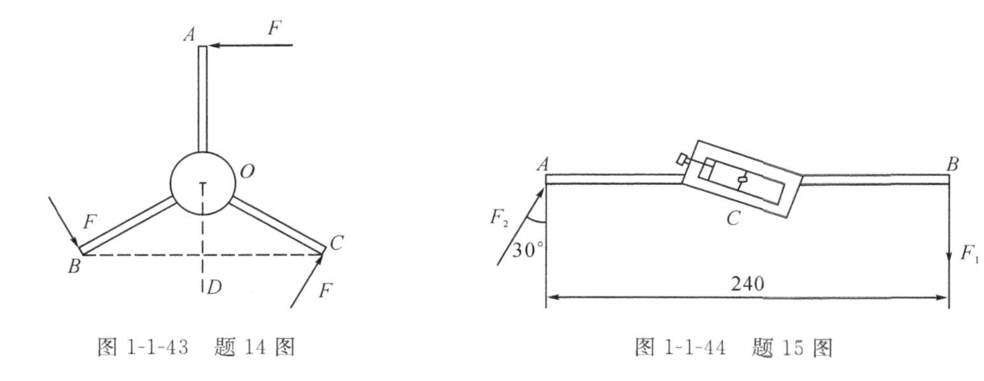

图 1-1-43　题 14 图　　　　图 1-1-44　题 15 图

15. 丝锥攻丝，作用于丝锥绞杠上的力分别为 $F_1=20\mathrm{N}$，$F_2=10\mathrm{N}$，方向如图 1-1-44 所示。求作用于丝锥 C 上的力 F_R 和力偶 M。

任务2　典型零件拉压、剪切强度的计算

【任务导读】

机械零件在外力作用下，不但会发生变形，还可以产生破坏。因此，我们不仅要研究零件的受力，还要研究零件受力后的变形与破坏，以保证设计制造的机械或结构能实现预期的设计功能并进行正常工作。在本任务中，通过学习轴向拉伸与压缩、剪切与挤压零件的内力、应力、变形与胡克定律和强度计算等内容，使学生具备设计拉压、剪切零件的知识与能力。

【教学目标】

最终目标：能对典型机械零件拉伸与压缩、剪切与挤压强度进行计算。

促成目标：1. 能计算零件的内力、应力、变形；

2. 能理解零件拉压强度的计算方法；

3. 能理解零件剪切强度的计算方法。

【工作任务】

任务描述：某运输机减速器的从动轴上装有一圆柱直齿齿轮，齿轮与轴通过平键联接实现转矩传递如图1-2-1所示。已知该平键 $b\times h\times l$ 的尺寸为10mm×11mm×50mm，键的圆头半径 $R=5$mm，键所传递的转矩 $T=470.51$ N·m，轴的直径 $d=60$mm。键的许用剪应力 $[\tau]=87$MPa，轮毂的许用挤压应力 $[\sigma_{bs}]=100$MPa，试校核键联接的强度。

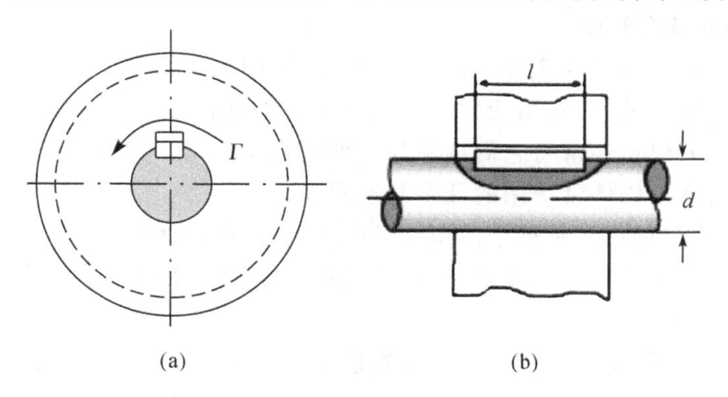

图1-2-1　平键强度校核

任务具体要求：

(1)对该平键进行剪切强度校核；

(2)对轮毂进行挤压强度校核。

【知识储备】

1.2.1　材料力学基本知识

1. 材料力学的任务

机械及工程结构中的基本组成部分，统称为构件。构件在载荷作用下都会发生变形。

随着载荷的增加或作用时间的延长，构件可能突然断裂或发生过大变形直至破坏。为了保证构件正常工作，每一构件都要有足够的承受载荷的能力，简称为承载能力。构件的承载能力通常由以下三个方面衡量：

强度：即构件在外力作用下应具有足够的抵抗破坏的能力。在规定的载荷作用下构件当然不应破坏，包括断裂和发生较大的塑性变形。例如，冲床曲轴不可折断；建筑物的梁和板不应发生较大塑性变形。强度要求就是指构件在规定的使用条件下不发生意外断裂或塑性变形。

刚度：即构件在外力作用下应具有足够的抵抗变形的能力。在载荷作用下，构件即使有足够的强度，但若变形过大，仍不能正常工作。例如，机床主轴的变形过大，将影响加工精度；齿轮轴变形过大将造成齿轮和轴承的不均匀磨损，引起噪音。刚度要求就是指构件在规定的使用条件下不发生较大的变形。

稳定性：即构件在外力作用下能保持原有直线平衡状态的能力。承受压力作用的细长杆，如千斤顶的螺杆、内燃机的推杆等应始终维持原有的直线平衡状态，保证不被压弯。稳定性要求就是指构件在规定的使用条件下不产生丧失稳定性的破坏。

材料力学的任务就是：研究构件的强度、刚度和稳定性，为构件选择适当的材料、确定合理的截面形状和尺寸提供必要的计算方法和实验技术，以达到既安全又经济的目的。

一般来说，构件都应具有足够的强度、刚度和稳定性，但对具体的构件又有所侧重。例如：储气罐主要保证强度，车床主轴主要要求具有足够的刚度，受压的细长杆应该保持其稳定性。对某些特殊的构件还可能有相反的要求。例如为防止超载，当载荷超过某一极限时，安全销应立即破坏。又如为发挥缓冲作用，车辆的缓冲弹簧应有较大的变形。

2. 材料力学的基本假设

材料力学研究的物体均为变形固体，它们在外力作用下都要产生或多或少的变形。变形固体的性质是很复杂的，在对用变形固体做成的构件进行强度、刚度和稳定性计算时，为了使计算简化、便于分析，通常将它们抽象为一种理想模型，作为材料力学理论分析的基础。下面是材料力学对变形固体常采用的几个基本假设。

连续性假设：认为材料在其整个体积内是连续的，即在固体所占有的空间内毫无空隙地充满了物质。连续性不仅存在于变形前，同样适用于变形发生之后。构件变形后既不出现新的空隙，也不出现重叠。

均匀性假设：认为材料各部分的力学性能是均匀的，即材料在外力作用下在强度和刚度方面所表现出的性能在各处都是相同的，与其在固体内的位置无关。根据均匀性假设，我们可以这样理解，从固体内任意取出一部分，无论从何处取也无论取多少其性能总是一样的。

各向同性假设：认为材料沿各个方向的力学性能相同。我们把具有这种属性的材料称为各向同性材料，例如钢、铜、铸铁、玻璃等。而另外有一些材料则为各向异性材料，例如木材、竹和轧制过的钢材等。

还必须指出，材料力学只限于分析构件的小变形。所谓小变形是指构件的变形量远小于其原始尺寸。因此在确定构件外力和运动时，仍按照原始尺寸进行计算。

3. 杆件变形的基本形式

材料力学主要研究对象是直杆，即轴线为直线、各横截面相等的杆件。外力在杆件上的作用方式是多种多样的，当作用方式不同时，杆件产生的变形形式也不同。

杆的变形可归纳为四种基本变形的形式，或是某几种基本变形的组合。四种基本变形的形式计有：

(1)拉伸或压缩

这类变形是由大小相等、方向相反、作用线与杆件轴线重合的一对力所引起的，其变形表现为杆件的长度发生伸长或缩短，杆的任意两横截面仅产生相对的纵向线位移。图 1-2-2 表示一简易起重吊车，在载荷 F 的作用下，斜杆承受拉伸而水平杆承受压缩。此外，起吊重物的吊索、桁架结构中的杆件、千斤顶的螺杆等都属于拉伸或压缩变形。

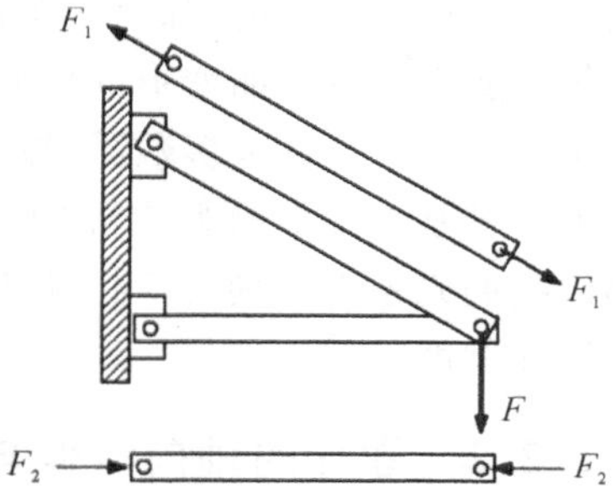

图 1-2-2　拉伸或压缩

(2)剪切

这类变形是由大小相等、方向相反、作用线垂直于杆的轴线且距离很近的一对横力引起的，其变形表现为杆件两部分沿外力作用方向发生相对的错动。图 1-2-3 表示一铆钉连接，铆钉穿过钉孔将上下两板连接在一起，在拉力 F 作用下，铆钉承受横向力产生剪切变形。机械中常用的连接件如键、销钉、螺栓等均承受剪切变形。

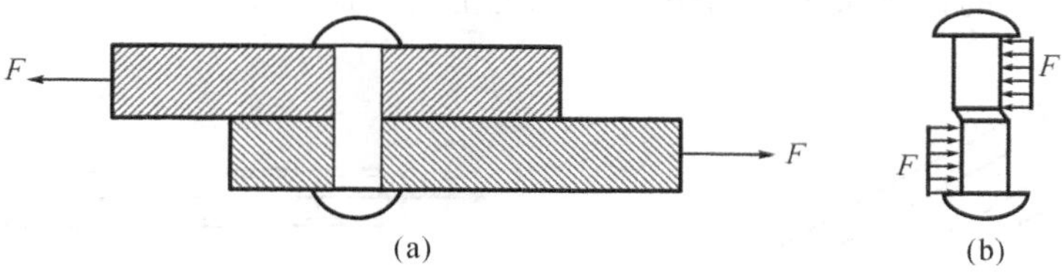

图 1-2-3　剪切

(3)扭转

这类变形是由大小相等、转向相反、两作用面都垂直于轴线的两个力偶引起的，其变形表现为杆件的任意两横截面发生绕轴线的相对转动(即相对角位移)，在杆件表面的直线扭曲成螺旋线。例如，汽车转向轴在运动时发生扭转变形，如图 1-2-4。此外，汽车传动轴、电机与水轮机的主轴等都是承受扭转的杆件。

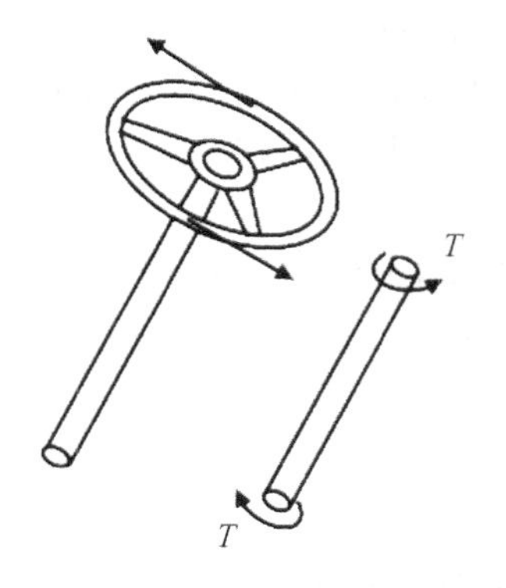

图 1-2-4　扭转

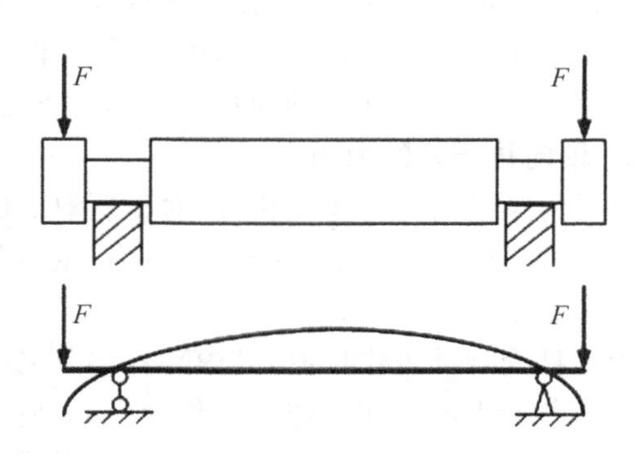

图 1-2-5　弯曲

(4)弯曲

这类变形是由垂直于杆件的横向力,或由作用于包含杆轴的纵向平面内的一对大小相等、转向相反的力偶所引起的,其变形表现为杆的轴线由直线变为曲线。工程上,杆件产生弯曲变形是最常遇到的,如火车车辆的轮轴(见图 1-2-5)、桥式起重机的大梁、船舶结构中的肋骨等都属于承受弯曲变形的杆件。

机械中的零部件大多数同时承受几种基本变形,例如机床的主轴工作时承受弯曲、扭转与压缩三种基本变形的组合,钻床主柱同时承受拉伸与弯曲变形的组合,这种情况称为组合变形。我们先依次分别讨论杆件在四种基本变形下的强度和刚度,然合再讨论组合变形时的强度和刚度问题。

1.2.2 零件的轴向拉伸与压缩

1. 轴向拉伸或轴向压缩的概念

工程结构和机械中,经常遇到承受拉伸或压缩的构件。如图 1-2-6(a)所示悬臂吊车的压杆 BC 及拉杆 AC。AC 杆受到沿轴线方向拉力的作用,沿轴线产生伸长变形;而 BC 杆则受到沿轴线方向压力的作用,沿轴线产生缩短变形。此外,内燃机中的连杆,建筑物桁架中的杆件均为拉杆或压杆。这些构件外形虽各有差异,加载方式也不尽相同,但都可见简化为如图 1-2-6(b)所示的计算简图,图中虚线表示变形后的形状。

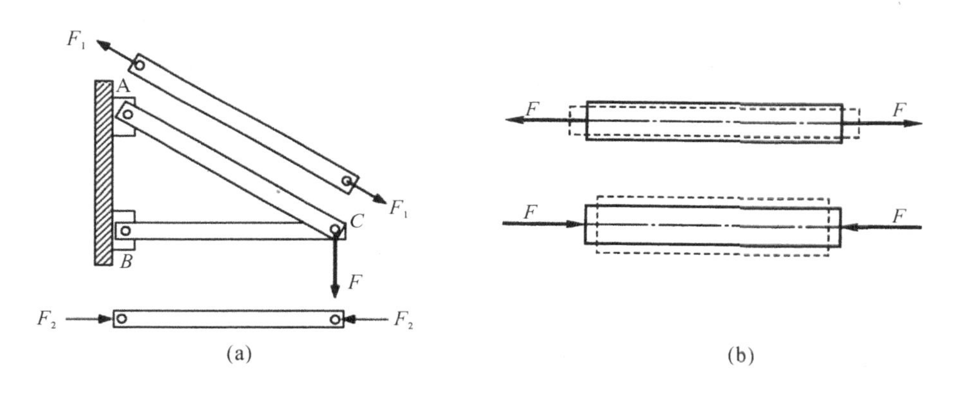

图 1-2-6 轴向拉伸或轴向压缩

它们共同的受力特点是:作用在直杆两端的两个合外力大小相等、方向相反,且作用线与杆轴线相重合。在这种外力作用下,杆件的变形是沿轴线方向伸长或缩短,如图 1-2-6(b)所示。这种变形形式称为轴向拉伸或轴向压缩,这类杆件称为拉杆或压杆。

2. 轴向拉压杆的内力

材料力学的研究对象是构件,对于所取的研究对象来说,周围的其他物体作用于其上的力均为外力,这些外力包括荷载、约束力、重力等。按照外力作用方式的不同,外力又可分为分布力和集中力。

当构件受到外力作用时,其内部各部分之间的相互作用力发生了改变。这种由外力引起构件内部各质点间的相互作用力称为内力,用 F_N 表示。

材料力学中,计算内力的基本方法是截面法,这也是由已知构件外力确定内力的普遍方法。其基本步骤如下:

(1) 截开：在需要求内力的截面处，假想将构件从此截开分成两部分。如图 1-2-7(a) 所示杆件中，假设 m-m 截面把杆件截成左、右两部分。

(2) 代替：取其中一部分为研究对象，把移去部分对留下部分的作用力用内力代替。如图 1-2-7(b) 中，我们可取左段为研究对象，那么右段对左段的作用力，即为 m-m 截面上的内力 F_N。

(3) 平衡：利用平衡条件，列出平衡方程，求出内力大小。因为整个杆件是平衡的，所以每一部分也都平衡。因此，如图 1-2-7 所示 m-m 截面上的内力必与左段的外力平衡。由左段杆的平衡方程：$\sum F_x = 0$ 可得：$F_N - F = 0$，即 $F_N = F$。

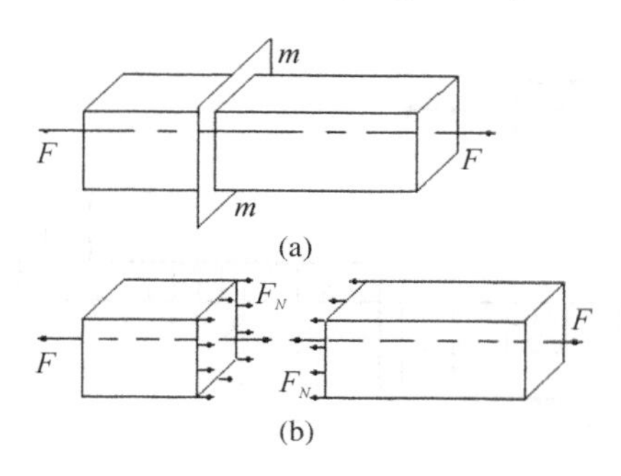

图 1-2-7 截面法

3. 轴力与轴力图

轴向拉伸或压缩时，由于外力的作用线沿着杆的轴线，内力的作用线必通过杆的轴线，故内力又称为轴力。轴力的计算用截面法，如图 1-2-7 所示杆件，其在 $m-m$ 截面上的轴力 $F_N = F$。

轴力计算可用以下法则：

(1) 某一横截面上的轴力，在数值上等于该截面一侧所有外力的代数和。

(2) 轴力“拉为正，压为负”。

实际问题中，杆件所受外力可能很复杂，杆件各横截面上的轴力可能不同，轴力 F_N 是横截面位置 x 的函数。即：

$$F_N = F_N(x) \tag{1-2-1}$$

用平行于杆件轴线的 x 坐标表示横截面的位置，以垂直于杆轴线的 F_N 坐标表示对应横截面上的轴力，这样画出的函数图形称为轴力图。

【例 1】 直杆 AD 受力如图 1-2-8(a) 所示。已知 $F_1 = 16\text{kN}$，$F_2 = 10\text{kN}$，$F_3 = 20\text{kN}$，画出杆 AD 的轴力图。

解：(1) 计算 D 端支座反力。由整体受力建立平衡方程

$$\sum F_x = 0,\quad F_D + F_1 - F_2 - F_3 = 0$$

$$F_D = F_2 + F_3 - F_1 = 10\text{kN} + 20\text{kN} - 16\text{kN} = 14\text{kN}$$

(2) 分段计算轴力。由于在截面 B 和 C 上作用有外力，故将杆件分为三段。用截面法截取图 1-2-8(b)，(c)，(d) 所示研究对象后，由平衡方程分别求得

$$F_{N1} = F_1 = 16\text{kN}$$

$$F_{N2} = F_1 - F_2 = 16\text{kN} - 10\text{kN} = 6\text{kN}$$

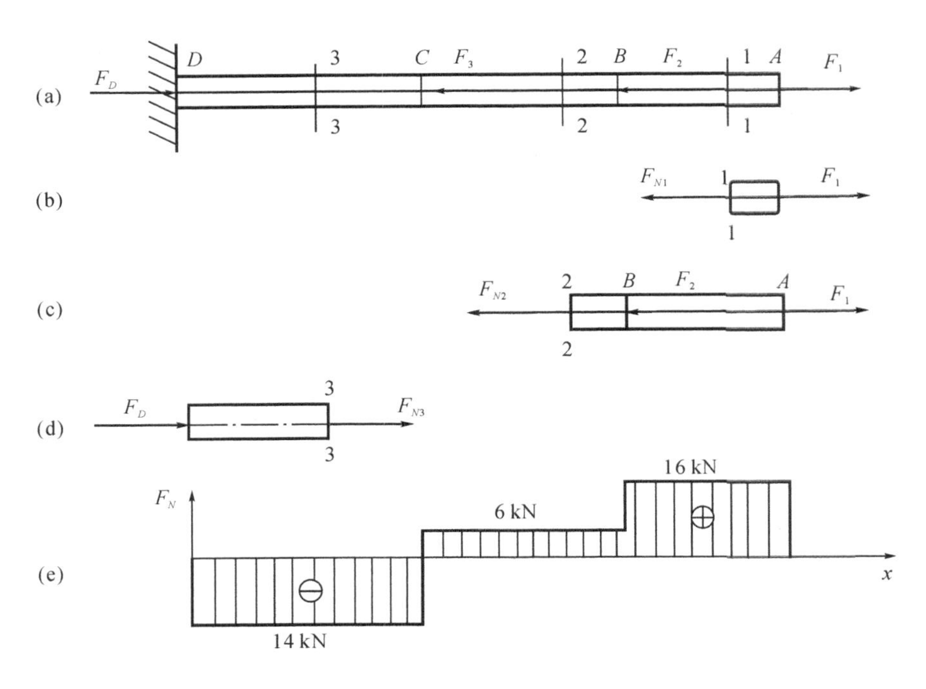

图 1-2-8　轴力图

$$F_{N3} = -F_D = -14\text{kN}$$

F_{N3}为负值，表明 3-3 截面上轴力的实际方向与图中假设的方向相反，应为压力。

(3)画轴力图。根据所求得的轴力值，画出轴力图如图 1-2-8(e)所示。由轴力图可以看出，$F_{N\max}=16\text{kN}$，发生在 AB 段内。

4. 轴向拉伸和压缩时的应力

因为杆件粗细不同，内力集度不同，根据拉压杆的轴力不能判断杆件是否会因强度不足而破坏。为此，引入应力的概念。杆件截面上内力分布集度称为应力。垂直于截面的应力叫正应力，用 σ 表示；与截面相切的应力叫切应力，用 τ 表示。在国际单位制中，应力单位是帕斯卡，简称帕(Pa)。工程上常用兆帕(MPa)，有时也用吉帕(GPa)。

$$1\text{Pa}=1\text{N/m}^2$$

$$1\text{MPa}=10^6\text{Pa}=1\text{N/mm}^2$$

$$1\text{GPa}=10^9\text{Pa}=1\text{kN/mm}^2$$

针对横截面积为 A 的轴向拉压杆件，为了求得横截面上任意一点的应力，必须了解内力在横截面上的分布规律，为此需通过变形实验观察来研究，如图 1-2-9 所示。

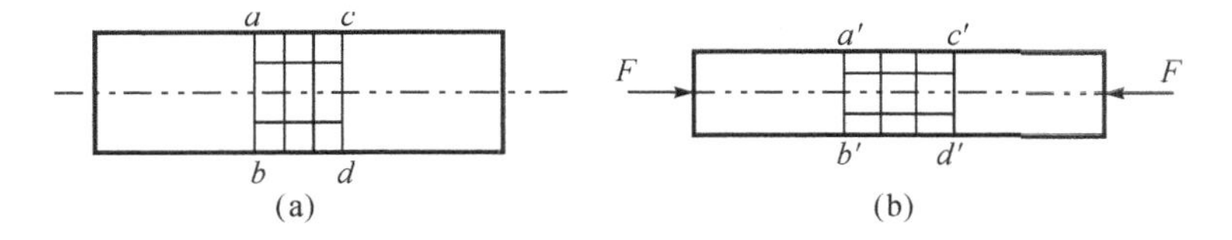

图 1-2-9　拉伸变形实验

我们在等截面杆上画上与杆轴线垂直的横线 ab 和 cd，再画上与杆轴平行的纵向线，然后沿杆的轴线作用拉力 F 使杆件产生拉伸变形。此时可以观察到：横线在变形前后均为直线，且都垂直于杆的轴线；纵线在变形后也保持直线，仍平行于杆的轴线，只是横线间距增大，纵向间距减小，所有正方形的网格均变成大小相同的长方形。

根据上述现象，通过由表及里的分析，可作如下假设：变形前的横截面，变形后仍为平面，仅沿轴线产生相对平移，仍与杆的轴线垂直，这个假设称为平面假设。因此，拉压杆横截面上只有均匀分布的正应力，没有剪应力。应力分布图形如图 1-2-10 所示，其计算式为：

$$\sigma=\frac{F_N}{A} \tag{1-2-2}$$

式中，A 为杆横截面面积。正应力的正负与轴力的正负相对应，即拉应力为正，压应力为负。

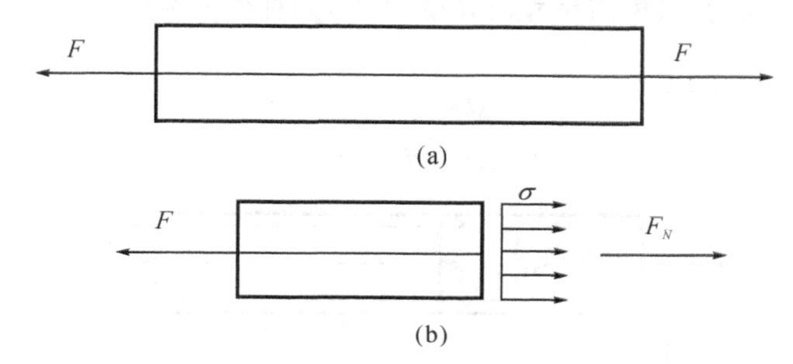

图 1-2-10　拉应力

【例 2】　中间开槽的直杆（图 1-2-11(a)），承受轴向载荷 $F=10\text{kN}$ 的作用力，已知 $h=25\text{mm}$，$h_0=10\text{mm}$，$b=20\text{mm}$。试分别求截面 1 和截面 2 处的正应力。

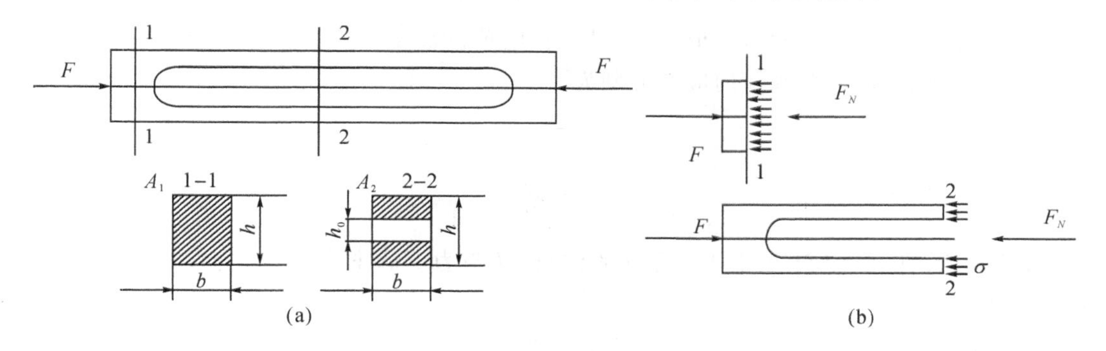

图 1-2-11　开槽直杆的正应力

解：(1)计算轴力。

用截面法求得杆中各处的轴力为 $F_N=-F=-10\text{kN}$

(2)求横截面面积(图 1-2-11(b))。由此可知，

$$A_1=h\cdot b=25\times 20\text{mm}^2=500\text{mm}^2$$

$$A_2=(h-h_0)b=(25-10)\times 20\text{mm}^2=300\text{mm}^2$$

(3)计算正应力

$$\sigma_1=\frac{F_N}{A_1}=-\frac{10\times10^3}{500}\text{N/mm}^2=-20\text{MPa}$$

$$\sigma_2=\frac{F_N}{A_2}=-\frac{10\times10^3}{300}\text{N/mm}^2=-33.3\text{MPa}$$

负号表示其应力为压应力。

5. 轴向拉压杆的变形与胡克定律

杆件受轴向拉伸时产生变形，纵向尺寸增大，横向尺寸缩小。反之，受轴向压缩时，纵向尺寸缩小，横向尺寸增大。因此，拉压杆的变形包括沿轴线的纵向变形和垂直于轴线的横向变形。如图 1-2-12 所示，原长为 l、直径为 d 的直杆，承受轴向拉力 F 后变形为图中虚线的形状。纵向长度由 l 变为 l_1、横向尺寸由 d 变为 d_1，则杆件的纵向绝对变形和横向绝对变形分别为：

$$\left.\begin{aligned}\Delta l&=l_1-l\\ \Delta d&=d_1-d\end{aligned}\right\}\qquad(1\text{-}2\text{-}3)$$

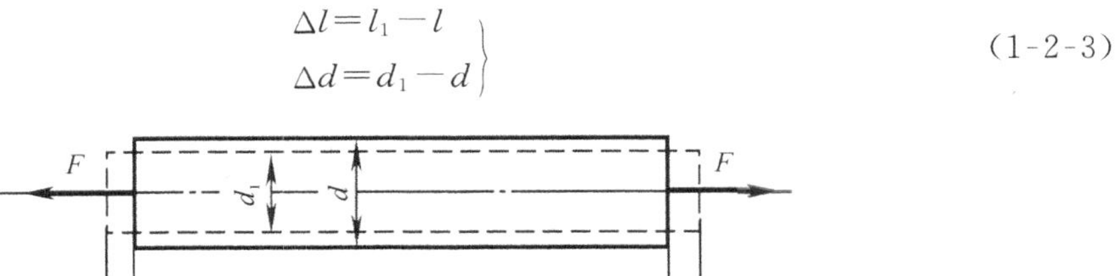

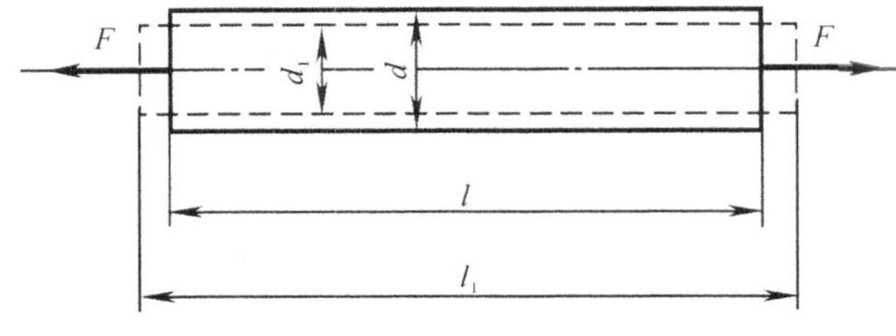

图 1-2-12　轴向拉压杆的变形

为了消除杆件原始尺寸对变形大小的影响，用单位长度杆的变形即线应变来衡量杆件的变形程度。则纵向应变和横向应变分别为

$$\left.\begin{aligned}\varepsilon&=\frac{\Delta l}{l}\\ \varepsilon'&=\frac{\Delta d}{d}\end{aligned}\right\}\qquad(1\text{-}2\text{-}4)$$

实验表明，在弹性变形范围内，杆件的伸长 Δl 与力 F 及杆长 l 成正比，与截面面积 A 成反比，即

$$\Delta l\propto\frac{Fl}{A}\qquad(1\text{-}2\text{-}5)$$

引进比例常数 E，则有

$$\Delta l=\frac{Fl}{EA}\qquad(1\text{-}2\text{-}6)$$

由于 $F=F_N$，故上式可改写为

$$\Delta l=\frac{F_Nl}{EA}\qquad(1\text{-}2\text{-}7)$$

这一关系式称为**胡克定律**。式中的比例常数 E 称为**弹性模量**，其单位为 Pa。EA 则称为杆的抗拉(压)刚度。

也可以将式(1-2-7)改写成

$$\frac{\Delta l}{l}=\frac{1}{E}\frac{F_N}{A} \tag{1-2-8}$$

将 $\varepsilon=\frac{\Delta l}{l}$，$\sigma=\frac{F_N}{A}$ 代入，可得

$$\varepsilon=\frac{\sigma}{E} \quad 或 \quad \sigma=E\varepsilon \tag{1-2-9}$$

此式表明，在弹性变形范围内，应力与应变成正比。式(1-2-7)、(1-2-8)、(1-2-9)均是**胡克定律的不同形式。**

试验表明，当应力不超过某一极限时，横向应变和纵向应变成正比，符号相反。即

$$\varepsilon'=-\mu\varepsilon \tag{1-2-10}$$

系数 μ 称为横向变形系数，又称为泊松比，为无量纲的量。

【例 3】 如图 1-2-13 所示阶梯杆，已知横截面面积 $A_{AB}=A_{BC}=500\text{mm}^2$，$A_{CD}=300\text{mm}^2$，弹性模量 $E=200\text{GPa}$。试求杆的总伸长量。

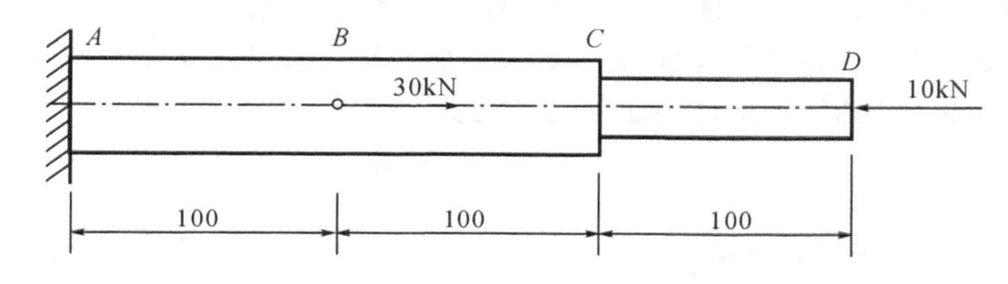

图 1-2-13 阶梯杆

解：(1)作轴力图。

用截面法求 CD 段和 BC 段的轴力，$F_{NCD}=F_{NBC}=-10\text{kN}$，$AB$ 段的轴力为 $F_{NAB}=20\text{kN}$，画出杆的轴力图，所图 1-2-14 所示。

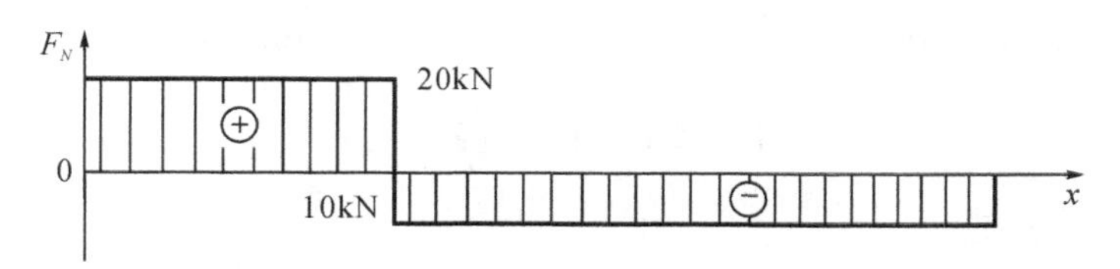

图 1-2-14 轴力图

(2)计算杆各段的变形量

$$\Delta l_{AB}=\frac{F_{NAB}l_{AB}}{EA_{AB}}=\frac{20\times10^3\times100}{200\times10^3\times500}\text{mm}=0.02\text{mm}$$

$$\Delta l_{BC}=\frac{F_{NBC}l_{BC}}{EA_{BC}}=\frac{-10\times10^3\times100}{200\times10^3\times500}\text{mm}=-0.01\text{mm}$$

$$\Delta l_{CD}=\frac{F_{NCD}l_{CD}}{EA_{CD}}=\frac{-10\times10^3\times100}{200\times10^3\times300}\text{mm}=-0.0167\text{mm}$$

(3)计算杆的总伸长

$$\Delta l=\Delta l_{AB}+\Delta l_{BC}+\Delta l_{CD}=0.02\text{mm}-0.01\text{mm}-0.0167\text{mm}=-0.0067\text{mm}$$

伸长为负，说明杆的总变形为缩短。

6. 材料在轴向拉压时的力学性能

(1)材料在拉伸时的力学性能

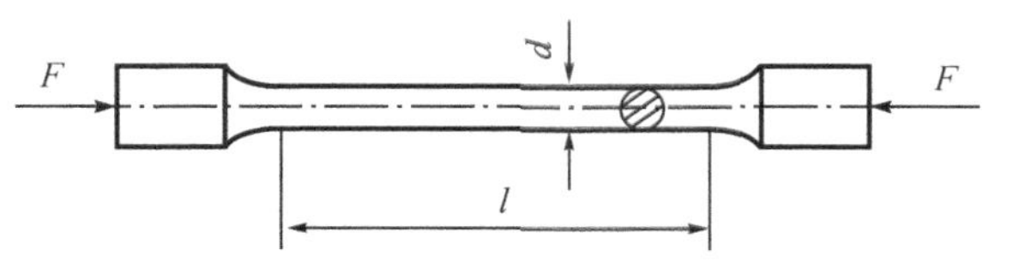

图 1-2-15 标准拉伸试件

构件的承载能力与材料的力学性能分不开,在对杆件进行强度、刚度和稳定性的计算中,必须了解材料在外力作用下,其强度和变形方面的性能,即材料的力学性能。本任务讨论在常温缓慢加载条件下受拉和受压时材料的力学性能。这些力学性能,必须通过材料的拉伸和压缩实验来测定。

为使实验结果有可比性,试样必须按照国家标准制作,如图 1-2-15 所示。l 称为标距,它与直径 d 可以有两种比例:$l=10d$ 和 $l=5d$。

图 1-2-16(a)是典型的低碳钢的拉伸曲线。通常以横坐标代表试件工作段的伸长 Δl,纵坐标代表试件的拉力 F,此曲线称为拉伸曲线或 F-Δl 曲线,试件的拉伸曲线不仅与试件的材料有关,而且与试件的几何尺寸有关。为了消除试件几何尺寸的影响,将拉力 F 除以试件横截面原始面积 A,得试件横截面上的应力 σ。将伸长量 Δl 除以试件的标距 l,得试件的应变 ε。以 ε 为横坐标,σ 为纵坐标,这样将拉伸曲线转化为应力-应变曲线或 σ-ε 曲线,如图 1-2-16(b)所示。从曲线可见,整个拉伸过程可分为四个阶段。

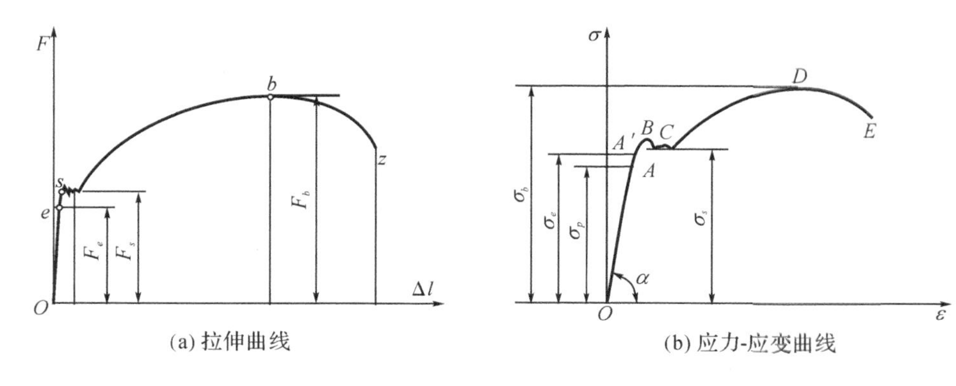

图 1-2-16 拉伸过程曲线

第Ⅰ阶段 弹性阶段

在拉伸的初始阶段,σ 与 ε 的关系表现为直线 OA,应力与应变成正比,即满足胡克定律。直线部分最高点 A 对应的应力值 σ_p 称为比例极限。OA 直线的倾角为 α,其正切值,即为材料的弹性模量。低碳钢的比例极限约为 200MPa,弹性模量约为 210GPa。

当应力超过比例极限后,AA' 段不是直线,胡克定律不再适用。但当应力值不超过 A' 点的应力 σ_e 时,如将外力卸除,试样的变形也随之全部消失,这种变形为弹性变形,σ_e 称为弹性极限。比例极限和弹性极限的概念不同,但实际上 A 点和 A' 点非常接近,通常对两者不作严格区分,统称为弹性极限。在工程应用中,一般均使构件在弹性范围内工作。

第Ⅱ阶段 屈服阶段

当应力超过弹性极限后,σ-ε 曲线上将出现一个近似水平的锯齿形线段(BC 段),此阶段应力变化不大而变形显著增加,这种现象称为材料的屈服。屈服阶段的最低应力值称为材料的屈服强度,用 σ_s 表示。低碳钢的屈服强度 220～240MPa。在屈服阶段,如果试件表面光滑,可以看到试件表面有与轴线大约成 45°的条纹,称为滑移线。材料屈服时丧失了抵抗

变形的能力，将产生显著的塑性变形。工程中不允许构件在塑性变形的情况下工作，所以 σ_s 是衡量材料强度的重要指标。

第Ⅲ阶段　强化阶段

经过屈服阶段后，图中 CD 段曲线又逐渐上升，表示材料恢复了抵抗变形的能力，要使它继续变形必须增加拉力，这一阶段称为强化阶段。强化阶段的最高点 D 所对应的应力是材料所能承受的最大应力，称为抗拉强度，用 σ_b 表示。抗拉强度是材料不被破坏所允许的最大应力值，是衡量材料强度的又一重要指标。低碳钢的抗拉强度为 370～460MPa。

第Ⅳ阶段　缩颈断裂阶段

在强化阶段，试件的变形基本是均匀的。过 D 点后，变形集中在试件的某一局部范围内，横向尺寸急剧减小，出现缩颈现象。由于在缩颈部分横截面面积明显减少，使试件继续伸长所需要的拉力也相应减少，故在 σ-ε 曲线中，应力由最高点下降到 E 点，最后试件在缩颈处被拉断。试件拉断后，材料的弹性变形消失，塑性变形则保留下来，工程中常用试样拉断后的塑性变形表示材料的塑性性能。常用的塑性指标有两个：断后伸长率 δ 和断面收缩率 ψ，分别为：

$$\left.\begin{aligned}\delta&=\frac{l_1-l}{l}\times100\%\\ \psi&=\frac{A-A_1}{A}\times100\%\end{aligned}\right\}\tag{1-2-11}$$

式中，l 是试件标距原长，l_1 是拉断后的标距长度；A 为试样初始横截面积，A_1 为拉断后缩颈处的最小横截面积。

(2)材料在压缩时的力学性能

图 1-2-17 中实线表示低碳钢压缩时的 σ-ε 曲线。将其与拉伸时的 σ-ε 曲线（虚线）比较可看出，在弹性阶段和屈服阶段，拉、压的 σ-ε 曲线基本重合。这表明，拉伸和压缩时，低碳钢的比例极限、屈服点应力及弹性模量大致相同。与拉伸试验不同的是，当压力不断增大，试件的横截面积也不断增大，试件愈压愈扁而不破裂，故不能测出其抗压强度极限。

铸铁压缩时的 σ-ε 曲线如图 1-2-18 实线所示。与其拉伸时的 σ-ε 曲线（虚线）相比，抗压强度极限 σ_{bc} 远高于抗拉强度极限 σ_b，所以，脆性材料宜作受压构件。

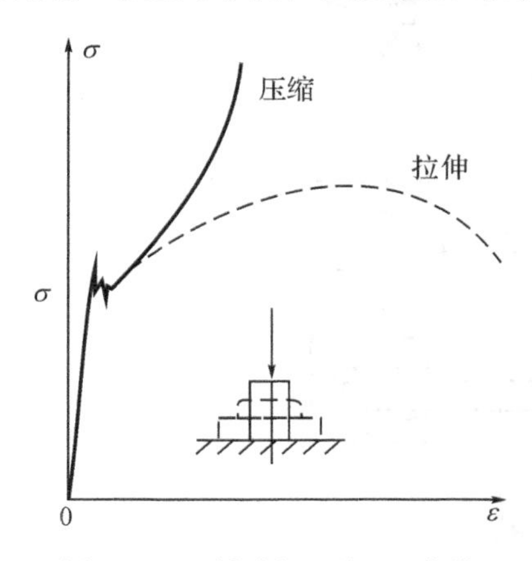

图 1-2-17　低碳钢压缩 σ-ε 曲线

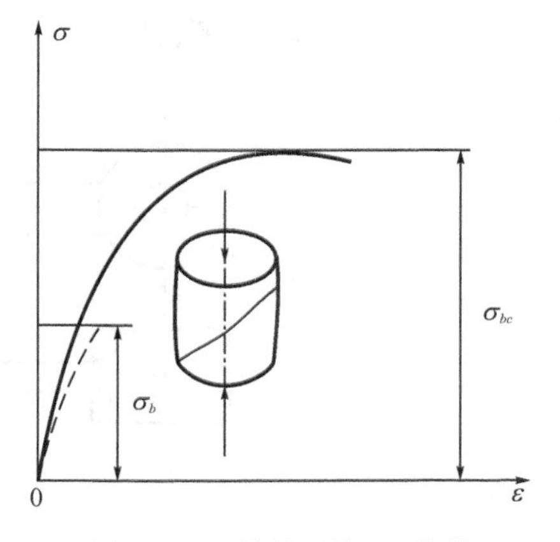

图 1-2-18　铸铁压缩 σ-ε 曲线

7. 拉压杆的强度计算

(1)极限应力、许用应力及安全系数

材料丧失正常工作能力即为失效。材料失效时的应力称为极限应力，对轴向拉压杆，塑性材料取 σ_s，脆性材料取 σ_b 作为极限应力。为了保证构件能够安全可靠地正常工作，必须要求构件的实际工作应力与材料失效的极限应力之间留有足够的强度储备。一般把极限应力除以大于 1 的安全因素 n，所得结果称为许用应力，用$[\sigma]$表示。即

$$[\sigma]=\begin{cases}\sigma_s/n & (\text{塑性材料}) \\ \sigma_b/n & (\text{脆性材料})\end{cases} \tag{1-2-12}$$

(2)拉压杆的强度计算

我们把产生最大工作应力 $\sigma_{\max}$ 的截面称为危险截面。设杆件的危险截面面积为 A，截面上最大内力为 $F_{N\max}$，则要保证拉压杆正常工作，需满足如下强度条件

$$\sigma_{\max}=\frac{F_{N\max}}{A}\leqslant[\sigma] \tag{1-2-13}$$

根据强度条件，可以解决以下 3 类问题。

1）强度校核：

$$\sigma_{\max}=\frac{F_{N\max}}{A}\leqslant[\sigma]$$

2）设计截面：

$$A\geqslant\frac{F_{N\max}}{[\sigma]}$$

3）确定许可载荷：

$$F_{N\max}\leqslant[\sigma]A$$

【例 4】 如图 1-2-19 所示为冷镦机的曲柄滑块机构。镦压工件时连杆接近水平位置，承受的镦压力 $F=1100\text{kN}$。连杆的截面为矩形，高与宽之比为 $h/b=1.4$。材料为 45 钢，许用应力为$[\sigma]=58\text{MPa}$，试确定截面尺寸 h 和 b。

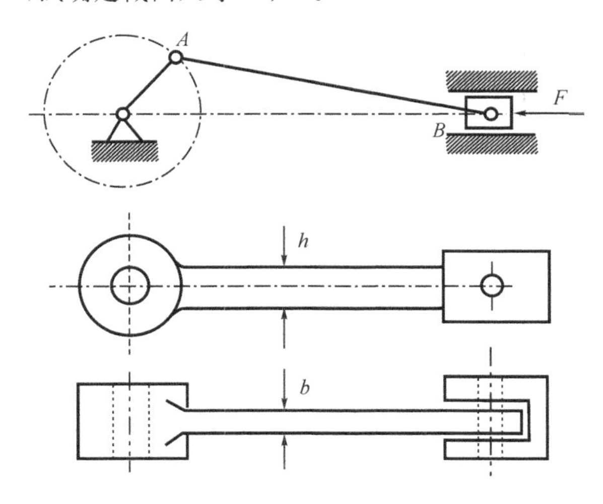

图 1-2-19 冷镦机的曲柄滑块机构

解：(1) 求内力

连杆 AB 为二力构件，接近水平位置时连杆上所受的力与镦压力相等。

$$F_N = F$$

(2) 确定截面尺寸。由强度条件

$$\sigma_{\max} = \frac{F_{N\max}}{A} \leqslant [\sigma]$$

$$A = h \cdot b = 1.4b^2 \geqslant \frac{F_{N\max}}{[\sigma]} = \frac{1100 \times 10^3}{58}$$

可求得：

$$b \geqslant 116.4\text{mm}$$

$$h = 1.4b \geqslant 1.4 \times 116.4\text{mm} = 163\text{mm}$$

1.2.3 零件的剪切与挤压

1. 剪切和挤压的概念

工程中的许多联接件，如铆钉、键、销等，都是承受剪切的实例。图 1-2-20 中的铆钉，其受力特点是：铆钉受到一对大小相等、方向相反、作用线相互平行并且相距很近的外力作用。变形特点是：铆钉沿两个力作用线之间的截面产生相对错动。这种变形称为剪切变形，发生相对错动的面叫剪切面。剪切面上与截面相切的内力称为剪力，用 F_Q 表示。剪力可用截面法计算。

联接件在发生剪切变形的同时，在传递力的接触面上相互压紧，这种现象叫挤压。发生挤压的接触面叫挤压面。挤压面上的压力称为挤压力，用 F_{bs} 表示。

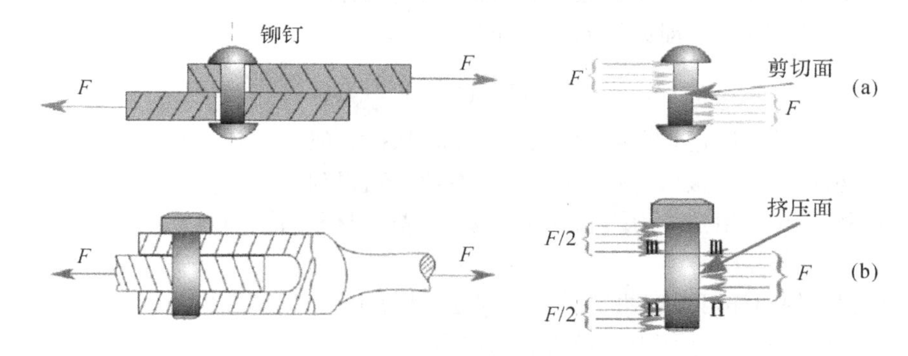

图 1-2-20 剪切与挤压

2. 剪切应力计算

(1)剪切胡克定律

从某受剪钢板的剪切面处取出一个微小的正六面体——单元体，在剪切面上只存在切应力 τ。在与剪力相应的切应力的作用下，单元体的右面相对左面发生错动，使原来的直角改变了一个微量，这就是切应变 γ。实验指出：当切应力 τ 不超过材料的剪切比例极限时，切应力与切应变成正比。即：

$$\tau = \gamma G \tag{1-2-14}$$

式 1-2-14 称为剪切胡克定律。式中，比例常数 G 与材料有关，称为材料的剪切弹性模量，量纲与应力相同，常用单位是 GPa，其数值可由实验测得。一般钢材的切变模量 G 约为 80GPa，铸铁约为 45GPa。材料的剪切弹性模量 G 与弹性模量 E、泊松比 μ 的关系为：

$$G=\frac{E}{2(1+\mu)} \tag{1-2-15}$$

(2)剪切应力计算

如图 1-2-21 所示联接件，由于发生剪切，使剪切面上产生了切应力 τ。工程中为便于计算，通常认为切应力在剪切面上均匀分布，由此得切应力计算公式为：

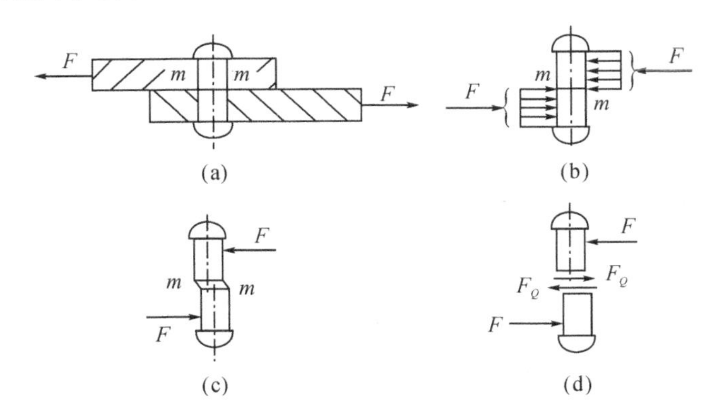

图 1-2-21 剪切分析

$$\tau=\frac{F_Q}{A} \tag{1-2-16}$$

式中，F_Q 为剪切面上的剪力，A 为剪切面面积。为使联接件工作安全可靠，要求切应力不超过材料的许用切应力$[\tau]$。即剪切强度条件为

$$\tau=\frac{F_Q}{A}\leqslant[\tau] \tag{1-2-17}$$

许用切应力$[\tau]$可以通过与构件实际受力情况相类似的剪切实验，测出试件的破坏载荷，然后计算出剪切强度极限，然后除以安全系数 n 而得到。实验证明，对于一般钢材，材料的许用剪应力$[\tau]$与许用拉应力$[\sigma]$，有如下关系：塑性材料$[\tau]=(0.6\sim0.8)[\sigma]$；脆性材料$[\tau]=(0.8\sim1.0)[\sigma]$。

剪切强度条件同样可以解决三类强度问题，计算中注意确定存在几个剪切面、剪切面的位置和大小，以及每个剪切面上的剪力和切应力。

3. 挤压应力计算

由挤压力 F_{bs}引起的应力称为挤压应力，用 σ_{bs} 表示。挤压应力为

$$\sigma_{bs}=\frac{F_{bs}}{A_{bs}} \tag{1-2-18}$$

式中，F_{bs} 为挤压面上的挤压力，A_{bs} 为计算挤压面积。当挤压面为半圆柱侧面时，计算挤压面积等于半圆柱面的正投影面面积，$A_{bs}=d\delta$(图 1-2-22)。

在挤压应力计算中，有效挤压面面积如下确定：若接触面为平面，则有效挤压面面积为实际接触面面积；若接触面为曲面，则有效挤压面面积为曲面在挤压方向上的正投影面面积。

为保证联接件具有足够的挤压强度而不破坏，挤压强度条件为：

$$\sigma_{bs}=\frac{F_{bs}}{A_{bs}}\leqslant[\sigma_{bs}] \tag{1-2-19}$$

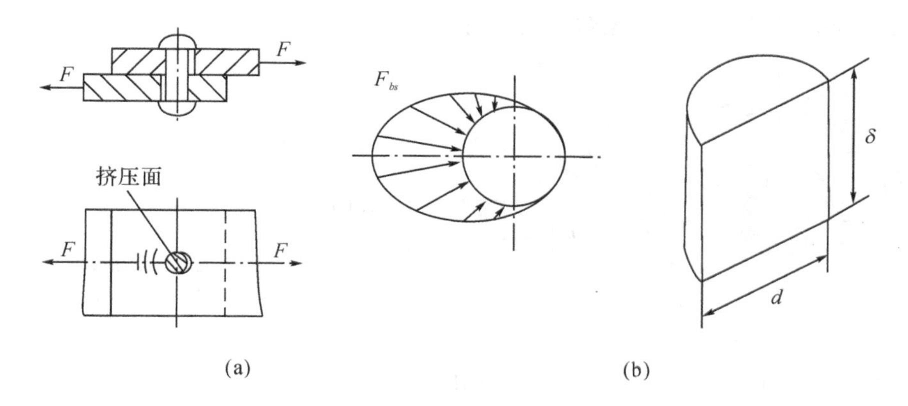

图 1-2-22　挤压分析

式中，$[\sigma_{bs}]$为材料的许用挤压应力。

【例 5】　如图 1-2-23 所示为用销钉连接的机车挂钩，已知挂钩厚度 $t=8$mm，销钉材料的许用切应力$[\tau]=60$MPa，许用挤压应力$[\sigma_{bs}]=200$MPa，机车牵引力 F 为 15kN。试选择销钉的直径。

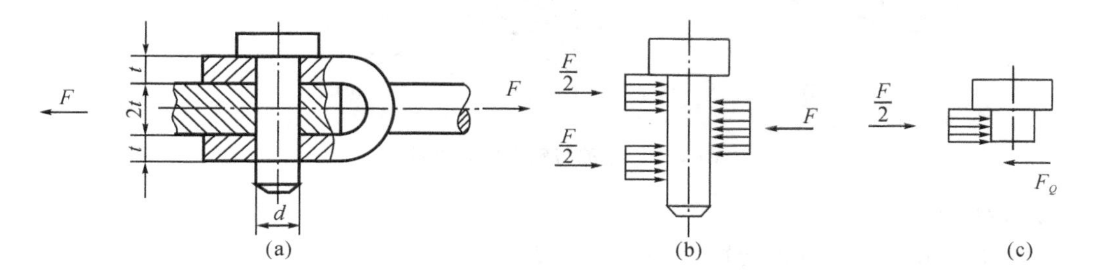

图 1-2-23　销钉连接的机车挂钩

解：(1) 根据剪切强度条件确定销钉直径。

$$\tau=\frac{F_Q}{A}=\frac{F/2}{A}=\frac{F/2}{\pi d^2/4}\leqslant[\tau]$$

则

$$d\geqslant\sqrt{\frac{2F}{[\tau]\pi}}=\sqrt{\frac{2\times 15000}{60\times 3.14}}=13(\text{mm})$$

(2) 根据挤压强度条件校核销钉的挤压强度

$$\sigma_{bs}=\frac{F_{bs}}{A_{bs}}=\frac{F/2}{A_{bs}}=\frac{F/2}{dt}=\frac{15000/2}{13\times 8}=72(\text{MPa})\leqslant[\sigma_{bs}]=200(\text{MPa})$$

根据上述分析，直径 13mm 的销钉能满足使用要求。

【任务实施】

1. 工作任务分析

该键在传递转矩 T 时，键的两侧面分别受到来自于轴和轮毂的大小相等、方向相反、作用线相互平行并且相距很近的作用力 F，如图 1-2-24(b)所示。一方面，该键在剪切面内存在着剪切力(图 1-2-24(c))，需要进行剪切强度校核。另一方面，该键在两侧受到挤压力(图 1-2-24(e))，因此需要进行挤压强度校核，但与轴和键比较，通常轮毂抵抗挤压的能力较弱，因此挤压强度校核只需校核轮毂强度即可。

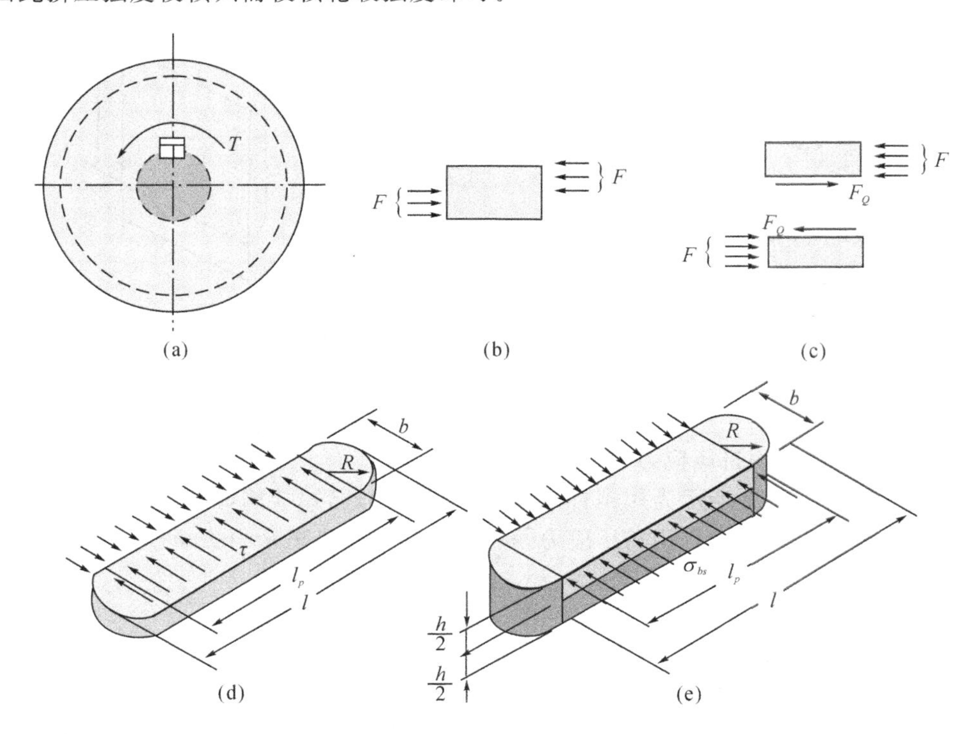

图 1-2-24　键与轮毂的强度计算

2. 解题思路

解：(1)根据该键传递的转矩，可求得其受力为

$$F=\frac{2T}{d}=\frac{2\times 470.51}{60}=15.68(\mathrm{kN})$$

(2)校核键的剪切强度

根据该键的受力情况，可知键剪切面上的剪力(图 1-2-24(c))为：

$$F_Q=F=15.68(\mathrm{kN})$$

对于圆头平键，其圆头部分略去不计(图 1-2-24(d))，故剪切面面积为：

$$A=b\times l_P=b\times(l-2R)=10\times(50-2\times 5)=400(\mathrm{mm}^2)=4\times 10^{-4}(\mathrm{m}^2)$$

所以，平键的剪切应力为：

$$\tau=\frac{F_Q}{A}=\frac{15680}{4\times 10^{-4}}=39.2\times 10^6(\mathrm{Pa})=39.2\mathrm{MPa}\leqslant[\tau]=87(\mathrm{MPa})$$

满足剪切强度条件。

(3)校核轮毂的挤压强度

根据该键的受力情况，可知键挤压面上的挤压力(图 1-2-24(c))为：

$$F_{bs}=F=15.68(\mathrm{kN})$$

轮毂挤压面上的挤压力亦为 $F_{bs}=15.68\mathrm{kN}$，挤压面的面积与键的挤压面相同，设键与轮毂的接触高度为 $h/2$，则挤压面面积(图 1-2-24(e))为：

$$A_{bs}=\frac{h}{2}\times l_P=\frac{h}{2}\times(l-2R)=\frac{11}{2}\times(50-2\times 5)=220(\mathrm{mm}^2)=2.2\times 10^{-4}(\mathrm{m}^2)$$

故轮毂的挤压应力为：

$$\sigma_{bs}=\frac{F_{bs}}{A_{bs}}=\frac{15680}{2.2\times10^{-4}}=70.9\times10^{6}(\text{Pa})=70.9(\text{MPa})<[\sigma_{bs}]=100(\text{MPa})$$

也满足挤压强度条件。

所以，此键安全。

【课后巩固】

1. 两根不同材料制成的等截面直杆，承受相同的轴向拉力，它们的横截面积和长度都相等。试说明：(1)横截面上的应力是否相等；(2)强度是否相同；(3)绝对变形是否相同；为什么？

2. 图 1-2-25 表示一等截面直杆，其受力情况如图 1-2-25 所示。试作其轴力图。

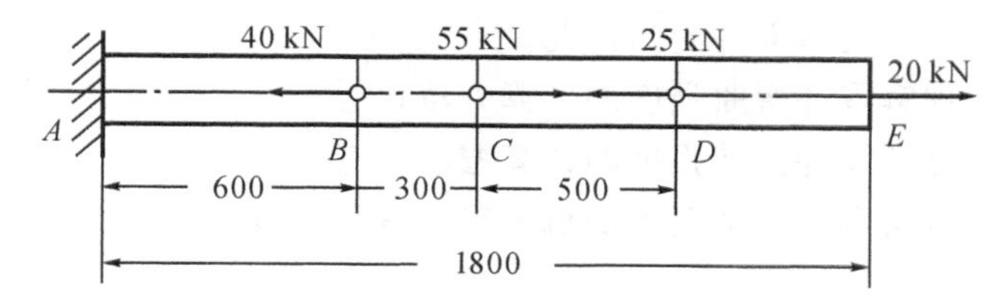

图 1-2-25　题 2 图

3. 用一根灰口铸铁圆管作受压杆。已知材料的许用应力$[\sigma]=200\text{MPa}$，轴向压力 $F=1000\text{kN}$，管的外径 $D=130\text{mm}$，内径 $d=100\text{mm}$。试校核其强度。

4. 如图 1-2-26 所示正方形截面阶梯状杆的上段是铝制杆，边长 $a_1=20\text{mm}$，材料的许用应力$[\sigma_1]=80\text{MPa}$；下段为钢制杆，边长 $a_2=10\text{mm}$，材料的许用应力$[\sigma_2]=140\text{MPa}$。试求许用载荷$[F]$。

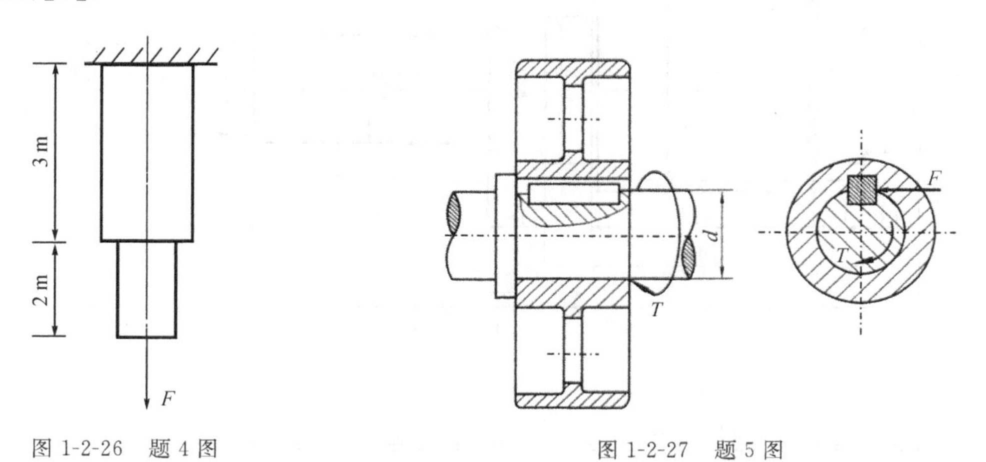

图 1-2-26　题 4 图

图 1-2-27　题 5 图

5. 如图 1-2-27 所示，齿轮和轴用平键联接，已知传递的转矩 $T=3\text{kN}\cdot\text{m}$。键的尺寸 $b=24\text{mm}$，$h=14\text{mm}$。轴的直径 $d=85\text{mm}$，键和齿轮材料的许用应力$[\tau]=40\text{MPa}$，$[\sigma_{bs}]=90\text{MPa}$。试计算键所需要的长度。

任务 3 典型零件扭转、弯曲及组合变形强度的计算

【任务导读】

实际工程中，机械零件除了可能存在拉压、剪切、扭转和弯曲四种基本变形外，还可能存在着两种或者更多种基本变形的组合。在本任务中，除了要对存在扭转或弯曲两种变形的零件受力及强度进行分析计算外，还要运用相关的强度理论对组合变形零件进行强度计算。

【教学目标】

最终目标：能够进行弯曲、扭转及机械零件组合变形强度计算。

促成目标：1. 能分析机械零件受力情况；

2. 能理解零件弯曲强度的计算方法；

3. 能理解零件扭转强度的计算方法；

4. 会对组合受力情况下的机械零件进行强度计算。

【工作任务】

任务描述：如图 1-3-1 所示为某减速器主动轴（齿轮轴），其零件图如图(a)，简化图如图(b)。该轴的最右段安装有带轮，通过键联接实现定位并传递扭矩。在$\phi40$ 的两段轴段上安装有一对 6208 型深沟球轴承（宽度 $B=18$）。齿轮的分度圆直径为$\phi66$，齿根圆直径为$\phi58.5$。已知该齿轮轴传递的转矩 T 为 122.49 N·m，工作时单向运转，材料的许用应力$[\sigma_{-1b}]=60$MPa。试对该轴进行强度校核。

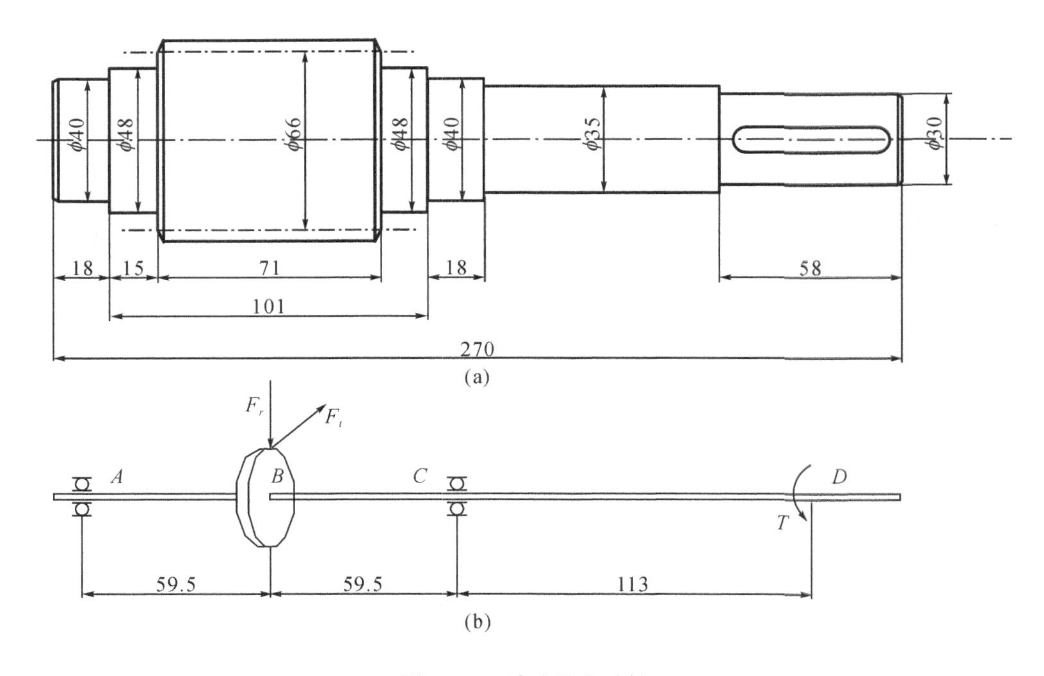

图 1-3-1 减速器主动轴

任务具体要求：

(1)计算该轴的主要截面的弯矩，并绘制弯矩图；

(2)计算该轴的主要截面的当量弯矩，并绘制当量弯矩图；

(3)利用强度条件对该轴危险截面进行校核。

【知识储备】

1.3.1　圆轴扭转

1. 扭转变形的概念

在日常生活及工程实际中，有很多承受扭转的构件。例如汽车转向轴，当汽车转向时，驾驶员通过方向盘把力偶作用在转向轴的上端，在转向轴的下端则受到来自转向器的阻力偶作用。当钳工攻螺纹时，加在手柄上的两个等值反向的力组成力偶，作用于锥杆的上端，工件的反力偶作用在锥杆的下端。又如轴承传动系统的传动轴工作时，电动机通过皮带轮把力偶作用在一端，在另一端则受到齿轮的阻力偶作用。上述实例的简化模型如图1-3-2所示，在圆轴 AB 两端垂直于轴线的平面内，各作用有一个外力偶 M_e，在外力偶的作用下，圆轴各横截面将绕其轴线发生相对转动。

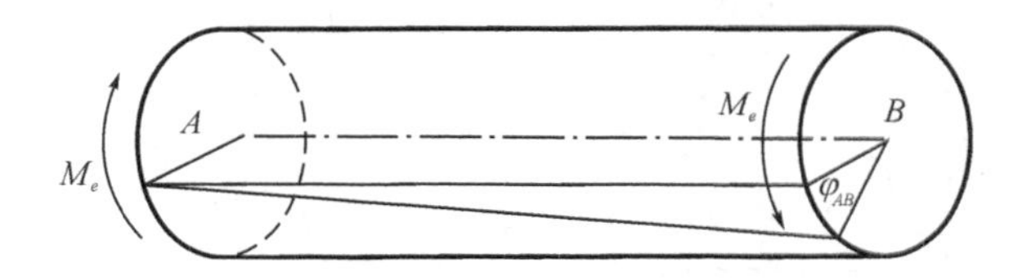

图1-3-2　扭转变形

根据对其的受力情况分析，我们可以总结为：在杆件两端受到一对大小相等、转向相反、作用面与轴线垂直的力偶作用时，杆件的任意两个横截面都会产生绕杆件轴线的相对转动，这种变形称为扭转变形。任意两横截面间相对转过的角度，称为相对扭转角，用 φ 表示。在生产实际中圆轴(横截面为圆形或圆环形)用得较多，故在本任务中只讨论圆轴的扭转问题。

2. 外力偶矩计算

研究圆轴扭转的强度和刚度问题时，首先要知道作用在轴上的外力偶矩的大小。在实际工程中，常常不直接给出作用于轴上的外力偶矩，而是给出轴的转速和轴传递的功率。功率、转速和力偶矩之间的关系为：

$$M=9550\frac{P}{n} \tag{1-3-1}$$

式中：M——外力偶矩，单位为牛顿米(N·m)；

P——轴传递的功率，单位为千瓦(kW)；

n——轴的转速，单位为转/分(r/min)。

外力偶矩的方向规定如下：输入功率所产生的外力偶矩为主动力偶矩，其转向与轴的转向相同，从动轮的输出功率所产生的外力偶矩为阻力偶矩，其转向与轴的转向相反。由式(1-3-1)可知，轴所承受的外力偶矩与所传递的功率成正比。因此，在传递同样大的功率时，低速轴所受的外力偶矩比高速轴大，所以在传动系统中，低速轴的直径要比高速轴的直径粗一些。

3. 扭矩与扭矩图

如图 1-3-3 所示圆轴，在外力偶矩作用下，横截面上将产生内力，我们可以用截面法对其进行研究。该圆轴在两端受一对大小相等、转向相反的外力偶矩 M_e 作用下产生扭转变形，并处于平衡状态。用一假想截面沿 m-m 处将轴假想切成两段，取其中任一段（如左段）为研究对象。因为原来的轴是处于平衡状态的，所以切开后的任意一段也应处于平衡状态。所以在截面 m-m 上必然存在一个内力偶矩。这个内力偶矩称为扭矩，用符号 T 表示。根据平衡条件 $\sum M_x = 0$，求得 $T = M_e$。

取截面左段与取截面右段为研究对象所求得的扭矩数值相等而转向相反（作用与反作用）。为了使从左、右两段求得同一截面上的扭矩正负号相同，通常对扭矩的正负号作如下规定：按右手螺旋法则（如图 1-3-4 所示），以右手四指顺着扭矩的转向，若拇指指向与截面外法线方向一致时，扭矩为正，反之为负。横截面上的扭矩等于截面一侧所有外力偶矩的代数和，即 $T = \sum M_{ei}$。

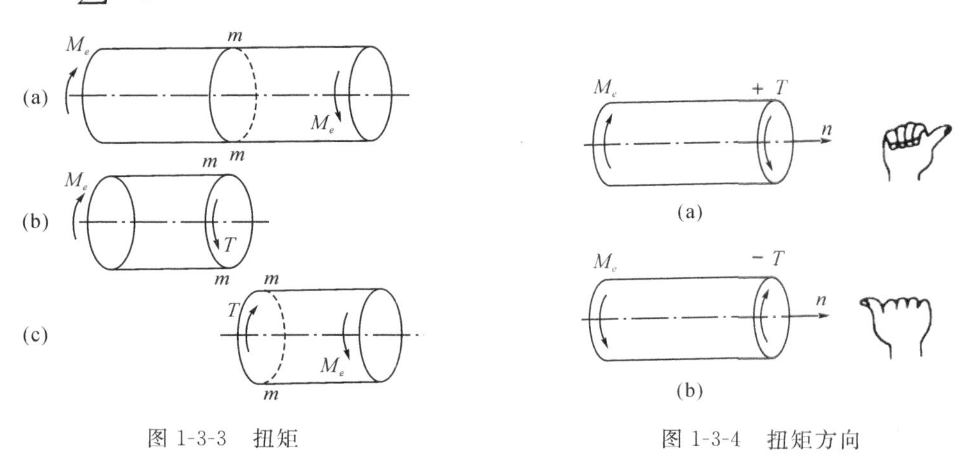

图 1-3-3　扭矩

图 1-3-4　扭矩方向

若圆轴上同时受几个外力偶作用时，则各段轴截面上的扭矩就不完全相等，我们可以把扭矩 T 看成横截面位置 x 的函数。即

$$T = T(x) \tag{1-3-2}$$

为了确定最大扭矩及其所在截面的位置，通常是将扭矩随截面位置变化的规律用图形表示出来，即用与轴线平行的 x 轴表示横截面的位置，纵坐标表示相应截面上扭矩的大小，这样的图形称为扭矩图。下面通过一个实例来说明扭矩图的画法。

【例 1】　如图 1-3-5(a)所示，一传动系统的主轴 ABC 的转速 $n = 960\text{r/min}$，输入功率 $P_A = 27.5\text{kW}$，输出功率 $P_B = 20\text{kW}$，$P_C = 7.5\text{kW}$。试画出主轴 ABC 的扭矩图。

解：(1)计算外力偶矩。由式(1-3-1)得

$$M_{eA} = 9550\,\frac{P_A}{n} = 9550 \times \frac{27.5}{960}(\text{N}\cdot\text{m}) = 274(\text{N}\cdot\text{m})$$

$$M_{eC} = 9550\,\frac{P_C}{n} = 9550 \times \frac{7.5}{960}(\text{N}\cdot\text{m}) = 75\ (\text{N}\cdot\text{m})$$

(2) 计算扭矩。应用截面法(图 1-3-5(b)、(c)) 求出各截面上的扭矩得

$$AB\ 段：T_1 = \sum M_{ei} = -M_{eA} = -274\ (\text{N}\cdot\text{m})$$

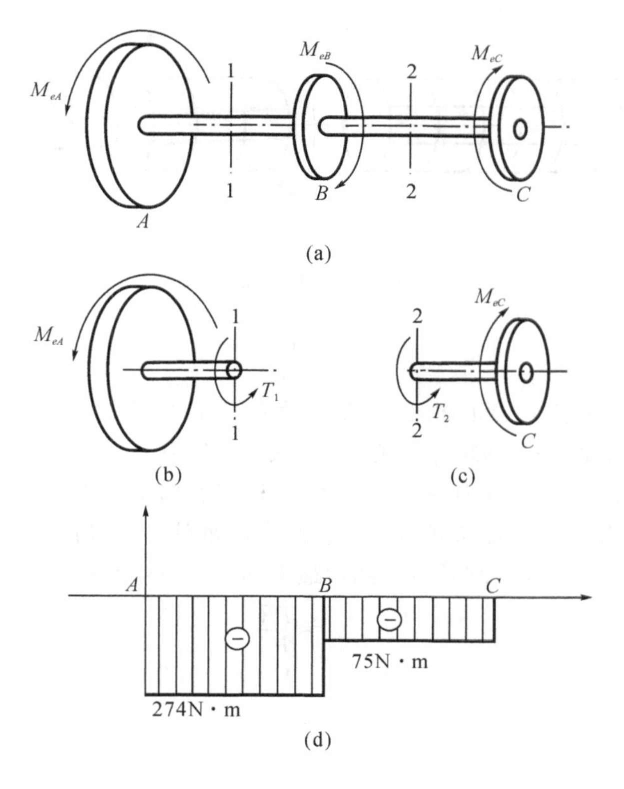

图 1-3-5　扭矩图的画法

$$BC\text{ 段}: T_2 = \sum M_{ei} = -M_{eC} = -75\ (\text{N}\cdot\text{m})$$

(3)画扭矩图。

根据以上计算结果,按比例画扭矩图,由图 1-3-5(d)可知,最大扭矩在 BC 段内的横截面上,其值为 274N·m。

4. 圆轴扭转时的应力和变形

(1)圆轴扭转时的应力

为了研究圆轴扭转时横截面上的应力分布规律,可进行扭转实验,如图 1-3-6 所示,取一实心轴,在其表面上画出圆周线和纵向平行线。两端加外力偶矩为 M_e 的力偶作用后,圆轴即发生扭转变形。在变形微小的情况下,可观察到如下现象:

1)各条纵线倾斜了相同的角度,原来轴表面上的小方格变成了歪斜的平行四边形;

2)轴的半径、各条圆周线的形状、长度和两圆周线间的距离均保持不变。

由此可推断:原为平面的横截面变形后仍保持为平面,只是各横截面相对转过了一个角度。这就是圆轴扭转的平面假设。根据平面假设,可得出以下结论:

1)由于横截面间发生旋转式的相对错动,出现了剪切变形,故截面上有切应力存在。

2)由于相邻截面间距不变,所以横截面上没有正应力。又因半径长度不变,切应力方向必与半径垂直。

根据变形的几何关系、物理关系和静力学关系可以推导出圆轴扭转变形时横截面上切应力的计算公式。即

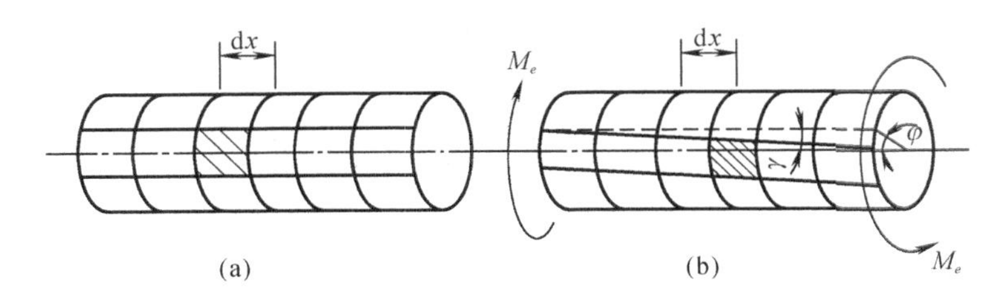

图 1-3-6　扭转实验

$$\tau_\rho = \frac{T\rho}{I_p} \tag{1-3-3}$$

式中：ρ 为横截面上任一点与圆心的距离；T 为横截面上的扭矩；I_p 为横截面对形心的极惯性矩，是一个只与截面的形状和尺寸有关的几何量，单位为 m^4 或 mm^4。

由式(1-3-3)可知，横截面上任一点的切应力与该点到圆心的距离 ρ 成正比，其方向垂直于半径，实心圆轴和空心圆轴横截面上切应力分布如图 1-3-7 所示。

当 $\rho = R$ 时，切应力最大，即圆轴扭转时，最大切应力发生在圆轴表面。其值为

$$\tau_{\max} = \frac{TR}{I_p} \tag{1-3-4}$$

令 $W_p = \dfrac{I_p}{R}$，则上式变为

$$\tau_{\max} = \frac{T}{W_p} \tag{1-3-5}$$

式中 W_p 称为扭转截面系数，单位为 m^3 或 mm^3。

(2) 极惯性矩 I_p 和扭转截面系数 W_p

实心圆截面和空心圆截面如图 1-3-8 所示，按 $I_p = \int_A \rho^2 \mathrm{d}A$ 进行积分可得

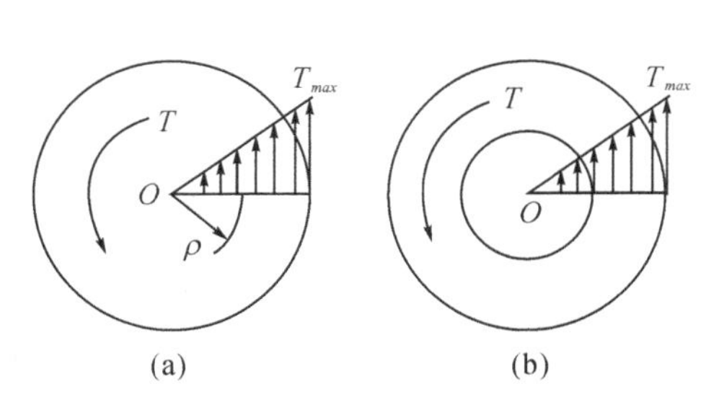

图 1-3-7　切应力分布

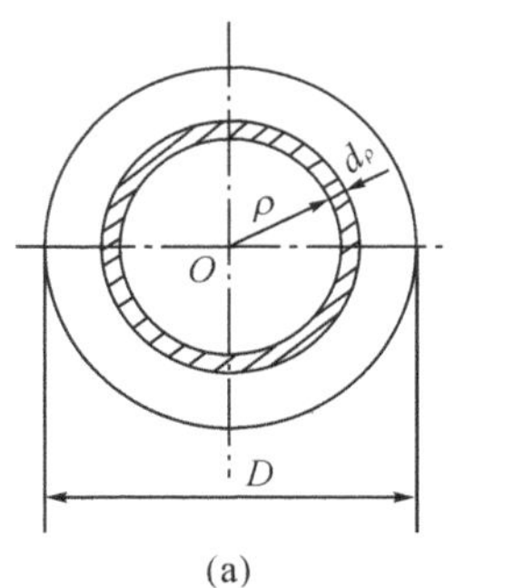

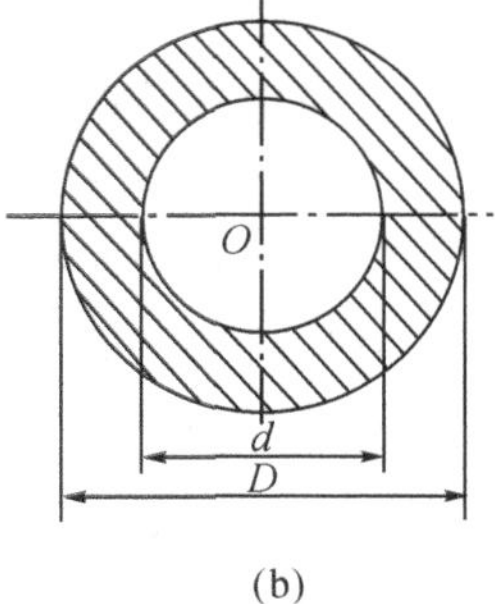

图 1-3-8　实心与空心圆截面

1) 实心圆截面

$$I_p = \frac{\pi D^4}{32},\quad W_p = \frac{\pi D^3}{16} \tag{1-3-6}$$

2) 空心圆截面

$$I_p = \frac{\pi(D^4 - d^4)}{32} = \frac{\pi D^4}{32}(1-\alpha^4) \quad (\alpha = \frac{d}{D}), \quad W_p = \frac{I_p}{R} = \frac{2I_p}{D} = \frac{\pi D^3}{16}(1-\alpha^4) \tag{1-3-7}$$

(3) 圆轴扭转时的变形

圆轴扭转时，相隔长度为 dx 的两个横截面间的扭转角为

$$d\varphi = \frac{T}{GI_p}dx \tag{1-3-8}$$

对于等直径圆轴，若 T、G、I_p 为常量，将上式积分可得相距 L 的两个横截面间的扭转角为

$$\varphi = \frac{TL}{GI_p} \tag{1-3-9}$$

此即扭转角计算公式，扭转角单位为弧度。此式表明，扭转角 φ 与扭矩 T 和轴的长度 L 成正比，与 G、I_p 成反比。GI_p 反映了圆轴抵抗扭转变形的能力，称为圆轴的抗扭刚度。

5. 圆轴扭转的强度和刚度计算

(1) 强度计算

圆轴扭转过程中产生最大切应力的截面为危险截面，所以圆轴扭转时的强度条件是：危险截面上的最大切应力 τ_{max} 不得超过材料的许用切应力$[\tau]$。即

$$\tau_{max} = \frac{T}{W_p} \leqslant [\tau] \tag{1-3-10}$$

根据扭转强度条件，可对受扭转的圆轴进行强度校核、截面尺寸设计和确定许用载荷。

(2) 刚度计算

对于轴类构件，有时还要求不产生过大的扭转变形，例如机床主轴若产生过大的扭转变形，将引起剧烈的扭转振动，影响工件的加工精度和表面光洁度。凡是精度要求较高的轴，就需要同时满足强度和刚度条件。圆轴扭转时的刚度条件是：最大的单位长度扭转角 φ'_{max} 不得超过许用单位长度扭转角$[\varphi']$，单位为弧度/米(rad/m)。即

$$\varphi'_{max} = \frac{T}{GI_p} \leqslant [\varphi'] \tag{1-3-11}$$

【例 2】 某机器传动轴如图 1-3-9(a)所示，主动轮 B 输入功率 $P_B = 30$ kW，从动轮 A、C、D 输出功率分别为 $P_A = 15$ kW，$P_C = 10$ kW，$P_D = 5$ kW。轴的转速 $n = 500$ r/min，轴的$[\tau] = 40$MPa，$[\varphi'] = 1°/m$，剪切弹性模量 $G = 80$GPa。试按轴的强度和刚度设计轴的直径。

解：(1)计算外力偶矩

$$M_{eB} = 9550\frac{P_B}{n} = 9550\frac{30}{500}(\text{N}\cdot\text{m}) = 573 \quad \text{N}\cdot\text{m}$$

$$M_{eA} = 9550\frac{P_A}{n} = 9550\frac{15}{500}(\text{N}\cdot\text{m}) = 286.5(\text{N}\cdot\text{m})$$

$$M_{eC} = 9550\frac{P_C}{n} = 9550\frac{10}{500}(\text{N}\cdot\text{m}) = 191(\text{N}\cdot\text{m})$$

$$M_{eD} = 9550\frac{P_D}{n} = 9550\frac{5}{500}(\text{N}\cdot\text{m}) = 95.5(\text{N}\cdot\text{m})$$

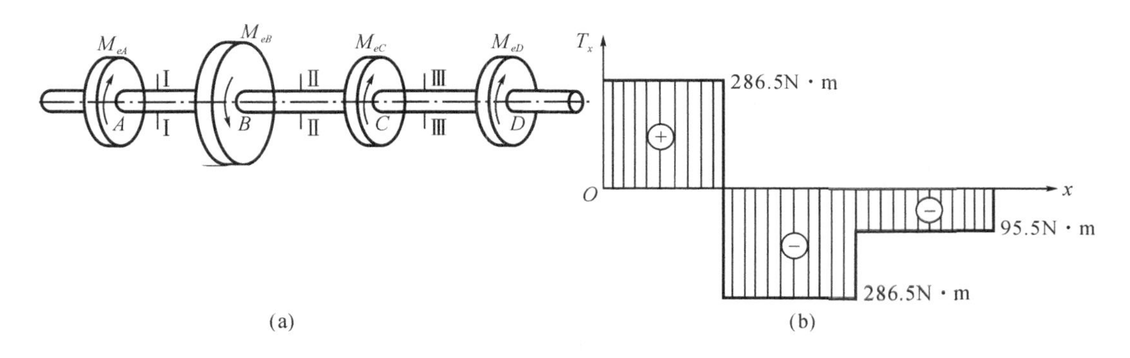

图 1-3-9 传动轴直径设计

(2)计算扭矩。应用截面法求出各截面上的扭矩得

AB 段 $T_1 = \sum M_{ei} = M_{eA} = 286.5\ (\text{N} \cdot \text{m})$

BC 段 $T_2 = \sum M_{ei} = M_{eA} - M_{eB} = 286.5\ (\text{N} \cdot \text{m}) - 573\ (\text{N} \cdot \text{m}) = -286.5(\text{N} \cdot \text{m})$

CD 段 $T_3 = \sum M_{ei} = -M_{eD} = -95.5\ (\text{N} \cdot \text{m})$

根据各段扭矩画扭矩图如图 1-3-9(b) 所示。由扭矩图可看出，轴 AB 和 BC 段为危险截面，其最大扭矩值为 $T_{\max} = 286.5\ (\text{N} \cdot \text{m})$。

(3) 按强度条件计算轴的直径 d。

$$\tau_{\max} = \frac{T_{\max}}{W_p} = \frac{286.5 \times 10^3}{\frac{\pi}{16} d^3} \leqslant [\tau] = 40(\text{MPa})$$

$$d \geqslant \sqrt[3]{\frac{16 \times 286.5 \times 10^3}{40 \times \pi}} = 33.2(\text{mm})$$

(4)按刚度条件计算轴的直径 d。

$$\varphi'_{\max} = \frac{T_{\max} \times 180}{GI_p \pi} = \frac{286.5 \times 10^3 \times 180}{80 \times 10^3 \times \frac{\pi d^4}{32} \times \pi} \leqslant [\varphi'] = 1$$

$$d \geqslant \sqrt[4]{\frac{32 \times 286.5 \times 10^3 \times 180}{80 \times 10^3 \times \pi^2 \times 10^{-3}}} = 38(\text{mm})$$

为了使轴同时满足强度和刚度要求，轴的直径 $d \geqslant 38\text{mm}$。

1.3.2 梁的平面弯曲

1. 平面弯曲概念

弯曲是工程中最常见的一种基本变形，如图 1-3-10(a)所示火车轮轴，图 1-3-10(b)所示行车大梁的变形都是弯曲变形。所谓的弯曲变形是指杆的轴线由直线变成曲线，以弯曲变形为主的杆件称为梁。梁的受力特点是在轴线平面内受到力偶矩或垂直于轴线方向的外力的作用。

如果梁上所有的外力都作用于梁的纵向对称平面内，则变形后的轴线将在纵向对称平面内形成一条平面曲线。这种弯曲称为平面弯曲。平面弯曲是最常见最简单的弯曲变形。

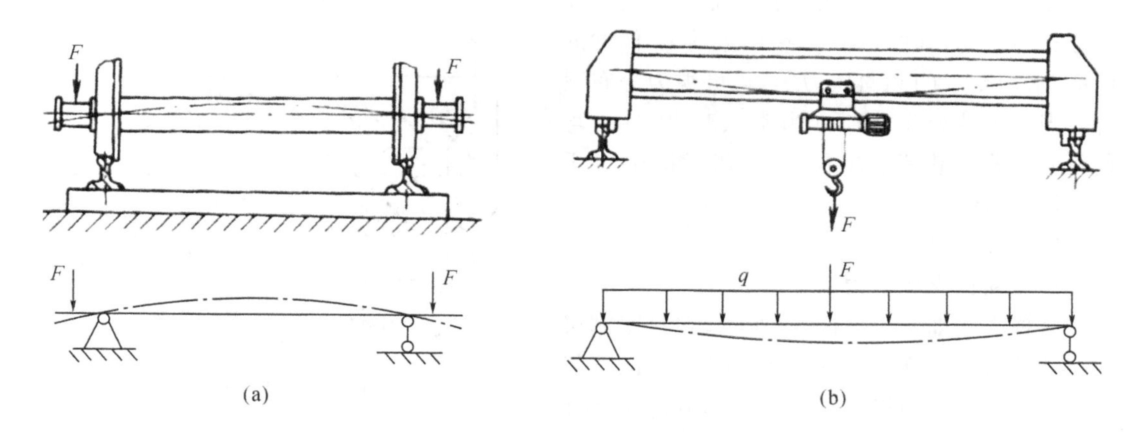

图 1-3-10 平面弯曲

2. 梁的类型及载荷的简化

梁上的荷载和支承情况一般比较复杂，为便与分析和计算，在保证足够精度的前提下，需要对梁进行力学简化。

(1)梁的简化

为了绘图的方便，首先对梁本身进行简化，通常用梁的轴线来代替实际的梁，如图所示。

(2)梁的基本形式

按照支座对梁的约束情况，通常将支座简化为以下三种形式：固定铰链支座、活动铰链支座和固定端支座。根据梁的支承情况，一般可把梁简化为以下三种基本形式。

1)简支梁：一端为固定铰链支座，另一端为活动铰链支座，如图 1-3-11(a)。

2)悬臂梁：一端为固定端支座，另一端自由的梁，如图 1-3-11(b)。

3)外伸梁：一端或两端伸出支座之外的简支梁，如图 1-3-11(c)。

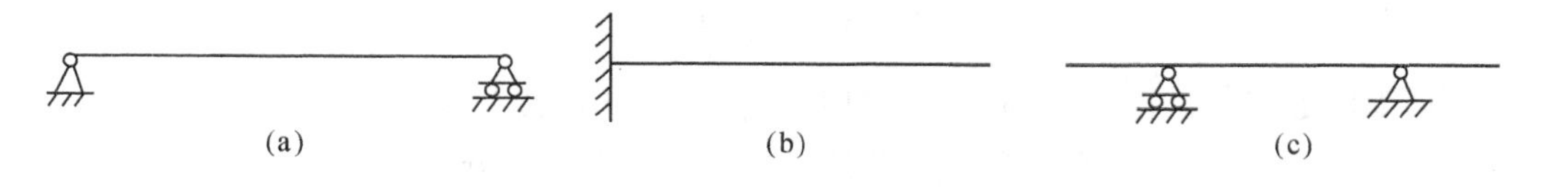

图 1-3-11 梁的基本形式

以上三种梁的未知约束反力最多只有三个，应用静力平衡条件就可以确定这三种形式梁的内力。

(3) 荷载分类

作用在梁上的载荷通常可以简化为以下三种类型：

1)集中荷载　　载荷的作用范围和梁的长度相比较是很小时，可以简化为作用于一点的力，称为集中荷载或集中力，如图 1-3-12 中的载荷 F。单位为牛(N)或千牛(kN)。

2)集中力偶　　当梁的某一小段内(其长度远远小于梁的长度)受到力偶的作用，可简化为作用在某一截面上的力偶，称为集中力偶，如图 1-3-12 所示的力偶 M。它的单位为牛·米(N·m)或千牛·米(kN·m)。

3)分布载荷　梁的全长或部分长度上连续分布的载荷,如图 1-3-12 中的载荷 q。像梁的自重,水坝受水的侧向压力等,均可视为分布载荷。当梁上的分布载荷 q 为常数时,则称为均布载荷。分布载荷的单位为牛/米(N/m)或千牛/米(k/m)。

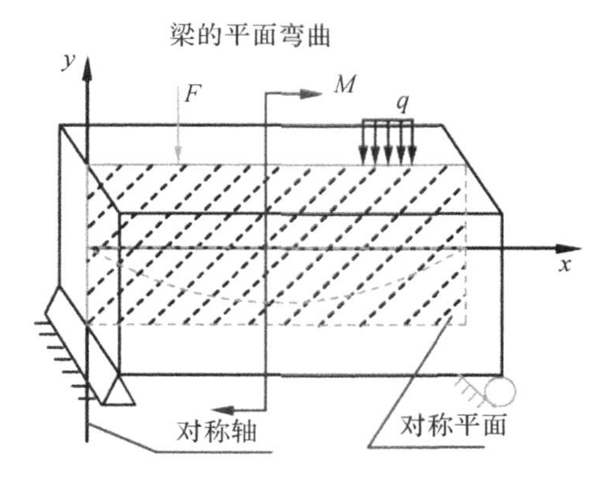

图 1-3-12　载荷类型

(4)梁的支座反力

1)可动铰支座反力

这种支座如图 1-3-13(a)所示,它只限制梁在支承处沿垂直于支承面方向的位移,但不能限制梁在支承处沿平行于支承面的方向移动和转动。故其只有一个垂直于支承面方向的支座反力 F_{Ry}。

2)固定铰支座反力

这种支座如图 1-3-13(b)所示,它限制梁在支座处沿任何方向的移动,但不限制梁在支座处的转动。故其反力一定通过铰中心,但大小和方向均未知,一般将其分解为两个相互垂直的分量:水平分量 F_{Rx} 和竖向分量 F_{Ry},即可认为该支座有两个支座反力。

3)固定端支座反力

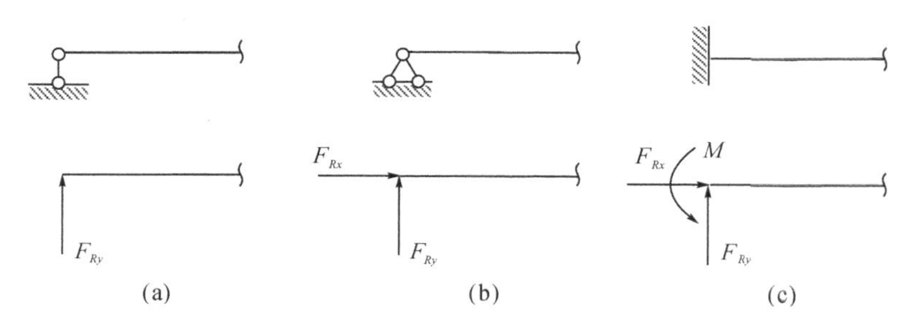

图 1-3-13　支座反力

这种支座如图 1-3-13(c)所示,它既限制梁在支座处的线位移,也限制其角位移。支座反力的大小、方向都是未知的,通常将该支座反力简化为三个分量 F_{Rx}、F_{Ry} 和 M,即可认为该支座有三个支座反力。

3. 平面弯曲内力——剪力和弯矩

为了对梁进行强度和刚度计算,必须首先确定梁在荷载作用下任一横截面上的内力。如图 1-3-14 所示,F_Q 是 m-m 横截面上切向分布内力分量的合力,称为横截面 m-m 上的剪力。M 是横截面上法向分布内力分量的合力偶矩,称为横截面 m-m 上的弯矩。弯曲梁指定截面的内力采用截面法求解。由平衡条件可得梁的内力即使梁产生剪切变形的剪力和产生弯曲变形的弯矩。根据平衡方程,有:$F_Q=F_A-F_3$,$M=F_Ax-F_3(x-a)$。

为了使由左段或右段求得的同一截面上的剪力和弯矩不但在数值上相等,而且在符号上也相同,将剪力和弯矩的正负符号规定如下:如图 1-3-15 所示,使微段梁左侧截面向上、右侧截面向下相对错动的剪力为正,反之为负。使微段梁产生上凹弯曲变形的弯矩为正,反之为负。即“左上右下,剪力为正,反之为负;上凹下凸,弯矩为正,反之为负。”

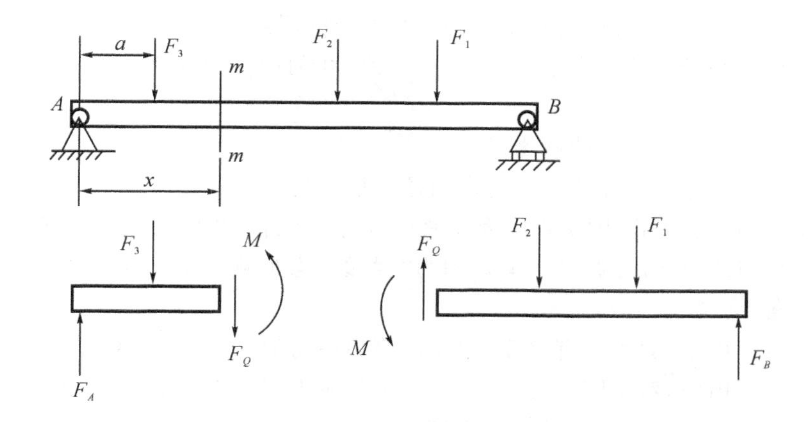

图 1-3-14　平面弯曲内力

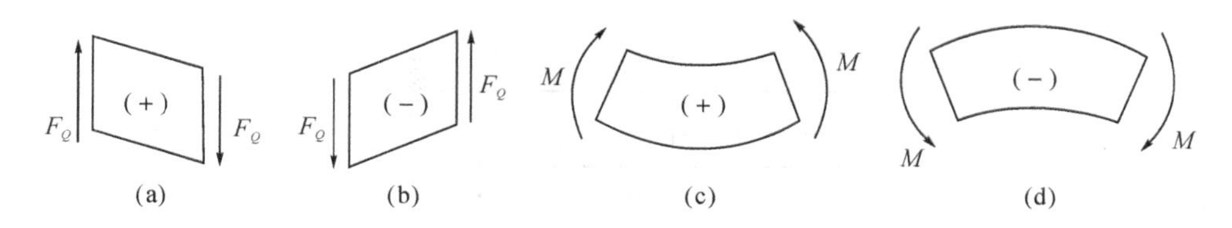

图 1-3-15　剪力与弯矩的方向

按此规定，对于一个横截面上的剪力和弯矩，无论是以截面左段上还是右段上的外力来计算，其结果非但数值相等，其符号也是一样的。

综上所述，将弯曲梁的内力的求法归纳起来，即：

1)在欲求梁内力的横截面处将梁切开，任取一段作为研究对象；

2)画出所取梁段的受力图，将横截面上的剪力和弯矩均设为正；

3)由脱离体平衡方程分别计算剪力和弯矩。

4. 剪力图和弯矩图

(1)剪力方程和弯矩方程

一般情形下，梁横截面上的剪力和弯矩随横截面位置的变化而变化。设横截面沿梁轴线的位置用坐标 x 表示，则各个截面上的剪力和弯矩可以表示为坐标 x 的函数：

$$F_Q=-q\cdot x;\quad M=M(x) \qquad (1\text{-}3\text{-}12)$$

两式分别称为剪力方程和弯矩方程。

(2)剪力图和弯矩图

绘制剪力图和弯矩图的目的是为了形象地表示出剪力和弯矩沿梁长的变化情况，从而可确定梁上最大剪力和最大弯矩的数值及其作用的横截面位置。一般以梁的左端为原点，以横坐标表示梁横截面的位置，以纵坐标表示相应截面上的剪力或弯矩的数值，一般将正的剪力或弯矩画在 x 轴上方，负的剪力或弯矩画在 x 轴下方。这样得出的曲线图分别称为剪力图和弯矩图。利用剪力方程和弯矩方程画剪力图和弯矩图的基本思路为：

1)求约束力。

2)建立剪力方程和弯矩方程。

3)分段。集中力、集中力偶的作用点和分布载荷的起始、终止点都是分段点。

4)标值。计算各分段点及极值点的 F_Q、M 值,并利用微分关系判断各段剪力、弯矩的大致形状。

5)连线。连成直线或光滑的抛物线。

另外,作剪力图、弯矩图和梁上载荷之间还有如下规律:

1)梁上没有均布载荷作用的部分,剪力图为水平直线,弯矩图为倾斜直线。

2)梁上有均布载荷作用的一段,弯矩图为抛物线,均布载荷向下时抛物线开口向下。反之抛物线开口向上。

3)在集中力作用处,剪力图有突变,突变值为集中力的大小;弯矩图有折角。

4)集中力偶作用处,弯矩图有突变,突变值为集中力偶的力偶矩;对剪力图无影响。

【例 3】 图 1-3-16(a)所示的悬臂梁,自由端作用集中力 F,试作梁的剪力图和弯矩图。

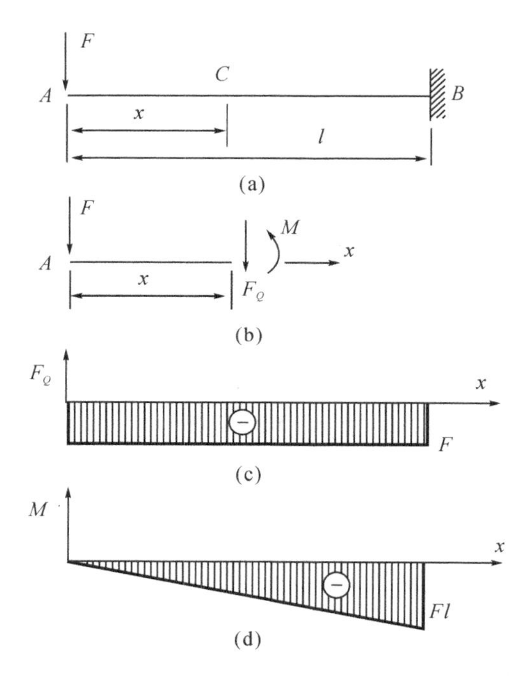

图 1-3-16 剪力与弯矩

(1)悬臂梁作用了集中载荷 F,由于悬臂梁的特殊性可避免求解约束反力。

(2)写出 x 截面的剪力方程和弯矩方程

$$\begin{cases} F_Q(x) = -F \\ M(x) = -Fx \end{cases}$$

(3)按方程绘制剪力图和弯矩图,显然梁上剪力处处相等,弯矩最大值则发生在 B 点。

$$\begin{cases} F_{Q\max} = F \\ M_{\max} = Fl \end{cases}$$

【例 4】 图 1-3-17(a)所示的外伸梁,尺寸及荷载如图所示,其中 $q=5(\mathrm{kN/m})$,$M_e=8\mathrm{k(N \cdot m)}$,试作梁的剪力图和弯矩图。

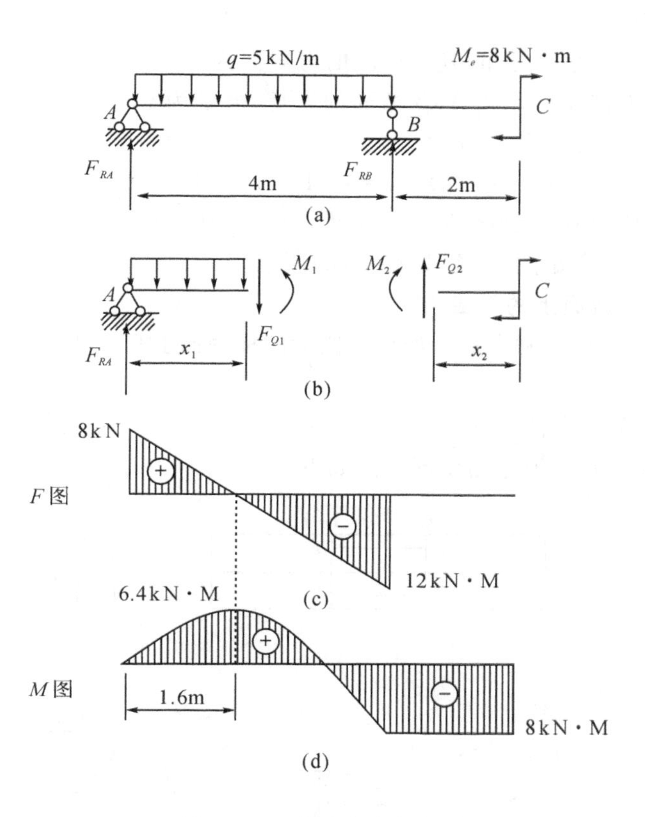

图 1-3-17　剪力与弯矩

(1)梁上作用有均匀载荷 q 和集中力偶 M_e，根据力的平衡方程可以求出支座反力：

$$F_{RA}=8(\text{kN}), F_{RB}=12(\text{kN})$$

(2)对于该梁，可分为 AB 和 BC 两段。利用截面法，写出 AB 段 x_1 截面处的剪力方程和弯矩方程

$$\begin{cases} F_Q(x_1)=F_{RA}-qx_1=8-5x_1 \\ M(x_1)=F_{RA}x_1-q(x_1)^2/2=8x_1-5(x_1)^2/2 \end{cases}$$

同理，写出 BC 段 x_2 截面处的剪力方程和弯矩方程

$$\begin{cases} F_Q(x_2)=0 \\ M(x_2)=-M_e=-8(\text{kN}\cdot\text{m}) \end{cases}$$

(3)绘制剪力图。

AB 段：根据计算，在 A 截面处，梁的剪力为 8(kN)。在 B 截面处(左)，梁的剪力为 −12(kN)。在剪力图中，分别作 A 截面和 B 截面(左)的剪力，并连接成直线。也可以看得出，在 AB 段内有 D 截面，其剪力为 0。由平衡方程可知：

$$F_{RA}-qx_D=8-5x_D=0$$

于是可求得 $x_D=1.6\text{m}$

BC 段：由剪力方程可知，BC 段的剪力均为 0。于是在剪力图中，画一条值为 0 的水平线。绘制完成的剪力图如图 1-3-17(c)所示。

(4)绘制弯矩图。

AB 段:根据弯矩方程可知,其 AB 段的弯矩图为开口向下的抛物线,并在 D 截面处有一极值,而 BC 段为直线。计算 A、B 截面的弯矩,分别为 0(kN·m)、−8(kN·m)。D 截面的极值可由弯矩方程进行求解:

$$M_D = F_{RA}x_D - q(x_D)^2/2 = 8\times1.6 - 5\times1.6^2/2 = 6.4(\text{kN}\cdot\text{m})$$

BC 段:梁的 BC 段的弯矩图为一水平线,值为−8kN·m。

最后作出该梁的弯矩图,如图 1-3-17(d)所示。

5. 纯弯曲梁横截面上的正应力

梁弯曲的内力为剪力和弯矩。如果某段梁的横截面上只有弯矩,没有剪力,这种情形称为纯弯曲。

(1)纯弯曲梁变形特点和假设

观察图 1-3-18 的梁,纯弯曲变形特点如下:

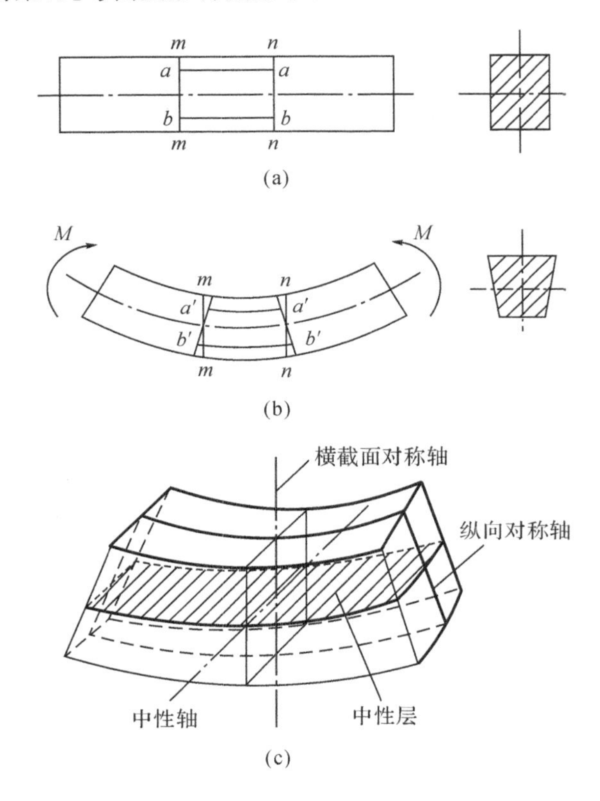

图 1-3-18　纯弯曲梁

1)横向线仍为直线,且与纵向线正交。但相对变形前转过了一个角度。

2)纵向线弯曲成圆弧形,其间距不变。

根据上述现象,可对梁的变形提出如下假设:

1)平面假设:梁弯曲变形后,其横截面仍为平面,且垂直于梁的轴线,只是绕中性轴转过了一个微小的角度。

2)单向受力假设:梁由无数纵向纤维组成,这些纤维处于单向受拉或单向受压状态。纵

向纤维中有一个既不受拉又不受压的中性层。中性层与横截面的交线，称为中性轴。

（2）弯曲正应力的计算

由平面假设，矩形截面梁在纯弯曲时的应力分布有如下特点：

1）中性轴上线应变为零，正应力为零。

2）横截面上的正应力沿横截面高度方向是线性分布的。

正应力正负规定：拉应力为正，压应力为负。

如图 1-3-19 所示，在纯弯曲梁的横截面上任取一微面积 dA，微面积的内力为 σdA，由于横截面上的内力只有弯矩，所以横截面上微力的合力必为零。而梁横截面上的微内力对中性轴 z 的合力矩就是弯矩 M，即

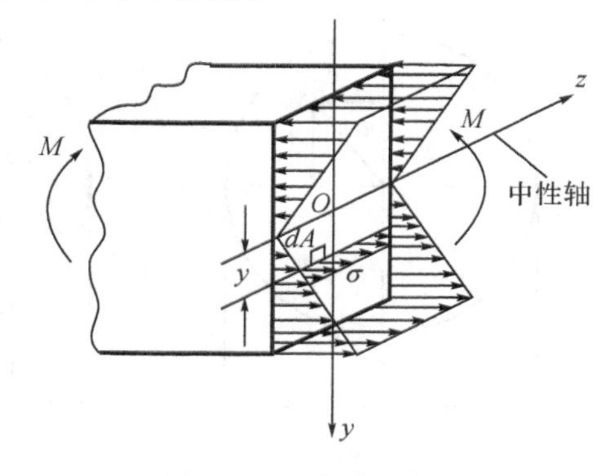

图 1-3-19　弯曲正应力

$$\left.\begin{aligned} F_n &= \int_A \sigma \mathrm{d}A = 0 \\ M &= \int_A y\sigma \mathrm{d}A \end{aligned}\right\} \tag{1-3-13}$$

在比例极限内，由胡克定律有

$$\sigma = E\varepsilon \tag{1-3-14}$$

由变形几何关系，距中性层 y 处的线应变为 $\varepsilon = \dfrac{y}{\rho}$（$\rho$ 为中性层的曲率半径），则

$$\left.\begin{aligned} \sigma &= E\varepsilon = E\frac{y}{\rho} \\ M &= \frac{E}{\rho}\int_A y^2 \mathrm{d}A \end{aligned}\right\} \tag{1-3-15}$$

式中 $\int_A y^2 \mathrm{d}A$ 是横截面对中性轴 z 的截面二次矩，用 I_z 表示，又称惯性矩，单位 m^4，于是上式可改为

$$\frac{1}{\rho} = \frac{M}{EI_z} \tag{1-3-16}$$

这就是梁的曲率公式。式中 EI_z 反映了梁抵抗弯曲变形的能力，称为梁的抗弯刚度。将此式代回式（1-3-14）可得纯弯曲时横截面上的正应力计算公式

$$\sigma = \frac{My}{I_z} \tag{1-3-17}$$

由式（1-3-17）可知，横截面上最大正应力发生在距中性轴最远的各点处，即

$$\sigma_{\max} = \frac{My_{\max}}{I_z} \tag{1-3-18}$$

令 $W_z = \dfrac{I_z}{y_{\max}}$，$W_z$ 称为横截面对中性轴 z 的抗弯截面模量，单位为 cm^3 或 mm^3。则

$$\sigma_{\max} = \frac{M}{W_z} \tag{1-3-19}$$

(3) 惯性矩以及弯曲截面系数的计算

常见梁的截面有实心圆截面、空心圆截面和矩形截面如图 1-3-20 所示。

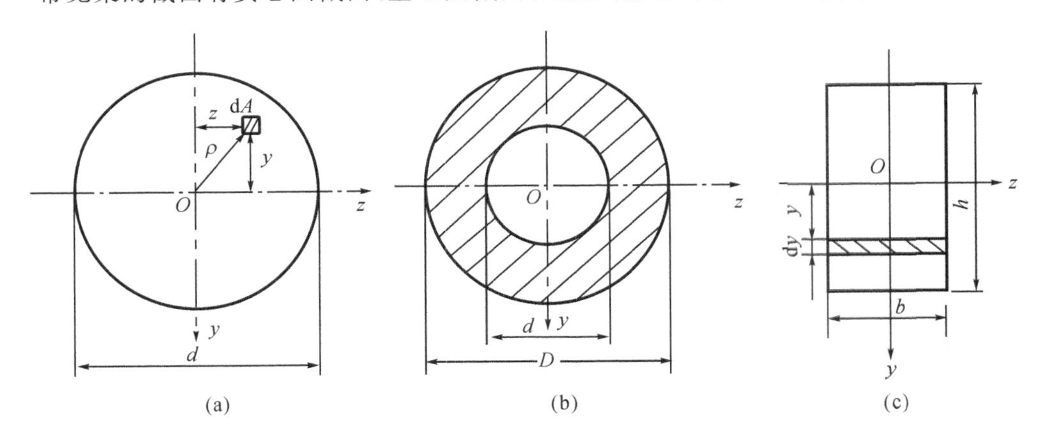

图 1-3-20 常见梁的截面

1)实心圆形截面

$$I_z=\frac{\pi d^4}{64} \tag{1-3-20}$$

$$W_z=\frac{\pi d^3}{32} \tag{1-3-21}$$

2)空心圆截面

$$I_z=\frac{\pi d^4}{64}(1-\alpha^4),\qquad \alpha=\frac{d}{D} \tag{1-3-22}$$

$$W_z=\frac{\pi d^3}{32}(1-\alpha^4) \tag{1-3-23}$$

3)矩形截面

$$I_z=\frac{bh^3}{12}\quad(\text{中性轴 } z \text{ 与矩形 } h \text{ 边垂直}) \tag{1-3-24}$$

$$W_z=\frac{bh^2}{6} \tag{1-3-25}$$

4)平行移轴公式

同一平面图形对于平行的两坐标轴的惯性矩是不相同的。如图 1-3-21 所示，一任意平面图形，其面积为 A，形心为 c 点，z 轴为形心轴，z_1 轴与 z 轴平行。两轴之间的距离为 d，可以证明 I_z、I_{z1} 之间存在如下关系

$$I_{z1}=I_z+Ad^2 \tag{1-3-26}$$

式(1-3-26)称为惯性矩的平行移轴公式。相对于中性轴不对称的截面，其惯性矩可由平行移轴公式进行计算。

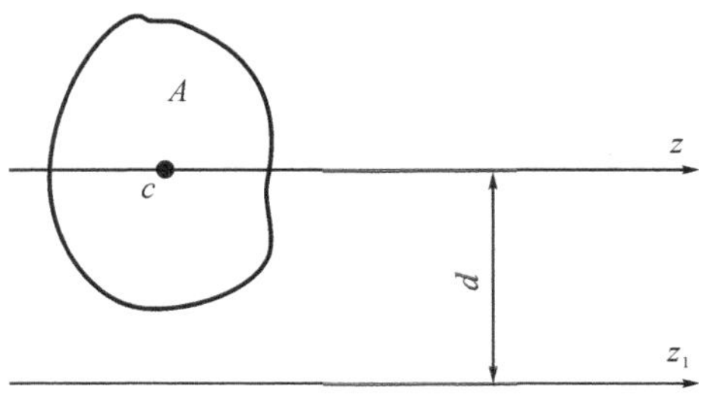

图 1-3-21 平行移轴

6. 梁的强度计算

在进行梁的强度计算时，首先应确定梁的危险截面和危险点。一般情况下，对于等截面直梁，其危险点在弯矩最大的截面上的上下边缘处，即最大正应力所在处。

（1）强度条件

危险点的最大工作应力应不大于材料在单向受力时的许用应力，强度条件为：

$$\sigma_{\max}=\frac{M_{\max}}{W_z}\leqslant[\sigma] \qquad (1\text{-}3\text{-}27)$$

式中，$\sigma_{\max}$为危险点的应力。考虑到材料的力学性质和截面的几何性质，判定危险点的位置是建立强度条件的主要问题。

对于像铸铁之类的脆性材料，许用拉应力和许用压应力并不相等，要分别计算。在设计梁的截面时，一般只进行正应力强度条件计算就可以了，必要时再进行切应力强度校核。

（2）强度条件三类问题

1）强度校核　利用式（1-3-27）验算梁的强度是否满足强度条件，判断梁在工作时是否安全。

2）截面设计　根据梁的最大载荷和材料的许用应力，确定梁截面的尺寸和形状，或选用合适的标准型钢。

$$W_z\geqslant\frac{M_{\max}}{[\sigma]} \qquad (1\text{-}3\text{-}28)$$

3）确定许用载荷　根据梁截面的形状和尺寸及许用应力，确定梁可承受的最大弯矩，再由弯矩和载荷的关系确定梁的许用载荷。

$$M_{\max}\leqslant W_z[\sigma] \qquad (1\text{-}3\text{-}29)$$

【例5】　图1-3-22所示为一矩形截面简支梁，梁的跨度$L=5\text{m}$，截面高$h=180\text{mm}$，宽$b=90\text{mm}$，均布载荷$q=3.6\text{kN/m}$，许用应力$[\sigma]=10\text{MPa}$，试校核此梁的强度，并确定许可载荷。

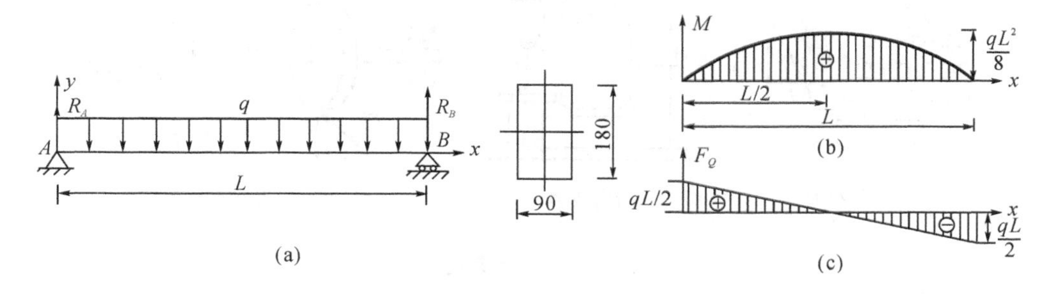

图1-3-22　梁的强度计算

解：（1）强度校核。

绘出梁的弯矩图，如图1-3-22（b）所示，梁的最大弯矩在跨度中点截面处，其值为

$$M_{\max}=\frac{qL^2}{8}=\frac{3.6(\text{kN/m})\times5^2(\text{m}^2)}{8}=11.25(\text{kN}\cdot\text{m})$$

$$W_z=\frac{bh^2}{6}=\frac{90\text{mm}\times180^2\text{mm}^2}{6}=0.486\times10^6\text{mm}^3=0.486\times10^{-3}\text{m}^3$$

梁内最大正应力为

$$\sigma_{max}=\frac{M_{max}}{W_z}=\frac{11.25\times10^3(N\cdot m)}{0.486\times10^{-3}m^3}=23.15MPa>[\sigma]$$

故梁的强度不够。

(2)确定许可载荷。

根据强度条件 $\sigma_{max}=\frac{M_{max}}{W_z}\leqslant[\sigma]$有

$$M_{max}\leqslant[\sigma]\cdot W_z$$

已知$[\sigma]\cdot W_z=10\times10^6\times0.486\times10^{-3}=4860(N\cdot m)$

又 $$M_{max}=\frac{qL^2}{8}=\frac{q\times5^2}{8}=\frac{25q}{8}$$

最后计算可知 $$q\leqslant\frac{8}{25}\times4860(N\cdot m)=1.56(kN/m)$$

所以梁允许承受的最大均布载荷 $q=1.56(kN/m)$

1.3.3 零件组合变形强度计算

组合变形是机械工程中常见的情形。一般传动轴在发生扭转的同时常伴随着弯曲，在弯曲较小的情形下可以只按扭转进行设计计算；在弯曲较大时就应按组合变形处理。构件和结构的安全性大部分取决于构件的强度和刚度。在外界的条件下，因构件强度不够而发生断裂、屈服等现象，所以需要对构件的稳定性进行分析。

1. 组合变形基本原理

前面讨论了构件的拉伸(压缩)、剪切、扭转和弯曲四种基本变形时的强度和刚度问题。但在工程实际中，许多构件受到外力作用时，将同时产生两种或两种以上的基本变形。例如，图 1-3-23 中所示车刀的变形为压缩与弯曲，夹具为拉伸与弯曲，传动轴为弯曲与扭转。

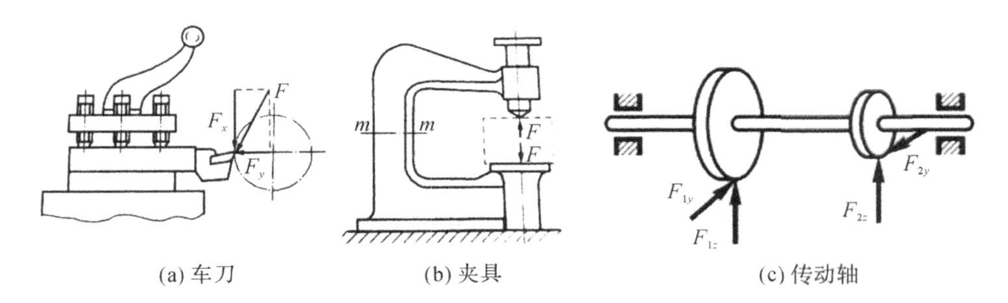

图 1-3-23 组合变形实例

在这时，只讨论弯曲与扭转的组合。

处理组合变形问题的基本方法是叠加法，将组合变形分解为基本变形，分别考虑在每一种基本变形情况下产生的应力和变形，然后再叠加起来。组合变形强度计算的步骤一般如下：

1)外力分析 将外力分解或简化为几种基本变形的受力情况；

2)内力分析 分别计算每种基本变形的内力，画出内力图，并确定危险截面的位置；

3)应力分析 在危险截面上根据各种基本变形的应力分布规律，确定出危险点的位置

及其应力状态。

4)建立强度条件　将各基本变形情况下的应力叠加,然后建立强度条件进行计算。

2. 弯扭组合变形强度计算

强度理论是研究复杂应力状态下材料破坏或屈服规律的假说,研究构件组合变形时的强度问题时,通用有四种强度理论。第一强度理论又称为最大拉应力理论,其表述是材料发生断裂是由最大拉应力引起,即最大拉应力达到某一极限值时材料发生断裂。第二强度理论又称为最大拉应变理论,其表述是材料发生断裂是由最大拉应变引起。第三强度理论又称为最大切应力理论,其表述是材料发生屈服是由最大切应力引起的。第四强度理论又称为畸变能理论,其表述是材料发生屈服是畸变能密度引起的。

对于塑性材料制成的转轴,因其抗拉、压强度相同,故只需取一点研究,一般采用第三或第四强度理论进行计算,相当应力分别为

$$\sigma_{r3}=\sqrt{\sigma^2+4\tau^2}\quad \sigma_{r4}=\sqrt{\sigma^2+3\tau^2} \tag{1-3-30}$$

对于圆轴,由于 $W_P=2W_z$,可得到按第三和第四强度理论建立的强度条件为

$$\sigma_{r3}=\frac{\sqrt{M^2+T^2}}{W_z}\leqslant[\sigma] \tag{1-3-31}$$

$$\sigma_{r4}=\frac{\sqrt{M^2+0.75T^2}}{W_z}\leqslant[\sigma] \tag{1-3-32}$$

以上两式只适用于由塑性材料制成的弯扭组合变形的圆截面和空心截面杆。

在应用第三强度理论对弯扭组合变形圆轴进行强度计算、校核时,由于机器运转不可能完全均匀,且有扭转振动的存在,因此常用式(1-3-33)计算轴的当量弯矩。

$$M_e=\sqrt{M^2+(\alpha T)^2} \tag{1-3-33}$$

上式中 α 为扭矩变化特点而取的经验系数,不变扭矩取值 $\alpha=0.3$;脉动循环扭矩取 $\alpha=0.6$;对称循环扭矩 $\alpha=1$。为安全计,机器中的弯扭组合变形圆轴常按脉扭转矩计算。

【例 6】　已知轴 AB 的中点装有一重 $G=5\text{kN}$,直径 $d=1.2\text{m}$ 的皮带轮,其两边的拉力分别为 $P=3\text{kN}$ 和 $2P=6\text{kN}$。轴长 1.6m 并通过联轴器和电动机联接,如图 1-3-24(a)所示。试按第三强度理论设计轴的直径。轴的$[\sigma]=50\text{MPa}$,脉动循环扭矩 $\alpha=0.6$。

解:(1)分析轴的变形

轮中点受力 Q 为轮重和皮带轮所受拉力之和,即 $Q=5+3+6=14\text{kN}$,轴的计算简图如图 1-3-24(b)所示。Q 与 A、B 处的反力 F_{RA}、F_{RB} 使轴产生弯曲,轴中点还受皮带拉力产生的力矩作用,其值为

$$M_f=6\times0.6-3\times0.6=1.8k(\text{N}\cdot\text{m})$$

轴 B 端作用有电机输入的扭矩 M_k。M_f 和 M_k 使轴产生扭转,故 AB 轴的变形为弯曲与扭转的组合变形。

(2)分析轴的内力

画出轴的扭矩图和弯矩图,如图 1-3-24(c)、(d)所示。根据内力图,可知轴的危险截面为中点稍偏右的截面,轴的弯矩为

$$M_{\max}=\frac{Ql}{4}=\frac{14\times10^3\times1.6}{4}=5.6(\text{kN}\cdot\text{m})$$

轴右半段各截面上的扭矩值均相等,其值为

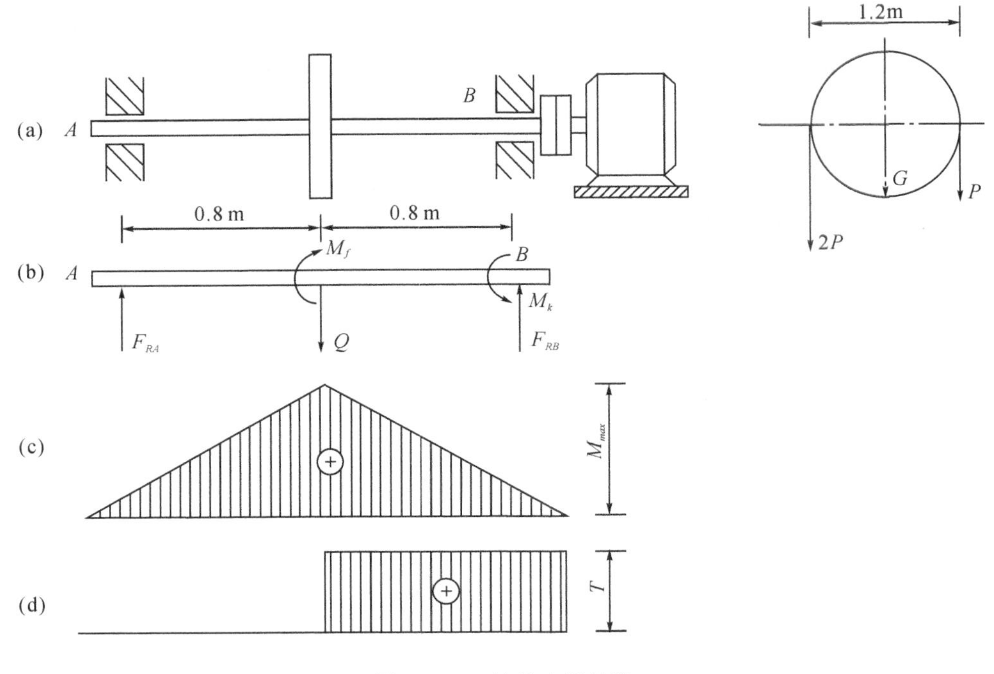

图 1-3-24　轴的直径计算

$$T=M_f=1.8(\mathrm{kN}\cdot\mathrm{m})$$

(3)按第三强度理论计算轴的直径。

由 $\dfrac{\sqrt{M^2+(\alpha T)^2}}{W_z}\leqslant[\sigma]$ 有：

$$W_z\geqslant\frac{\sqrt{M^2+(\alpha T)^2}}{[\sigma]}=\frac{\sqrt{(5.6\times10^6)^2+(0.6\times1.8\times10^6)^2}}{50}=114.06\times10^3(\mathrm{mm}^3)$$

因为 $W_z=\dfrac{\pi d^3}{32}$，带入数据求得 $d\geqslant105.13\mathrm{mm}$

取 $d=110\mathrm{mm}$。

【任务实施】

1. 工作任务分析

该轴为某圆柱直齿齿轮减速器的主动轴，轴的右端有转矩 T，轴的齿轮段有圆周力 F_t 和径向力 F_r，安装轴承处存在着支反力 F_A 和 F_C。在本项目任务一中，已经求出圆周力 F_t 和径向力 F_r，以及该轴水平面内的支反力 F_{HA}、F_{HC} 和垂直面内的支反力 F_{VA}、F_{VC}。本任务的工作内容，包括求解并绘制的弯矩图，求解并绘制轴的当量弯矩图，判断危险截面并利用强度条件进行校核。

2. 解题思路

(1)求圆周力与径向力(解法见本项目任务 1)

圆周力：$F_t=3711.8\mathrm{N}$

径向力：$F_r=1351\mathrm{N}$

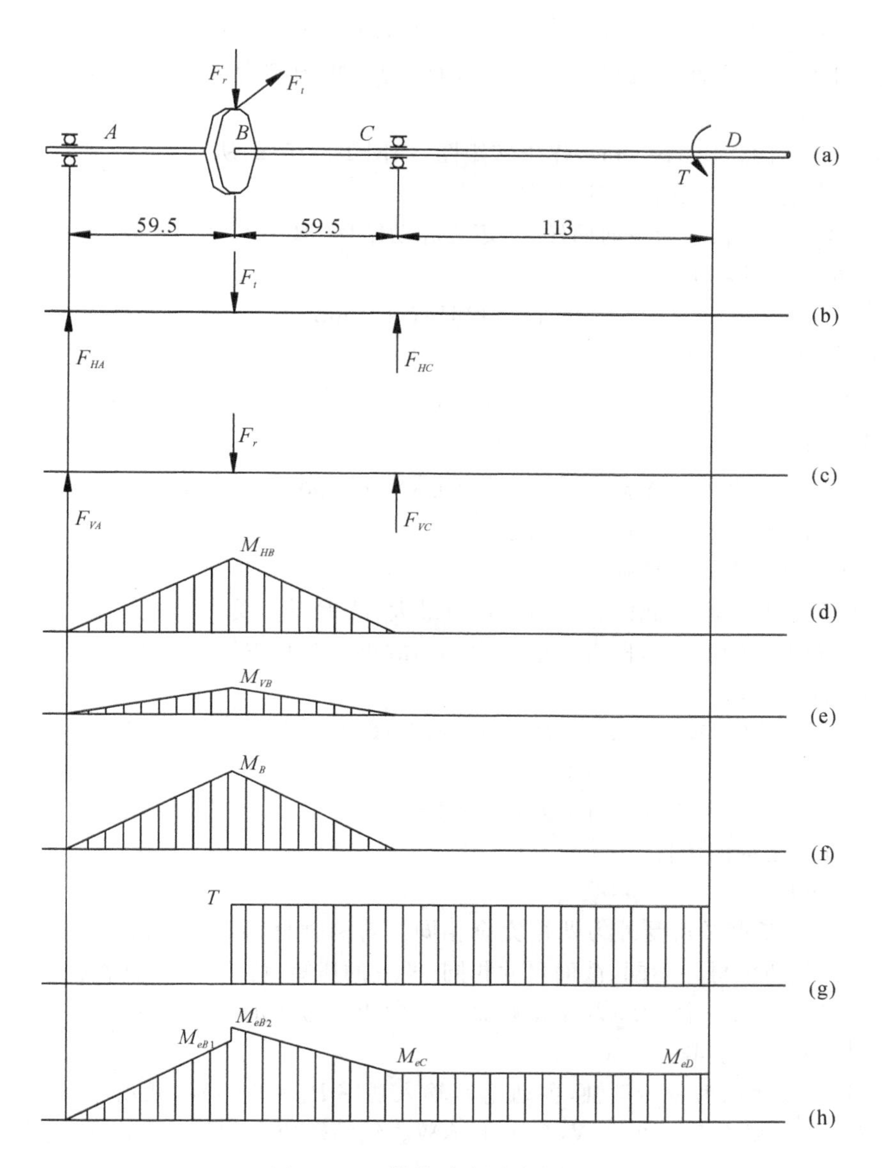

图 1-3-25 轴的受力图及弯矩图

F_t、F_r 的方向如图 1-3-25(a)所示。

(2)求轴承支反力(解法见本项目任务 1)

水平面的支反力：$F_{HA}=F_{HC}=1855.9$ N

垂直面的支反力：$F_{VA}=F_{VC}=675.5$ N

F_{HA}、F_{HC} 的方向如图(b)所示，F_{VA}、F_{VC} 的方向如图(c)所示。

(3)计算弯矩并绘制弯矩图

B 截面的水平弯矩：$M_{HB}=F_{HA}\times 59.5=11855.9\times 59.5=110427$ (N·mm)

B 截面的垂直弯矩：$M_{VB}=F_{HB}\times 59.5=675.5\times 59.5=40192$ (N·mm)

B 截面的合成弯矩：

$M_B=\sqrt{M_{HB}^2+M_{VB}^2}=\sqrt{110427^2+40192^2}=117514$ (N·mm)

分别作出该轴水平面内的弯矩图、垂直面内的弯矩图和合成弯矩图，如图 1-3-25(d)、(e)、(f)所示。

(4)根据 $T=122.49$ (N·m)，作出转矩图，如图 1-3-25(g)所示。

(5)计算当量弯矩并绘制当量弯矩图

因为该轴为工作状态为单向回转，转矩为脉动循环，取 $\alpha=0.6$。于是，有：

B 截面左的当量弯矩：

$$M_{eB1}=117514(\text{N}\cdot\text{mm})$$

B 截面右的当量弯矩：

$$M_{eB2}=\sqrt{M_B^2+(\alpha T)^2}=\sqrt{117514^2+(0.6\times122490)^2}=138603(\text{N}\cdot\text{mm})$$

CD 段的当量弯矩：

$$M_{eC}=M_{eD}=\sqrt{M_B^2+(\alpha T)^2}=\sqrt{(0.6\times122490)^2}=73494(\text{N}\cdot\text{mm})$$

作出该轴的当量弯矩图，如图 h 所示。

(6)判断危险截面并校核强度

由当量弯矩图可知，B 截面右的当量弯矩最大，故 B 截面为危险截面，需要进行强度校核。同时，也考虑到轴的最右段直径最小为ϕ30，故也应对其进行强度校核。

B 截面右的应力：

$$\sigma_{eB2}=M_{eB2}/W=M_{eB2}/(0.1\cdot d^3)=138603/(0.1\times58.5^3)=6.92\ \text{MPa}<[\sigma_{-1b}]$$

D 截面左的应力：

$$\sigma_{eD}=M_{eD}/W=M_{eD}/(0.1\cdot d^3)=73494/(0.1\times30^3)=27.22\ \text{MPa}<[\sigma_{-1b}]$$

所以该轴满足强度条件。

【课后巩固】

1. 已知两轴长度及所受外力偶矩完全相同。若两轴材料不同、截面尺寸不同，其扭矩图是否相同？若两轴材料不同、截面尺寸相同，两者的扭矩、应力、变形是否相同？

2. 如何根据截面一侧的外力计算截面上的弯矩？弯矩的符号是怎样规定的？举例说明画弯矩图的方法与步骤。

3. 图 1-3-26 所示为一传动轴，主动轮 B 输入功率 $P_B=60$ kW，从动轮 A、C、D 输出功率分别为 $P_A=28$ kW，$P_C=20$ kW，$P_D=12$ kW。轴的转速 $n=500$ r/min，试绘制轴的扭矩图。

4. 如图 1-3-27 所示传动轴。已知轴上力偶矩 $M_{e1}=2.5$k(N·m)，$M_{e2}=4$(kN·m)，$M_{e3}=1.5$(kN·m)。轴材料的剪切弹性模量 $G=80$GPa。试求该轴的最大切应力和截面 A 相对截面 C 的扭转角 ϕ_{AC}。

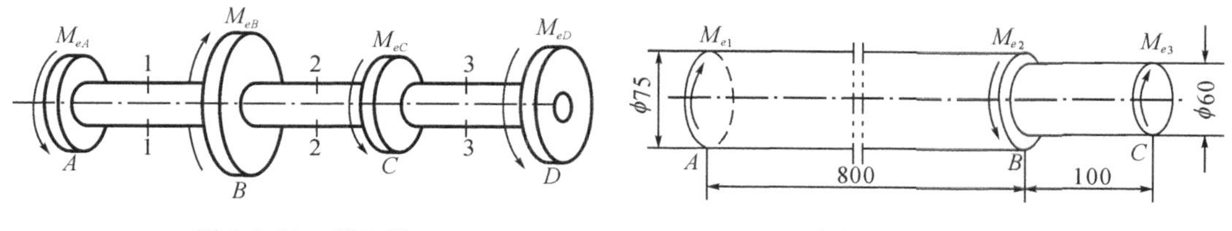

图 1-3-26 题 3 图

图 1-3-27 题 4 图

5. 机床齿轮减速箱中的二级齿轮如图 3-1-28 所示。轮 C 输入功率 $P_C = 40$ kW，轮 A、轮 B 输出功率分别为 $P_A = 23$ kW，$P_B = 17$ kW，$n = 1000$ r/min，材料的切变模量 $G =$ 80 GPa，许用切应力$[\tau] = 40$MPa，试设计轴的直径。

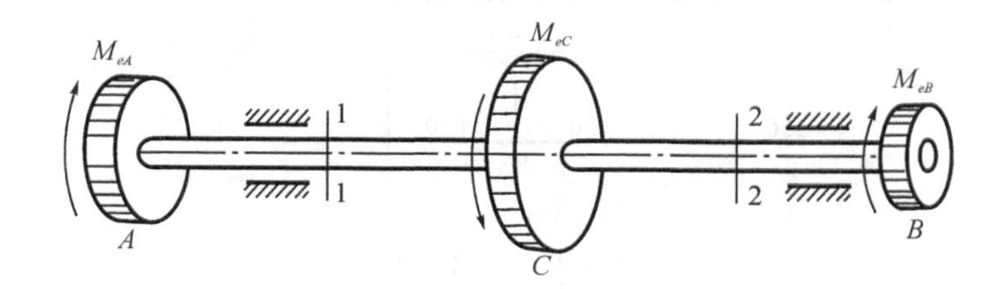

图 1-3-28　题 5 图

6. 试作出图 1-3-29 中各梁的剪力图弯矩图。

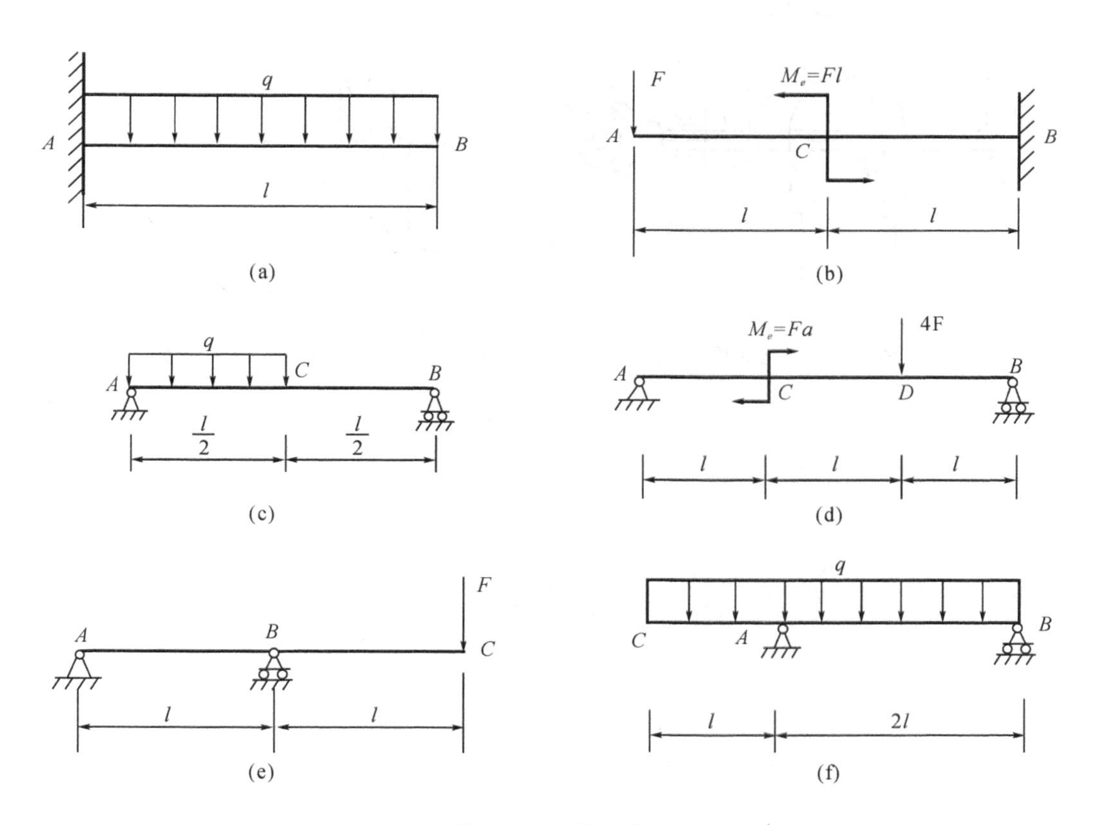

图 1-3-29　题 6 图

7. 空心管梁受载如图 1-3-30 所示，已知$[\sigma] = 150$MPa，管外径 $D = 60$mm，在保证安全的条件下，求内径 d 的最大值。

8. 图 1-3-31 所示转轴 AB，在轴右端的联轴器上作用外力偶 M 驱动轴转动。已知带轮直径 $D = 0.5$m，带拉力 $F_T = 8$kN，$F_t = 4$kN，轴的直径 $d = 90$mm，间距 $a = 500$mm，若轴的许

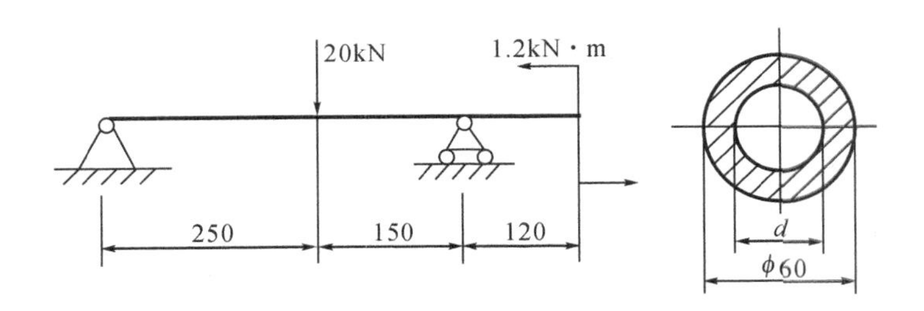

图 1-3-30 题 7 图

用应力[σ]=50MPa。试按第三强度理论校核轴的直径。

9. 图 1-3-32 所示折杆的 AB 段为圆截面，$AB \perp CB$，已知杆 AB 直径 $d=100$mm，材料的许用应力[σ]=80MPa。试按第三强度理论由杆 AB 的强度条件确定许用载荷[F]。

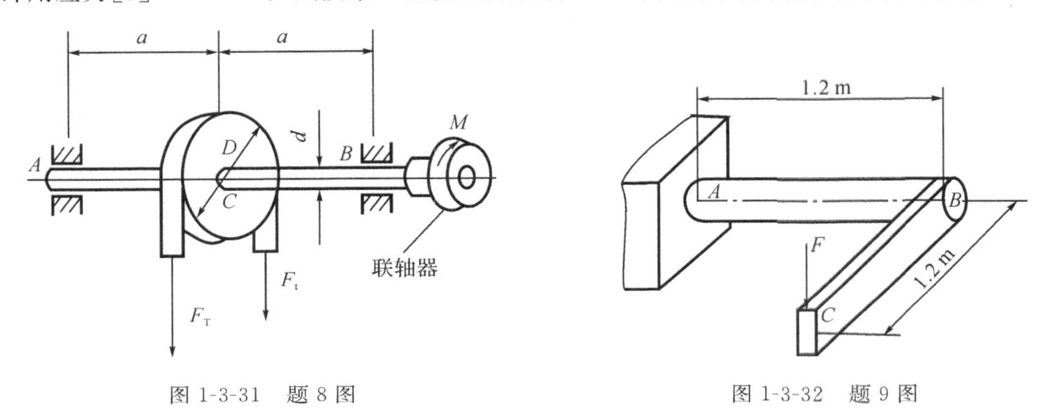

图 1-3-31 题 8 图

图 1-3-32 题 9 图

项目 2　螺纹联接及螺旋传动设计

【任务导读】

螺纹联接结构简单、装拆方便、类型多样，因此成为了机械结构中最广泛的联接方式。而螺旋传动，因为机构简单，工作连续平稳、传动比大、承载能力强、传递运动准确、易实现自锁等特点，因此也是工程上应用非常广泛的传动方式。在本任务中，通过对螺纹的主要类型及应用、螺纹的主要参数、螺纹联接的类型、螺纹联接的预紧与防松、螺栓联接的失效形式与螺栓组联接结构设计、螺栓联接的强度计算等内容的学习，使学生基本具备解决螺纹联接与螺旋传动设计所需的知识与能力。

【教学目标】

最终目标：能够进行螺纹联接及螺旋传动的设计。

促成目标：1. 能根据不同场合需要选择合适的螺纹联接；

2. 能够正确选择螺纹联接的防松和预紧方案；

3. 会查阅手册设计常用螺旋传动机构；

4. 能对螺栓联接进行强度计算。

【工作任务】

任务描述：

如图 2-1-1 所示，刚性凸缘联轴器用六个普通螺栓联接。螺栓均分布在 $D=100$mm 的圆周上，接合面摩擦系数 $f=0.15$，可靠性系数取 $K_f=1.2$。若联轴器的转速 $n=960$r/min、传递的功率 $P=15$kW，载荷平稳；螺栓材料为 45 钢，$\sigma_s=480$MPa，不控制预紧力，安全系数取 $S=4$，试计算螺栓的最小直径，并确定螺栓的规格。

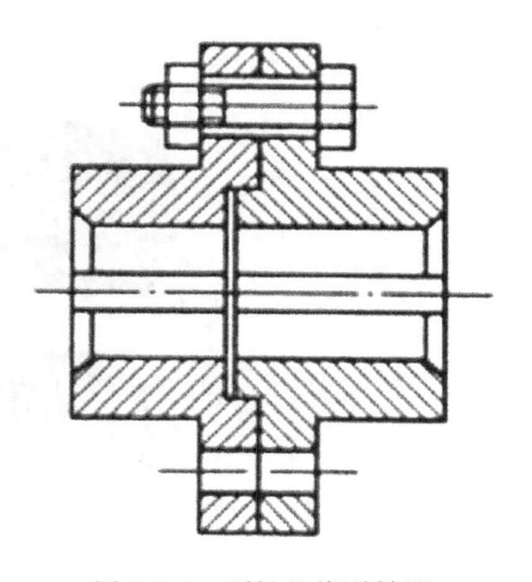

图 2-1-1　刚性凸缘联轴器

任务具体要求：

(1)计算螺栓的预紧力大小；

(2)计算螺栓的最小直径。

【知识储备】

2.1　螺纹的主要类型及应用

为了便于机器的制造、安装、维护和运输，在机器和设备的各零、部件间广泛采用各种联接。联接分为可拆联接和不可拆联接两类。不损坏联接中的任一零件就可将被联接件拆开的联接称为可拆联接，这类联接经多次装拆无损于使用性能，如螺纹联接、键联接和销联接等。不可拆联接是指至少必须毁坏联接中的某一部分才能拆开的联接，如焊接、铆接和粘接等。

螺纹联接和螺旋传动都是利用具有螺纹的零件进行工作的，前者把需要相对固定在一起的零件用螺纹零件联接起来，这种联接称为螺纹联接；后者利用螺纹零件把回转运动变为直线运动，这种传动称为螺旋传动。

1. 螺纹的形成

在圆柱或圆锥表面上，沿着螺旋线所形成的具有规定牙型的连续凸起，如图 2-1-2 所示。螺纹表面凸起部分的顶端称为牙顶，沟槽部分的底部称为牙底。

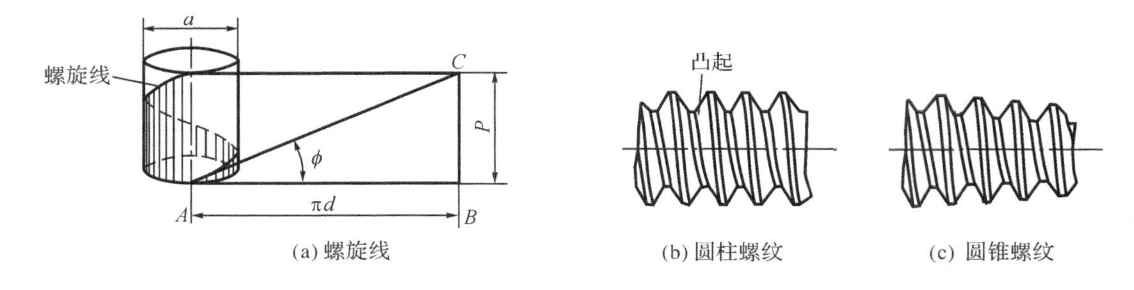

图 2-1-2 螺旋线及螺纹

螺纹的加工方法是将工件装卡在与车床主轴相连的卡盘上，使它随主轴作等速旋转，同时使车刀沿轴线方向做等速移动，当刀尖切入工件达一定深度时，就在工件的表面上车制出螺纹，如图 2-1-3 所示。

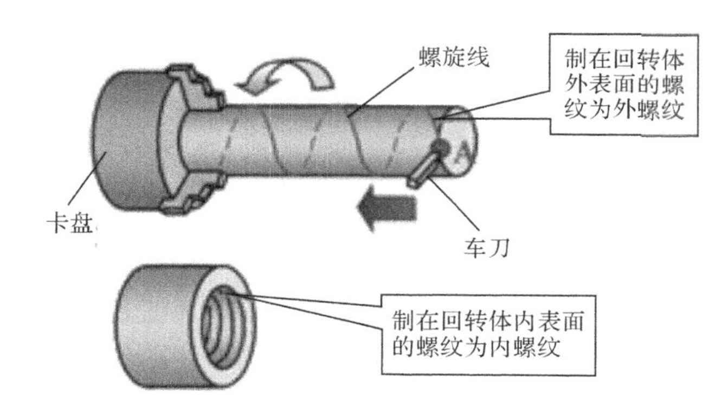

图 2-1-3 螺纹的形成

2. 螺纹的分类及应用

(1) 联接螺纹

一般的联接螺纹为三角螺纹(图 2-1-4(a))，包括普通螺纹和管螺纹。

普通螺纹即米制三角形螺纹，其牙型角 $\alpha=60°$，螺纹大径为公称直径，以 mm 为单位。同一公称直径下有多种螺距，其中螺距最大的称为粗牙螺纹，其余的称为细牙螺纹。普通螺纹的当量摩擦系数较大，自锁性能好，螺纹牙根的强度高，广泛应用于各种紧固联接。一般联接多用粗牙螺纹。细牙螺纹螺距小、升角小、自锁性能好，但螺牙强度低、耐磨性较差、易滑脱，常用

于细小零件、薄壁零件或受冲击、振动和变载荷的联接，还可用于微调机构的调整。

管螺纹是英制螺纹，牙型角 $\alpha=55°$，公称直径为管子的内径。按螺纹是制作在柱面上还是锥面上，可将管螺纹分为圆柱管螺纹和圆锥管螺纹。前者螺纹中线与管轴线平行，牙顶圆角，旋合后无隙，密封性好，用于低压场合，后者螺纹中线与管子轴线不平行，自密封性好，适用于高温、高压或密封性要求较高的管联接。

(2) 传动螺纹

常见传动螺纹有矩形螺纹(图 2-1-4(b))、梯形螺纹(图 2-1-4(c))和矩齿形螺纹(图 2-1-4(d))。

矩形螺纹牙型为正方形，牙型角 $\alpha=0°$。其传动效率最高，但精加工较困难，牙根强度低，且螺旋副磨损后的间隙难以补偿，使传动精度降低。常用于传力或传导螺旋。矩形螺纹未标准化，已逐渐被梯形螺纹所替代。

梯形螺纹牙型为等腰梯形，牙型角 $\alpha=30°$。其传动效率略低于矩形螺纹，但工艺性好，牙根强度高，螺旋副对中性好，可以调整间隙。广泛用于传力或传导螺旋，如机床的丝杠、螺旋举重器等。

矩齿形螺纹工作面的牙型斜角为 3°，非工作面的牙型斜角为 30°。它综合了矩形螺纹效率高和梯形螺纹牙根强度高的特点，但仅能用于单向受力的传力螺旋。

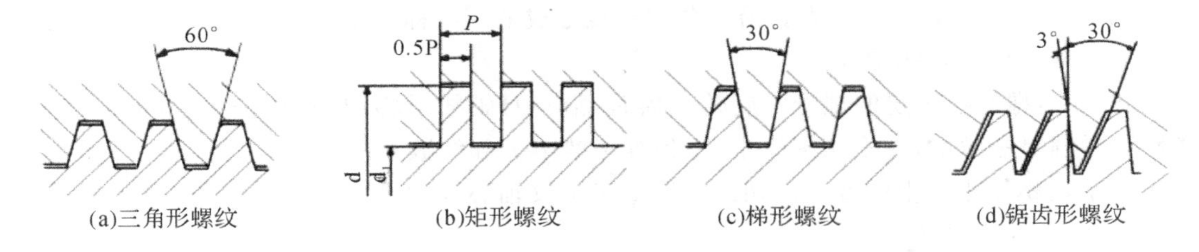

图 2-1-4 螺纹的牙形

除此外，螺纹还可以根据其所在表面分为内螺纹(图 2-1-5)和外螺纹(图 2-1-6)，根据螺旋线绕行方向分为右旋螺纹(图 2-1-6(a))和左旋螺纹(图 2-1-6(b))，根据螺旋线头数分为单线螺纹(图 2-1-6(a))、双线螺纹(图 2-1-6(b))和多线螺纹(图 2-1-6(c))。

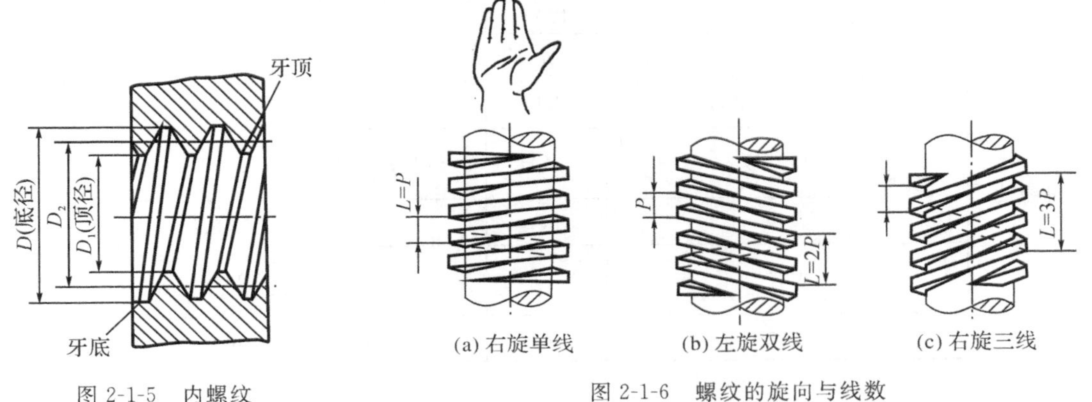

图 2-1-5 内螺纹

图 2-1-6 螺纹的旋向与线数

上述各种螺纹中，除矩形螺纹外，均已标准化。

2.2 螺纹的主要参数

现以圆柱普通螺纹为例说明螺纹的主要几何参数：

大径 d、D：与外螺纹的牙顶（或内螺纹牙底）相重合的假想圆柱面的直径；这个直径是螺纹的公称直径（管螺纹除外）。

小径 d_1、D_1：与外螺纹的牙底（或内螺纹牙顶）相重合的假想圆柱面的直径。常用作危险剖面的计算直径。

中径 d_2、D_2：是一假想的与螺栓同心的圆柱直径，此圆柱周向切割螺纹，使螺纹在此圆柱面上的牙厚和牙间距相等。

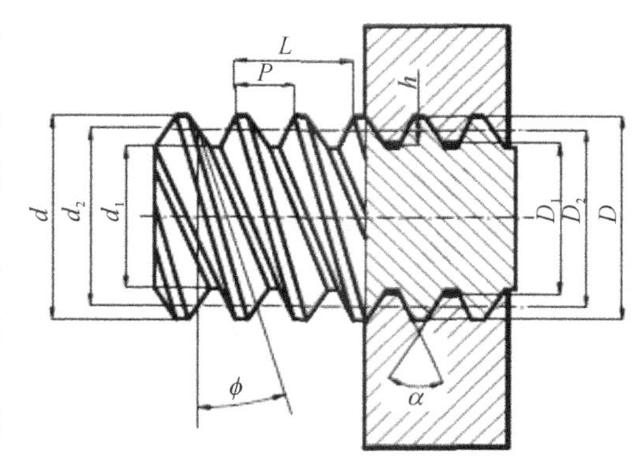

图 2-1-7 螺纹的主要参数

螺距 P：螺距是相邻两螺牙在中径线上对应两点间的轴向距离，是螺纹的基本参数。

线数 n：螺纹的螺旋线根数。沿一条螺旋线形成的螺纹称为单线螺纹，沿 n 条等距螺旋线形成的螺纹称为 n 线螺纹。

导程 L：螺栓在固定的螺母中旋转一周时，沿自身轴线所移动的距离。在单头螺纹中，螺距和导程是一致的，在多头螺纹中，导程等于螺距 p 和线数 n 的乘积。

升角 ϕ：螺纹中径上螺旋线的切线与垂直于螺纹轴心线的平面之间的夹角；由几何关系可得：$\tan\phi=\frac{nP}{\pi d_2}=\frac{L}{\pi d_2}$

牙型角 α：是螺牙在轴向截面上量出的两直线侧边间的夹角。

牙型高度 h：是螺栓和螺母的螺纹圈发生接触的牙廓高度。牙型高度是沿径向测量的。

各参数及尺寸关系如表见表 2-1-1 所示。

表 2-1-1 普通三角螺纹的尺寸计算

名称		代号	计算公式
外螺纹	牙型角	a	60°
	原始三角形高度	H	$H=0.866P$
	牙型高度	h	$h=\frac{5}{8}H=\frac{5}{8}\times0.866P=0.5413P$
	大径	d	d=公称直径
	中径	d_2	$d_2=d-2\times\frac{3}{8}H=d-0.6495P$
	小径	d_1	$d_1=d-2h=d-1.0825P$

续表

名称		代号	计算公式
内螺纹	中径	D_2	$D_2=d_2$
	小径	D_1	$D_1=d_1$
	大径	D	$D=d=$公称直径
螺纹升角		φ	$\tan\phi=\frac{nP}{\pi d_2}$

各种管螺纹的主要几何参数可查阅有关标准，其公称直径都不是螺纹大径，而近似等于管子的内径。

2.3　螺纹联接设计

2.3.1　联接螺纹的规格及联接的类型形式

1. 联接螺纹的规格

普通三角螺纹和管螺纹的参数已标准化，如表 2-1-2 所示为普通三角螺纹直径与螺距系列表。设计时，可以根据表中的螺纹规格选用。

表 2-1-2　普通三角螺纹公称直径与螺距系列(部分)

公称直径 D、d		螺距 P								
第一系列	第二系列	粗牙	细牙							
			4	3	2	1.5	1.25	1	0.75	0.5
1.6		0.35								
2		0.4								
2.5		0.45								
3		0.5								
4		0.7								0.5
5		0.8								0.5
6		1							0.75	
8		1.25						1	0.75	
10		1.5					1.25	1	0.75	
12		1.75				1.5	1.25	1		
	14	2				1.5		1		
16		2				1.5		1		
	18	2.5			2	1.5		1		
20		2.5			2	1.5		1		
	22	2.5			2	1.5		1		
24		3			2	1.5		1		
	27	3			2	1.5		1		
30		3.5			2	1.5		1		

续表

公称直径 D、d		螺距 P								
第一系列	第二系列	粗牙	细牙							
			4	3	2	1.5	1.25	1	0.75	0.5
	33	3.5			2	1.5				
36		4		3	2	1.5				
	39	4		3	2	1.5				
42		4.5	4	3	2	1.5				
	45	4.5	4	3	2	1.5				
48		5	4	3	2	1.5				
	52	5	4	3	2	1.5				
56		5.5	4	3	2	1.5				
	60	5.5	4	3	2	1.5				
64		6	4	3	2	1.5				

注:螺纹直径优先选第一系列。

2. 螺纹联接的基本类型

螺纹联接分普通螺纹联接和特殊螺纹联接两大类。普通螺纹联接的基本类型有螺栓联接、双头螺柱联接、螺钉联接和紧定螺钉联接等,见表 2-1-3。

表 2-1-3 普通螺纹联接的基本类型及其应用

类型	螺栓联接	双头螺柱联接	螺钉联接	紧定螺钉联接
结构				
特点及应用	被联接件上不须加工螺纹。联接件不受材料的限制。主要用于联接不太厚,并能从两边进行装配的场合。可拆卸。	被联接的零件中,较厚的零件做成螺孔,较薄的零件做成通孔。主要用于当被联接的零件之一比较厚,不便加工成通孔的场合。拆卸时螺柱不用旋出,不易损坏。	联接件较厚或结构上受限制不能采用螺栓联接,且不用经常拆卸的场合。	紧定螺钉的末端顶住联接件之一的表面或进入该零件相应的凹坑,使两个零件处于固定的相对位置。多用于轴与轴上零件的联接。可传递小的力或力矩。
示例				

3. 标准螺纹联接件

标准螺纹联接中所需的各零件均已标准化。可以通过相应的国家标准查到。主要包括各种螺栓、螺柱、螺钉、螺母、垫片等，如图 2-1-8 所示。

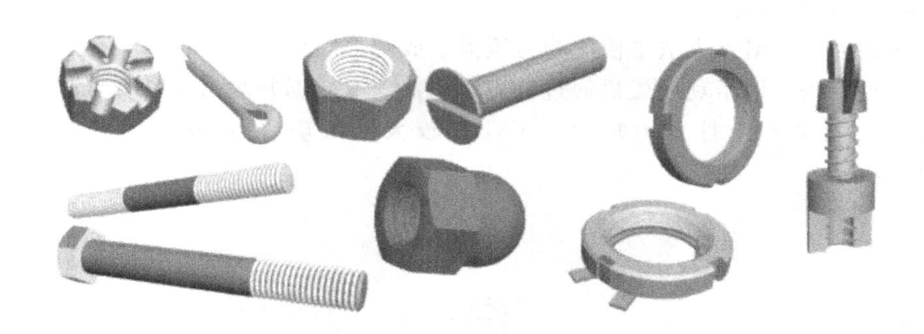

图 2-1-8　部分常用标准螺纹联接用零件

2.3.2　螺纹联接的预紧与防松

1. 螺纹联接的预紧

螺纹联接件主要用于在张力作用下夹紧物体。施加在螺纹联接件上的旋转作用力或扭矩将拉伸螺栓，正如拉伸弹簧一样，并产生张力，进而产生夹持荷载，如图 2-1-9 所示。

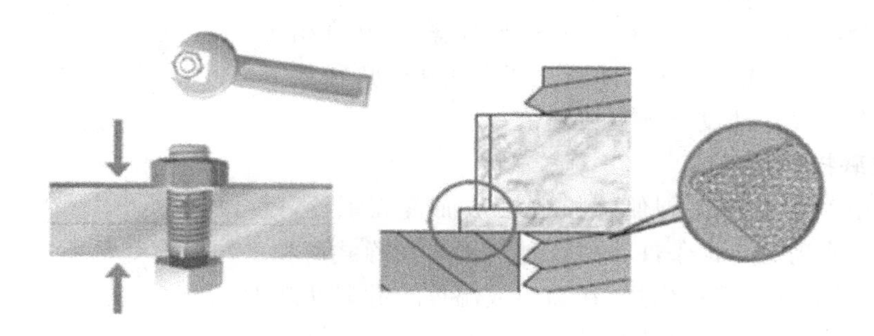

图 2-1-9　螺纹联接的实质

大多数螺纹联接在装配时都需要拧紧，使之在承受工作载荷之前，预先受到力的作用，这个预加作用力称为预紧力。

绝大多数螺纹联接在安装时都必须拧紧。其目的是为了增强联接的刚性，增加紧密性和提高防松能力。对于受轴向拉力的螺栓联接，还可以提高螺栓的疲劳强度；对于受横向载荷的普通螺栓联接，有利于增大联接中接合面间的摩擦力。

适当增加预紧力可以增强联接的可靠性和紧密性，提高联接件的疲劳强度，但是预紧力过大，将会使螺栓在偶然过载的情况下产生松动甚至拉断。尤其是在同一结构件的各个螺栓预紧力不一致时，这种情况更为严重。因此，对重要的螺纹联接，在装配时要控制预紧力，并且预紧力的数值应在装配图上作为技术条件注明，以便在装配时加以保证，受变载荷的螺栓联接的预紧力应比受静载荷的大些。通常规定，拧紧后螺纹联接件的预紧力不得超过其材料屈服极限 σ_s 的 80%。

通常螺纹联接由扳手进行预紧，由于加在扳手上的力难于准确控制，有时可能拧得过紧而将螺栓拧断，因此，对于要求拧紧的螺栓联接不宜用小于 M12～M16 的螺栓。必须使用时，应严格控制其拧紧力矩。

控制拧紧力矩的诸多方法中使用测力矩扳手或定力矩扳手(见图 2-1-10)是较为方便的方法之一。近年来发展了利用微机通过轴力传感器获取数据并画出预紧力与所加拧紧力矩对应曲线的方法来控制拧紧力矩。为了获得较大的扭矩，可以使用液压扭矩扳手，如图 2-1-11所示。

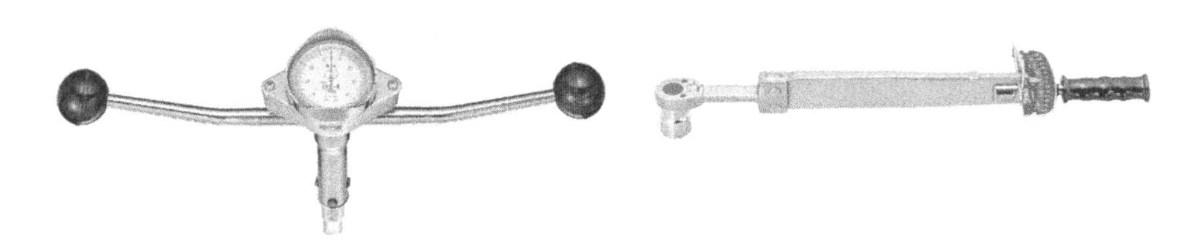

图 2-1-10　测力矩扳手、定力矩扳手

扭矩扳手分为定值式、预置式两种。预置可调式扭矩扳手是指扭矩的预紧值是可调的，使用者根据需要进行调整。使用扳手前，先将需要的实际拧紧扭矩值预置到扳手上，当拧紧螺纹联接件时，若实际扭矩与预紧扭矩值相等时，扳手发出“咔嗒”报警响声，此时立即停止扳动，释放后扳手自动为下一次自动设定预紧扭矩值。

图 2-1-11　液压扭矩扳手

2. 螺纹联接的防松

螺纹副中产生的摩擦副使螺栓自锁从而紧固螺栓，螺纹联接一般都能满足自锁条件。但这种自锁是在静载荷和工作温度变化不大时，才具备的。若在有冲击、振动或变载荷作用，在高温或温度变化较大的情况下，螺纹联接可能失效。因此，为保证联接安全可靠，设计时必须采取有效的防松措施。

防松的根本问题在于防止螺旋副相对转动。按防松工作原理的不同，防松方法分为摩擦防松、机械防松、永久防松和化学防松等。对于重要的联接，特别是在机器内部不易检查的联接，应采用比较可靠的机械防松。表 2-1-4 所示为螺纹联接常用的防松方法。

除上述防松方法外，机械工业界一直在探索其他更有效更方便的放松方法，有从螺纹副的螺纹形状的设计改进着手，也有从使用附加配件增加摩擦力、采用新材料制作螺纹联接件增加摩擦力等的方法。

表 2-1-4　螺纹联接放松方法

防松类型			原理	特点	实例
摩擦防松	使旋合螺纹间始终受到附加的压力和摩擦力的作用	对顶螺母	两螺母对顶拧紧后，使旋合螺纹间始终受到附加的压力和摩擦力的作用。工作载荷有变动时，该摩擦力仍然存在。	结构简单，适用于平稳、低速和重载的固定装置的联接。	
		弹簧垫圈	螺母拧紧后，靠垫圈压平而产生的弹性反力使旋合螺纹间压紧。同时垫圈斜口的尖端抵住螺母与被联接件的支承面也有防松作用。	结构简单，使用方便，但弹力分布不均匀、在振动冲击载荷作用下防松效果较差； 一般用于不重要、不经常拆卸场合	
		自锁螺母	螺母一端制成非圆形收口或开缝后径向收口。螺母拧紧后，收口胀开，利用收口的弹力使旋合螺纹间压紧。	结构简单，使用方便，防松可靠，可多次装拆而不降低使用性能。	
机械防松	利用机械零件固定螺母、螺杆的相对位置，使螺旋副不能相对转动。	开口销与槽形螺母	六角开槽螺母拧紧后，将开口销穿入螺栓尾部小孔和螺母的槽内，并将开口销尾部掰开与螺母侧面贴紧。	结构简单，使用方便，防松可靠；螺母有少量松动处； 适用于有变载荷、较大冲击、振动的高速机械中运动部件的联接。	
		止动垫圈	螺母拧紧后，将单耳止动垫圈或双耳止动垫圈分别向螺母和被联接件的侧面折弯贴紧，即可将螺母锁住。若两个螺栓需要双联锁紧时，可采用双联止动垫圈，使两个螺母相互制动	结构简单，使用方便，防松可靠； 止动可靠，操作较复杂，要求有径向操作空间； 多用于有变载荷和振动，必须要保证规定预紧力，不允许螺母松动的联接。	
		串联钢丝	用钢丝穿入各螺钉头部的孔内，将各螺钉串联起来，使其相互制动。但必须注意钢丝的穿入方向。	适用于螺钉组联接，但是拆卸不方便； 多用于结构较紧凑的场合。	

续表

防松类型			原理	特点	实例
破坏性防松	破坏螺纹副，排除螺母相对螺栓转动的可能。	冲点、铆接法防松	端面冲点是螺母拧紧后，在螺纹末端小径处冲点，可冲单点或多点。	防松性能一般，只适用于低强度联接。	1–1.5P
			铆接是螺母拧紧后，将螺栓杆末端(1～1.5)P长度铆死。	防松较可靠，操作时对径向空间要求不高，用于低强度螺纹联接、不拆卸的场合。	1–1.5 P
		粘合法防松	旋合前在螺栓和螺母上涂上粘接剂。防松性能与粘接剂性能相关。有低强度、中等强度和高温(100度)，及可拆卸、不可拆卸等选择。	方法简单、经济、有效。可根据需要选用。	涂粘合剂

2.3.3 螺栓联接的失效形式与螺栓组联接结构设计

1. 螺栓联接的失效形式

普通螺栓的主要失效形式是螺栓杆或螺纹部分的塑性变形和断裂；铰制孔用螺栓的失效形式是螺栓杆被剪断、螺栓杆或孔壁被压溃；经常拆卸时会因磨损产生滑扣。

2. 螺栓组联接结构设计

螺栓组的结构设计主要目的：合理地确定联接接合面的几何形状和螺栓的布置形式，力求各螺栓和联接接合面间受力均匀，便于加工和装配。

设计时应综合考虑以下几方面的问题：

(1)联接接合面的几何形状通常都设计成圆形，环形，矩形，框形，三角形等尽量对称分布的形状，这样不但便于加工制造，而且便于对称布置螺栓，使螺栓组的对称中心和联接接合面的形心重合(有利于分度、划线、钻孔)，从而保证接合面受力比较均匀，如图 2-1-12。

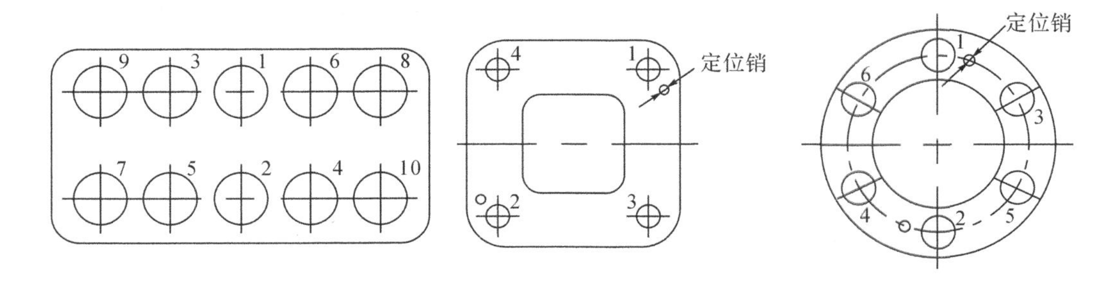

图 2-1-12 轴对称的简单几何形状是接合面常用的形式

(2)螺栓的布置应使各螺栓的受力合理。对于铰制孔用螺栓联接,不要在平行于工作载荷的方向上成排地布置八个以上的螺栓,以免载荷分布过于不均。当螺栓联接承受弯矩或转矩时,应使螺栓的位置适当靠近联接接合面的边缘,以减小螺栓的受力(图 2-1-13)。如果同时承受轴向载荷和较大的横向载荷时,应采用销、套筒、键等抗剪零件来承受横向载荷(图 2-1-14),以减小螺栓的预紧力及其结构尺寸。

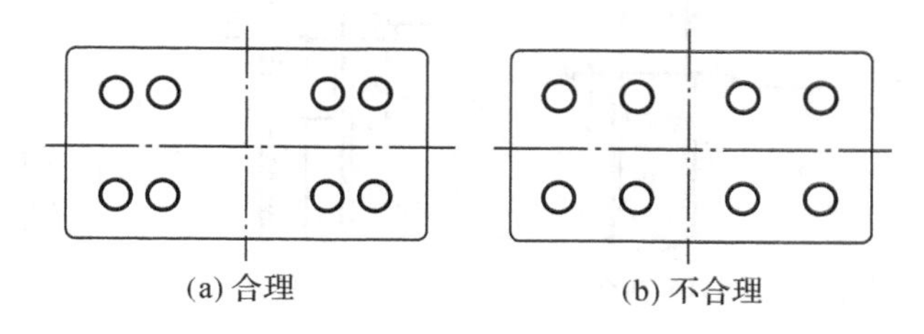

图 2-1-13 接合面受弯矩或转矩时螺栓的布置

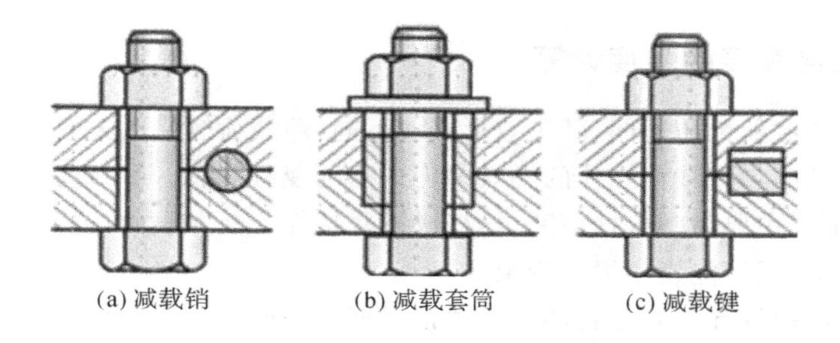

图 2-1-14 采用销、套筒、键等抗剪零件来承受横向载荷

(3)螺栓排列应有合理的间距和边距。布置螺栓时,各螺栓轴线间以及螺栓轴线和机体壁间的最小距离,应根据扳手所需活动空间的大小来决定。扳手空间的尺寸(图 2-1-15)可查阅项目 7 任务 3 中的表 7-3-3。

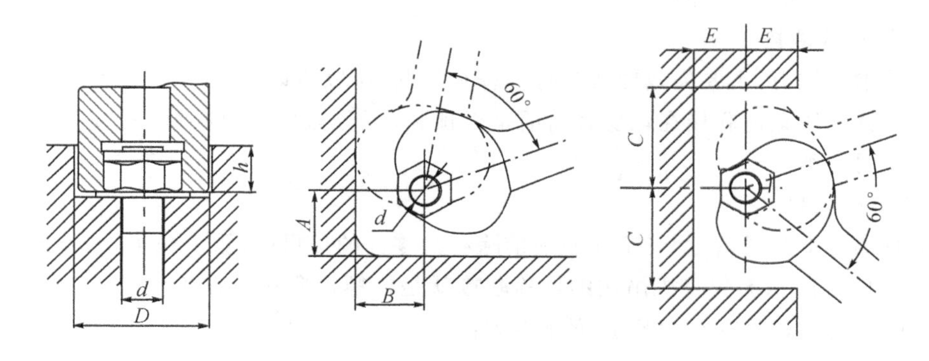

图 2-1-15 螺栓布置应注意安装空间

(4)分布在同一圆周上的螺栓数目,应取成 4、6、8 等偶数,以便在圆周上钻孔时的分度和画线。同一螺栓组中采用相同的螺栓,保证互换性。

(5)避免螺栓承受附加的弯曲载荷。除了要在结构上设法保证载荷不偏心外(图 2-1-16(a)),还应在工艺上保证被联接件上螺母和螺栓头部的支承面平整,并与螺栓轴线相垂直。

对于在铸、锻件等的粗糙表面上应安装螺栓时，应制成凸台（图 2-1-16(b)）或沉头座（图 2-1-16(c)），当支承面为倾斜表面时应采用斜面垫圈（图 2-1-16(d)）等。

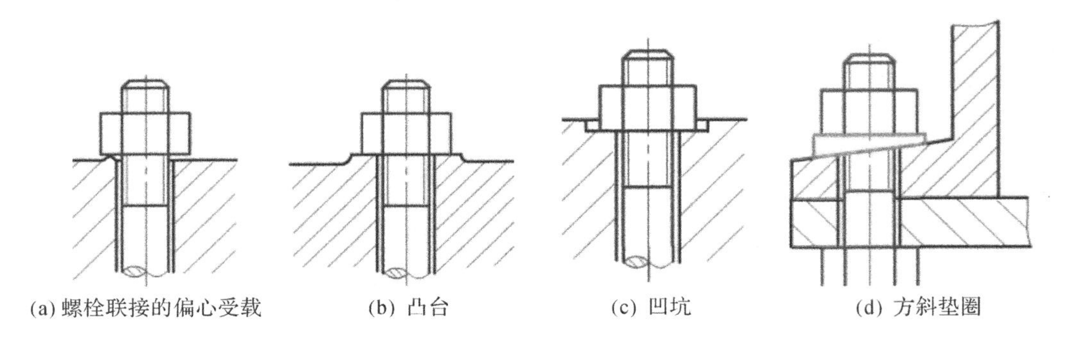

图 2-1-16　避免螺栓承受附加的弯曲载荷

2.3.4　螺栓联接的强度计算

螺纹联接根据载荷性质不同，其失效形式也不同：静载荷螺栓的失效多为螺纹部分的塑性变形或螺栓被拉断。变载荷螺栓的失效多为螺栓的疲劳断裂。受横向载荷的铰制孔用螺栓联接，其失效形式主要为螺栓杆剪断，栓杆或被联接件孔接触表面被挤压破坏。如果螺纹精度低或时常装拆，很可能发生滑扣现象。

螺栓与螺母的螺纹牙及其他各部分尺寸是根据等强度原则及使用经验规定的。采用标准件时，这些部分都不需要进行强度计算。所以，螺栓联接的计算主要是确定螺纹小径 d_1，然后按照标准选定螺纹公称直径（大径）d，以及螺母和垫圈等联接零件的尺寸。

在螺纹联接中，螺栓或螺钉多数是成组使用的，计算时应根据联接所受的载荷和结构的布置情况进行受力分析，找出螺栓组中受力最大的螺栓，把螺栓组的强度计算问题简化为受力最大的单个螺栓的强度计算。

1. 受拉螺栓联接

螺栓受轴向拉力，主要失效形式是螺栓杆被拉断，所以应以螺纹小径作为危险截面进行抗拉强度计算。按螺栓联接在承受载荷前是否预紧，可分为松螺栓联接（不预紧）和紧螺栓联接（预紧）两大类。

（1）松螺栓联接

装配时螺母不拧紧，在承受工作载荷前除有关零件的自重（自重一般很小）外，螺栓不受力。如图 2-1-17 所示的起重机吊钩的螺栓联接就是松螺栓联接。在工作时，该螺栓只承受吊钩传来的轴向力（工作拉力）F，强度条件为：

$$\sigma=\frac{F}{\pi d_1^2/4}\leqslant[\sigma]\ (\text{MPa}) \tag{2-1-1}$$

设计公式为：

$$d_1\geqslant\sqrt{\frac{4F}{\pi[\sigma]}}\ (\text{mm}) \tag{2-1-2}$$

式中　d_1——螺纹小径，mm

$[\sigma]$——松螺栓联接的许用应力，可取$[\sigma]=\sigma_s/S$，σ_s为螺栓材料的屈服极限，可查表 2-1-7。

按上式的 d_1 值，查螺纹标准可选出螺栓公称直径。

(2)紧螺栓联接

紧螺栓联接在装配时要预紧，在承受工作载荷前，螺栓已受到预紧力 F 作用。根据所受拉力不同，紧螺栓联接可分为受横向工作载荷的紧螺栓联接、受轴向工作载荷的紧螺栓联接。

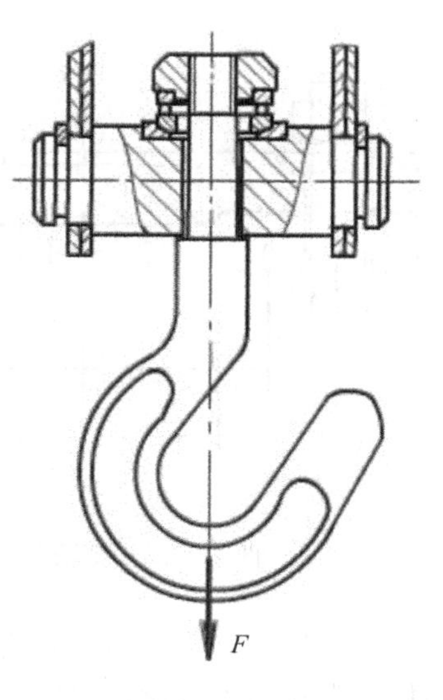

图 2-1-17　起重机吊钩

1)受横向工作载荷的紧螺栓联接

如图 2-1-18 所示的螺栓联接中，螺栓杆与孔之间留有间隙。螺栓预紧后，被联接件之间相应的产生正压力，横向载荷由接触面之间的摩擦力来承受。显然，联接的正常工作条件是被联接件之间不发生相对滑移。对于单组螺栓而言，当承受横向工作载荷时，预紧力 F_0 导致接合面所产生的摩擦力应大于横向载荷 F_R，即：

$$F_0 \geqslant \frac{K_f F_R}{mf} \qquad (2\text{-}1\text{-}3)$$

式中　K_f——可靠性系数(防滑系数)，常取 1.1～1.3；

m——结合面数；

f——摩擦系数，对钢铁与铸铁，常取 0.1～0.5。

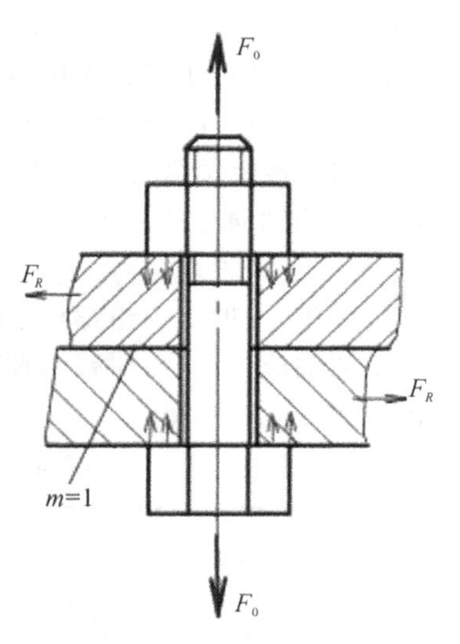

图 2-1-18　受横向工作载荷

这种螺栓在预紧力 F_0 的作用下，在其危险截面(小径处)产生了拉应力；为了给螺栓施加预紧力，在拧紧时螺栓同时还承受相应的扭矩。对于 M10-M68 的普通螺纹，虽有横向载荷的作用需要考虑剪应力的影响，但其对螺纹的影响相当于螺栓的轴向拉力增大 30%，因此可按纯拉力计算。此时的螺栓的强度条件为：

$$\sigma=\frac{1.3F_0}{\pi d_1^2/4} \leqslant [\sigma] \qquad (2\text{-}1\text{-}4)$$

设计公式为：

$$d_1 \geqslant \sqrt{\frac{4\times 1.3F_0}{\pi[\sigma]}} \qquad (2\text{-}1\text{-}5)$$

2)受轴向工作载荷的紧螺栓联接

当工作载荷与螺栓轴线平行时，称轴向工作载荷，用 F 表示，如图 2-1-19 汽缸盖螺栓。装配后螺栓受预紧力，工作时容器的压力 p 使螺栓承受的平均轴向工作载荷 F 为

$$F=\frac{p\pi D^2}{4z} \qquad (2\text{-}1\text{-}6)$$

式中为 p 气缸内气压，D 为气缸直径，z 为联接螺栓数。

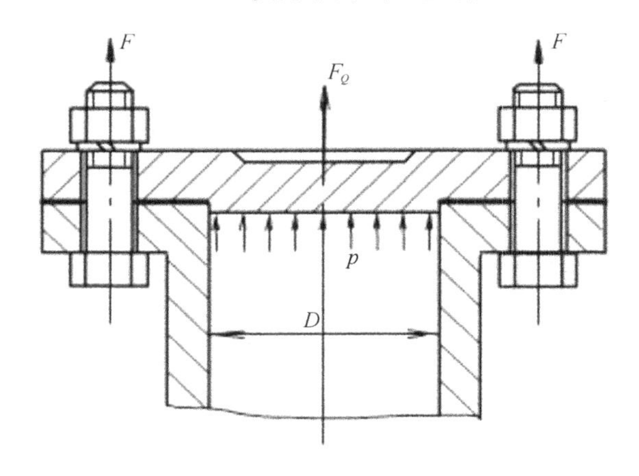

图 2-1-19　受轴向工作载荷

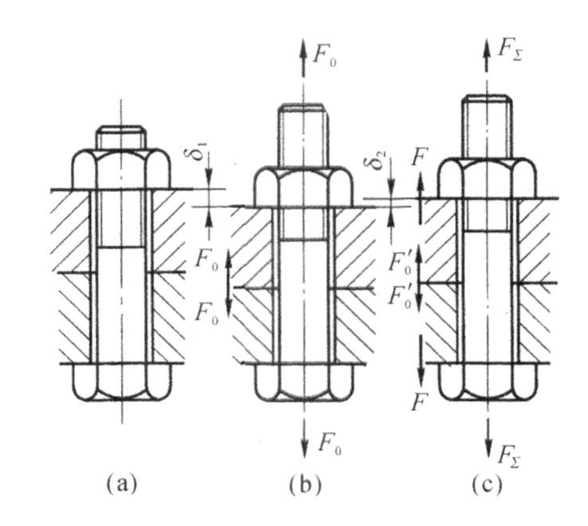

图 2-1-20　螺栓受力与变形

图 2-1-20 所示为气缸端盖螺栓组中一个螺栓联接的受力与变形情况。假定所有零件材料都服从胡克定律，零件中的应力没有超过比例极限。图 2-1-20(a)所示为螺栓未被拧紧，螺栓与被联接件均不受力时的情况。图 2-1-20(b)所示为螺栓拧紧后，螺栓受预紧力 F_0，被联接件受预紧压力 F_0 的作用而产生压缩变形 δ_1 的情况。图 2-1-20(c)所示为螺栓受到轴向外载荷(由于气缸内压力而引起的) F 作用时的情况，螺栓被拉伸，变形增量为 δ_2，根据变形协调条件，δ_2 即等于被联接件压缩变形的减少量。此时被联接件受到压缩力将减小为 F_0'，称为残余预紧力。显然，为了保证被联接件密封可靠，应使 $F_0'>0$，即 $\delta_1>\delta_2$。此时螺栓所受的轴向总拉力 F_Σ 应为其所受的工作载荷 F 与残余预紧力 F_0' 之和，即

$$F_\Sigma=F+F_0' \tag{2-1-7}$$

实际中，一般是一组螺栓承载，所以式(2-1-7)中的 F 是指分解到一个螺栓的工作拉力。

不同的应用场合，对残余预紧力有着不同的要求。残余预紧力与工作载荷比较合适的范围如表 2-1-6 所示。

表 2-1-6　残余预紧力与工作载荷的比值

一般联接	工作载荷稳定	0.2～0.6
	工作载荷变化	0.6～1.0
有紧密性要求		1.5～1.8
地脚螺栓联接		≥1

考虑到联接在外载荷的作用下可能需要补充拧紧，即螺栓除受总拉力外，还同时受扭矩 T 作用，与受横向载荷的紧螺栓联接相似，需将 F_Σ 增加 30%，则螺栓危险截面的拉伸强度条件为：

$$\sigma=\frac{1.3F_\Sigma}{\pi d_1^2/4}\leqslant[\sigma] \tag{2-1-8}$$

设计公式为：

$$d_1\geqslant\sqrt{\frac{4\times1.3F_\Sigma}{\pi[\sigma]}} \tag{2-1-9}$$

式中，$[\sigma]$ 为许用应力(MPa)。

【例 1】　如图 2-1-19 所示，用 8 个 M24(d1＝20.752mm)的普通螺栓联接的钢制液压油

缸，螺栓材料的许用应力$[\sigma]=80$MPa，液压油缸的直径$D=200$mm，为保证紧密性要求，残余预紧力$F'_0=1.6F$，试求油缸内许用的最大压强p_{max}。

解：根据$\sigma=\dfrac{1.3F_\Sigma}{\pi d_1^2/4}\leqslant[\sigma]$

于是有$F_\Sigma\leqslant\dfrac{\pi d_1^2}{4\times1.3}[\sigma]=\dfrac{20.752^2\pi}{4\times1.3}\times80=20814(\text{N})$

依题意　$F_{\Sigma max}=F+F'_0=F+1.6F=2.6F=20814(\text{N})$

解得$F=8005(\text{N})$

因为$zF=p_{max}\dfrac{\pi D^2}{4}=8\times8005=64043(\text{N})$

故可解得$p_{max}=\dfrac{4}{\pi D^2}\times64043=\dfrac{4}{\pi\times200^2}\times64043=2.04\text{MPa}$

2. 受剪切螺栓联接

采用铰制孔用螺栓联接时，被联接件上的横向载荷是靠螺杆的剪切和螺杆与被联接件接触面的挤压来传递的。如图2-1-21所示，工作中螺栓受横向力F的作用。螺栓联接的可能失效形式为：螺栓杆剪断、螺纹杆（或孔壁）压溃。针对这两种可能的失效进行剪切强度和挤压强度计算，这种联接仅需要很小的预紧力，计算时预紧力和螺纹摩擦力矩可忽略不计。

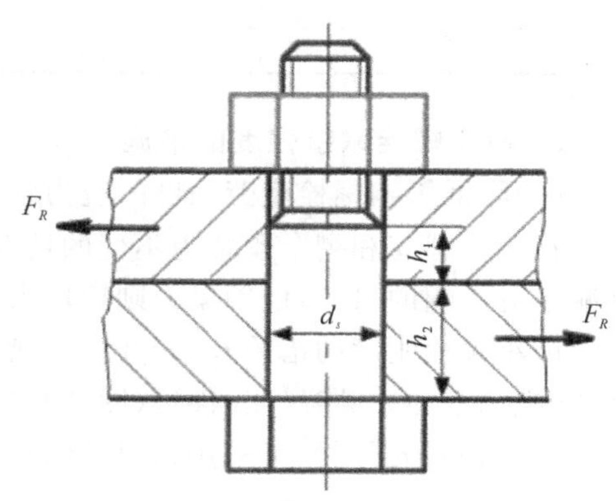

图2-1-21　受剪切螺栓联接

对于，受剪切的螺纹联接，螺栓杆的剪切强度（安全）条件为：

$$\tau=\frac{F_R}{Am}=\frac{4F_R}{\pi d_S^2 m}\leqslant[\tau] \tag{2-1-10}$$

式中：m——螺栓受剪面数（即受力的螺栓个数）；

d_S——螺栓杆受剪面直径；$[\tau]$——螺栓材料的许用切应力，可查表2-1-8。

螺栓杆或孔壁的挤压强度（安全）条件：

$$\sigma_p=\frac{F_R}{d_S\delta}\leqslant[\sigma_p] \tag{2-1-11}$$

式中：δ——螺栓杆与孔壁接触面的最小长度；

$[\sigma_p]$——螺栓与孔壁中较弱材料的许用挤压应力，查表2-1-8。

表2-1-7　螺纹坚固件常用材料及性能

材料	抗拉强度 σ_b(MPa)	屈服强度 σ_s(MPa)	材料	抗拉强度 σ_b(MPa)	屈服强度 σ_s(MPa)
10	340～420	210	35	540	320
Q215	340～420	220	45	610	360
Q235	410～470	240	40Cr	750～1000	650～900

表 2-1-8　螺纹联接的许用应力和安全系数

联接情况	受载情况	许用应力的安全系数
松联接	静载荷	$[\sigma]=\sigma_s/S$，$S=1.2\sim1.7$
紧联接	静载荷	$[\sigma]==\sigma_s/S$，S 取值：控制预紧力时 $S=1.2\sim1.5$，不严格控制预紧力时，S 查表 2-1-9。
铰制孔用螺栓联接	静载荷	$[\tau]=\sigma_s/2.5$；联接件为钢时$[\sigma_p]=\sigma_s/1.25$，联接件为铸铁时$[\sigma_p]=\sigma_B/2\sim2.5$。
	变载荷	$[\tau]=\sigma_s/3.5\sim5$；$[\sigma_p]$按静载荷的$[\sigma_p]$=值降低 20%～30%

表 2-1-9　紧螺栓联接的安全系数 S(静载荷不控制预紧力时)

材料	螺栓规格		
	M6～M16	M16～M30	M30～M60
碳钢	4～3	3～2	2～1.3
合金钢	5～4	4～2.5	2.5

3. 提高螺栓联接强度的措施

(1)降低影响螺栓疲劳强度的应力幅

在工作载荷和剩余预紧力不变的情况下，减小螺栓刚度或增大被联接件的刚度都能达到减小应力幅的目的，但预紧力则应增大。

减小螺栓刚度的措施有：减小螺栓光杆部分直径或采用空心螺杆；适当增加螺栓的长度；在螺母下面安装弹性元件等(图 2-1-22)。为了增大被联接件的刚度，应采用刚性大的垫片。若需密封元件时，可采用密封环结构代替密封垫片(图 2-1-23)。

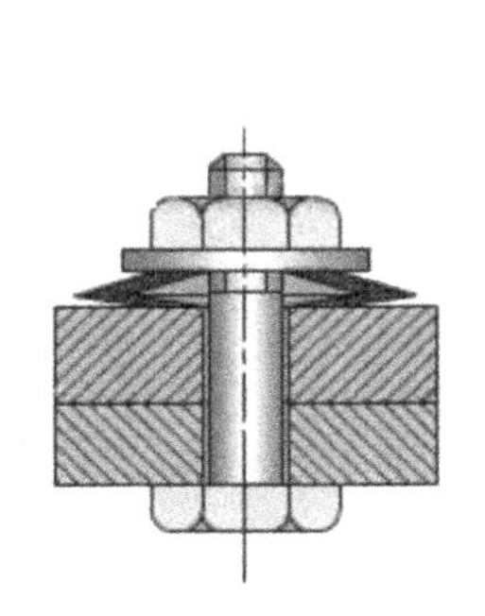

图 2-1-22　安装弹性元件

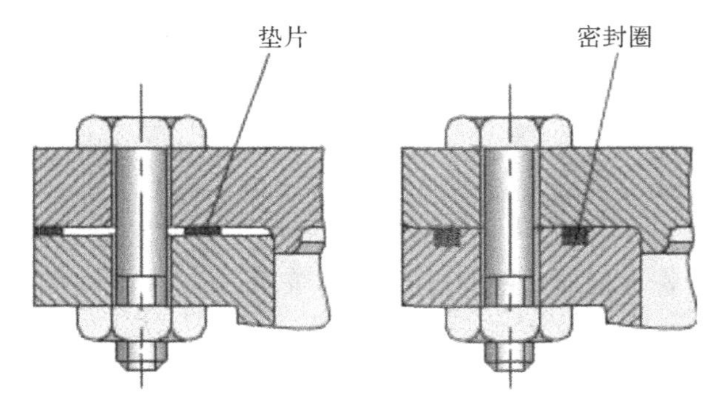

图 2-1-23　采用垫片或密封圈

(2)改善螺纹牙间的载荷分布

螺栓受总轴向载荷时，实质是通过螺纹牙面接触来传力的。由于螺栓与螺母的刚度及变形性质不同(螺栓受拉，螺母受压)，所以，即使制造、装配精度很高，各圈螺纹牙上的受力也是不同的。从螺纹支面算起，第一圈受力最大，以后各圈递减。理论分析和实践证明，旋合圈数越多，载荷分布不均越显著，到第八圈以后，螺纹几乎不受载荷。因此，采用圈数多的厚螺母并不能提高联接的强度。

工程上一般采用减小螺栓和螺母螺距变化差的方法来改善螺纹牙间的载荷分布不均。具体方法有采用悬置螺母(图 2-1-24(a))、环槽螺母(图 2-1-24(b))、内斜螺母(图 2-1-24(c))

及钢丝螺套等。

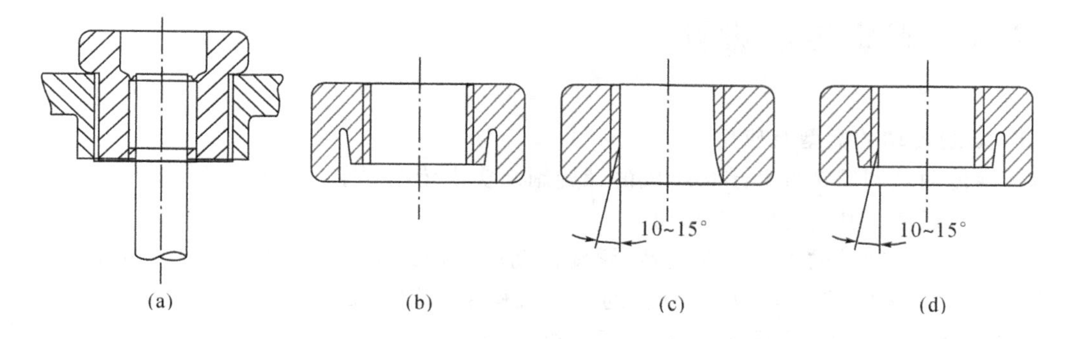

图 2-1-24　改善螺纹牙间载荷分布

(3)减小应力集中

适当增大螺纹牙根过渡处圆角半径(如图 2-1-25 所示)、在螺纹结束部位采用退刀槽等,都能使截面变化均匀,减小应力集中,提高螺栓的疲劳强度。

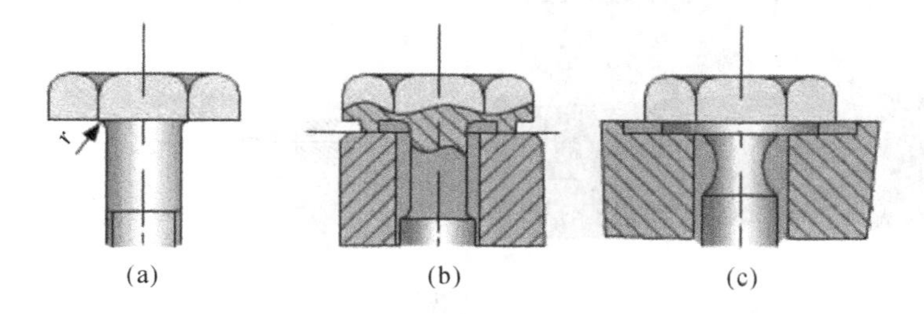

图 2-1-25　减少应力集中

(4)避免附加应力

保证螺纹的正确设计、制造与安装,避免由于螺栓安装不规范造成的附加弯矩(图 2-1-26)。在铸件或锻件等未加工表面上安装螺栓时,常采用凸台或沉头座等结构,经切削加工后可获得平整的支承面(图 2-1-27)。

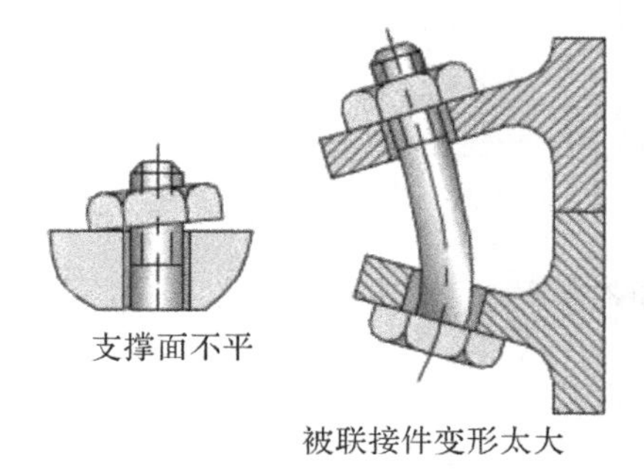

图 2-1-26　安装不规范造成附加弯矩

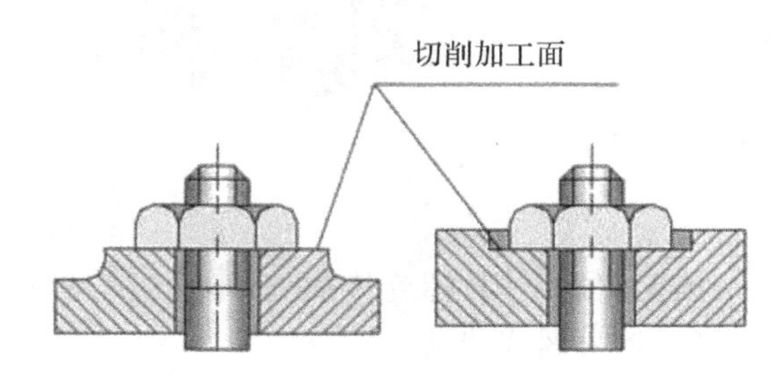

图 2-1-27　减少附加应力

2.4 螺旋传动设计

1. 螺旋传动的类型及应用

螺旋传动是利用螺杆和螺母组成的螺旋副来实现传动要求的。它主要用于将回转运动转变为直线运动,同时传递运动和动力。

根据螺杆和螺母的相对运动关系,螺旋传动的常用运动形式,主要有以下两种:图 2-1-28 是螺杆转动,螺母移动,多用于机床的进给机构中;图 2-1-29 是螺母固定,螺杆转动并移动,多用于螺旋起重器(千斤顶)或螺旋压力机中。

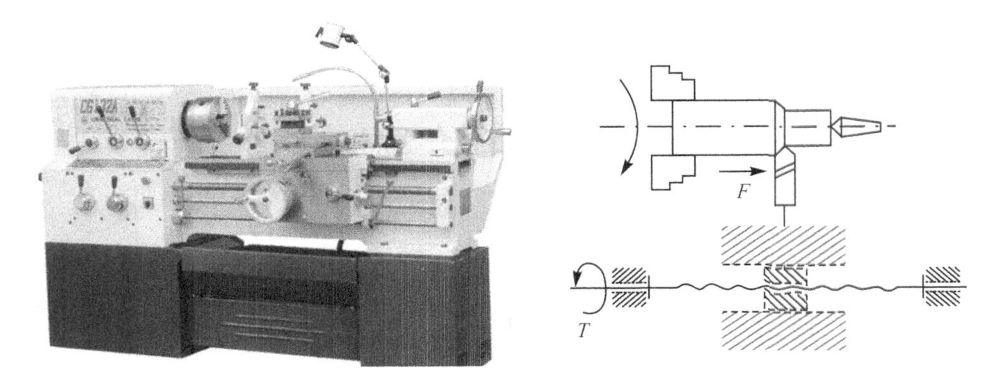

图 2-1-28 普通车床

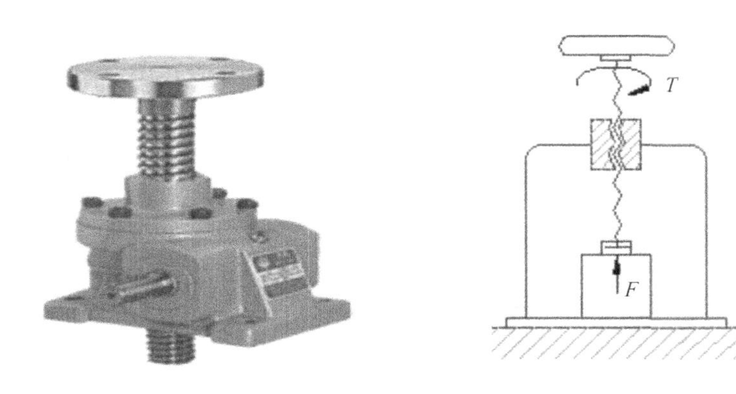

图 2-1-29 螺旋起重器

根据用途不同,螺旋传动可分为:

(1)传力螺旋传动

传力螺旋以传递动力为主,要求用较小的转矩产生较大的轴向力,一般为间歇性工作,每次的工作时间较短,工作速度也不高,通常具有自锁能力,如螺旋千斤顶(图 2-1-29)和压力机中的螺旋机构。

(2)传导螺旋传动

以传递运动为主,有时也承受较大的轴向力,常需在较长的时间内连续工作,工作速度较高,要求具有较高的传动精度,如车床进给机构中的螺旋传动(图 2-1-28)。

(3)调整螺旋传动

用于调整并固定零件或部件之间的相对位置。调整螺旋不经常转动,一般在空载下调整。如机床、仪器及测试装置中的微调机构螺旋(图 2-1-30)和台虎钳钳口调整螺旋(图 2-1-31)。

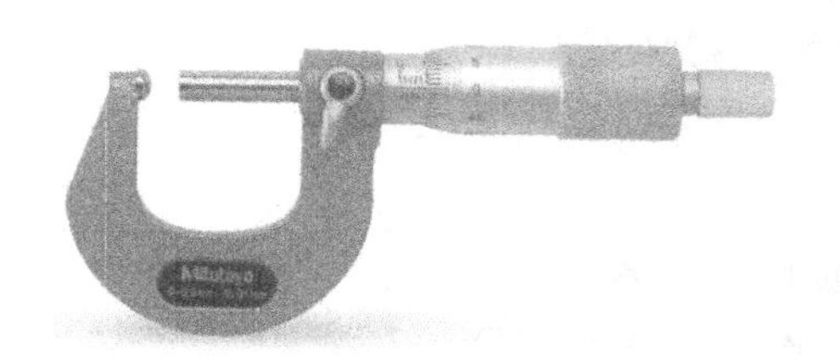

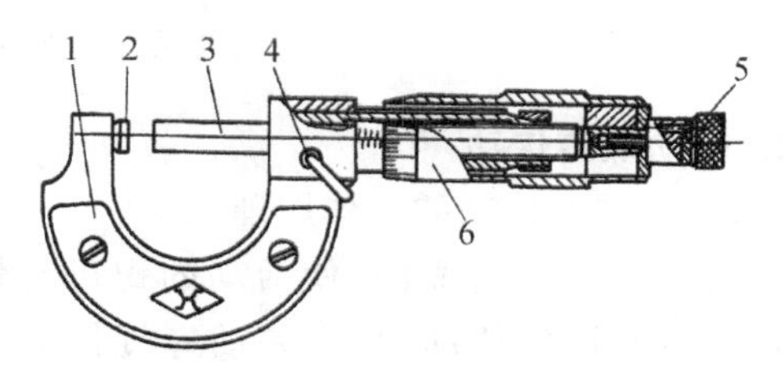

图 2-1-30 千分尺

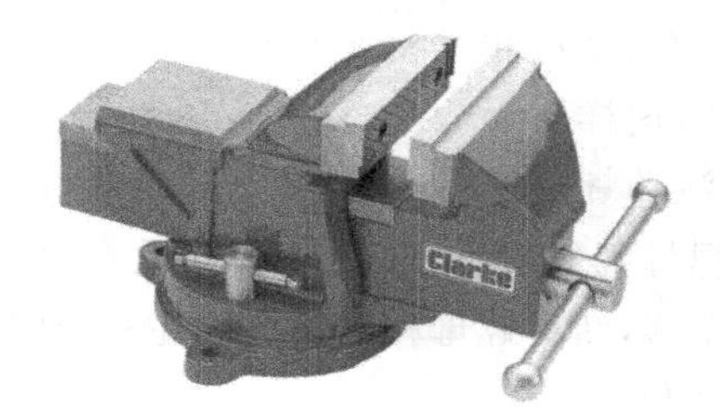

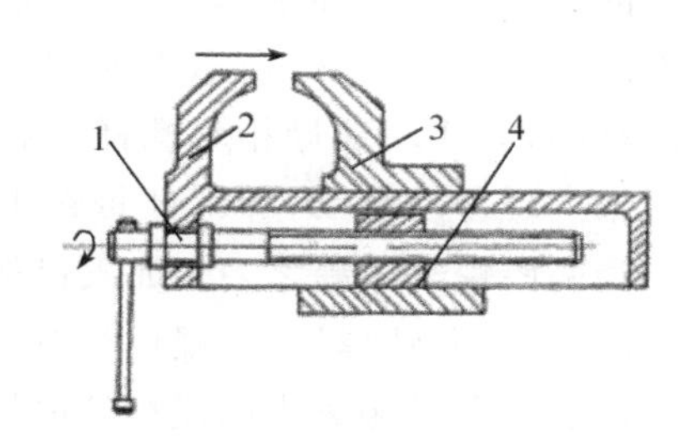

图 2-1-31 台虎钳

按螺杆与螺母之间的摩擦状态,可分为:

(1)滑动螺旋

滑动螺旋机构中的螺杆与螺母的螺旋面直接接触,摩擦状态为滑动摩擦(如图 2-1-28~31 所示)。滑动螺旋结构简单,便于制造,易于自锁,应用范围较广。但主要缺点是摩擦阻力大,传动效率低(一般为 30%~40%),磨损快,传动精度低。

(2)滚动螺旋

滚动螺旋机构是在螺杆与螺母的螺纹滚道间有滚动体,如图 2-1-36 所示滚珠螺旋传动。当螺杆或螺母转动时,滚动体在螺纹滚道内滚动,使螺杆和螺母间为滚动摩擦,提高了传动效率和传动精度。滚动螺旋传动具有传动效率高、启动力矩小、传动灵敏平稳、工作寿命长等优点,故目前在机床、汽车、航空、航天及武器等制造业中应用广泛。缺点是制造工艺比较复杂,特别是长螺杆更难保证热处理及磨削工艺质量,刚性和抗振性能较差。

(3)静压螺旋

为了降低螺旋传动的摩擦,提高传动效率,并增强螺旋传动的刚性和抗振性能,可以将静压原理应用于螺旋传动中,制成静压螺旋,如图 2-1-32 所示。

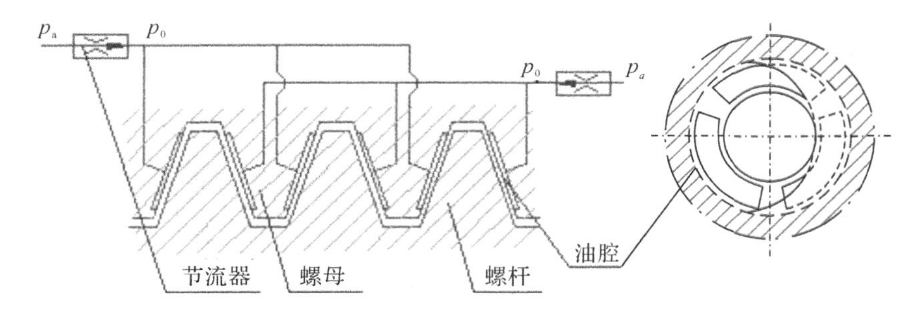

图 2-1-32　静压螺旋传动示意图

2. 差动螺旋传动

(1)差动螺旋传动的工作原理

由两个螺旋副组成的,使活动的螺母与螺杆产生差动(即不一致)的螺旋传动,称为差动螺旋传动。图 2-1-33 所示为一差动螺旋机构,螺杆 1 分别与活动螺母 2 和机架 3 组成两个螺旋副,机架上为固定螺母(不能移动),活动螺母不能回转而只能 沿机架的导向槽移动。设机架和活动螺母的旋向同为右旋,当如图 2-1-33 所示方向回转螺杆时,螺杆相对机架向左移动,而活动螺母相对螺杆向右移动,这样活动螺母相对机架实现差动移动,即螺杆每转 1 转,活动螺母实际移动距离为两段螺纹导程之差。如果机架上螺母螺纹旋向仍为右旋,活动螺母的螺纹旋向为左旋,则如图示回转螺杆时,螺杆相对机架左移,活动螺母相对螺杆亦左移,即螺杆每转 1 转,活动螺母实际移动距离为两段螺纹的导程之和。

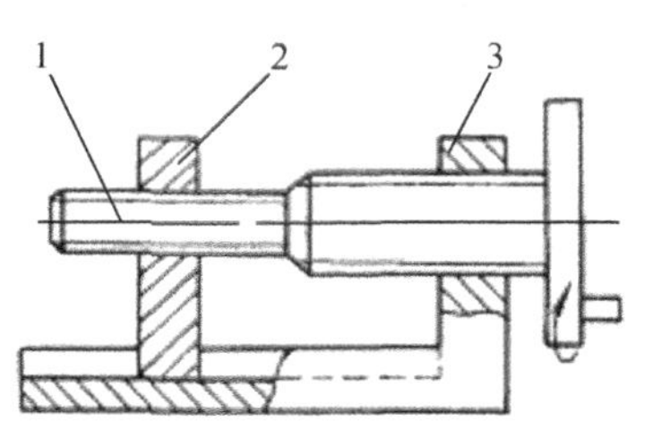

1-螺杆;2-活动螺母;3-机架

图 2-1-33　差动螺纹传动原理

(2)差动螺旋传动的移动距离和方向的确定

由上面分析可知,在图 2-1-33 所示差动螺旋机构中:

1)螺杆上两螺纹旋向相同时,活动螺母移动距离减小。当机架上固定螺母的导程大于活动螺母的导程时,活动螺母移动方向与螺杆移动方向相同;当机架上固定螺母的导程小于活动螺母的导程时,活动螺母移动方向与螺杆移动方向相反;当两螺纹的导程相等时,活动螺母不动(移动距离为零)。

2)螺杆上两螺纹旋向相反时,活动螺母移动距离增大。活动螺母移动方向与螺杆移动方向相同。

3)在判定差动螺旋传动中活动螺母的移动方向时,应先用螺旋法则确定螺杆的移动方向。

差动螺旋传动中活动螺母的实际移动距离和方向,可用公式表示如下:

$$L=N(P_{h1}\pm P_{h2}) \tag{2-1-12}$$

式中:L——活动螺母的实际移动距离,mm;

N——螺杆的回转圈数;

P_{h1}——机架上固定螺母的导程,mm;

P_{h2}——活动螺母的导程,mn。

当两螺纹旋向相反时，公式中用“+”号，当两螺纹旋向相同时，公式中用“−”号。计算结果为正值时，活动螺母实际移动方向与螺杆移动方向相同，计算结果为负值时，活动螺母实际移动方向与螺杆移动方向相反。

【例 2】 在图 2-1-33 中，固定螺母的导程 $P_{h1}=1.5\text{mm}$，活动螺母的导程 $P_{h2}=2\text{mm}$，螺纹均为左旋。问当螺杆回转 0.5 转时，活动螺母的移动距离是多少？移动方向如何？

解：1）螺纹为左旋，故用左手判定螺杆向右移动。

2）因为两螺纹旋向相同，活动螺母移动距离

$$L=N(P_{h1}-P_{h2})=0.5\times(1.5-2)=-0.25(\text{mm})$$

3）计算结果为负值，活动螺母移动方向与螺杆移动方向相反，即向左移动了 0.25(mm)。

（3）差动螺旋传动的应用实例

差动螺旋传动机构可以产生极小的位移，而其螺纹的导程并不需要很小，加工较容易。所以差动螺旋传动机构常用于测微器、计算机、分度机及诸多精密切削机床、仪器和工具中。图 2-1-34 所示是应用于微调镗刀上的差动螺旋传动实例。螺杆 1 在 *I* 和 Ⅱ 两处均为右旋螺纹，刀套 3 固定在镗杆 2 上，镗刀 4 在刀套中不能回转，只能移动。当螺杆回转时，可使镗刀得到微量移动。设固定螺母螺纹（刀套）的导程 $P_{h1}=1.5\text{mm}$，活动螺母（镗刀）螺纹的导程 $P_{h2}=1.25\text{mm}$，则螺杆按图示方向回转 1 转时镗刀移动距离

$$L=N(P_{h1}-P_{h2})=1\times(1.5-1.25)=+0.25(\text{mm}) \qquad \text{（右移）}$$

如果螺杆圆周按 100 等份刻线，螺杆每转过 1 格，镗刀的实际位移为：

$$L=(1.5-1.25)/100=+0.0025(\text{mm})$$

由该例可知，差动螺旋传动可以方便地实现微量调节。

图 2-1-35 所示为一种差动螺旋微调机构。手轮 4 与螺杆 3 固定联接，螺杆与机架 1 的内螺纹组成一螺旋副，导程为 P_{h1}，螺杆以内螺纹与移动螺杆 2 组成另一螺旋副，导程为 P_{h2}，移动螺杆在机架内只能沿导向键左右移动而不能转动。设两螺旋副均为右旋，且 $P_{h1}>P_{h2}$，则如图示方向回转手轮时，螺杆右移，移动螺杆相对螺杆左移，移动螺杆的实际位移量

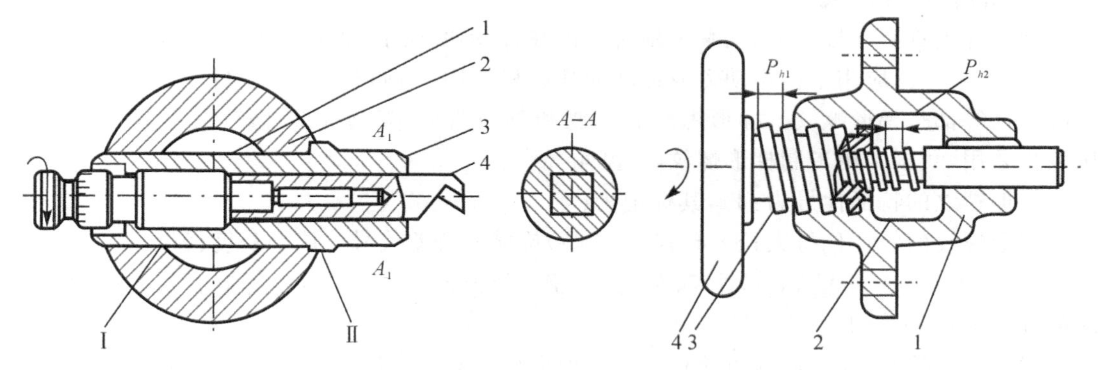

1-螺杆；2-镗杆；3-刀套；4-镗刀

图 2-1-34 差动螺旋传动的微调镗刀

1-机架 2-移动螺杆 3-螺杆 4-手轮

图 2-1-35 差动螺旋微调机构

$$L=N(P_{h1}-P_{h2}) \qquad \text{（右移）}$$

手轮回转角度 $\varphi(rad)$ 时的移动螺杆的实际位移可按下式计算：

$$L=\frac{\varphi}{2\pi}(P_{h1}-P_{h2})$$

3. 滚珠螺旋传动

在普通的螺旋传动中，由于螺杆与螺母的牙侧表面之间的相对运动摩擦是滑动摩擦，因此，传动阻力大，摩擦损失严重，效率低。为了改善螺旋传动的功能，经常用滚珠螺旋传动技术（图 2-1-36），用滚动摩擦来替代滑动摩擦。

滚珠螺旋传动主要由滚珠循环装置 1、滚珠 2、螺杆 3 和螺母 4 组成。其工作原理是：在螺杆和螺母的螺纹滚道中，装有一定数量的滚珠（钢球），当螺杆与螺母作相对螺旋运动时，滚珠在螺纹滚道内滚动，并通过滚珠循环装置的通道构成封闭循环，从而实现螺杆与螺母间的滚动摩擦。

滚珠螺旋传动具有滚动摩擦阻力很小、摩擦损失小、传动效率高、传动时运动稳定、动作灵敏等优点。但其结构复杂，外形尺寸较大，制造技术要求高，因此成本也较高。目前主要应用于精密传动的数控机床（滚珠丝杠传动），以及自动控制装置、升降机构和精密测量仪器等。

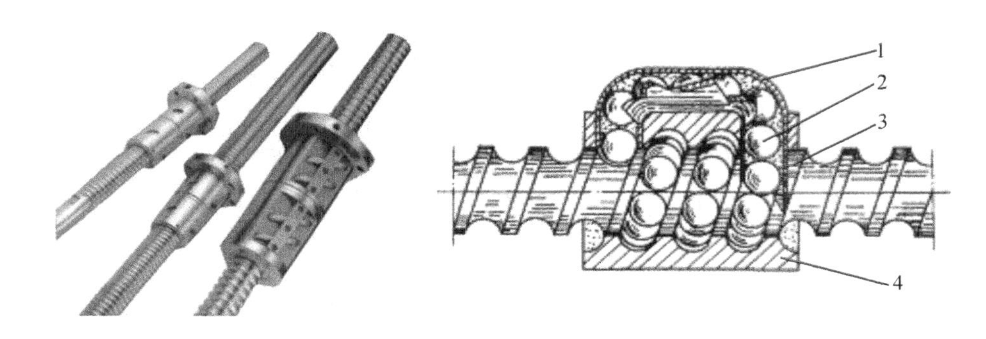

1-滚珠循环装置　2-滚珠　3-螺杆　4-螺母

图 2-1-36　滚动螺旋传动

4. 常用传动梯形螺纹

梯形螺纹具有牙根强度高、螺旋副对中性好、传动摩擦小、效率高等优点，是传动螺纹的主要形式，被广泛应用于传递动力或运动的螺旋机构中，例如在车床上的长丝杠和中、小滑板的丝杠等都是梯形螺纹。梯形螺纹有米制和英制两种，英制梯形螺纹（牙型角 29°）在我国较少采用，我国常用米制梯形螺纹（牙型角 30°）。

梯形螺纹的特征代号为：Tr，其标记为：

梯形螺纹的特征代号大径×导程（P 螺距）旋向—公差代号—旋合长度代号。

例如：大径 40，导程 14、螺距 7、左旋、中径顶径公差代号为 7e，中等旋合长度的梯形螺纹的标注为：Tr40×14(P7)LH－7e。

对于单线螺纹，大径后面直接标螺距数值即可。对于右旋螺纹，可以不标旋向。如大径 40，螺距 7、单线、右旋、中径顶径公差代号为 7e，中等旋合长度的梯形螺纹，其标注为：Tr40×P7－7e

公制梯形螺纹的各部分的名称及代号如图 2-1-37 所示。

公制梯形螺纹的基本尺寸及相互关系如表 2-1-10 所示。

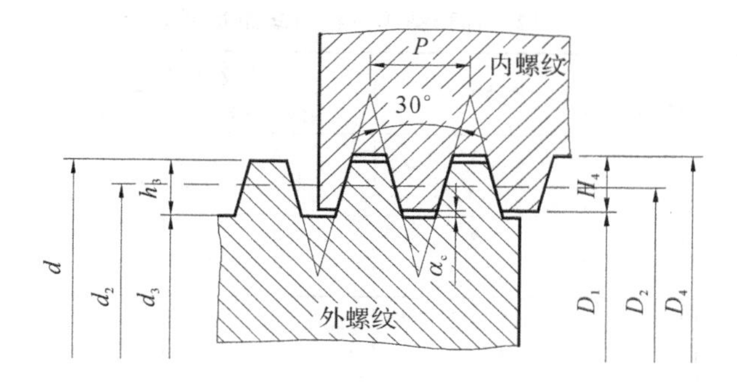

图 2-1-37　公制梯形螺纹的名称及代号

表 2-1-10　公制梯形螺纹各部分名称、代号及计算公式

名称		代号	计算公式			
牙型角		A	30°			
螺距		P	由螺纹标准确定			
牙顶间隙		a_p	P	1.5～5	6～12	14～44
			a_p	0.25	0.5	1
外螺纹	大径	d	公称直径			
	中径	d_2	$d_2=d-0.5P$			
	小径	d_3	$d_3=d-2h_3$			
	牙高	h_3	$h_3=0.5P+a_c$			
内螺纹	大径	D_4	$D_4=d+2a_c$			
	中径	D_2	$D_2=d_2$			
	小径	D_1	$D_1=d-P$			
	牙高	H_4	$H_4=h_3$			
牙顶宽		f,f'	$f=f'=0.336P$			
牙槽底宽		W,W'	$W=W=0.336P-0.536a_c$			

常用于传动的符合 GB5796.1-86 标准的梯形螺纹用“Tr”表示。梯形螺纹直径与螺距间的关系，可以查阅表 2-1-11 和表 2-1-12。

表 2-1-11　梯形螺纹基本尺寸 mm

螺距 P(mm)	1.5	2	3	4	5	6	7
外螺纹小径 d_3	$d-1.8$	$d-2.5$	$d-3.5$	$d-4.5$	$d-5.5$	$d-7$	$d-8$
内、外螺纹中径 D_2、d_2	$d-0.75$	$d-1$	$d-1.5$	$d-2$	$d-2.5$	$d-3$	$d-3.5$
内螺纹大径 D_4	$d+0.3$	$d+0.5$	$d+1$				
内螺纹小径 D_1	$d-1.5$	$d-2$	$d-3$	$d-4$	$d-5$	$d-6$	$d-7$
螺 距 P	8	9	10	12	14	16	18
外螺纹小径 d_3	$d-9$	$d-10$	$d-11$	$d-13$	$d-16$	$d-18$	$d-20$
内、外螺纹中径 D_2、d_2	$d-4$	$d-4.5$	$d-5$	$d-6$	$d-7$	$d-8$	$d-9$
内螺纹大径 D_4	$d+1$	$d+2$					
内螺纹小径 D_1	$d-8$	$d-9$	$d-10$	$d-12$	$d-14$	$d-16$	$d-18$

注：①d—公称直径(即外螺纹大径)。

②表中所列的数值是按下式计算的：$d_3=d-2h_3$；D_2、$d_2=d-0.5P$；$D_4=d+2a_c$；$D_1=d-P$。

表 2-1-12　梯形螺纹直径与螺距系列 mm

公称直径 d		螺距 P	公称直径 d		螺距 P
第一系列	第二系列		第一系列	第二系列	
8		1.5*	52	50	12,8*,3
10	9	2*,1.5		55	14,9*,3
	11	3,2*	60		14,9*,3
12		3*,2	70	65	16,10*,4
	14	3*,2	80	75	16,10*,4
16	18	4*,2		85	18,12,4
20		4*,2	90	95	18,12*,4
24	22	8,5*,3	100		20,12*,4
28	26	8,5*,3		110	20,12*,4
	30	10,6*,3	120	130	22,14*,6
32		10,6*,3	140		24,14*,6
36	34			150	24,16*,6
	38	10,7*,3	160		28,16*,6
	42			170	28,16*,6
44		12,7*,3	180		28,18*,8
48	46	12,8*,3		180	32,18*,8

注：优先选用第一系列的直径，带 * 者为相应直径优先选用的螺距。

【任务实施】

1. 工作任务分析

如图 2-1-1 所示的刚性凸缘联轴器的螺栓联接，螺栓杆与孔之间留有间隙。螺栓预紧后，被联接件之间相应的产生正压力，工作载荷（转矩）由接触面之间的摩擦力来承受。根据上述条件可以判断，该螺栓组联接与受横向工作载荷的紧螺栓联接基本相符。

该联接的正常工作条件是被联接件之间不发生相对滑移。因此，这组螺栓承受工作载荷（扭矩）时，接合面间摩擦力相对联轴器中心之矩应大于其传递的转矩 T。

2. 解题思路

（1）联轴器传递的转矩

$$T=9.55\times10^6\frac{P}{n}=9.55\times10^6\times\frac{15}{960}=14.92\times10^4(\text{N}\cdot\text{mm})$$

（2）螺栓所需预紧力

根据式（2-1-3），单个螺栓预紧力 F_0 与工作载荷 F 的关系为：$F_0\geqslant\frac{K_fF}{mf}$，因 $T=F\times\frac{D}{2}$，可得：

$$F_0\geqslant\frac{2K_fT}{mfD}$$

故：
$$F_0\geqslant\frac{2K_fT}{mfD}=\frac{2\times1.2\times14.92\times10^4}{6\times0.15\times100}=3980\text{N}$$

（3）许用应力

$$[\sigma]=\frac{\sigma_s}{S}=\frac{480}{4}=120\text{MPa}$$

(4)所需螺栓最小直径

$$d_1 \geqslant \sqrt{\frac{4\times1.3F_0}{\pi[\sigma]}}=\sqrt{\frac{4\times1.3\times3980}{\pi\times120}}=7.41(\text{mm})$$

查表2-1-2和表2-1-1可知,*M*10的螺栓的大径 D=10mm,螺距 P 为1.5mm,小径为 d_1=8.37mm。

故该联轴器最小可以选择M10的螺栓。

【课后巩固】

1. 联接螺纹按牙型分为哪几种?各有何特点?各适用什么场合?
2. 传动螺纹按牙型分为哪几种?各有何特点?各适用什么场合?
3. 螺纹联接有哪些基本类型?各有何特点?各适用什么场合?
4. 解释M30×1.5—5g6g和Tr40×14(P7)—7H/7e的含义。
5. 螺纹联接预紧的目的是什么?
6. 为什么螺纹联接常需要防松?防松是实质是什么?常用的防松方法有哪些种类?
7. 简述提高螺栓联接强度的措施有哪些?
8. 根据用途不同分,螺旋传动有哪些类型?各有何特点?举例说明其应用场合?
9. 螺栓组联接结构设计时,需要考虑哪几方面的问题?
10. 螺栓联接的主要失效形式有哪些?
11. 起重吊钩如图2-1-17所示,已知吊钩螺纹的直径 D=36mm,螺纹小直径 d_1=31.67mm,吊钩材料为35钢,σ_S=315MPa,取安全系数 S=4。试计算吊钩的最大起重量 F 的大小。
12. 如图2-1-38所示普通螺栓联接中采用两个M16的螺栓,已知螺栓小径 d_1=13.835mm,螺栓材料为35钢,$[\sigma]$=100MPa,被联接件接合面间摩擦系数f=0.12,可靠性系数 K_f=1.2,试计算该联接允许传递的最大横向载荷 F_R 的大小。
13. 图2-1-39所示为一圆盘锯,锯片直径 D=500mm,用螺母将其压紧在压板中间。如锯片外圆的工作阻力 F_t=400N,压板和锯片间的摩擦系数 f=0.15,压板的平均直径 D_1=150mm,取可靠性系数 K_f=1.2,轴的材料为45钢,屈服极限 σ_S=360MPa,安全系数 S=1.5,确定轴端的螺纹直径 d。

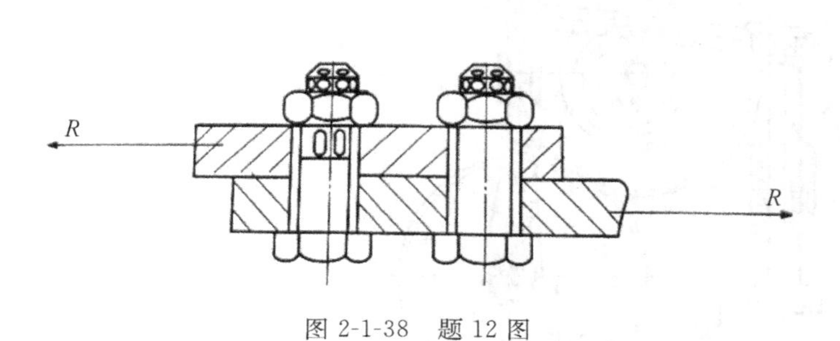

图2-1-38　题12图

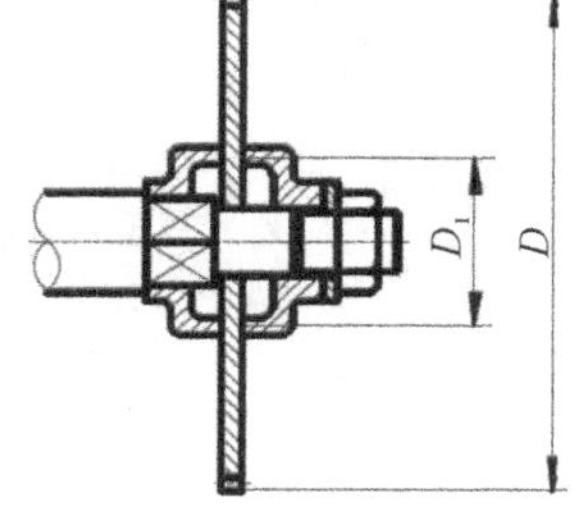

图2-1-39　题13图

项目3　平面连杆机构设计

任务1　机构运动简图绘制和自由度计算

【任务导读】

机构运动简图绘制和机构自由度分析是机械设计人员在设计初始阶段的一项必要工作，本任务通过偏心式压力机机构运动简图绘制和自由度计算，使学生了解机构及自由度含义，能够正确判断运动副及复合铰链、局部自由度和虚约束，正确绘制机构运动简图并计算自由度。

【教学目标】

最终目标：能够查阅手册绘制机构运动简图，计算机构自由度

促成目标：1. 能理解运动副含义，正确判断高低副；

2. 熟悉常用运动副的简图符号；

3. 会正确判断复合铰链、局部自由度和虚约束；

4. 能正确绘制典型机构的运动简图，并计算自由度。

【工作任务】

任务描述：如图3-1-1所示偏心式压力机，由偏心轮1、齿轮1′、构件2、构件3、构件4、滚子5、槽凸轮6、齿轮6′、滑块7、压杆8、机架9等零件组成，其中偏心轮1为主动件。主动件偏心轮1作旋转运动，通过其他零件的传动，最终使压头8作上下移动，实现冲压动作。

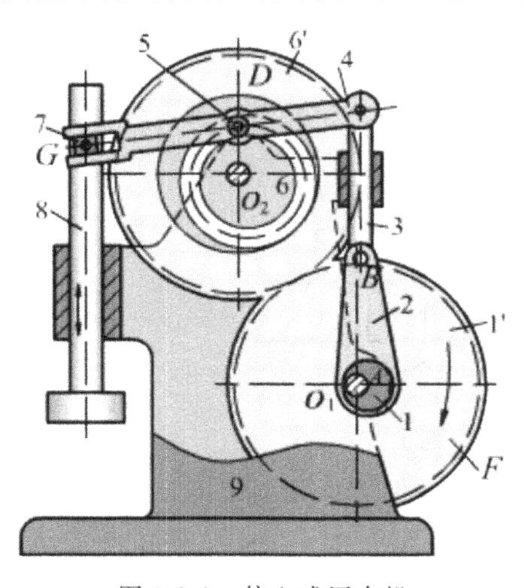

图3-1-1　偏心式压力机

任务具体要求：(1)试绘制该压力机的机构运动简图和计算其运动的自由度；
(2)判断是否具有确定运动；
(3)填写设计任务单。

表 3-1-1 设计任务单

<table>
<tr><td colspan="2">任务名称</td><td colspan="12">绘制偏心式压力机机构运动简图，并计算自由度</td></tr>
<tr><td colspan="2">机构图示</td><td colspan="12"></td></tr>
<tr><td rowspan="12">工作步骤</td><td rowspan="2">1. 确定部件类型</td><td colspan="3">原动件编号</td><td colspan="3">机架编号</td><td colspan="3">执行件编号</td><td colspan="3">传动件编号</td></tr>
<tr><td colspan="3"></td><td colspan="3"></td><td colspan="3"></td><td colspan="3"></td></tr>
<tr><td rowspan="4">2. 运动副判别</td><td colspan="6">高副(括号中填数量)</td><td colspan="6">低副(括号中填数量)</td></tr>
<tr><td colspan="3">线接触( )</td><td colspan="3">点接触( )</td><td colspan="3">转动副( )</td><td colspan="3">移动副( )</td></tr>
<tr><td colspan="4">复合铰链( )</td><td colspan="4">局部自由度( )</td><td colspan="4">虚约束( )</td></tr>
<tr><td colspan="4">活动构件( )</td><td colspan="4">实际低副( )</td><td colspan="4">实际高副( )</td></tr>
<tr><td rowspan="2">3. 作图</td><td colspan="12">作机构运动简图(比例尺 μ_L：______)</td></tr>
<tr><td colspan="12"></td></tr>
<tr><td rowspan="3">4. 计算机构运动自由度</td><td colspan="12">机构自由度计算</td></tr>
<tr><td colspan="12">$F=3n-2P_L-P_H=$</td></tr>
<tr><td colspan="12">备注：其中 n 为活动构件数，P_L 为低副数，P_H 为高副数</td></tr>
<tr><td>结论</td><td colspan="12"></td></tr>
</table>

【知识储备】

3.1.1 机器的组成及特征

人们在长期的生产实践中，创造发明了各种机器，如汽车、飞机、洗衣机、电梯、机床等，它们极大地减轻人们的体力劳动，提高劳动生产率，给我们的生产和生活带来了极大的方便。机器的作用是实现能量转换或完成有用的机械功。如图 3-1-2 所示的单缸内燃机，它由机架(气缸体)1、曲柄 2、连杆 3、活塞 4、进气阀 5、排气阀 6、推杆 7、凸轮 8 和齿轮 9、10 组成。当燃烧的气体推动活塞 4 作往复运动时,通过连杆 3 使曲柄 2 作连续转动,从而将燃气的压力能转换为曲柄的机械能。齿轮、凸轮和推杆的作用是按一定的运动规律按时开闭阀门,完成吸气和排气。

机器的种类繁多,结构形式和用途也各不相同,但总的来说,机器具有三个特征:(1)都是一种人为的实物组合;(2)各部分形成运动单元,各单元之间具有确定的相对运动;(3)能实现能量转换或完成有用的机械功。仅具备前两个特征的称为机构。机构是多个实物的组合,能实现预期的机械运动。如图 3-1-2 的内燃机,它包含了三种机构:1)曲柄滑块机构,由活塞 4、连杆 3、曲柄 2 和机架 1 构成,作用是将活塞的往复直线运动转换成曲柄的连续转动;2)齿轮机构,由齿轮 9、10 和机架 1 构成,作用是改变转速的大小和方向;3)凸轮机构,由凸轮 8、推杆 7 和机架 1 构成,作用是将凸轮连续转动变为推杆的往复移动,完成有规律地启闭阀门的工作。

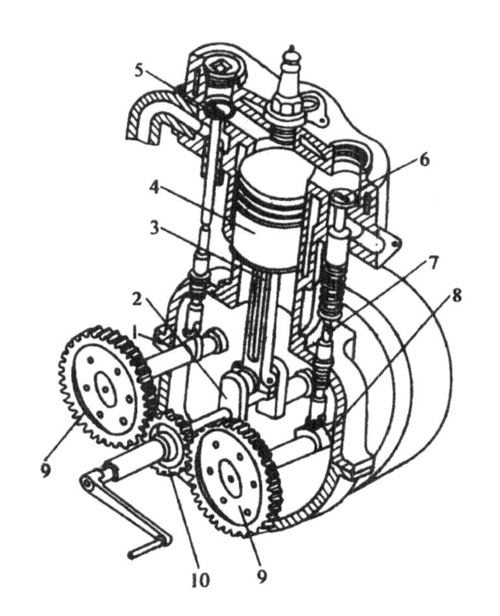

图 3-1-2　单缸内燃机

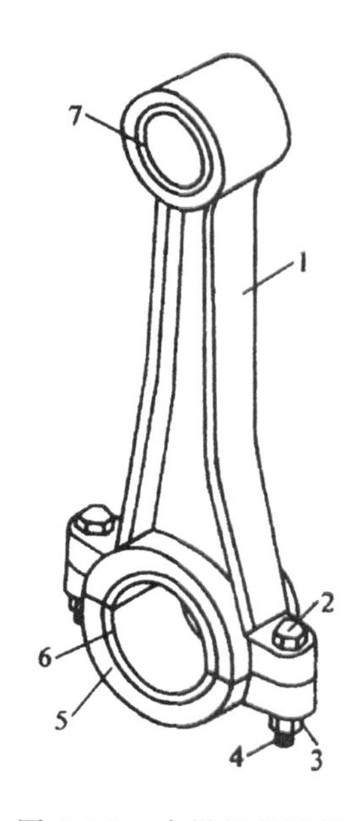

图 3-1-3　内燃机的连杆

各种机器中普遍使用的机构称为常用机构,例如齿轮机构、凸轮机构、棘轮机构、带传动机构、曲柄滑块机构、曲柄导杆机构等。这些机构在机器中的主要作用是传递运动和动力,实现运动形式或速度的变化。通过对不同机器的分析,可以这样认为,机器是若干机构的组合体。从运动观点来看,机器与机构并无差别,工程上通常把两者统称为“机械”。

通过前面的分析,我们知道了机构能够实现运动速度、方向及形式的变换,而实现这些功能,则需要组成机构的各个部分共同的协调工作,即各部分之间的运动相对确定。我们把这些具有确定的相对运动的单元体实物称为构件,而机械中不可拆的制造单元体称为零件。

与机器中的零件不同的是:零件是制造的基本单元体,而构件则是机构中的基本运动单元体,构件可以是单一零件,如内燃机中的曲轴,也可以是多个零件的刚性组合体,如内燃机的连杆(图 3-1-3),是由连杆体 1、连杆盖 5、螺栓 2、螺母 3、开口销 4、轴瓦 6 和轴套 7 等多个

零件构成的一个构件。

3.1.2 运动副及其分类

1. 运动副的概念

机构是由许多构件所组成的，为了传递运动和动力，各构件之间必须以一定方式联接起来。在图 3-1-2 所示的内燃机中，活塞与缸体组成可相对移动的联接；活塞和连杆、连杆和曲轴、曲轴和机架分别组成可相对转动的联接。这种联接不是固定联接，而是具有一定的相对运动，这种使两构件直接接触并能产生一定相对运动的联接，称为运动副。

2. 运动副的分类

根据运动副各构件之间的相对运动是平面运动还是空间运动，可将运动副分成平面运动副和空间运动副。所有构件都只能在相互平行的平面上运动的机构称为平面机构，平面机构的运动副称为平面运动副。

根据构件间点、线或面等接触方式的不同，运动副又可分为低副和高副两类。

(1)低副

若组成运动副的两个构件只能在同一平面内作相对转动，则该运动副称为转动副或铰链。图 3-1-4a 中，构件 1 和构件 2 组成转动副，这两个构件都是活动构件，故称为活动铰链。若其中一个是固定的，则称该转动副为固定铰链。图 3-1-4(a)中的两构件只能作相对转动，而不能沿轴向或径向作相对移动。

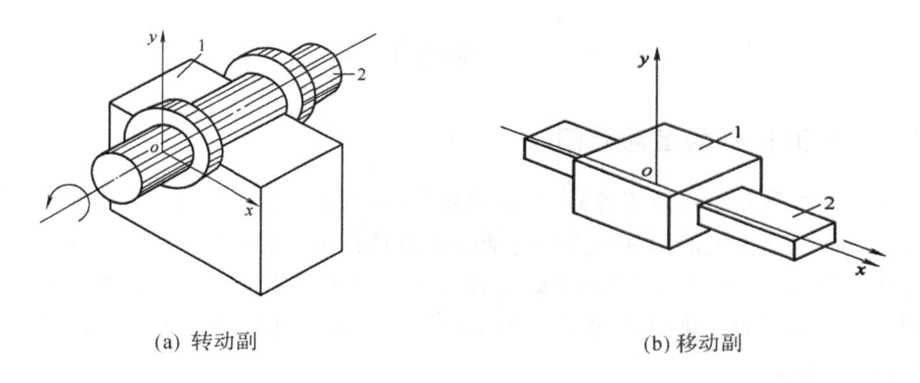

(a) 转动副　　(b) 移动副

图 3-1-4　低副

若组成运动副的两构件只能沿某一轴线作相对移动，则该运动副称为移动副。图 3-1-4(b)中，构件 1 和构件 2 只能沿轴向作相对移动，其余的运动受到约束。

(2)高副

两构件通过点或线接触所组成的运动副称为高副。图 3-1-5(a)中的车轮 1 与钢轨 2、图 3-1-5(b)中的凸轮 1 与从动件 2、图 3-1-5(c)中的齿轮 1 与齿轮 2 分别在接触处 A 组成高副。组成平面高副两构件间的相对运动是沿接触处切线 t-t 方向的相对移动和在平面内的相对转动。

除上述平面运动副之外，机械中还经常见到如图 3-1-6(a)所示的球面副和图 3-1-6(b)所示的螺旋副。这类运动副两构件间的相对运动是空间运动，属于空间运动副。空间运动副不在本书的讨论范围之内。

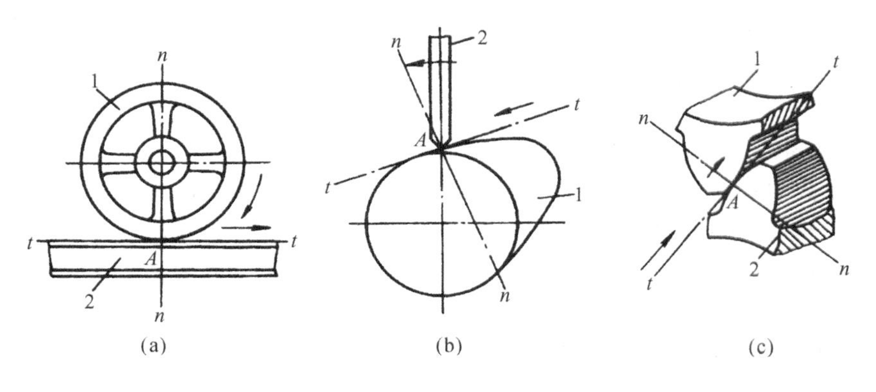

图 3-1-5　常见高副

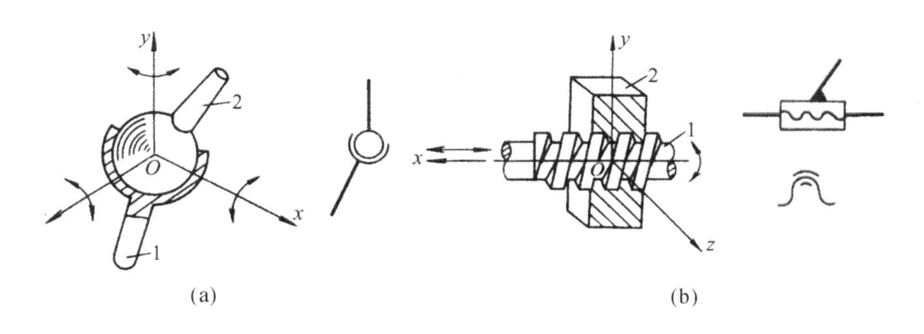

图 3-1-6　球面副和螺旋副

3.1.3　平面机构的运动简图

实际构件的外形和结构各式各样，往往很复杂，在研究机构运动时，为了使问题简化，有必要撇开那些与运动无关的构件外形和运动副的具体构造，仅用简单的线条和规定的符号来表示构件和运动副，并按一定的比例确定各运动副的相对位置。这种能准确表达机构各构件间相对运动关系的简化图形，称为机构运动简图。不严格按照比例绘制的机构运动简图称为机构示意图。

1. 运动副的表示方法

在平面机构运动简图中，运动副的表示取决于运动副的类型。

图 3-1-7(a)、(b)、(c)是两个构件组成转动副的表示方法。用小圆圈“∘”表示转动副，其圆心代表在相对转动轴线。若组成转动副的两构件都是活动件，则用图(a)表示；若其中一个为机架，则在代表机架的构件上加阴影线，如图(b)、(c)所示。

两构件组成移动副的表达方法如图 3-1-7(d)、(e)、(f)所示。移动副的导路必须与相对移动方向一致。同上所述，图中画阴影线的构件表示机架。

两构件组成平面高副时，在简图中需绘制出接触处的部分曲线轮廓，如图 3-1-7(g)、(h)所示。

2. 构件的表示方法

平面机构中的构件不论其形状如何复杂，在机构运动简图中，只需将构件上的所有运动

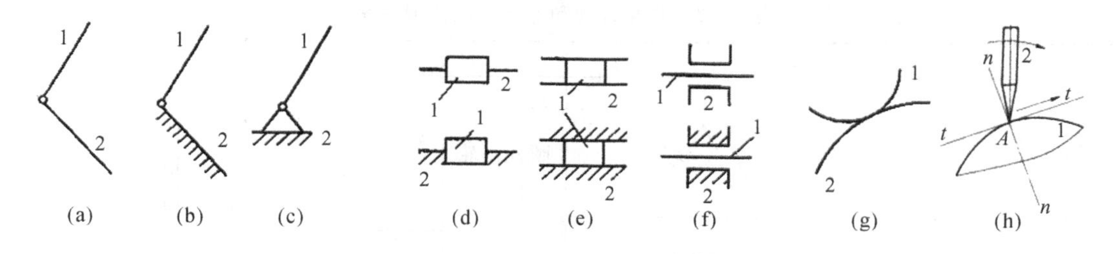

图 3-1-7 平面运动副的表示方法

副元素按照它们在构件上的位置用规定的符号表示出来,再用简单线条将它们连成一体既可。

当一个构件上的两个运动副元素均为转动副时,该构件用通过两个转动副的几何中心所连的线段表示出来,如图 3-1-8(a)所示;图(b)表示参与组成一个转动副和一个移动副的构件。一般情况下,参与组成三个转动副的构件可用三角形表示。为表示三角形是一个刚性整体,常在三角形内打剖面线或在三个角上加上焊接标记,如图(c)所示;如果三个转动副中心在一条直线上,则用图(d)表示。超过三个运动副的构件的表示方法可以此类推。

对于机械中常用构件和零件,也可用采用惯用画法,例如用粗实线或者点画线画出一对节圆来表示互相啮合的齿轮,用完整的轮廓曲线表示凸轮。其他常用零部件的表示方法可参考表 3-1-2。

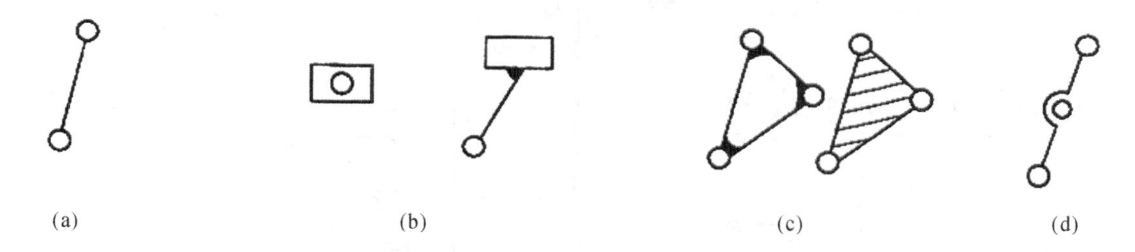

图 3-1-8 构件的表示方法

一般来说,机构中的构件可分成如下三类:

(1)机架　机构中相对固定不动的构件称为机架,它是用来支承其他活动构件。在绘制机构运动简图时,必须用剖面线来标记机架。

(2)原动件　机构中接受外界给定运动规律的活动构件称为原动件,它一般与机架相连。在绘制机构运动简图时,原动件上必须用带箭头的圆弧或直线标注其运动方向。

(3)从动件　机构中随原动件运动的其他活动构件称为从动件。

任何机构中,必有一个构件视作为机架,另有一个或几个构件视作为原动件,其余的构件都是从动件。

表 3-1-2　常用构件和运动副的简图符号

固定构件		外啮合圆柱齿轮机构	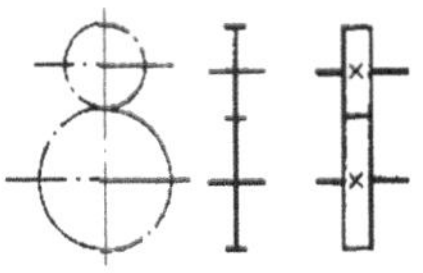
两副元素构件	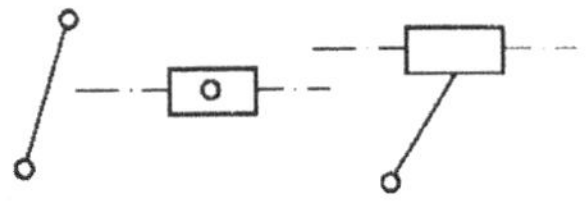	内啮合圆柱齿轮机构	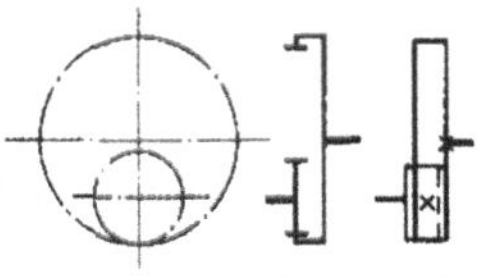
三副元素构件	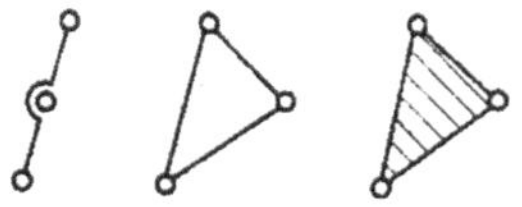	齿轮齿条机构	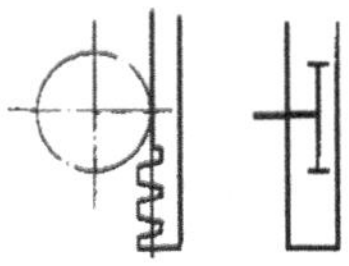
转动副	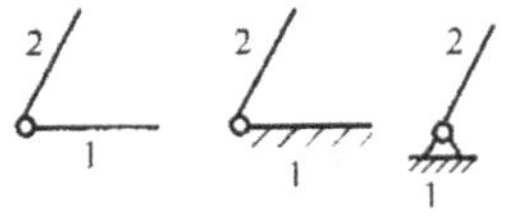 2 1　2 1　2 1	圆锥齿轮机构	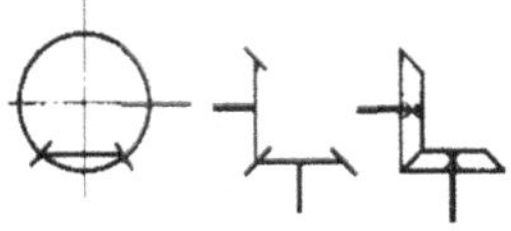
移动副	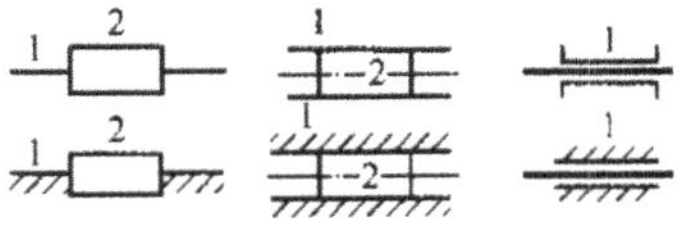 1 2　1 2　1 -2-　1 -2-　1　1	蜗杆蜗轮机构	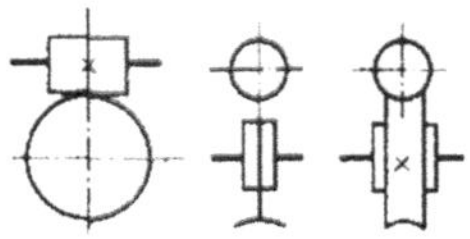
平面高副	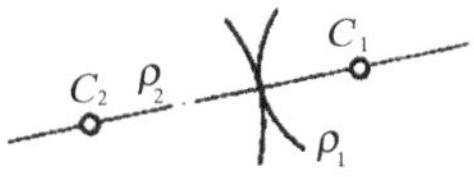 C_2 ρ_2 C_1 ρ_1	带传动	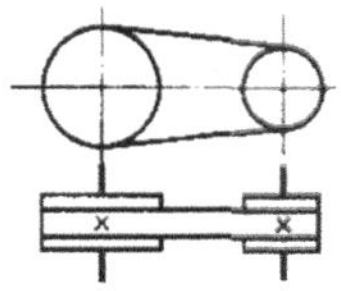 类型符号，标注在带的上方 V带▽ 圆带○ 平带—
凸轮机构	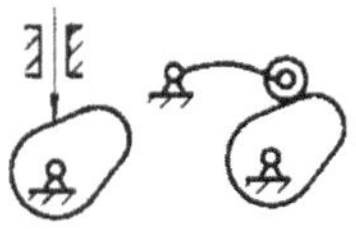	链传动	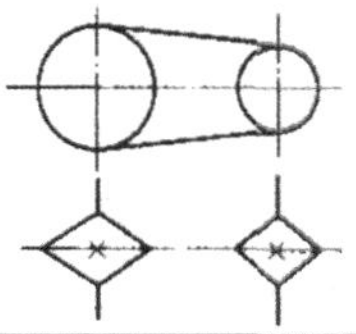 类型符号，标注在轮轴连心线上方 滚子链 # 齿形链 W
棘轮机构	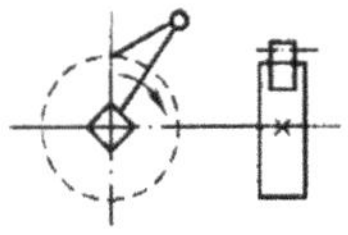		

3. 平面机构运动简图的绘制

绘制平面机构运动简图时，首先应观察机构的构造和运动情况，明确机架、原动件和从动件。其次需弄清楚该机构由多少构件组成，各构件间运动副的类型、数目等，然后按规定的符号和一定的比例绘图。

其具体作图步骤如下：

(1)找出机构中的原动件、从动件和机架。

(2)由原动件开始，沿着运动传递的顺序，依次分析构件间的接触情况和相对运动形式，确定运动副的类型、数目及构件的数目。

(3)选择合适的视图平面和原动件位置，以便清楚地表达个构件间的运动关系。通常选

择与构件运动平面平行的平面作为投影面。

(4)选取适当的比例尺 $\mu_L=\frac{\text{构件实际尺寸(mm)}}{\text{构件图示尺寸(mm)}}$,根据各运动副的相对位置,采用规定的符号绘制机构运动简图。

作图时须注意:用大写英文字母标注各转动副,用阿拉伯数字表示各构件,用带箭头的圆弧或直线标明机构中的原动件及其运动方向,用剖面线标明机构中的机架。

下面举例说明机构运动简图的绘制方法。

【例 1】 试绘制图 3-1-9(a)所示活塞泵的机构运动简图。

解 活塞泵由曲柄 1、连杆 2、齿扇 3、齿条活塞 4 和机架 5 等五个构件组成。曲柄 1 是原动件,2、3、4 是从动件。当原动件 1 连续回转时,活塞在气缸中往复运动。

各构件之间的连接关系如下:构件 1 和 5,2 和 1,3 和 2,3 和 5 之间为相对转动,分别构成 A、B、C、D 转动副。构件 3 的轮齿与构件 4 的齿构成平面高副 E。构件 4 与 5 之间为相对移动,构成移动副 F。

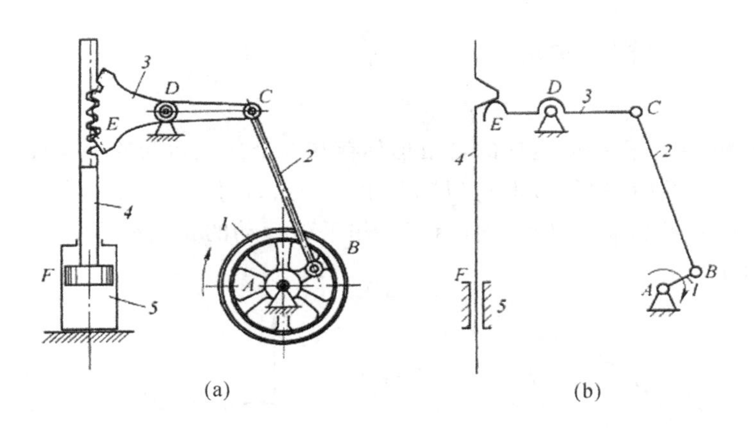

图 3-1-9 活塞泵机构运动简图

选定适当的比例尺和视图平面,按照图 3-1-9(a)尺寸,定出 A、B、C、D、E、F 的相对位置,用构件和运动副的规定符号画出机构运动简图,最后在原动件 1 上用带箭头的圆弧标注其转动方向,在机架 5 上标注剖面线,便得到图 3-1-9(b)所示的机构运动简图。

【例 2】 试绘制图 3-1-10(a)所示偏心轮冲床主体运动机构的运动简图。

解 该机构由偏心轮 1、连杆 2、冲头 3 和床身 4 组成。偏心轮 1 是原动件,它的运动是由电动机通过带传动的;床身 4 是机架;连杆 2 和冲头 3 为从动件。

由图 3-1-10(a)可知,构件 1 和 4,2 和 1,3 和 2 之间为相对转动,分别构成 A、B、C 3 个转动副。构件 3 与 4 之间为相对移动,构成移动副 D。

选取构件运动平面为投影平面,根据选定的长度比例尺绘制,用简单线条和常用的符号表示各构件 1、2、3 和机架 4。最后在原动件 1 上用带箭头的圆弧标注其转动方向,在机架 4 上标注剖面线,便得到机构运动简图,如图 3-1-10(b)所示。

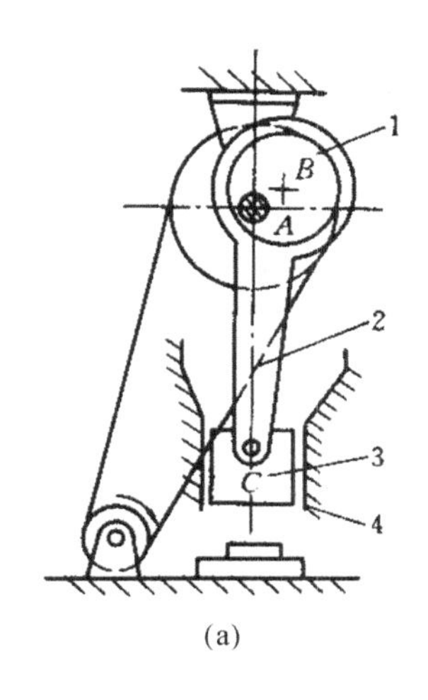

(a)

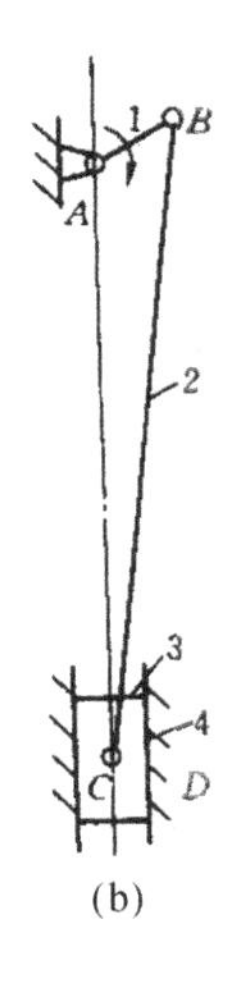

(b)

图 3-1-10　偏心轮冲床运动简图

3.1.4　平面机构自由度

1. 自由度

由运动学知，一个作平面运动的自由构件存在 3 个独立运动的可能性。如图 3-1-11(a)所示，在 xOy 坐标系中，构件 S 既可以随其上任一点 A 沿 x 轴或 y 轴方向移动，也可以绕 A 点转动构件的这种独立运动称为自由度。作平面运动的自由构件具有 3 个独立的运动，即具有 3 个自由度。

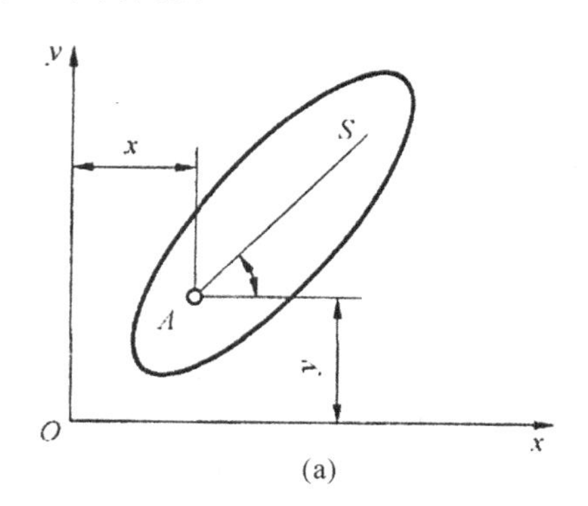

(a)

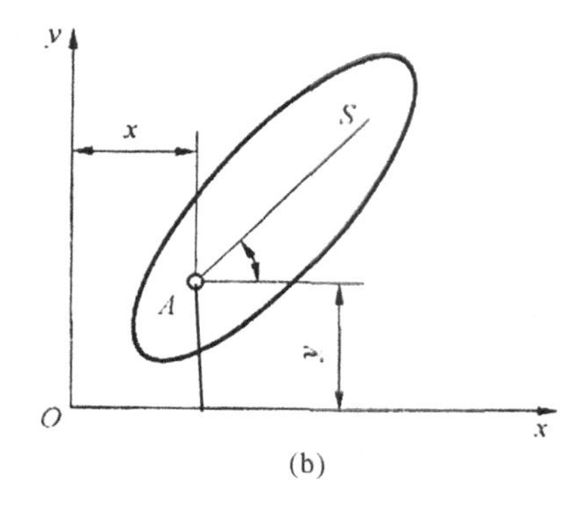

(b)

图 3-1-11　平面机构的自由度

2. 约束

当两个构件通过运动副连接后，构件间的直接接触使某些独立运动受到限制，自由度减少。如图 3-1-11(b)，构件 S 与固联在坐标轴上的构件 P 在 A 点铰接，构件 S 沿 x 轴方向和沿 y 轴方向的独立运动受到限制。这种限制构件独立运动的作用称为约束。

对平面低副，由于两构件之间只有一个相对运动，即相对移动或相对转动，说明平面低副构成受到两个约束，因此有低副联接的构件将失去 2 个自由度。

对平面高副，如齿轮副或凸轮副(见图 3-1-5(b)、(c))构件 2 可相对构件 1 绕接触点转

动，又可沿接触点的切线方向移动，只是沿公法线方向的运动被限制。可见组成高副时的约束为1，即失去1个自由度。

3. 机构自由度的计算

机构相对机架（固定构件）所具有的独立运动数目，称为机构的自由度。

在平面机构中，设机构的活动构件数为n，在未组成运动副之前，这些活动构件共有$3n$个自由度。用运动副联接后便引入了约束，并失去了自由度，一个低副因有两个约束而将失去两个自由度，一个高副有一个约束而失去一个自由度，若机构中共有P_L个低副、P_H个高副，则平面机构的自由度F的计算公式为

$$F=3n-2P_L-P_H \tag{3-1-1}$$

如图3-1-12所示的搅拌机，其活动构件数$n=3$，低副数$P_L=4$，高副数$P_H=0$，则该机构的自由度为

$$F=3n-2P_L-P_H=3\times3-2\times4-0=1$$

4. 平面机构自由度计算的注意事项

(1)复合铰链

两个以上的构件共用同一转动轴线所构成的转动副，称为复合铰链。

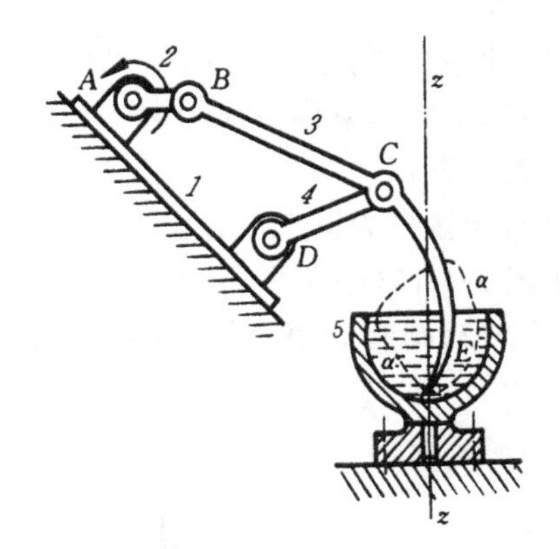

图3-1-12　搅拌机

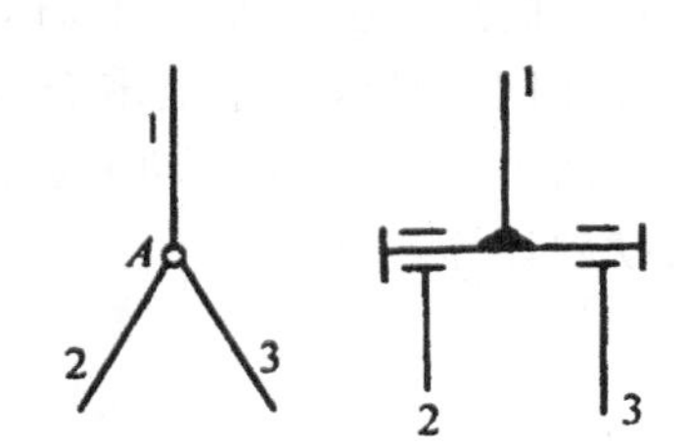

图3-1-13　复合铰链

图3-1-13所示为三个构件在A点形成复合铰链。从左视图可见，这三个构件实际上构成了轴线重合的两个转动副，而不是一个转动副，故转动副的数目为2个。推而广之，对由k个构件在同一轴线上形成的复合铰链，转动副数应为$k-1$个，计算自由度时应注意这种情况。

图3-1-14所示的直线机构中，A、B、E、D四点均为由三个构件组成的复合铰链，每处应有两个转动副，因此，该机构$n=7$，$P_L=10$，$P_H=0$，其自由度为：

$$F=3n-2P_L-P_H=3\times7-2\times10-0=1$$

(2)局部自由度

与机构整体运动无关的构件的独立运动称为局部自由度。

在计算机构自由度时，局部自由度应略去不计。图3-1-15(a)所示的凸轮机构中，滚子绕本身轴线的转动，完全不影响从动件2的运动输出，因而滚子转动的自由度属局部自由度。在计算该机构的自由度时，应将滚子与从动件2看成一个构件，如图3-1-15(b)所示，由

此，该机构的自由度为：

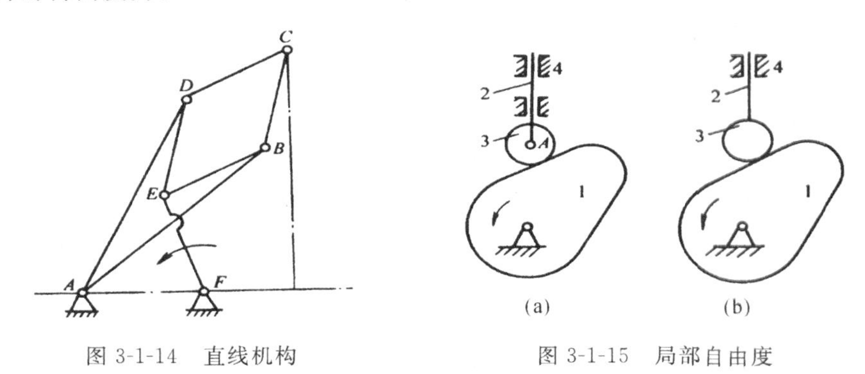

(a)　　(b)

图 3-1-14　直线机构　　　图 3-1-15　局部自由度

$$F=3n-2P_L-P_H=3\times2-2\times2-1=1$$

局部自由度虽不影响机构的运动关系，但可以变滑动摩擦为滚动摩擦，从而减轻了由于高副接触而引起的摩擦和磨损。因此，在机械中常见具有局部自由度的结构，如滚动轴承、滚轮等。

(3)虚约束

在运动副引入的约束中，有些约束对机构自由度的影响是重复的，对机构运动不起到任何的限制作用。这种重复且对机构运动不起限制作用的约束称为虚约束。在计算平面机构的自由度时，应当除去不计。虚约束常出现在下列场合：

1)两构件间形成多个具有相同作用的运动副，大概分为以下三种情况：

两构件在同一轴线上组成多个转动副。如图 3-1-16(a)所示，轮轴 1 与机架 2 在 A、B 两处组成了两个转动副，从运动关系看，只有一个转动副起约束作用，计算机构自由度时应按一个转动副计算。

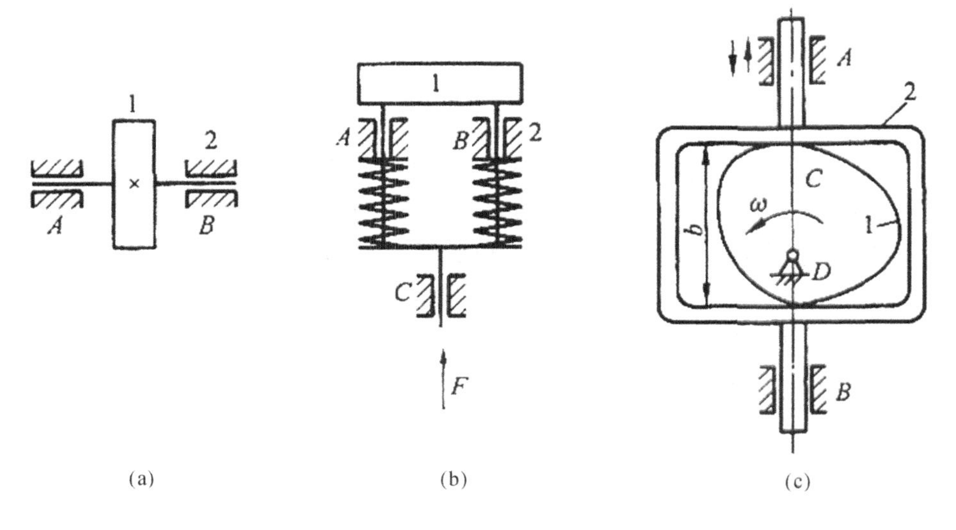

(a)　　(b)　　(c)

图 3-1-16　重复运动副引入的虚约束

两构件组成多个导路平行或重合的移动副。如图 3-1-16(b)所示，构件 1 与机架 2 组成

了 A、B、C 三个导路平行的移动副，计算自由度时应只算作一个移动副。

两构件组成多处接触点公法线重合的高副。如图 3-1-16(c)所示，同样应只考虑一个高副，其余为虚约束。

2)两构件上连接点的运动轨迹互相重合。在图 3-1-17 所示的机车车轮联动机构中，无论构件 5 和转动副 E、F 是否存在，对机构的运动都不发生影响，即构件 5 和转动副 E、F 引入的是虚约束，起重复限制运动作用，在计算机车车轮联动机构的自由度时应除去不计，即：

$$F=3n-2P_L-P_H=3\times3-2\times4-0=1$$

图 3-1-17 中的虚约束可用增加构件的刚性，改善受力状况。但是如果不满足特定的几何条件 $EF/\!/AB$、$EF=AB$，就会成为实际约束，使机构失去运动的可能性。

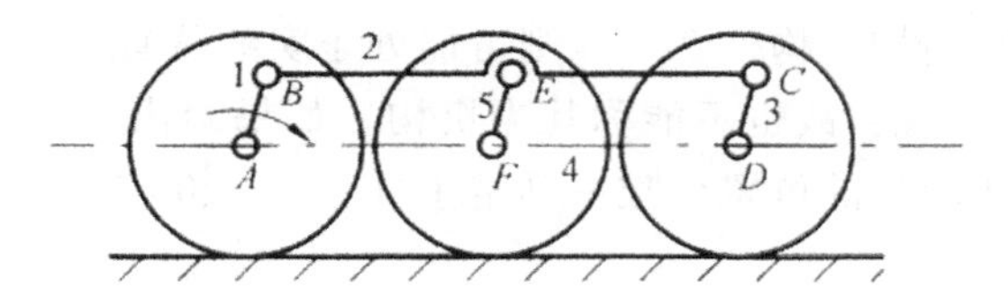

图 3-1-17　重复轨迹引入的虚约束

3)机构中传递运动不起独立作用的对称部分。如图 3-1-18(b)所示的行星轮系，为使受力均匀，安装三个相同的行星轮对称分布。从运动关系看，只需一个行星轮 2 就能满足运动要求，如图 3-1-18(a)所示，其余行星轮及其所引入的高副均为虚约束，此时两个行星轮和虚约束应除去不计(C 处为复合铰链)。该机构的自由度为：

$$F=3n-2P_L-P_H=3\times4-2\times4-2=2$$

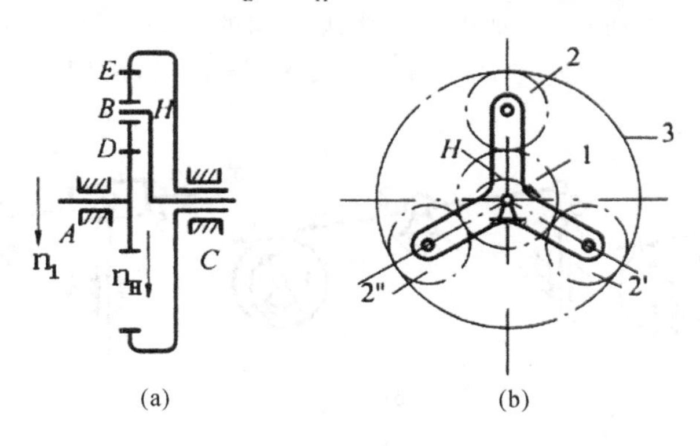

图 3-1-18　对称结构引入的虚约束

在实际机构中，虚约束虽对机构运动不起约束作用，但能改善机构的刚性和受力情况，保证机构顺利运动，因此，在结构设计中被广泛采用。在计算机构自由度时，应认真分析机构中是否有虚约束，如有虚约束，应先除去，然后再进行计算。

5. 机构具有确定运动的条件

机构能否实现预期的运动输出，取决于其运动是否具有可能性和确定性。如图 3-1-19 所示，由 3 个构件通过 3 个转动副联接而成的系统就没有运动的可能性，因其自由度为 $F=3n-2P_L-P_H=3\times2-2\times3-0=0$，故不能称其为机构。图 3-1-20 所示的五杆系统，若取构件 1 作为主动件，其自由度为：

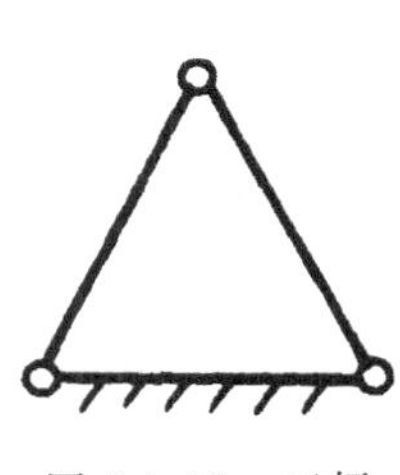

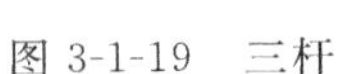
图 3-1-19　三杆

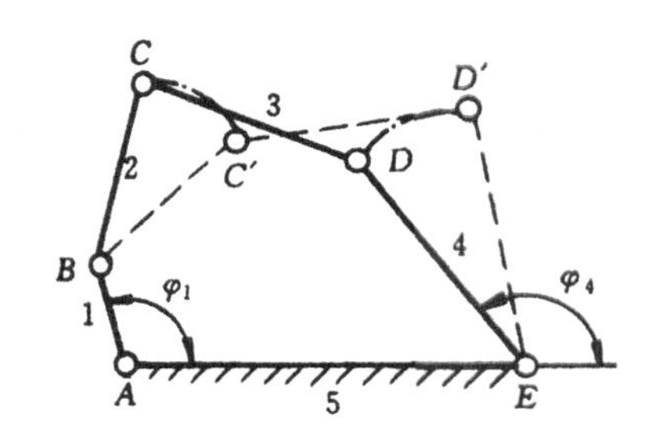

图 3-1-20　五杆

$$F=3n-2P_L-P_H=3\times4-2\times5-0=2$$

当构件 1 处于图示位置时，构件 2、3、4 则可能处于实线位置，也可能处于虚线位置。显然，从动件的运动是不确定的，故也不能称其为机构。如果给出 2 个主动件，即同时给定构件 1、4 的位置，则其余从动件的位置就唯一确定了(图 3-1-20 实线)，此时，该系统则可称为机构。

当主动件的位置确定以后，其余从动件的位置也随之确定，则称机构具有确定的相对运动。那么究竟取一个还是几个构件作主动件，这取决于机构的自由度。

机构的自由度就是机构具有的独立运动的数目。

因此，当机构的主动件数等于自由度数时，机构就具有确定的相对运动。在分析机构或设计新机构时，一般可以用自由度计算来检验所作的运动简图是否满足具有确定运动的条件，以避免机构组成原理错误。如图 3-1-21(a)所示的构件组合体，其自由度为

$$F=3n-2P_L-P_H=3\times3-2\times4-1=0$$

说明此构件系统不是机构，从动件无法实现预期的运动。图 3-1-21(b)、(c)为改进方案，经计算，自由度 $F=3n-2P_L-P_H=3\times4-2\times5-1=1$，故满足机构具有确定运动的条件。

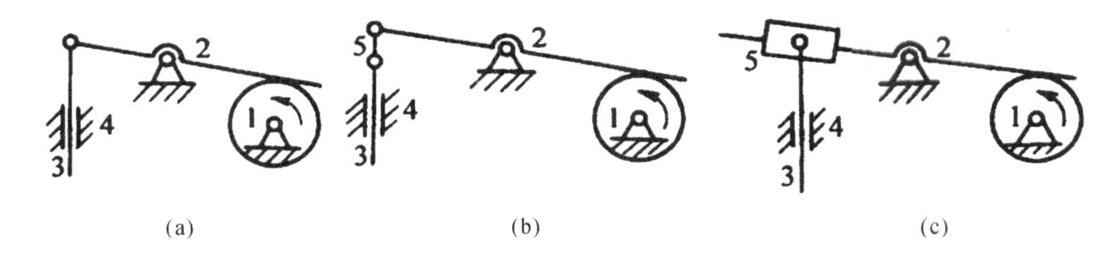

图 3-1-21　方案改进

机构具有唯一确定运动的条件是机构的原动件数等于机构的自由度数，不满足这一条件，即原动件数小于机构的自由度数时，机构的运动是不确定的，通常在机构的设计中这种情况是不允许出现的。但在有些场合中，利用机构运动的不确定性来设计机构的，则可以使机构大为简化，达到事半功倍的目的。机构运动不确定时，机构此时的运动受最小阻力定律的支配，即机构将优先沿着阻力最小的方向运动。

【例 3】　计算图 3-1-22(a)所示筛料机构的自由度。

解　图 3-1-22(a)所示的机构中共有 7 个活动构件，即 $n=7$。在 A、B、D、O、G 处各组成 1 个转动副；C 点为复合铰链，有两个转动副；顶杆与机架在 E 和 E' 处组成两个导路平行的

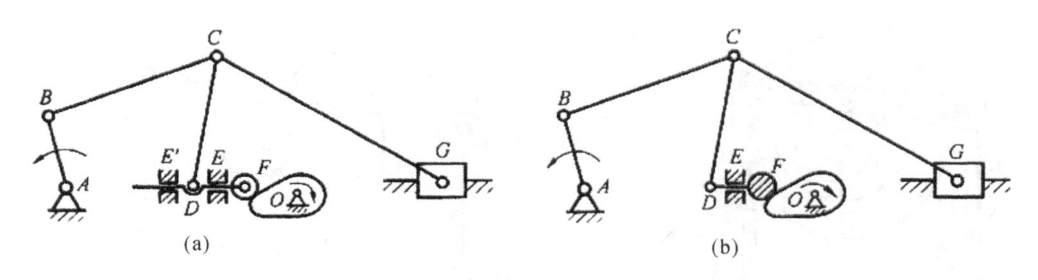

图 3-1-22　筛料机构

移动副，其中之一为虚约束，除去移动副E'，故在E、G处各组成1个移动副；另滚子F有一个局部自由度，应予除去。经处理后，原机构可简化为图3-1-22(b)所示的机构，该机构中低副总数$P_L=9$(7个转动副和2个移动副)，高副数目$P_H=1$。该机构的自由度为：

$$F=3n-2P_L-P_H=3\times7-2\times9-1=2$$

此机构的自由度为2，需要两个原动件。

【任务实施】

1. 工作任务分析

如图3-1-23所示偏心式压力机，其中偏心轮1为主动件，根据任务要求，需要绘制该压力机的机构运动简图和计算其运动的自由度，并判断是否具有确定运动。下面是该偏心式压力机的分析与计算过程。

首先明确机构运动简图绘制步骤：

(1)分析机械的运动原理和结构情况，确定其原动件、机架、执行部分和传动部分。

(2)沿着运动传递路线，逐一分析每个构件间相对运动的性质，以确定运动副的类型和数目。

(3)恰当地选择视图平面，通常可选择机械中多数构件的运动平面为视图平面，必要时也可选择两个或两个以上的视图平面，然后将其展到同一图面上。

(4)选择适当的比例尺μ_L，定出各运动副的相对位置，并用各运动副的代表符号、常用机构的运动简图符号和简单的线条，绘制机构运动简图。

(5)从原动件开始，按传动顺序标出各构件的编号和运动副的代号。在原动件上标出箭头以表示其运动方向。

具体分析与计算如下：

(1)该机构是由偏心轮1、齿轮1′、构件2、3、4、滚子5、槽凸轮6、齿轮6′、滑块7、压杆8、机架9组成。其中，齿轮1′和偏心轮1固结在同一转轴O_1上；齿轮6′和槽凸轮6固结在同一转轴O_2上。即压力机机构由9个构件组成，其中，机座9为机架。运动由偏心轮1输入，分两路传递：一路由偏心轮1经杆件2和3传至杆件4；另一路由齿轮1′经齿轮6′、槽凸轮6、滚子5传至杆件4。两路运动经杆件4合成，由滑块7传至压头8，使压头作上下移动，实现冲压动作。由以上分析可知，构件1-1′为原动件，构件8为执行构件，其余为传动部分。

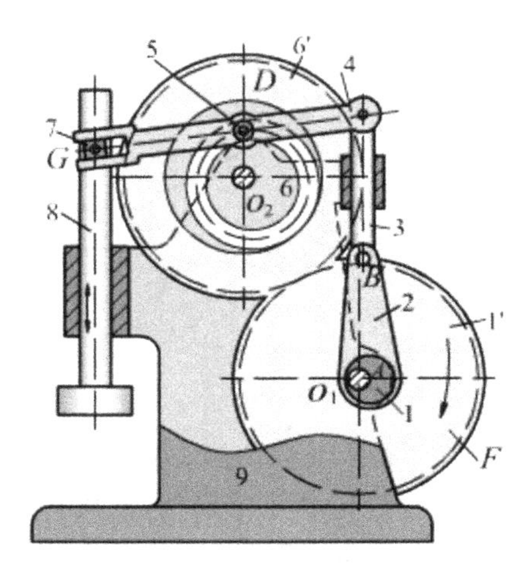

图 3-1-23　偏心式压力机

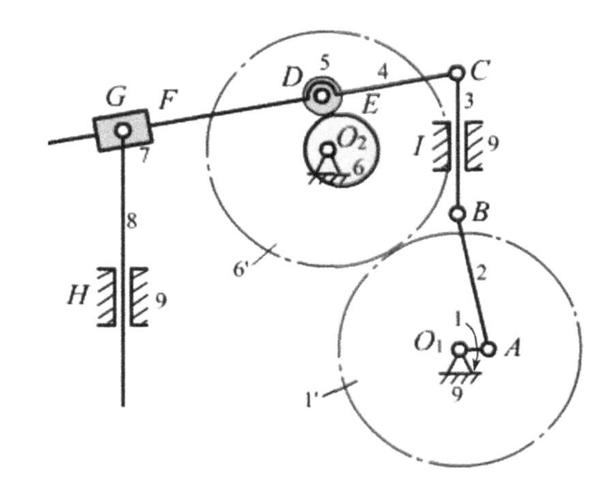

图 3-1-24　偏心式压力机机构运动简图

(2)确定各运动副的类型。由图可知,机架 9 和构件 1-1′、构件 1 和 2、2 和 3、3 和 4、4 和 5、6-6′和 9、7 和 8 之间均构成转动副;构件 3 和 9、8 和 9 之间分别构成移动副;而齿轮 1′和 6′、滚子 5 和槽凸轮 6 分别形成平面高副。

(3)选择视图投影面和比例尺 μ_L,测量各构件尺寸和各运动副间的相对位置,用规定符号绘制运动简图。在原动件 1-1′上标出箭头以表示其转动方向,图 3-1-24 为该机构的运动简图。

(4)自由度计算。

$$F=3n-2P_L-P_H=3\times7-2\times9-1\times2=1$$

该机构自由度为 1,具有确定的运动。

2. 填写设计任务单

表 3-1-3　设计任务单

任务名称	偏心式压力机机构运动简图绘制,自由度计算
机构图示	

续表

<table>
<tr><td colspan="2">任务名称</td><td colspan="12">偏心式压力机机构运动简图绘制，自由度计算</td></tr>
<tr><td rowspan="11">工作步骤</td><td rowspan="2">1. 确定部件类型</td><td colspan="3">原动件编号</td><td colspan="3">机架编号</td><td colspan="3">执行件编号</td><td colspan="3">传动件编号</td></tr>
<tr><td colspan="3">1（1′）</td><td colspan="3">9</td><td colspan="3">8</td><td colspan="3">2,3,4,6（6′）7</td></tr>
<tr><td rowspan="4">2. 运动副判别</td><td colspan="6">高副（括号中填数量）</td><td colspan="6">低副（括号中填数量）</td></tr>
<tr><td colspan="3">线接触(2)</td><td colspan="3">点接触(0)</td><td colspan="3">转动副(6)</td><td colspan="3">移动副(3)</td></tr>
<tr><td colspan="4">复合铰链(0)</td><td colspan="4">局部自由度(1)</td><td colspan="4">虚约束(0)</td></tr>
<tr><td colspan="4">活动构件(7)</td><td colspan="4">实际低副(9)</td><td colspan="4">实际高副(2)</td></tr>
<tr><td rowspan="2">3. 作图</td><td colspan="12">作机构运动简图(比例尺 μ_L：)</td></tr>
<tr><td colspan="12"> 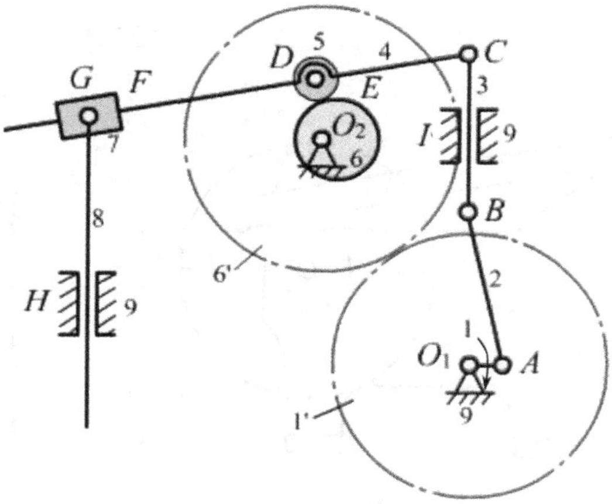</td></tr>
<tr><td rowspan="3">4. 计算机构运动自由度</td><td colspan="12">机构自由度计算</td></tr>
<tr><td colspan="12">$F=3n-2P_L-P_H=3\times7-2\times9-1\times2=1$
注：1′，6′不算作独立活动构件。5 为局部自由度，可以删去。</td></tr>
<tr><td colspan="12">备注：其中 n 为活动构建数，P_L 为低副数，P_H 为高副数</td></tr>
<tr><td></td><td>结论</td><td colspan="12">该机构运动自由度为 1，具有确定的运动。</td></tr>
</table>

【课后巩固】

1. 结合日常生活或生产实践举例说明什么是运动副，什么是低副，什么是高副？
2. 机构具有确定相对运动的条件是什么？
3. 什么是复合铰链？局部自由度？虚约束？在计算机构自由度时要注意哪些问题？
4. 机构运动简图有什么作用？如何绘制机构运动简图？
5. 计算如图 3-1-25 所示机构的自由度。

6. 如图 3-1-26 所示为一简易冲床的初拟设计方案，动力由齿轮 1 输入，使轴 A 连续回转，固装在轴 A 上的凸轮 2 与杠杆 3 组成的凸轮机构使冲头 4 上下运动，从而实现冲压。试分析其运动是否确定，并提出整改措施。

7. 如图 3-1-27 所示颚式破碎机，试绘制其机构运动简图，计算自由度，判断其是否具有实现确定运动的能力。

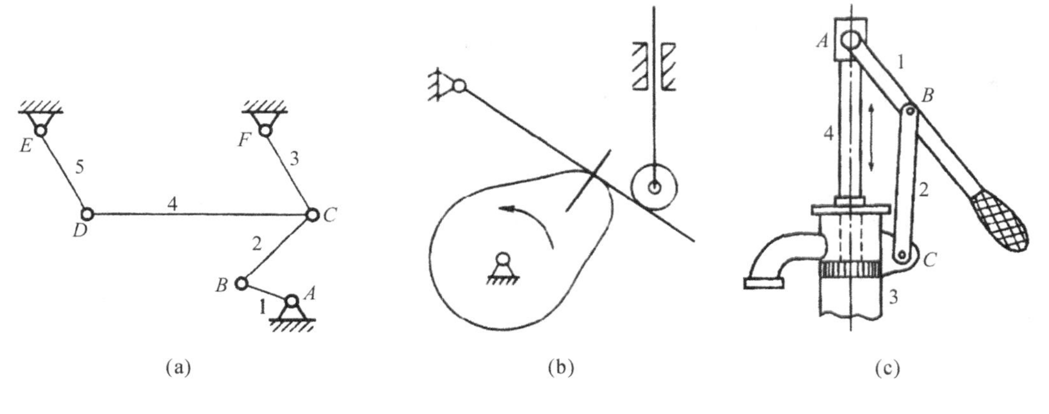

图 3-1-25　题 5 图

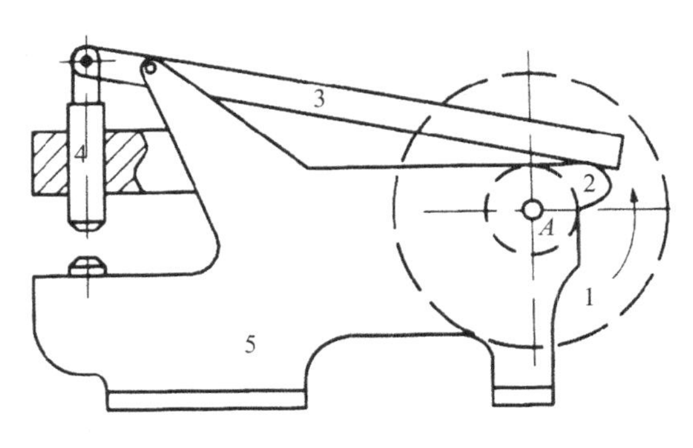

图 3-1-26　题 6 图

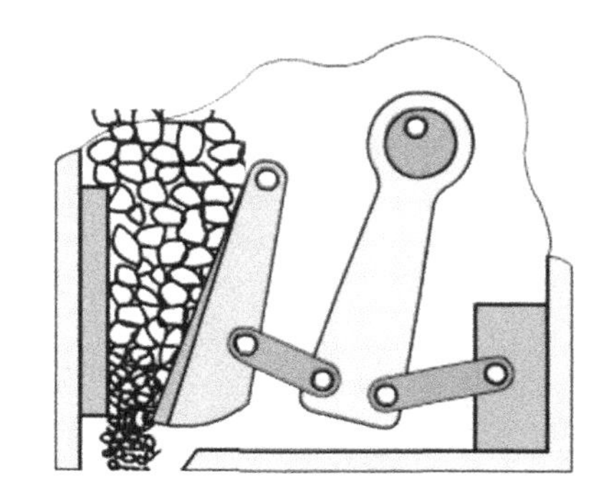

图 3-1-27　题 7 图

任务2　不同形式的铰链四杆机构判断

【任务导读】

铰链四杆机构是平面四杆机构的最基本形式，其他形式的平面四杆机构都可看作是在它的基础上演化而成的。本任务通过某典型铰链四杆机构计算与判别，使学生认识铰链四杆机构的基本类型及应用，熟悉曲柄摇杆机构、双曲柄机构和双摇杆机构这三种基本形式及其演化，并能够通过计算，正确判定铰链四杆机构中是否存在曲柄。

【教学目标】

最终目标：能够查阅手册计算判定铰链四杆机构的不同形式

促成目标：1. 能理解四杆机构的类型、应用；

2. 能理解铰链四杆机构的基本形式及演化；

3. 能计算判定铰链四杆机构曲柄存在的条件。

【工作任务】

任务描述：如图3-2-1所示某铰链四杆机构，已知机架长 $d=40\text{mm}$，两连架杆长度分别为 $a=18\text{mm}$ 和 $c=45\text{mm}$，求该四杆机构为曲柄摇杆机构时，连杆长度 b 的取值范围。

任务具体要求：

1. 计算满足条件的连杆 b 取值范围；

2. 填写设计任务单。

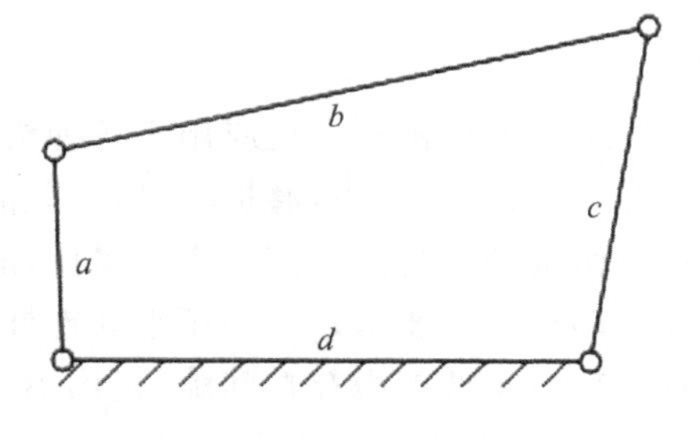

图3-2-1　铰链四杆机构

表3-2-1　设计任务单

任务名称		计算连杆的长度取值范围
机构图示		
工作步骤	1. 条件	
	2. 问题	
	3. 分析	
	4. 求解	
	结论	

【知识储备】

3.2.1 平面连杆机构组成及应用

平面连杆机构是由若干构件通过低副联接而成的平面机构，也称平面低副机构。

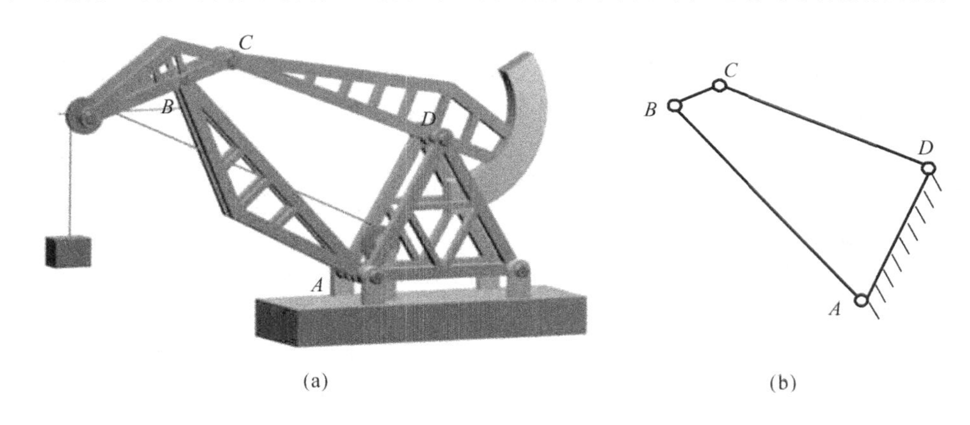

(a)　　(b)

图 3-2-2 平面连杆机构

平面连杆机构广泛应用于各种机械和仪表中，其主要优点是：(1)由于运动副是低副，面接触，传力时压强小，磨损较轻，承载能力较强；(2)构件的形状简单，易于加工，构件之间的接触由构件本身的几何约束来保持，故工作可靠；(3)可实现多种运动形式及其转换，满足多种运动规律的要求；(4)利用平面连杆机构中的连杆可满足多种运动轨迹的要求。主要缺点有：(1)由于低副中存在间隙，机构不可避免地存在着运动误差，精度不高，(2)主动构件匀速运动时，从动件通常为变速运动，故存在惯性力，不适用于高速场合。

平面机构常以其组成的构件(杆)数来命名，如由四杆构件通过低副联接而成的机构称为四杆机构，而五杆或五杆以上的平面连杆机构称为多杆机构。四杆机构是平面连杆机构中最常见的形式，也是多杆机构的基础。

3.2.2 铰链四杆机构的基本形式及其演化

1. 四杆机构基本形式

构件间的运动副均为转动副联接的四杆机构，是四杆机构的基本形式，称为铰链四杆机构，如图 3-2-3 所示。由三个活动构件和一个固定构件(即机架)组成。其中，AD 杆是机架，与机架相对的杆(BC 杆)称为连杆，与机架相联的构件(AB 杆和 CD 杆)称为连架杆，能绕机架作 360°回转的连架杆称为曲柄，只能在小于 360°范围内摆动的连架杆称为摇杆。根据两连架杆的运动形式的不同，铰链四杆机构可分为以下三种基本形式：曲柄摇杆机构、双曲柄机构和双摇杆机构。

(1)曲柄摇杆机构

两连架杆中一个为曲柄另一个为摇杆的四杆机构，称为曲柄摇杆机构。曲柄摇杆机构中，当以曲柄为原动件时，可将曲柄的匀速转动变为从动件的摆动。如图 3-2-4 所示为雷达天线俯仰角调整机构。其中，曲柄 1 缓慢均匀转动，通过连杆 2 使摇杆 3 在一定角度范围内摆动，从而调节雷达天线俯仰角的大小。曲柄 1 为主动件，摇杆 3 为从动件。图 3-2-5 为汽

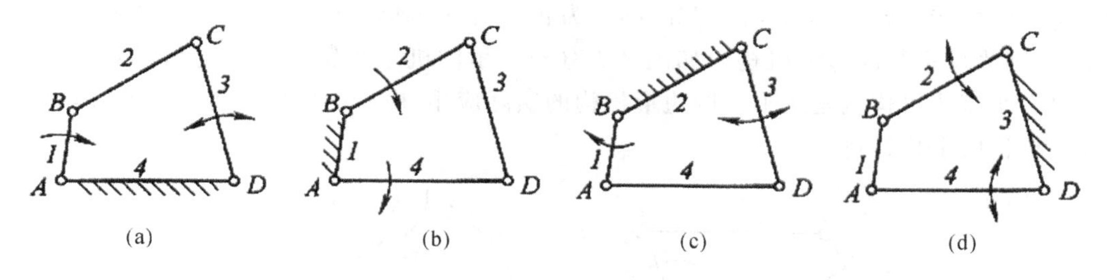

图 3-2-3　四杆机构

车前窗的刮雨器，当主动曲柄 AB 回转时，从动摇杆做往复摆动，利用摇杆的延长部分实现刮雨动作。也有以摇杆为主动件，曲柄为从动件的曲柄摇杆机构。图 3-2-6 所示的缝纫机的踏板机构，踏板为主动件，当脚蹬踏板时，可将踏板的摆动变为曲柄即缝纫机皮带轮的匀速转动

在曲柄摇杆机构中，也可以以摇杆为主动件，曲柄为从动件，将主动摇杆的往复摆动转化为从动曲柄的整周转动，如图 3-2-6 所示的脚踏砂轮机机构。

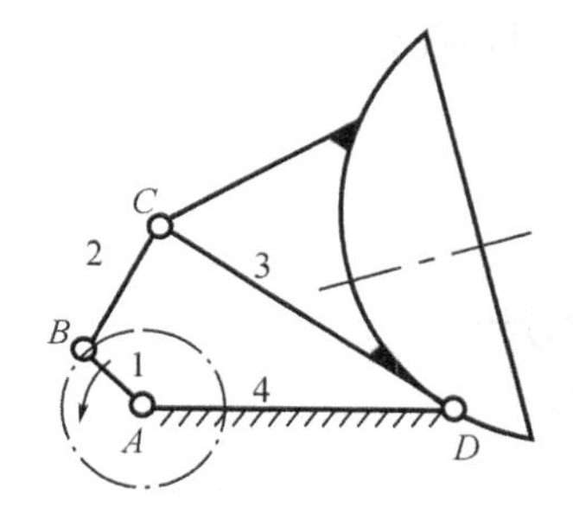

图 3-2-4　雷达天线机构

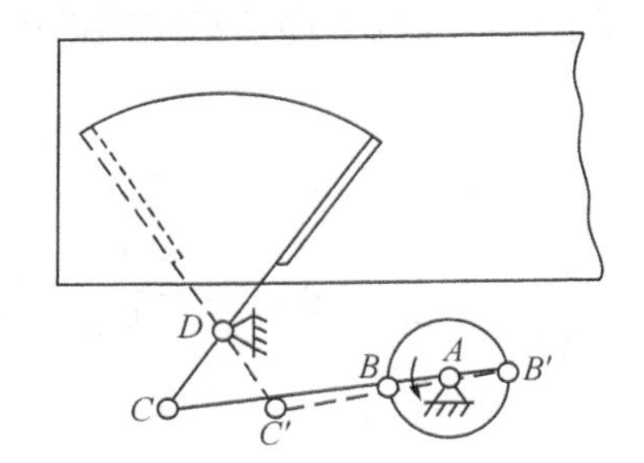

图 3-2-5　汽车刮雨器机构

(2)双曲柄机构

两连架杆均为曲柄的四杆机构称为双曲柄机构。通常，主动曲柄做匀速转动时，从动曲柄作同向变速转动。如图 3-2-7 所示的惯性筛机构，当曲柄 1 做匀速转动时，曲柄 3 作变速转动，通过构件 5 使筛子 6 获得加速度，从而将被筛选的材料分离。

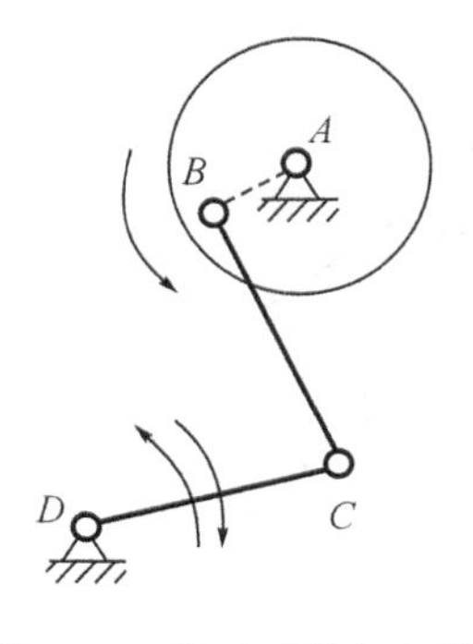

图 3-2-6　脚踏砂轮机机构

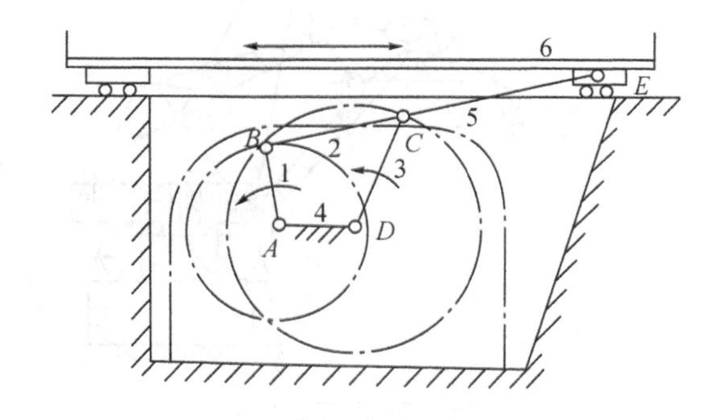

图 3-2-7　惯性筛机构

在双曲柄机构中，若相对的两杆长度分别相等，则称为平行双曲柄机构或平行四边形机

构。若两曲柄转向相同且角速度相等，则称为正平行四边形机构。两曲柄转向相反且角速度不同，则为反平行四边形机构。如图 3-2-8(a)所示的机车车轮联动机构和图 3-2-8(b)所示的摄影车座斗机构就是正平行四边形机构的实际应用，由于两曲柄作等速同向转动，从而保证了机构的平稳运行。

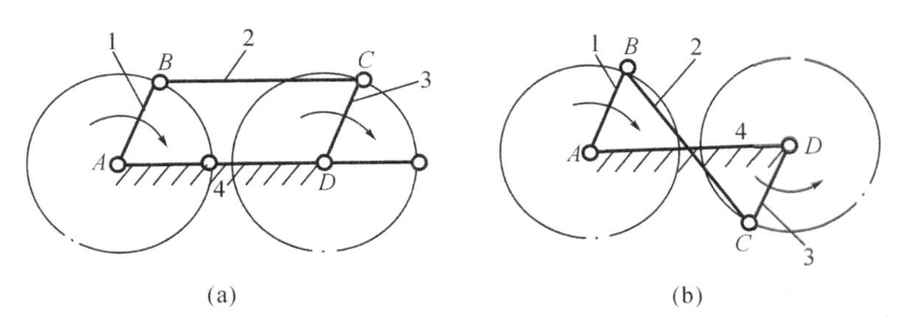

图 3-2-8　平行四边形机构

图 3-2-9 所示的车门启闭机构，是反平行四边机构的一个应用，但 AD 与 BC 不平行，因此，两曲柄作不同速反向转动，从而保证两扇门能同时开启或关闭。另外，对平行双曲柄机构，无论以哪个构件为机架都是双曲柄机构。但若取较短构件作机架，则两曲柄的转动方向始终相同。

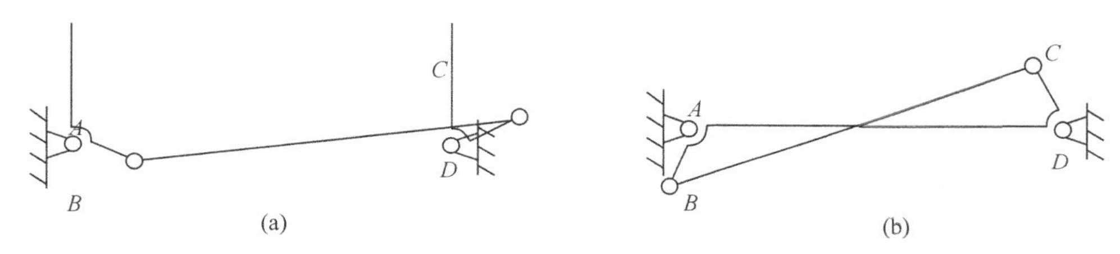

图 3-2-9　车门开启或关闭机构

(3)双摇杆机构

两连架杆均为摇杆的四杆机构称为双摇杆机构。如图所示的起重机、飞机起落架即为双摇杆机构的应用。图 3-2-10(a)所示的港口起重机就是双摇杆机构应用的一个典型实例。

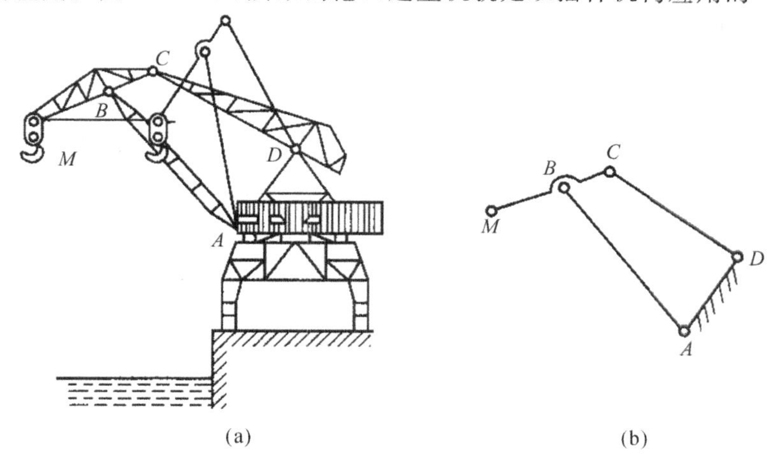

图 3-2-10　起重机双摇杆机构

图(b)为它的机构运动示意图，两连架杆 AB 和 CD 分别绕固定铰链中心 A、D 点作一定角度范围内的摆动，带动起重吊钩 M 点作近似于水平直线的运动，使其在起吊重物时，可避免由于不必要的升降而增加能量的损耗。

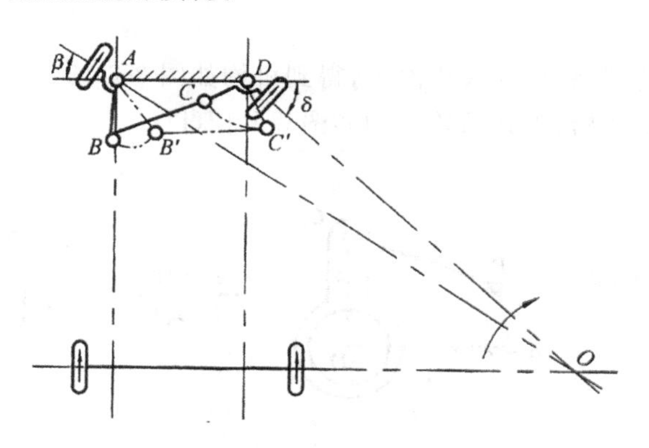

图 3-2-11　车辆前轮转向机构

在双摇杆机构中若两摇杆长度相等，称为等腰梯形机构。等腰梯形机构的运动特性是两摇杆摆角不相等。如图 3-2-11 所示的车辆前轮转向机构，$ABCD$ 呈等腰梯形，构成等腰梯形机构。当汽车转弯时，为了保证轮胎与地面之间做纯滚动，以减轻轮胎磨损，AB、DC 两摇杆摆角不同，使两前轮转动轴线汇交于后轮轴线上的 O 点，这时四个车轮绕 O 点做纯滚动。

2. 铰链四杆机构演化

四杆机构的类型很多，通过改变构件的长度、形式或选择不同构件作为机架的方法，可以得到四杆机构的其他形式。

(1)曲柄摇杆机构的演化

1)改变机架

曲柄摇杆机构可以说是所有四杆机构的基础。如对图 3-2-12(a)所示的曲柄摇杆机构，通过改变机架，即可得到双曲柄机构和双摇杆机构。

①以杆 1 作机架得到双曲柄机构见图 3-2-12(b)；

②以杆 2 作机架得到双摇杆机构见图 3-2-12(c)。

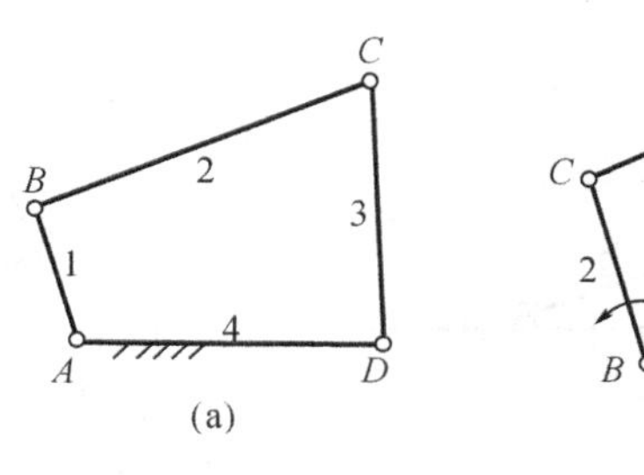

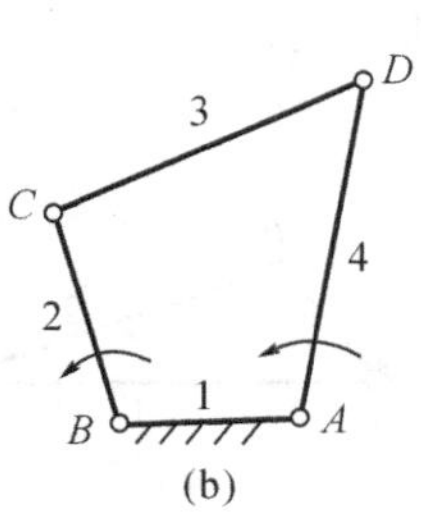

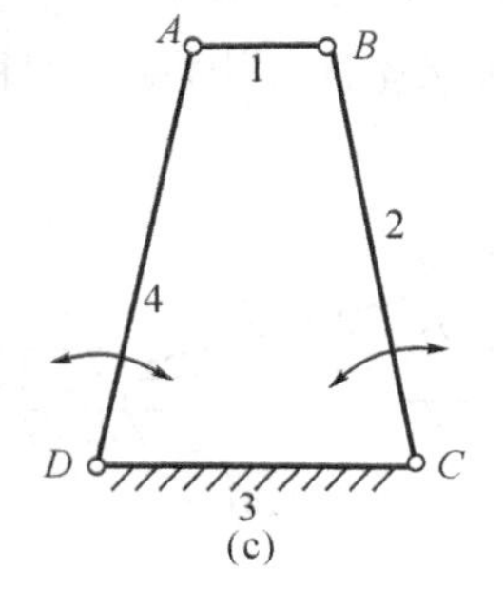

图 3-2-12　改变机架

2)改变运动副尺寸

①将运动副 D 尺寸扩大，大于摇杆做成一环形槽，摇杆做成弧形滑块得到曲柄弧形滑

块机构见图 3-2-13(c)；

②扩大到无穷大，环形槽变成直槽，摇杆的运动变成直线运动，摇杆变成滑块，得到偏置曲柄滑块机构见图 3-2-13(d)。

3)改变运动副类型

①以高副代替转动副，将杆 3 改成滚子，得到机构如图 3-2-13(e)；

②将环形槽变为曲线槽，得到凸轮机构如图 3-2-13(f)；

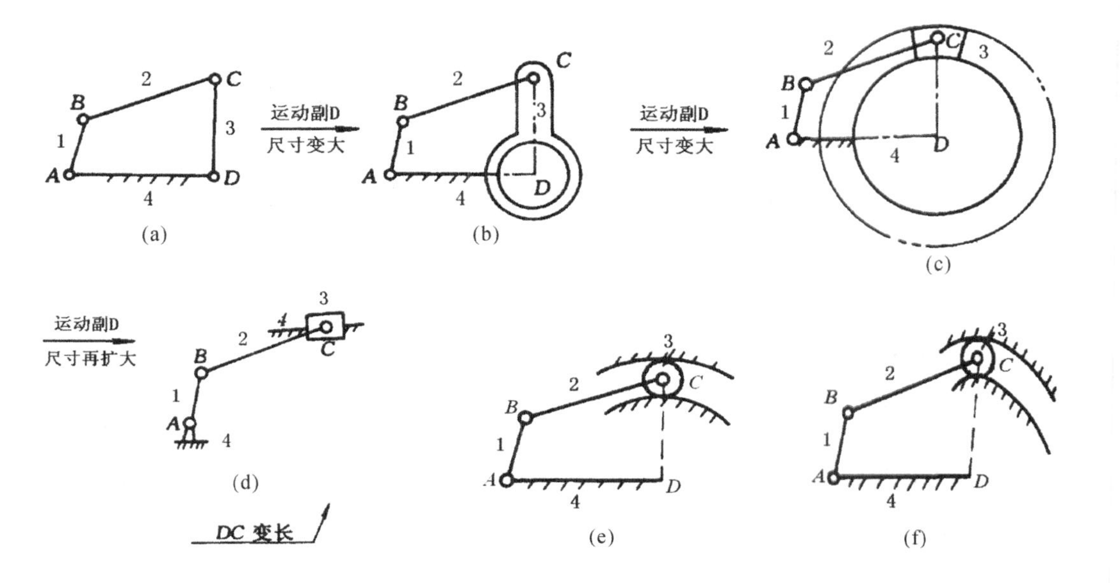

图 3-2-13　改变运动副尺寸或类型

(2)曲柄滑块机构的演化

由曲柄摇杆机构演化而来的偏置曲柄滑块机构，按照上述的方法，又可得到更多的具有滑块的四杆机构。

1)改变机架

①使滑块导路与曲柄转动中心的偏距为零，可得对心曲柄滑块机构见图 3-2-14(a)。

曲柄滑块机构在锻压机、空压机、内燃机及各种冲压机器中得到广泛应用，如前述的内燃机中的活塞连杆机构，就是曲柄滑块机构。

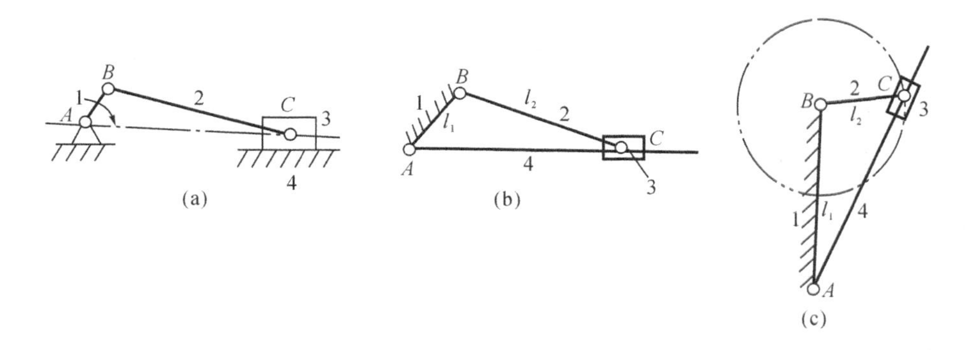

图 3-2-14　曲柄滑块机构

②以杆1作机架 $\begin{cases}杆\ l_1<l_2\ 可得转动导杆机构见图\ 3\text{-}2\text{-}14(b);\\ 杆\ l_1>l_2\ 可得摆动导杆机构见图\ 3\text{-}2\text{-}14(c);\end{cases}$

导杆机构具有很好的传力性能，常用于插床、牛头刨床和送料装置等机械设备中。图3-2-15所示为爬杆机器人，这种机器人模仿尺蠖的动作向上爬行，其爬行机构就是曲柄滑块机构。图3-2-16(a)、(b)所示分别为插床主机构和刨床主机构。

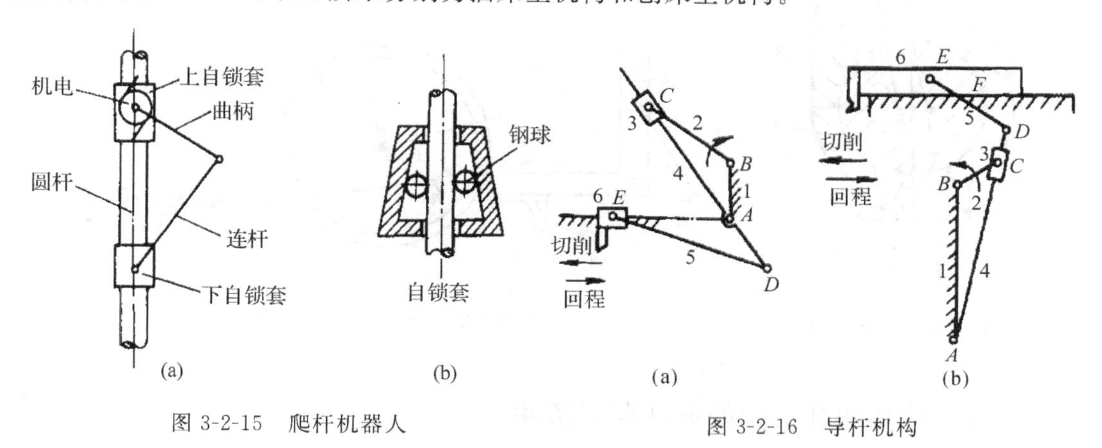

图3-2-15　爬杆机器人　　　　图3-2-16　导杆机构

③以杆2作机架，得到摇块机构见图3-2-17(a)；

④以滑块作机架，得到摇块机构见图3-2-17(b)。

摇块机构常用于摆缸式原动机和气、液压驱动装置中，如图3-2-18所示的货车翻斗机构及的图3-2-19所示的液压泵。

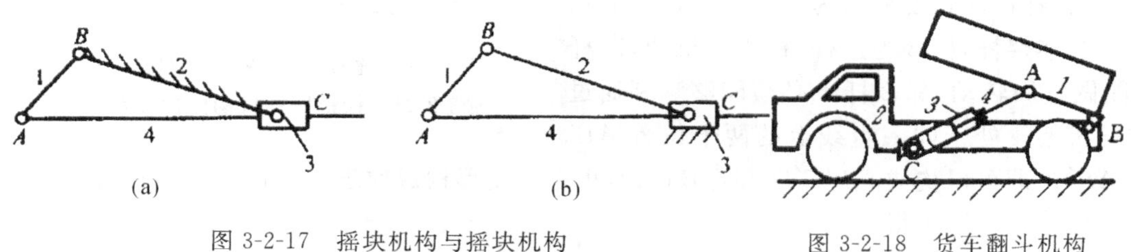

图3-2-17　摇块机构与摇块机构　　　　图3-2-18　货车翻斗机构

2)改变运动副尺寸

①扩大转动副 C 的半径，使其超过杆2的长度，将杆2改成滑块2在环形槽3内绕 C 点转动可得到移动环形导杆机构见图3-2-20(b)；

②转动副 C 扩大到无穷大，环形槽变成直槽，可得到移动导杆机构见图3-2-20(c)；

③将转动副 B 扩大并超过杆1的长度，杆1变成了圆盘1，可得到偏心轮机构见图3-2-20(d)。

偏心轮机构，实际上就是曲柄滑块机构，偏心圆盘的偏心距 AB 即为曲柄的长度。这种结构解决了由于曲柄过短，不能承受较大载荷的问题。多用于承受较大载荷的机械中，如破碎机、剪床及冲床等。

实际上，还可以将上述各机构进行不同的组合，从而得到更多及功能各异的机构。

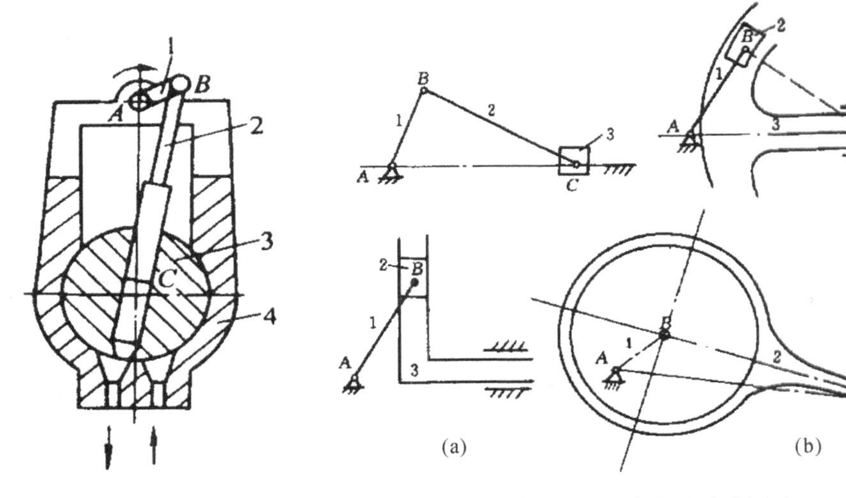

图 3-2-19　液压泵　　　图 3-2-20　改变运动副尺寸

3.2.3　铰链四杆机构的曲柄存在条件

铰链四杆机构三种基本类型的主要区别在于连架杆是否存在曲柄和存在几个曲柄，实质上取决于各杆的相对长度以及选取哪一杆作为机架。下面来分析在铰链四杆机构中曲柄存在的条件。

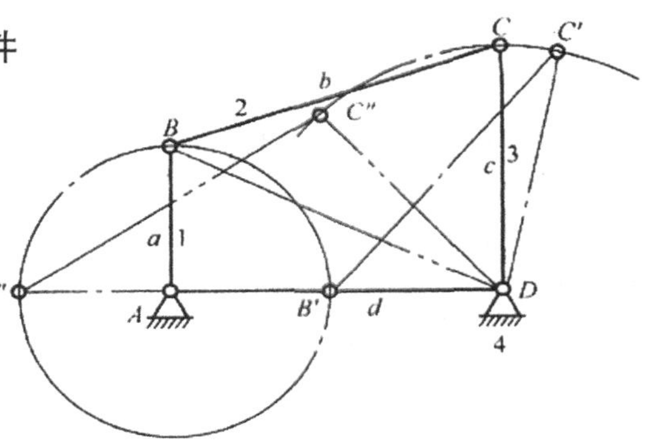

1、3-连架杆　2-连杆　4-机架

图 3-2-21　铰链四杆机构曲柄存在条件

如图 3-2-21 所示的铰链四杆机构 $ABCD$ 中，设各杆件的长度分别为 a，b，c，d。杆 1、杆 3 为连架杆，杆 2 为连杆、杆 4 为机架，若杆 1 能做整周转动，那么杆 1 必须能够顺利通过它与机架 4 处于同一直线上的两个位置 AB' 和 AB''。即可以构成$\triangle B'C'D$ 和$\triangle B''C''D$，根据三角形构成原理可以推出下列各式：

由$\triangle B''C''D$ 可得：

$$a+d\leqslant b+c \tag{3-2-1}$$

由$\triangle B'C'D$ 可得：

$$b\leqslant(d-a)+c \tag{3-2-2}$$

$$c\leqslant(d-a)+b \tag{3-2-3}$$

由上述三式及其两两相加可以得到：

$$\left.\begin{aligned}&a+d\leqslant b+c\\&a+b\leqslant c+d\\&a+c\leqslant d+b\\&a\leqslant b,a\leqslant c,a\leqslant d\end{aligned}\right\} \tag{3-2-4}$$

它表明，杆 a 为最短杆，杆 b、杆 c、杆 d 中有一杆为最长杆。

由此，我们可以得出铰链四杆机构曲柄存在条件为：

1)连架杆和机架中必有一杆是最短杆；

2)最短杆与最长杆长度之和小于或等于其余两杆长度之和。(称为杆长条件)

上述两个条件必须同时满足，否则机构不存在曲柄。

根据上述所讲，我们同时可以得到两个推论：

1)若最短杆与最长杆之和大于其余两杆之和，因机构不可能有曲柄存在，故不论取任何构架为机架，都是双摇杆机构；

2)若最短杆与最长杆之和小于或等于其余两杆长度之和，则：

以最短杆的邻边为机架时，该机构为曲柄摇杆机构；

以最短杆为机架时，该机构为双曲柄机构；

以最短杆的对边作机架时，该机构为双摇杆机构。

【例 1】 如图 3-2-22 所示的四杆机构中，$a=100$mm，$b=300$mm，$c=250$mm，$d=200$mm，试写出 a 为曲柄的条件。

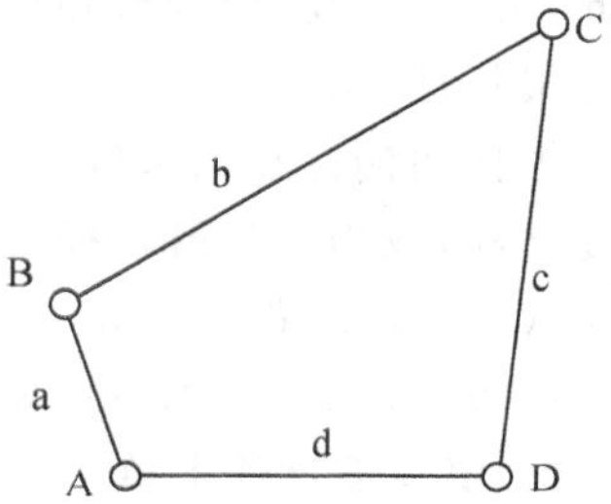

图 3-2-22　铰链四杆机构判断

解：(1)由已知条件，最短杆为 a 杆，最长杆为 b 杆，两者长度之和为：$a+b=100+300=400$mm。

另两杆长度之和为：$c+d=250+200=450$(mm)。

显然有 $a+b<c+d$，符合铰链四杆机构曲柄存在条件的第 2 条。

(2)根据铰链四杆机构曲柄存在条件的第 1 条，可以判断最短杆 a 为连架杆。

根据上述分析可知，a 为曲柄的条件为：b 杆或 d 杆为机架。

【例 2】 如图 3-2-23 所示铰链四杆机构中，各杆长度为 $b=60$mm，$c=45$mm，$d=35$mm，且 AD 为机架，试判断：

(1)若该机构为曲柄摇杆机构，且 AB 为曲柄，求 AB 的长度范围；

(2)若该机构为双曲柄机构，求 AB 的长度范围。

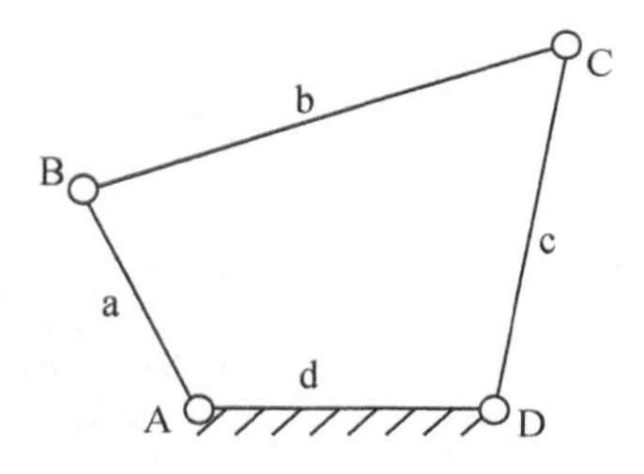

图 3-2-23　铰链四杆机构判断

解：(1)根据铰链四杆机构曲柄存在条件及其推论第 2 条，AB 为最短杆时，该机构为曲柄摇杆机构。由此，可得：

$$a<35(\text{mm})$$

$$a+b<c+d \text{ 即 } a+60<45+35$$

可求得 AB 的长度范围为：$0<a<20$(mm)

(2)根据铰链四杆机构曲柄存在条件及其推论第 2 条，AD 为最短杆时，该机构为双曲柄机构。由此，存在两种可能。

1)最长杆为 BC 杆时，有

$$a>d\text{，即 } a>35(\text{mm})$$

$$60+35\leqslant a+45\text{，即 } a\geqslant 50(\text{mm})$$

$$a<b\text{，即 } a<60(\text{mm})$$

此时，AB 的长度范围为 $50\leqslant a<60$(mm)；

2)最长杆为 AB 杆时,有

$$a \geqslant b,即\ a \geqslant 60(\mathrm{mm})$$

$$a+35 \leqslant 60+45,即\ a \leqslant 70(\mathrm{mm})$$

此时,AB 的长度范围为:$50 \leqslant a \leqslant 70(\mathrm{mm})$。

由上述两种情况可得 AB 的长度范围 $50 \leqslant a \leqslant 70(\mathrm{mm})$。

【任务实施】

1. 工作任务分析

根据任务给出的条件,图 3-2-1 所示的铰链四杆机构 $a=18\mathrm{mm}$,$c=45\mathrm{mm}$,$d=40\mathrm{mm}$,b 杆长度未知,且该机构为曲柄摇杆机构。

根据曲柄存在条件及其推论可知,连杆 b 的不可能是最短杆,否则的话为双摇杆机构。由此,可确定 a 杆应为最短杆。这样,我们可以做出如下判断:要么连杆 b 为最长杆,要么 c 杆为最长杆。

根据曲柄存在的条件之杆长条件,对最长杆与最短杆的长度之和应小于等于其余两杆长度之和,故当 b 为最长杆时,有 $18+b \leqslant 40+45$,可求得 $b \leqslant 67$;当 c 杆为最长杆时,有 $18+45 \leqslant 40+b$,可求得 $b \geqslant 23$。

所以,可知满足本任务要求的 b 杆的长度范围为:$23 \leqslant b \leqslant 67(\mathrm{mm})$。

2. 填写设计任务单

表 3-2-2 设计任务单

任务名称		计算连杆的长度取值范围
机构图示		a b c d
工作步骤	1. 条件	机架长 40mm,两连架杆长度分别为 18mm 和 45mm;该机构为曲柄摇杆机构。
	2. 问题	求连杆的长度在什么范围
	3. 分析	①连杆的长度不可能是最短杆,否则的话为双摇杆机构; ②根据分析确定 18mm 为最短杆; ③说明连杆要么是最长杆,要么 45mm 的杆为最长杆;
	4. 求解	①当 b 为最长杆时,则有 $18+b \leqslant 40+45$,可求得 $b \leqslant 67$ ②当 45mm 为最长杆时:即 $18+45 \leqslant 40+b$,可求得 $b \geqslant 23$
	结论	b 的取值范围是:$23 \leqslant b \leqslant 67$。

【课后巩固】

1. 铰链四杆机构的基本形式有哪些?它们的主要区别是什么?

2. 铰链四杆机构中曲柄存在的条件是什么?

3. 根据图 3-2-24 中注明的尺寸,试判断各铰链四杆机构的类型。

4. 图 3-2-25 所示铰链四杆机构各构件的长度分别为 $a=240\mathrm{mm}$,$b=600\mathrm{mm}$,$c=400\mathrm{mm}$,$d=500\mathrm{mm}$。试问当分别取 a、b、c、d 为机架时,将各得到何种机构?

5. 图 3-2-25 所示的铰链四杆机构,已知 b=80mm,c=65mm,d=50mm,a 为变值。试

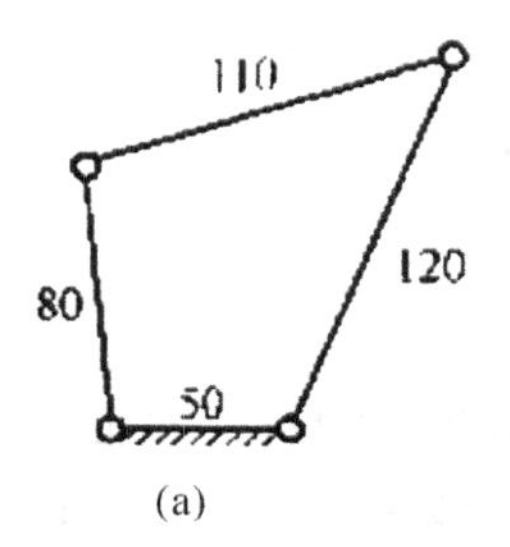

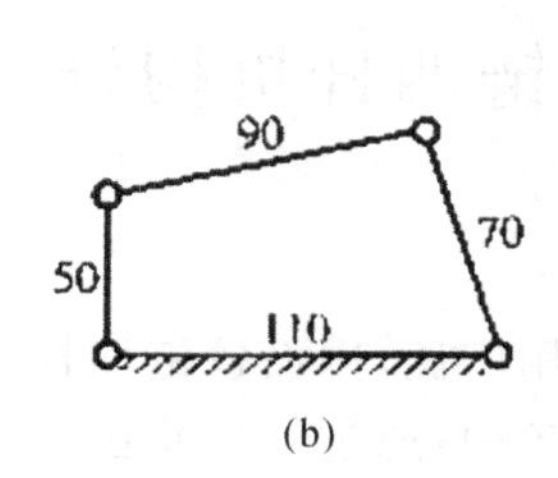

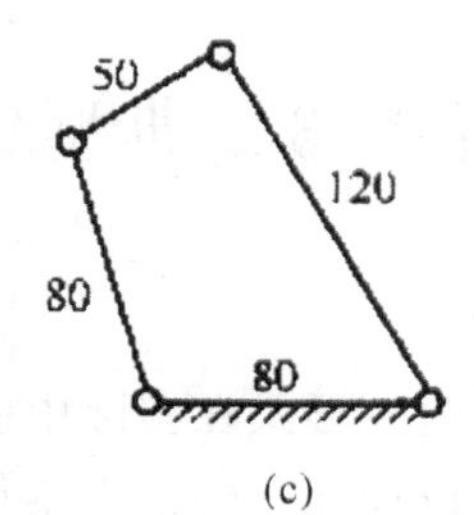

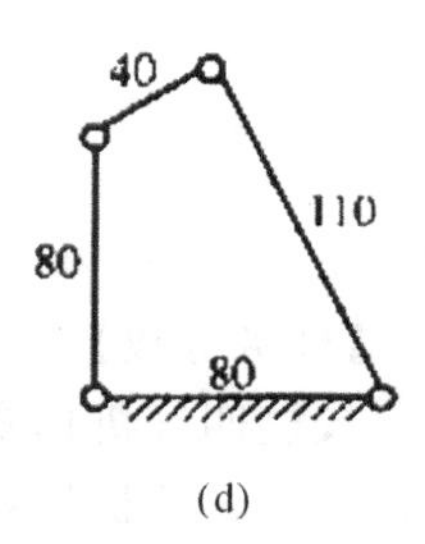

图 3-2-24　题 3 图

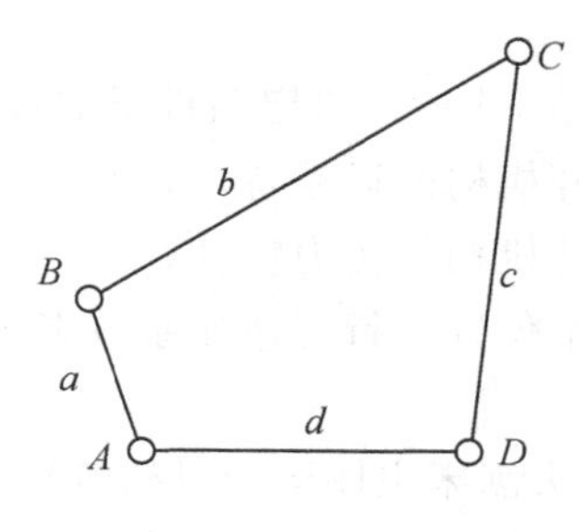

图 3-2-25　题 4 图

讨论：

(1)a 值在什么范围内可得到曲柄摇杆机构？

(2)a 值在什么范围内可得到双曲柄机构？

(3)a 值在什么范围内可得到双摇杆机构？

任务3　典型铰链四杆机构设计

【任务导读】

铰链四杆机构及其演变形式在实际中应用广泛，因而铰链四杆机构的设计是平面连杆机构设计乃至机械零件设计的基础。在本任务中，通过对牛头刨床主体运动机构设计的学习，使学生掌握平面四杆机构的运动特性和传力特性等知识，并具备用作图法设计典型平面四杆机构的能力。

【教学目标】

最终目标：能够查阅资料用作图法设计给定条件下的铰链四杆机构

促成目标：1. 能理解铰链四杆机构的运动特性；

2. 能理解铰链四杆机构的传力特性；

3. 能按照连杆两个位置或行程速比系数 K 设计铰链四杆机构。

【工作任务】

任务描述：如图 3-3-1 所示牛头刨床主体运动机构带轮 1、滑块 2、导杆 3、摇块 4、刨头 5 及床身 6 组成。带轮 1 为原动件，床身 6 为机架，其余 4 个活动构件为从动件。试对该牛头刨主体运动机构进行设计。

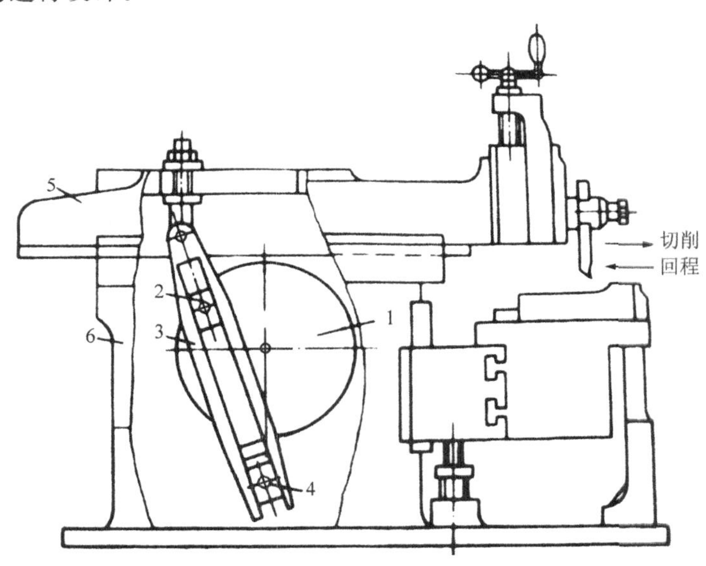

1-带轮；2-滑块；3-导杆；4-滑块；5-刨头；6-床身

图 3-3-1　牛头刨床的摆动导杆机构设计

任务具体要求：

1. 设计的牛头刨主体运动机构中，刨头行程为 350mm，带轮轴与滑块 4 的距离为 450mm，行程速比系数 $K=1.4$；

2. 用图解法设计该牛头刨主体运动机构，确定曲柄长度和带轮轴到刨头的距离；

3. 填写设计任务单。

表 3-3-1　设计任务单

<table>
<tr><td colspan="2">任务名称</td><td colspan="4">牛头刨床主体运动机构设计</td></tr>
<tr><td colspan="2">机构图示</td><td colspan="4">5
2
3
6
1
4
切削
回程</td></tr>
<tr><td colspan="2">条件与要求</td><td colspan="4"></td></tr>
<tr><td rowspan="8">工作步骤</td><td rowspan="2">1. 确定部件类型</td><td>原动件编号</td><td>机架编号</td><td>执行件编号</td><td>传动件编号</td></tr>
<tr><td></td><td></td><td></td><td></td></tr>
<tr><td>2. 极位夹角计算</td><td colspan="4">$\theta=180^{\circ}\dfrac{K-1}{K+1}=$</td></tr>
<tr><td rowspan="2">3. 作图</td><td colspan="4">作机构运动简图(比例尺 u_L:________)</td></tr>
<tr><td colspan="4"></td></tr>
<tr><td rowspan="2">4. 测量并计算</td><td colspan="4">根据比例尺计算</td></tr>
<tr><td colspan="4">测量数据:

计算数据:</td></tr>
<tr><td>结论</td><td colspan="4"></td></tr>
</table>

【知识储备】

3.3.1　平面四杆机构的运动特性

1. 平面四杆机构的极位、极位夹角、最大摆角

在图 3-3-2 所示的曲柄摇杆机构中,当曲柄 AB 转动一周时,有两次与连杆 BC 共线,即图示位置 B_1C_1 和 B_2C_2,此时摇杆 CD 的位置 C_1D 和 C_2D 分别为其左、右极限位置。我

们就将摇杆 CD 位于两极限位置时所夹的角度，称为摇杆的摆角，用 ψ 表示。与此同时，摇杆处于两极限位置时曲柄 AB 所夹的锐角，称为极位夹角，用 θ 表示。

2. 急回特性

图 3-3-2 中，当曲柄 AB 由位置 AB_1 顺时针等速旋转到位置 AB_2 时，转过角度为 $\varphi_1=180°+\theta$，此时摇杆 CD 由极限位置 C_1D 摆动到极限位置 C_2D，摇杆 CD 的摆角为 ψ；当曲柄 AB 再顺时针等速转过角度 $\varphi_2=180°-\theta$，摇杆 CD 由位置 C_2D 返回到位置 C_1D，此时摇杆 CD 的摆角仍为 ψ，虽然摇杆摆动的角度相同，但对应的作等速回转的曲柄，其转角不等($\varphi_1\neq\varphi_2$)。设与曲柄转角 φ_1 和 φ_2 相对应的时间分别为 t_1 和 t_2，因曲柄作等速回转，由于 $\varphi_1>\varphi_2$，则有 $t_1>t_2$。令摇杆自 C_1D 摆至 C_2D 为工作行程，这时摇杆的平均角速度为 $\omega_1=\psi/t_1$；摇杆自 C_2D 摆至 C_1D 为其空回行程，这时摇杆的平均角速度为 $\omega_2=\psi/t_2$，显然，$\omega_2>\omega_1$。由此可见，输入曲柄做匀速转动时，做往复摆动的输出件摇杆在空回行程中的平均角速度大于工作行程的平均角速度。这一性质称为连杆机构的急回特性。

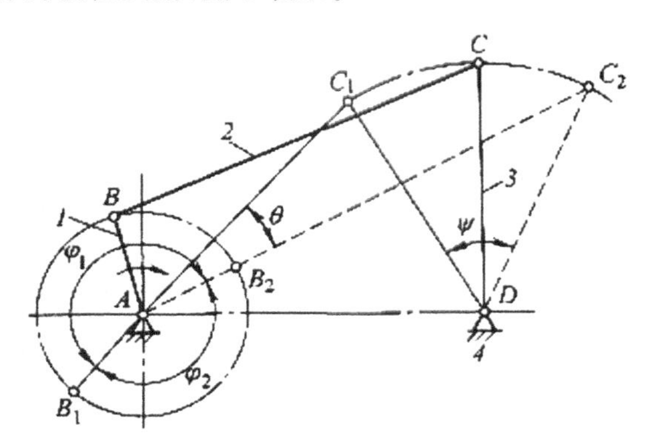

图 3-3-2　曲柄摇杆机构

为了反映从动件的急回特性，常用行程速比系数 K 表示，即：

$$K=\frac{\omega_2}{\omega_1}=\frac{\psi/t_2}{\psi/t_1}=\frac{t_1}{t_2}=\frac{\varphi_1}{\varphi_2}=\frac{180°+\theta}{180°-\theta} \tag{3-3-1}$$

由式(3-3-1)可知，极位夹角为：

$$\theta=180°\frac{K-1}{K+1} \tag{3-3-2}$$

式(3-3-2)表明，机构的急回程度取决于极位夹角的大小，只要 θ 不等于零，即 $K>1$，则机构具有急回特性；θ 越大，K 值越大，机构的急回作用就越显著。

对于图 3-3-3(a)所示的曲柄滑块机构，当偏心距 $e=0$ 时，$\theta=0°$，则 $K=1$，机构无急回

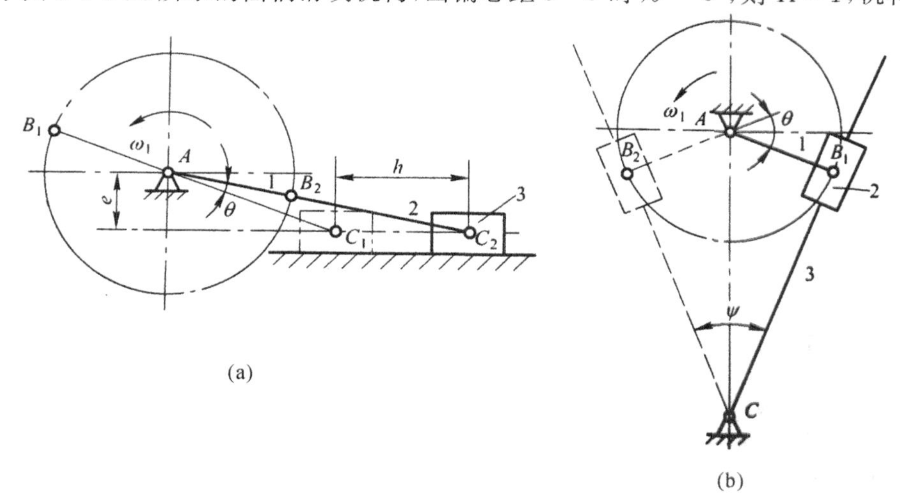

图 3-3-3　具有急回特性的机构

特性；当 $e\neq0$ 时，$\theta\neq0°$，则 $K>1$，机构有急回特性。图 3-3-3(b)所示的导杆机构，其极位夹角等于导杆摆角，也有有急回特性。

四杆机构的急回特性可以节省非工作循环时间，提高生产效率，如牛头刨床中退刀速度明显高于工作速度，就是利用了摆动导杆机构的急回特性。

3.3.2 平面四杆机构的传力特性

在生产中，不但要求平面连杆机构能实现预定的运动，而且希望运转轻便，效率高，即具有良好的传力性能。要保证所设计的机构具有良好的传力性能，应从以下几个方面加以注意：

1. 压力角和传动角

衡量机构传力性能的特性参数是压力角。在不计摩擦力、惯性力和杆件的重力时，从动件上受力点的速度方向与所受作用力方向之间所夹的锐角，称为机构的压力角，用 α 表示；它的余角 γ 称为传动角。

图 3-3-4 所示曲柄摇杆机构中，如不考虑构件的重量和摩擦力，则连杆是二力杆，主动曲柄通过连杆传给从动杆的力 F 沿 BC 方向。我们就将作用在从动件上的驱动力 F 与其作用点速度 v_c 方向之间所夹的锐角 α 称为压力角。压力角的余角 γ 称为传动角。

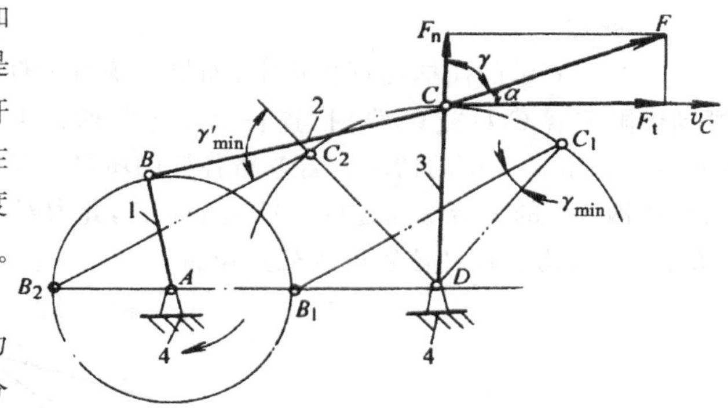

图 3-3-4 曲柄摇杆机构

为了便于分析，通常将力 F 分解为二个分力，一个是沿 CD 杆件方向的分力 F_n，另一个是垂直于 CD 杆件的分力 F_t，如下：

$$\left.\begin{aligned}F_n&=F\sin\alpha\\F_t&=F\cos\alpha\end{aligned}\right\}\qquad(3\text{-}3\text{-}3)$$

显然，F_t 是一种有效分力，可推动摇杆 CD 转动；而 F_n 不仅对摇杆的转动不起任何作用，还会使摇杆支座 D 产生较大的压力，加剧支座轴承的磨损，是一种有害分力。

由公式(3-3-3)可知，压力角 α 越小或传动角 γ 越大，则有效分力 F_t 越大，机构的传力性能越好，反之传力性能就越差。在实际应用中，我们通常以传动角 γ 来判断机构的传力性能。为了保证机构的传力性能良好，通常规定传动角 γ 的最小值应大于或等于其许用值 $[\gamma]$，即 $\gamma_{min}\geqslant[\gamma]$。

在机构运动过程中，压力角和传动角的大小是随机构位置而变化的，为保证机构的传力性能良好，设计时须限定最小传动角 γ_{min} 或最大压力角 α_{max}。一般机构的许用值 $[\gamma]=40°$ 左右；若是传递大功率的机构，则许用值 $[\gamma]=50°$ 左右，如在颚式破碎机、冲床中，可取最小传动角 $\gamma_{min}\geqslant50°$。

对于曲柄滑块机构，当原动件为曲柄时，最小传动角出现在曲柄与机架垂直的位置，如图 3-3-5(a)所示。对于图 3-3-5(b)所示的导杆机构，由于在任何位置时主动曲柄通过滑块传给从动杆的力的方向，与从动杆上受力点的速度方向始终一致，所以传动角始终等于 90°。

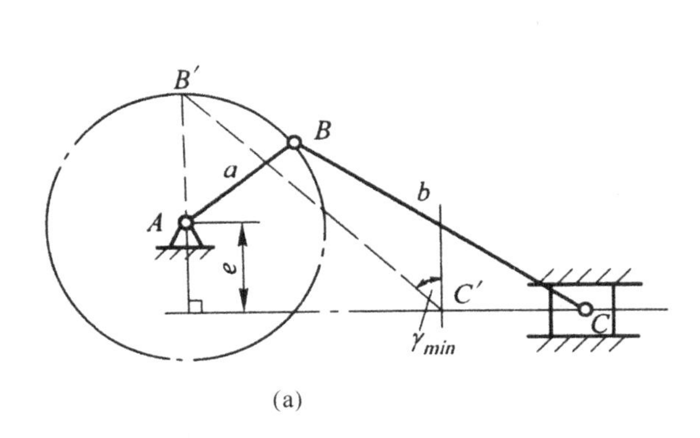

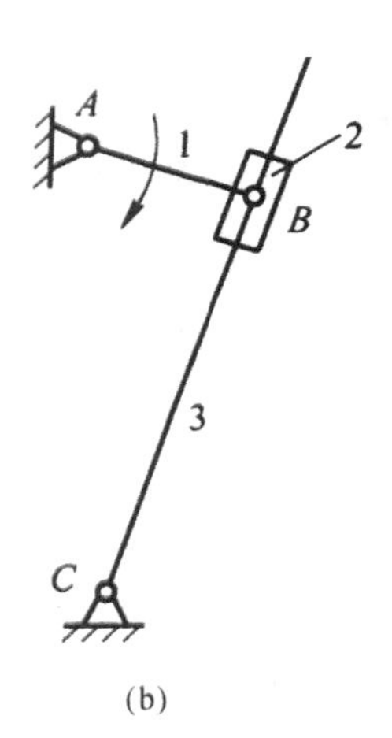

图 3-3-5　曲柄滑块机构与导杆机构的传动角

2. 死点

图 3-3-6 示的曲柄摇杆机构中，如果以摇杆 CD 为原动件，曲柄 AB 为从动件，当摇杆摆到极限位置 C_1D 或 C_2D 时，连杆 BC 与曲柄 AB 共线，此时曲柄 B 点处出现了传动角 $\gamma=0$，压力角 $\alpha=90°$的情况。若忽略各杆的质量和运动副的摩擦，则这时通过连杆 BC 传给从动曲柄 AB 的力恰好通过固定铰链中心 A，此力对 A 点不产生力矩，因此不能使从动曲柄 AB 转动，机构的这种位置称为死点位置。

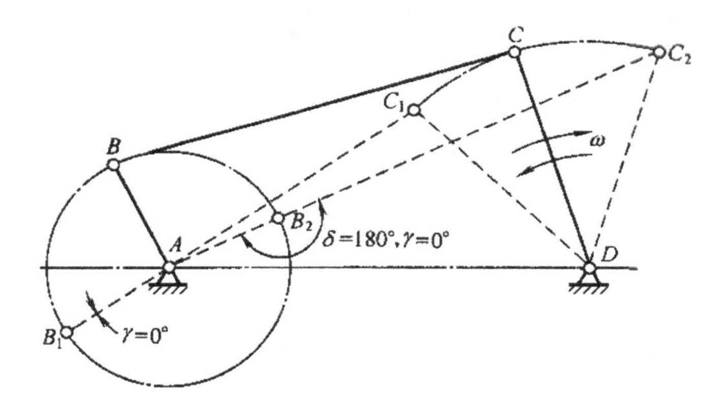

图 3-3-6　曲柄摇杆机构

机构在死点位置，出现从动件转向不定或者卡死不动的现象，如缝纫机踏板机构采用曲柄摇杆机构，它在死点位置，出现从动件曲柄倒、顺转向不定(图 3-3-7(a))或者从动件卡死不动(图 3-3-7(b))的现象。

曲柄滑块机构中，以滑块为主动件、曲柄为从动件时，死点位置是连杆与曲柄共线位置。摆动导杆机构中，导杆为主动件、曲柄为从动件时，死点位置是导杆与曲柄垂直的位置。对传动而言，机构设计中应设法避免或通过死点位置，工程上常利用惯性法使机构渡过死点，缝纫机中，曲柄与大皮带轮为同一构件，利用皮带轮的惯性使机构渡过死点。图 3-3-8 所示的机车车轮联动机构，当一个机构处于死点位置时，可借助另一个机构来越过死点。

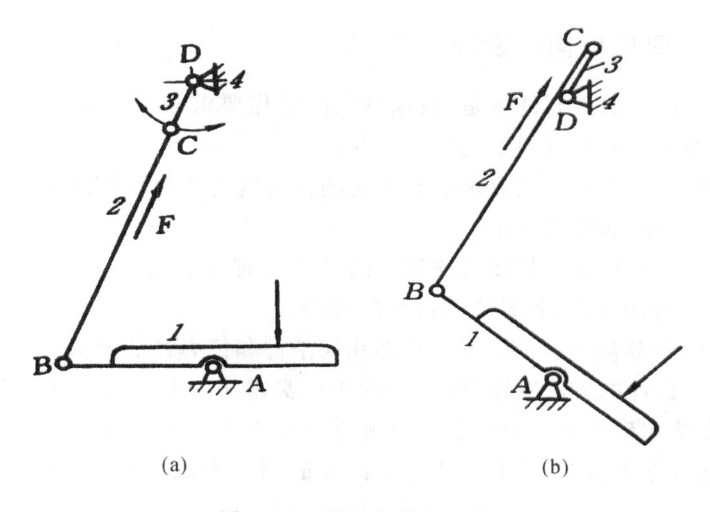

图 3-3-7　缝纫机踏板机构

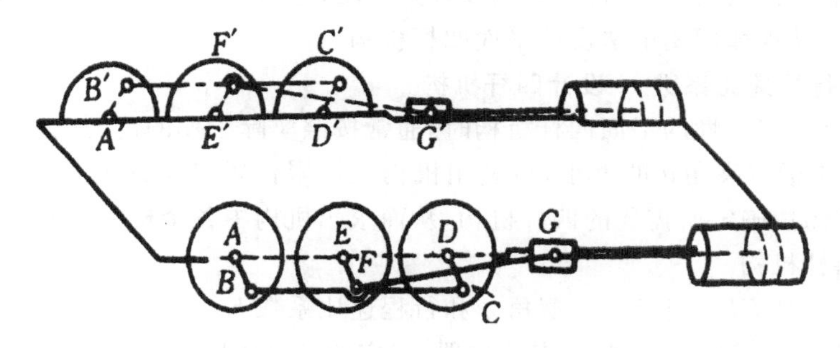

图 3-3-8　机车车轮联动机构

对传动来说，死点位置是有害的，应设法消除其影响。但是在工程上有时也利用机构死点位置来实现某些特定的工作要求。如图 3-3-9 所示的飞机起落架，当机轮放下时，BC 杆与 CD 杆共线，机构处在死点位置，地面对机轮的力不会使 CD 杆转动，使飞机降落可靠。图 3-3-10 所示的夹紧机构，工件夹紧后 BCD 成一条线，工作时工件的反力再大，也不能使机构反转，使夹紧牢固可靠。

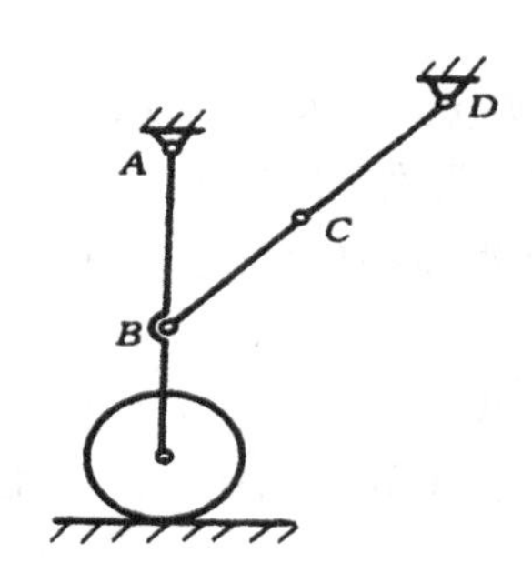

图 3-3-9　飞机起落架

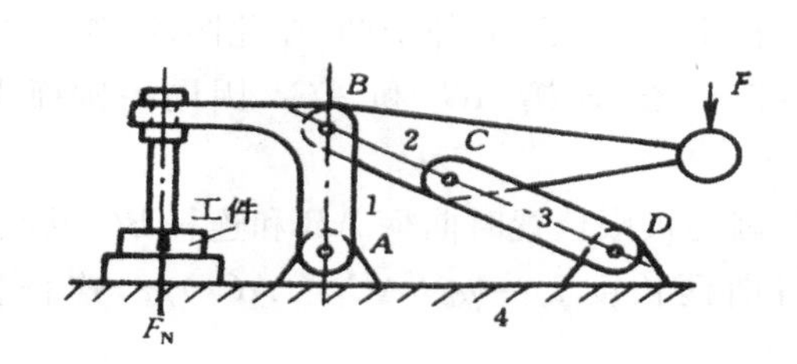

图 3-3-10　夹紧机构

3.3.3 平面四杆机构的设计

平面四杆机构设计的主要任务是:根据机构的工作要求和设计条件选定机构形式及确定各构件的尺寸参数。一般可归纳为两类问题:

1)实现给定的运动规律。如要求满足给定的行程速度变化系数以实现预期的急回特性或实现连杆的几个预期的位置要求;

2)实现给定的运动轨迹。如要求连杆上的某点具有特定的运动轨迹,如起重机中吊钩的轨迹为一水平直线、搅面机上 E 点的曲线轨迹等。

为了使机构设计得合理、可靠,还应考虑几何条件和传力性能要求等。

平面四杆机构设计的方法有图解法、解析法和实验法。图解法是通过几何作图来设计四杆机构,这种方法比较直观,但精度不高;解析法要求建立方程式,然后求解,结果比较精确,但计算过程比较繁琐;实验法是利用连杆曲线的图谱来设计四杆机构,这种方法比较简便,但精度较低。

由于在一般的机械设备中,常遇到的设计类型是位置设计。因此,下面主要通过实例介绍按照给定的运动规律用图解法设计平面四杆机构。

1. 按给定行程速比系数 K 设计四杆机构

在设计具有急回特性的平面四杆机构时,通常按照实际工作的需要,先由给定的行程速比系数 K 值求出极位夹角 θ 的大小,再利用机构在极限位置时所处的几何关系,结合有关辅助条件,用作图法确定所需要的四杆机构,从而求出机构中各个构件的几何参数。

(1)曲柄摇杆机构

已知条件:摇杆 CD 的长度 l_3、摆角 ψ 和行程速比系数 K。

设计的实质是确定铰链中心 A 点的位置,确定曲柄 AB 长度 l_1、连杆 BC 长度 l_2 和机架长度 l_4。其设计步骤如下:

1)由给定的行程速比系数 K,按式(3-3-2)计算出极位夹角 θ。即 $\theta=180^\circ\dfrac{K-1}{K+1}$

2)如图 3-3-11 所示,任取一点为固定铰链中心 D 的位置,选取适当的长度比例尺 μ_L,由摇杆长度 l_3 和摆角 ψ 画出等腰三角形 C_2DC_1,使$\angle C_2DC_1=\psi$,得到摇杆 CD 的两个极限位置 C_1D 和 C_2D。

3)连接 C_1 和 C_2,并作直线 C_2M 垂直于直线 C_2C_1。

4)作$\angle C_2C_1N=90^\circ-\theta$,则直线 C_1N 和 C_2M 相交于 P 点,显然,$\angle C_2PC_1=\theta$。

5)作出 ΔC_1PC_2 的外接圆,在此圆周(弧 C_1C_2 和弧 FG 除外)上任取一点 A 作为曲柄的固定铰链中心,连接 AC_1 和 AC_2,因同一圆弧上圆周角相等,故可知$\angle C_1AC_2=\angle C_1PC_2=\theta$。

6)因为极限位置时曲柄 AB 和连杆 BC 共线,故 $\mu_L\cdot AC_1=l_1+l_2$、$\mu_L\cdot AC_2=l_2-l_1$,从而可得曲柄长度 $l_1=\mu_L(AC_1-AC_2)/2$,连杆长度 $l_2=\mu_L(AC_1+AC_2)/2$。由图得 $l_4=\mu_L\cdot AD$。

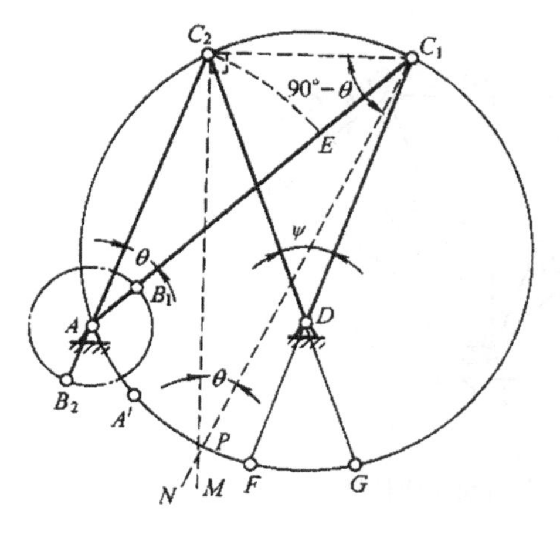

图 3-3-11　按 K 值设计曲柄摇杆机构

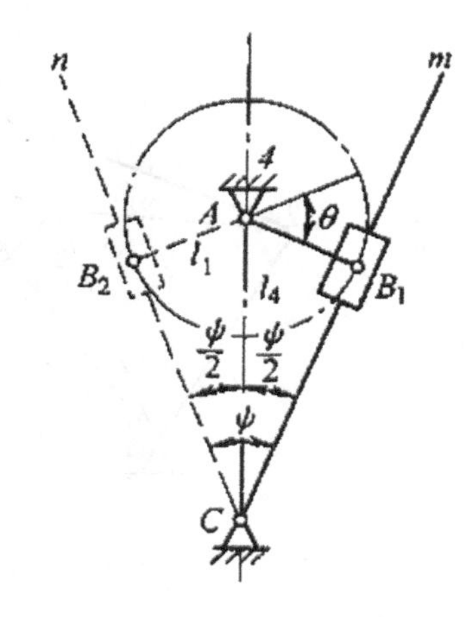

图 3-3-12　按 K 值设计摆动导杆机构

由于 A 点是 ΔC_1PC_2 外接圆上任取的一点，所以若仅按行程速比系数 K 进行设计，可得无穷多的解。A 点的位置不同，机构传动角的大小也不同。为了使设计得到唯一解，就必须附加一些其他辅助条件，如机架长度、机构最小传动角和其他结构上的要求等。

(2)摆动导杆机构

已知条件:行程速比系数 K 及机架长度 l_4。

由图 3-3-12 可知，摆动导杆机构的极位夹角 θ 等于导杆的摆角 ψ，所需确定的尺寸是曲柄的长度 l_1。其设计步骤如下：

1)根据行程速比系数 K，按式(5-6)计算出极位夹角 θ。

2)任选一固定铰链中心 C，以夹角 ψ 作出导杆两个极限位置 Cn 和 Cm 线。

3)作摆角 ψ 的平分线 AC，选取适当的长度比例尺 μ_L，并在此平分线上截取 $AC=l_4/\mu_L$，得固定铰链中心 A 的位置。

4)过 A 点分别作导杆两个极限位置的垂线 AB_1（或 AB_2），即得曲柄的长度 $l_1=\mu_L\cdot AB_1$。

2. 按给定连杆位置设计四杆机构

四杆机构的四个铰链中心确定后，其各杆的长度也可以相应确定。因此根据设计要求确定各杆的长度，可以通过确定四个铰链的位置来解决。如图 3-3-13 所示，连杆上两活动铰链的中心 B、C 位置已确定，且给定连杆的两个位置 B_1C_1、B_2C_2。

该机构的关键问题是确定两固定铰链点 A、D 的位置。由于 B、C 两点的运动轨迹是圆，且该圆的中心就是固定铰链的位置，因此 A、D 的位置应分别在 B_1B_2 和 C_1C_2 的垂直平分线 b_{12} 和 c_{12} 上，具体位置可根据需要选取，故有无穷多解。

若给定连杆的三个位置，此时固定铰链中心 A、D 的位置分别只有一个确定的结果，因此所设计出来的四杆机构便是唯一的。设计步骤如下：

1）选取适当的比例尺；

2）分别作 B_1B_2 和 B_2B_3 的垂直平分线 b_{12} 和 b_{23}，其交点即为固定铰链 A 的位置；

3）分别作 C_1C_2 和 C_2C_3 的垂直平分线 c_{12} 和 c_{23}，其交点即为固定铰链 D 的位置；

4）联接 AB_1C_1D，则 AB_1C_1D 即为所要设计的四杆机构；

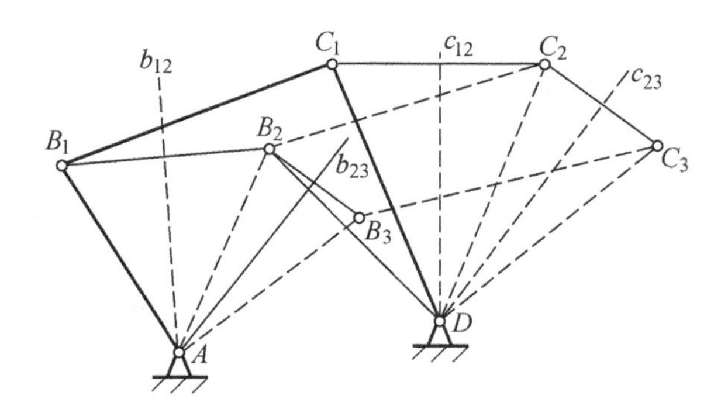

图 3-3-13 按给定连杆位置设计四杆机构

5）量出 AB 和 CD 长度，由比例尺求得曲柄和摇杆的实际长度。

$l_{AB}=\mu_l\times AB \qquad l_{CD}=\mu_l\times CD$

3. 按给定两连架杆位置设计四杆机构

对于按给定两连架杆两个或三个对应位置设计四杆机构，关键是求铰链 C 的位置。可根据相对运动不变原理，转化为已知连杆的两位置或三位置的设计问题来求解。

如图 3-3-14 所示，采用刚化反转法将 AB_2C_2D 刚化后反转$(\psi_1-\psi_2)$角，C_2D 与 C_1D 重合，AB_2 转到 $A'B'_2$ 的位置，此时可以将机构看成是以 CD 为机架，以 AB 为连杆的四杆机构，问题转化为按连杆的两个位置设计四杆机构。

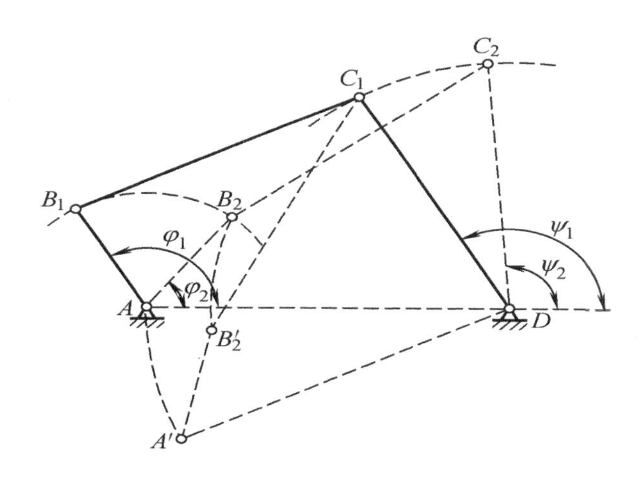

图 3-3-14 按给定两连架杆对应位置设计四杆机构

又如图 3-3-15 所示，若给定连架杆 1 和 3 的三个对应位置$(\varphi_1、\psi_1、\varphi_2、\psi_2、\varphi_3、\psi_3)$，并已知连架杆长度 l_1 和机架长度 l_4，其设计步骤如下：

1)选取适当比例 μ_L，作出机架位置 $AD(AD=l_4/\mu_L)$，并根据已知条件作出两连架杆的三组对应位置 $AB_1、AB_2、AB_3(AB_1=AB_2=AB_3=l_1/\mu_L)$和 $DE_1、DE_2、DE_3$(三者相等，长度可任选)。

2)连接 B_2D 和 B_3D，用反转法将其分别绕 D 点反转$(\psi_1-\psi_2)$和$(\psi_1-\psi_3)$角，得到 B'_2 和

B_3'点。

3)作 B_1B_2'和 $B_2'B_3'$垂直平分线 b_{12}和 b_{23},相交于 C_1 点。

4)连接 AB_1C_1D 即为该铰链四杆机构。连杆长度 $l_2=\mu_L B_1C_1$,连架杆 3 的长度 $l_3=\mu_L DC_1$。由上述可知,给定两连架杆三个对应位置设计四杆机构,只有唯一解;如果给定两个对应位置设计,则 C_1 点可以在 b_{12}线上任意选取,故有无穷多解,此时可借助其他辅助条件,求得唯一解。

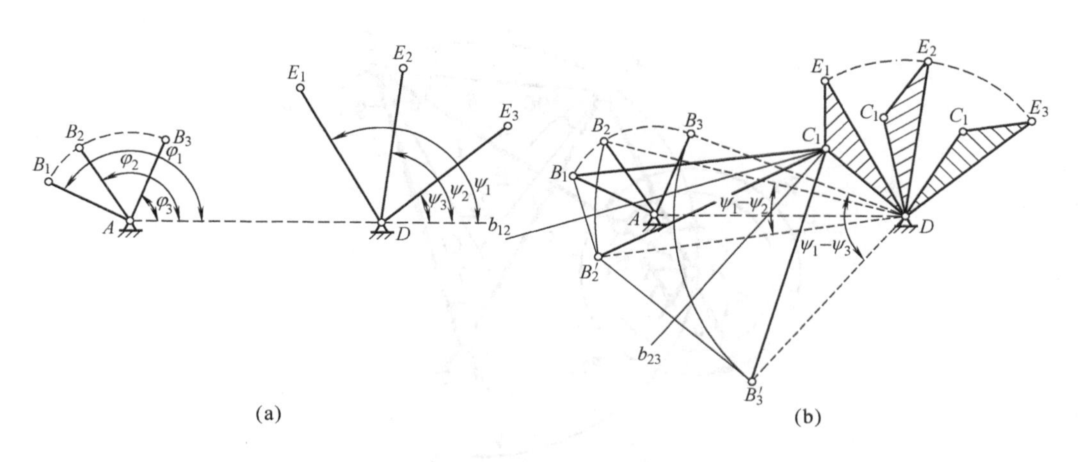

图 3-3-15　按给定连架杆三个对应位置设计四杆机构

【例 1】 设计一铸造造型机砂箱翻转机构。翻台在位置Ⅰ处造型,在位置Ⅱ处起模,翻台与连杆 BC 固联成一体,$l_{BC}=0.5\text{m}$,机架 AD 为水平位置,如图 3-3-16 所示。

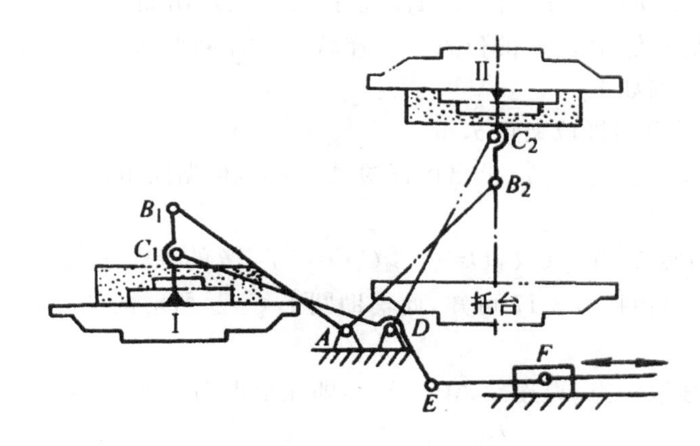

图 3-3-16　砂箱翻转机构

解:该铸造造型机的砂箱固结在连杆 BC 上,要求所设计的机构中的连杆能依次通过位置Ⅰ,Ⅱ,以便引导砂箱实现造型和起模两个动作。具体作图步骤如下:

1) $\mu_L=0.1\text{m/mm}$,则 $BC=l_{BC}/\mu_L=0.5/0.1=5\text{mm}$,在给定位置作 B_1C_1、B_2C_2;

2) 作 B_1B_2 的中垂线 b_{12}、C_1C_2 的中垂线 c_{12};

3) 按给定机架位置作水平线,与 b_{12}、c_{12}分别交得点 A、D;

4）连接 AB 和 CD，即得到各构件的长度为：

$l_{AB}=\mu_L\times AB=0.1\times 25=2.5\text{m}$

$l_{CD}=\mu_L\times CD=0.1\times 27=2.7\text{m}$

$l_{AD}=\mu_L\times AD=0.1\times 8=0.8\text{m}$

【例 2】 如图 3-3-17 所示，设已知行程速度变化系数 K、摇杆长度 l_{CD}、最大摆角 ψ，试用图解法设计此曲柄摇杆机构。

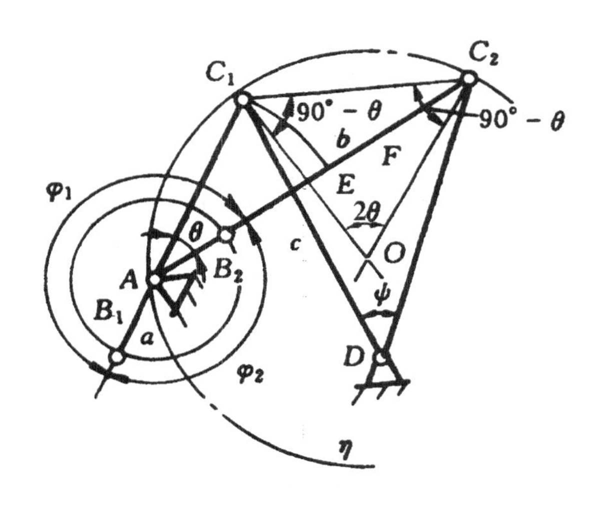

图 3-3-17　曲柄摇杆机构

解　由曲柄摇杆机构处于极位时的几何特点我们已经知道（见图 3-3-2），在已知 l_{CD}、ψ 的情况下，只要能确定固定铰链中心 A 的位置，则可由确定出曲柄的长和连杆的长度，即设计的实质是确定固定铰链中心 A 的位置。这样就把设计问题转化为确定 A 点位置的几何问题了。具体设计步骤如下：

1）由式（3-3-2）计算出极位夹角 θ；

2）任取适当的长度比例尺 μ_L，求出摇杆的尺寸 CD，根据摆角作出摇杆的两个极限位置 C_1D 和 C_2D，如图 3-3-17。

3）连接 C_1C_2 为底边，作 $\angle C_1C_2O=\angle C_2C_1O=90°-\theta$ 的等腰三角形，以顶点 O 为圆心，C_1O 为半径作辅助圆，由图 3-3-17 可知，此辅助圆上 C_1C_2 所对的圆心角等于 2θ，故其圆周角为 θ；

4）在辅助圆上任取一点 A，连接 AC_1、AC_2，即能求得满足 K 要求的四杆机构。

$$l_{AB}=\mu_L(AC_2-AC_1)/2$$

$$l_{BC}=\mu_L(AC_2+AC_1)/2$$

应注意：由于 A 点是任意取的，所以有无穷解，只有加上辅助条件，如机架 AD 长度或位置，或最小传动角等，才能得到唯一确定解。

由上述分析可见，按给定行程速度变化系数设计四杆机构的关键问题是：已知弦长求作一圆，使该弦所对的圆周角为一给定值。

【任务实施】

1. 工作任务分析

对于图 3-3-1 所示的牛头刨床主体运动机构，其动力由带轮输入，分别经过滑块 2、导杆 3、摇块 4 后，动力从刨头 5 输出，因此原动件为带轮 1，执行件为刨头 5，传动件有滑块 2、导杆 3 和摇块 4。已知条件或要求为：刨头行程为 350mm，带轮轴与滑块 4 的距离为 450mm，行程速比系数 $K=1.4$；需要确定的尺寸为：曲柄长度和带轮轴到刨头的距离。该牛头刨床主体运动机构设计任务可按给定行程速比系数 K 设计四杆机构并配以图解法来解决，具体步骤如下：

(1)根据式(3-3-2)极位夹角公式，可得

$$\theta=180°\frac{K-1}{K+1}=180°\frac{1.4-1}{1.4+1}=30°$$

导杆的摆角与极位夹角相等，即 $\psi=\theta=30°$

(2)选取长度比例尺 μ_L 为 1∶10；

(3)任意取一点为固定铰链中心 A，过 A 按 30°摆角作直线 n_1、n_2，并作其角平分线 m。再由 A 点起按作图比例截取 $AB=450/\mu_L=45$，得到另一个固定铰链中心 B，此点为曲柄的回转中心，如图 3-3-18 所示。

(4)过点 B 作导杆的两极限位置的垂线 BC_1（或 BC_2），并作滑块，如图 3-3-18。量取 BC_1 线段长度，按设定的比例尺可得曲柄的长度 $l_1=\mu_L\times BC_1$。

(5)根据牛头刨 350mm 的行程要求，按作图比例截取 17.5mm，分别作直线 m 的平行线 m_1 和 m_2，并与直线 n_1 和直线 n_2 相交于点 D_1 和 D_2。过点 D_1 和 D_2 作直线 k（刨头），并在直线 k 两端作刨头的机架。量取直线 k 与直线 m 的交点 D 到 B 的距离 BD，按设定的比例尺可得带轮轴到刨头的距离 $l_2=\mu_L\times BD$。

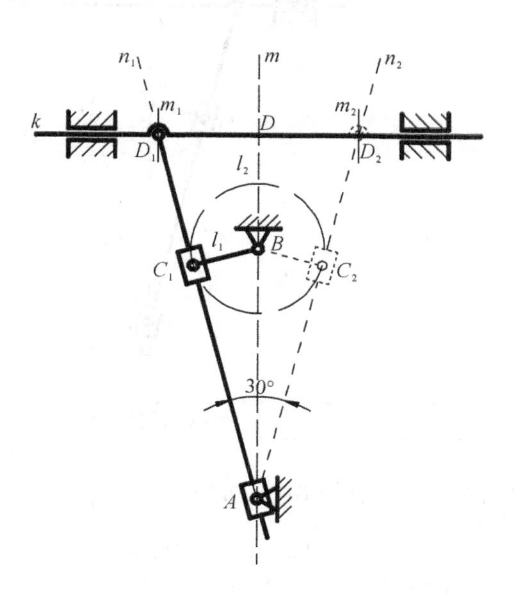

图 3-3-18 牛头刨床主体运动机构设计

2. 填写设计任务单

表 3-3-2 设计任务单

<table>
<tr><td colspan="2">任务名称</td><td colspan="4">牛头刨床主体运动机构设计</td></tr>
<tr><td colspan="2">机构图示</td><td colspan="4"> 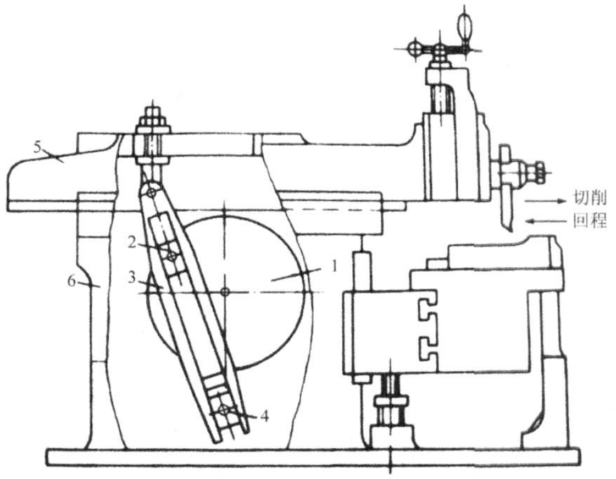</td></tr>
<tr><td colspan="2">条件与要求</td><td colspan="4">刨头行程为 350mm，带轮轴与滑块 4 的距离为 450mm，行程速比系数 $K=1.4$</td></tr>
<tr><td rowspan="8">工作步骤</td><td rowspan="2">1. 确定部件类型</td><td>原动件编号</td><td>机架编号</td><td>执行件编号</td><td>传动件编号</td></tr>
<tr><td>1</td><td>6</td><td>5</td><td>2,3,4</td></tr>
<tr><td>2. 极位夹角计算</td><td colspan="4">$\theta=180^\circ\frac{K-1}{K+1}=180^\circ\frac{1.4-1}{1.4+1}=30^\circ$</td></tr>
<tr><td rowspan="2">3. 作图</td><td colspan="4">作机构运动简图(比例尺 μ_L: 1∶10)</td></tr>
<tr><td colspan="4"> 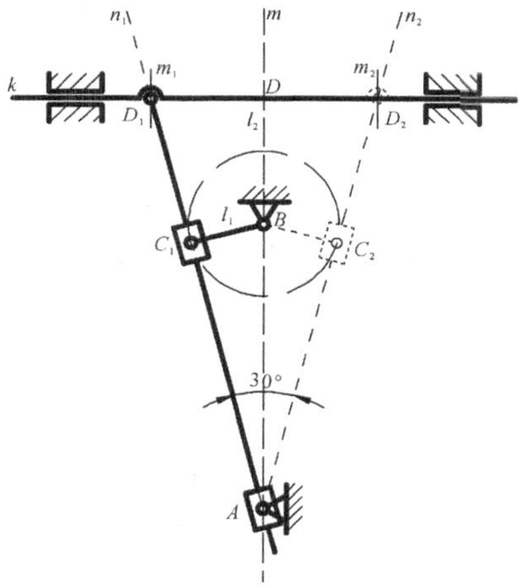</td></tr>
<tr><td rowspan="2">4. 测量并计算</td><td colspan="4">根据比例尺计算</td></tr>
<tr><td colspan="4">测量数据：$BC=11.6\text{mm}$ $BD=20.3\text{mm}$
计算数据：
$l_1=BC\times L=11.6\times10=116\text{mm}$
$l_2=BD\times L=20.3\times10=203\text{mm}$</td></tr>
<tr><td>结论</td><td colspan="4">曲柄长度 $l_1=116\text{mm}$，带轮轴到刨头的距离 $l_2=203\text{mm}$。</td></tr>
</table>

【课后巩固】

1. 以曲柄摇杆机构为例,说明什么是机构的急回特性?该机构是否一定具有急回特性?

2. 什么是机构的死点位置?用什么方法可以使机构通过死点位置?

3. 在摆动导杆机构中,若行程速比系数 $K=1.4$,则极位夹角 θ 等于多少?导杆的摆角 φ 等于多少?

4. 绘出图 3-3-19 中各机构图示位置时的压力角和传动角。图中标明箭头的构件为原动件。

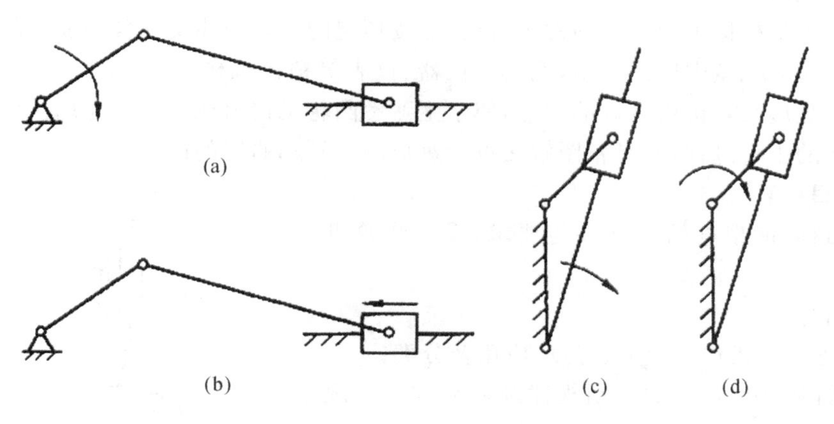

图 3-3-19 题 4 图

5. 设计一脚踏轧棉机的曲柄摇杆机构,要求踏板 CD 在水平位置上下各摆 10°,且 $l_{CD}=500$(mm),$l_{AD}=1000$mm,如图 3-3-20 所示,试用图解法求曲柄 AB 和连杆 BC 的长度。

6. 如图 3-3-21 所示的偏置曲柄滑块机构,已知行程速度变化系数 $K=1.5$,滑块的行程 $H=50$(mm),偏心距 $e=16$(mm),试用图解法求:

(1)曲柄长度和连杆长度;

(2)滑块为原动件时,机构的死点位置。

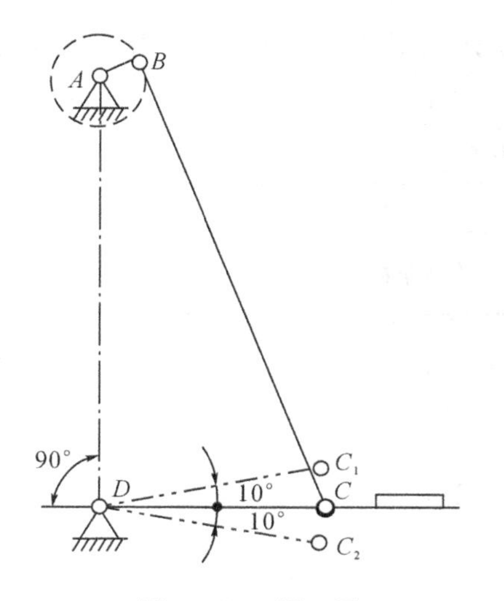

图 3-3-20 题 5 图

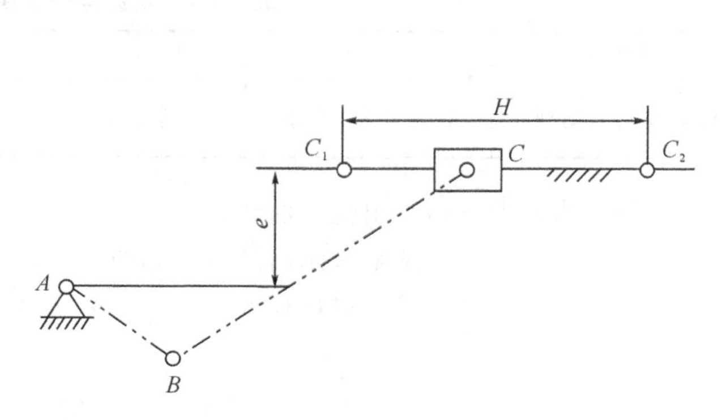

图 3-3-21 题 6 图

项目4　凸轮机构设计

【任务导读】

凸轮机构是机械工业中一种常用机构，能按预定的运动规律实现各种复杂的运动要求，在自动或半自动机械中广泛应用，尤其是仪器、仪表等精密机械。在本项目中，通过对心式尖顶从动件盘形凸轮机构设计的学习，使学生熟悉凸轮机构组成、特点、应用及分类的知识，理解轮机构的工作过程，并具备图解法设计盘形凸轮轮廓曲线的能力。

【教学目标】

最终目标：能根据给定条件与要求，设计凸轮机构的轮廓。

促成目标：

1. 熟悉凸轮机构的组成、特点、应用及分类；
2. 理解从动件常用的运动规律及从动件运动规律的选择原则；
3. 掌握凸轮机构设计的基本知识及确定凸轮机构基本尺寸的原则；
4. 能运用图解法设计盘形凸轮轮廓。

【工作任务】

任务描述：一对心式尖顶从动件盘形凸轮机构如图4-1-1所示，已知该机构中的凸轮以 ω 等角速度逆时针转动，其基圆半径 $r_0=26\text{mm}$，从动件行程 $h=18\text{mm}$，从动件运动规律如表4-1-1所示。用图解法设计该对心式尖顶从动件盘形凸轮机构。

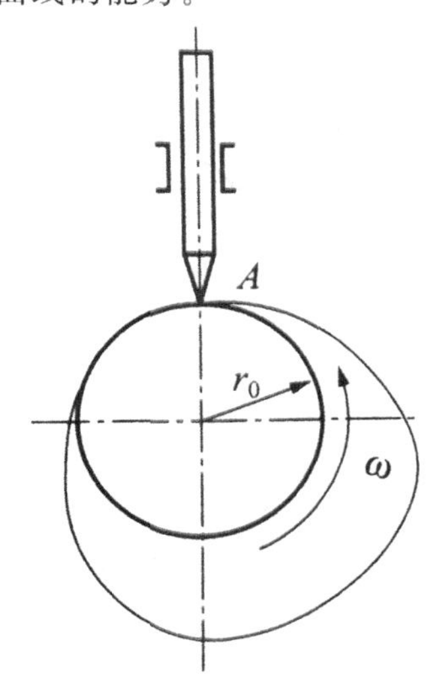

图4-1-1　盘形凸轮机构设计

表4-1-1　从动件运动规律

凸轮转角 δ	0～100°	100°～160°	160°～240°	240°～360°
从动件的运动规律	等速上升16mm	停止不动	等速下降到原处	停止不动

任务具体要求：(1)画出位移曲线；

(2)图解法画出凸轮轮廓曲线；

(3)填写设计任务单。

表 4-1-2　设计任务单

<table>
<tr><td colspan="2">任务名称</td><td colspan="4">盘形凸轮机构设计</td></tr>
<tr><td colspan="2">机构图示</td><td colspan="4"></td></tr>
<tr><td rowspan="7">工作步骤</td><td>1. 确定凸轮基本尺寸</td><td>基圆半径 r_0</td><td></td><td>行程 h</td><td></td></tr>
<tr><td rowspan="4">2. 确定从动件运动规律</td><td colspan="4">从动件运动规律</td></tr>
<tr><td>____°～____°</td><td>____°～____°</td><td>____°～____°</td><td>____°～____°</td></tr>
<tr><td colspan="4">从动件运动规律图(比例尺 μ_L:________)</td></tr>
<tr><td colspan="4"></td></tr>
<tr><td rowspan="2">3. 作图</td><td colspan="4">作凸轮机构图(保留辅助线)</td></tr>
<tr><td colspan="4"></td></tr>
<tr><td></td><td>结论</td><td colspan="4"></td></tr>
</table>

【知识储备】

4.1.1 凸轮机构组成、特点及应用

凸轮是一个具有曲线轮廓或凹槽的构件，被凸轮直接推动的构件称为从动件(或称推杆)。运动时，通过曲线轮廓与从动件的高副接触，使从动件按预定的运动规律做往复移动或摆动。凸轮机构是由凸轮、从动件和机架及附属装置组成的一种高副机构。

凸轮机构广泛应用于各种机械，特别是自动机械和自动控制装置中，现举两例加以说明。

如图 4-1-2 所示为内燃机的配气机构，当凸轮 1 回转时，其轮廓将迫使从动件 2 做往复摆动，从而使气阀 3 开启或关闭(关闭是借弹簧 4 的作用)，以控制可燃物质在适当的时间进入气缸或排出废气。至于气阀开启或关闭时间的长短及其速度和加速度的变化规律，则取决于凸轮轮廓曲线的形状。

如图 4-1-3 所示为自动机床的进刀机构，当具有凹槽的圆柱凸轮 1 回转时，其凹槽的侧面通过嵌于凹槽中的滚子 3 迫使从动件 2 绕点 O 做往复摆动，从而控制刀架的进刀和退刀运动。至于进刀和退刀的运动规律如何，则决定于凹槽曲线的形状。

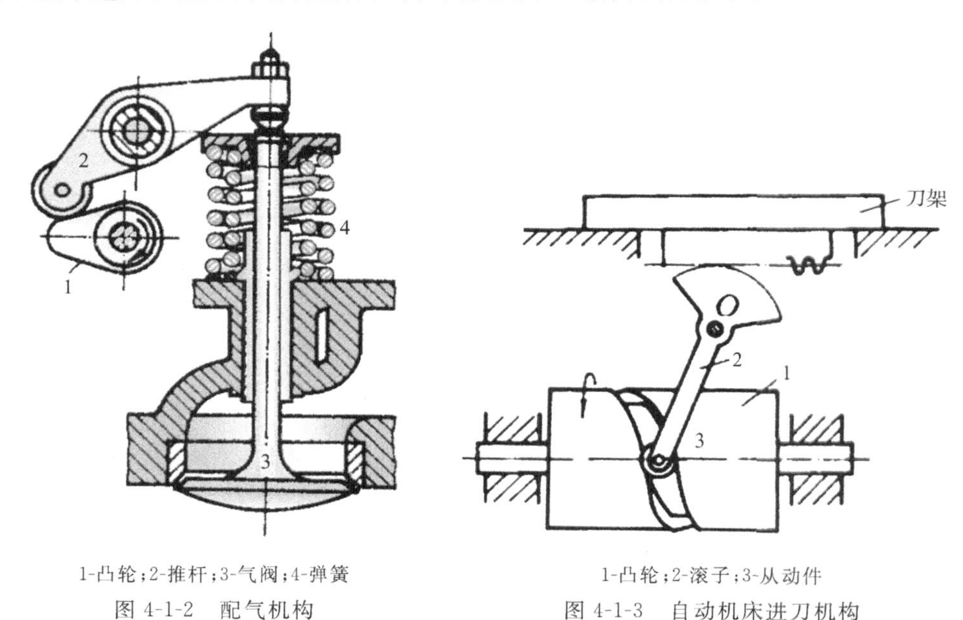

1-凸轮；2-推杆；3-气阀；4-弹簧

图 4-1-2　配气机构

1-凸轮；2-滚子；3-从动件

图 4-1-3　自动机床进刀机构

凸轮机构的主要优点是：只要适当地设计出凸轮的轮廓曲线，就可以使从动件获得各种预期的运动规律，而且机构简单紧凑。缺点是：凸轮与从动件之间为点、线高副接触，易磨损，故凸轮机构多用在传递动力不大的场合。

4.1.2 凸轮机构的分类

凸轮机构应用广泛，类型也很多。我们可以就凸轮和从动件的形状及其运动形式的不同来分类。

1. 按凸轮的形状分

(1)盘形凸轮

这种凸轮是绕固定轴线转动并具有变化向径的盘形凸轮(图 4-1-2、4-1-4(a))。盘形凸轮机构的结构比较简单,应用也较广泛,但从动件的行程不能太大,否则将使凸轮的径向尺寸变化过大,因而对凸轮机构的工作不利。

(2)移动凸轮

移动凸轮可以看作是回转中心趋于无穷远的盘形凸轮的一部分,凸轮具有曲线轮廓的做往复直线移动(图 4-1-4(b))。当移动凸轮作直线往复运动时,可推动从动件在同一运动平面内运动。

(3)圆柱凸轮

圆柱凸轮是在圆柱面上开有曲线凸槽(图 4-1-3 和图 4-1-4(c)),或是在圆柱端面上作出曲线轮廓的构件。转动时,其曲线凹槽或轮廓曲面可推动从动件产生预期的运动。由于凸轮与从动件的运动不在同一平面内,所以这是一种空间凸轮机构。利用圆柱凸轮可使其从动件得到较大的行程。圆柱凸轮可以看作是将移动凸轮卷于圆柱体上而形成的。

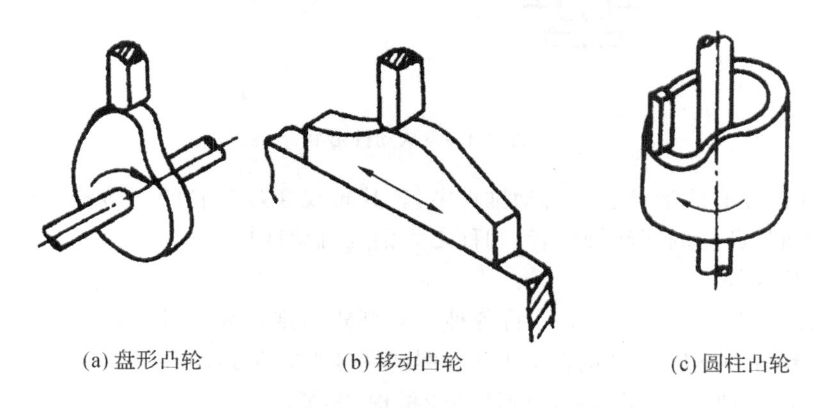

(a) 盘形凸轮　(b) 移动凸轮　(c) 圆柱凸轮

图 4-1-4　不同形状的凸轮

2. 按从动件的形状分

(1)尖顶从动件

如图 4-1-5(a)、(b)所示,这种从动件的构造最简单,但易遭磨损,适用于作用力不大和速度较低的场合,如用于仪表等机构中。

(2)滚子从动件

如图 4-1-5(c)、(d)所示,这种从动件由于滚子与凸轮轮廓之间为滚动摩擦,所以磨损较小,故可用来传递较大的动力,因而应用较广。

(3)平底从动件

如图 4-1-5(e)、(f)所示,这种从动件的优点是凸轮对从动件的作用力始终垂直于从动件的底边(不计摩擦时),故受力比较平稳。而且凸轮与平底的接触面间容易形成油膜,润滑较好,所以常用于高速传动中。

3. 按从动件的运动形式分类

(1)直动从动件

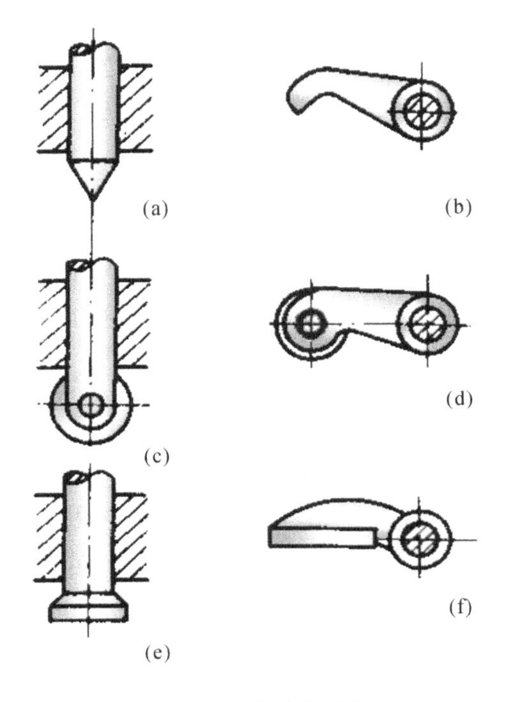

图 4-1-5 从动件形状

从动件作往复直线运动。在直动推杆中，若其轴线通过凸轮的回转轴线则称其为对心直动推杆，不通过凸轮的回转轴线者，则称之为偏置直动推杆。

(2)摆动从动件

从动件做往复摆动(图 4-1-2)。将各种不同型式的推杆和各种不同型式的凸轮组合起来，就可以得到各种不同类型的凸轮机构，例如图 4-1-2 所示为摆动滚子推杆盘形凸轮机构，图 4-1-3 所示为摆动滚子从动件圆柱凸轮机构，等等。

4. 按凸轮与从动件保持接触的方法分类

凸轮机构的传动过程中，应设法使从动件与凸轮轮廓始终保持接触，而根据两者保持接触的方法的不同，凸轮机构又可分为：

(1)力封闭的凸轮机构。在这类凸轮机构中，是利用重力、弹簧力(图 4-1-2)或其他外力使从动件始终与凸轮保持接触的。

(2)几何形状封闭的凸轮机构。在这类凸轮机构中，是利用凸轮或从动件的特殊几何结构使凸轮与从动件始终保持接触的，如图 4-1-6 所示。

在图 4-1-6(a)所示的沟槽凸轮机构中，是利用凸轮上的凹槽与置于槽中的从动件的滚子使凸轮与推杆始终保持接触。在图 4-1-6(b)所示的等宽凸轮机构中，因与凸轮轮廓线相切的任意两平行线间的宽度 B 处处相等，且等于推杆内框上、下壁间的距离，所以凸轮和推杆可始终保持接触。在图 4-1-6(c)所示的等径凸轮机构中，因凸轮理论轮廓线在径向上两点的距离 D 处处相等，故可使凸轮与推杆始终保持接触。在图 4-1-6(d)所示的共轭凸轮机构中，用两个固结在一起的凸轮控制同一推杆，从而使凸轮与推杆始终保持接触。

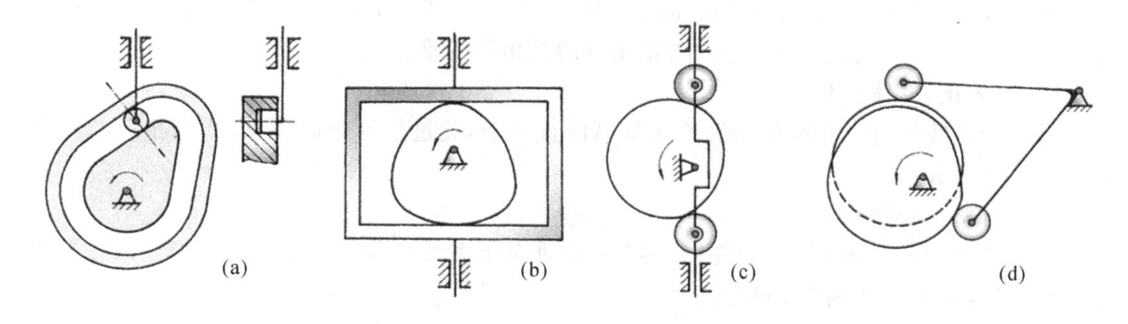

图 4-1-6　形锁合凸轮机构

4.1.3　凸轮机构的工作过程分析

凸轮机构能否按预期的运动规律正常工作，主要取决于凸轮的轮廓曲线形状。所以，根据工作要求选定从动件的运动规律，是凸轮轮廓曲线设计的前提。由于工作要求的多样性和复杂性，要求从动件满足的运动规律也是各种各样的。

1. 凸轮机构的工作过程及基本参数

凸轮机构的工作过程、基本参数及其含义可用图 4-1-7 所示的顶尖对心直动从动件盘形凸轮机构运动简图与从动件位移曲线图。

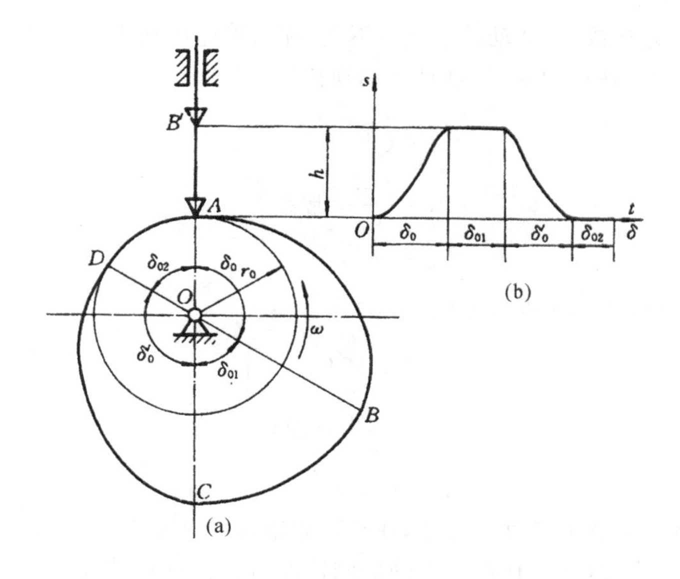

图 4-1-7　凸轮机构运动简图与从动件位移曲线图

(1)基圆

以凸轮的回转轴心 O 为圆心，以凸轮理论廓线的最小半径(r_0)为半径所作的圆。

(2)推程、推程转角

当凸轮从起始位置 A 点以等角速度 ω 逆时针转动 δ_0 时,从动件由最低位置被推到最高位置 B 的过程,这个过程称为推程,凸轮相应的转角称为推程角(δ_0)。

(3)远休止、远休止角

当凸轮继续转过 δ_{01} 时,从动件停在最高位置不动,此过程称为远休止,凸轮相应的转角 δ_{01} 称为远休止角。

(4)回程、回程转角

当凸轮继续转过 δ_0' 时,从动件以一定的运动规律由最高位置回到起始位置,此过程称为回程,对应的转角 δ_0' 称为回程角。

(5)近休止、近休止角

当凸轮继续转过 δ_{02} 时,从动件在最低位置静止不动,此过程称为近休止,凸轮相应的转角称 δ_{02} 为近休止角。

(6)行程

从动件在推程或回程中移动的距离 h 称为从动件的行程。

2. 从动件常用的运动规律

从动件的运动规律是指从动件的位移、速度、加速度随凸轮转角的变化规律,以从动件的位移(速度、加速度)为纵坐标,以对应的凸轮转角 δ 或时间 t 为横坐标,逐点画出从动件的位移与凸轮转角或时间之间的关系曲线 $s=f(\delta)$,称为从动件的运动线图。

常用的从动件运动规律有等速运动规律、等加速等减速运动规律、简谐运动规律等。

(1)等速运动规律

凸轮角速度 ω 为常数时,从动件速度 v 不变,称为等速运动规律,其位移、速度和加速度线图如图 4-1-8 所示。在推程时,从动件运动规律为:

$$\left.\begin{aligned} s&=\frac{h}{\delta_0}\delta \\ v&=\frac{hw}{\delta_0}=\text{常数} \\ a&=0 \end{aligned}\right\} \tag{4-1-1}$$

回程时,从动件运动规律为:

$$\left.\begin{aligned} s&=h-\frac{h}{\delta'_0}\delta' \\ v&=-\frac{hw}{\delta'_0}=\text{常数} \\ a&=0 \end{aligned}\right\} \tag{4-1-2}$$

从动件在推程或回程的速度为常数,在行程始末速度有突变,理论上加速度可达到无穷大,产生极大的惯性力,致使机构产生强烈的刚性冲击,噪声和磨损很大,因此等速运动只能用于低速轻载的场合。

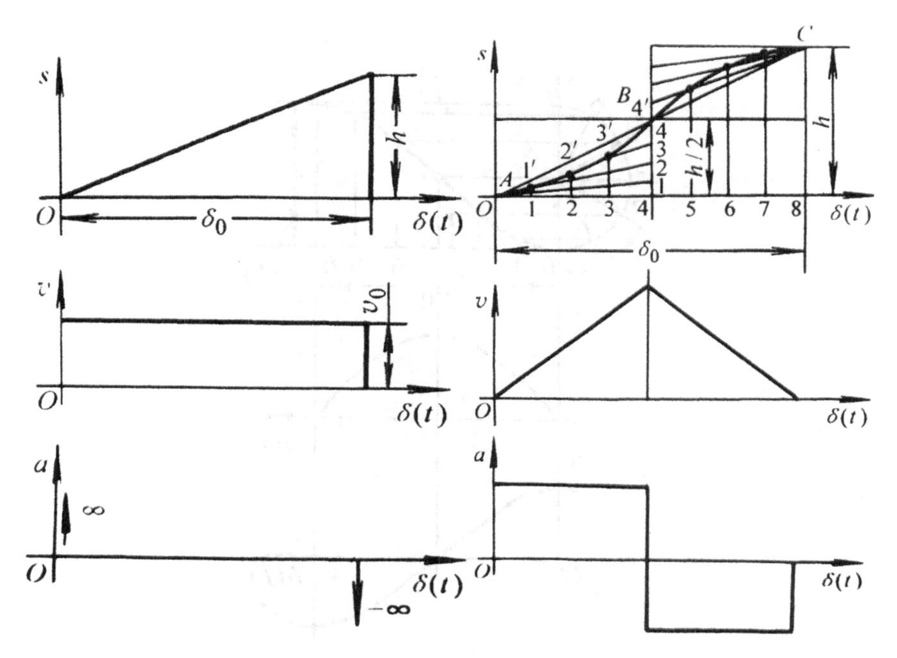

图 4-1-8　等速运动规律　　　　图 4-1-9　等加速等减速运动规律

(2)等加速、等减速运动规律

等加速、等减速运动规律，在前半程用等加速运动规律，后半程用等减速运动规律，两部分加速度绝对值相等，其位移、速度和加速度线图如图 4-1-9 所示。前半程时，从动件运动规律为：

$$\left.\begin{aligned} s&=\frac{2h}{\delta_0^2}\delta^2 \\ v&=\frac{4hw}{\delta_0^2}\delta \\ a&=\frac{4hw^2}{\delta_0^2}=\text{常数} \end{aligned}\right\}\quad \left(0\leqslant\delta\leqslant\frac{\delta_0}{2}\right) \tag{4-1-3}$$

后半程时，从动件运动规律为：

$$\left.\begin{aligned} s&=h-\frac{2h}{\delta_0^2}(\delta_0-\delta)^2 \\ v&=4hw(\delta_0-\delta)\delta_0^2=\frac{4hw}{\delta_0^2}(\delta_0-\delta) \\ a&=-\frac{4hw^2}{\delta_0^2}=\text{常数} \end{aligned}\right\}\quad \left(\frac{\delta_0}{2}\leqslant\delta\leqslant\delta_0\right) \tag{4-1-4}$$

从动件在推程或回程中，其前半行程作等加速运动，后半程作等减速运动，一般加速度和减速度的绝对值相等，在行程始末和前后半程交界处加速度存在有限的突变，导致机构产生柔性冲击，适用于中速、轻载的场合。

(3)余弦加速度(简谐)运动规律

余弦加速度(简谐)运动规律的加速度曲线为 1/2 个周期的余弦曲线，位移曲线为简谐运动曲线，如图 4-1-10 所示。从动件运动规律为：

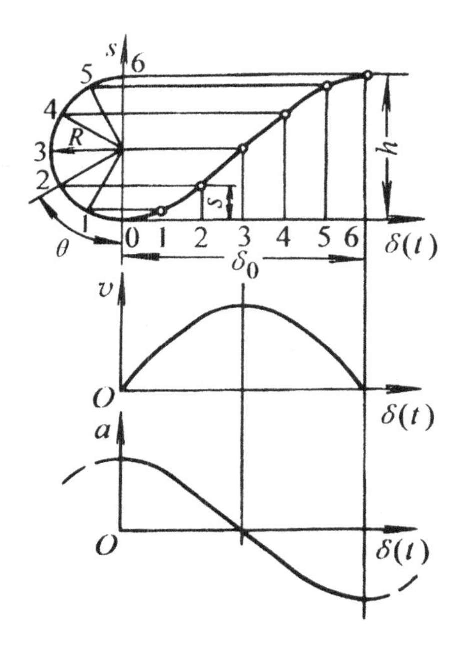

图 4-1-10　余弦加速度(简谐)运动规律

$$\left.\begin{aligned} s&=\frac{h}{2}\left[1-\cos\left(\frac{\pi}{\delta_0}\delta\right)\right] \\ v&=\frac{\pi h w}{2\delta_0}\sin\left(\frac{\pi}{\delta_0}\delta\right) \\ a&=\frac{\pi^2 h w^2}{2\delta_0^2}\cos\left(\frac{\pi}{\delta_0}\delta\right) \end{aligned}\right\} \tag{4-1-5}$$

从动件在推程或回程中加速度按余弦曲线变化,在行程始末加速度存在有限突变,将使机构产生柔性冲击,适用于中速、中载场合。但当从动件作无停歇的连续往复运动时,则得到连续的余弦曲线,完全消除了柔性冲击,可用于高速传动场合。

4.1.4　凸轮轮廓曲线的设计

凸轮轮廓曲线设计的方法有图解法和解析法。图解法简单易行、直观,但作图误差较大,对精度要求较高的凸轮,如高速凸轮、靠模凸轮等,难以获得凸轮轮廓曲线上各点的精确坐标,所以按图解法所得轮廓数据加工出来的凸轮只能应用于低速或不重要的场合。对于高速凸轮或精确度要求较高的凸轮,必须采用解析法,列出凸轮轮廓曲线的方程式,借助于计算机辅助设计精确地设计凸轮轮廓曲线,获得刀具运动轨迹上各点的坐标值。其加工也容易采用先进的加工方法,如线切割机、数控铣床及数控磨床等。其中,图解法可以直观地反映设计思想、原理,在本任务中,主要学习图解法。

1. 凸轮廓线设计方法的基本原理

凸轮机构工作时,凸轮与从动件都是运动的,而绘制凸轮轮廓曲线时,应使凸轮相对图纸静止。为说明凸轮廓线设计方法的基本原理,现先对一盘形凸轮机构进行分析。

图 4-1-11 所示为一对心直动尖顶从动件盘形凸轮机构。当凸轮以角速度 ω 绕轴 O 逆时针转动时,从动件在凸轮的高副元素(轮廓曲线)的推动下实现预期的运动。

现设想给整个凸轮机构加上一个与凸轮角速度 ω 大小相等、方向相反的公共角速度 $-\omega$,使其绕轴心 O 转动。显然这时凸轮与从动件之间的相对运动并未改变,但此时凸轮将静止不动,而从动件则一方面随其导轨以角速度 $-\omega$ 绕轴心 O 转动,一方面又在导轨内作预期的往复移动。显然,从动件在这种反转运动中,其尖顶的运动轨迹即为凸轮轮廓曲线。

根据上述分析,在设计凸轮廓线时,可假设凸轮静止不动,而使从动件相对于凸轮作反转运动;同时又在其导轨内作预期运动,作出从动件在这种反转运动中的一系列位置,则其尖顶的轨迹就是所要求的凸轮廓线。把原来转动着的凸轮看成是静止不动的,而把原来静止不动的导路及原来往复移动的从动件看成是沿反转方向运动的,这就是凸轮廓线设计方法的基本原理,称为"反转法"原理。

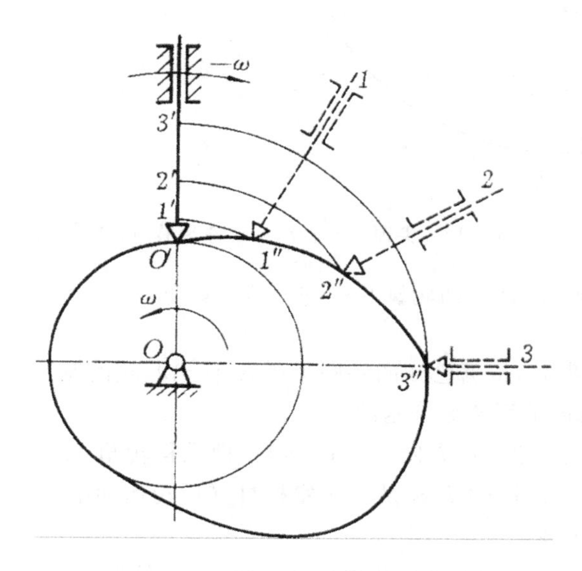

图 4-1-11 "反转法"绘图原理

假若从动件事滚子,则滚子中心可看作是从动件的尖顶,其运动轨迹就是凸轮的理论轮廓曲线,凸轮的实际轮廓曲线是与理论轮廓曲线相距滚子半径的一条曲线。

2. 用图解法设计凸轮廓线

(1)尖顶对心直动从动件盘形凸轮机构

图 4-1-12(a)所示为一尖顶对心直动从动件盘形凸轮机构。

已知凸轮的基圆半径 $r_0=15$(mm),凸轮以等角速度沿逆时针方向回转,从动件的运动规律如表 4-1-3 所示。

表 4-1-3 从动件运动规律

凸轮转角 δ	0～120°	120°～180°	180°～270°	270°～360°
从动件的运动规律	等速上升 16mm	停止不动	等加速等减速下降到原处	停止不动

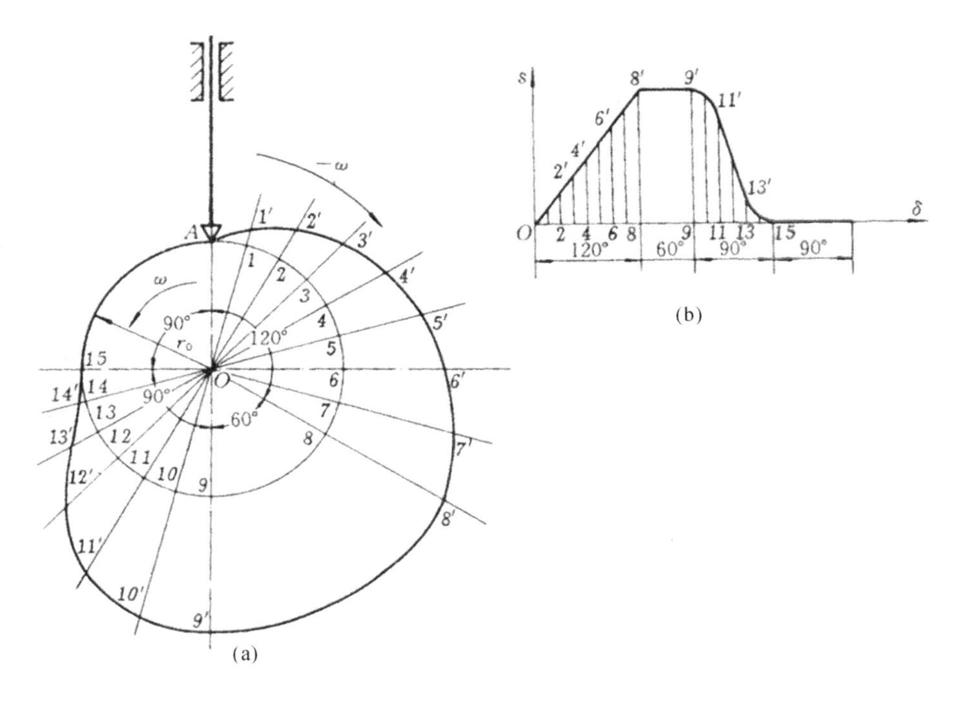

图 4-1-12　尖顶对心直动从动件盘形凸轮机构

根据“反转法”原理，设计该凸轮廓线的作图步骤如下。

1)作基圆

选取适当的比例尺 u_L，根据已知的基圆半径 r_0 作出凸轮的基圆。

2)做反转运动，根据推程角等分基圆

将从动件由起始位置沿 $-\omega$ 方向绕轴 O 转动，把推程转角 120°按 15°一个分点等分，在基圆上获得到等分点 1、2、3……7、8，从而确定推杆在反转运动中占据的各个位置。

3)作基圆等分延长线

分别连接 $O1$、$O2$、$O3$……$O7$、$O8$ 获得基圆等分线，并延长。

4)确定凸轮轮廓点

根据各等分点的推程值 S 及比例尺 μ_L，直接在等分角线上，由基圆开始向外量取，得点 1′、2′、3′……7′、8′，从而获得从动件的尖顶在反转运动中占据的位置，即凸轮的轮廓点。

5) 绘制轮廓曲线

将起始点 A 及点 1′、2′、3′……7′、8′等连成一光滑曲线，此即为与推程相对应的一段凸轮轮廓曲线。

6)绘制远休止轮廓曲线

以凸轮的轴心 O 为圆心，以凸轮的最大半径为半径，在 120°～180°内绘制一条中心角为 60°的圆弧，此即为凸轮远休止轮廓曲线。

7)绘制回程轮廓曲线

参照步骤 1)～5)，在 180°～270°内，作等加速等减速曲线，使从动件回到最低点。

8)作近休止轮廓曲线

在 270°～360°内，作与基圆重合的圆弧，即近休止轮廓曲线。

其他类型凸轮机构的轮廓线的设计，同样也可以根据反转法进行，下面将着重讨论其各自的特点。

（2）滚子对心直动从动件盘形凸轮机构

如图 4-1-13 所示，设计这种凸轮机构的凸轮廓线时，可先按前述方法定出滚子中心 A 在推杆反转运动中依次占据的位置 $1'$、$2'$、$3'$……然后再以点 A、$1'$、$2'$、$3'$……为圆心，以滚子半径 r_r 为半径，作一系列的圆，再作这一系列圆的包络线，即为凸轮的轮廓曲线。通常把滚子中心 A 在反转运动中的轨迹 β_0 称为凸轮的理论廓线。而把与滚子直接接触的凸轮廓线 β 称为凸轮的工作廓线或实际廓线。凸轮的基圆半径通常系指理论廓线的基圆半径，即图中所示的 r_0。

由上述可知，在设计滚子从动件轮机构的轮廓线时，可首先将滚子中心视为尖顶从动件的尖顶，按前述步骤作出凸轮的理论廓线，然后以理论廓线上的一系列点为圆心，以滚子半径 r_r 为半径作圆，再作此圆族的包络线即得凸轮的工作廓线。

（3）对心直动平底从动件盘形凸轮机构

如图 4-1-14 所示，在设计这种凸轮廓线时，可将从动件导路的中心线与平底的交点 A 视为尖顶从动件的尖点，按前述作图步骤确定出点 A 在从动件作反转运动时依次占据的各位置 $1'$、$2'$、$3'$……然后再过点 $1'$、$2'$、$3'$……作一系列代表平底从动件的直线，而此直线族的包络线 β，即为凸轮的工作轮廓曲线。

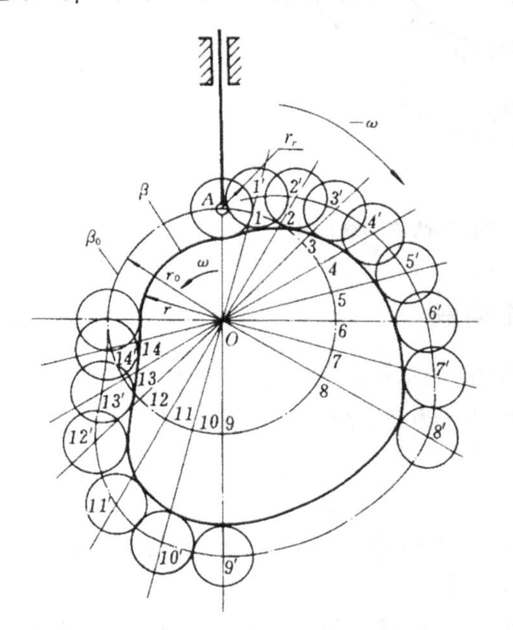

图 4-1-13　滚子从动件盘形凸轮廓线设计

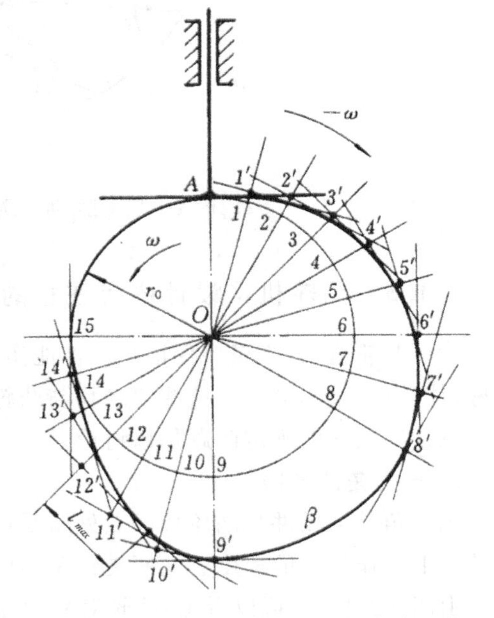

图 4-1-14　平底从动件盘形凸轮廓线设计

（4）摆动尖顶从动件盘形凸轮机构

摆动尖顶从动件盘形凸轮机构凸轮廓线的设计，同样也可参照前述方法进行。所不同的是推杆的预期运动规律要用从动件的角位移 φ 来表示。因此设计凸轮廓线时，必须给出从动件的角位移方程式 $\varphi=\varphi(\delta)$，以便计算出各角位移 φ_1、φ_2、φ_3……在前面所得的直动从动件的各位移方程中，只需将位移 s 了改为角位移 φ，行程 h 改为角行程 ϕ，就可用来求摆动从动件的角位移了。

如图 4-1-15 所示，在反转运动中，摆动从动件的回转轴心 A，将沿着以凸轮轴心 O 为圆心，以 OA 为半径的圆上作圆周运动。图中点 A_1、A_2、A_3……即从动件轴心 A 在反转运动中依次占据的位置。再以点 A_1、A_2、A_3……为圆心，以摆动从动件的长度 AB 为半径作圆弧与基圆交于点 B_1、B_2、B_3……则 A_1B_1、A_2B_2、A_3B_3……即摆动从动件在反转运动中依次占据的位置。然后再分别从 A_1B_1、A_2B_2、A_3B_3……量取摆动从动件的角位移 φ_1、φ_2、φ_3……得 A_1B_1'、A_2B_2'、A_3B_3'……则点 B_1'、B_2'、B_3'……即摆动从动件的尖顶在反转运动中依次占据的位置。所以过起始点 B 及点 B_1'、B_2'、B_3'……连成的光滑曲线就是所要求的凸轮廓线。

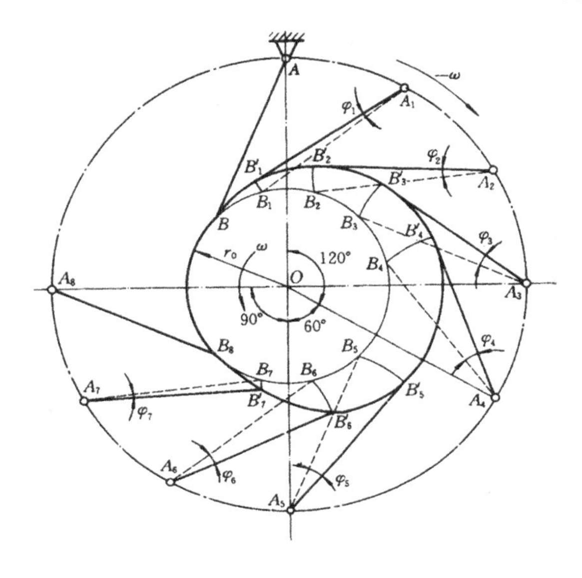

图 4-1-15　摆动尖顶从动件盘形凸轮廓线设计

4.1.5　凸轮机构设计中应注意的几个问题

设计凸轮机构，不仅要保证从动件能实现预期的运动规律，而且还要求整个机构传力性良好，体积小，结构紧凑。这些要求均与凸轮机构的压力角、基圆半径、滚子半径等有关。下面将就这些尺寸的确定问题加以讨论。

1. 压力角的选择

压力角是从动件与凸轮接触点处所受正压力的方向(接触点处凸轮轮廓的法线方向)与从动杆上力作用点的速度方向所夹锐角 α 称为压力角。

由图 4-1-16(a)可以看出，凸轮对从动件的作用力 F 可以分解成两个分力，即沿着从动件运动方向的分力 F' 和垂直于运动方向的分力 F''。

$$F'=F_n\cos\alpha \quad F''=F_n\sin\alpha \tag{4-1-6}$$

压力角 α 越大，推动从动件移动的有效分力 F' 越小，而引起导路中摩擦阻力的有害分力 F'' 越大，推动推杆越费劲，即凸轮机构在同样载荷 G 下所需的推动力 F 将增大。

当 α 增大到一定值时，因 F'' 而引起的摩擦阻力将超过 F'，这时，无论凸轮给从动杆的推利多大，都不能推动从动杆，即机构发生自锁。

因此，从减小推力，避免自锁，使机构具有良好的受力状况来看，压力角应越小越好。

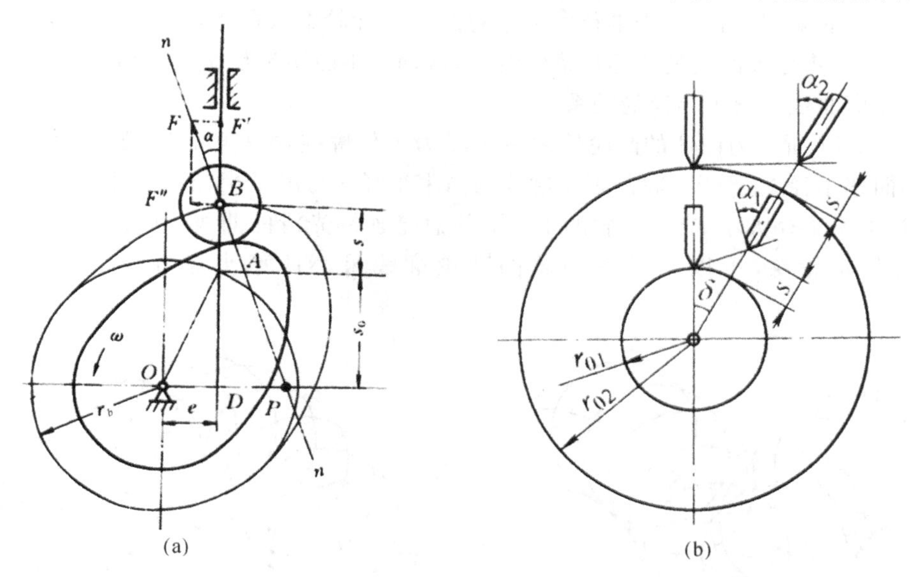

图 4-1-16　机构的压力角

为了兼顾机构受力和机构紧凑两个方面，在凸轮设计中，通常要求在压力角 α 不超过许用值[α]的原则下，尽可能采用最小的基圆半径。上述[α]，称为许用压力角。

在一般设计中，许用压力角[α]的数值推荐如下：

直动从动杆　推程许用压力角[α]＝30°～40°　　(不同的场合要求可能会不一样)

摆动从动杆　推程许用压力角[α]＝35°～45°

在回程时，对力封闭的凸轮机构，由于这时使从动件运动的不是凸轮对从动件的作用力，而是从动件所受的封闭力，通常发生自锁的可能性很小，故回程推程许用压力角[α']可取得大些，不论直动杆还是摆动杆，通常取[α']＝70°～80°。

2. 凸轮基圆半径的确定

在从动件的运动规律选定之后，基圆半径的选择也是凸轮设计中的一个重要环节。基圆半径 r_0 是凸轮机构的一个重要参数，它对凸轮机构的结构尺寸、体积、重量、受力状况、工作性能、α 等都有重要的影响。对传动效率来看，压力角越小越好，但压力角减小将导致凸轮尺寸增大，因此在设计凸轮时要权衡两者的关系，达到比较合理的程度。

如图 4-1-16(b)所示，凸轮的基圆半径越小，凸轮机构越紧凑。然而，基圆半径的减小受到压力角的限制。当基圆半径越小，凸轮机构的压力角就越大，而且在实际设计工作中还受到凸轮机构尺寸及强度条件的限制。因此，在实际设计工作中，基圆半径的确定必须从凸轮机构的尺寸、受力、安装、强度等方面予以综合考虑。但仅从机构尺寸紧凑和改善受力的观点来看，基圆半径 r_0 确定的原则是：在保证压力角不超过许用值的条件下应使基圆半径尽可能小。

3. 滚子半径的确定

采用滚子推杆时，滚子半径的选择，要考虑滚子的结构、强度及凸轮轮廓曲线的形状等多方面的因素。从滚子本身的结构设计和强度等方面考虑，将滚子半径取大一些较好，有利于提高滚子的接触强度和寿命，也便于进行滚子的结构设计和安装。但是滚子半径的增大受到凸轮轮廓的限制，因为滚子半径的大小对凸轮实际轮廓线的形状有直接的影响。当滚子半径过大时，将导致凸轮的实际轮廓线变形，从动件不能实现预期的运动规律。下面主要分析凸轮轮廓曲线与滚子半径的关系。

如图 4-1-17 所示为内凹的凸轮轮廓曲线，α 为工作廓线，b 为理论廓线。凸轮的工作廓线的最小曲率半径 ρ_a 等于凸轮的理论廓线的曲率半径 ρ 与滚子半径 r_r 之和，即 $\rho_a=\rho+r_r$。这样，不论滚子半径大小如何，凸轮的工作廓线总是连续光滑的曲线。因此设计凸轮时，对于内凹的凸轮轮廓，可以不考虑凸轮的理论廓线最小曲率半径 ρ 与滚子半径 r_r 的关系。

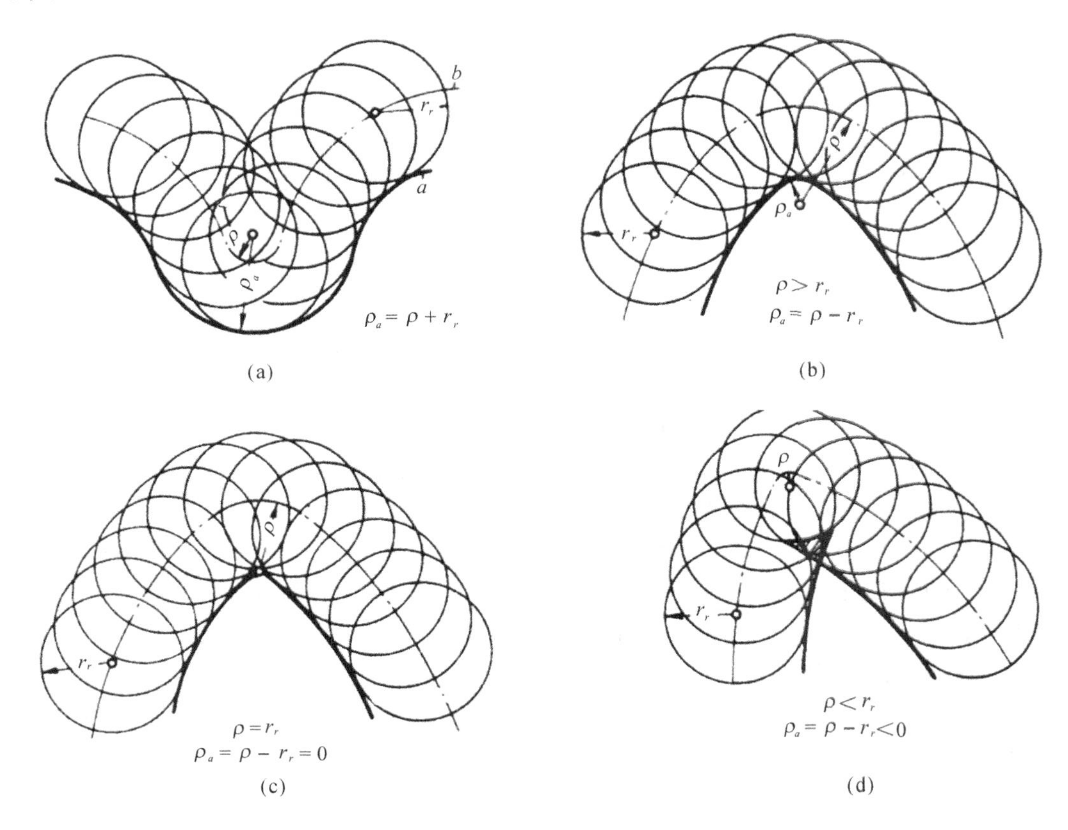

图 4-1-17 凸轮滚子半径与凸轮轮廓曲率半径的关系

对于外凸的凸轮轮廓线，但如图 4-1-17(b)、(c)、(d)所示。

凸轮实际轮廓线最小曲率半径 ρ_a 等于凸轮的理论轮廓线最小曲率半径 ρ 与滚子半径 r_r 之差，即 $\rho_a=\rho-r_r$。

①当 $\rho_a>0$ 时，即 $\rho_a=\rho-r_r>0$，$\rho>r_r$，则凸轮实际轮廓线是连续光滑的曲线，如图 4-1-17(b)所以。

②当 $\rho_a=0$ 时，即 $\rho_a=\rho-r_r=0$，$\rho=r_r$，则凸轮实际轮廓线在该处呈现尖点，如图 4-1-17(c)所示，这种现象称为变尖现象。当滚子从动件此处时，将产生冲击现象，凸轮极易磨损。

③当 $\rho_a<0$ 时，即 $\rho_a=\rho-r_r<0$，$\rho<r_r$，则凸轮实际轮廓线在该处呈现交叉，如图 4-1-17

(d)所示。这种情况在加工凸轮时,在实际制造中此处交点以外的轮廓线将被切去,致使滚子从动件不能获得预期的运动规律,这种现象称为失真现象。

综上所述,设计外凸的凸轮时,滚子的半径不能太大,要考虑其对凸轮轮廓线的影响。从滚子的强度考虑,滚子半径又不能取得过小。当滚子半径未指定时,可按经验公式 $r_r=(0.1\sim0.5)r_0$,初步确定滚子半径。滚子半径过小会给滚子结构设计带来困难,如果不能满足此要求,可适当加大凸轮的基圆半径或对从动件的运动规律进行修改。

4.1.6 凸轮机构的材料选用

设计凸轮机构,除了前述根据从动件所要求的运动规律设计出凸轮轮廓曲线外,还要选择适当的材料,确定合理的结构和技术要求,必要时进行强度校核。

凸轮传动中,凸轮轮廓与从动件之间理论上为点或线接触。接触处有相对运动并承受较大的反复作用的接触应力,因此容易发生磨损和疲劳点蚀。这就要求凸轮和滚子的工作表面硬度高、耐磨,有足够的表面接触强度。凸轮传动还经常受周期性的冲击载荷,这时要求凸轮芯部有较大的韧性。由于更换从动件比更换凸轮价廉而简便,一般取从动件上与凸轮相接触部分的硬度略低于凸轮的硬度。

凸轮副常用材料及热处理可参见表 4-1-4 选用。

表 4-1-4 凸轮副常用材料及热处理

工作情况	凸轮		从动件接触端	
	材料	热处理	材料	热处理
低速轻载	40、45、50 钢	调质 220～260HBS	45 钢	表面淬火 40～45HRC
	优质灰铸铁 HT200、HT250、HT300	退火 170～250HBS	青铜	时效 80～120HBS
	球墨铸铁 QT600－3	正火 190～270HBS	黄铜	退火 140～160HBS
中速中载	45 钢	表面淬火 40～45HRC	尼龙	
	45 钢、40Cr	表面高频淬火 52～58HRC	20Cr	渗碳淬火,渗碳层深 0.8～1mm,55～60HRC
	15、20、20Cr、20CrMnTi	渗碳淬火,		
高速重载或靠模凸轮	40Cr	高频淬火表面 56～60HRC,芯部 45～50HRC	GCr15 工具钢 T8、T10、T12	淬火 58～62HRC
	38CrMOAl、35CrAl	氮化,表面硬度 700～900HV		

【任务实施】

1. 工作任务分析

根据已经条件及从动件的运动规律,按 1∶2 的比例,可以作出从动件运动规律图,如图 4-1-18 所示。

然后可以根据"反转法"原理设计该凸轮廓线,具体作图步骤如下:

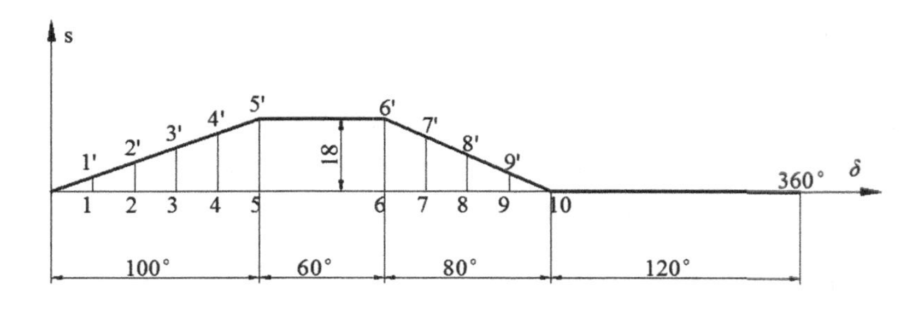

图 4-1-18　从动件运动规律图

1)作基圆

按照 1∶2 的比例,根据已知的基圆半径 r_0 作出凸轮的基圆。

2)做反转运动,根据推程角等分基圆

将从动件由起始位置沿 $-\omega$ 方向绕轴 O 转动,把推程转角 100°按 20°一个分点等分,在基圆上获得到等分点 1、2、3、4、5,从而确定推杆在反转运动中占据的各个位置。

3)作基圆等分延长线

分别连接 O 1、O 2、O 3、O 4、O 5 获得基圆等分线,并延长。

4)确定凸轮轮廓点

根据各等分点的推程值 S,直接在等分角线上,由基圆开始向外量取,得点 1′、2′、3′、4′、5′,从而获得从动件的尖顶在反转运动中占据的位置,即凸轮的轮廓点。

5) 绘制轮廓曲线

将起始点 A 及点 1′、2′、3′、4′、5′等连成一光滑曲线,此即为与推程相对应的一段凸轮轮廓曲线。

6)绘制远休止轮廓曲线

以凸轮的轴心 O 为圆心,以凸轮的最大半径为半径,在 100°～160°内绘制一条中心角为 60°的圆弧,此即为凸轮远休止轮廓曲线。

7)绘制回程轮廓曲线

参照步骤 1)～5),在 160°～240°内,作等加速等减速曲线,使从动件回到最低点。

8)作近休止轮廓曲线

在 240°～360°内,作与基圆重合的圆弧,即近休止轮廓曲线。

完成的凸轮轮廓曲线图如图 4-1-19 所示。

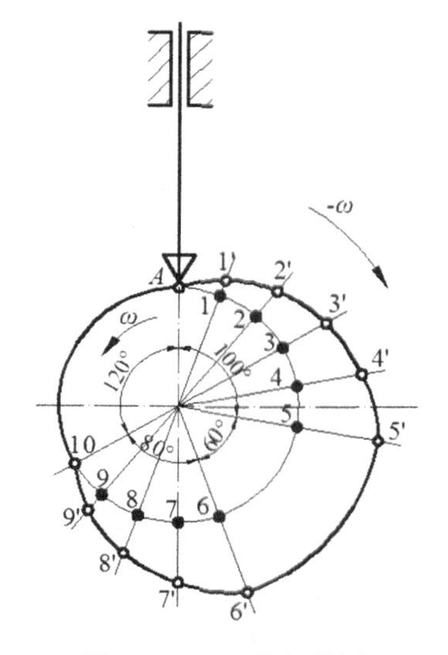

图 4-1-19　凸轮机构图

2. 填写设计任务单

表 4-1-5 设计任务单

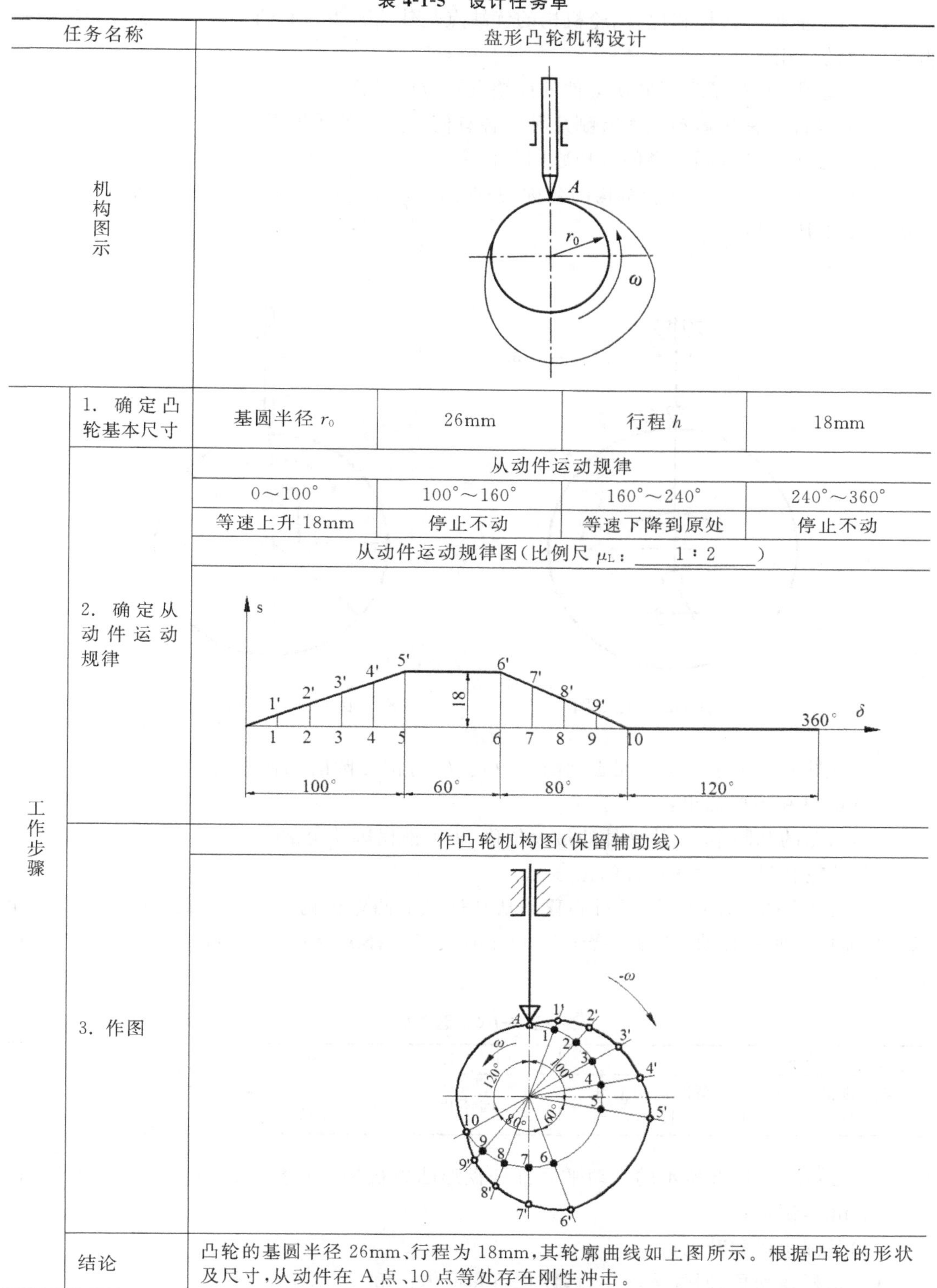

任务名称		盘形凸轮机构设计			
机构图示					
工作步骤	1. 确定凸轮基本尺寸	基圆半径 r_0	26mm	行程 h	18mm
	2. 确定从动件运动规律	从动件运动规律			
		0～100°	100°～160°	160°～240°	240°～360°
		等速上升 18mm	停止不动	等速下降到原处	停止不动
		从动件运动规律图(比例尺 μ_L： 1∶2)			
	3. 作图	作凸轮机构图(保留辅助线)			
	结论	凸轮的基圆半径 26mm、行程为 18mm，其轮廓曲线如上图所示。根据凸轮的形状及尺寸，从动件在 A 点、10 点等处存在刚性冲击。			

【课后巩固】

1. 与平面连杆机构相比，凸轮机构的优缺点是什么？为什么凸轮机构会在自动机械中得到广泛的应用？

2. 比较尖顶、滚子和平底从动件的优缺点及应用场合。

3. 从动件的常用运动规律有哪几种？各有何特点？各适用于何场合？

4. 滚子半径和基圆半径的选择原则是什么？

5. 试写出图 4-1-20 凸轮机构的名称，并在图上作出行程 h，基圆半径 r_0，凸轮转角以及 A、B 两处的压力角。

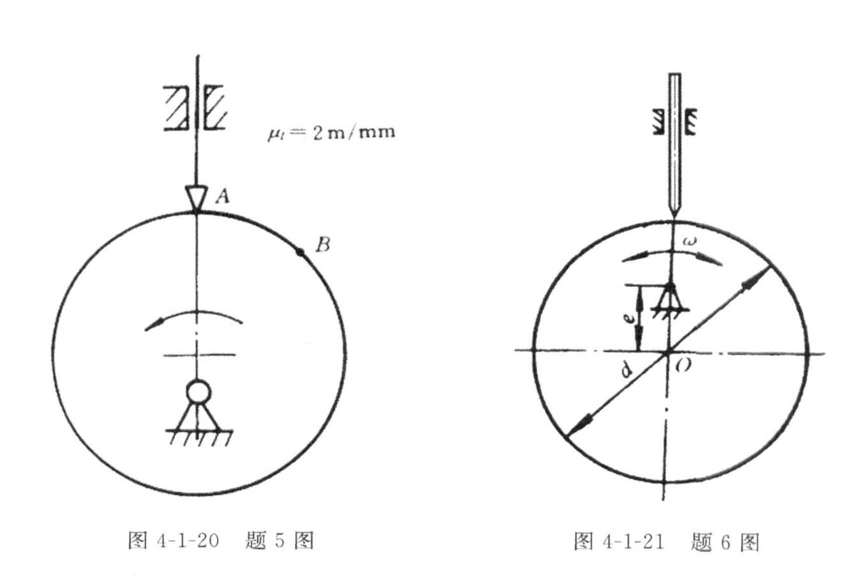

图 4-1-20　题 5 图　　　图 4-1-21　题 6 图

6. 如图 4-1-21 所示是一偏心圆凸轮机构，O 为偏心圆的几何中心，偏心距 $e=15\text{mm}$，$d=60\text{mm}$，试在图中标出：

(1)凸轮的基圆半径、从动件的最大位移 H 和推程运动角 α 的值；

(2)凸轮转过 90°时从动件的位移 s。

7. 试以作图法设计一滚子对心移动从动件盘形凸轮机构的凸轮轮廓曲线。已知凸轮以等角速度顺时针转动，基圆半径 $r_0=30\text{mm}$，滚子半径 $r_r=10\text{mm}$。从动件的运动规律见表 4-1-6。

表 4-1-6　题 7 表

凸轮转角 δ	0～150°	150°～180°	180°～300°	300°～360°
从动件的运动规律	简谐运动上升 16mm	远休止	等加速等减速下降到原处	近休止

8. 已知图 4-1-22 所示的直动平底推杆盘形凸轮机构，凸轮为 $R=30\text{mm}$ 的偏心圆盘，$\overline{AO}=20\text{mm}$，试求：

(1)基圆半径和升程；

(2)推程运动角、回程运动角、远休止角和近休止角；

(3)凸轮机构的最大压力角和最小压力角。

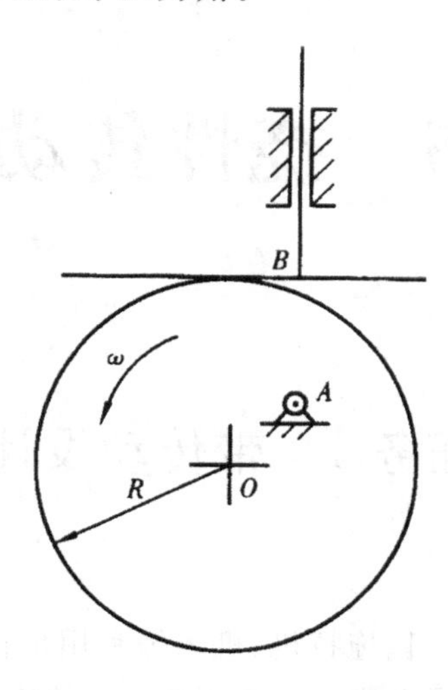

图 4-1-22　题 8 图

项目 5 挠性传动设计

任务 1 带传动设计

【任务导读】

在实际生活中，缝纫机、洗衣机、拖拉机、机床等利用带传动的例子有许多，V 带传动独有的缓冲吸振、过载打滑的特点是获得广泛应用的主要原因。通过本任务的学习，使学生熟悉带传动的类型、特点及工作原理，能 V 带传动的工作情况进行分析，掌握 V 带传动的设计准则和设计计算方法。

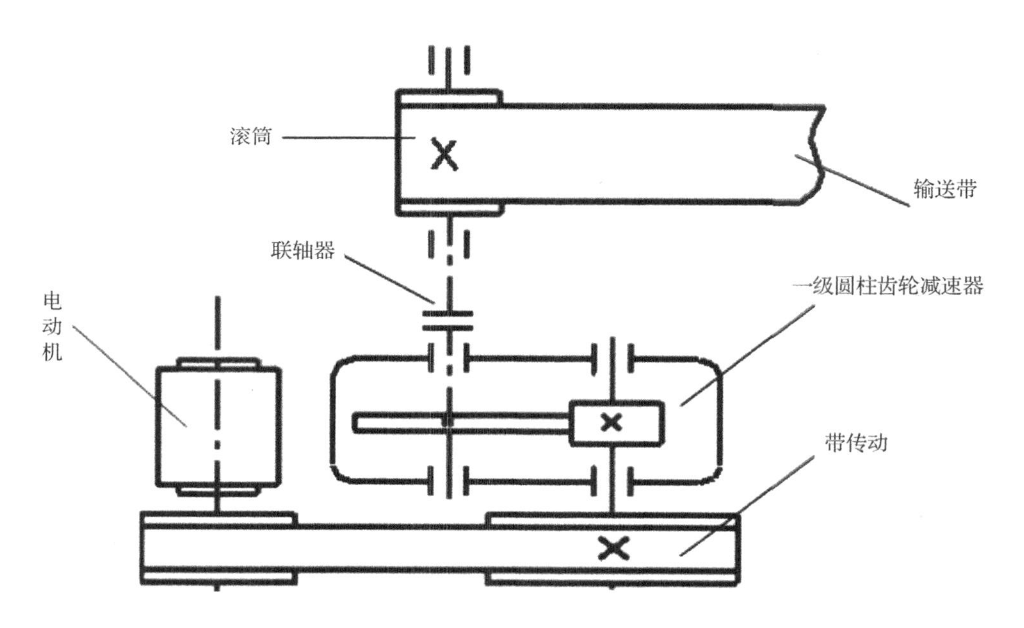

图 5-1-1 带式运输机的 V 带传动设计

【教学目标】

最终目标：能查阅设计手册进行一般机电产品内 V 带传动的设计

促成目标：1. 了解带传动的类型、特点和应用；

2. 了解 V 带的型号及选用、带轮的结构；

3. 熟悉带传动的张紧装置及安装维护；

4. 能进行带传动的受力分析；

5. 能理解带传动的设计准则。

【工作任务】

任务描述：设计一带式运输机的V带传动。原动机为Y112M-4异步电动机，其额定功率$P=5.5\text{kW}$，满载转速$n_1=960\text{r/min}$，传动比$i=2.8$，载荷平稳，变动较小，要求中心距$a\leqslant 1000\text{mm}$，设计寿命5年，一班制工作。

任务具体要求：(1)选择V带型号，确定小带轮基准直径d_{d1}，验算带速，确定大带轮基准直径d_{d2}，确定中心距a及带长L_d，计算带的根数z，计算作用在轴上的载荷F_Q，验算小轮包角α_1，确定带的结构；(2)填写设计任务单。

表5-1-1 设计任务单

<table>
<tr><td>任务名称</td><td colspan="6">带式运输机的V带传动设计</td></tr>
<tr><td>工作原理</td><td colspan="6">滚筒
输送带
联轴器
一级圆柱齿轮减速器
电动机
带传动</td></tr>
<tr><td rowspan="3">技术要求与条件</td><td rowspan="2">设计参数</td><td>电机型号</td><td>电机额定功率 kW</td><td>输入转速 r/min</td><td>输出转速 r/min</td><td>中心距 mm</td></tr>
<tr><td></td><td></td><td></td><td></td><td></td></tr>
<tr><td>其他条件与要求</td><td></td><td></td><td></td><td></td><td></td></tr>
<tr><td>计算项目</td><td colspan="5">计算与说明</td><td>计算结果</td></tr>
</table>

续表

任务名称		带式运输机的V带传动设计	
工作步骤	1. 确定计算功率 P_C		
	2. 选择带型号		
	3. 选择带轮的基准直径 d_{d1}和 d_{d2}		
	4. 验算带速 v		
	5. 确定中心距 a 和带的基准长度 L_d		
	6. 验算小带轮包角 α_1		
	7. 确定带的根 z		
	8. 确定单根V带的初拉力 F_0		
	9. 计算带对轴的压力 F_Q		
	10. 确定带轮结构,绘制工作图		

【知识储备】

5.1.1 挠性传动

挠性传动是一种常见的机械传动,通常由两个或多个传动轮和中间环形挠性件组成,通过挠性件在传动轮之间传递运动和动力。

根据挠性件的类型,挠性传动主要有带传动(图5-1-2(a)、(b))和链传动(图5-1-2(c)),其传动轮分别为带轮和链轮,挠性件分别为传递带和传递链。带传动是通过传动带把主动轴的运动和动力传给从动轴的一种机械传动方式。而链传动则通过链条与链轮轮齿的相互啮合来传动运动和动力。

按工作原理来分,挠性传动又分为摩擦型传动和啮合型传动。对于摩擦型传动,工作前挠性件即以一定的张紧力张紧在传动轮上,工作时靠挠性件与传动轮接触的摩擦力传递运动和动力;啮合型传动靠特殊形状的挠性件与传动轮轮齿相互啮合传动。在带传动和链传动中,带传动有摩擦型带传动(图5-1-2(a))和啮合型带传动(图5-1-2(b)),链传动属于啮合型传动(图5-1-2(c))。

带传动与链传动适用于两轴中心距较大的场合,在实际中应用非常广泛。

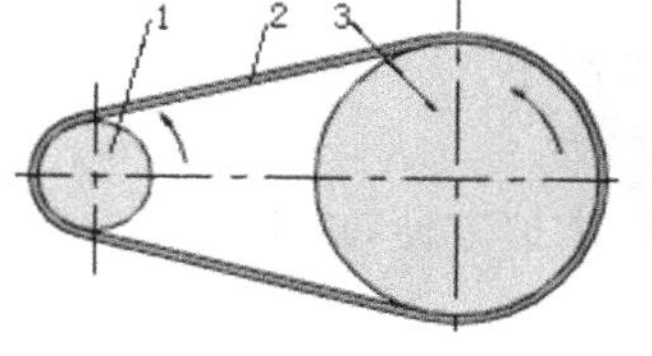

(a) 摩擦型带传动

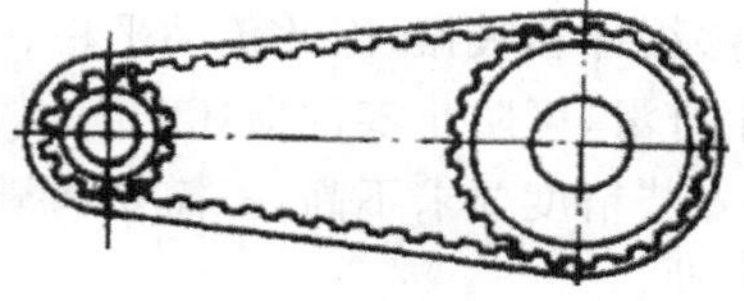

(b) 啮合型带传动

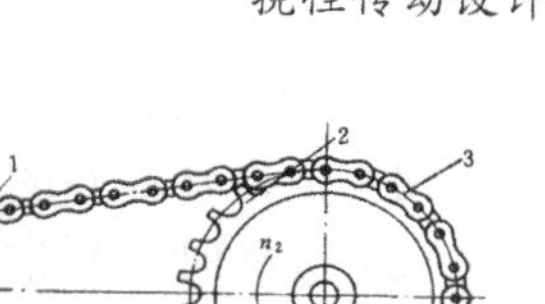

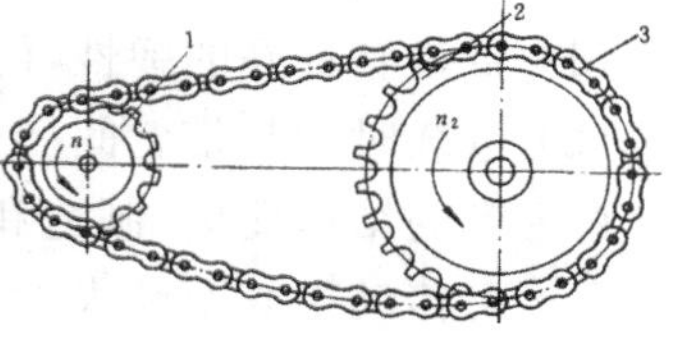

(c) 链传动

图 5-1-2　挠性传动

5.1.2　带传动概述

5.1.2.1　带传动的主要类型

带传动通常是由主动轮 1、从动轮 3 和张紧在两轮上的环形带 2 所组成，如图 5-1-2 所示。

1. 按传动原理分类

(1)摩擦带传动：靠传动带与带轮之间的摩擦力实现传动，如 V 带传动、平带传动等。

(2)啮合带传动：靠带内侧凸齿与带轮外缘上的齿槽相啮合实现传动，如同步带传动。

2. 按用途分类

(1)传动带：传递动力用。

(2)输送带：输送物品用。

3. 按传动带的截面形状分类

(1)平带：平带的截面形状为矩形，内表面为工作面。常用的平带有胶带、编织带和强力锦纶带等. 如图 5-1-3(a)所示。

(2)V 带：V 带的截面形状为梯形，两侧面为工作表面，如图 5-1-3(b)所示。

(3)多楔带：它是在平带基体上由多根 V 带组成的传动带。多楔带结构紧凑，可传递很大的功率，如图 5-1-3(c)所示。

(4)圆形带：横截面为圆形，只用于小功率传动，如图 5-1-3(d)所示。

(5)同步带：纵截面为齿形，如图 5-1-3(e)所示。

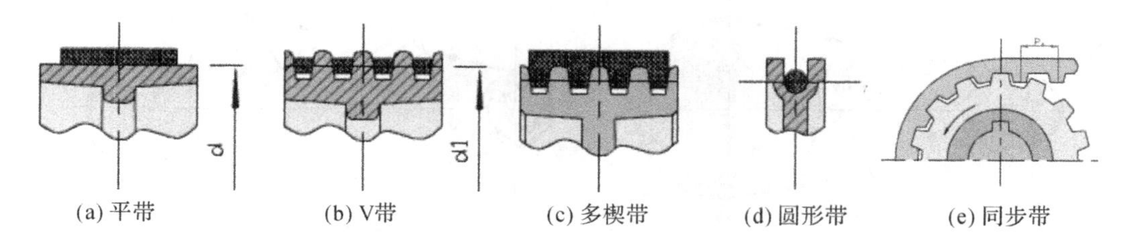

(a) 平带　(b) V带　(c) 多楔带　(d) 圆形带　(e) 同步带

图 5-1-3　带的截面形状

5.1.3　带传动的特点和应用

带传动多用于高速级传动。高速带传动可达 60～100m/s；平带传动的传动比 $i \leqslant 5$(常用 $i \leqslant 3$)，V 带传动 $i \leqslant 7$(常用 $i \leqslant 5$)，若使用张紧轮，则传动比都可达 $i \leqslant 10$。

带传动具有以下优点：

(1) 带具有良好的弹性，能够缓冲和吸振，因此传动平稳、噪声小；

(2) 过载时带与带轮间产生打滑，可防止零件损坏；

(3) 带的结构简单，制造和安装精度要求不高，不需要润滑，维护方便，成本低；

(4) 可传动中心距较大的传动。

带传动具有以下缺点：

(1) 带在工作时会产生弹性滑动，传动比不准确；

(2) 传动装置外形尺寸较大，传动效率低(约为 92～97%)；

(3) 传递同样的圆周力时，外轮廓尺寸和轴上的压力都较大；

(4) 带的使用寿命较短，在高温、易燃及有油和水的场合不能使用。

带传动一般在以下场合使用：

(1) 多用于传递功率不大(50-100kW)，速度适中(5～25m/s)，传动比不大(通常 $i \leqslant 5$)、传动比要求不严格，且中心距较大的场合；

(2) 不宜用于高温、易燃及有油和水的场合。

(3) 在多级传动系统中，通常用作于高速级传动(直接与原动机相连)，从而直到过载保护作用，同时可减小其结构尺寸和重量。

5.1.4 带传动工作情况分析

1. 带传递的力

带呈环形，以一定的张紧力 F_0 套在带轮上，使带和带轮相互压紧。静止时，带两边的拉力相等，均为 F_0(图 5-1-4(a))；传动时，由于带与轮面间摩擦力的作用，带两边的拉力不再相等(图 5-1-4(b))。绕进主动轮的一边，拉力由 F_0 增加到 F_1，称为紧边拉力；而另一边带的拉力由 F_0 减为 F_2，称为松边拉力。两边拉力之差 $F_e = F_1 - F_2$ 即为带的有效拉力，它等于沿带轮的接触弧上摩擦力的总和。在一定条件下，摩擦力有一极限值，如果工作阻力超过极限值，带就在轮面上打滑，传动不能正常工作。

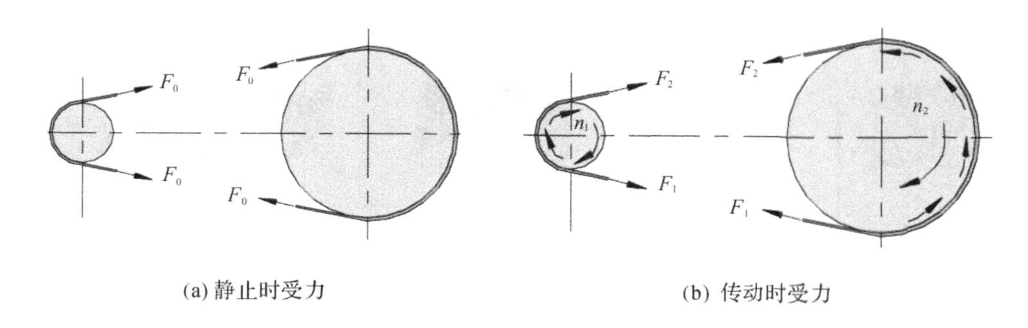

图 5-1-4 带的受力分析

设带传动传递的功率为 P(kW)、带速为 v(m/s)，则有效拉力 F_e(N)为：

$$F_e = F_1 - F_2 = 1000P/v \tag{5-1-1}$$

由式(5-1-1)可知，在传动能力范围内，F_e 的大小和传递的功率 P 及带的速度 v 有关。当传递功率增大时，带的有效拉力即带两边拉力差值也要相应增大。

如果近似的认为工作前后胶带总长不变，则带的紧边拉力增量应等于松边拉力的减少量，即 $F_1-F_0=F_0-F_2$，即：

$$F_1+F_2=2F_0 \tag{5-1-2}$$

由式(5-1-1)、(5-1-2)得：

$$\begin{cases}F_1=F_0+F_e/2\\ F_2=F_0-\dfrac{F_e}{2}\end{cases} \tag{5-1-3}$$

【例 1】 已知 V 带实际传递功率 $P=10\text{kW}$，带速 $v=10\text{m/s}$，紧边拉力是松边拉力的 2 倍，求有效拉力 F_e 及紧边拉力 F_1。

解 (1)计算有效拉力 F_e

$$F_e=1000P/v=1000\times10/10=1000(\text{N})$$

(2)计算紧边拉力 F_1

根据 $F_e=F_1-F_2$，且已知 $F_1=2F_2$，得：$F_e=F_2$

所以，$F_1=2\times1000=2000(\text{N})$

2. 带传动中带的应力分析

带在工作过程中主要承受拉应力、离心应力和弯曲应力三种应力。拉应力由带的拉力所产生；弯曲应力是带绕过带轮时，因弯曲变形而产生的应力，它与带轮的直径有关，带在小带轮上的弯曲应力与在大带轮上的大；离心应力是当带随带轮轮缘作圆周运动时，因离心力而引起存在于全部带长的各截面上的应力。

传动带各截面上的应力随着运动位置作周期性变化，各截面应力的大小可以用自该处引出的径向线的长短来表示，如图 5-1-5 所示。由图可知，在运转过程中，带经受变应力。三种应力迭加后，最大应力发生在紧边绕入小带轮处，其值为：

$$\sigma_{max}=\sigma_1+\sigma_{b1}+\sigma_c\leqslant[\sigma] \tag{5-1-4}$$

式中：$\sigma_1=F_1/A$ 为紧边拉应力(MPa)，A 为带的横截面积(mm^2)；$\sigma_{b1}=Eh/d_d$ 为带绕过小带轮时发生弯曲而产生的弯曲应力，E 为带的弹性模量(MPa)，h 为带的高度(mm)，d_d 为带轮的基准直径(mm)；$\sigma_C=qv^2/A$ 为带绕带轮作圆周运动产生的离心应力，q 为每米长带的质量(kg/m)，见表(5-1-2)。

在带的高度 h 一定的情况下，基准直径 d_d 越小带的弯曲应力就越大，为防止过大的弯曲应力，对各种型号的 V 带都规定了最小带轮直径 d_{min}，关于带轮的基准直径 d_d 和最小直径 d_{min} 见表 5-1-9。

3. 带的弹性滑动和打滑

由于带传动存在紧边和松边，在紧边时带被弹性拉长，到松边时又产生收缩，引起带在轮上发生微小局部滑动，这种现象称为弹性滑动。弹性滑动造成带的线速度略低于带轮的圆周速度，导致从动轮的圆周速度低于主动轮的圆周速度，其速度降低率用相对滑动率 ε 表示。由此可得，带传动的实际传动比为：

$$i=\frac{n_1}{n_2}=\frac{d_{d2}}{d_{d1}(1-\varepsilon)} \tag{5-1-5}$$

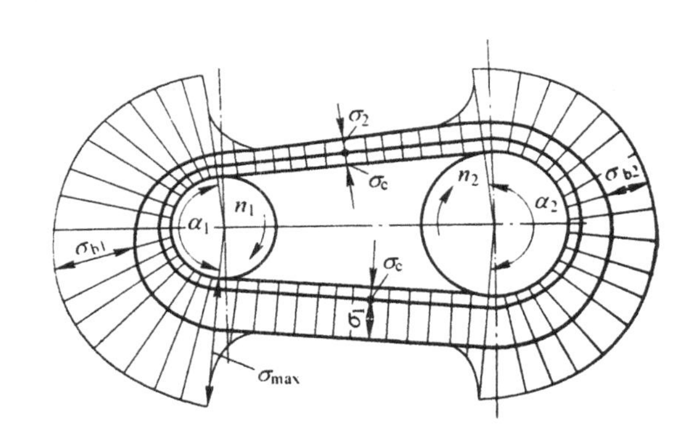

图 5-1-5　V 带传动应力分布图

考虑到带传动的相对滑动率很小，为 $\varepsilon=0.01\sim0.02$，故在一般计算中可不考虑，此时传动比计算公式可简化为：

$$i=\frac{n_1}{n_2}=\frac{d_{d2}}{d_{d1}} \tag{5-1-6}$$

弹性滑动将引起下列后果：1）从动轮的圆周速度低于主动轮；2）降低传动效率；3）引起带的磨损；4）发热使带温度升高。在带传动中，由于摩擦力使带的两边发生不同程度的拉伸变形，摩擦力是这类传动所必须的，所以弹性滑动也是不可避免的。

弹性滑动和打滑是两个截然不同的概念。打滑是指过载引起的全面滑动，是可以避免的。而弹性滑动是由于拉力差引起的，只要传递圆周力，就必然会发生弹性滑动，所以弹性滑动是不可以避免的。打滑将造成带的严重磨损，带的运动处于不稳定状态，致使传动失效。在传动突然超载时，打滑可以起到过载保护作用，避免其他零件发生损坏。

【例 2】　带式运输机中，已知电动机的转速 $n_1=1440r/\mathrm{min}$，两带轮间的传动比 $i=3.5$，求大带轮的转速 n_2。

解　$i=\frac{n_1}{n_2}$　　$n_2=\frac{n_1}{i}=\frac{1440}{3.5}=411.4\ r/\mathrm{min}$

5.1.5　普通 V 带和 V 带轮

1. V 带和带轮结构标准

V 带有普通 V 带、窄 V 带、宽 V 带、汽车 V 带、大楔角 V 带等。其中以普通 V 带和窄 V 带应用较广，在本任务中主要讨论普通 V 带传动。

标准普通 V 带都制成无接头的环形，根据抗拉体结构，分为帘布芯 v 带和绳芯 v 带两类。这两类结构的 V 带都由顶胶、抗拉体（承载层）、底胶和包布组成，如图 5-1-6 所示。抗拉体由帘布或线绳组成，是承受负载拉力的主体。其上下的顶胶和底胶分别承受弯曲时的拉伸和压缩变形。线绳结构普通 V 带具有柔韧性好的特点，适用于带轮直径较小，转速较高的场合。

窄 V 带采用合成纤维绳或钢丝绳作承载层，与普通 V 带相比，当高度相同时，其宽度比普通 V 带小约 30%。窄 V 带传递功率的能力比普通 V 带大，允许速度和挠曲次数高，传动

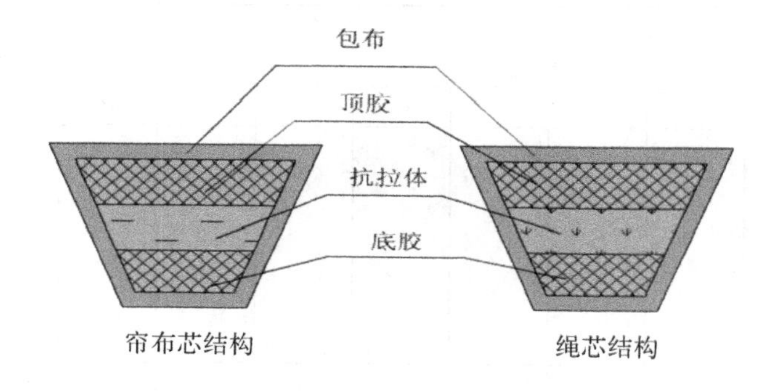

图 5-1-6　V 带内部结构

中心距小，适用于大功率且结构要求紧凑的传动。

我国国家标准 GB/T11545-1997 按 V 带截面尺寸规定了普通 V 带有 Y、Z、A、B、C、D、E 七种型号，窄 V 带有 SPZ、SPA、SPB、SPC 四种型号。各种型号带的截面尺寸见表 5-1-2。

表 5-1-2　V 带截面尺寸（摘自 GB/T11544-97）

带型		基本尺寸					
普通V带	窄V带	节宽 b_p	顶宽 b	高度 h	截面面积 A/mm^2	质量 q (kg/m)	楔角 θ
Y	—	5.3	6	4	18	0.03	
Z	SPZ	8.5	10	6　8	47　57	0.06　0.07	
A	SPA	11	13	8　10	81　94	0.10　0.12	
B	SPB	14	17	10.5　14	138　167	0.17　0.20	40°
C	SPC	19	22	13.5　18	230　278	0.30　0.37	
D	—	27	32	19	476	0.62	
E	—	32	38	23.5	692	0.90	

V 带绕在带轮上产生弯曲，外层受拉伸变长，内层受压缩变短，两层之间存在一长度不变的中性层。中性层面称为节面，节面的宽度称为节宽 b_p（表 5-1-2）。普通 V 带的截面高度 h 与其节宽 b_p 的比值已标准化(为 0.7)。

当 V 带受弯曲时，带的顶胶层将伸长，而底胶层将缩短，只有在两层之间的抗拉体内节线处带长保持不变，因此沿节线量得的带长即为 V 带的基准长度 L_d，并规定为标准长度，见表 5-1-3。在带传动的几何计算中，应把基准长度 L_d 作为 V 带的计算长度。各种型号普通 V 带的基准长度 L_d 见表 5-1-3。

表 5-1-3 带的基准长度及带长修正系数 K_L（摘自 GB/T13575.1-92）

基准长度 L_d(mm)	K_L										
	普通V带							窄V带			
	Y	Z	A	B	C	D	E	SPZ	SPA	SPB	SPC
200	0.81										
224	0.82										
250	0.84										
280	0.87										
303	0.89										
355	0.92										
400	0.96	0.87									
450	1.00	0.89									
500	1.02	0.91									
560		0.94									
630		0.96	0.81					0.82			
710		0.99	0.82					0.84			
800		1.00	0.85					0.86	0.81		
900		1.03	0.87	0.81				0.88	0.83		
1000		1.06	0.89	0.84				0.9	0.85		
1120		1.08	0.91	0.86				0.93	0.87		
1250		1.11	0.93	0.88				0.94	0.89	0.82	
1400		1.14	0.96	0.9				0.96	0.91	0.84	
1600		1.16	0.99	0.93	0.84			1.00	0.93	0.86	
1800		1.18	1.01	0.95	0.85			1.01	0.95	0.88	
2000			1.03	0.98	0.88			1.02	0.96	0.9	0.81
2240			1.06	1.00	0.91			1.05	0.98	0.92	0.83
2500			1.09	1.03	0.93			1.07	1.00	0.94	0.86
2800			1.11	1.05	0.95	0.83		1.09	1.02	0.96	0.88
3150			1.13	1.07	0.97	0.86		1.11	1.04	0.98	0.9
3550			1.17	1.1	0.98	0.89		1.13	1.06	1.00	0.92
4000			1.9	1.13	1.02	0.91			1.08	1.02	0.94
4500				1.15	1.04	0.93	0.9		1.09	1.04	0.96
5000				1.18	1.07	0.96	0.92			1.06	0.98
5600					1.09	0.98	0.95			1.08	1.00

带轮的结构设计主要是根据带轮的基准直径选择结构形式，并根据带的型号及根数确定轮缘宽度，根据带的型号确定带轮轮槽尺寸（表 5-1-4）。

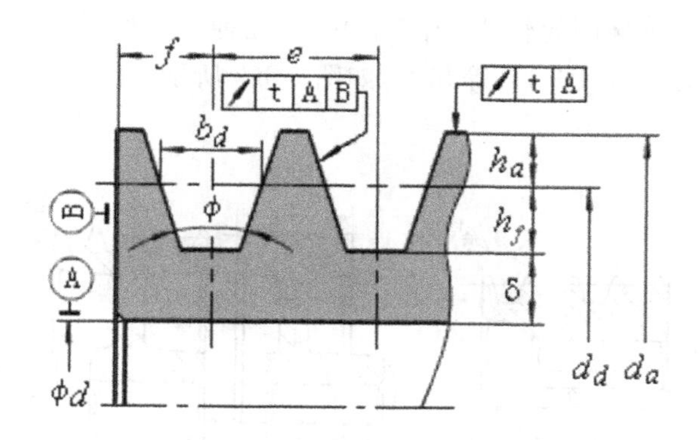

图 5-1-7　V带轮的轮槽尺寸

表 5-1-4　V带轮的轮槽尺寸

项　目		符号	槽　型						
			Y	Z SPZ	A SPA	B SPB	C SPC	D	F
节宽		b_d	5.3	8.5	11.0	14.0	19.0	27.0	32.0
基准线上槽深		$h_{a\min}$	1.6	2.0	2.75	3.5	4.8	8.1	9.6
基准线下槽深		$h_{f\min}$	4.7	7.0 9.0	8.7 11	10.8 14	14.3 19	19.9	23.4
槽间距		e	8±0.3	12±0.3	15±0.3	19±0.4	25.5±0.5	37±0.6	44.5±0.7
第一槽对称面至端面的距离		f	7±1	8±1	10^{+2}_{-1}	12.5^{+2}_{-1}	17^{+2}_{-1}	23^{+3}_{-1}	29^{+4}_{-1}
最小轮缘厚		$\delta_{\min}$	5	5.5	6	7.5	10	12	15
带轮宽		B	$B=(z-1)e+2f$　z-轮槽数						
外　径		d_a	$d_a=d_d+2h_a$						
轮槽角	32°	相应的基准直径 d_d	≤60	—	—	—	—	—	—
	34°		—	≤80	≤118	≤190	≤315	—	—
	36°		>60	—	—	—	—	≤475	≤600
	38°		—	>80	>118	>190	>315	>475	>600
	极限偏差		±1°				±30′		

2. V带带轮的结构设计及材料选择

带轮由轮缘、腹板(轮辐)和轮毂三部分组成。轮缘是带轮的工作部分,制有梯形轮槽。轮毂是带轮与轴的联接部分,轮缘与轮毂则用轮辐(腹板)联接成一整体,如图 5-1-8 所示。

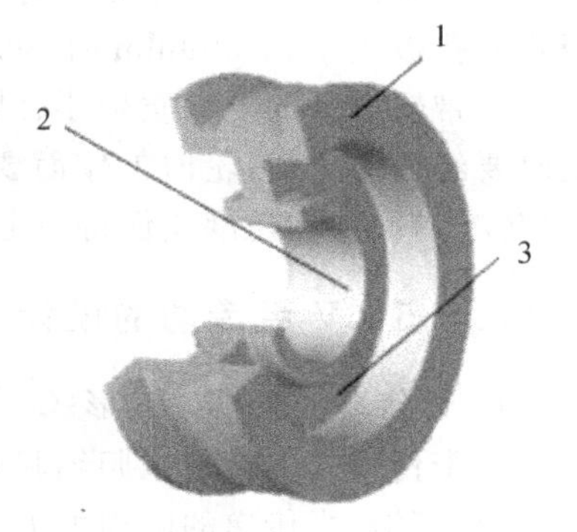

1-轮缘;2-轮毂;3-腹板

图 5-1-8　带轮结构

带轮的材料主要采用铸铁,常用材料的牌号为HT150或HT200;转速较高时宜采用铸钢(或用钢板冲压后焊接而成);小功率时可用铸铝或塑料。铸造V带轮按腹板(轮辐)结构的不同有S型——实心式(图 5-1-9(a))、P型——腹板式(图 5-1-9(b))、H型——孔板式

(图 5-1-9(c))和 E 型——椭圆轮辐式(图 5-1-9(d))几种。每种形式还根据轮毂相对于腹板(轮辐)位置的不同分为 I、II、III、IV 等几种,如图 5-1-9 所示。

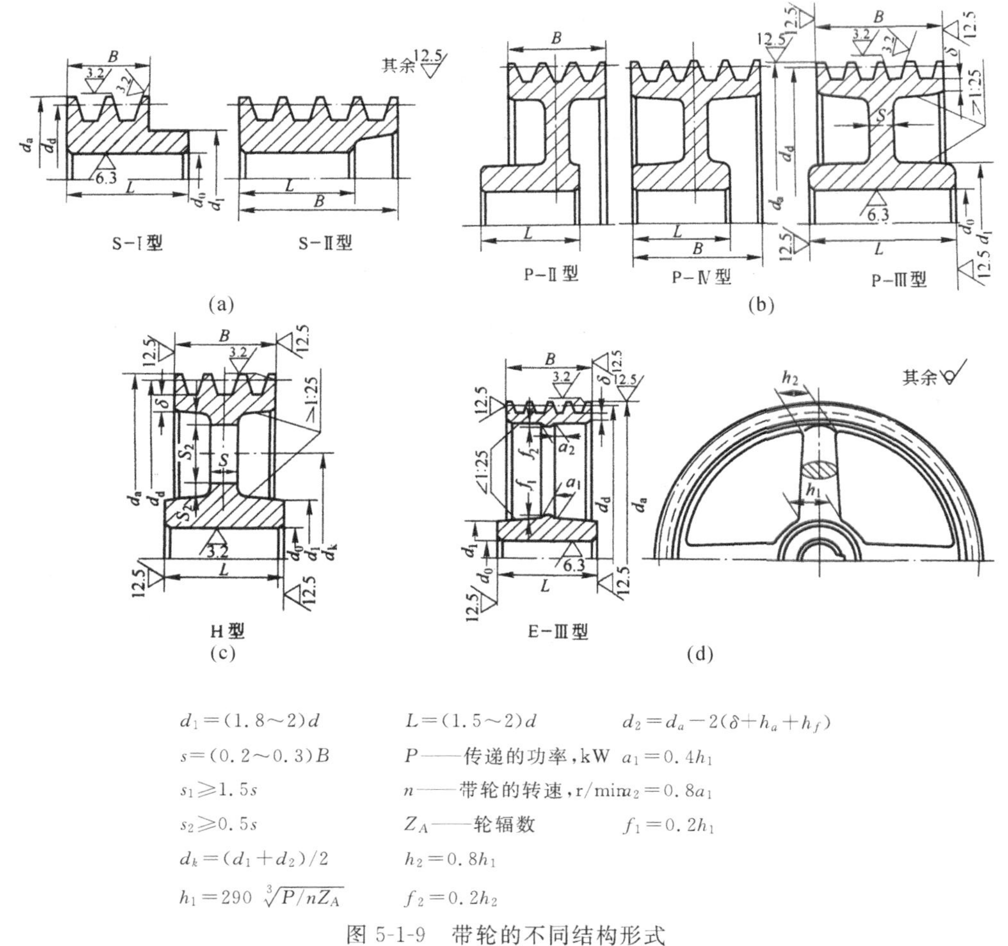

图 5-1-9　带轮的不同结构形式

基准直径 $d_d\leqslant(2.5\sim3)$d 时(d 为轮轴直径),可采用实心式;$d_d\leqslant300$mm 时,可采用腹板式或孔板式;$d_d>300$mm 时,可采用轮辐式。

V 带轮设计的要求质量小、结构工艺性好、无过大的铸造内应力;质量分布均匀,转速高时要经过动平衡;轮槽工作面要精细加工(表面粗糙度一般应为 $R_a3.2$),以减小带的磨损;各槽的尺寸和角度应保持一定的精度,以使载荷分布较为均匀。

5.1.5　V 带传动的设计

1. 带传动的主要失效形式

V 带传动的失效形式归纳起来主要有两种:

(1)打滑:当传递的圆周力 F 超过了带与带轮之间摩擦力的总和的极限时,将发生过载打滑,使传动失效。

(2)疲劳破坏:带在变应力的长期作用下,会因疲劳而发生裂纹、脱层、松散,直至断裂。

2. 设计准则和单根 V 带的额定功率

(1)设计准则

带的打滑和带的疲劳破坏是带传动的主要失效形式。因此,带传动的设计准则是:在保证带传动在工作时不打滑的条件下,最大限度地发挥带传动的工作能力,并具有一定的疲劳强度和寿命,且带速 v 不能过高或过低.

(2)单根 V 带的额定功率

当传动比 $i=1$ 即包角 $\alpha=180^{0}$、特定带长、工作平稳的条件下,单根普通 V 带的基本额定功率 P_0 见表 5-1-5。

表 5-1-5 单根普通 V 带的额定功率值 P_0 (单位:kW)

型号	小带轮基准直径 d_{d1}/mm	小带轮基小带轮转速 n_1/r·min^{-1}										
		200	400	600	700	800	950	1200	1450	1600	1800	2000
Y	28	—	—	—	—	0.03	0.04	0.04	0.05	0.05	—	0.06
	31.5	—	—	—	0.03	0.04	0.04	0.05	0.06	0.06	—	0.07
	35.5	—	—	—	0.04	0.05	0.05	0.06	0.06	0.07	—	0.08
	40	—	—	—	0.04	0.05	0.06	0.07	0.08	0.09	—	0.12
	45	—	0.04	—	0.05	0.06	0.07	0.08	0.09	0.11	—	0.12
	50	—	0.05	—	0.06	0.07	0.08	0.09	0.11	0.12	—	0.14
	20	—	—	—	—	—	0.01	0.02	0.02	0.03	—	0.03
	25	—	—	—	—	0.03	0.03	0.03	0.04	0.05	—	0.05
Z	50	—	0.06	—	0.09	0.10	0.12	0.14	0.16	0.17	—	0.20
	56	—	0.06	—	0.11	0.12	0.14	0.17	0.19	0.20	—	0.25
	63	—	0.08	—	0.13	0.15	0.18	0.22	0.25	0.27	—	0.32
	71	—	0.09	—	0.17	0.20	0.23	0.27	0.30	0.33	—	0.39
	80	—	0.14	—	0.20	0.22	0.26	0.30	0.35	0.39	—	0.44
	90	—	0.14	—	0.22	0.24	0.28	0.33	0.36	0.40	—	0.48
A	80	—	0.31	—	0.47	0.52	0.61	0.71	0.81	0.87	—	0.94
	90	—	0.39	—	0.61	0.68	0.77	0.93	1.07	1.15	—	1.34
	100	—	0.47	—	0.74	0.83	0.95	1.14	1.32	1.42	—	1.66
	112	—	0.56	—	0.90	1.00	1.15	1.39	1.61	1.74	—	2.04
	125	—	0.67	—	1.07	1.19	1.37	1.66	1.92	2.07	—	2.44
	140	—	0.78	—	1.26	1.41	10.62	1.96	2.28	2.45	—	2.87
	160	—	0.94	—	1.51	1.69	1.95	2.36	2.73	2.94	—	3.42
	180	—	1.09	—	1.76	1.97	2.27	2.74	3.16	3.40	—	3.93

型号	小带轮基准直径 d_{d1}/mm	小带轮基小带轮转速 n_1/r·min^{-1}										
		200	400	600	700	800	950	1200	1450	1600	1800	2000
B	125	—	0.84	—	—	1.44	1.64	1.93	2.19	2.33	2.50	2.64
	140	—	1.05	—	—	1.82	2.08	2.47	2.82	3.00	3.23	3.42
	160	—	1.32	—	—	2.32	266	3.17	3.62	3.86	4.15	4.40
	180	—	1.59	—	—	2.81	3.22	3.85	4.39	4.68	5.02	5.30
	200	—	1.85	—	—	3.30	3.77	4.50	5.13	5.46	5.83	6.13
	224	—	2.17	—	—	3.86	4.42	5.26	5.97	6.33	6.73	7.02
	250	—	2.50	—	—	4.46	5.10	6.04	6.82	7.20	7.63	7.87
	280	—	2.89	—	—	5.13	5.85	6.90	7.76	8.13	8.46	8.63
C	200	—	—	3.30	—	4.07	4.58	5.29	5.84	6.07	6.28	6.34
	224	—	—	4.12	—	5.12	5.78	6.71	7.45	7.75	8.00	8.06
	250	—	—	5.00	—	6.2	7.04	8.21	9.04	9.38	9.63	9.62
	280	—	—	6.00	—	7.52	8.49	9.81	10.72	11.06	11.22	11.04
	315	—	—	7.14	—	8.92	10.05	11.53	12.46	12.72	12.67	12.14
	355	—	—	8.45	—	10.46	11.73	13.31	14.12	14.19	13.73	12.59
	400	—	—	9.82	—	12.10	13.48	15.04	15.53	15.24	14.08	11.95
	450	—	—	11.29	—	13.80	15.23	16.59	16.47	15.57	13.29	9.64
D	355	5.31	—	—	13.70	—	16.15	17.25	16.77	15.63	—	—
	400	6.52	—	—	17.07	—	20.06	21.20	20.15	18.31	—	—
	450	7.90	—	—	20.63	—	24.01	24.84	22.62	19.59	—	—
	500	9.21	—	—	23.99	—	27.50	26.71	23.59	18.88	—	—
	560	10.76	—	—	27.73	—	31.04	29.67	22.58	15.13	—	—
	630	12.54	—	—	31.68	—	34.19	30.15	18.06	6.25	—	—
	710	14.55	—	—	35.59	—	36.35	27.88	7.99	—	—	—
	800	16.76	—	—	39.14	—	36.76	21.32	—	—	—	—

当传动比 $i \neq 1$ 时，两轮直径不相等，带绕过大带轮的弯曲应力较小，故V带的额定功率还可再附加一个增量 ΔP_0，增量 ΔP_0 见表5-1-6。

表5-1-6　单根普通V带额定功率的增量 ΔP_0　(单位：kW)

型号	传动比 i	小带轮转速 n_1/r·min^{-1}								
		200	400	700	800	1200	1450	1600	2000	
Z	1.09～1.12	0.00	0.00	0.00	0.00	0.00	0.00	—	0.00	0.00
	1.13～1.18	0.00	0.00	0.00	0.00	0.01	0.00	0.00	0.00	0.00
	1.19～1.24	0.00	0.00	0.00	0.00	0.00	0.00	0.00	0.00	0.00
	1.25～1.34	0.00	0.00	0.00	0.00	0.00	0.00	0.00	0.02	0.00
	1.35～1.50	0.00	0.00	0.01	0.01	0.01	0.02	0.03	0.02	0.03
	≥2	0.00	0.01	0.01	0.02	0.02	0.03	0.03	0.03	0.04

续表

型号	传动比 i	小带轮转速 $n_1/\text{r}\cdot\text{min}^{-1}$								
		200	400	700	800	1200	1450	1600	2000	
A	1.09～1.12	0.00	0.00	0.00	0.00	0.00	0.00	0.00	0.00	0.00
	1.13～1.18	0.01	0.02	0.04	0.04	0.05	0.07	0.08	0.09	0.11
	1.19～1.24	0.01	0.03	0.05	0.05	0.06	0.08	0.09	0.11	0.13
	1.25～1.34	0.02	0.04	0.06	0.06	0.07	0.10	0.11	0.13	0.16
	1.35～1.51	0.02	0.04	0,07	0.07	0.08	0.11	0.13	0.15	0.19
	≥2	0.03	0.05	0.09	0.09	0.11	0.15	0,17	0.19	0.24
B	1.09～1.12	0.02	0.04	0.07	0.08	0.10	0.13	0.15	0.17	0.21
	1.13～1.18	0.03	0.06	0.10	0.11	0.13	0.17	0.20	0.23	0.28
	1.19～1.24	0.04	0.07	0.12	0.14	0.17	0.21	0.25	0.28	0.35
	1.25～1.34	0.04	0.08	0.15	0.17	0.20	0.25	0.31	0.34	0.42
	1.35～1.51	0.05	0.10	0.17	0.20	0.23	0.30	0.36	0.39	0.49
	≥2	0.06	0.13	0.20	0.25	0.30	0.38	0.46	0.51	0.63
C	1.09～1.12	0.06	0.12	0.21	0.23	0.27	0.35	0.42	0.47	0.59
	1.13～1.18	0.08	0.16	0.27	0.31	0.37	0.47	0.58	0.63	0.78
	1.19～1.24	0.10	0.20	0.34	0.39	0.47	0.59	0.71	0.78	0.98
	1.25～1.34	0.12	0.23	0.41	0.47	0.56	0.70	0.85	0.94	1.17
	1.35～1.51	0.14	0.27	0.48	0.55	0.65	0.82	0.99	1.10	1.37
	≥2	0.18	0.35	0.62	0.71	0.83	1.06	1.27	1.41	1.76

当实际工作条件与确定 P_0 值的特定条件不同时，应对查得的 P_0 值进行修正。修正后得实际工作条件下单根 V 带所能传递的功率 $[P_0]$。

$$[P_0]=(P_0+\Delta P_0)K_\alpha K_L \tag{5-1-7}$$

式中：ΔP_0——功率增量；

K_α——包角系数，见表 5-1-7；

K_L——带长修正系数，见表 5-1-3。

表 5-1-7　包角系数 K_α

小轮包角	180°	175°	170°	165°	160°	155°	150°	145°
K_α	1	0.99	0.98	0.96	0.95	0.93	0.92	0.91
小轮包角	140°	135°	130°	125°	120°	110°	100°	90°
K_α	0.89	0.88	0.86	0.84	0.82	0.78	0.74	0.69

3. V 带传动的设计步骤和方法

普通 V 带传动设计计算时，通常已知传动的用途和工作情况，传递的功率 P，主动轮、从动轮的转速 n_1、n_2（或传动比 i），传动位置要求和外廓尺寸要求，原动机类型等。

设计内容有确定带的型号、长度和根数，带轮的尺寸、结构和材料，传动的中心距，带的初拉力和压轴力，张紧和防护等。

(1)确定计算功率 P_c：计算功率 P_c 是根据所传递的功率 P，并考虑载荷性质和原动机类别、每天运行时间的长短等因素按下式公式确定的：

$$P_c=K_A P \tag{5-1-8}$$

式中：P—传动的名义功率(kW)；

K_A——为工作情况系数，见表 5-1-8。

表 5-1-8　工况系数 K_A

载荷性质	工作机	原动机					
		Ⅰ类			Ⅱ类		
		每天工作小时数/h					
		<10	10～16	>16	<10	10～16	>16
载荷变动很小	液体搅拌机、通风机和鼓风机（≤7.5kW），离心式水泵和压缩机、轻负荷输送机	1.0	1.1	1.2	1.1	1.2	1.3
载荷变动较小	带式输送机（不均匀负荷）、通风机（>7.5kW）、旋转式水泵和压缩机（非离心式）、发电机、金属切削机床、印刷机、旋转筛、锯木机和木工机械	1.1	1.2	1.3	1.2	1.3	1.4
载荷变动较大	制砖机、斗式提升机、往复式水泵和压缩机、起重机、磨粉机、冲剪机床、橡胶机械、振动筛、纺织机械、重载输送机	1.2	1.3	1.4	1.4	1.5	1.6
载荷变动很大	破碎机（旋转式、颚式等）、磨碎机（球磨、棒磨、管磨）	1.3	1.4	1.5	1.5	1.6	1.8

注：① Ⅰ类：普通笼型交流电动机、同步电动机、直流电动机（并激），n≥600r/min 内燃机。

Ⅱ类：交流电动机（双笼型、集电式、单相、大转差率）、直流电动机（复励、串励）、单缸发动机，n<600r/min 内燃机。

②反复启动、正反转频繁、工作条件恶劣等场合，K_A 值应乘以 1.1。

（2）选择 V 带型号：根据计算功率 P_c 和小带轮的转速 n_1，由图 5-1-10 选取带的型号。所选带型可能会影响到传动的结构尺寸，当坐标点（P_c，n_1）处于图中两种型号分界线附近

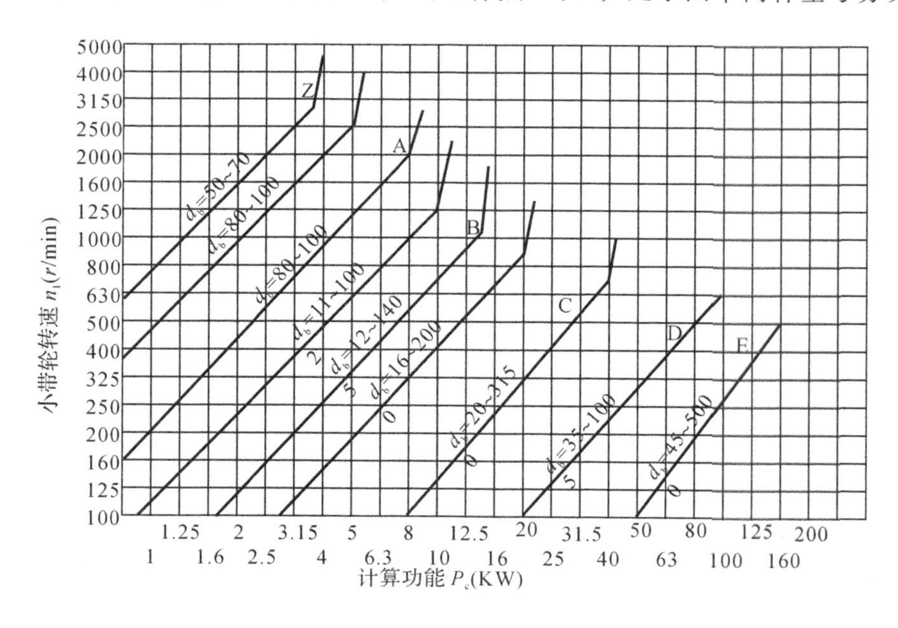

图 5-1-10　普通 V 带选型图

时，可按两种带型分别计算，选择较好的结果。

(3)确定带轮的基准直径 d_d

小带轮基准直径 d_{d1} 的选取：带轮直径越小，则带的弯曲应力越大，易于疲劳破坏。选择较小直径的带轮，传动装置外廓尺寸小，重量轻；而带轮直径增大，则可提高带速，减小带的拉力，从而可能减少 V 带的根数，但这样将增大传动尺寸。设计时可参考表 5-1-9 中给出的带轮直径范围，按标准取值。

大带轮基准直径 d_{d2} 的选取：根据式 5-1-9 计算出大带轮直径，并按标准值选取。一般情况滑动率 ε 为 0.02 左右。

$$d_{d2}=id_{d1}(1-\varepsilon)=\frac{n_1}{n_2}d_{d1}(1-\varepsilon)\ (\mathrm{mm}) \tag{5-1-9}$$

(4)按下式验算 V 带的速度

$$v=\frac{\pi d_{d1}n_1}{60\times1000} \tag{5-1-10}$$

带速太高离心力增大，使带与带轮间的摩擦力减小，容易打滑；带速太低，传递功率一定时所需的有效拉力过大，也会打滑。一般应使

普通 V 带　　$5\mathrm{m/s}<v<25\mathrm{m/s}$

窄 V 带　　$5\mathrm{m/s}<v<35\mathrm{m/s}$

否则重选 d_{d1}。

(5)确定中心距及基准长度 L_d

设计时如无特殊要求，可按下式初步确定中心距 a_0

$$0.7(d_{d1}+d_{d2})\leqslant a_0\leqslant 2(d_{d1}+d_{d2})\ (\mathrm{mm}) \tag{5-1-11}$$

由带传动的几何关系可得带的基准长度计算公式：

$$L_0=2a_0+\frac{\pi}{2}(d_{d1}+d_{d2})+\frac{(d_{d2}-d_{d1})^2}{4a_0} \tag{5-1-12}$$

根据 L_0 的计算结果查表 5-1-3 得相近的 V 带的基准长度 L_d，再按下式近似计算实际中心距：

$$a\approx a_0+\frac{L_d-L_0}{2} \tag{5-1-13}$$

考虑到安装、调整和保持 V 带张紧的需要，允许实际中心距 a 有下列调整范围：

$$a_{\min}=a-0.015L_d$$

$$a_{\max}=a+0.03L_d$$

(6)按下式验算小带轮包角

$$\alpha_1=180^\circ-\frac{d_{d2}-d_{d1}}{a}\times57.3^\circ \tag{5-1-14}$$

一般应使小带轮包角 $\alpha_1\geqslant120^\circ$。$\alpha_1$ 与传动比 i 有关，i 愈大 $(d_{d2}-d_{d1})$ 差值愈大，则 α_1 愈小。所以 V 带传动的传动比一般小于 7，推荐值为 2～5。如果验算不合格，可增大中心距或加装张紧轮。

(7)确定 V 带根数 z

$$z\geqslant\frac{P_c}{[P_0]}=\frac{P_c}{(P_0+\Delta P_0)K_\alpha K_L} \tag{5-1-15}$$

表 5-1-9　V 带轮的基准直径系列(摘自 GB/T 13575.1-92)　　(mm)

基准直径 d_d (c_{11})	带型						
	Y	Z SPZ	A SPA	B SPB	C SPC	D	E
	外径 d_a (h_{11})						
20	23.2						
22.4	25.6						
25	28.2						
28	31.2						
31.5	34.7						
35.5	38.7						
40	43.2						
45	48.2						
50	53.2	*54					
56	59.2	*60					
63	66.2	67					
71	74.2	75					
75		79	*80.5				
80	83.2	84	*85.5				
85			*90.5				
90	93.2	94	95.5				
95			100.5				
100	103.2	104	105.5				
106			111.5				
112	115.2	116	117.5				
118			123.5				
125	128.2	129	130.5	*132			
132		136	137.5	*139			
140		144	145.5	147			
150		154	155.5	157			
160		164	165.5	167			
170				177			
180		184	185.5	187			
200		204	205.5	207	*209.6		
212					*221.6		
224		228	229.5	231	233.6		
236					245.6		
250		254	255.5	257	259.6		

基准直径 d_d (c_{11})	带型						
	Y	Z SPZ	A SPA	B SPB	C SPC	D	E
	外径 d_a (h_{11})						
265					274.6		
280		284	285.5	287	289.6		
300					309.6		
315		319	320.5	322	324.6		
335					344.6		
355		359	360.5	362	364.6	371.2	
375						391.2	
400		404	405.5	407	409.6	416.2	
425						441.2	
450			455.5	457	459.6	466.2	
475						491.2	
500		504	505.5	507	509.6	516.2	519.2
530							549.2
560			565.5	567	569.6	572.2	579.2
600				607	609.6	616.2	619.2
630		634	635.5	637	639.6	646.2	649.2
670							689.2
710			715.5	717	719.6	726.2	729.2
750				757	759.6	766.2	
800			805.5	807	809.6	816.2	819.2
900				907	909.6	916.2	919.2
1000				1007	1009.6	1016.2	1019.2
1060						1076.2	
1120				1127	1129.6	1136.2	1139.2
1250					1259.6	1266.2	1269.2
1400					1409.6	1416.2	1419.2
1500						1516.2	1519.2
1600					1609.6	1616.2	1619.2
1800						1816.2	1819.2
1900							1919.2
2000					2009.6	2016.2	2019.2
2240							2259.2
2500							2519.2

注:①带 * 号者只用于普通 V 带。②无外径的基准直径不推荐选用。

式中:P_c——设计功率;

P_0——特定条件下单根 V 带所能传递的功率(kW),查表 5-1-5;

ΔP_0——传动比 i≠1 时的额定功率增量(kW),查表 5-1-6;

K_a——包角系数,考虑 $\alpha_1 \neq 180°$时对传动能力的影响系数,查表 5-1-7;

K_L——长度系数,考虑带长不为特定长度时对寿命的影响系数,查表 5-1-2。

为使各根 v 带受力较为均匀,根数不宜过多,通常为 z≤7。如果超出范围,可改选 V 带型号重新计算。

(8) 计算单根 V 带的初拉力 F_0

$$F_0=\frac{500P_c}{zv}\left(\frac{2.5}{K_\alpha}-1\right)+qv^2 \tag{5-1-16}$$

式中各符号的意义同前,q 值见表 5-1-2。

(9) 计算带作用在轴上的压力 F_Q

$$F_Q=2F_0z\sin\frac{\alpha_1}{2} \tag{5-1-17}$$

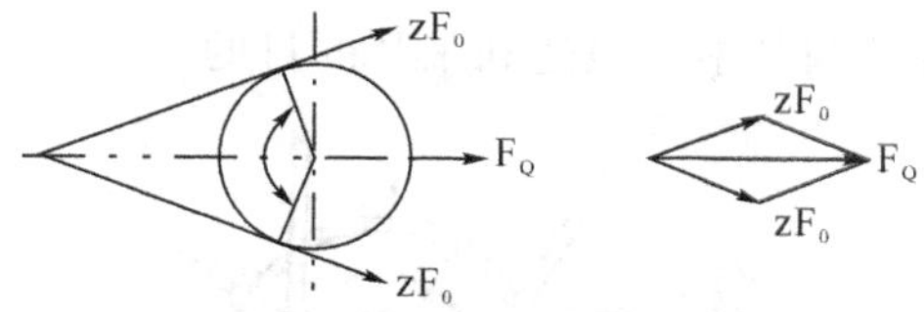

图 5-1-11　带作用在轴上的压力

(10) 带轮的结构设计

(11)设计结果,列出带型号、基准长度、根数、带轮直径、中心距、轴上压力等。

【例 3】 一开口平带减速传动,已知两带轮基准直径为 $d_{d1}=150$mm 和 $d_{d2}=400$mm,中心距 $a=1000$mm,小轮转速 $n_1=1460r/\text{min}$,试求:1)小轮包角;2)不考虑带传动的弹性滑动时大轮的转速;3)滑动率 $\varepsilon=0.015$ 时大轮的实际转速。

解:1)小带轮包角

$$\alpha_1=180°-\frac{d_{d2}-d_{d1}}{\alpha}\times57.3°=180°-\frac{400-150}{1000}\times57.3=165.675°$$

2)不考虑弹性滑动时大带轮转速

$$n_2=n_1\frac{d_{d1}}{d_{d2}}=1460\times\frac{150}{400}=548r/\text{min}$$

3)滑动率 $\varepsilon=0.015$ 时,大带轮的实际转速

$$n_2=n_1\frac{d_{d1}}{d_{d2}}(1-\varepsilon)=548\times(1-0.015)=539r/\text{min}$$

5.1.6　提高带传动工作能力的措施

1. 增大摩擦系数

摩擦式带传动其摩擦系数越大,则传动能力越强。所以,可通过选择合适的材料副等增大摩擦系数,以提高带传动的工作能力。

2. 增大包角

柔韧体摩擦其摩擦力的大小,不仅与摩擦系数和正压力有关,而且还与接触面积的大小有关。包角越大则接触面积越大,摩擦力也越大,传动能力越强。采用增大中心距、减小传动比以及在带传动外侧安装张紧轮等方法可以增大包角。

3. 保持适当的张紧力

张紧力越大,摩擦力也越大,传动能力越强。但张紧力太大会导致带的寿命缩短。

4. 其他措施

如采用新型 带、采用高强度材料作为带的强力层等,都可以提高带传动的传动能力。

5.1.7 带传动的张紧、安装及维护

带传动不仅安装时必须把带张紧在带轮上，而且当带工作一段时间之后，因永久伸长而松弛时，还应将带重新张紧。带的张紧包括调整中心距方式和张紧轮方式张紧。

1. 调整中心距法

(1)定期张紧　　如图 5-1-12(a)所示，将装有带轮的电动机 1 装在滑道 2 上，旋转调节螺钉 3 以增大或减小中心距从而达到张紧或松开的目的。图 5-1-12(b)为把电机装在一摆动底座 2 上，通过调节螺钉 3 调节中心距达到张紧的目的。

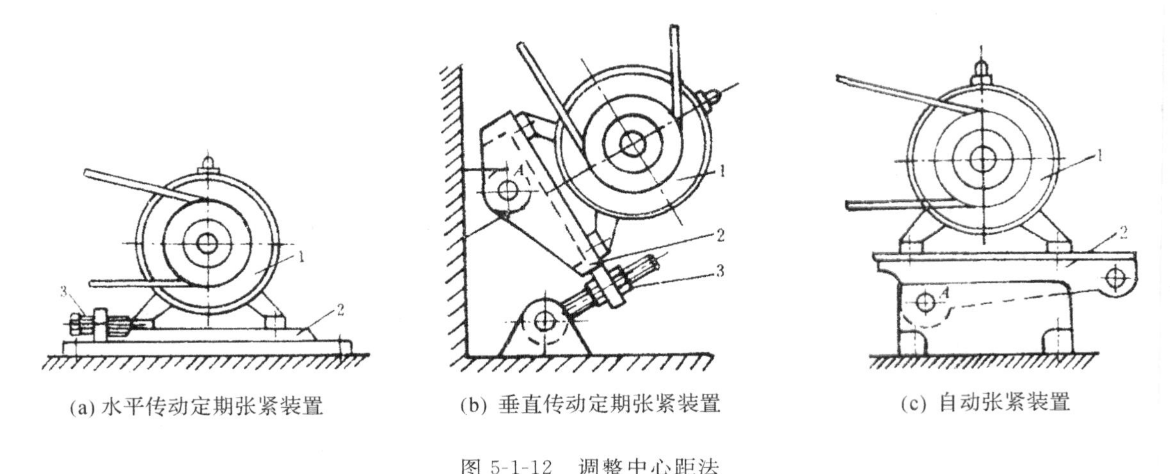

(a) 水平传动定期张紧装置　(b) 垂直传动定期张紧装置　(c) 自动张紧装置

图 5-1-12　调整中心距法

(2)自动张紧　　把电动机 1 装在如图 5-1-12(c)所示的摇摆架 2 上，利用电机的自重，使电动机轴心绕铰点 A 摆动，拉大中心距达到自动张紧的目的。

2. 张紧轮法

带传动的中心距不能调整时，可采用张紧轮法。图 5-1-13(a)所示为定期张紧装置，定期调整张紧轮的位置可达到张紧的目的。图 5-1-13(b)所示为摆锤式自动张紧装置，依靠摆捶重力可使张紧轮自动张紧。

V 带和同步带张紧时，张紧轮一般放在带的松边内侧并应尽量靠近大带轮一边，这样可使带只受单向弯曲，且小带轮的包角不致过分减小，如图 5-1-13(a)所示定期张紧装置。

平带传动时，张紧轮一般应放在松边外侧，并要靠近小带轮处。这样小带轮包角可以增大，提高了平带的传动能力，如图 5-1-13(b)所示摆锤式自动张紧装置。

安装 V 带时，应按规定的初拉力张紧。对于中等中心距的带传动，也可凭经验安装，带的张紧程度以大拇指能将带按下 15mm 为宜(如图 5-1-14 所示)。新带使用前，最好预先拉紧一段时间后再使用。

【任务实施】

1. 工作任务分析

由图 5-1-1 可知，该带式运输机由输送带、滚筒、联轴器、减速器、带传动、电动机等部分组成。其工作原理是电动机输出高速旋转运动，通过带传动传递给一级圆柱齿轮减速器，然后由联轴器传递给滚筒，滚筒通过摩擦力驱动输送带运动，从而实现运输的功能。本任务的

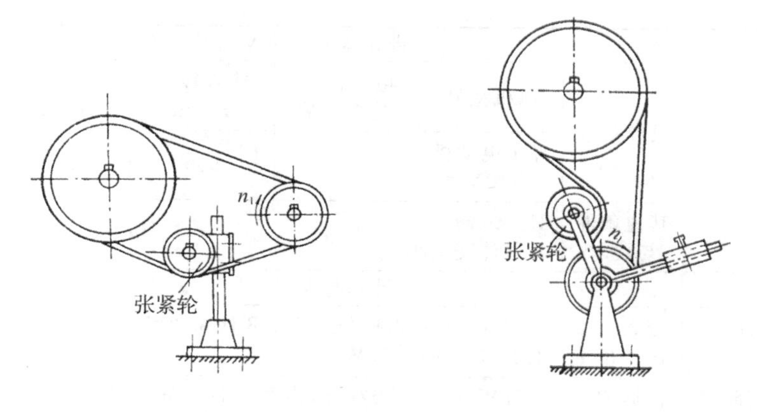

图 5-1-13 张紧轮的布置

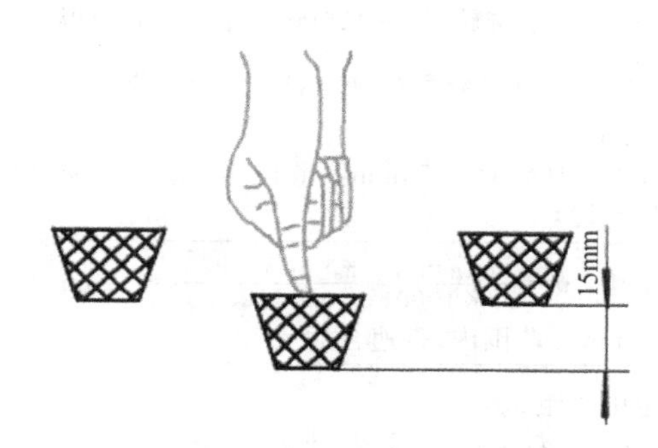

图 5-1-14 实验初拉力

重点是带传动的设计，具体设计内容包括：计算设计功率 P_c、选择带型、选取带轮基准直径 d_{d1} 和 d_{d2}、验算带速 v、确定中心距 a 和带的基准长度 L_d、验算小带轮包角 α_1、确定带的根数 z、确定初拉力 F、计算压轴力 F_Q 和带传动的结构设计等，详见表设计任务单。

2. 填写设计任务单

表 5-1-9 设计任务单

任务名称	带式运输机的 V 带传动设计
工作原理	滚筒 输送带 联轴器 电动机 一级圆柱齿轮减速器 带传动

续表

<table>
<tr><td colspan="2">任务名称</td><td colspan="6">带式运输机的 V 带传动设计</td></tr>
<tr><td colspan="2" rowspan="3">技术要求
与条件</td><td rowspan="2">设计参数</td><td>电机型号</td><td>电机额定
功率 kW</td><td>输入转速
r/min</td><td>输出转速
r/min</td><td>中心距
mm</td></tr>
<tr><td>异步电动机
Y112M-4</td><td>5.5</td><td>960</td><td>343</td><td>≤1000</td></tr>
<tr><td>其他条件
与要求</td><td colspan="5">1. 一班制
2. 载体变动小</td></tr>
<tr><td colspan="2">计算项目</td><td colspan="5">计算与说明</td><td>计算结果</td></tr>
<tr><td rowspan="6">工作步骤</td><td>1. 确定计算功率 P_C</td><td colspan="5">查表 5-1-8，有 $K_A=1.1$，根据公式 5-1-8 计算功率为
$P_c=K_AP=1.1\times5.5=6.05\text{kW}$</td><td>$P_c=6.05\text{kW}$</td></tr>
<tr><td>2. 选择带型号</td><td colspan="5">根据 $P_c=6.05\text{kW}$，$n_1=960\text{r/min}$，由图 5-1-10 知其交点在 A、B 型交界线处，故可靠起见取 B 型 V 带。</td><td>B 型 V 带</td></tr>
<tr><td>3. 选择带轮的基准直径 d_{d1} 和 d_{d2}</td><td colspan="5">由表 5-1-5 取小带轮 $d_{d1}=125\text{mm}$，由式(5-1-9)得
$d_{d2}=\frac{n_1}{n_2}\cdot d_{d1}(1-\varepsilon)=i\cdot d_{d1}(1-\varepsilon)=2.85\times125\times(1-0.02)$
$=349\text{mm}$
由表 5-1-9 取 $d_{d2}=355\text{mm}$（虽使 n_2 略有减少，但其误差小于 5%，故允许）</td><td>$d_{d1}=125\text{mm}$
$d_{d2}=355\text{mm}$</td></tr>
<tr><td>4. 验算带速 v</td><td colspan="5">带速验算：$v=\frac{\pi d_{d1}n_1}{60\times1000}=\frac{\pi\times125\times960}{60\times1000}=6.28\text{m/s}$
在 5～25m/s 范围内，带速合适。</td><td>$v=6.28\text{m/s}$</td></tr>
<tr><td>5. 确定中心距 a 和带的基准长度 L_d</td><td colspan="5">1)初定中心距 a_0：
$0.7(d_{d1}+d_{d2})\leqslant a_0\leqslant2(d_{d1}+d_{d2})$
$0.7\times(125+355)\leqslant a_0\leqslant2\times(125+355)$
$336\leqslant a_0\leqslant960$
取 $a_0=600$
2)初定带长 L_0
$L_0=2a_0+\frac{\pi}{2}(d_{d1}+d_{d2})+\frac{(d_{d2}-d_{d1})^2}{4a_0}$
$=2\times600+\frac{\pi}{2}(125+355)+\frac{(355-125)^2}{4\times600}$
$=1976(\text{mm})$
3)确定带长 L_d
由表 5-1-3 选用带长 $L_d=2000(\text{mm})$
4)最终确定实际中心距
$a\approx a_0+\frac{L_d-L_0}{2}=600+\frac{2000-1976}{2}=612\text{mm}$
中心距调整范围：
$a_{\min}=a-0.015L_d=612-0.015\times2000=582\text{mm}$
$a_{\max}=a+0.03L_d=612+0.03\times2000=672\text{mm}$</td><td>$L_d=2000\text{mm}$
$a=612(\text{mm})$</td></tr>
<tr><td>6. 验算小带轮包角 α_1</td><td colspan="5">验算小带轮上的包角 α_1
$\alpha_1=180^\circ-\frac{d_{d2}-d_{d1}}{a}\times57.3^\circ=158.5^\circ>120^\circ$
$\alpha_1>120$ 合适</td><td>$\alpha_1>120$ 合适</td></tr>
</table>

续表

	任务名称	带式运输机的 V 带传动设计	
工作步骤	7. 确定带的根数 z	查课本表 5-1-5 得 $P_0=1.65\text{kW}$，查表 5-1-6 得 $\Delta P_0=0.30\text{kW}$，查表 5-1-3 得 $K_L=0.98$，查表 5-1-7 得 $K_\alpha=0.944$。 根据公式 5-1-15 确定带的根数 $z\geqslant\frac{P_c}{[P_0]}=\frac{P_c}{(P_0+\Delta P_0)K_\alpha K_L}$ $=\frac{6.05}{(1.65+0.3)\times0.944\times0.98}$ $=3.35$ 故取 4 根 B 型普通 V 带	$z=4$
	8. 确定单根 V 带的初拉力 F_0	由公式 5-1-16 的初拉力公式有 $F_0=\frac{500P_c}{zv}(\frac{2.5}{K_\alpha}-1)+qv^2$ $=\frac{500\times6.05}{4\times6.28}(\frac{2.5}{0.944}-1)+0.17\times6.28^2$ $=205.2(\text{N})$	$F_0=205.2\text{N}$
	9. 计算带对轴的压力 F_Q	由公式 5-1-17 得作用在轴上的压力 $F_Q=2\cdot z\cdot F_0\cdot\sin\frac{\alpha}{2}=2\times4\times205.2\times\sin79.25°=1612.8\text{N}$	$F_Q=1612.8\text{N}$
	10. 确定带轮结构，绘制工作图	小带轮采用 S 型（实心式）结构 大带轮采用 E 型（椭圆轮辐式）结构 其他（略）	

【课后巩固】

1. 摩擦带传动按胶带截面形状有哪几种？各有什么特点？为什么传递动力多采用 V 带传动？

2. 按国标规定，普通 V 带横截面尺寸有哪几种？

3. 什么是 V 带的基准长度和 V 带轮的基准直径？

4. 小带轮的包角 α_1 对 V 带传动有何影响？为什么要求 $\alpha_1\geqslant120°$？

5. 带传动的主要失效形式有哪些？设计计算准则是什么？

6. 单根 V 带所能传递的功率与哪些因素有关？

7. 带传动中为什么要张紧？张紧有哪些方法？

8. V 带轮轮槽与带的三种安装情况如图 5-1-15 所示，其中哪一种情况是正确的？为什么？

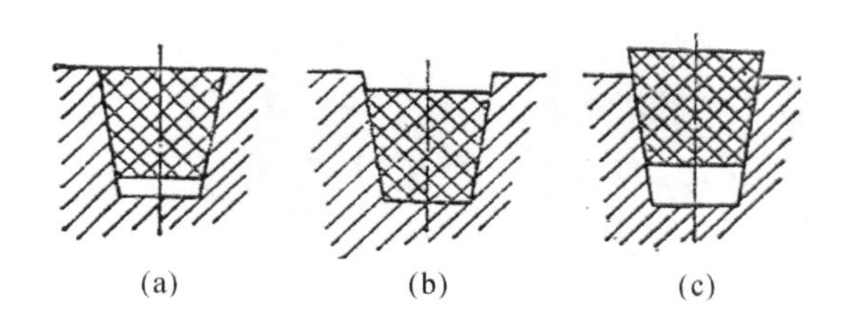

图 5-1-15　题 8 图

9. 图 5-1-16 的所示的带传动回转方向中，哪种是合理的？为什么？

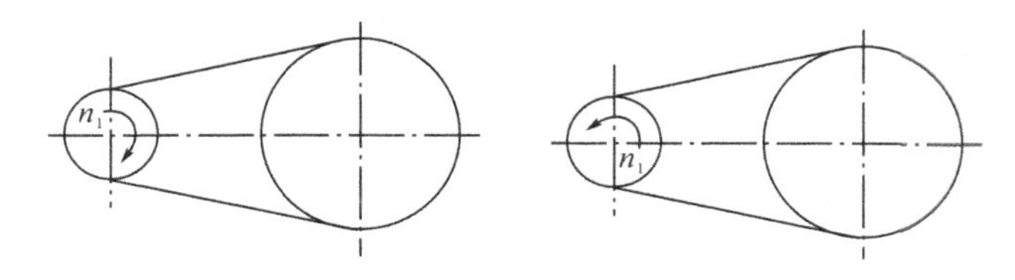

图 5-1-16　题 9 图

10. 如图 5-1-17 所示四种 V 带传动，初拉力相同，张紧方式不一样，哪种传动带先断？为什么？

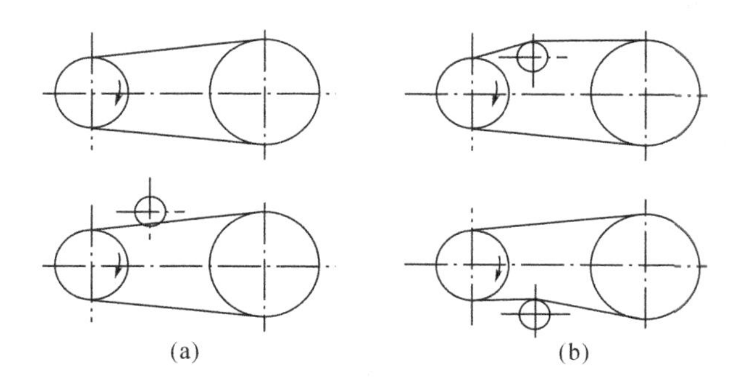

图 5-1-17　题 10 图

11. 某普通 V 带传动由电动机直接驱动，已知电动机转速 $n_1=1450\text{r/min}$，主动带轮基准直径 $d_{d1}=160\text{mm}$，从动带轮直径 $d_{d2}=400\text{mm}$，中心距 $a=1120\text{mm}$，用两根 B 型 V 带传动，载荷平稳，两班制工作。试求该传动可传递的最大功率。

12. 设计某机床上电动机与主轴箱的 V 带传动。已知：电动机额定功率 $P=7.5\text{kW}$，转速 $n_1=1440\text{r/min}$，传动比 $i=2$，中心距 a 为 800mm 左右，三班制工作，开式传动。

任务 2　链传动设计

【任务导读】

链传动的传动效率高，可用于较大中心距传动，可工作于恶劣环境等，因此广泛应用于矿山机械、农业机械、石油机械、建筑工程机械、轻纺机械等各种机械传动中。在本任务中，将通过套筒滚子链传动设计的学习，掌握链传动设计所需的知识与能力。

【教学目标】

最终目标：能查阅资料进行套筒滚子链传动的设计

促成目标：1. 熟悉链传动的张紧方法和装置；

2. 熟悉链传动的布置方法和润滑方法；

3. 熟悉链及链轮的结构及标准；

4. 能对链传动运动特性和受力分析；

5. 理解链传动的失效形式及计算准则；

6. 能够链传动的工作能力进行分析，并完成传动的参数设计和结构设计。

【工作任务】

任务描述：设计一多缸往复式压气机用链传动。电动机转速 $n_1=970\text{r/min}$，压气机转速 $n_2=330\text{r/min}$，电动机额定功率 $P=10\text{kW}$，传动中心距不超过 650mm，中心距可以调节（水平布置）。

任务具体要求：根据给定条件，确定链轮齿数 z_1、z_2，确定链条节距 P，确定润滑方式、确定中心距、确定链条节数、计算轴压力、确定链轮主要尺寸，并填写设计任务单。

表 5-2-1　设计任务单

<table>
<tr><td>任务名称</td><td colspan="5">多缸往复式压气机用链传动设计</td></tr>
<tr><td>工作原理</td><td colspan="5">1 2 3 n_1 n_2</td></tr>
<tr><td rowspan="3">技术要求
与条件</td><td rowspan="2">设计参数</td><td>电机额定
功率 kW</td><td>输入转速
r/min</td><td>输出转速
r/min</td><td>中心距
mm</td></tr>
<tr><td></td><td></td><td></td><td></td></tr>
<tr><td>其他条件
与要求</td><td colspan="4"></td></tr>
</table>

续表

计算项目		计算与说明	计算结果
工作步骤	1. 选择链轮齿数		
	2. 确定链条节数		
	3. 计算额定功率 P_0		
	4. 确定链条节距 p		
	5. 计算实际中心距 a		
	6. 验算链速 v		
	7. 选择润滑方式		
工作步骤	8. 计算轴的压力 F_Q		
	9. 确定材料及热处理要求		
	10. 计算链轮的分度圆直径 d_1、d_2		

【知识储备】

5.2.1 链传动的类型及特点

链传动与带传动都属于挠性传动。链传动是由装在平行轴上的主动链轮 1、从动链轮 2 和绕在链轮上并与链轮啮合的链条 3 组成(见图 5-2-1),以链作中间挠性件,靠链与链轮轮齿的啮合来传递运动和动力。

通常链传动传递的功率 $P\leqslant100$kW,中心距 $a\leqslant5\sim6$m,传动比 $i\leqslant8$,线速度 $v\leqslant15$m/s,广泛应用于矿山机械、农业机械、石油机械、建筑工程机械、轻纺机械等各种机械传动中,链的传动效率约为 0.95~0.98。

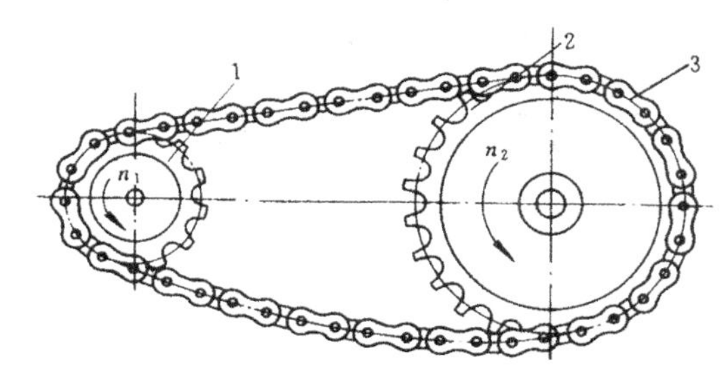

图 5-2-1　链传动

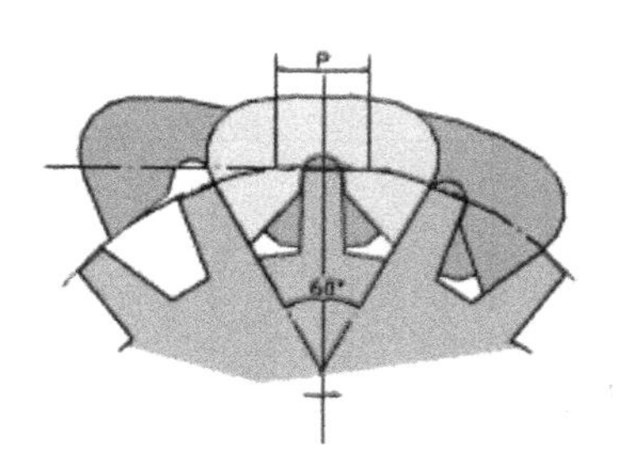

图 5-2-2　齿形链

按照用途不同，链可分为起重链、牵引链和传动链三大类。起重链主要用于起重机械中提起重物，其工作速度$v \leqslant 0.25$m/s；牵引链主要用于链式输送机中移动重物，其工作速度$v \leqslant 4$m/s；传动链用于一般机械中传递运动和动力，通常工作速度$v \leqslant 15$m/s。

传动链有齿形链和滚子链两种。齿形链是利用特定齿形的链片和链轮相啮合来实现传动的，如图5-2-2所示。齿形链传动平稳，噪声很小，故又称无声链传动。齿形链允许的工作速度可达40m/s，但制造成本高，重量大，故多用于高速或运动精度要求较高的场合。在本任务中，将重点讨论应用最广泛的套筒滚子链传动设计。

与其他传动方式相比，链传动具有以下特点：

(1)和带传动相比。链传动能保持平均传动比不变；传动效率高；张紧力小，因此作用在轴上的压力较小；能在低速重载和高温条件下及尘土飞扬的不良环境中工作。

(2)和齿轮传动相比。链传动可用于中心距较大的场合且制造精度较低。

(3)只能传递平行轴之间的同向运动，不能保持恒定的瞬时传动比，运动平稳性差，工作时有噪声。

5.2.2 滚子链的结构和规格

滚子链的结构如图5-2-3所示，它由内链板1、外链板2、销轴3、套筒4和滚子5组成。链传动工作时，套筒上的滚子沿链轮齿廓滚动，可以减轻链和链轮轮齿的磨损。把一根以上的单列链并列、用长销轴联接起来的链称为多排链，图5-2-4为双排链。链的排数愈多，承载能力愈高，但链的制造与安装精度要求也愈高，且愈难使各排链受力均匀，将大大降低多排链的使用寿命，故排数不宜超过4排。当传动功率较大时，可采用两根或两根以上的双排链或三排链。

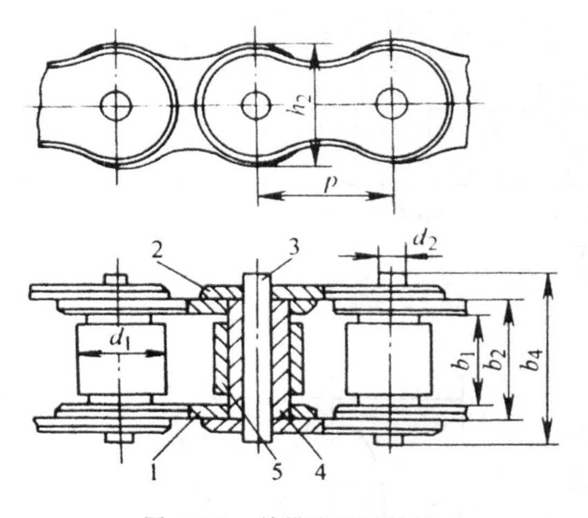

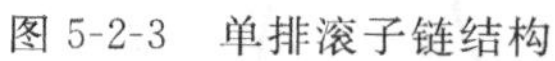
图5-2-3 单排滚子链结构

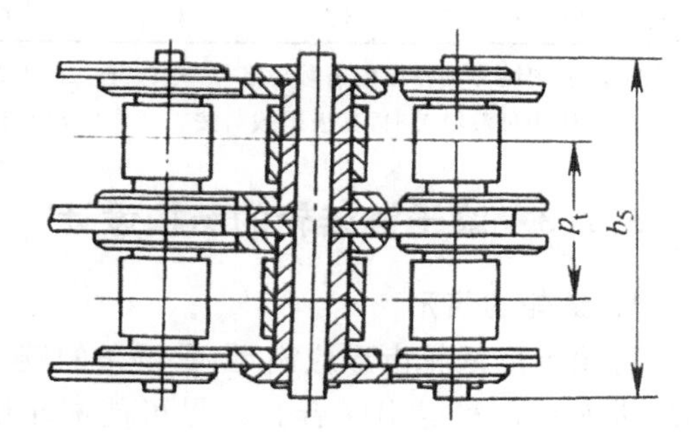

图5-2-4 双排滚子链结构

为了形成链节首尾相接的环形链条，要用接头加以连接。链的接头形式见图5-2-5。当链节数为偶数时采用连接链节，其形状与链节相同，接头处用钢丝锁销或弹簧卡片等止锁件将销轴与连接链板固定；当链节数为奇数时，则必须加一个过渡链节。过渡链节的链板在工作时受有附加弯矩，故应尽量避免采用奇数链节。

链条相邻两销轴中心的距离称为链节距，用p表示，它是链传动的主要参数。滚子链

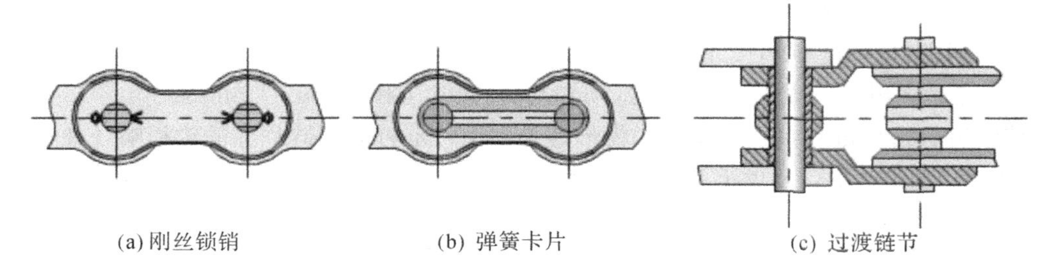

图 5-2-5 滚子链接头形式

已标准化，分为A、B两种系列。A系列用于重载、高速或重要传动；B系列用于一般传动。表5-2-2列出了部分滚子链的基本参数和尺寸。滚子链的标记为：链号—排数—链节数标准号。例如：16A—1—82GB/T1243—97表示：A系列滚子链、节距为25.4mm、单排、链节数为82、制造标准GB/T1243—97。

表5-2-2 A系列滚子链的主要参数(GB/T1243-97)

链号	节距 p/mm	排距 P_t/mm	滚子外径 d_1/mm	内链节内宽 b_1/mm	销轴直径 d_2/mm	内链节外宽 b_2/mm	销轴长度 单排 b_4/mm	销轴长度 双排 b_5/mm	内链板高度 h_2/mm	单排极限拉伸载荷 F_Q(kN)	单排每米质量 q/kg·m^{-1}
08A	12.70	14.38	7.92	7.85	3.96	11.18	17.8	32.3	12.07	13.8	0.60
10A	15.875	18.11	10.16	9.40	5.08	13.84	21.8	39.9	15.09	21.8	1.00
12A	19.05	22.78	11.91	12.57	5.94	17.75	26.9	49.8	18.08	31.1	1.50
16A	25.40	29.29	15.88	15.75	7.92	22.61	33.5	62.7	24.13	55.6	2.60
20A	31.75	35.76	19.05	18.90	9.53	27.46	41.1	77	30.18	86.7	3.80
24A	38.10	45.44	22.23	25.22	11.10	35.46	50.8	96.3	36.20	124.6	5.60
28A	44.45	48.87	25.40	25.22	12.70	37.19	54.9	103.6	42.24	169.0	7.50
32A	50.80	58.55	28.58	31.55	14.27	45.21	65.5	124.2	48.26	222.4	10.10
40A	63.50	71.55	39.68	37.85	19.84	54.89	80.3	151.9	60.33	347.0	16.10
48A	76.20	87.83	47.63	47.35	23.80	67.82	95.5	183.4	72.39	500.4	22.60

注：① 表中链号和相应的国际标准号一致，链号乘以25.4/16mm即为节距值（mm）。后缀A表示A系列。
② 使用过渡链节时，其极限载荷按表列数值80%计算。

5.2.3 滚子链链轮的结构设计

1. 链轮的齿形

链轮齿形链轮齿形应满足：①链条的链节能自如地进入啮合和退出啮合。②尽可能减小啮合时的冲击和接触应力。③齿形简单，便于加工。

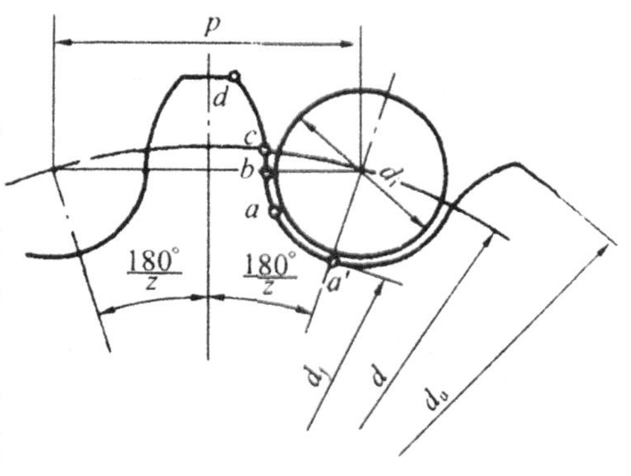

图 5-2-6 链轮的端面齿形

链轮齿形的设计可以有很大的灵活性。国家标准只规定了链轮的最大齿槽形状和最小齿槽形状，因而在规定范围内的各种标准齿形均可采用。如图5-2-6所示为常用的三圆弧（$\widehat{dc}$、$\widehat{ba}$、$\widehat{aa'}$）和一直线（$\overline{cb}$）齿形，abc段是齿廓工作部分，cd是齿顶圆弧。这种齿形可用标准刀具以范成法加工，其端

面齿形无需在工作图上画出，只需注明“齿形按 3 RGB/T1243-1997 制造”即可。

链轮的轴向齿形常采用圆弧形(见图 5-2-7)，以便于链节进人或退出啮合，表 5-2-2 给出了在工作图上绘制轴面齿形所需要的各个尺寸。

2. 链轮的主要尺寸与计算公式

具有标准齿形的链轮，其基本参数是节距 p、齿数 z、滚子外径 d_1 和排距 p_t，其他几何尺寸均可由此得出(见表 5-2-2)。滚子链链轮的轴向齿廓查表 5-2-3。

表 5-2-2 滚子链链轮的主要尺寸

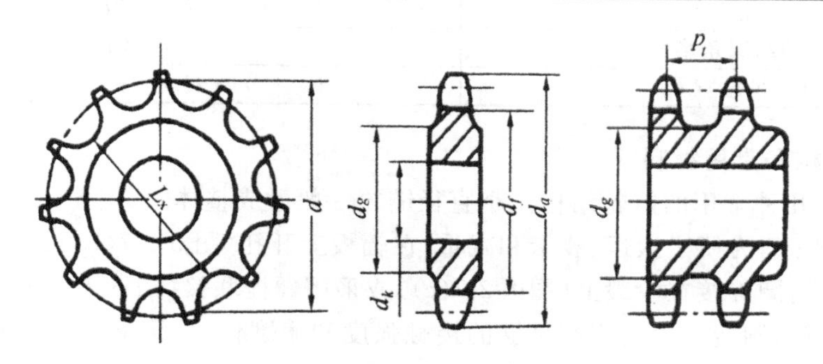

名称	符号	计算公式	说明
分度圆直径	d	$d=p/\sin(180°/z)$	
齿顶圆直径	d_a	$d_{amax}=d+1.25p-d_i$ $d_{amin}=d+(1-1.6/z)p-d_i$	可在 d_{amax} 和 d_{amin} 范围内选取。但若选择 d_{amax}，应注意用展成法加工时，d_a 要取整数；d_i 为齿沟圆弧直径，且 $d_{imin}=1.1d_1$，d_1 为滚子链的滚子外径
齿根圆直径	d_f	$d_f=d-d_1$	d_1 滚子外径，查表 5-2-2
最大齿根距离	L_x	偶数齿：$L_x=d_f$ 奇数齿：$L_x=d\cos(90°/z)-d_1$	
齿侧凸缘(或排间槽)直径	d_g	$d_g\leqslant p\cos(180°/z)-1.04h_2-0.76$ h_2—内链板高度(表 6-9)	h_2 为内链板高度，d_g 要取为整数

注：d_k 为链轮的轴孔直径，根据轴的强度计算确定。

表 5-2-3 滚子链链轮轴向齿廓及尺寸 (单位：mm)

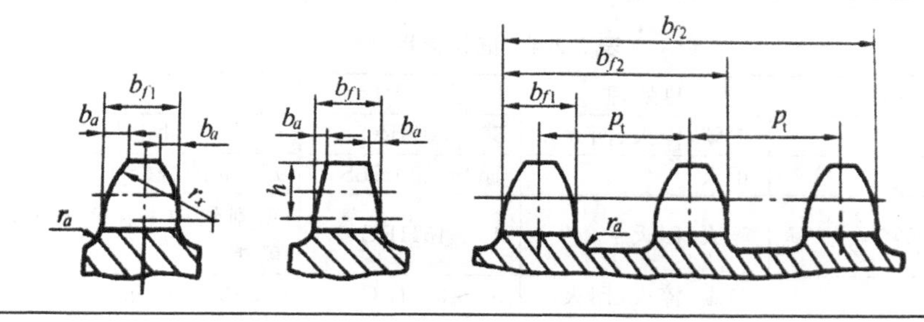

续表

名称		计算公式	
		$p \leqslant 12.7$	$p > 12.7$
齿宽	单排	$0.93b_1$	$0.95b_1$
	双排、三排	$0.91b_1$	$0.93b_1$
	四排以上	$0.88b_1$	$0.93b_1$
倒角度 b_a		$b_a=(0.1\sim0.13)p$	
倒角半径 r_x		$r_x \geqslant p$	
倒角深 h		$h=0.5p$	
齿侧凸缘圆角半径 r_a		$r_a \approx 0.04p$	
链轮齿总宽 b_{fm}		$b_{fm}=(m-1)p_t+b_{f1}$（m 为排数）	

3. 链轮结构和常用材料

图 5-2-7 为几种常用的链轮结构。小直径链轮一般做成整体式(图 5-2-7(a))；中等直径链轮多做成辐板式，为便于搬运、装卡和减重，在辐板上开孔(图 5-2-7(b))；大直径链轮可做成组合式，可将齿圈焊接在轮毂上(图 5-2-7(c))或采用螺栓联接(图 5-2-7(d))，此时齿圈与轮芯可用不同材料制造。轮齿应有足够的接触强度和耐磨性，故齿面需热处理。小链轮啮合次数比大链轮多，所受冲击力也大，故所用材料一般优于大链轮。常用的链轮材料有碳素钢(如 Q235、Q275、45、ZG310-570 等)、灰铸铁(如 HT200)等。重要的链轮可采用合金钢。链轮材料应保证轮齿有足够的强度和耐磨性，故链轮齿面一般都经过热处理，使之达到一定硬度。常用材料见表 5-2-4。

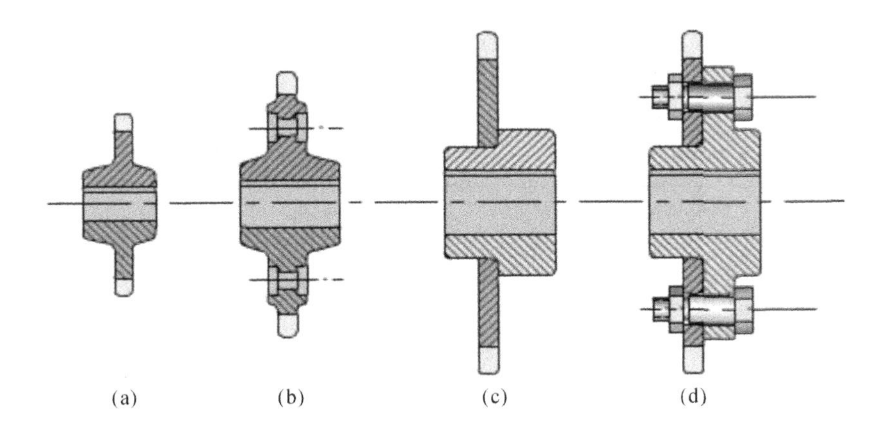

图 5-2-7　链轮结构

表 5-2-4　链轮常用材料

链轮材料	热处理	齿面硬度	应用范围
15、20	渗碳、淬火、回火	50～60HRC	$z \leqslant 25$ 有冲击载荷的链轮
35	正火	160～200HBS	$z \geqslant 25$ 的链轮
45、50、ZG310-570	淬火、回火	40～45HRC	无剧烈冲击振动和要求耐磨损的链轮
15Cr、20Cr	渗碳、淬火、回火	50～60HRC	$z < 25$ 的大功率传动链轮

续表

链轮材料	热处理	齿面硬度	应用范围
40Cr、35SiMn、35CrMo	淬火、回火	40～50HRC	要求强度较高和耐磨损的重要链轮
A3、A5	焊接退火	140HBS	中低速、中等功率的较大链轮
不低于 HT200 的灰铸铁	淬火、回火	260～280HBS	$z>50$ 的链轮　$v<2\text{m/s}$
夹布胶木			$P<6\text{kW}$、速度较高、要求传动平稳、噪声小的链轮

5.2.4　链传动的工作情况分析

1. 链传动的运动不均匀性

链条进入链轮后形成折线，因此链传动的运动情况和绕在正多边形轮子上的带传动很相似，见图 5-2-8。边长相当于链节距 p，边数相当于链轮齿数 z。链轮每转一周，链移动的距离为 zp，设 z_1、z_2 为两链轮的齿数，p 为节距(mm)，n_1、n_2 为两链轮的转速(r/min)，则链条的平均速度 v(m/s)为

$$v=\frac{z_1pn_1}{60\times1000}=\frac{z_2pn_2}{60\times1000} \tag{5-2-1}$$

由上式可得链传动的平均传动比：

$$i=\frac{n_1}{n_2}=\frac{z_2}{z_1} \tag{5-2-2}$$

事实上，链传动的瞬时链速和瞬时传动比都是变化的。分析如下：设链的紧边在传动时处于水平位置，见图 5-2-8。设主动轮以等角速度 ω_1 转动，则其分度圆周速度为 $r_1\omega_1$。当链节进入主动轮时，其销轴总是随着链轮的转动而不断改变其位置。当位于 θ 角的瞬时，链水平运动的瞬时速度 v 等于销轴圆周速度的水平分量。即链速 v

$$v=r_1\omega_1\cos\theta \tag{5-2-3}$$

θ 角的变化范围在$(-180°/z_1)$到$(+180°/z_1)$之间。当 $\theta=0$ 时，链速最大，$v_{\max}=r_1\omega_1$；当 $\theta=\pm180°/z_1$ 时，链速最小，$v_{\min}=r_1\omega_1\cos(180°/z_1)$。因此，即使主动链轮匀速转动时，链速 v 也是变化的。每转过一个链节距就周期变化一次。同理，链条垂直运动的瞬时速度 $v'=r_1\omega_1\sin\theta$ 也作周期性变化，从而使链条上下抖动。显然，瞬时传动比不能得到恒定值。因此链传动工作不稳定。

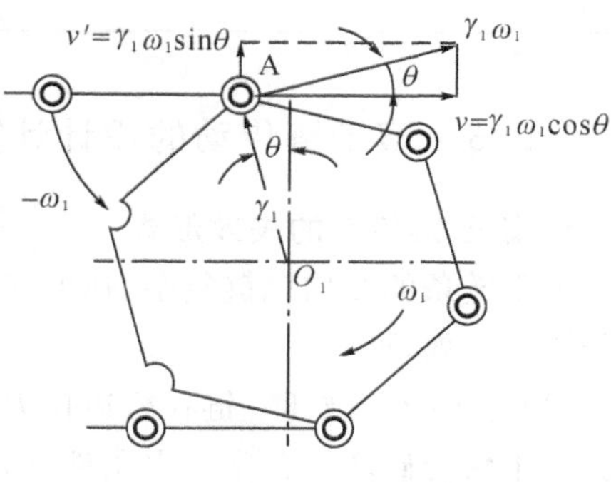

图 5-2-8　链传动的运动分析

2. 链传动的受力分析

安装链传动时，只需不大的张紧力，主要是使链松边的垂度不致过大，否则会产生显著振动、跳齿和脱链。若不考虑传动中的动载荷，作用在链上的力有：圆周力(即有效拉力)F、离心拉力 F_c 和悬垂拉力 F_y。如图所示。

链在传动中的主要作用力有：

链的紧边拉力为　$F_1=F+F_c+F_y$　(N)　(5-2-4)

链的松边拉力为　$F_2=F_c+F_y$　(N)　(5-2-5)

围绕在链轮上的链节在运动中产生的离心拉力

$$F_c = qv^2 \quad (N) \tag{5-2-6}$$

式中：q 为链的每米长质量，Kg/m，见表 5-2-2，v 为链速 m/s 。

悬垂拉力可利用求悬索拉力的方法近似求得

$$F_v = K_v qga \quad (N) \tag{5-2-7}$$

式中：a——链传动的中心距，m ；

g——重力加速度，$g=9.81\text{m/s}^2$；

K_v——下垂量 $y=0.02a$ 时的垂度系数，与安装角 β 有关(图 5-2-9)，见表 5-2-5。链作用在轴上的压力 F_Q 可近似地取为 $F_Q=(1.2\sim1.3)F$，有冲击和振动时取大值。

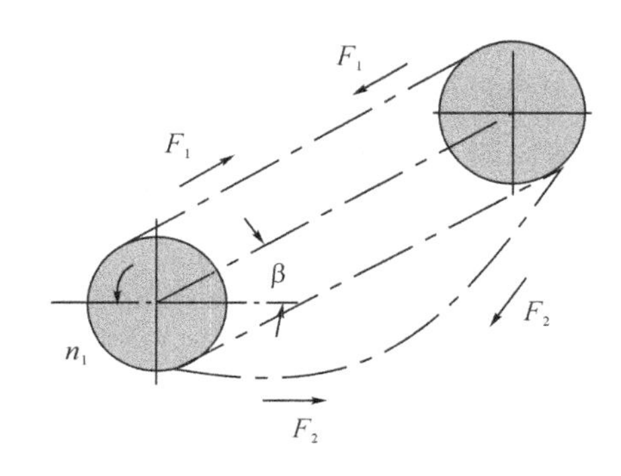

图 5-2-9　链的垂度

表 5-2-5　链的垂度系数

K_y 值	水平传动	两链轮中心连心 水平面斜角<40°	两链轮中心连线与 水平面斜角>40°	垂直传动
K_y	6	4	2	1

5.2.5　滚子链传动的设计计算

1. 滚子链传动的失效形式

由于链条的结构比链复杂，强度亦不及链轮高，因而一般链传动的失效形式主要表现为滚子链的失效，即：

(1)链板疲劳破坏　链在松边拉力和紧边拉力的反复作用下，经过一定的循环次数，链板会发生疲劳破坏。正常润滑条件下，疲劳强度是限定链传动承载能力的主要因素。

(2)滚子套筒的冲击疲劳破坏　链传动的啮入冲击首先由滚子和套筒承受。在反复多次的冲击下，经过一定的循环次数，滚子、套筒会发生冲击疲劳破坏。这种失效形式多发生于中、高速闭式链传动中。

(3)销轴与套筒的胶合　润滑不当或速度过高时，销轴和套筒的工作表面会发生胶合。胶合限定了链传动的极限转速。

(4)链条铰链磨损　铰链磨损后链节变长，容易引起跳齿或脱链。开式传动、环境条件

恶劣或润滑密封不良时，极易引起铰链磨损，从而急剧降低链条的使用寿命。

(5)过载拉断　这种拉断常发生于低速重载或严重过载的传动中。

2. 许用传动功率曲线

为避免出现上述各种失效形式，图 5-2-10 给出了滚子链在特定试验条件下的许用功率曲线。试验条件为：$z_1=19$、链节数 $L_p=100$、单排链水平布置、载荷平稳、工作环境正常、

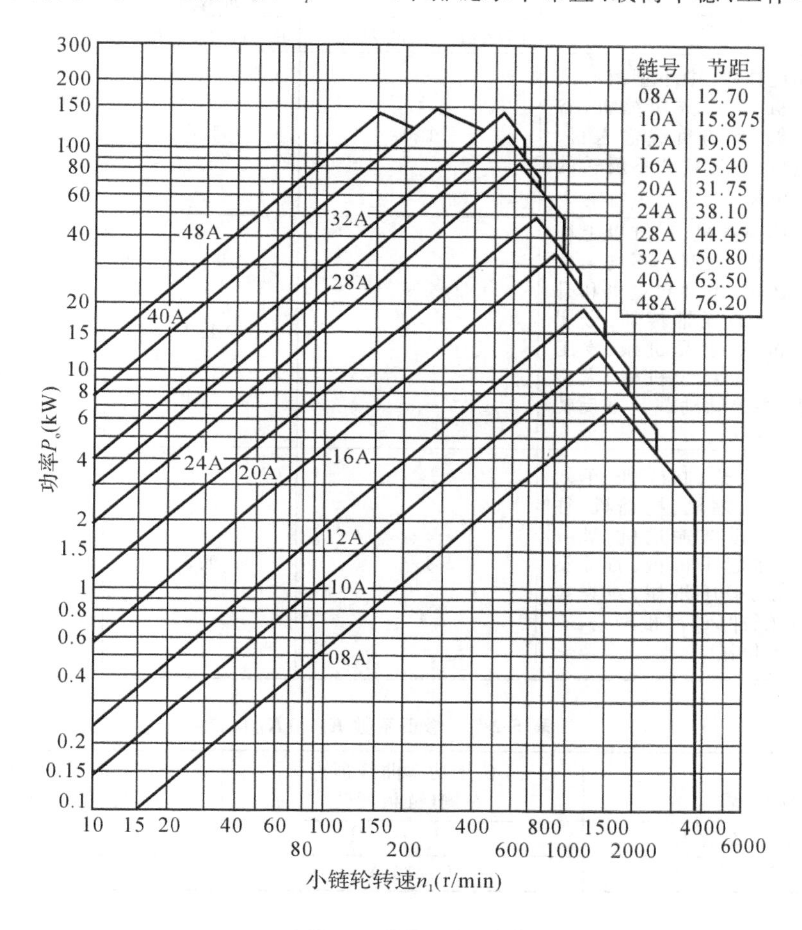

图 5-2-10　滚子链许用功率曲线

按推荐的润滑方式润滑、使用寿命 15000h；链条因磨损而引起的相对伸长量 $\Delta p/p$ 不超过 3%。当实际使用条件与试验条件不符时，需作适当修正，由此得链传动的计算功率 P_c 应满足下列要求

$$P_c=\frac{K_A P}{K_Z K_L K_m}\leqslant P_0 \tag{5-2-8}$$

式中：P_0——许用传递功率(kW)，由图 5-2-10 查取；

P——名义传递功率(kW)；

K_A——工作情况系数，见表 5-2-6；

K_Z——小链轮齿数系数，见表 5-2-7，当工作点落在图 5-2-10 某曲线顶点左侧时(属于链板疲劳)，查表中 K_Z，当工作点落在某曲线顶点右侧时(属于滚子、套筒冲击

疲劳)查表中 K_Z；

K_L——链长系数,根据链节数,查表 5-2-7；

K_m——多排链系数,查表 5-2-8。

表 5-2-6　工作情况系数 K_A

载荷种类		原动机		
		内燃机——液力传动	电动机或汽轮机	内燃机——机械传动
载荷平稳	液体搅拌机、中小型离心式鼓风机、离心式压缩机、谷物机械、均匀负载输送机、发电机、均匀负载不反转的一般机械	1.0	1.0	1.2
中等冲击	半液体搅拌机、三缸以上往复压缩机、大型或不均匀负载输送机、中型起重机和升降机、重载无轴传动、金属切削机床、食品机械、木工机械、印染纺织机械、大型风机、中等脉动载荷不反转的一般机械。	1.2	1.3	1.4
较大冲击	船用螺旋桨、制砖机、单双缸往复压缩机、挖掘机、往复机、振动式输送机、破碎机、重型起重机械、石油钻井机械、锻压机械、线材拉拔机械、冲床、严重冲击、有反转的机械	1.4	1.5	1.7

表 5-2-7　修正系数 K_Z 和 K_L

在图 5-2-10 中的位置	位于功率曲线顶点左侧(链板疲劳)	位于曲线顶点右侧(滚子、套筒疲劳)
小链轮齿数系数 K_z	$(Z_1/19)^{1.08}$	$(Z_1/19)^{1.5}$
链长系数 K_L	$(L_P/100)^{0.26}$	$(L_P/100)^{0.5}$

表 5-2-8　多排链系数 K_m

排数	1	2	3	4	5	6	
K_m	1.0	1.7	2.5	3.3	4.0	4.6	

3. 滚子链传动的设计步骤和传动参数选择

(1)已知条件

在链传动设计时通常已知条件是:传动的用途,工作情况,原动机和工作机种类,传递的功率和载荷性质,链轮的转速 n_1、n_2 或传动比 i,传动装置以及对结构尺寸的要求。

(2)链传动的计算及主要参数的选择

1)传动比 i

链的传动比一般 $i\leqslant8$,在低速($v=2$m/s)和外廓尺寸不受限制的地方允许 $i\leqslant10$。如传动比过大,则链包在小链轮上的包角过小,啮合的齿数太少,这将加速轮齿的磨损,容易出现

跳齿，破坏正常啮合。通常包角最好不小于120°，推荐传动比 $i=2\sim3.5$。

2）链轮齿数 z_1 和 z_2

合理选择小链轮齿数 z_1。为减小链传动的动载荷，提高传动的平稳性，小链轮齿数不宜过少，可参照表5-2-7选取。如果 z_1 过少，传动不平稳、动载荷及链条磨损加剧，摩擦消耗功率增大，铰链的比压加大及链的工作拉力增大。但是 z_1 不能太大，因为 z_1 大，z_2 更大。推荐 $z_1=29-2i$。当链速很低并要求结构紧凑时，也可取小链轮最少齿数 $z_{min}=9$。

表5-2-9　推荐的小链轮齿数 z_1

链速 v(m/s)	0.6～3	3～8	>8
齿数 z_1	≥17	≥21	≥25

按 $z_2=iz_1$ 确定大链轮齿数 z_2，并圆整。链条节距因磨损而伸长后，容易因 z_2 过多而发生跳齿和导致链条从链轮上脱落。为避免跳齿和脱链现象，减小传动件外廓尺寸和重量，大链轮齿数不宜过多，一般 $z_2\leqslant120$。

由于链节数常选用偶数，考虑到链条和链轮轮齿的均匀磨损，链轮齿数一般应取与链节数互为质数的奇数。链轮齿数优选数列：17，19，21，23，25，38，57，76，95，114。

3）链节距 p 和排数

链节距愈大，链和链轮齿各部尺寸也愈大，链的拉曳能力也愈大，但传动的速度不均匀性、动载荷、噪声等都将增加。因此设计时，在承载能力足够的条件下，应选取较小节距的单排链；高速重载时，可选用小节距的多排链。

4）链的长度和中心距

若链传动中心距过小，则小链轮上的包角也小，同时啮合的链轮齿数也减少；若中心距过大，则易使链条抖动。一般初定中心距 $a_0=(30\sim50)p$，最大中心矩 $a_{\max}\leqslant80p$。链的长度常用链节数 L_p 表示。按上一个任务中所学的带传动求带长的公式可导出链节数

$$L_p=\frac{2a_0}{p}+\frac{z_1+z_2}{2}+\frac{p}{a_0}\left(\frac{z_2-z_1}{2\pi}\right)^2 \tag{5-2-9}$$

式中：a_0——链传动的中心矩。

由此算出的链的节数，必须圆整为整数，且最好为偶数。然后根据圆整后的链节数用下式计算实际中心矩：

$$a=\frac{p}{4}\left[\left(L_p-\frac{z_1+z_2}{2}\right)+\sqrt{\left(L_p-\frac{z_1+z_2}{2}\right)^2-8\left(\frac{z_2-z_1}{2\pi}\right)^2}\right] \tag{5-2-10}$$

为了便于安装链条和调节链的张紧程度，一般中心距设计成可以调节的。若中心距不能调节而又没有张紧装置时，应将计算的中心距减小2～5mm。这样可使链条有小的初垂度，以保持链传动的张紧。

5）链条作用在轴上的载荷 F_Q

计算链传动作用在轴上的压力 F_Q 时，以链条的工作拉力 F 为基础，同时考虑链条下垂的悬垂拉力、链条绕过链轮时的离心拉力及动载、冲击的影响。一般近似取压力 F_Q 为

$$\begin{cases}F_Q=(1.2\sim1.3)F\\F=1000P_C/v\end{cases}$$

式中：P 的单位为kW，v 的单位为m/s。

5.2.6 链传动的布置、张紧和润滑

1. 链传动的布置和张紧

链传动的布置按两轮中心连线的位置可分为：水平布置（图 5-2-11(a)）、倾斜布置（图 5-2-11(b)）和垂直布置（图 5-2-11(c)）三种。通常情况下两轴线应在同一水平面（水平布置）。两轮的回转平面应在同一平面内，否则易引起脱链和不正常磨损。应是链条紧边在上松边在下，以免松边垂度过大使链与轮齿相干涉或紧松边相碰。倾斜布置时，两轮中心线与水平面夹角 φ 应尽量小于 45°。应尽量避免垂直布置，以防止下链轮啮合不良。

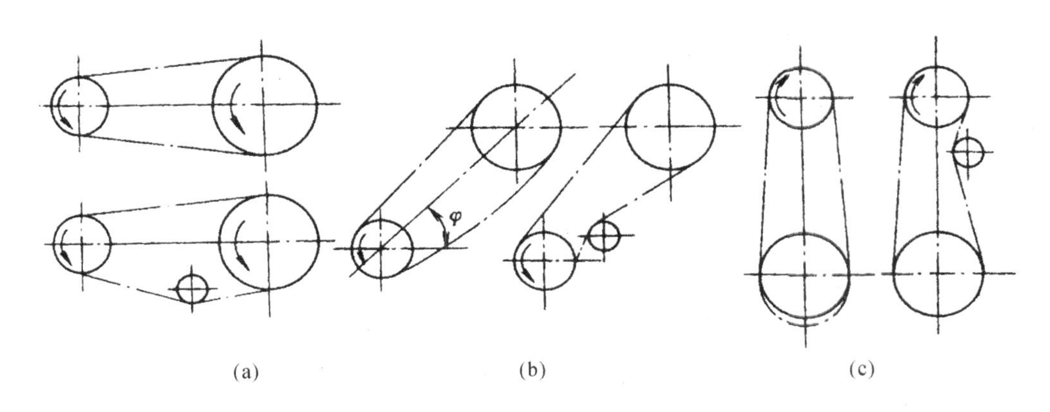

图 5-2-11 链传动的布置和张紧

链传动工作时合适的松边垂度一般为：$f=(0.01\sim0.02)a$，a 为传动中心距。若垂度过大，将引起啮合不良或振动现象，所以必须张紧。最常见的张紧方法是调整中心距法。当中心距不可调整时，可采用拆去 1～2 个链节的方法进行张紧或设置张紧轮。张紧轮常位于松边，张紧轮可以是链轮也可以是滚轮，其直径与小链轮相近。

2. 链传动的润滑

链传动的润滑至关重要。合宜的润滑能显著降低链条铰链的磨损，延长使用寿命。链传动的润滑方法可根据图 5-2-12 选取。通常有四种润滑方式：Ⅰ——人工定期用油壶或油刷给油（图 5-2-13(a)）；Ⅱ——滴油润滑，用油杯通过油管向松边内外链板间隙处滴油（图 5-2-13(b)）；Ⅲ——油浴润滑或飞溅润滑，采用密封的传动箱体，前者链条及链轮一部分浸入油中（图 5-2-13(c)），后者采用直径较大的甩油盘溅油（图 5-2-13(d)）；Ⅳ——油泵压力喷油润滑，用油泵经油管向链条连续供油（图 5-2-13(e)），循环油可起润滑和冷却的作用。链传动使用的润滑油运动粘度在运转温度下约为 $20\text{mm}^2/\text{s}\sim40\text{mm}^2/\text{s}$。只有转速很慢又无法供油的地方，才可以用油脂代替。

【任务实施】

1. 工作任务分析

根据已知条件，该链传动用于压气机传动，同时也已知输入转速、输出转速、电机功率及传动中心距。由于压气机为一般动力传动，可选用滚子链传动，由于中心距可调，水平布置，故不设张紧轮。具体设计内容包括：选择链轮齿数、确定链条节数、计算额定功率、确定链条节距、计算实际中心距、验算链速、选择润滑方式、计算压轴力、确定材料及热处理要求、计算

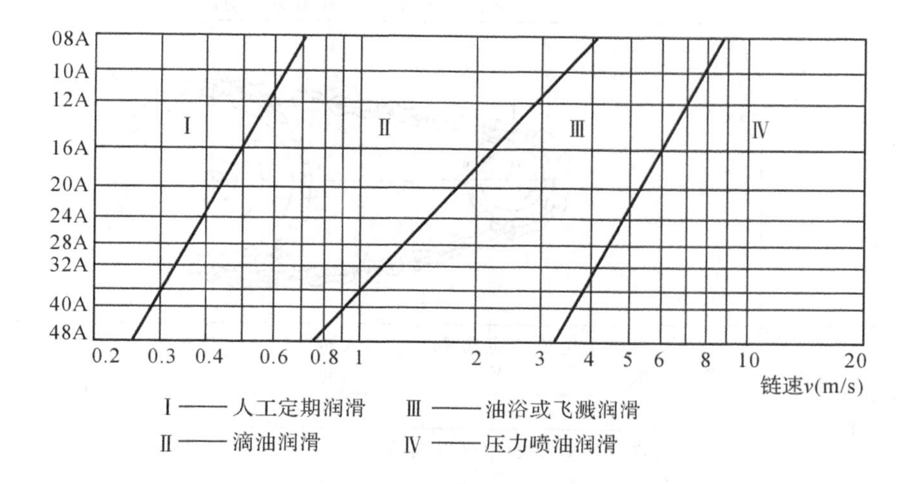

图 5-2-12　链传动润滑

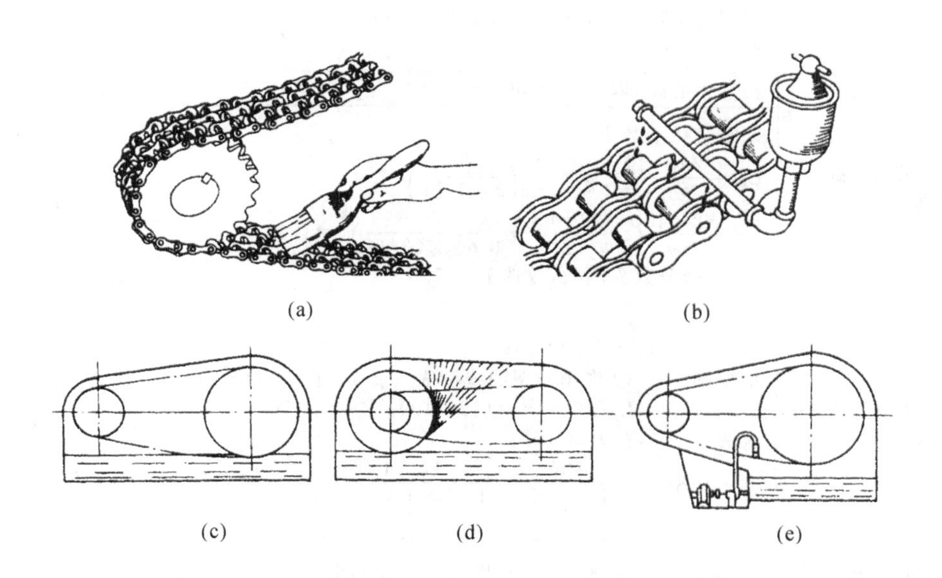

图 5-2-13　链传动的润滑

链轮的分度圆直径等内容,详见表 5-2-10。

2. 填写设计任务单

表 5-2-10　设计任务单

任务名称	多缸往复式压气机用链传动设计				
工作原理					
技术要求与条件	设计参数	电机额定功率 kW	输入转速 r/min	输出转速 r/min	中心距 mm
		10	970	330	≤650
	其他条件与要求	1. 中心距可以调节 2. 水平布置			

计算项目		计算与说明	计算结果
工作步骤	1. 选择链轮齿数	根据推荐的公式 $z_1=29-2i$，并假定链速 $=3\sim8\text{m/s}$，查表5-2-9和链轮齿数优选数列，选小链轮齿数 $z_1=23$； 根据传动比要求，确定大链轮齿 $z_2=iz_1=2.94\times23=67.62$，取 $z_2=68$。	$z_1=23$ $z_2=68$
	2. 确定链条节数	初选中心距，取 $a_0=40p(635\text{mm})$。	$a_0=40p$
		确定链条节数 L_P $L_P=\frac{2a_0}{p}+\frac{z_1+z_2}{2}+\frac{p}{a_0}\left(\frac{z_2-z_1}{2\times3.14}\right)^2$ $=\frac{2\times40p}{p}+\frac{23+68}{2}+\frac{p}{40p}\left(\frac{68-23}{2\times3.14}\right)^2=126.78$ 取链节数为偶数，故选 $L_p=126$	$L_p=126$
	3. 计算额定功率 P_0	查表 5-2-6，有 $K_A=1.3$； 根据图 5-2-10 许用功率曲线和表 5-2-7，有 $K_z=(z_1/19)^{1.08}=1.23$，$K_L=(L_p/100)^{0.26}=(126/100)^{0.26}=1.06$； 查表 5-2-8，有 $k_m=1.7$； 额定功率 $P_0=\frac{PK_A}{K_zK_LK_m}=\frac{10\times1.3}{1.23\times1.06\times1.7}=5.87\text{kW}$	$K_A=1.3$ $K_z=1.23$ $K_m=1.7$ $K_L=1.06$ $P_0=5.87\text{kW}$
	4. 确定链条节距 p	根据 $P_0=5.87\text{kW}$，$n_1=970\text{r/min}$，由图 5-2-10 选定链号为10A，节距 $p=15.875\text{mm}$。	链号为 10A $p=15.875\text{mm}$
	5. 计算实际中心距 a	按式(5-2-10) $a=\frac{p}{4}\left[\left(L_p-\frac{z_1+z_2}{2}\right)+\sqrt{\left(L_p-\frac{z_1+z_2}{2}\right)^2-8\left(\frac{z_2-z_1}{2\times3.14}\right)^2}\right]$ $=\frac{15.875}{4}\left[\left(126-\frac{23+68}{2}\right)+\sqrt{\left(126-\frac{23+68}{2}\right)^2-8\left(\frac{68-23}{2\times3.14}\right)^2}\right]$ $=628.69(\text{mm})$ 考虑安装的初垂度，取 $a=625\text{mm}$。	$a=625\text{mm}$

续表

工作步骤	6. 验算链速 v	由式(5-2-1) $v=\frac{z_1 p n_1}{60\times1000}=\frac{23\times15.875\times970}{60\times1000}$m/s=5.90m/s 由表 5-2-9 可知,链速合适;	v=5.9m/s
	7. 选择润滑方式	按图 5-2-12,该链传动可采用油浴润滑。	油浴润滑
	8. 计算轴的压力 F_Q	$F=\frac{1000P_c}{v}=\frac{1000\times10}{5.90}$N=1695N F_Q=1.3×1695N=2203(N)	F_Q=2203N
	9. 确定材料及热处理要求	链轮材料选用45钢,经热处理后硬度为40～50HRC。	45钢
	10. 计算链轮的分度圆直径 d_1、d_2	小链轮分度圆直径 $d_1=\frac{p}{\sin(180°/z_1)}=\frac{15.875}{\sin(180°/23)}$mm=116.59mm 大链轮分度圆直径 $d_2=\frac{p}{\sin(180°/z_2)}=\frac{15.875}{\sin(180°/68)}$mm=343.74mm 其他尺寸略。	d_1=116.59mm d_2=343.74mm

【课后巩固】

1. 链传动和带传动、齿轮传动相比有哪些优缺点?

2. 选择链轮齿数时要考虑哪些问题? 小链轮齿数如何选取? 大链轮齿数为什么要有限制?

3. 链条节距的大小对传动工作有什么影响? 选择链条节距和排数时应考虑哪些问题?

4. 滚子链传动的主要失效形式有哪些?

5. 链传动为何要适当张紧? 常用的张紧方法有哪些?

6. 如何确定链传动的润滑方式? 常用的润滑装置和润滑油有哪些?

7. 滚子链传动的链条节距 p=15·875mm ,小链轮齿数 z_1=17,安装链轮的轴颈 d_0=35mm,轮毂宽度 B=42mm。试计算小链轮的主要几何尺寸,并绘制出小链轮的工作图。

8. 用 P=5.5kW,n_1=1450r/min 的电机,通过链传动驱动一搅拌器,载荷平稳,传动比 i=3.2,设计此链传动。

项目6 齿轮传动设计

任务1 渐开线直齿圆柱齿轮传动设计

【任务导读】

齿轮传动具有工作寿命长、传动比恒定，效率高等优点，因此在工程上，如机床、汽车、起重机、挖掘机、矿山机械等机器都有广泛应用。通过本任务的学习，使学生熟悉渐开线特性、啮合传动特性、切齿原理、基本尺寸的计算，具备对标准直齿圆柱齿轮传动受力分析、主要参数计算和强度校核的能力。

【教学目标】

最终目标：能查阅资料进行渐开线直齿圆柱齿轮传动设计

促成目标：1. 熟悉齿轮传动的类型、特点和应用；

2. 能理解渐开线形成原理及特性；

3. 能理解渐开线齿廓啮合的特点；

4. 理解渐开线圆柱齿轮的切齿原理与根切现象；

5. 能够正确选择齿轮材料及确定热处理方式；

6. 能够计算齿轮外形参数、弯曲强度及接触强度。

【工作任务】

任务描述：某带式运输机的工作原理图如图6-1-1所示，其减速装置采用了单级渐开线直齿圆柱齿轮。已知输入的转矩 $T_1 = 1.2249 \times 10^5$ N·mm，小齿轮转速 $n_1 = 336.84$

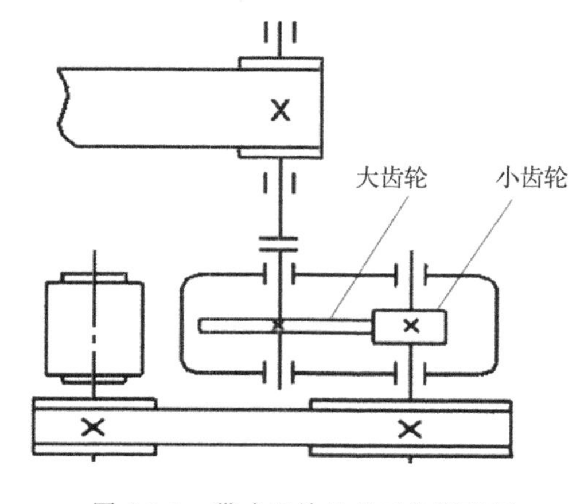

图6-1-1 带式运输机的工作原理图

r/min，传动比 $i=4$，使用年限为 5 年(每年工作 300 天)，单班制工作。试对该齿轮传动进行设计。

任务具体要求：

(1)确定齿轮的齿数、模数、齿宽等参数；按齿根弯曲疲劳强度进行计算；按齿面接触疲劳强度进行计算；计算齿轮的分度圆直径及中心距；确定材料、热处理方式、精度等级。

(2)填写设计任务单。

表 6-1-1　设计任务单

任务名称	渐开线直齿圆柱齿轮传动设计			
工作原理	大齿轮　小齿轮			
技术要求与条件	设计参数	输入转矩 T_1 N·mm	小齿轮转速 n_1 r/min	传动比 i
	其他条件与要求			
1. 选定齿轮材料、热处理方式、精度等级，确定许用应力				
2. 按齿面接触疲劳强度计算				
3. 齿轮主要尺寸计算数				
4. 按齿根弯曲疲劳强度校核计算				
5. 验算初选精度等级				
6. 结构设计并绘制工程图				

【知识储备】

6.1.1　齿轮传动的特点及分类

1. 齿轮传动的特点

齿轮传动具有传动平稳可靠、传动效率高(一般可以达到 94%以上，精度较高的圆柱齿轮副可以达到99%）、传递功率范围广（可以从仪表中齿轮微小功率的传动到大型动力机械几万千瓦功率的传动，低速重载齿轮的转矩可以达到1.4×10^6N·m以上）、速度范围大（齿轮的圆周速度可以从0.1m/s到200m/s或更高；转速可以从1r/min到20000r/min或更高）、结构紧凑、维护简便和使用寿命长等优点。因此，它在各种机械设备和仪器仪表中被广泛使用。齿轮传动的主要缺点是：传动中会产生冲击、振动和噪声；没有过载保护作用；对制造精度和安装精度要求高，需要专门的切齿机床、刀具和测量仪器。

2. 齿轮传动的分类

按照一对齿轮轴线的相互位置，可以分为平面齿轮传动和空间齿轮传动两类。

(1)平面齿轮传动（平行轴齿轮传动）

由于两个齿轮的轴线相互平行，所以两轮的相对运动是平面运动。平面齿轮传动包括直齿圆柱齿轮传动、平行轴斜齿圆柱齿轮传动和人字齿轮传动3种，如图6-1-2所示。

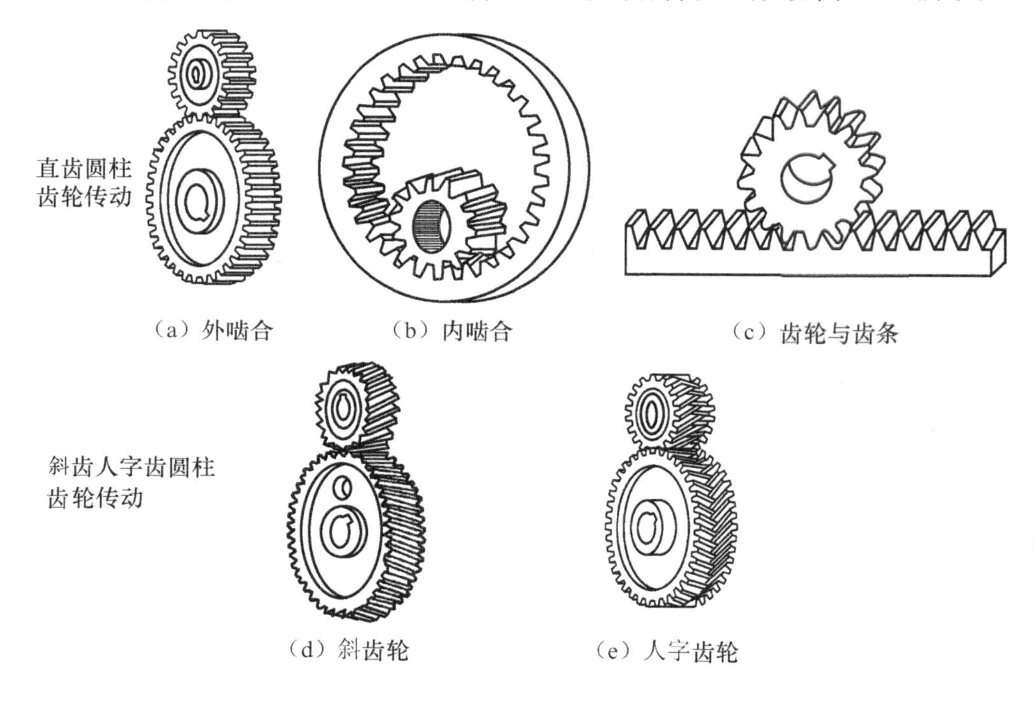

图6-1-2 平面齿轮传动

根据圆柱齿轮轮齿齿线相对齿轮母线的方向，又分为直齿（轮齿方向与齿轮母线方向平行）和斜齿轮两种（轮齿方向与齿轮母线方向倾斜一个角度，称它为螺旋角）。人字齿轮可以看作是由两个螺旋角大小相等，方向相反的斜齿轮组成的。

根据两个齿轮的啮合方式，又分为外啮合、内啮合和齿轮与齿条传动3种。

(2)空间齿轮传动（两轴不平行的齿轮传动）

由于两个齿轮的轴线不平行，所以两轮的相对运动是空间运动。它包括相交齿轮传动和交错轴齿轮传动2种，如图6-1-3所示。

圆锥齿轮传动属于相交轴齿轮传动，它的轮齿分布在截圆锥体的表面，按照轮齿的方向不同，分为直齿圆锥传动和曲齿圆锥传动2种。

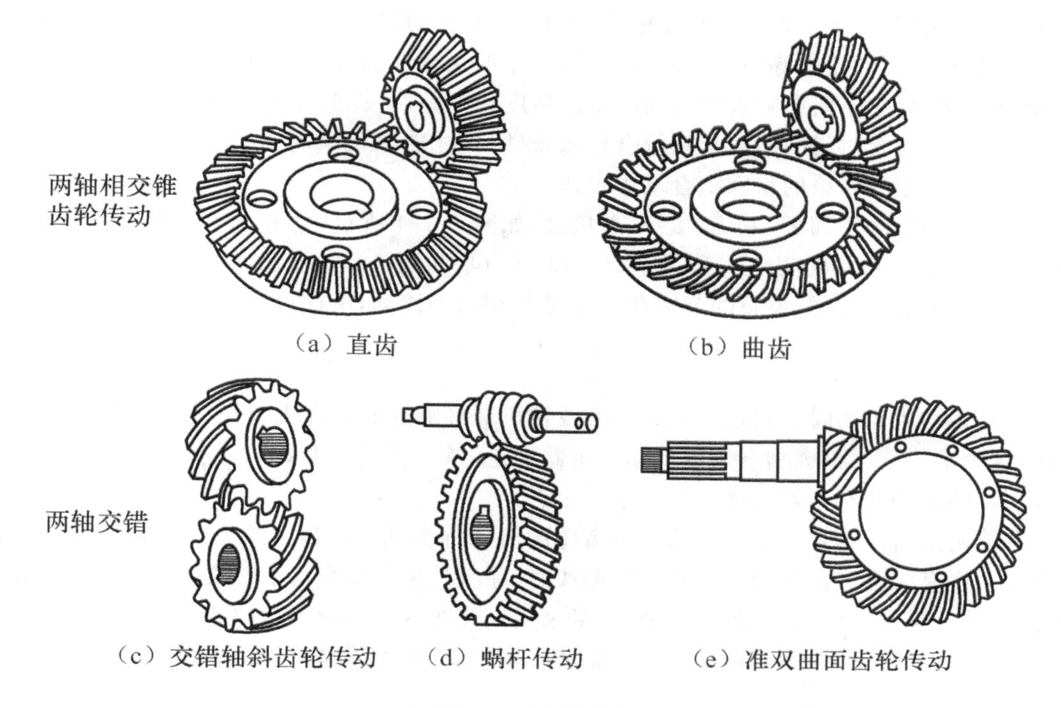

图 6-1-3　空间齿轮传动

交错轴齿轮传动有交错轴斜齿轮传动(它们的轴线可以在空间交错成任意角度)、蜗杆传动和准双曲面齿轮传动(后两者轴线一般相互交错垂直)3 种。

按工作条件不同,可分为开式和闭式齿轮传动。开式齿轮传动,齿轮完全外露,易落入灰尘和杂物,不能保证良好的润滑,故轮齿齿易磨损,多用于低速、不重要的场合。闭式齿轮传动,齿轮完全封闭在箱体内,能保证良好的啮合精度、润滑和密封,故应用广泛。

按齿面硬度不同,可分为软齿面齿轮和硬齿面齿轮。软齿面齿轮的齿面硬度≤350HBS,热处理简单,加工容易,但承载能力较低;硬齿面齿轮的齿面硬度≥350HBS,热处理复杂,需磨齿,承载能力较强。

6.1.2　渐开线啮合基本定律

一对齿轮的传动是靠主动轮轮齿的齿廓推动从动轮轮齿的齿廓来实现的。所以主动轮按一定的角速度转动时,从动轮的角速度显然与两轮齿廓的形状有关,换句话说,两齿轮传动时其传动比的变化规律与两轮轮齿的曲线形状有关。下面先分析齿廓曲线与齿轮传动比的关系(齿廓啮合的基本定律),然后再来讨论齿廓曲线问题。

相互啮合的一对齿轮中主动轮的瞬时角速度与从动齿轮的瞬时角速度之比称为瞬时传动比,常用 i 表示。当不考虑两齿轮的转动方向时有如下关系成立。

$$i=\frac{w_1}{w_2} \tag{6-1-1}$$

通常主动轮以“1”表示,从动轮以“2”表示。w_1 为主动轮的角速度,w_2 为从动轮的角速度。在一般减速情况下,$i>1$。

对于齿轮传动，不论是定传动比齿轮传动还是变传动比齿轮传动，其瞬时传动比必须是恒定的，否则当主动轮以等角速度回转时，从动轮的角速度为变量，从而引起齿轮装置的冲击，振动与噪声，它不仅影响齿轮传动的工作精度和平稳性，甚至可导致轮齿过早地失效。

那么齿廓啮合时齿廓曲线形状符合什么条件时，才能满足瞬时传动比是恒定的这一基本要求？这就是要讨论的齿廓啮合基本定律。

两相互啮合的齿廓 E_1 和 E_2 在 K 点接触，如图 6-1-4 所示，过 K 点作两齿廓的公法线 nn，它与连心线 O_1O_2 的交点 C 称为节点。以 O_1、O_2 为圆心，以 $O_1C(r_{1'})$、$O_2C(r_{2'})$ 为半径所作的圆称为节圆，因两齿轮的节圆在 C 点处作相对纯滚动，由此可推得

$$i=\frac{w_1}{w_2}=\frac{O_2C}{O_1C}=\frac{r'_2}{r'_1} \tag{6-1-2}$$

一对传动齿轮的瞬时角速度与其连心线被齿廓接触点的公法线所分割的两线段长度成反比，这个定律称为齿廓啮合基本定律。由此推论，欲使两齿轮瞬时传动比恒定不变，过接触点所作的公法线都必须与连心线交于一定点。

凡能满足齿廓啮合基本定律的一对齿轮的齿廓称为共轭齿廓。作为共轭齿廓的曲线，从理论上讲有无穷多。然而在选择齿廓曲线时，除满足齿廓啮合基本要求之外，还必须满足制造、安装和强度等要求，因此在机械中，常采用渐开线、摆线或圆弧等几种曲线作为齿轮的齿廓曲线。而生产实践中应用最广泛的是渐开线齿轮，故本项目只讨论渐开线齿轮传动。

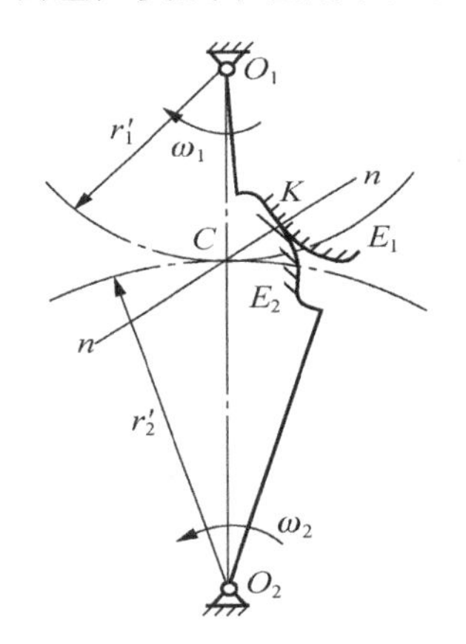

图 6-1-4 齿廓啮合基本定律

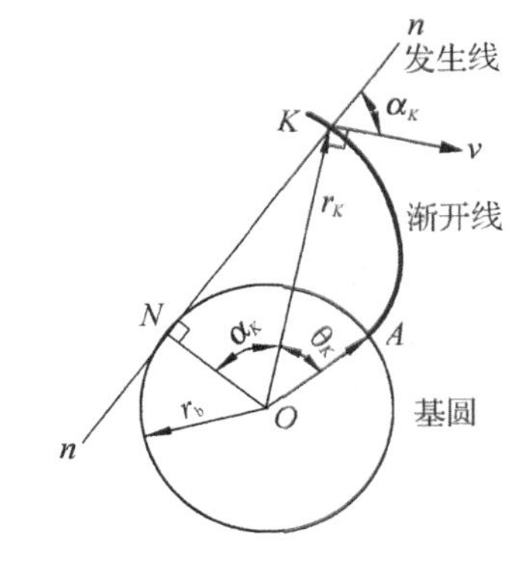

图 6-1-5 渐开线的形成

6.1.3 渐开线齿廓的形成及啮合特性

如图 6-1-5 所示，一直线 n-n 沿半径为 r_b 的圆周做纯滚动，该直线上任一点 K 的轨迹 AK 称为该圆的渐开线。这个圆称为渐开线的基圆，直线 n-n 称为渐开线的发生线。渐开线上任一点的向径 r_k 与起始点 A 的向径间的交角 θ_K 称为渐开线在 K 点的展角。

根据渐开线的形成可知，渐开线具有如下性质：

(1)发生线在基圆上滚过的长度等于基圆上被滚过的圆弧长，即 $NK=\overset{\frown}{NA}$。

(2)渐开线上任意一点法线必与基圆相切。渐开线上离基圆越远的点，因曲率半径越大，渐开线就越平直。

(3)渐开线的形状只取决于基圆大小。当展角 θ_K 相同时，基圆半径越大，渐开线在 K

点的曲率半径越大，渐开线越平直。当基圆半径无穷大时，渐开线就成为垂直于发生线 NK 的一条直线。

(4)基圆内无渐开线。

6.1.4 渐开线齿廓啮合的特点

1. 传动比恒定

一对齿轮传动是靠主动轮齿廓依次推动从动轮齿廓来实现。两轮的瞬时角速度之比称为传动比。在工程中要求传动比为定值

$$i_{12}=\frac{\omega_1}{\omega_2} \tag{6-1-3}$$

上述中，ω_1 为主动轮的角速度，ω_2 为从动轮的角速度。在一般情况下，为了降速，$i>1$。上述中 i_{12} 只表示其大小，而不考虑两轮的转动方向。

如图 6-1-6 所示齿轮传动，两渐开线齿轮的基圆分别为 r_{b1}、r_{b2}，过两轮齿廓啮合点 K 作两齿廓的公法线 N_1N_2。根据渐开线的性质，该公法线必与两基圆相切，即为两基圆的内公切线。又因两轮的基圆为定圆，在其同一方向的内公切线只有一条。所以无论两齿廓在任何位置接触(如图中双点画线位置接触)，过接触点所作两齿廓的公法线(即两基圆的内公切线)为一固定直线，它与两圆心连线 O_1O_2 的交点 C 必是一定点，这个交点 C 称为节点。以 O_1、O_2 为圆心，以 O_1P、O_2P 半径作圆，这对圆称为齿轮的节圆，其半径分别以 r'_1 和 r'_2 表示。从图中可知，一对齿轮传动相当于一对节圆的纯滚动，而且两齿轮的传动比也等于其节圆半径的反比。故一对齿轮的传动比为

$$i_{12}=\frac{\omega_1}{\omega_2}=\frac{O_2C}{O_1C}=\frac{r'_2}{r'_1}=\frac{r_{b2}}{r_{b1}} \tag{6-1-4}$$

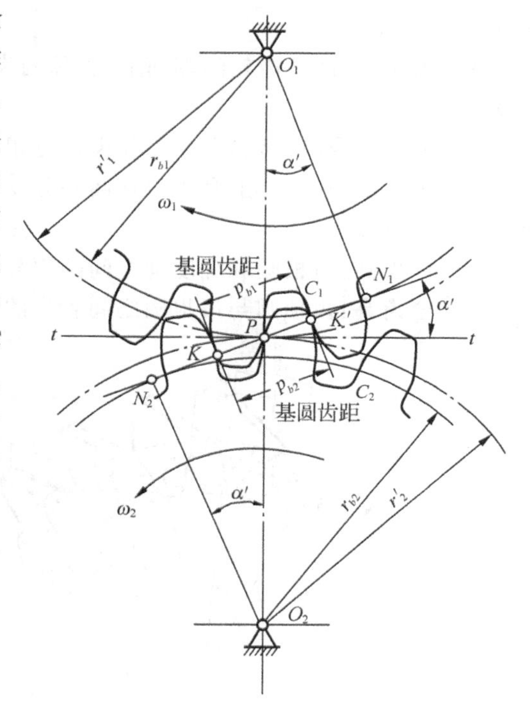

图 6-1-6 渐开线齿轮的啮合

2. 啮合线为一定直线

既然一对渐开线齿廓在任何位置啮合时，接触点的公法线都是同一条直线 N_1N_2，这说明所有啮合点均在 N_1N_2 直线上，因此 N_1N_2 又是齿轮传动的啮合线。

3. 渐开线齿轮的可分性

由式(6-1-4)可知两齿轮的传动比与两齿轮基圆半径比值有关，所以渐开线齿轮制成后，基圆的半径就一定，即使由于制造和安装误差，或轴承磨损导致两齿轮中心距稍有变化，其传动比仍不变。

4. 传动平稳

渐开线齿廓在传动过程中，靠轮齿之间的推压传递运动和动力。而齿廓之间的压力作

用线与 N_1N_2 重合，且其方向始终不变，所以 N_1N_2 又是传动的压力作用线。这一特性对传动的平稳性很有利。

6.1.5 渐开线标准直齿圆柱齿轮的基本参数及几何尺寸

1. 标准直齿圆柱齿轮各部分的名称及代号

图 6-1-7 所示为一直齿圆柱齿轮的一部分。齿轮上用于啮合的凸起部分称为轮齿。一个齿轮的轮齿总数称为齿数，用 z 表示。轮齿各部分名称和符号如下：

(1)齿顶圆：齿顶端所确定的圆称为齿顶圆，其直径用 d_a 表示。

(2)齿根圆：齿槽底部所确定的圆称为齿根圆，其直径用 d_f 表示。

(3)齿槽：相邻两齿之间的空间称为齿槽。齿槽两侧齿廓之间的弧长称为该圆上的齿槽宽，用 e 表示。

(4)齿厚：在圆柱齿轮的端面上，轮齿两侧齿廓之间的弧长称为该圆上的齿厚，用 s 表示。

(5)齿距：在圆柱齿轮的端面上，相邻两齿同侧齿廓之间的弧长称为该圆上的齿距，用 P 表示。

(6)分度圆：标准齿轮上齿厚和齿槽宽相等的圆称为齿轮的分度圆，用 d 表示其直径。

(7)齿顶高：在轮齿上介于齿顶圆和分度圆之间的部分称为齿顶，其径向高度称为齿顶高，用 h_a 表示。

(8)齿根高：齿根圆和分度圆之间的部分称为齿根，其径向高度称为齿根高，用 h_f 表示。

(9)全齿高：齿顶圆与齿根圆之间轮齿的径向高度称为全齿高，用 h 表示。

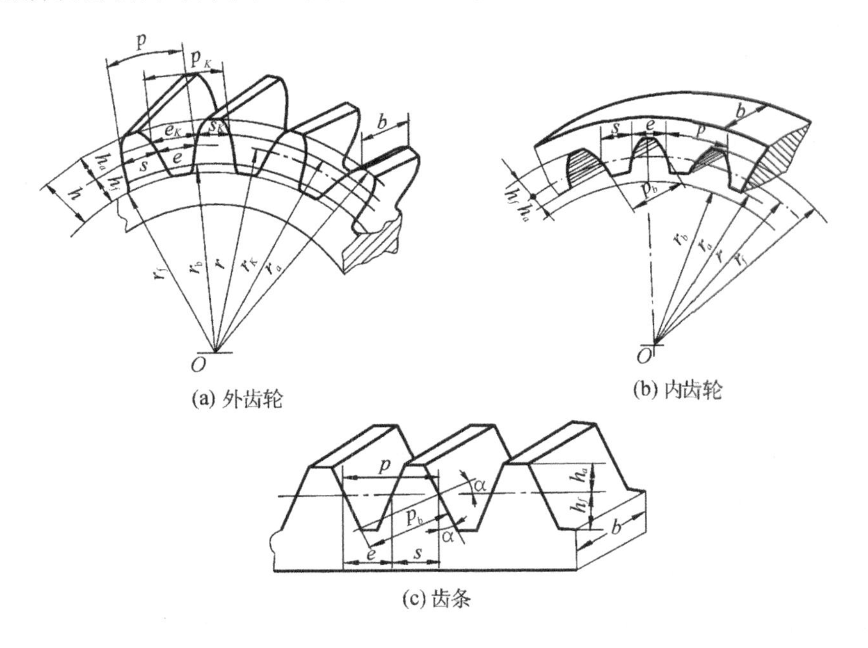

图 6-1-7 齿轮各部分名称及代号

2. 标准直齿圆柱齿轮的基本参数及几何尺寸

(1)分度圆、模数和压力角

齿轮上作为齿轮尺寸基准的圆称为分度圆，分度圆以 d 表示。相邻两齿同侧齿廓间的分度圆弧长称为齿距，以 p 表示，$p=\pi d/z$，z 为齿数。齿距 p 与 π 的比值 p/π 称为模数，以 m 表示。模数是齿轮的基本参数，有国家标准，见表 6-1-2。由此可知：

齿距：
$$p=m\pi \tag{6-1-5}$$

分度圆直径：
$$d=mz \tag{6-1-6}$$

渐开线齿廓上与分度圆交点处的压力角 α 称为分度圆压力角，简称压力角，国家规定标准压力角 $\alpha=20°$。

基圆直径：
$$d_b=d\cos\alpha=mz\cos\alpha \tag{6-1-7}$$

上式说明渐开线齿廓形状决定于模数、齿数和压力角三个基本参数。

表 6-1-2　渐开线圆柱齿轮模数(摘自 GB1357-87)　mm

第一系列	1	1.25	1.5	2	2.5	3	4	5	6	8	12	16	20		
第二系列	1.75	2.25	2.75	(3.25)	3.5	(3.75)	4.5	5.5	(6.5)	7	9	(11)	14	18	

注：本表适用于渐开线圆柱齿轮，对斜齿轮是指法向模数；优先采用第一系列，括号内的模数尽可能不用。

(2)齿距、齿厚和槽宽

齿距 p 分为齿厚 s 和槽宽 e 两部分(图 6-1-7)，即
$$s+e=p=\pi m \tag{6-1-8}$$

标准齿轮的齿厚和槽宽相等，即
$$s=e=\pi m/2 \tag{6-1-9}$$

齿距、齿厚和槽宽都是分度圆上的尺寸。

(3)齿顶高、顶隙和齿根高

由分度圆到齿顶的径向高度称为齿顶高，用 h_a 表示
$$h_a=h_a^* m \tag{6-1-10}$$

两齿轮装配后，两啮合齿沿径向留下的空隙距离称为顶隙，以 c 表示
$$c=c^* m \tag{6-1-11}$$

由分度圆到齿根圆的径向高度称为齿根高，用 h_f 表示
$$h_f=h_a+c=(h_a^*+c^*)m \tag{6-1-12}$$

式中 h_a^*、c^* 分别称为齿顶高系数和顶隙系数，标准齿制规定：正常齿制 $h_a^*=1$、$c^*=0.25$，短齿制 $h_a^*=0.8$、$c^*=0.3$。

由齿顶圆到齿根圆的径向高度称为全齿高，用 h 表示
$$h=h_a+h_f=(2h_a^*+c^*)m \tag{6-1-13}$$

齿顶高、齿根高、全齿高及顶隙都是齿轮的径向尺寸。

根据上述分析可知，决定渐开线齿轮尺寸的基本参数是齿数 z，模数 m，压力角 α，齿顶高系数 h_a^* 和顶隙系数 c^*。表 6-1-3 所列为渐开线标准直齿圆柱齿轮几何尺寸计算的常用公式。

表 6-1-3　渐开线标准直齿圆柱齿轮(外啮合)几何尺寸计算公式

名称	符号	计算公式
齿距	p	$p=m\pi$
齿厚	s	$s=\pi m/2$
槽宽	e	$e=\pi m/2$
齿顶高	h_a	$h_a=h_a^* m$
齿根高	h_f	$h_f=h_a+c=(h_a^*+c^*)m$
全齿高	h	$h=h_a+h_f=(2h_a^*+c^*)m$
分度圆直径	d	$d=mz$
齿顶圆直径	d_a	$d_a=d+2h_a=m(z+2h_a^*)$
齿根圆直径	d_f	$d_f=d-2h_f=m(z-2h_a^*-2c^*)$
基圆直径	d_b	$d_b=d\cos\alpha=mz\cos\alpha$
中心距	a	$a=m(z_1+z_2)/2$

当齿轮的直径为无穷大时即得到齿条(图 6-1-8),各圆演变为相互平行的直线,渐开线齿廓演变为直线,同侧齿廓相互平行。因此齿条的特点是:所有平行直线上的齿距 p、压力角 α 相同,都是标准值。齿条的齿形角等于压力角。齿条各平行线上的齿厚、槽宽一般都不相等,标准齿条分度线上齿厚和槽宽相等,该分度线又称为中线。

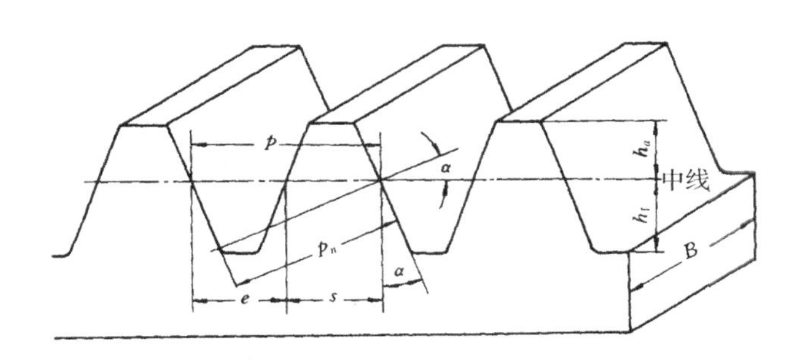

图 6-1-8　齿条

6.1.6　渐开线标准直齿圆柱齿轮基本参数的测定

标准齿轮基本参数的测定通常采用的方法有公法线长度和分度圆弦齿厚。

1. 公法线长度

如图 6-1-9 所示,当检验直齿轮时,公法线千分尺的两卡脚跨过 K 个齿,两卡脚与齿厚相切于 A、B 两点,两切点间的距离 AB 称为公法线(即基圆切线)长度,用 W_k 表示,则线段 AB 的长度就是跨个 K 齿的公法线长度。根据渐开线性质可得

$$W_k=(K-1)P_b+S_b \tag{6-1-14}$$

式中:P_b——基圆齿距;

　　S_b——基圆齿厚。

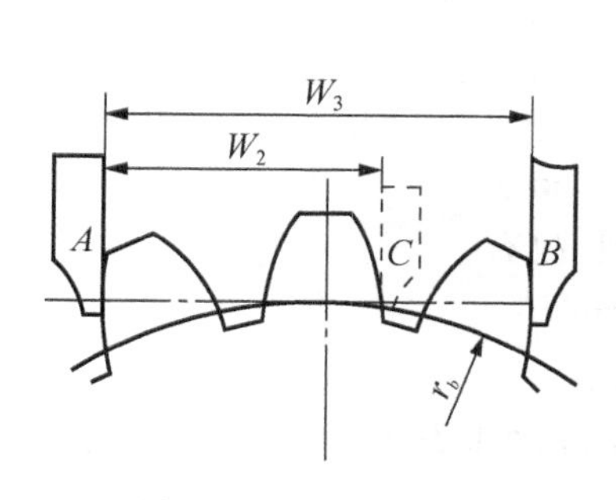

图 6-1-9　公法线长度

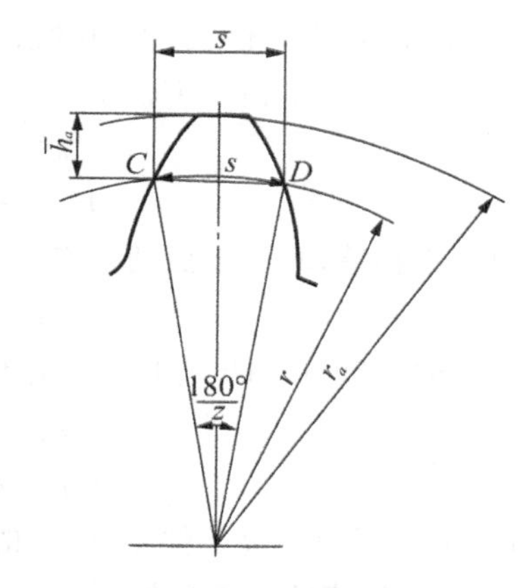

图 6-1-10　分度圆弦齿厚

测量公法线长度只需普通的卡尺或专用的公法线千分尺，测量方法简单，结果准确，在齿轮加工中应用较广。当 $a=20°$时，标准直齿圆柱齿轮的公法线长度为

$$W=m(2.9521(K-0.5)+0.014z) \tag{6-1-15}$$

式中：m——模数；

K——跨齿数。

按 $K=z/9+0.5$ 计算跨齿数，当计算所得 K 不是整数时，可四舍五入圆整为整数。此外，W、K 也可以从机械设计手册中直接查表得出。

2. 分度圆弦齿厚

测量公法线长度，对于斜齿圆柱齿轮将受到齿宽条件的限制；对于大模数齿轮，测量也有困难；此外，还不能用于检测锥齿轮和蜗轮。在这种情况下，通常改测齿轮的分度圆弦齿厚。

如图 6-1-10 所示，轮齿两侧齿廓与分度圆的两个交点 C、D 间的距离，称为分度圆弦齿厚，以 $\bar{s}$ 表示。齿顶到分度圆弦 CD 间的径向距离，称为分度圆弦齿高，以 $\bar{h}_a$ 表示。用齿轮游标卡尺测量时，以分度圆齿高 $\bar{h}_a$ 为基准来测量分度圆弦齿厚 $\bar{s}$。标准直齿轮的 $\bar{s}$、$\bar{h}_a$ 计算公式为

$$\bar{s}=mz\sin(\pi/2z) \tag{6-1-16}$$

$$\bar{h}_a=mh_a^*+mz[1-\cos(\pi 2z)]2 \tag{6-1-17}$$

此外，$\bar{s}$、$\bar{h}_a$ 也可由机械设计手册的表中直接查得。

由于测量分度圆弦齿厚是以齿顶圆为基准的，因此测量结果必然受到齿顶圆公差的影响，但公法线长度测量与齿顶圆无关。公法线测量在实际应用中较广泛。在齿轮检验中，对较大模数($m>10$mm)的齿轮，一般检验分度圆弦齿厚；对成批生产的中、小模数齿轮，一般检验公法线长度 W。

6.1.7　渐开线直齿圆柱齿轮的啮合传动

1. 渐开线齿轮的正确啮合条件

齿轮副的正确啮合条件，也称为齿轮副的配对条件。一对渐开线齿轮正确啮合时，齿轮副处于啮合线上的各对齿轮都可能同时啮合，其相邻两齿同向齿廓在啮合线上的长度(称为

法向齿距)必须相等,否则,就会出现两轮齿廓分离或重叠的情况。根据渐开线的性质,齿轮的法向齿距 P_n 等于其基圆齿距 P_b,即

$$\left.\begin{aligned}P_{b1}&=\pi m_1\cos\alpha_1\\P_{b2}&=\pi m_2\cos\alpha_2\end{aligned}\right\}\tag{6-1-18}$$

为使两轮基圆齿距相等,联立上面两式有

$$\pi m_1\cos\alpha_1=\pi m_2\cos\alpha_2\tag{6-1-19}$$

由于齿轮副的模数 m 和压力角 α 都是标准值,故有

$$\left.\begin{aligned}m_1&=m_2=m\\\alpha_1&=\alpha_2=\alpha\end{aligned}\right\}\tag{6-1-20}$$

所以,齿轮副的正确啮合条件是:两轮的模数 m 和压力角 α 应该分别相等。

2. 渐开线齿轮的连续传动条件

齿轮副中一对齿轮的啮合的啮合传动过程,如图 6-1-11(b)所示,顺时针方向转动的主动轮 1 轮齿的齿廓根部与从动轮 2 的齿顶在啮合线 N_1N_2 上的 B_2 点进入啮合,随着两轮齿廓的啮合点逐步沿着啮合线 N_1N_2 向左下方移动,最终主动轮 1 轮齿的齿顶与从动轮 2 的齿廓根部在啮合线 N_1N_2 上的 B_1 点退出啮合。线段 B_2B_1 是两轮齿廓啮合点的实际轨迹,称为实际啮合线。如果增大两轮的齿顶圆直径,可以加长实际啮合线 B_2B_1,但由于基圆以内没有渐开线,因此,B_2B_1 的长度不得超过啮合线与两轮基圆的切点 N_1 与 N_2,所以 N_1N_2 是理论上可以最长的啮合线,称为理论啮合线。

齿轮副传动是依靠两轮的各对轮齿依次啮合来实现的。一对正确啮合的齿轮,由于齿轮的高度有限,因此每对轮齿的实际啮合线 B_2B_1 的长度是有限的。为了使传动不会中断,应当使前一对轮齿在 B_1 点退出啮合之前,后一对轮齿已经在 B_2 点进入啮合。如图 6-1-11(a)所示,$B_2B_1<P_b$ 时,传动不连续;如图 6-1-11(b)所示,$B_2B_1=P_b$ 时,传动刚好连续。如图实际啮合线 B_2B_1 的长度大于齿轮的法向齿距(等于基圆齿距 P_b),则在实际啮合线 B_2B_1 内,有时有一对啮齿合,有时有两对啮齿合,传动连续。通常将 B_2B_1 与 P_b 的比值称为齿轮传动的重合度,用 ε 表示。因此,齿轮连续传动条件是

$$\varepsilon=\frac{B_1B_2}{P_b}=\frac{B_1B_2}{\pi m\cos\alpha}\geqslant 1\tag{6-1-21}$$

采用图解法,可以很方便地由两轮齿顶圆从啮合线上截取实际啮合线 B_2B_1 的长度,如图 6-1-12 所示,然后再根据式(6-1-21)确定齿轮传动的重合度 ε。一般标准直齿轮圆柱齿轮传动重合度的范围是 $1<\varepsilon<2$。

由式(6-1-20)可知,重合度是表示在实际啮合线段 B_2B_1 内同时参与啮合的齿轮对数,以及啮合持续的时间比例。若 $1<\varepsilon<2$,则表示在齿轮传动过程中,啮合区 B_2B_1 内有时是一对齿啮合,有时是两对齿啮合。例如 $\varepsilon=1.3P_b$。表明在齿轮副转过一个基圆齿距 P_b 的时间内,有 30% 为两对齿啮合,而其余的 70% 为一对齿啮合,如图 6-1-13 所示。显然,重合度 ε 越大,同时参与啮合的轮齿对数越多,有利于提高齿轮传动的平稳性和承载能力。

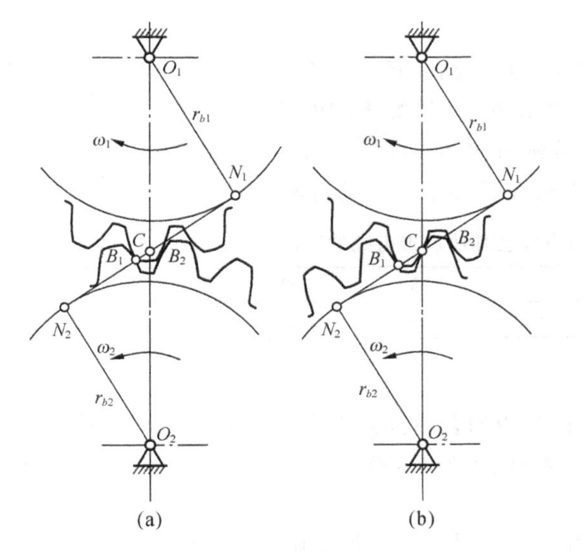

图 6-1-11 连续传动条件

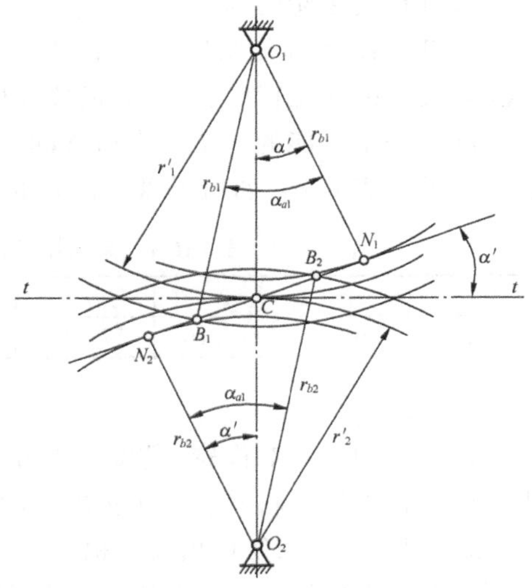

图 6-1-12 齿轮副重合度的确定

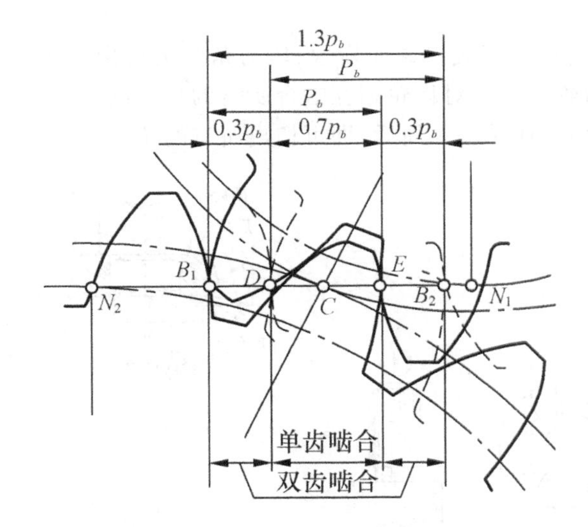

图 6-1-13 $\varepsilon=1.3$ 时齿轮的啮合传动

6.1.8 渐开线圆柱齿轮的切齿原理与根切现象

1. 切齿原理

切齿方法按原理可分为成形法及展成法 2 大类。

(1)成形法

成形法是用具有渐开线齿槽形状的成形铣刀直接切制出轮齿轮廓的方法。常用的有圆盘铣刀(如图 6-1-14(a)所示)和指状铣刀(如图 6-1-14(b)所示)。铣齿时,铣刀绕本身的轴线旋转,而齿坯沿轴线方向移动。铣出一个齿后,将齿坯转过 $2\pi/z$,再依次洗削,直至切割出所有齿槽为止。

成形法切齿设备简单,不需要专用机床,但生产率低,制造精度低,仅用于单件或小批量生产以及低精度齿轮的加工。

由于渐开线齿廓形状取决于基圆的大小，而基圆半径 $r_b=(mz\cos\alpha)/2$，故齿廓形状与 m、z、α 有关。欲加工精确齿廓，对模数和压力角相同、齿数不同的齿轮，应采用不同的刀具，而这实际中是不可能的。生产中通常同一号铣刀切制同模数、不同齿数的齿轮，故齿形通常是最近似的。表 6-1-4 列出了盘状铣刀的刀号及其加工齿数的范围。

表 6-1-4　盘状铣刀的刀号及其他加工齿数的范围

刀号	1	2	3	4	5	6	7	8
铣齿范围	12～13	14～16	17～20	21～25	26～34	35～54	55～134	≥135

(2)展成法

展成法是利用一对齿轮(或齿轮或齿条)互相啮合时其共扼齿廓互为包络线的原理来加工齿轮的一种方法。将其中一个齿轮(或齿条)做成刀具，就可切出渐开线齿廓。刀具齿顶高比正常齿高 $c^* m$ 以便切出齿轮根部。

展成法制造精度高，故适用于大批量生产。缺点是：需要专用机床，故加工成本较高。展成法切削齿轮，常用的刀具有以下 3 种。

1)齿轮插刀。

齿轮插刀是一个具有渐开线齿廓而模数、压力角与被切齿相同的刀具，如图 6-1-15(a)所示。加工时，插刀与轮坯按一对齿轮相互啮合所需的角速度比转动，同时插刀沿轮坯轴作往复切削运动。当被切轮坯转完一周后，即可切出所有的轮齿。

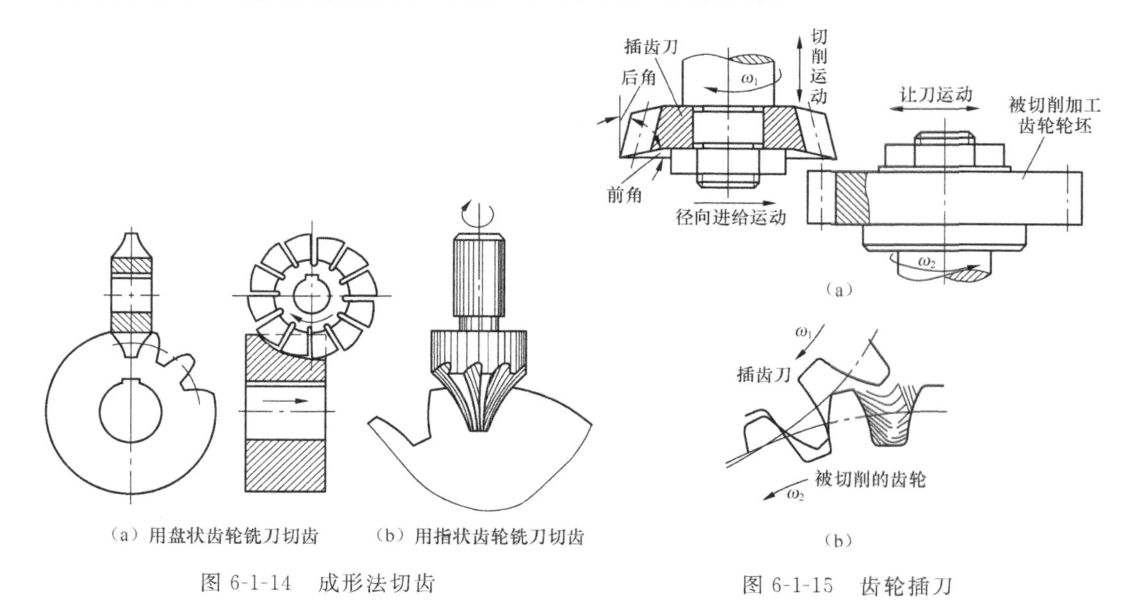

(a) 用盘状齿轮铣刀切齿　(b) 用指状齿轮铣刀切齿

图 6-1-14　成形法切齿

图 6-1-15　齿轮插刀

2)齿条插刀。

当齿轮插刀切齿时将刀具做成齿条状，模仿齿条与齿轮的啮合过程，切出被加工齿轮的渐开线齿廓，如图 6-1-16 所示。齿条插刀切削轮齿的原理与轮齿插刀切削齿轮相同。

3)齿轮滚刀。

用上述两种刀具切制齿轮时，其加工过程不是连续，影响了生产率的提高。为此，生产

中广泛采用了连续切削的齿轮滚刀。如图 6-1-17 所示，齿轮滚刀形状像一个螺旋，加工时，滚刀刀刃在轮坯端面上的投影为一个齿条。切齿时，轮坯与滚刀分别绕本身轴线转动；同时滚刀沿着轮坯的轴向进刀，因而加工原理与齿条插刀相同。

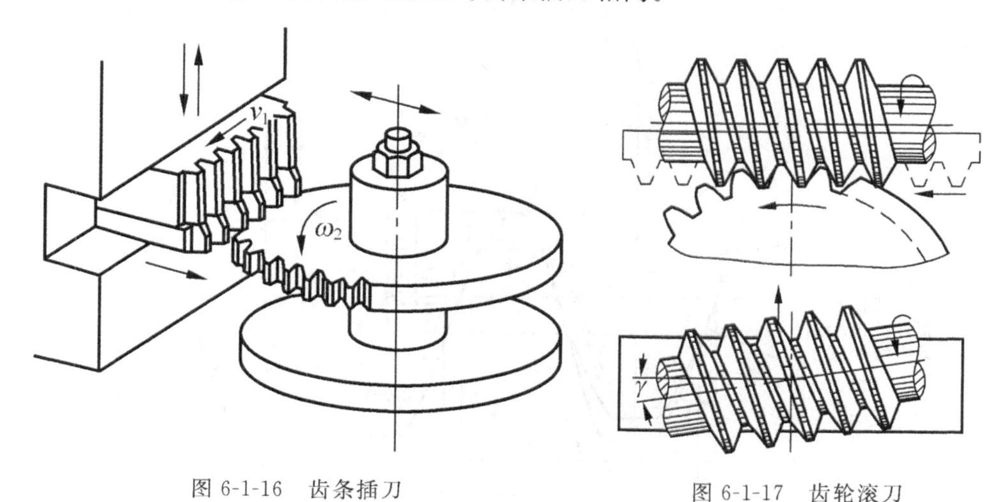

图 6-1-16　齿条插刀　　图 6-1-17　齿轮滚刀

2. 根切现象

设计齿轮时，为使结构紧凑，希望齿数尽可能少，但是，对于渐开线标准齿轮，其最少齿数是有限制的。以齿条插刀切削标准齿轮为例，如图 6-1-18 所示，若齿数过少，刀具齿顶线将超过理论啮合线的极限点 N_1（图中双点划线齿条所示）。刀具的超出部分不仅不能切削出渐开线齿廓（由于基圆内无渐开线），而且会将齿根部已加工出的渐开线切去一部分（图中双点划线齿廓），这种现象称为根切现象。轮齿发生根切以后，将会降低齿轮的强度和重合度，影响传动平稳性，故应尽量避免。

3. 标准齿轮不发生根切的最少齿数

标准齿轮欲避免根切，其齿数 z 必须大于或等于不根切的最小齿数 $z_{\min}$。由图 6-1-18 可见，若要刀具齿顶线不超过理论啮合线的极限点 N_1，应使 CN_1 沿中心线方向投影长度等于或大于刀具齿顶高，即

$$CN_1 \cdot \sin\alpha = h_a^* m \tag{6-1-22}$$

对于 $\alpha=20°$和 $h_a^*=1$ 的标准渐开线齿轮，当用展成法加工时，$z_{\min}=17$；若允许略有根切可取 $z_{\min}=14$。

4. 变位齿轮

图 6-1-18 中虚线表示切制 $z<z_{\min}$ 的标准齿轮而发生的根切现象，此时刀具的中线与齿轮的分度圆相切，刀具的齿顶线超过了理论啮合线的极限点 N_1。如果将刀具外移一段距离 xm 至刀具的齿顶线与 N_1 点平齐（图中刀具的实线位置），这样就不会发生根切了。此时与齿轮分度圆相切的已不再是刀具的中线，而是与之平行的分度线。这样制得的齿轮称为变位齿轮。

切齿刀具所移动的距离 xm 称为变位量，x 称为变位系数。

当刀具远离轮坯时变位系数为正，反之为负，相应的变位分别称为正变位和负变位。

变位齿轮不仅可以加工 $z<z_{\min}$ 的齿轮，而不发生根切，还可用于非标准中心距的场合，

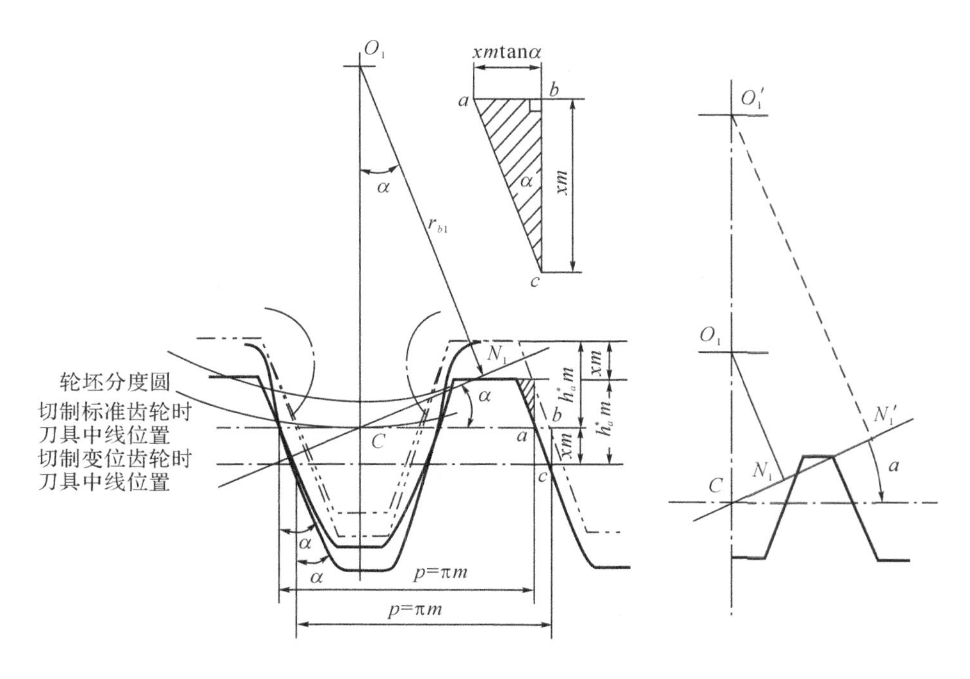

图 6-1-18　根切现象及变位

以提高小齿轮弯曲强度等，因此，变位齿轮得到日益广泛的应用。有关变位齿轮的设计和应用，可参阅有关资料。

6.1.9　齿轮传动的失效形式与设计准则

1. 齿轮传动的失效形式

齿轮传动的失效一般指轮齿的失效。常见的失效形式有轮齿折断、齿面点蚀、齿面磨损、齿面胶合以及塑性变形等几种形式。常见的轮齿失效形式及产生的原因和预防方法见表 6-1-5。

表 6-1-5　轮齿常见失效形式及产生原因和防止措施

失效形式	后果	工作环境	产生失效的原因	防止失效的措施
折断面 轮齿折断	轮齿折断后无法工作	开式、闭式传动中均可能发生	在载荷反复作用下，齿根弯曲应力超过允许限度时发生疲劳折断；用脆性材料制成的齿轮，因短时过载、冲击发生突然折断	限制齿根危险截面上的弯曲应力；选用合适的齿轮参数和几何尺寸；降低齿根处的应力集中；强化处理和良好的热处理工艺

续表

失效形式	后果	工作环境	产生失效的原因	防止失效的措施
 齿面点蚀	齿廓失去准确形状，传动不平稳，噪声、冲击增大或无法工作	闭式传动	在载荷反复作用下，轮齿表面接触应力超过允许限度时，发生疲劳点蚀	限制齿面的接触应力；提高齿面硬度、降低齿面的表面粗糙度值；采用粘度高的润滑油及适宜的添加剂
 齿面磨损		主要发生在开式传动中，润滑油不洁的闭式传动中也可能发生	灰尘、金属屑等杂物进入啮合区	注意润滑油的清洁；提高润滑油粘度，加入适宜的添加剂；选用合适的齿轮参数及几何尺寸、材质、精度和表面粗糙度；开式传动选用适当防护装置
 齿面胶合		高速、重载或润滑不良的低速、重载传动中	齿面局部温升过高，润滑失效；润滑不良	进行抗胶合能力计算，限制齿面温度；保证良好润滑，采用适宜的添加剂；降低齿面的表面粗糙度值
 齿面塑性变形		在低速重载时	齿面压力、摩擦力过大，导致齿面金属产生塑性流动。	提高齿面硬度和采用粘度较高的润滑油，均有助于防止或减轻齿面塑性变形。

齿轮传动可分为开式传动和闭式传动两种。开式传动是指传动裸露或只有简单的遮盖，工作时环境中粉尘、杂物易侵入啮合齿间，润滑条件较差的情况。闭式传动是指被封闭

在箱体内，且润滑良好(常用浸油润滑)的齿轮传动。开式传动失效以磨损及磨损后的折齿为主，闭式传动失效则以疲劳点蚀或胶合为主。由此可见，轮齿失效形式与传动工作情况是密切相关的。

轮齿失效还与受载、工作转速和齿面硬度有关。硬齿面(硬度＞350HBS)、重载时易发生轮齿折断，高速、中小载荷时易发生疲劳点蚀；软齿面(硬度≤350HBS)、重载、高速时易发生胶合，低速时则产生塑性变形。

2. 齿轮传动设计准则

轮齿的失效形式很多，它们不大可能同时发生，却又相互联系，相互影响。例如轮齿表面产生点蚀后，实际接触面积减少将导致磨损的加剧，而过大的磨损又会导致轮齿的折断。可是在一定条件下，必有一种为主要失效形式。

在进行齿轮传动的设计计算时，应分析具体的工作条件，判断可能发生的主要失效形式，以确定相应的设计准则。

对于软齿面的闭式齿轮传动，由于齿面抗点蚀能力差，润滑条件良好，齿面点蚀将是主要的失效形式。在设计计算时，通常按齿面接触疲劳强度设计，再作齿根弯曲疲劳强度校核。

对于硬齿面的闭式齿轮传动，齿面抗点蚀能力强，但易发生齿根折断，齿根疲劳折断将是主要失效形式。在设计计算时，通常按齿根弯曲疲劳强度设计，再作齿面接触疲劳强度校核。

当一对齿轮均为铸铁制造时，一般只需作轮齿弯曲疲劳强度设计计算。

对于汽车、拖拉机的齿轮传动，过载或冲击引起的轮齿折断是其主要失效形式，宜先作轮齿过载折断设计计算，再作齿面接触疲劳强度校核。

对于开式传动，其主要失效形式将是齿面磨损。但由于磨损的机理比较复杂，到目前为止尚无成熟的设计计算方法，通常只能按齿根弯曲疲劳强度设计，再考虑磨损，将所求得的模数增大10%～20%。

3. 常用齿轮材料及热处理

对齿轮材料的要求：齿面有足够的硬度和耐磨性，轮齿心部有较强韧性，以承受冲击载荷和变载荷，以防止齿面的各种失效，同时应具有良好的冷、热加工的工艺性。

常用的齿轮材料为各种牌号的优质碳素结构钢、合金结构钢、铸钢、铸铁和非金属材料等。一般多采用锻件或轧制钢材。当齿轮结构尺寸较大，轮坯不易锻造时，可采用铸钢。开式低速传动时，可采用灰铸铁或球墨铸铁。低速重载的齿轮易产生齿面塑性变形，轮齿也易折断，宜选用综合性能较好的钢材。高速齿轮易产生齿面点蚀，宜选用齿面硬度高的材料。受冲击载荷的齿轮，宜选用韧性好的材料。对高速、轻载而又要求低噪声的齿轮传动，也可采用非金属材料、如夹布胶木、尼龙等。常用的齿轮材料及其力学性能列于表6-1-6。

钢制齿轮的热处理方法主要有以下几种：

(1)表面淬火　常用于中碳钢和中碳合金钢，如45、40Cr钢等。表面淬火后，齿面硬度一般为40～55HRC。特点是抗疲劳点蚀、抗胶合能力高，耐磨性好。由于齿心部末淬硬，齿轮仍有足够的韧性，能承受不大的冲击载荷。

(2)渗碳淬火　常用于低碳钢和低碳合金钢，如20、20Cr钢等。渗碳淬火后齿面硬度可达56～62HRC，而齿心部仍保持较高的韧性，轮齿的抗弯强度和齿面接触强度高，耐磨性较

好，常用于受冲击载荷的重要齿轮传动。齿轮经渗碳淬火后，轮齿变形较大，应进行磨齿。

(3)渗氮　渗氮是一种表面化学热处理。渗氮后不需要进行其他热处理，齿面硬度可达700～900HV。由于渗氮处理后的齿轮硬度高，工艺温度低，变形小，故适用于内齿轮和难以磨削的齿轮，常用于含铬、铜、铅等合金元素的渗氮钢，如38CrMoAlA。

(4)调质　调质一般用于中碳钢和中碳合金钢，如45、40Cr、35SiMn钢等。调质处理后齿面硬度一般为220～280HBS。因硬度不高，轮齿精加工可在热处理后进行。

(5)正火　正火能消除内应力，细化晶粒，改善力学性能和切削性能。机械强度要求不高的齿轮可采用中碳钢正火处理，大直径的齿轮可采用铸钢正火处理。

一般要求的齿轮传动可采用软齿面齿轮。为了减小胶合的可能性，并使配对的大小齿轮寿命相当，通常使小齿轮齿面硬度比大齿轮齿面硬度高出30-50HBS。对于高速、重载或重要的齿轮传动，可采用硬齿面齿轮组合，齿面硬度可大致相同。

表6-1-6　常用的齿轮材料、热处理硬度和应用举例

材料	牌号	热处理方法	硬度		应用举例
			齿芯 HBS	齿面 HRC	
优质碳素钢	35	正火	150～180		低速轻载的齿轮或中速中载的大齿轮
	45		169～217		
	50		180～220		
	45	调质	217～255		
合金钢	35SiMn		217～269		
	40Cr		241～286		
优质碳素钢	35	表面淬火	180～210	40～45	高速中载、无剧烈冲击的齿轮。如机床变速箱中的齿轮
	45		217～255	40～50	
合金钢	40Cr		241～286	48～55	
	20Cr	渗碳淬火		56～62	高速中载、承受冲击载荷的齿轮。如汽车、拖拉机中的重要齿轮
	20CrMnTi			56～62	
	38CrMOAlA	氧化	229	>850HV	载荷平稳、润滑良好的齿轮
铸钢	ZG45	正火	163～197		重型机械中的低速齿轮
	ZG55		179～207		
球墨铸铁	QT700-2		225～305		可用来代替铸钢
	QT600-2		229～302		
灰铸铁	HT250		170～241		低速中载、不受冲击的齿轮。如机床操纵机构的齿轮
	HT300		187～255		

注：正火、调质及铸件的齿面硬度与齿心硬度相近。

4. 许用应力

齿轮的许用应力是根据实验齿轮的疲劳极限确定的，当要求失效概率不大于10%时

齿面许用接触疲劳应力

$$[\sigma_H]=\frac{\sigma_{H\lim}}{S_H} \qquad 6\text{-}1\text{-}23)$$

齿根许用弯曲疲劳应力

$$[\sigma_F]=\frac{\sigma_{F\lim}}{S_F} \qquad (6\text{-}1\text{-}24)$$

式(6-1-23)和(6-1-24)中$\sigma_{H\lim}$、$\sigma_{F\lim}$分别是实验的接触疲劳极限和弯曲疲劳极限

(MPa),根据齿轮材料和热处理方法从图 6-1-19 与图 6-1-20 中查取。

超出区域范围时,可将线图向右适当线性延伸。

S_H、S_F 分别为接触强度和弯曲强度计算安全系数,由表 6-1-7 查取。

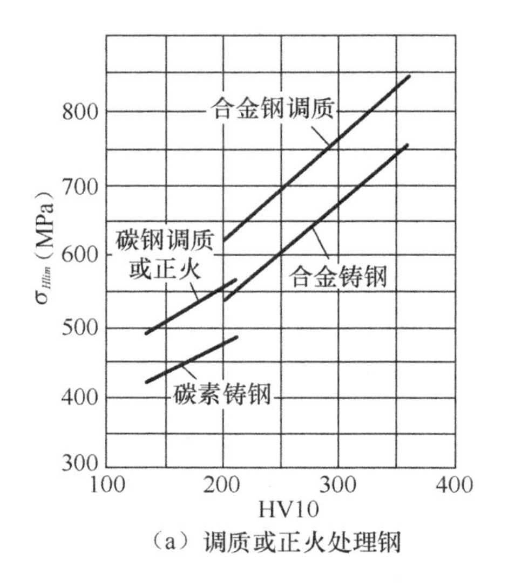

(a) 调质或正火处理钢

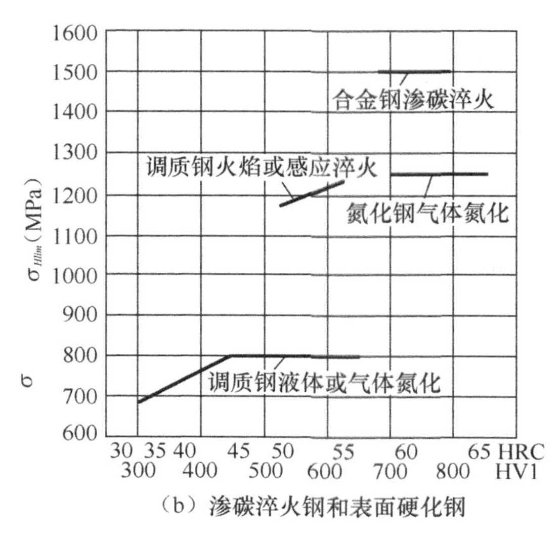

(b) 渗碳淬火钢和表面硬化钢

图 6-1-19 齿轮的接触疲劳强度极限 $\sigma_{H\lim}$

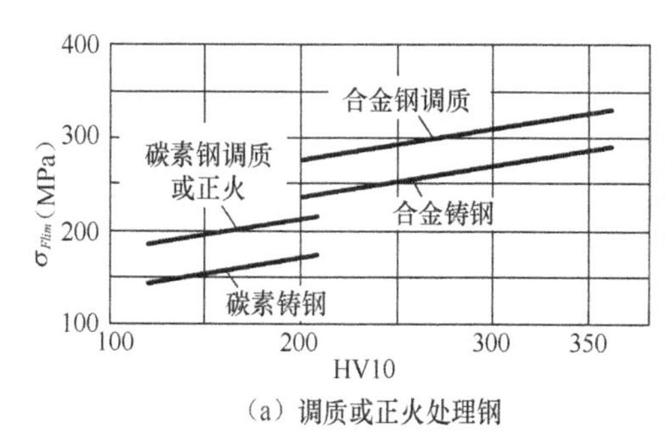

(a) 调质或正火处理钢

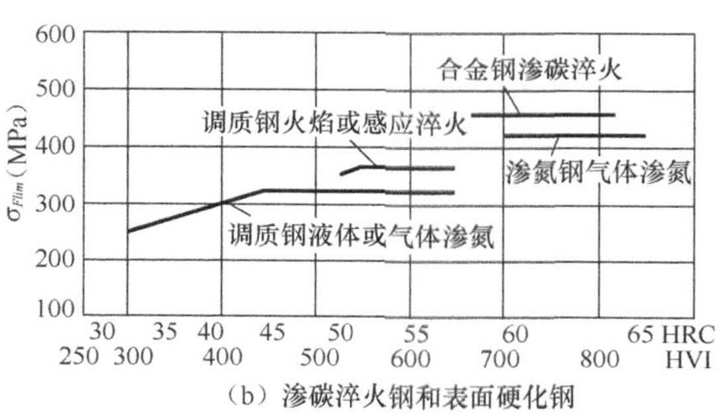

(b) 渗碳淬火钢和表面硬化钢

图 6-1-20 齿轮的弯曲疲劳强度极限 $\sigma_{F\lim}$

表 6-1-7 安全系数 S_H、S_F

安全系数	软齿面	硬齿面	重要传动
S_H	1.0～1.1	1.1～1.2	1.3～1.6
S_F	1.25～1.4	1.4～1.6	1.6～2.2

6.1.10 圆柱齿轮传动受力分析与强度计算

1. 圆柱齿轮传动受力分析

对齿轮传动进行受力分析是进行齿轮承载能力计算、选用轴承和设计轴的基础。

如图 6-1-21 所示,一对直齿圆柱齿轮在节点啮合时,如果忽略齿面之间的摩擦力,齿面之间法向作用力 F_n 分别作用在主、从动轮上,其大小相等、方向相反。根据渐开线齿廓的性质，F_n 沿齿廓公法线方向，它们分别于两轮的分度圆相切。将 F_n 分解 2 个互相垂直的分力：圆周力 F_t（主动轮上 F_t 方向与啮合点的圆周速度方向相反）和径向力 F_r（沿半径方向指向轮心）。他们的计算公式是

$$
\begin{aligned}
&\text{圆周力}: F_t = \frac{2T_1}{d_1} \\
&\text{径向力}: F_r = F_t \tan\alpha \\
&\text{法向力}: F_n = \frac{F_t}{\cos\alpha}
\end{aligned}
\tag{6-1-25}
$$

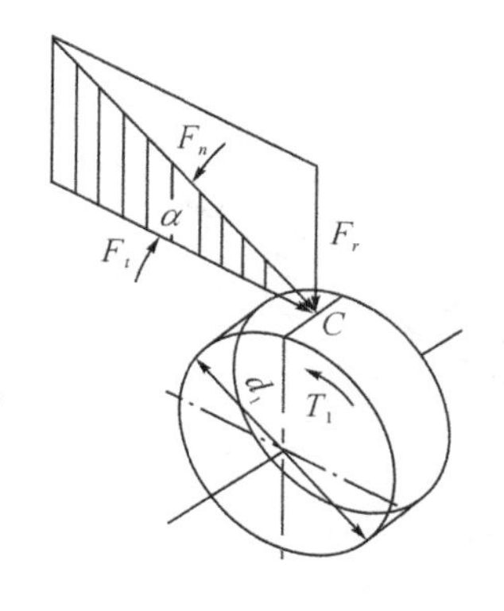

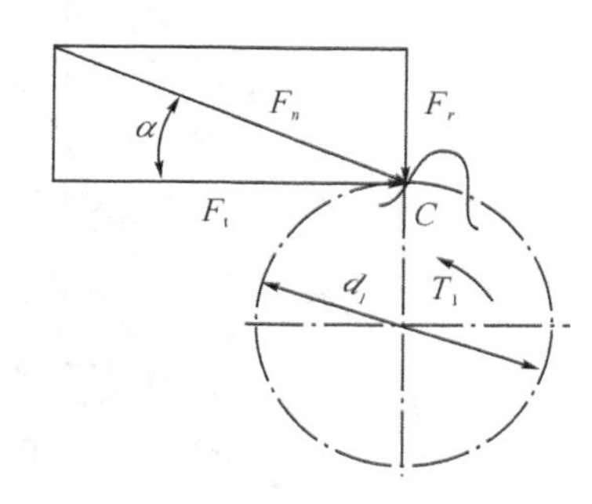

图 6-1-21　齿轮的受力分析

式中 d_1 为小齿轮分度圆直径，mm；α 为齿轮压力角，直齿轮 $\alpha=20°$；T_1 为小齿轮传递的转矩，N·m。如果小齿轮传递的功率是 P_1(kW)，转速 n_1(r/min)，则

$$T_1 = 9550\,\frac{P_1}{n_1} \tag{6-1-26}$$

2. 圆柱齿轮承载能力计算

圆柱齿轮承载能力计算涉及齿轮的设计、制造工艺、材料和检验等各方面的因素，"GB3480-1997 渐开线圆柱齿轮承载能力计算方法"包括了齿面接触强度和轮齿弯曲强度的计算，GB64133-1986 提出了"渐开线圆柱齿轮胶合承载能力计算方法"。由于胶合主要发生在高速重载的齿轮传动中，而对于一般机械中的闭式齿轮传动，都是以齿面接触强度和轮齿弯曲强度作为其承载能力的计算依据。

齿轮强度理论由经典的刚体啮合理论发展到弹塑性体的啮合齿轮，并不断引入齿形、速度、制造与安装精度、弹性与热变形、润滑、表面粗糙度和材质等因素的影响系数，是一个十分复杂的问题。

(1)齿面接触强度计算

进行齿面接触强度计算的力学模型，是将想啮合的两个齿廓表面用两个相接触的平行圆柱体来代替(考虑到齿面疲劳点蚀多发生在节点附近，因此取该圆柱体的半径等于轮齿在节点处的曲率半径，其宽度等于齿宽)它们之间的作用力为法向力 F_n，如图 6-1-22 所示。

根据齿面接触强度条件可得齿面接触疲劳强度的校核公式

$$\sigma_H = 3.52 Z_E \sqrt{\frac{KT_1}{bd_1^2}\frac{(u\pm 1)}{u}} \leqslant [\sigma_H] \tag{6-1-27}$$

为了便于设计计算，引入齿宽系数 $\psi_d=\dfrac{b}{d_1}$ 并代入公式，得到齿面接触疲劳强度的设计公式为

$$d_1 \geqslant \sqrt[3]{\frac{KT_1}{\psi_d}\frac{u\pm1}{u}\left(\frac{3.52Z_E}{[\sigma_H]}\right)^2} \tag{6-1-28}$$

式中：K 为载荷系数(见表 6-1-8) Z_E 为材料的弹性系数(见表 6-1-9)，$[\sigma_H]$为齿轮材料的许用接触应力。

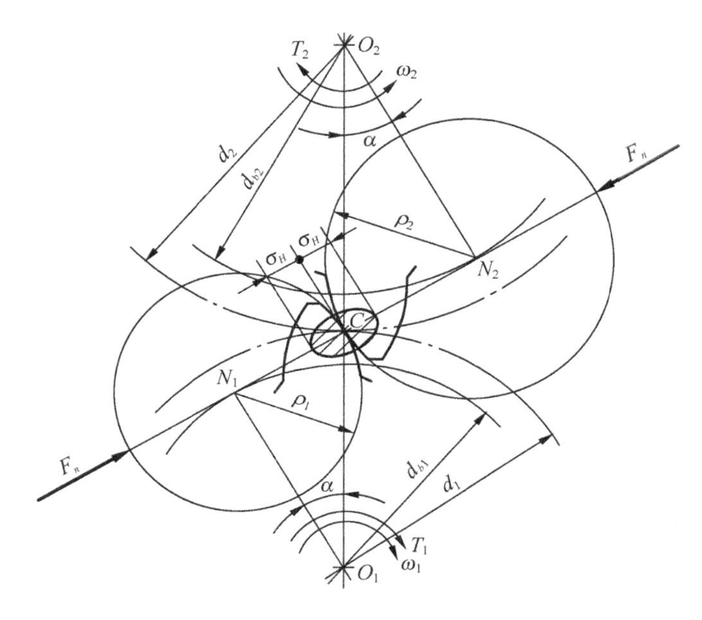

图 6-1-22 齿面接触应力

若两齿轮材料都选用锻钢时，由表 6-1-9 可查得 $Z_E=189.8\sqrt{\text{MPa}}$，将其分别代入设计公式 6-1-27 和校核公式 6-1-28，可得一对钢制齿轮的设计公式为

$$d_1 \geqslant 76.43\sqrt[3]{\frac{KT_1 u\pm1}{\psi_d u[\sigma_H]^2}} \tag{6-1-29}$$

校核公式为

$$\sigma_H=668\sqrt{\frac{KT_1(u\pm1)}{bd_1^2 u}}\leqslant[\sigma_H] \tag{6-1-30}$$

小齿轮传递的转矩 T_1(N·mm)见式(6-1-26)；

$\psi_d=\dfrac{b}{d_1}$——齿轮宽度 b 与小齿轮分度圆直径 d_1 的比值。

当载荷平稳，齿宽系数较小，轴承对称布置，轴的刚性较大，齿轮精度 6 级以上，以及齿的螺旋角度较大时取较小值；反之 K 取较大值；

许用接触力$[\sigma_H]$按照式(6-1-23)确定，在式(6-1-27)与(6-1-28)中应代入齿轮副$[\sigma_H]_1$ 与$[\sigma_H]_2$ 中的较小值计算；

齿数比 $u=\dfrac{z_1}{z_2}\geqslant1$；“+”用于外啮合；“-”用于内啮合。

表 6-1-8 载荷系数 K

工作机械	载荷特性	原动机		
		电动机	多缸内燃机	单缸内燃机
均匀加料的运输机和加料机、轻型卷扬机、发电机、机床辅助传动。	均匀、轻微冲击	1.0～1.1	1.2～1.6	1.6～1.8
不均匀加料的运输机和加料机、重型卷扬机、球磨机、机床主传动	中等冲击	1.2～1.6	1.6～1.8	1.8～2.0
冲床、钻床、轧机、破碎机、挖掘机	大的冲击	1.6～1.8	1.9～2.1	2.2～2.4

表 6-1-9 弹性系数 Z_E

项目	锻钢	铸钢	球墨铸铁	灰铸铁
弹性模量 E/MPa	20.6×10^4	20.2×10^4	17.3×10^4	11.8×10^4
泊松比 μ	0.3	0.3	0.3	0.3
锻钢	189.8	188.9	181.4	162.0
铸钢	—	188.0	180.5	161.4
球墨铸铁		—	173.9	156.6
灰铸铁			—	143.7

(2)齿根弯曲强度计算

进行轮齿弯曲强度计算的力学模型，是将轮齿看做是一个螺旋臂梁，全部载荷 Fa 沿齿轮法线方向作用于齿顶，用 30°切线法确定齿根的危险截面。对轮齿弯曲强度起决定作用的是弯曲应力(实验证明，齿根上的剪应力和压应力对齿轮弯曲强度的影响占 5%)，如图 6-1-23 所示。

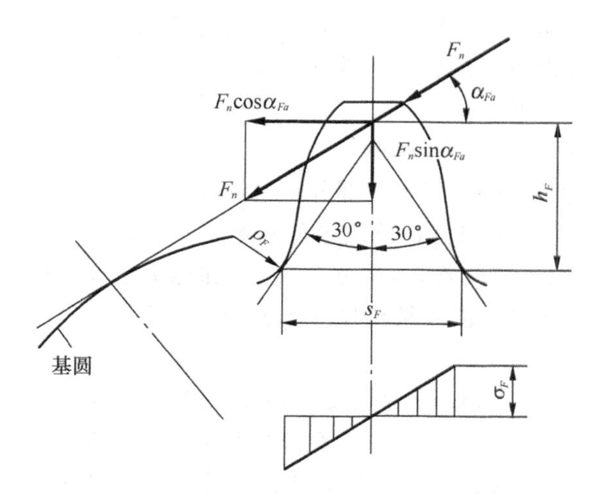

图 6-1-23 齿根弯曲应力

引入载荷系数 K(见表 6-1-8)经过强度计算，可得出齿根弯曲疲劳强度的校核公式是

$$\sigma_F=\frac{2KT_1Y_{FS}}{bm^2z_1}\leqslant[\sigma_F] \tag{6-1-31}$$

将 $\psi_d=\dfrac{b}{d_1}$代入上式，可得齿根弯曲疲劳强度的设计公式

$$m \geqslant 1.26\sqrt[3]{\frac{KT_1Y_{FS}}{\psi_d z_1^2[\sigma_F]}} \tag{6-1-32}$$

式中:复合齿轮系数 Y_{FS} 已考虑齿形与齿根的应力集中以及压应力和剪应力等对齿根弯曲应力的影响,它可由表 6-1-10 查取。

应用齿根弯曲应力$[\sigma_F]$按照式(6-1-24)确定。按式(6-1-32)中$\frac{Y_{FS1}}{[\sigma_F]_1}$与$\frac{Y_{FS2}}{[\sigma_F]_2}$中的较大值计算。

表 6-1-10　渐开线外齿轮($\alpha_n=20°$　$h_{an}^*=1.0$)的复合齿形 Y_{FS}

Z	18	19	20	22	25	28	30	35	40	45	50	60	80	100	≥200
Y_{FS}	4.48	4.42	4.38	4.35	4.21	4.15	4.14	4.08	4.02	4.01	4.00	3.98	3.98	3.92	4.02

(3)影响齿轮承载能力的参数和尺寸

影响齿轮承载能力的因素包括齿轮的材料和热处理、制造与安装精度以及参数与几何尺寸几个方面。这里讨论齿轮参数和几何尺寸对齿轮承载能力的影响。

1)由齿面接触强度的计算公式可知,在齿轮传动的材料$[\sigma_H]$、载荷 T_1、齿数比 u、齿宽 b 和工作情况 K 等一定情况下,决定齿面接触强度的主要参数是分度圆直径 d_1(或中心距 a)。d_1(或 a)是反映齿轮大小的参数,因此,齿面接触强度取决于齿轮的大小,而与齿轮的模数无关。

2)由齿轮弯曲强度的计算公式可知,在齿轮传动的材料 σ_{FP}、载荷 T_1、齿数比 u、齿宽 b 和工作情况 K 等一定情况下,决定轮齿弯曲强度的主要参数是模数 m、齿数 z_1 和复合齿形系数 Y_{FS}。z_1 与 Y_{FS} 是反映轮齿形状大小的几个参数,因此,轮齿弯曲强度取决于轮齿的形状大小(其中最主要的影响参数是模数 m),而与齿轮直径无关。

顺便指出,斜齿圆柱齿轮是按法面当量直齿圆柱齿轮传动进行强度计算的,故复合齿形系数 Y_{FS} 应按当量齿数来选取。

(4)齿轮传动主要的设计参数的选择

齿轮传动设计时的参数较多,其中一部分是由标准决定的参数,如压力角 α(或 α_n)齿轮制参数 h_a^*,c^* 等。一部分是由强度计算决定的参数,如模数 m、分度圆直径 d_1 或中心距 a 等;还有一部分是自选参数(如齿数 z_1,齿宽系数 ψ_d,和螺旋角 β 等)。自选参数的选取要考虑它们对齿轮承载能力、传动性能和结构尺寸的影响。

1)齿数 z_1

对于闭式软齿面齿轮传动,设计时先按齿面接触强度确定分度圆直径 d_1 或(中心距 a)。$d_1=m\cdot z_1$,增大 z_1,可相应减小 m(这时会降低齿轮弯曲强度)。这样,有利于增大重合度,提高传动的平稳性;可以减小齿项圆直径和毛坯直径,降低制造成本(模数小则齿槽小,切削量少)。由于闭式软齿面齿轮传动的轮齿弯曲强度有较大的富裕,因此可选取较多的齿数,通常 $z_1=20\sim40$。

对于闭式硬齿面齿轮传动和开式齿轮传动,设计时先按齿轮弯曲强度确定模数 m。这时,齿数 z_1 的多少直接影响到齿轮的大小和齿面接触强度,因此,为使传动结构紧凑,可选取较少的齿数,通常 $z_1=18\sim20$。

2）齿宽系数 ψ_d

从齿面的接触强度来看，增大 ψ_d 可减小齿轮直径，降低圆周速度；从轮齿弯曲强度来看，增大 ψ_d，可减小模数 m。但是，随着 d_1 的增大，齿宽加大，会加剧由于轴承和轴的变形所造成的沿齿宽方向载荷分布的不均匀性，载荷集中严重。ψ_d 可以参考表 6-1-11 选取。

表 6-1-11　齿宽系数 ψ_d

两轴承相对齿轮的布置情况	载荷情况	软齿面或软硬齿面		硬齿面	
		推荐值	最大值	推荐值	最大值
对称布置	变动小	0.8～1.4	1.8	0.4～0.9	1.1
	变动大		1.4		0.9
非对称布置	变动小	0.6～1.2	1.4	0.3～0.6	0.9
	变动大		1.15		0.7
小齿轮悬臂	变动小	0.3～0.4	0.8	0.2～0.25	0.55
	变动大		0.6		0.44

注：软齿面指两齿轮皆为软齿面，软硬齿面指仅大齿轮为硬齿面，硬齿面指两齿轮皆为硬齿面；

直齿圆柱齿轮取小值，斜齿轮取大值，人字齿轮可取更大值；

载荷平稳，轴刚度大时取大值，反之取小值；

对于金属切削机床，若传递功率不大时，ψ_d 可小到 0.2；

对于非金属齿轮，可取 ψ_d＝0.5～1.2；

对于开式传动，可取 ψ_d＝0.3～0.5；

3）螺旋角 β

对于斜齿轮传动，增大齿轮的螺旋角，有利于提高齿轮的承载能力和传动的平稳性，但螺旋角太大时会引起很大的轴向力。具体内容见本项目任务 2 中相关内容。

3. 圆柱齿轮传动的精度等级

GB10095-1988“渐开线圆柱齿轮精度标准”中规定了 12 个精度等级，其中 1 级精度最高，12 级最低，常用的是 6-9 级。齿轮精度等级的选择，应当根据齿轮的用途，使用条件，传递圆周速度和功率的大小，以及有关技术经济指标，参考表 6-1-12 选择。

表 6-1-12　常用精度等级的齿轮加工方法及其应用范围

项目	齿轮的精度等级			
	6 级（高精度）	7 级（较高精度）	8 级（普通）	9 级（低精度）
加工方法	用范成法在精密机床上精磨或精剃	用范成法在精密机床上精插或精滚对淬火齿轮需磨齿或研齿等	用范成法插齿或滚齿	用范成法或仿形法粗滚或型铣
齿面粗糙度（μm）	0.80～1.60	1.60～3.2	3.2～6.3	6.3
用途	用于分度机构或高速重载的齿轮，如机床、精密仪器、汽车、船舶、飞机中的重要齿轮	用于高、中速重载齿轮，如机床、汽车、内燃机中的重要齿轮、标准系列减速器中稍微齿轮等	一般机械中的齿轮，飞机、拖拉机中不重要的齿轮，纺织机械、农业机械中的重要齿轮	轻载传动不重要齿轮的或低速传动、对精度要求低的齿轮

续表

项目		齿轮的精度等级			
		6级(高精度)	7级(较高精度)	8级(普通)	9级(低精度)
圆周速度 v/(m/s)	圆柱齿轮	直齿	≤15	≤10	≤3
		斜齿	≤25	≤17	≤3.5
	圆锥轮齿	直齿	≤9	6≤	≤2.5

4. 齿轮传动设计计算的主要步骤

(1) 根据题目提供的工况等条件,确定传动形式,选定合适的齿轮材料和热处理方法,查表确定相应的许用应力。

(2) 根据设计准则,设计计算 m 或 d_1。

(3) 选择齿轮的主要参数。

(4) 计算主要几何尺寸,公式见表 6-1-3。

(5) 根据设计准则校核接触强度或弯曲强度。

(6) 校核齿轮的圆周速度,选择齿轮传动的精度等级和润滑方式等。

(7) 齿轮结构设计并绘制零件图。

【例 1】 设计一单级直齿圆柱齿轮减速器中的齿轮传动。已知:传递功率 $P=10$ kW,电动机驱动,小齿轮转速 $n_1=955$ r/min,传动比 $i=4$,单向运转,载荷平稳。使用寿命 10 年,单班制工作。

解:(1)选定齿轮材料、热处理方式、精度等级,确定许用应力

1)选定齿轮的材料、热处理方式

小齿轮选硬齿面,大齿轮选软齿面,查表 6-1-6,选取小齿轮的材料为 45 号钢调质,齿面硬度为 250HBS,大齿轮选用 45 号钢正火,齿面硬度为 200HBS。

2)确定许用应力

由图 6-1-19 可知,小齿轮 $\sigma_{H\lim1}=580$MPa,大齿轮 $\sigma_{H\lim2}=560$MPa;

由图 6-1-20 可知,小齿轮 $\sigma_{F\lim1}=210$MPa,大齿轮 $\sigma_{F\lim2}=190$MPa;

查表 6-1-7,取 $S_H=1$,$S_F=1.25$,齿轮的许用接触应力为:

$$[\sigma_H]_1=\frac{\sigma_{H\lim1}}{S_H}=580\text{MPa},[\sigma_H]_2=\frac{\sigma_{H\lim2}}{S_H}=560\text{MPa}$$

根据两者的较小值,选$[\sigma_H]=560$MPa。

齿轮的许用弯曲应力为:

$$[\sigma_F]_1=\frac{\sigma_{F\lim1}}{S_F}=\frac{210}{1.25}=168\text{MPa},[\sigma_F]_2=\frac{\sigma_{F\lim2}}{S_F}=\frac{190}{1.25}=152\text{MPa}。$$

3)初选齿轮精度等级。

根据减速器的工作要求,初选齿轮精度 8 级,要求齿面粗糙度 $Ra\leqslant3.2\sim6.3\mu$m。

(2)按齿面接触疲劳强度设计

1)转矩 T_1

$$T_1=9.55\times10^6\cdot P/n_1,=9.55\times10^6\times10/955\ (\text{N}\cdot\text{mm})=1\times10^5(\text{N}\cdot\text{mm})$$

2)载荷系数 K

由表 6-1-8,取 $K=1.1$;

3)齿数 Z_1、Z_2 和齿宽系数 ψ_d

小齿轮的齿数 z_1 取为 25,则大齿轮齿数 $z_2=100$。因单级齿轮传动为对称布置,而齿轮齿面又为软件齿面,由表 6-1-11 取 $\psi_d=1$;

4)材料弹性影响系数 Z_E

齿轮的材料 45 钢,查表 6-1-9,有材料弹性影响系数 $Z_E=189.8\sqrt{MPa}$;

5)齿轮直径 d_1 和模数 m

根据式(6-1-28),有

$$d_1 \geqslant \sqrt[3]{\frac{kT_1}{\psi_d}\frac{u+1}{u}\left(\frac{3.52Z_E}{[\sigma_H]}\right)^2}=\sqrt[3]{\frac{1.1\times1\times10^5}{1}\times\frac{4+1}{4}\left(\frac{3.52\times189.8}{560}\right)^2}=58.3(\text{mm})$$

$$m=d_1/z_1=58.3/25=2.33(\text{mm})$$

由表 6-1-2 取 $m=2.5$mm。

(3)主要尺寸计算

$d_1=m\cdot z_1=2.5\times25=62.5(\text{mm})$

$d_2=m\cdot z_2=2.5\times100=250(\text{mm})$

$a=m\cdot(z_1+z_2)=2.5\times(25+100)/2=165(\text{mm})$

$b=\psi_d\cdot d_1=1\times62.5=62.5(\text{mm})$

经圆整后取 $b_2=65$mm,则 $b_1=b_2+5=70$mm

(4)按齿根弯曲疲劳强度校核

1)齿形系数 Y_{FS}

由表 6-1-10,可知复合齿轮系数 $Y_{FS1}=4.21$,$Y_{FS2}=3.92$;

2)齿根弯曲疲劳强度校核

校核公式(6-1-31),有

$$\sigma_{F1}=\frac{2KT_1Y_{FS1}}{bm^2z_1}=\frac{2\times1.1\times1\times10^5\times4.21}{65\times2.5^2\times25}=91.2\text{MPa}<[\sigma_F]_1$$

$$\sigma_{F2}=\sigma_{F1}\frac{Y_{FS2}}{Y_{FS1}}=97.85\times\frac{3.92}{4.21}=84.9\text{MPa}<[\sigma_F]_2$$

满足齿根弯曲疲劳强度要求。

(5)验算初选精度等级

齿轮圆周速度为:

$$v=\frac{\pi d_1 n_1}{60\times1000}=\frac{\pi\times62.5\times955}{60\times1000}=3.13\text{m/s}$$

由表 6-1-12 可知,选择 8 级精度合适。

(6)结构设计并绘制工程图

(略)

【任务实施】

1. 工作任务分析

由图 6-1-1 可知,该带式运输机由输送带、滚筒、联轴器、减速器、带传动、电动机等部分组成。本任务的主要内容是其减速器齿轮传动设计。减速器采用一级圆柱齿轮传动,已知条件包括输入的转矩 $T_1=1.2249\times10^5\text{N}\cdot\text{mm}$,小齿轮转速 $n_1=336.84\text{r/min}$,传动比 $i=$

4，及使用年限为 5 年等。设计内容有：选定齿轮材料、热处理方式、精度等级，确定许用应力，按齿面接触疲劳强度计算最小轴径并确定齿轮模数，计算齿轮的主要尺寸，按齿根弯曲疲劳强度进行校核，验算初选精度等级，确定齿轮结构并绘制工程图等，具体过程可以参照 6.1.11 齿轮传动设计计算例 1 中的相关内容。

2. 填写设计任务单

表 6-1-13 设计任务单

任务名称	渐开线直齿圆柱齿轮传动设计			
工作原理	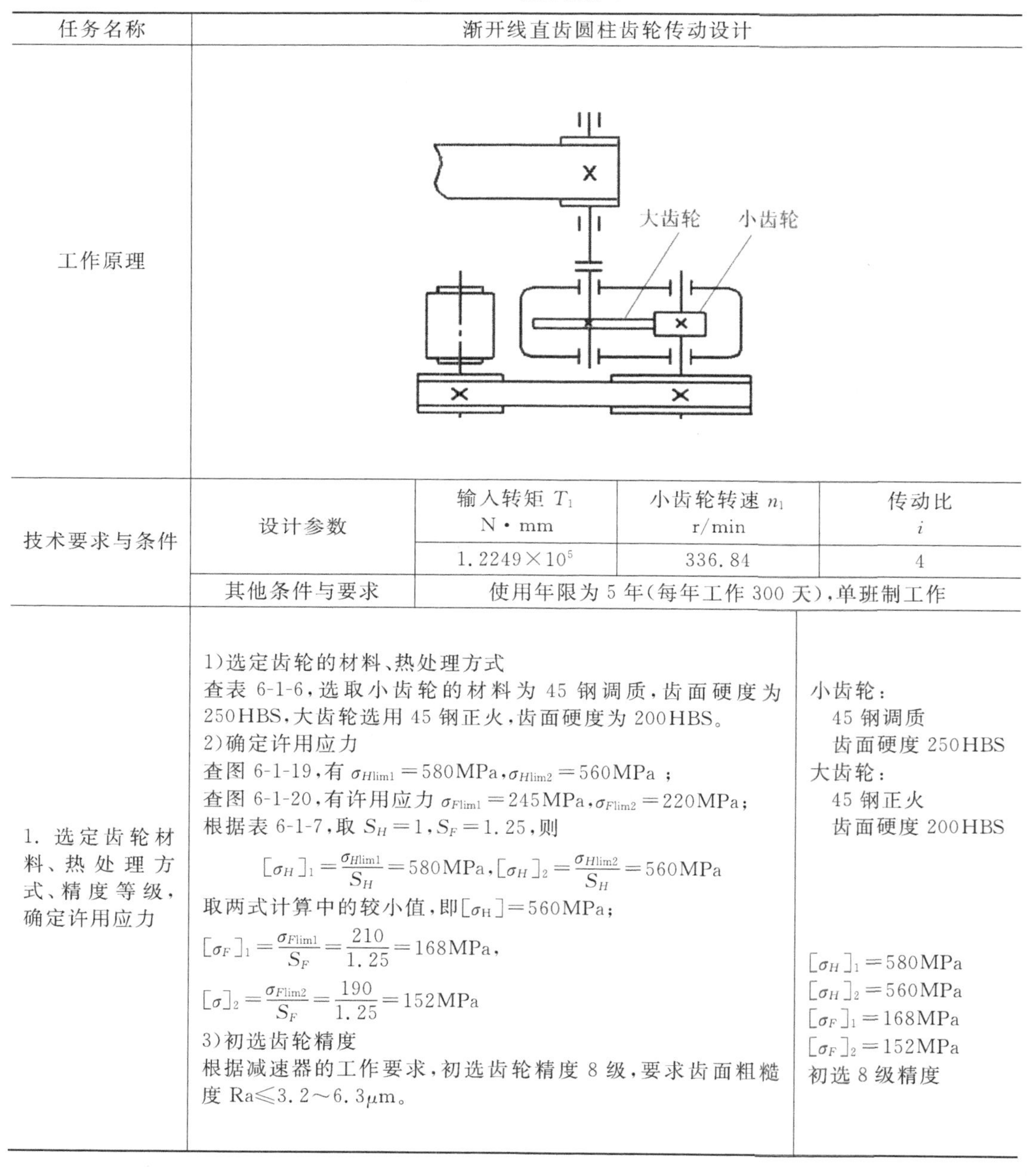			
技术要求与条件	设计参数	输入转矩 T_1 N·mm	小齿轮转速 n_1 r/min	传动比 i
		1.2249×10^5	336.84	4
	其他条件与要求	使用年限为 5 年(每年工作 300 天)，单班制工作		
1. 选定齿轮材料、热处理方式、精度等级，确定许用应力	1)选定齿轮的材料、热处理方式 查表 6-1-6，选取小齿轮的材料为 45 钢调质，齿面硬度为 250HBS，大齿轮选用 45 钢正火，齿面硬度为 200HBS。 2)确定许用应力 查图 6-1-19，有 $\sigma_{H\lim1}=580\text{MPa}$，$\sigma_{H\lim2}=560\text{MPa}$ ； 查图 6-1-20，有许用应力 $\sigma_{F\lim1}=245\text{MPa}$，$\sigma_{F\lim2}=220\text{MPa}$； 根据表 6-1-7，取 $S_H=1$，$S_F=1.25$，则 $[\sigma_H]_1=\frac{\sigma_{H\lim1}}{S_H}=580\text{MPa}$，$[\sigma_H]_2=\frac{\sigma_{H\lim2}}{S_H}=560\text{MPa}$ 取两式计算中的较小值，即$[\sigma_H]=560\text{MPa}$； $[\sigma_F]_1=\frac{\sigma_{F\lim1}}{S_F}=\frac{210}{1.25}=168\text{MPa}$， $[\sigma]_2=\frac{\sigma_{F\lim2}}{S_F}=\frac{190}{1.25}=152\text{MPa}$ 3)初选齿轮精度 根据减速器的工作要求，初选齿轮精度 8 级，要求齿面粗糙度 Ra≤3.2～6.3μm。	小齿轮： 45 钢调质 齿面硬度 250HBS 大齿轮： 45 钢正火 齿面硬度 200HBS $[\sigma_H]_1=580\text{MPa}$ $[\sigma_H]_2=560\text{MPa}$ $[\sigma_F]_1=168\text{MPa}$ $[\sigma_F]_2=152\text{MPa}$ 初选 8 级精度		

续表

任务名称	渐开线直齿圆柱齿轮传动设计	
2. 按齿面接触疲劳强度计算	1)载荷系数 K 查表 6-1-8,取 $K=1.2$; 2)齿数 z_1、z_2 和齿宽系数 ψ_d 取小齿轮齿数 $z_1=22$,则大齿轮齿数 $z_2=z_1\cdot u=22\times4=88$; 因单级齿轮传动为对称布置,而齿轮齿面又为软件齿面,由表 6-1-11 取 $\psi_d=1$; 3)材料弹性影响系数 Z_E 根据齿轮的材料,查表 6-1-9 得材料弹性影响系数 $Z_E=189.8\sqrt{\text{MPa}}$; 4)齿轮直径 d_1 和模数 m 将转矩 $T_1=1.2249\times10^5$ $N\cdot mm$ 及上述参数代入式(6-1-28),有 $d_1\geqslant\sqrt[3]{\frac{2KT_1}{\psi_d}\frac{u+1}{u}\left(\frac{3.52Z_E}{[\sigma_H]}\right)^2}$ $=\sqrt[3]{\frac{1.2\times1.2249\times10^5}{1}\frac{4+1}{4}\left(\frac{3.52\times189.8}{560}\right)^2}$ $=63.95(\text{mm})$ $m=d_1/z_1\geqslant63.95/22=2.907$ 由表 6-1-2,取标准模数值 $m=3$。	$K=1.2$ $z_1=22$ $z_2=88$ $\psi_d=1$ $Z_E=189.8\sqrt{\text{MPa}}$ $d_1\geqslant63.95(\text{mm})$ $m=3$
3. 齿轮主要尺寸计算数	根据表 6-1-3 计算齿轮的主要尺寸 $d_1=m\cdot z_1=3\times22=66(\text{mm})$ $d_2=m\cdot z_2=3\times88=264(\text{mm})$ $a=m\cdot(z_1+z_2)/2=3\times(22+88)/2=165(\text{mm})$ $b=\psi_d\cdot d_1=1\times66=66(\text{mm})$ 取大齿轮齿宽 $b_2=b=66\text{mm}$,根据 $b_1=b_2+5\sim10\text{mm}$,取小齿轮齿宽 $b_1=71\text{mm}$。	$d_1=66\text{mm}$ $d_2=264\text{mm}$ $a=165\text{mm}$ $b_1=71\text{mm}$ $b_2=66\text{mm}$
4. 按齿根弯曲疲劳强度校核计算	按齿根弯曲疲劳强度校核 1)查表 6-1-10,利用插值法,得复合齿轮系数 $Y_{FS1}=4.35$,$Y_{FS2}=3.96$; 2)齿根弯曲疲劳强度校核 将上述参数代入校核公式(6-1-31),有 $\sigma_{F1}=\frac{2KT_1Y_{FS1}}{bm^2z_1}=\frac{2\times1.2\times1.2249\times10^5\times4.35}{66\times3^2\times22}=97.85\text{MPa}<[\sigma F]_1$ $\sigma_{F2}=\sigma_{F1}\frac{Y_{FS2}}{Y_{FS1}}=97.85\times\frac{3.96}{4.35}=89.08\text{MPa}<[\sigma_F]_2$ 故满足齿根弯曲疲劳强度要求。	$Y_{FS1}=4.35$ $Y_{FS2}=3.96$ $\sigma_{F1}<[\sigma_F]_1$ $\sigma_{F2}<[\sigma_F]_2$ 满足要求
5. 验算初选精度等级	齿轮圆周速度为 $v=\frac{\pi d_1n_1}{60\times1000}=\frac{\pi\times66\times336.84}{60\times1000}=1.164\text{m/s}$ 对照表 6-1-12 可知,选择 8 级精度合适。	8 级精度合适
6. 齿轮结构设计并绘制工程图	(略)	

【课后巩固】

1. 齿轮传动的类型有哪些？

2. 什么是渐开线？它有哪些特性？

3. 什么是分度圆、齿距、模数、和压力角？何谓“标准齿轮”？

4. 某标准直齿轮的齿数 $z=30$，模数 $m=3$，试求该齿轮的分度圆直径、基圆直径、齿顶圆直径、齿根圆直径、齿顶高、齿根高、齿高、齿距、齿厚。

5. 已知一对外啮合标准直齿圆柱齿轮的标准中心距 $a=250\text{mm}$，齿数 $z_1=20$，$z_2=80$，齿轮 1 为主动轮，试计算传动比 i，分别求出两齿轮的模数和分度圆直径。

6. 一对标准直齿圆柱齿轮，已知齿距 $p=9.42\text{mm}$，中心距 $a=75\text{mm}$，传动比 i=1.5，试计算两齿轮的模数及齿数。

7. 现有一个标准渐开线直齿圆柱齿轮，测量得其齿顶圆直径 $d_{a1}=67.5\text{mm}$，齿数 $z_1=25\text{mm}$。拟找一个大齿轮与其配对，要求传动的安装中心距 $a=112.5\text{mm}$，试计算这对齿轮的模数及大齿轮的主要尺寸。

8. 有一个标准直齿圆柱齿轮，跨 3 个齿，用游标卡尺测量出公法线长为 11.595mm，跨 4 个齿测量得 16.020mm，问这个齿轮的模数是多少？

9. 齿轮轮齿有哪几种主要失效形式？采取什么措施可缓解失效发生？

10. 齿轮强度设计准则是如何确定的？

11. 硬齿面与软齿面如何划分？其热处理方式有何不同？

12. 对齿轮材料的基本要求是什么？常用齿轮材料有哪些？如何保证对齿轮材料的基本要求？

13. 一闭式直齿圆柱齿轮传动，已知：传递的功率 $P=4.5\text{kW}$，小齿轮转速 $n_1=960\text{r/min}$，模数 $m=3$，齿数 $z_1=25$，$z_2=75$，齿宽 $b_1=75\text{mm}$，$b_2=70\text{mm}$。小齿轮材料为 45 钢调质，大齿轮材料为 ZG310～570 正火。载荷平稳，电动机驱动，单向转动，预期使用寿命 10 年，两班制。试问，这对齿轮传动能否满足强度要求？

14. 已知某机器的一对直齿圆柱齿轮传动，其中心距 $a=200\text{mm}$，传动比 i=3，小齿轮转速 $n_1=1440\text{r/min}$，齿数 $z_1=24$，齿宽 $b_1=100\text{mm}$，$b_2=90\text{mm}$。小齿轮材料为 45 钢调质，大齿轮材料为 45 钢正火。载荷有冲击，电动机驱动，单向转动，预期使用寿命 8 年，单班制工作。试确定这对齿轮所能传递的最大功率。

15. 设计一单级直齿圆柱齿轮减速器，已知：传递的功率 $P=4\text{kW}$，小齿轮转速 $n_1=960\text{r/min}$，传动比 i=3.5，载荷平稳，预期使用寿命 5 年，两班制。

任务 2　斜齿圆柱齿轮与直齿锥齿轮传动设计

【任务导读】

斜齿轮传动具有冲击小、振动噪音低和传动平稳性好的特点，因此更适合高速和重载的传动。而圆锥齿轮传动则可以用来传递空间两相交轴之间运动和动力，并且传动平稳性、承载能力强，也常用于高速、重载的传动。通过本任务的学习，使学生熟悉斜齿圆柱齿轮传动和直齿锥齿轮齿廓的形成原理、传动的特点和应用，熟悉正确啮合的条件，能描述不同情况下齿轮计算准则，能够计算齿轮外形参数、弯曲强度及接触强度。

【教学目标】

最终目标：能查阅资料进行斜齿圆柱齿轮和 90 度交角直齿锥齿轮传动设计

促成目标：1. 熟悉斜齿圆柱齿轮和直齿锥齿轮齿廓的形成原理、传动的特点和应用；

2. 能理解斜齿圆柱齿轮和直齿锥齿轮的正确啮合的条件；

3. 能选择斜齿圆柱齿轮和直齿锥齿轮的材料，确定热处理方案；

4. 会计算斜齿圆柱齿轮和直齿锥齿轮的外形参数；

5. 能斜齿圆柱齿轮和直齿锥齿轮传动进行强度计算。

【工作任务】

任务描述：设计一斜齿圆柱齿轮减速器，如图 6-2-1 所示。已知该减速器用于重型机械，由电动机驱动，传递功率 $P=70\text{kW}$，小齿轮转速 $n_1=960\text{r/min}$，传动比 $i=3$，载荷有中等冲击，单向运转，齿轮相对于轴承为对称布置，工作寿命为 10 年，单班制工作。

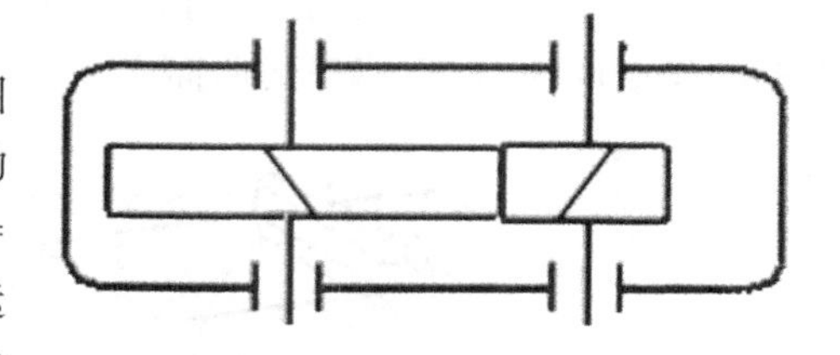

图 6-2-1　斜齿圆柱齿轮传动设计

任务具体要求：(1)在符合强度的前提下计算两斜齿轮的螺旋角、齿数和模数；(2)填写设计任务单。

表 6-2-1　设计任务单

任务名称	斜齿圆柱齿轮传动设计			
工作原理				
技术要求与条件	设计参数	传递功率 P kW	小齿轮转速 n_1 r/min	传动比 i
	其他条件与要求			
计算项目	设计计算与说明			计算结果

续表

1 初步计算		
2 几何计算		
3 齿面接触疲劳强度校核		
4 齿根抗弯疲劳强度校核		

【知识储备】

6.2.1 斜齿圆柱齿轮传动设计

1. 斜齿轮齿廓曲面的形成及其啮合特点

因渐开线直齿圆柱齿轮沿其轴向有一定宽度，故渐开线齿廓沿齿轮轴向形成一曲面。直齿轮轮齿渐开线曲面的形成原理如图 6-2-2(a)所示，发生面 S 与基圆柱相切于母线 NN，当发生面 S 沿基圆柱作纯滚动时，它上面的一条与基圆柱母线 NN 平行的直线 KK 展成直齿轮的齿廓曲面，称为渐开线曲面。

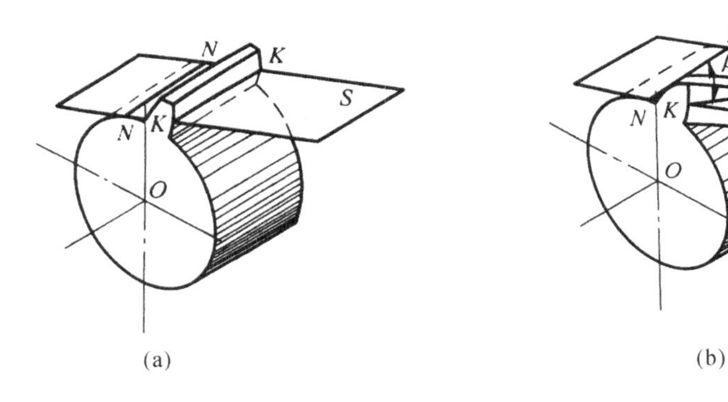

图 6-2-2 渐开线曲面的形成

斜齿圆柱齿轮齿廓曲面的形成原理与直齿圆柱齿轮相同，只不过发生面上的直线 KK 不平行于 NN 而与它在一个角度 β_b。如图 6-2-2(b)所示，当发生面 S 沿基圆柱作纯滚动时，直线 KK 上任一点的轨迹都是基圆柱的一条渐开线，直线 KK 因此展出一个螺旋状的渐开线曲面，它在齿顶圆柱和基圆柱之间的部分构成了斜齿轮的齿廓曲面。

图 6-2-3 反映了一对斜齿轮啮合过程中接触线的变化。两斜齿轮啮合传动时，从啮合开始，其齿面上的接触线先由短变长，然后由长变短，直至脱离啮合。这样不但延长了每对轮齿啮合时间，增加了重合度；而且两齿轮轮齿是逐渐进入啮合，减小了传动时的冲击、振动噪音，从而提高了传动的平稳性，因此斜齿轮适合高速和重载的传动。

但斜齿轮工作时会产生轴向力(图 6-2-4)，需要安装能承受轴向力的轴承。当载荷较大时，可采用人字齿轮。人字齿轮的缺点是制造较困难，主要用于重型机械。

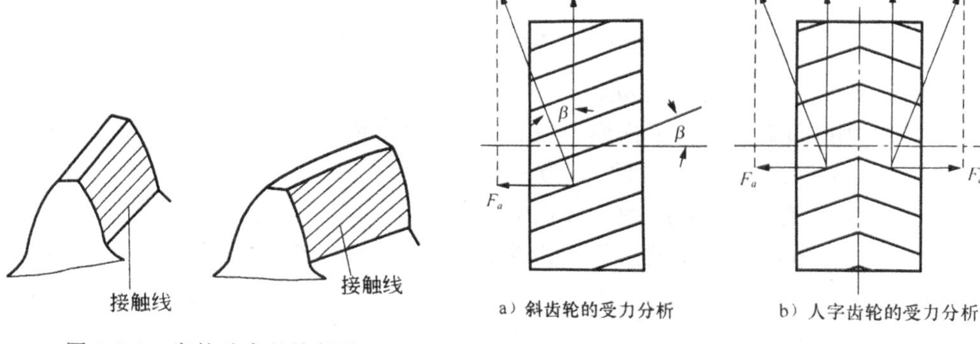

图 6-2-3　齿轮啮合的接触线

图 6-2-4　斜齿轮的受力

2. 斜齿轮的基本参数、几何尺寸计算及正确啮合条件

由于斜齿轮的齿面为渐开螺旋面，故其端面齿形与法面（垂直于轮齿方向的截面）齿形是不同的。因此，端面（下标以 t 表示）和法面（下标以 n 表示）的参数也不同。斜齿轮切齿刀具的选择及轮齿的切制以法面为准，其法面参数取标准值。

（1）斜齿圆柱齿轮基本参数

1）螺旋角 β

如图 6-2-5 所示为斜齿轮分度圆柱面展开图，螺旋线展开成一直线，该直线与轴线的夹角为 β，称为斜齿轮在分度圆柱上的螺旋角，简称斜齿轮的螺旋角。螺旋角表示了轮齿的倾斜程度。β 大，则传动的平稳性好，但轴向力大，设计中常取 $\beta=8^\circ\sim12^\circ$。斜齿轮按其轮齿的倾斜方向（旋向）可以分为左旋和右旋两种，如图 6-2-6 所示。

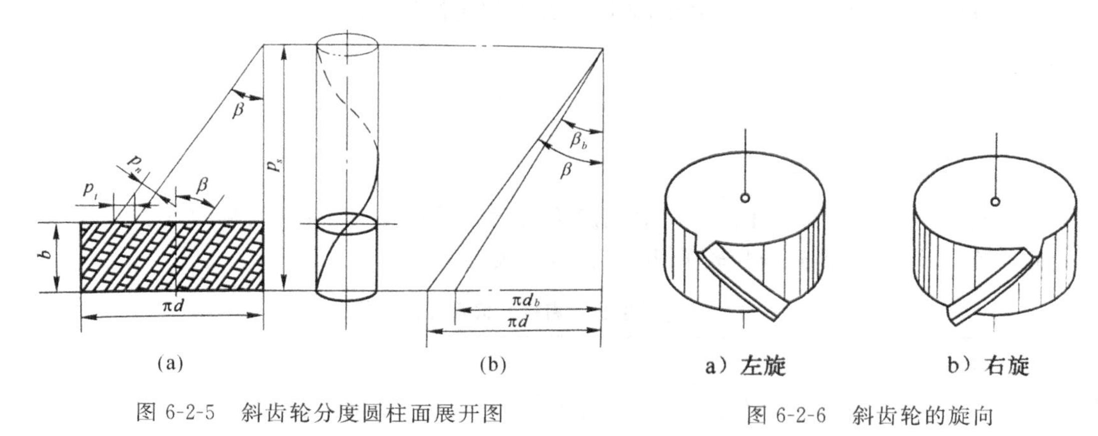

图 6-2-5　斜齿轮分度圆柱面展开图

图 6-2-6　斜齿轮的旋向

由图 6-2-5 可得：

$$\tan\beta=\frac{\pi\cdot d}{p_s} \tag{6-2-1}$$

式中，p_s 为螺旋线的导程，即螺旋线绕一周时沿齿轮轴向前进的距离。

因为斜齿轮各个圆柱面上的螺旋线的导程相同，所以基圆柱面上的螺旋角 β_b 应为：

$$\tan\beta_b=\frac{\pi\cdot d_b}{p_s} \tag{6-2-2}$$

联立以上两式得

$$\tan \beta_b = \tan \beta \cdot (\frac{d_b}{p_s}) = \tan \beta \cdot \cos \alpha_t \tag{6-2-3}$$

2)法面模数 m_n。和端面模数 m_t。

图 6-2-5(a)中,阴影部分表示齿厚,空白部分表示齿槽。端面垂直于齿轮的轴线,法面垂直于螺旋线。p_t 为端面齿距,而 p_n 为法面齿距。由图中的几何关系可知 $p_n = p_t \cos\beta$,因为 $p = \pi m$,所以 $\pi m_n = \pi m_t \cos\beta$,由此可得斜齿轮法面模数与端面模数的关系为

$$m_n = m_t \cos\beta \tag{6-2-4}$$

3)法面压力角 α_n 和端面压力角 α_t

因斜齿圆柱齿轮和斜齿条啮合时,它们的法面压力角和端面压力角应分别相等,所以斜齿圆柱齿轮法面压力角 α_n 和端面压力角 α_t 的关系可通过斜齿条得到。如图 6-2-7 所示为斜齿条的一个轮齿,可以得到法面压力角 α_n 和端面压力角 α_t 的关系:

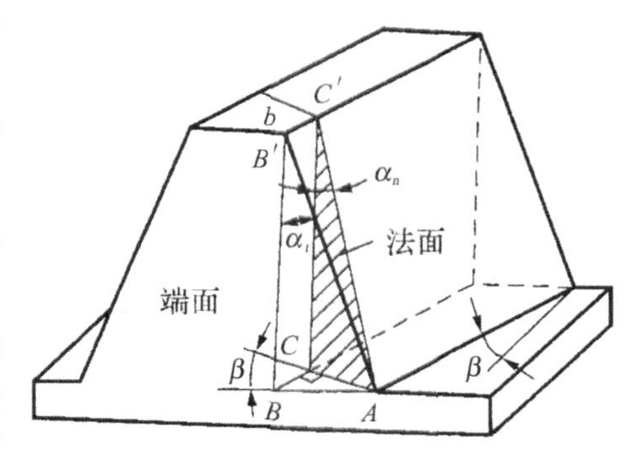

图 6-2-7　斜齿条的压力角

$$\tan \alpha_n = \tan \alpha_t \cdot \cos \beta \tag{6-2-5}$$

通常法面压力角为标准值:$\alpha_n = 20°$

4)齿顶高系数和顶隙系数

从法面和端面观察,轮齿的齿面高、齿根高分别相同。用铣刀或滚刀加工斜齿轮时,刀具的进刀方向垂直于斜面齿轮的法面,故国家标准规定法面上的参数为标准值。

$$\left.\begin{aligned} h_{at}^* &= h_{an}^* \cos \beta \\ c_t^* &= c_n^* \cos \beta \end{aligned}\right\} \tag{6-2-6}$$

对于正常齿:$h_{an}^* = 1, c_n^* = 0.25$

(2)斜齿轮的几何尺寸计算

斜齿轮的啮合在端面上相当于一对直齿轮的啮合,因此将斜齿轮的端面的参数代入直齿轮的计算公式,就可得到斜齿轮的相应尺寸,见表 6-2-2。

表 6-2-2　标准斜齿圆柱齿轮几何尺寸的计算公式

名称	符号	计算公式
齿顶高	h_a	$h_a = h_{an}^* m_n$
齿根高	h_f	$h_f = (h_{an}^* + c_n^*) m_n$
全齿高	h	$h = h_a + h_f = (2h_{an}^* + c_n^*) m_n$
分度圆直径	d	$d = m_t z = (m_n / \cos\beta) z$
基圆直径	d_b	$d_b = d\cos\alpha_1$
齿顶圆直径	d_a	$d_a = d + 2h_a$
齿根圆直径	d_f	$d_f = d - 2h_f$
中心距	a	$a = (d_1 + d_2)/2 = m_n(z_1 + z_2)/(2\cos\beta)$

由表 6-2-2 可知,斜齿轮的中心距与螺旋角 β 有关。当一对斜齿轮的模数、齿数一定

时，可以通过改变其螺旋角的大小 β 来圆整中心距。

(3)正确啮合条件

一对外啮合斜齿轮传动的正确啮合条件为：

1)两斜齿轮的法面模数相等，$m_{n1}=m_{n2}=m_n$；

2)两斜齿轮的法面压力角相等，$\alpha_{n1}=\alpha_{n2}=\alpha_n$；

3)两斜齿轮的螺旋角大小相等，方向相反，即 $\beta_1=-\beta_2$。若此条件不满足，就成为交错轴斜齿轮传动，本书对此不作讨论，可查阅有关资料。

3. 斜齿圆柱齿轮的当量齿数

加工斜齿轮时，铣刀是沿螺旋齿槽的方向进给的，所以法向齿形是选择铣刀的依据。通常采用下述近似方法分析斜齿轮的法面齿形。

如图 6-2-8 所示，过斜齿轮分度圆柱上齿廓的节点 P 作齿的法面 nn，该法面与分度圆柱面的交线为一椭圆。椭圆的长半轴为 $a=\dfrac{d}{2\cos\beta}$，短半轴为 $a=\dfrac{d}{2}$。椭圆在 P 点的曲率半径为

$$\rho=\frac{a^2}{b}=\frac{d}{2\cos^2\beta} \tag{6-2-7}$$

以 ρ 为分度圆半径，以斜齿轮法面模数 m_n 为模数，取压力角 α_n 为标准压力角作一直齿圆柱齿轮，则其齿形近似于斜齿轮的法面齿形。该直齿轮称为斜齿圆柱齿轮的当量齿轮，其齿数称为斜齿圆柱齿轮的当量齿数，用 z_v 表示，计算式为

$$z_v=\frac{2\rho}{m_n}=\frac{d}{m_n\cos^2\beta}=\frac{m_n z}{m_n\cos^2\beta}=\frac{z}{\cos^2\beta} \tag{6-2-8}$$

标准斜齿轮不发生根切的最少齿数可由其当量直齿轮的最少齿数 $z_{v\min}$ 计算出来

$$z_{\min}=z_{v\min}\cos^3\beta=17\cos^3\beta \tag{6-2-9}$$

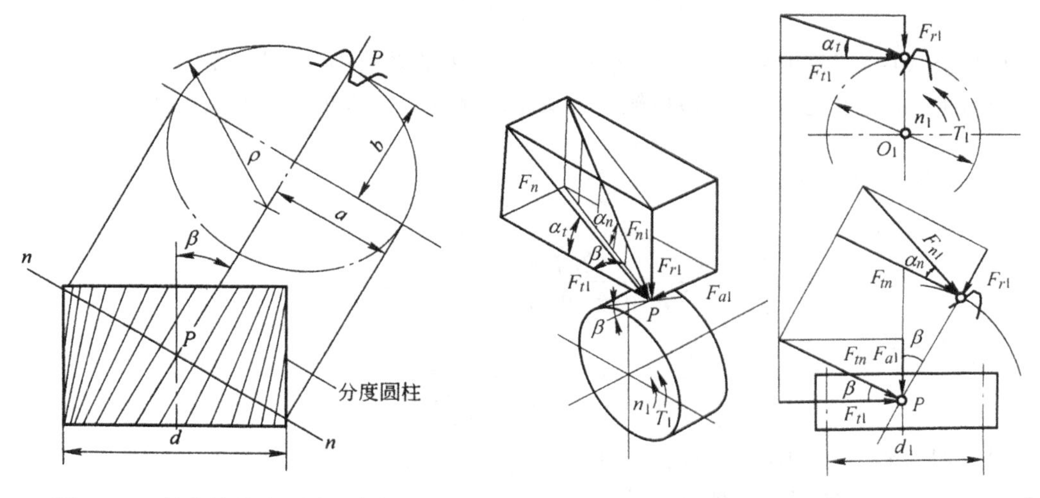

图 6-2-8　斜齿轮的当量圆柱齿轮　　　　图 6-2-9　斜齿圆柱齿轮的受力分析

4. 斜齿圆柱齿轮的强度计算

(1)受力分析

如图 6-2-9 所示为斜齿圆柱齿轮传动中主动轮上的受力分析图。图中 F_{n1} 作用在齿面

的法面内，若忽略摩擦力的影响，F_{n1} 可分解成三个互相垂直的分力，即圆周力 F_{t1}、径向力 F_{r1} 和轴向力 F_{a1}，其值分别为

$$\left.\begin{aligned}&\text{圆周力：}F_{t1}=\frac{2T_1}{d_1}\\&\text{径向力：}F_{r1}=F_{t1}\frac{\tan\alpha_n}{\cos\beta}\\&\text{轴向力：}F_{a1}=F_{t1}\tan\beta\end{aligned}\right\}\tag{6-2-10}$$

式中：T_1 为主动轮传递的转矩，单位为 N·mm；d_1 为主动轮分度圆直径，单位为 mm；β 为分度圆上的螺旋角；α_n 为法面压力角。

作用于主动轮上的圆周力和径向力方向的判定方法与直齿圆柱齿轮相同，轴向力的方向可根据左右手法则判定，即右旋斜齿轮用右手、左旋斜齿轮用左手判定，弯曲的四指表示齿轮的转向，拇指的指向即为轴向力的方向。作用于从动轮上的力可根据作用与反作用定律来判定。

(2)斜齿圆柱齿轮传动的强度计算

斜齿圆柱齿轮传动的强度计算方法与直齿圆柱齿轮相似，但由于斜齿轮啮合时齿面接触线的倾斜以及传动重合度的增大等因素的影响，使斜齿轮的接触应力和弯曲应力降低。其强度计算公式可表示为：

1)齿面接触疲劳强度计算

校核公式为

$$\sigma_H=3.17Z_E\sqrt{\frac{KT_1}{bd_1^2}\frac{(u\pm1)}{u}}\leqslant[\sigma_H]\tag{6-2-11}$$

设计公式为

$$\mathrm{d}_1\geqslant\sqrt[3]{\frac{kT_1}{\psi_d}\frac{u\pm1}{u}\left(\frac{3.17Z_E}{[\sigma_H]}\right)^2}\tag{6-2-12}$$

校核公式中，根号前的系数比直齿轮计算公式中的系数小，所以在受力条件等相同的情况下求得的 σ_H 值也随之减小，即接触应力减小。这说明斜齿轮传动的接触强度要比直齿轮传动的高。

2)齿根弯曲疲劳强度计算

校核公式为

$$\sigma_F=\frac{1.6KT_1Y_{FS}\cos\beta}{bm_n^2z_1}\leqslant[\sigma_F]\tag{6-2-13}$$

设计公式为

$$m_n\geqslant1.17\sqrt[3]{\frac{KT_1Y_{FS}\cos^2\beta}{\psi_dz_1^2[\sigma_F]}}\tag{6-2-14}$$

设计时应将　两比值中的较大值代入上式，并将计算所得的法面模数 m_n 按标准模数圆整。应按斜齿轮的当量齿数 z_v 查取。

斜齿圆柱齿轮传动的设计方法和参数选择原则与直齿轮传动基本相同。

【例 1】 某企业原有一对直齿圆柱齿轮机构，已知：$z_1=20$，$z_2=40$，m=4mm，$\alpha=20°$，$h_a^*=1$。为了提高齿轮的平稳性，现要求在传动比和模数都不变的条件下，将标准直齿圆柱齿轮机构改换成标准斜齿圆柱齿轮机构，试求这对斜齿轮的齿数 z_1、z_2 和螺旋角 β。

解:传动比不变,为

$$i=\frac{z_2}{z_1}=\frac{40}{20}=2$$

中心距不变,为

$$a=\frac{m(z_1+z_2)}{2}=\frac{4\times(20+40)}{2}=120(\text{mm})$$

因为斜齿轮中心距为

$$a=\frac{m_n(z_1+z_2)}{2\cos\beta}$$

所以有

$$\cos\beta=\frac{m_n(z_1+z_2)}{2a}=\frac{m_n z_1(1+i)}{2a}=\frac{4\times(1+2)z_1}{2\times120}=\frac{z_1}{20}$$

又因为 $\cos\beta<1$,所以 z_1 只能取小于 20 的数。

用试算法:

若取 $z_1=18$,则 $\cos\beta=\frac{18}{20}=0.9$,$\beta=25°50'31''$;

若取 $z_1=19$,则 $\cos\beta=\frac{19}{20}=0.95$,$\beta=18°11'42''$。

一般要求 β 在 8°～20°范围内,因此可取 $z_1=19$,则 $z_2=iz_1=38$,$\beta=18°11'42''$。

6.2.2 直齿锥齿轮传动设计

1. 直齿锥齿轮齿廓的形成

如图 6-2-10 所示,锥齿轮传动用于传递两相交轴间的运动和动力,其啮合过程相当于一对节圆锥作纯滚动。锥齿轮的轮齿分布在一个截锥体上,轮齿从大端到小端逐渐收缩,与圆柱齿轮相似,锥齿轮有分度圆锥、基圆锥、齿顶圆锥和齿根圆锥等。为了便于计算和测量,通常规定锥齿轮的大端参数为标准值。压力角 $\alpha=20°$,其标准模数系列见表 6-2-3。

图 6-2-10 直齿锥齿轮

表 6-2-3　锥齿轮模数表(GB/T12368-1990)　mm

0.1	0.35	0.9	1.75	3.25	5.5	10	20	36
0.12	0.4	1	2	3.5	6	11	22	40
0.15	0.5	1.125	2.25	3.75	6.5	12	25	45
0.2	0.6	1.25	2.5	4	7	14	28	50
0.25	0.7	1.375	2.75	4.5	8	16	30	—
0.3	0.8	1.5	3	5	9	18	32	—

锥齿轮齿廓的形成与圆柱齿轮类似,不同的仅在于以基圆锥代替基圆柱。如图 6-2-11 所示,圆平面 S 与基圆锥相切,当平面 S 沿基圆锥作纯滚动时,该平面上任一点 B 在空间展出一渐开线 B_0BB_3e。由于 B 点与锥顶 O 的距离始终保持不变,故 B 点的轨迹总是在以 O 为球心,以 OB 为半径的球面上,故 B 点展成的渐开线为球面渐开线。因为 OB_0 是通过锥顶 O 的直线,所以 OB_0 上各点展出的无数条球面渐开线在空间形成了直齿圆锥齿轮的轮廓曲面。

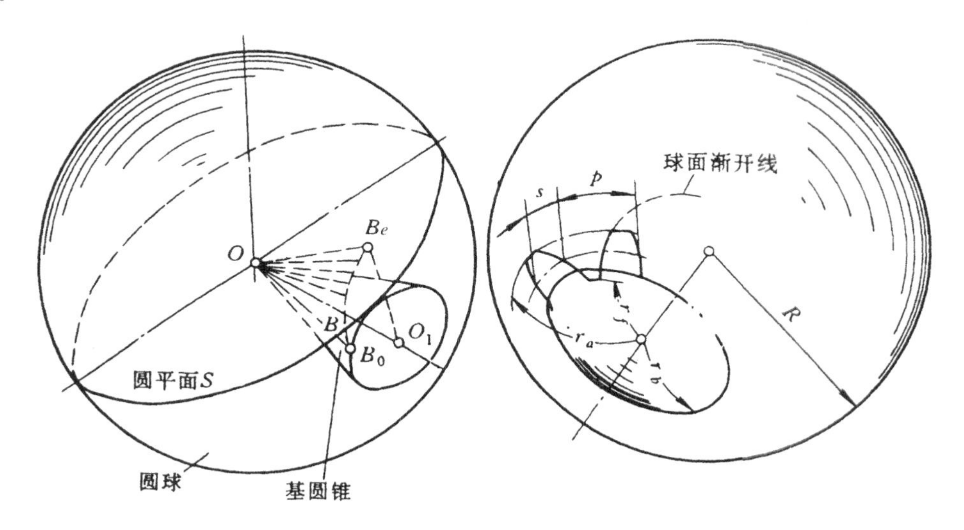

图 6-2-11　球面渐开线的形成

2. 背锥与当量齿轮

锥齿轮的轮廓曲面是由球面渐开线组成的,但因球面不能展成平面,给锥齿轮的设计和制造带来很大困难,所以可采用下述近似方法进行研究。

如图 6-2-12 所示为一锥齿轮的轴剖面图,为分度圆锥,OAB 为齿根圆锥,Obb 齿顶圆锥,弧$\overset{\frown}{ab}$是齿轮大端(在球面上)与轴平面的交线。过 A 点作球面的切线 O_1A 与轴线相较于 O_1,以$\overline{O_1A}$为母线的圆锥称为该锥齿轮的背锥。将锥齿轮大端的球面渐开线齿廓向背锥上投影,得 a 点和 b 点的投影分别为 a' 和 b',$\overline{a'b'}$与$\overset{\frown}{ab}$相差极小,且锥距 R 愈长,模数越小,其差愈小。所以,可用背锥面上的齿形近似地代替球面上的齿形。因为圆锥面可以展开成平面,因此背锥展开后成为一半径为 r_v 的扇形。若将扇形补足为一模数,并与锥齿轮具有相同的压力角的直齿轮称为该锥齿轮的当量齿轮,如图 6-2-13 所示。其齿数 z_v 称为锥齿轮的当量齿数。一对直齿锥齿轮的啮合,相当于一对当量直齿轮的啮合。

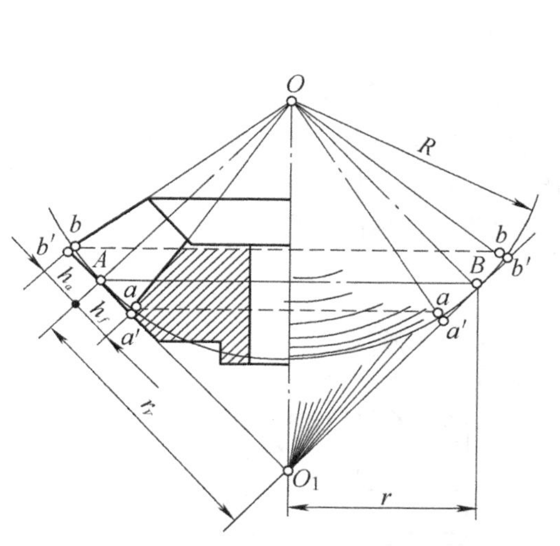

图 6-2-12　锥齿轮的背锥

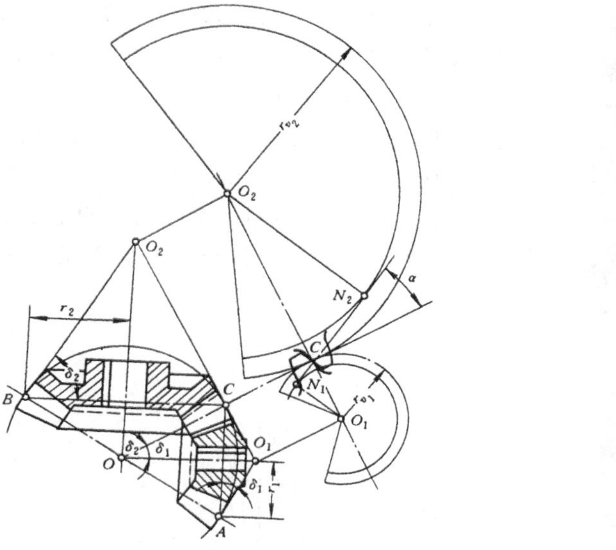

图 6-2-13　锥齿轮的当量齿轮

由图 6-2-12 可知背锥和当量齿轮

$$r_v=\frac{r}{\cos\delta}=\frac{mz}{2\cos\delta}=\frac{mz_v}{2} \tag{6-2-15}$$

所以

$$z_v=\frac{z}{\cos\delta} \tag{6-2-16}$$

式中，δ 为锥齿轮的分度圆锥角；r 为分度圆半径。

由于 $\cos\delta$ 总是小于 1，故 z_v 总是大于 z，且不一定为整数。

3. 直齿锥齿轮的传动比、正确啮合条件和几何尺寸计算

(1)传动比

直齿锥齿轮的传动比为

$$i_{12}=\frac{\omega_1}{\omega_2}=\frac{r_2}{r_1}=\frac{z_2}{z_1} \tag{6-2-17}$$

由图 6-2-13 知

$$\left.\begin{aligned} r_1&=\overline{OC}\sin\delta_1 \\ r_2&=\overline{OC}\sin\delta_2 \end{aligned}\right\} \tag{6-2-18}$$

因此

$$i_{12}=\frac{\sin\delta_2}{\sin\delta_1} \tag{6-2-19}$$

当两轴交角 $\sum=\delta_1+\delta_2=90^\circ$ 时

$$i_{12}=\tan\delta_2=\cot\delta_1 \tag{6-2-20}$$

设计时，可根据已定的 i_{12}，由上式确定 δ_1 和 δ_2。

(2)正确啮合条件

如前所述，一对锥齿轮的啮合相当于一对当量直齿轮的啮合。因为当量直齿轮的模数、压力角分别等于锥齿轮大端的模数、压力角，故直齿锥齿轮正确啮合条件为：两齿轮大端的模数和压力角分别相等，即 $m_1=m_2=m$、$\alpha_1=\alpha_2=\alpha$。

(3)几何尺寸计算

锥齿轮的参数是以大端为标准值，所以其几何尺寸计算也是以大端为基准。当锥齿轮大端模数≥1 时，齿顶高系数 $h_a^*=1$，顶隙系数 $c^*=0.2$。如图 6-2-14(a)所示为不等顶隙收缩齿锥齿轮，其节圆锥与分度圆锥重合。如图 6-2-14 所示为等顶隙收缩齿锥齿轮。不等顶隙齿和等顶隙齿在几何尺寸上的主要区别为齿顶角 θ_a。标准直齿锥齿轮各部分名称及几何尺寸计算见表 6-2-4。

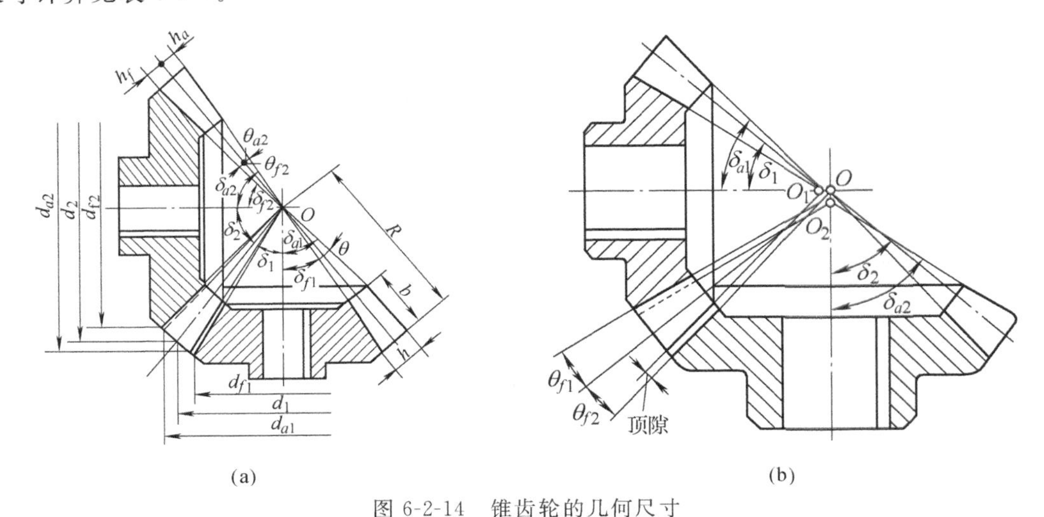

图 6-2-14　锥齿轮的几何尺寸

表 6-2-4　标准直齿锥齿轮传动的几何尺寸($\sum=90°$)

名称	符号	计算公式
分度圆锥角	δ	$\delta_1=\operatorname{arccot}\dfrac{z_2}{z_1}$，$\delta_2=90°-\delta_1$
分度圆直径	d	$d=mz$
齿顶高	h_a	$h_a=h_a^* m$
齿根高	h_f	$h_f=(h_a^*+c^*)m$
齿顶圆直径	d_a	$d_a=d+2h_a\cos\delta$
齿根圆直径	d_f	$d_f=d-2h_f\cos\delta$
齿顶角	θ_a	不等顶隙收缩齿：$\theta_{a1}=\theta_{a2}=\arctan\dfrac{h_a}{R}$ 等顶隙收缩齿：$\theta_{a1}=\theta_{f2}$，$\theta_{a2}=\theta_{f1}$
齿根角	θ_f	$\theta_f=\arctan\dfrac{h_f}{R}$
齿顶圆锥角	δ_a	$\delta_a=\delta+\theta_a$
齿根圆锥角	δ_f	$\delta_f=\delta-\theta_f$
当量齿数	z_v	$z_v=\dfrac{z}{\cos\delta}$

4. 直齿锥齿轮传动的强度计算

(1)受力分析

锥齿轮的齿形在大端较大，小端较小，大端齿轮刚度大，小端齿轮刚度小，所以锥齿轮载荷沿齿宽分布是不均匀的，为了全面地反映齿宽上各处的情况，在作受力分析和强度计算时，按齿宽中点的尺寸来计算。因而受力分析也应在齿宽中点处平均分度圆上进行。如图6-2-15所示，将作用在齿宽中点的法向力 F_n 沿齿轮周向、径向和轴向分解为三个互相垂直的分力，即圆周力 F_t、径向力 F_r 和轴向力 F_a。

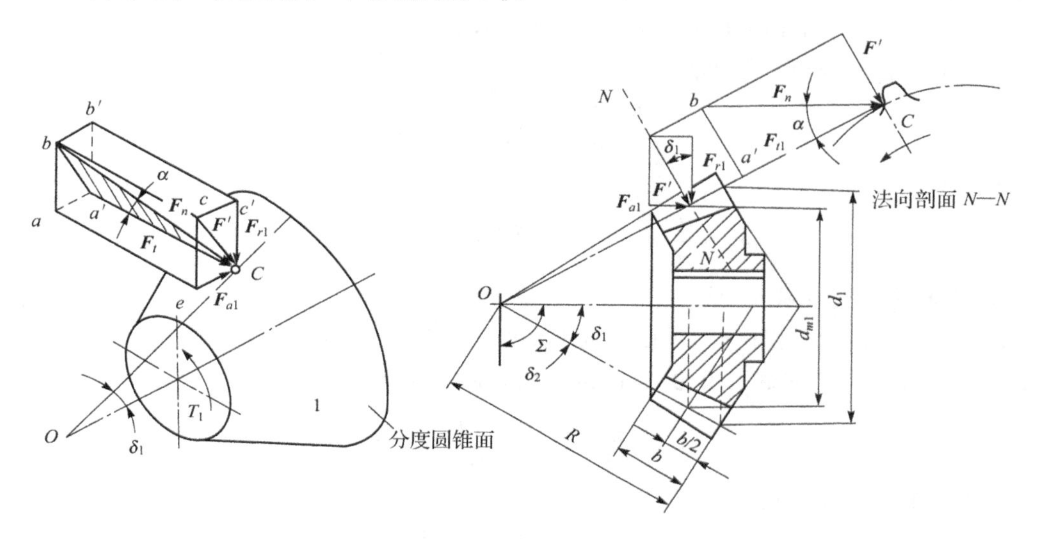

图 6-2-15　圆锥齿轮的受力分析

1)力的大小。各力的大小由下列计算公式求得

$$
\left.\begin{aligned}
F_t &= \frac{2T_1}{d_{m1}} \\
F_{a1} &= F'\sin\delta_1 = F_t\tan\alpha\sin\delta_1 = F_{r2} \\
F_{r1} &= F'\cos\delta_1 = F_t\tan\alpha\cos\delta_1 = F_{a2} \\
F_n &= \frac{F_t}{\cos\alpha}
\end{aligned}\right\} \qquad (6\text{-}2\text{-}21)
$$

式中，d_{m1} 为主动锥齿轮的齿宽中点平均分度圆直径；δ_1 为主动锥齿轮分度圆锥角。d_{m1} 可根据几何尺寸关系由分度圆直径 d_1、锥距 R 和齿宽 b 来确定。

2)力的方向。主动轮上的圆周力 F_{t1} 与其回转方向相反，从动轮上的圆周力 F_{t2} 与其回转方向相同；径向力 F_{r1}、F_{r2} 分别指向各自轮心；轴向力 F_{a1}、F_{a2} 分别指向各轮的大端。

3)两轮所受力之间的关系。一对直齿锥齿轮传动，F_{r1} 与 F_{r2}、F_{r1} 与 F_{a2}、F_{a1} 与 F_{r2} 分别互为作用力和反作用力，各对力大小相等、方向相反，即

$$F_{r1} = -F_{r2},\ F_{r1} = -F_{a2},\ F_{a1} = -F_{r2}。$$

(2)强度设计参数

直齿圆锥齿轮的模数以大端面为标准值。但强度计算时，则以齿宽中点处的模数作为计算值，所以有必要找出它们之间的关系。如图6-2-13所示，把直齿锥齿轮传动看成过齿

宽中点处的背锥展开所形成的当量直齿轮传动，该当量直齿轮称为该锥齿轮的强度当量齿轮。

1）锥距 R、齿宽系数 ψ_R。

锥距：

$$R=\sqrt{\left(\frac{d_1}{2}\right)^2+\left(\frac{d_2}{2}\right)^2}=\frac{d_1}{2}\sqrt{u^2+1} \tag{6-2-22}$$

锥齿轮的工作宽度 b 与锥距 R 之比称为齿宽系数，即 $\psi_R=b/R$。设计时一般取 $\psi_R=0.25\sim0.33$，常取 $\psi_R=0.3$。工作齿宽 $b=\psi_R R$，圆整后取 $b=b_1=b_2$。

2）齿宽中点处的平均分度圆直径 d_m 和平均模数 m_m。

齿宽中点处的平均分度圆直径

$$d_m=\frac{R-0.5b}{R}d=(1-0.5\psi_R)d \tag{6-2-23}$$

平均模数

$$m_m=\frac{d_m}{z}=\frac{(1-0.5\psi_R)d}{z}=(1-0.5\psi_R)m \tag{6-2-24}$$

（3）齿面接触疲劳强度计算

计算直齿锥齿轮的强度时，可按齿宽中点处一对当量直齿圆柱齿轮的传动作近似计算。对于两轴交角 $\Sigma=90°$ 的钢制齿轮，齿面接触疲劳强度校核公式

$$\sigma_H=\frac{4.98Z_E}{1-0.5\psi_R}\sqrt{\frac{KT_1}{\psi_R d_1^3 u}}\leqslant[\sigma_H] \tag{6-2-25}$$

同理可推得设计公式

$$d_1\geqslant\sqrt[3]{\frac{KT_1}{\psi_R u}\left(\frac{4.98Z_E}{(1-0.5\psi_R)[\sigma_H]}\right)^2} \tag{6-2-26}$$

（4）齿根弯曲疲劳强度计算

参照直齿轮传动弯曲疲劳强度的计算公式并代入强度当量直齿轮的有关参数，得直齿锥齿轮的弯曲疲劳强度校核公式

$$\sigma_F=\frac{4KT_1Y_{FS}}{\psi_R(1-0.5\psi_R)^2 z_1^2 m^3\sqrt{u^2+1}}\leqslant[\sigma_F] \tag{6-2-27}$$

同理可得设计公式

$$m\geqslant\sqrt[3]{\frac{4KT_1Y_{FS}}{\psi_R(1-0.5\psi_R)^2 z_1^2[\sigma_F]\sqrt{u^2+1}}} \tag{6-2-28}$$

计算得到的模数 m，需要按表 6-2-3 进行圆整。

【例 2】 如图 6-2-16(a)所示直齿锥齿轮传动，已知：$z_1=28$，$z_2=48$，$m=4\text{mm}$，$b=30\text{mm}$，$\psi_R=0.3$，$a=20°$，$n=960\text{r/min}$，$P=3\text{kW}$。试在图上标出三个分力的方向并计算其大小（忽略摩擦力的影响）。

解：

（1）三分力方向如图 6-2-16(b)所示。

（2）求出齿轮主要尺寸及所传递的转矩 T_1

$$d_1=mz_1=4\times28(\text{mm})=112(\text{mm})$$

$$d_2=mz_2=4\times48(\text{mm})=192(\text{mm})$$

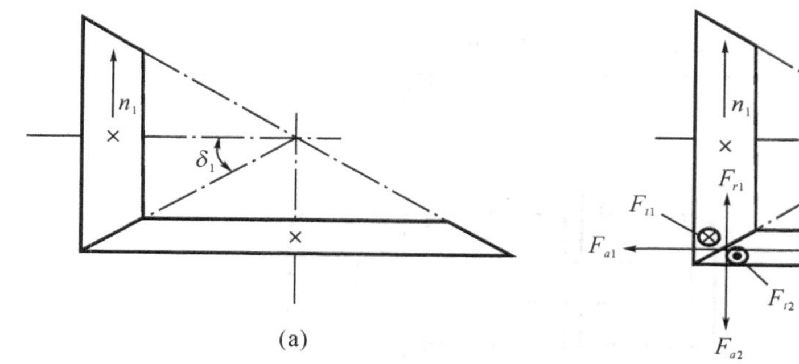

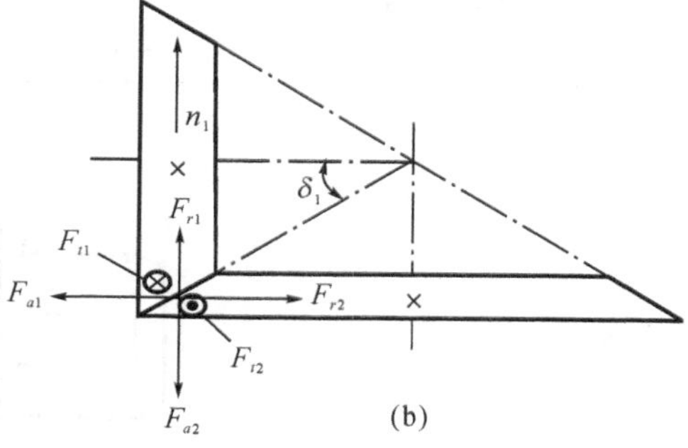

图 6-2-16 直齿锥齿轮传动例题

$$T_1=9.55\times10^6\frac{P}{n}=9.55\times10^6\frac{3}{960}=29844\ (\text{N}\cdot\text{mm})$$

$$u=\frac{z_1}{z_2}=\frac{48}{28}=1.7143$$

$$\cos\delta_1=\frac{u}{\sqrt{1+u^2}}=\frac{1.7143}{\sqrt{1+(1.7143)^2}}=0.8638$$

$$\delta_1=30°15'14''$$

$$\sin\delta_1=\sin 30°15'14''=0.5038$$

(3)求 F_{t2}、F_{r2}、F_{a2} 的大小：

$$F_{t2}=F_{t1}=\frac{2T_1}{(1-0.5\psi_R)d_1}=\frac{2\times29844}{(1-0.5\times0.3)\times112}=627\ (\text{N})$$

$$F_{a2}=F_{r1}=F_{t1}\tan\alpha\cos\delta_1=627\times0.364\times0.863=197\ (\text{N})$$

$$F_{a2}=F_{a1}=F_{t1}\tan\alpha\cos\delta_1=627\times0.364\times0.5038=115\ (\text{N})$$

【任务实施】

1. 工作任务分析

本任务的主要内容是其斜齿圆柱齿轮传动设计。已知条件包括传递功率 $P=70\text{kW}$，小齿轮转速 $n_1=960\text{r/min}$，传动比 $i=3$，具有中等冲击，单向运转、齿轮对称布置，使用年限为 10 年等。设计过程与本项目任务 1 中关于直齿圆柱齿轮的设计大致相同。但具体计算时，可以先按齿根弯曲疲劳强度计算齿轮的模数，然后按齿面接触疲劳强度进行校核。计算齿轮的基本尺寸时，除了要计算分度直径、中心距、齿宽外，还需要计算螺旋角和当量齿数。具体设计过程见表 6-2-5 设计任务单。

2. 填写设计任务单

表 6-2-5　设计任务单

<table>
<tr><td>任务名称</td><td colspan="4">斜齿圆柱齿轮传动设计</td></tr>
<tr><td>工作原理</td><td colspan="4"></td></tr>
<tr><td rowspan="3">技术要求与条件</td><td rowspan="2">设计参数</td><td>传递功率 P
kW</td><td>小齿轮转速 n_1
r/min</td><td>传动比
i</td></tr>
<tr><td>70</td><td>960</td><td>3</td></tr>
<tr><td>其他条件与要求</td><td colspan="3">中等冲击，单向运转，齿轮相对于轴承为对称布置，工作寿命为 10 年，单班制工作</td></tr>
<tr><td>1. 选定齿轮材料、热处理方式、精度等级，确定许用应力</td><td colspan="3">1)选定齿轮的材料、热处理方式
因传递功率较大，选用硬齿面齿轮组合。小齿轮用 20CrMnTi 渗碳淬火，硬度为 56～62HRC；大齿轮用 40Cr 表面淬火，硬度为 50～55HRC。
2)确定许用应力
按图 6-1-20 查 σ_{Flim1}，小齿轮按 16MnCr5 查取得 $\sigma_{Flim1}=880$，$\sigma_{Hlim1}=1500$；大齿轮按调质钢查取得 $\sigma_{Flim2}=740$，$\sigma_{Hlim2}=1220$。
查表 6-1-7，取 $S_F=1.4$，于是齿轮的许用弯曲应力为
$[\sigma_F]_1=\frac{\sigma_{Flim1}}{S_F}=\frac{880}{1.4}\text{MPa}=629\text{MPa}$
$[\sigma_F]_2=\frac{\sigma_{Flim2}}{S_F}=\frac{740}{1.4}\text{MPa}=529\text{MPa}$
$\frac{Y_{FS1}}{[\sigma_F]_1}=\frac{4.38}{629}\text{MPa}^{-1}=0.0070\text{MPa}^{-1}$
$\frac{Y_{FS2}}{[\sigma_F]_2}=\frac{3.38}{529}\text{MPa}^{-1}=0.0075\text{MPa}^{-1}$
经比较，$\frac{Y_{FS2}}{[\sigma_{F2}]}$值更大。
由表 6-1-7，得 $S_H=1.2$，于是齿轮的许用接触应力为
$[\sigma_H]_1=\frac{Z_{NT1}\cdot\sigma_{Hlim1}}{S_{H1}}=\frac{1\times1500}{1.2}\text{MPa}=1250\text{MPa}$
$[\sigma_H]_2=\frac{Z_{NT2}\cdot\sigma_{Hlim2}}{S_{H2}}=\frac{1\times1500}{1.2}\text{MPa}=1057\text{MPa}$
取$[\sigma_H]$的较小值，即$[\sigma_H]=[\sigma_H]=1057\text{MPa}$。
3)初选齿轮精度等级
初选齿轮精度等级为 8 级。</td><td>小齿轮：
20CrMnTi
渗碳淬火
齿面硬度
56～62HRC
大齿轮：
40Cr 表面淬火
齿面硬度
50～55HRC

$\frac{Y_{FS2}}{[\sigma_{F2}]}$值较大

$[\sigma_H]=1057\text{MPa}$
初选 8 级精度</td></tr>
</table>

续表

2. 按齿根弯曲疲劳强度设计	1)转矩 T_1 $T_1=9.55\times10^6\ \frac{P}{n_1}=9.55\times10^6\times\frac{70}{960}(\text{N}\cdot\text{mm})=6.96\times10^5(\text{N}\cdot\text{mm})$ 2)载荷系数 K 查表 6-1-8,取 $K=1.4$。 3)齿数 z、螺旋角 β 和齿宽系数 ψ_d 因为是硬齿面传动,取 $z_1=20$,则 $z_2=u\cdot z_1=3\times20=60$; 初选螺旋角 $\beta=14°$; 当量齿数 z_v 为: $z_{v1}=\frac{z_1}{\cos^2\beta}=\frac{20}{\cos^2 14°}=21.89\approx22$ $z_{v2}=\frac{z_2}{\cos^2\beta}=\frac{60}{\cos^2 14°}=65.68\approx66$ 由表 6-1-10 查得复合齿轮系数 $Y_{FS1}=4.38$,$Y_{FS1}=3.98$。 由表 6-1-11 选取 $\psi_d=0.8$。 4)计算齿轮模数 m_n 将$\frac{Y_{FS2}}{[\sigma_{F2}]}$值及相关参数代入式(6-2-14)有 $m_n\geqslant1.17\sqrt[3]{\frac{KT_1Y_{FS}\cos^2\beta}{\psi dz_1^2[\sigma_F]}}$ $=1.17\sqrt[3]{\frac{1.4\times6.96\times10^5\times0.075\times\cos^2 14°}{0.8\times20^2}}(\text{mm})$ $=3.25(\text{mm})$ 因为是硬齿面,m_n 选大些。由表 6-1-2 取标准模数值 $m_n=4\text{mm}$。	$T_1=6.96\times10^5\text{N}\cdot\text{mm}$ $K=1.4$ $z_1=20$ $z_2=60$ $\beta=14°$ $z_{v1}\approx22$ $z_{v2}\approx66$ $Y_{FS1}=4.38$ $Y_{FS1}=3.98$ $\psi_d=0.8$ $m_n=4$
3. 齿轮主要尺寸计算数	1)确定中心距 a 及螺旋角 β 传动的中心距 a 为 $a=\frac{m_n(z_1+z_2)}{2\cos\beta}=\frac{4(20+60)}{2\cos14°}(\text{mm})=164.88(\text{mm})$ 取 $a=165\text{mm}$。 确定螺旋角 β 为 $\beta=\arccos\frac{m_n(z_1+z_2)}{2a}=\arccos\frac{4(20+60)}{2\times165}=14°8'2''$ 此值与初选 β 值相差不大,故不必重新计算。 2)分度圆直径 d $d_1=\frac{m_nz_1}{\cos\beta}=\frac{4\times20}{\cos14°18'2''}(\text{mm})=82.5(\text{mm})$ $d_2=\frac{m_nz_2}{\cos\beta}=\frac{4\times60}{\cos14°18'2''}(\text{mm})=247.5(\text{mm})$ 3)齿宽 b $b=\psi_dd_1=0.8\times82.5\text{mm}=66\text{mm}$ 取 $b_2=70\text{mm}$,$b_1=75\text{mm}$。	$a=165\text{mm}$ $\beta=14°18'2''$ $d_1=62.5\text{mm}$ $d_2=247.5\text{mm}$ $b_1=70\text{mm}$ $b_2=75\text{mm}$
4. 校核齿面接触疲劳强度	由表 6-1-9 查得弹性系数 $Z_E=189.8\ \sqrt{\text{MPa}}$,将其代入式(6-2-11),故 $\sigma_H=3.17\times189.8\times\sqrt{\frac{1.4\times6.96\times10^5\times(3+1)}{75\times82.5^2\times3}}\text{MPa}=960\text{MPa}$ $\sigma_H<[\sigma_H]_2$,齿面接触疲劳强度校核合格。	$Z_E=189.8\ \sqrt{\text{MPa}}$ $\sigma_H<[\sigma_H]_2$ 满足要求

续表

5. 验算初选精度等级	$v=\frac{\pi d_1 n_1}{60\times1000}=\frac{3.14\times82.5\times960}{60\times1000}\text{m/s}=4.15\text{m/s}$ 由表 6-1-12 知，选 8 级精度是合适的。	8 级精度合适
6. 齿轮结构设计并绘制工程图	（略）	

【课后巩固】

1. 锥齿轮传动有哪些特点？它一般以齿轮大端或小端参数中的哪个作为标准？

2. 两级圆柱齿轮传动中，若一级为斜齿，另一级为直齿，试问斜齿圆柱齿轮应置于调整级还是低速级？为什么？

3. 在直齿锥齿轮和圆柱齿轮所组成的两级传动中，锥齿轮应置于调整级还是低速级？为什么？

4. 斜齿轮的强度计算和直齿轮的强度计算有何区别？

5. 斜齿轮的当量齿轮是如何作出的？其当量齿数 z_v 在强度计算中有何用处？

6. 锥齿轮的背锥是如何作出的？

7. 斜齿轮和锥齿轮的轴向分力是如何确定的？

8. 已知一对斜齿圆柱齿轮传动，$z_1=25$，$z_2=100$，$m_n=4\text{mm}$，$\beta=15°$，$\alpha=20°$。试计算这对斜齿轮的主要几何尺寸。

9. 已知一对斜齿圆柱齿轮传动，$m_n=2\text{mm}$，$z_1=23$，$z_2=92$，$\beta=12°$，$\alpha=20°$。试计算其中心距应为多少？如果除 β 角外各参数均不变，现需将中心距圆整为以 0 或 5 结尾的整数，则应如何改变 β 角的大小？其中心距 a 为多少？β 为多少？

10. 今有两对斜齿圆柱齿轮传动，主动轴传递的功率 $P_1=13\text{kW}$，$n_1=200\text{r/min}$，齿轮的法面模数 $m_n=4\text{mm}$，齿数 $z_1=60$ 均相同，仅螺旋角分别为 9°与 18°。试求各对齿轮传动轴向力的大小？

11. 已知一对标准直齿锥齿轮传动，齿数 $z_1=22$，$z_2=66$，大端模数 $m_n=5\text{mm}$，分度圆压力角 $\alpha=20°$，轴交角 $\Sigma=90°$，试求两个锥齿轮的分度圆直径、齿顶圆直径、齿根圆直径、齿顶圆锥角、齿根圆锥角、锥距及当量齿教。

12. 一对渐开线标准斜齿圆柱齿轮，法向压力角为 α_n，模数为 m，齿数为 z_1、z_2（$z_1<z_2$）；另一以渐开线标准斜齿圆柱齿轮，法向压力角为 α_n，其他参数为 m_n、z'_1、z'_2（$z'_1<z'_2$），且 $\alpha=\alpha_n=20°$，$m=m_n$，$z'_1=z'$，$z_2=z'_2$。在其他条件相同的情况下，试证明斜齿圆柱齿轮比直齿圆柱齿轮的抗疲劳点蚀能力强。

13. 图 6-2-17 所示为二级斜齿圆柱齿轮减速器。已知：齿轮 1 的螺旋线方向和轴Ⅲ的转向，齿轮 2 的参数 $m_n=3\text{mm}$，$z_2=57$，$\beta_2=14°$；齿轮 3 的参数 $m_n=5\text{mm}$，$z_3=21$。试求：

(1)为使轴Ⅱ所受的轴向力最小，齿轮 3 应选取的螺旋线方向，并在图(b)上标出齿轮 2 和齿轮 3 的螺旋线方向；

(2)在图(b)上标出齿轮 2、3 所受各分力的方向；

(3)如果使轴Ⅱ的轴承不受轴向力，则齿轮 3 的螺旋角 β_3 应取多大值(忽略摩擦损失)？

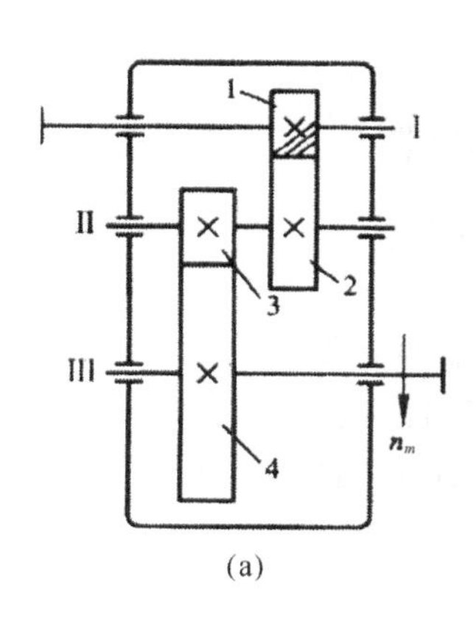

(a)

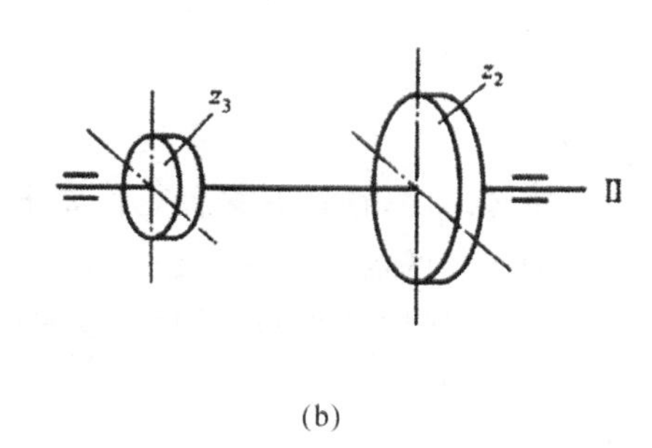

(b)

图 6-2-17　题 13 图

14. 如图 6-2-18 所示的二级斜齿圆柱齿轮减速器，已知：电动机功率 $P=3\text{kW}$，转速 $n=970\text{r/min}$；高速级 $m_{n1}=2\text{mm}$，$z_1=25$，$z_2=53$，$\beta_1=12°50'19''$；低速级 $m_{n2}=3\text{mm}$，$z_3=22$，$z_4=50$，$\alpha_2=110\text{mm}$。试求(计算时不考虑摩擦损失)：

(1)为使轴 II 上的轴承所承受的轴向力较小，确定齿轮 3、4 的螺旋线方向(绘于图上)；

(2)绘出齿轮 3、4 在啮合点处所受各力的方向；

(3)β_2 取多大值才能使轴 II 上所受轴向力相互抵消？

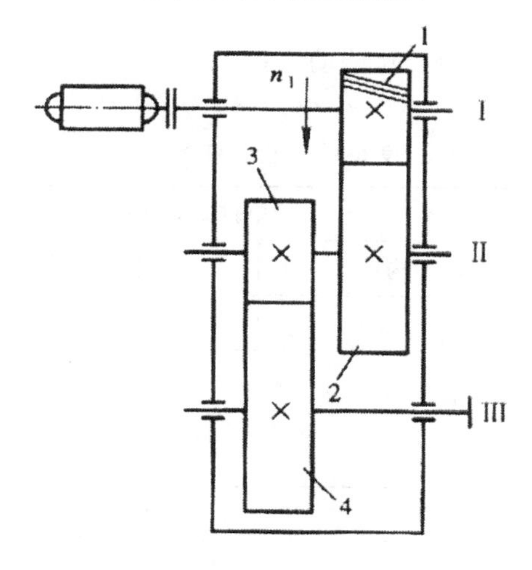

图 6-2-18　题 14 图

任务3 轮系设计

【任务导读】

实际机械齿轮传动中，往往有多种工作要求，有时需要获得很大的传动比，那么轮系的传动能够满足这种传动的需要。在本任务中，学生通过对定轴轮系和周转轮系的学习，熟悉轮系的分类、特点及工作原理等基本知识，掌握轮系传动方向的判断方法，具备定轴和周转轮系传动比计算的能力。

【教学目标】

最终目标：能够查阅设计手册设计定轴轮系、周转轮系和组合轮系。

促成目标：1. 熟悉定轴轮系、周转轮系和组合轮系的组成、工作原理和特点；

2. 掌握定轴轮系、周转轮系和组合轮系的主要参数、传动比计算。

【工作任务】

任务描述：一单排2K-H型周转轮系，中心轮为输入构件，系杆为输出构件，传动比 i 为3.8，试完成该周转轮系的设计。

任务具体要求：

(1)画出机构运动简图；

(2)计算该周转轮系的主要参数及传动比；

(3)填写设计任务单。

表6-3-1 设计任务单

<table>
<tr><td colspan="2">任务名称</td><td colspan="3">单排2K-H型周转轮系设计</td></tr>
<tr><td colspan="2" rowspan="2">技术要求与条件</td><td>输入构件</td><td>输出构件</td><td>传动比 i_{1H}</td></tr>
<tr><td></td><td></td><td></td></tr>
<tr><td colspan="2">机构方案</td><td colspan="3"></td></tr>
<tr><td colspan="2">计算项目</td><td colspan="2">计算与说明</td><td>计算结果</td></tr>
<tr><td rowspan="5">工作步骤</td><td rowspan="2">1. 计算齿轮齿数 z_1、z_2、z_3</td><td colspan="3"></td></tr>
<tr><td colspan="3"></td></tr>
<tr><td>2. 确定模数 m 和分度圆直径 d</td><td colspan="3"></td></tr>
<tr><td>结论</td><td colspan="3"></td></tr>
<tr><td></td><td colspan="3"></td></tr>
</table>

【知识储备】

6.3.1 轮系及其分类

在机械设备中，为了获得较大的传动比或变速和换向，常常要采用多对齿轮进行传动，例如钟表传动装置(图 6-3-1)、汽车的差速器(图 6-3-2)、机床变速箱等。这种由多对齿轮所组成的传动系统称为齿轮系，简称轮系。

图 6-3-1 钟表传动装置

图 6-3-2 汽车差速器

按照传动时各齿轮的轴线位置是否固定，轮系分为定轴轮系和行星轮系两种基本类型。当轮系运转时，轮系中各个齿轮的几何轴线相对于机架的位置都是固定的，这种轮系称为定轴轮系，如图 6-3-3(a)所示。轮系运转时，至少有一个齿轮的几何轴线是绕其他齿轮的固定几何轴线转动的轮系称为周转轮系，如图 6-3-3(b)所示。如果轮系中既包含定轴轮系，又包含行星轮系，或者包含几个行星轮系，则称为组合轮系，如图 6-3-3(c)所示。

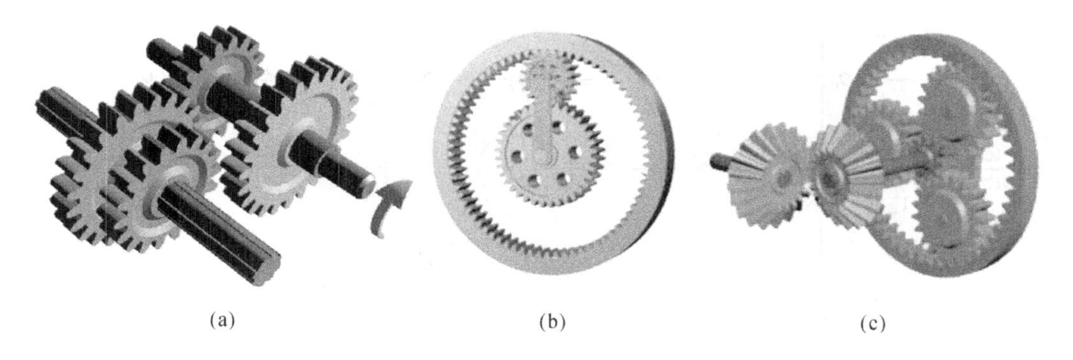

(a) (b) (c)

图 6-3-3 轮系的分类

1. 定轴轮系

定轴轮系又称为普通轮系。由轴线相互平行的齿轮组成的定轴轮系称为平面定轴轮系，如图 6-3-4 所示。包含有相交轴齿轮、交错轴齿轮传动等在内的定轴轮系称为空间定轴轮系，如图 6-3-5 所示。

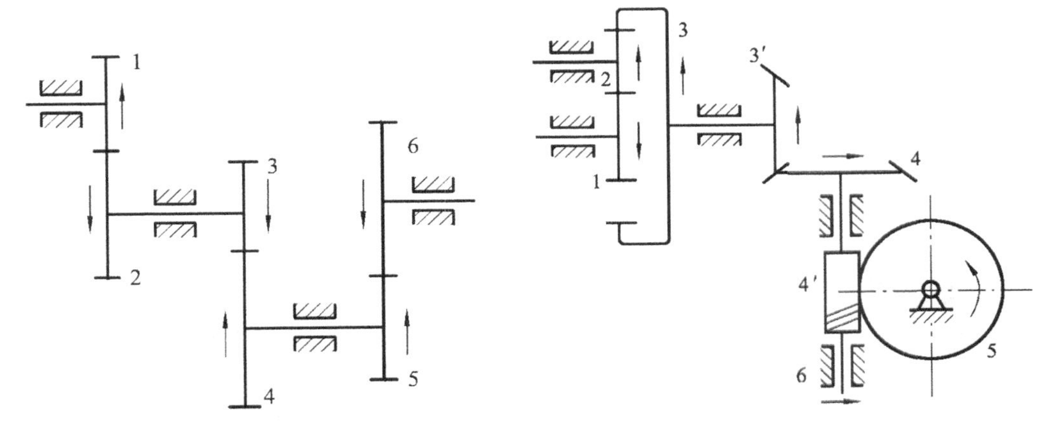

图 6-3-4　平面定轴轮系图　　　图 6-3-5　空间定轴轮系

2. 周转轮系

周转轮系又称为动轴轮系或行星轮系。如图 6-3-6 所示的单级行星轮系，齿轮 2 空套在构建 H 的小轴上，当构件 H 绕定轴转动时，齿轮 2 一方面绕自己的几何轴线 O_1O_1 转动（自转），同时又随构件 H 绕固定的几何轴线 OO 转动（公转），犹如天体中的行星，兼有自转和公转，故把具有运动几何轴线的齿轮 2 称为行星轮，用来支持行星轮的构件 H 称为行星架或系杆，与行星轮相啮合且轴线固定的齿轮 1 和 3 称为中心或太阳轮。行星架与中心轮的几何轴线必须重合，否则不能转动。

根据机构自由度的不同，周转轮系可以分为差动轮系和简单行星轮系两类。机构自由度为 2 的行星轮系称为差动轮系，如图 6-3-6(a)所示；机构自由度为 1 的行星轮系称为简单行星轮系，如图 6-3-6(b)所示。

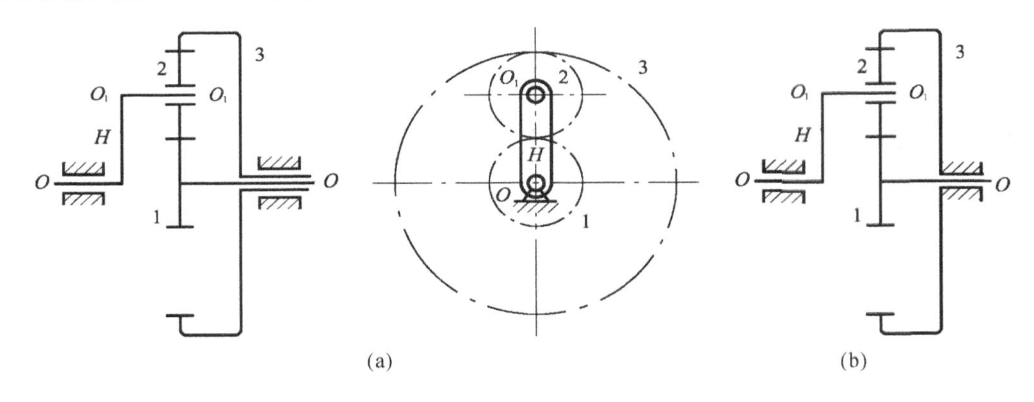

图 6-3-6　单级行星轮系

根据基本构件的不同，还可以分为 $2K$-H 型周转轮系和 $3K$ 型周转轮系。设轮系中的中心轮以 K 表示，行星架以 H 表示，图 6-3-7 所示 $2K$-H 型周转轮系又有三种不同的形式。而图 6-3-8 所示的 $3K$ 型周转轮系中，其基本构件是三个太阳轮 1、3 及 4，而行星架 H 则只起支持行星轮 2 和$2'$的作用。在实际机械中采用最多的是 $2K$-H 型周转轮系。

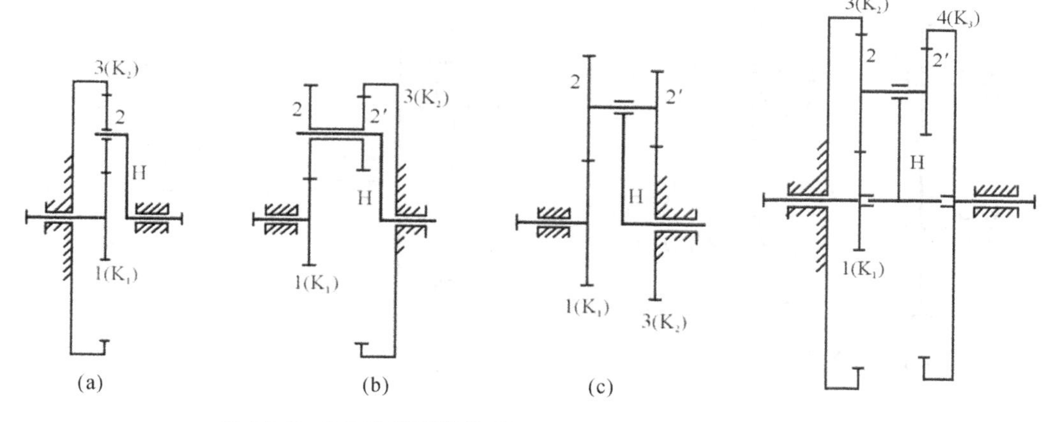

图 6-3-7　$2K\text{-}H$ 型周转轮系　　　图 6-3-8　$3K$ 周转轮系

3. 组合轮系

组合轮系又称为复合轮系。如图 6-3-9(a)所示为两个行星轮系串联在一起的组合轮系，图 6-3-9(b)所示为由定轴轮系和行星轮系串联在一起的组合轮系。

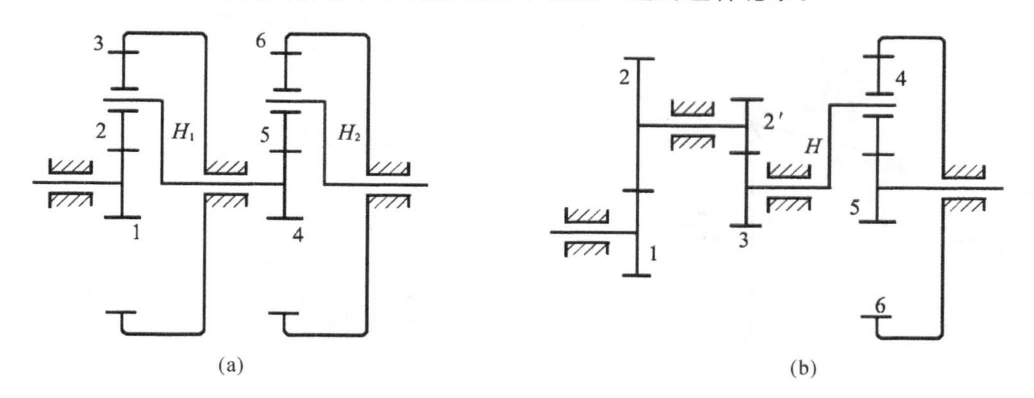

图 6-3-9　组合轮系

6.3.2　定轴轮系传动比计算

轮系中两齿轮(轴)的转速或角速度之比称为轮系的传动比。求轮系的传动比不仅需要计算它的数值，还要确定两轮的转向关系。

1. 一对齿轮的传动比

最简单的定轴轮系是由一对齿轮所组成的，其传动比

$$i_{12}=\frac{n_1}{n_2}=\pm\frac{z_2}{z_1} \qquad (6\text{-}3\text{-}1)$$

式中：n_1、n_2 分别表示两轮的转速；z_1、z_2 分别表示两轮的齿数。

对于外啮合圆柱齿轮传动，两轮转向相反，上式取“—”号；对于内啮合圆柱齿轮传动，两轮转向相同，上式取“＋”号。

两轮的相对转向关系也可以用箭头的方法表示。外啮合箭头方向相反，内啮合箭头方

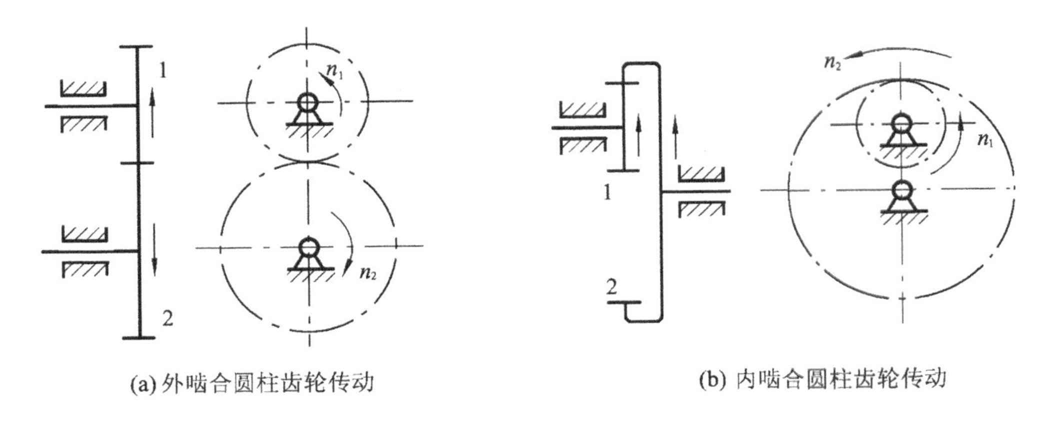

图 6-3-10　一对圆柱齿轮传动

向相同，如图 6-3-10 所示。

对于圆锥齿轮传动、蜗杆传动等空间齿轮传动机构，因其轴线不平行，不能用正负号说明其转向，故只能用画箭头的方法在图上标注转向，如图 6-3-11 所示。

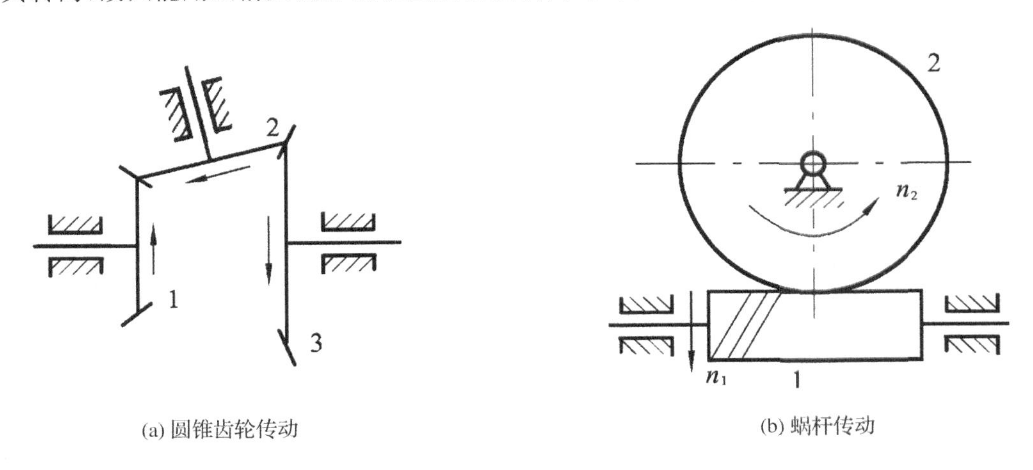

图 6-3-11　空间齿轮传动

2. 定轴轮系传动比的计算

如图 6-3-12 所示的平面定轴轮系，设各轮的齿数为 z_1、z_2、……，各轮的转速为 n_1、n_2、……，则该轮系的传动比可由各对啮合齿轮的传动比求出。

根据前面所述，该轮系中各对啮合齿轮的传动比分别为

$$i_{12}=\frac{n_1}{n_2}=-\frac{z_2}{z_1}\qquad i_{2'3}=\frac{n_{2'}}{n_3}=+\frac{z_3}{z_{2'}}$$

$$i_{3'4}=\frac{n_{3'}}{n_4}=-\frac{z_4}{z_{3'}}\qquad i_{45}=\frac{n_4}{n_5}=-\frac{z_5}{z_4}$$

将以上各等式两边连乘，并考虑到 $n_2=n_{2'}$，$n_3=n_{3'}$，可得

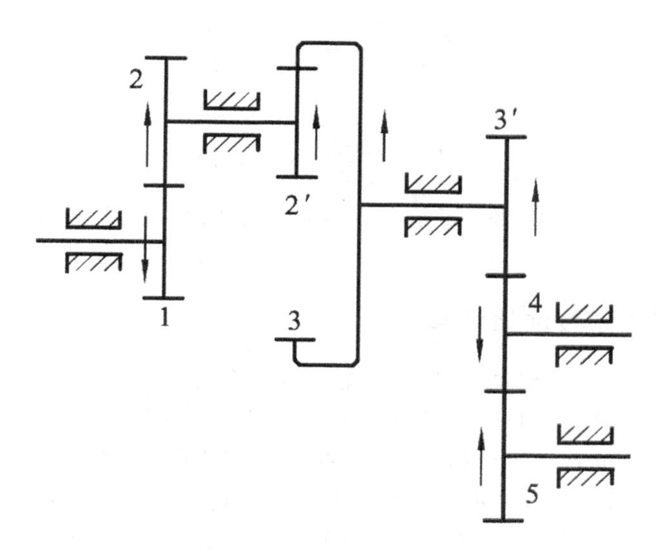

图 6-3-12　平面定轴轮系

$$i_{12}i_{2'3}i_{3'4}i_{45}=\frac{n_1 n_{2'} n_{3'} n_4}{n_2 n_3 n_4 n_5}=(-1)^3\ \frac{z_2 z_3 z_4 z_5}{z_1 z_{2'} z_{3'} z_4}$$

$$i_{15}=\frac{n_1}{n_5}=i_{12}i_{2'3}i_{3'4}i_{45}=(-1)^3\ \frac{z_2 z_3 z_5}{z_1 z_{2'} z_{3'}} \qquad (6\text{-}3\text{-}2)$$

式(6-3-2)表明，定轴轮系传动比的大小等于组成该轮系的各对啮合齿轮传动比的连乘积，也等于各对啮合齿轮中所有从动轮齿数的连乘积与所有主动轮齿数的连乘积之比。

以上结论可推广到一般情况。设轮 A 为计算时的起始主动轮，轮 K 为计算时的最末从动轮，则定轴轮系始末两轮传动比计算的一半公式为

$$i_{AK}=\frac{n_A}{n_K}=(-1)^m\ \frac{A\text{ 至 }K\text{ 间各对啮合齿轮从动轮齿数的连乘积}}{A\text{ 至 }K\text{ 间各对啮合齿轮主动轮齿数的连乘积}} \qquad (6\text{-}3\text{-}3)$$

对于平面定轴轮系，始末两轮的相对转向关系可以用传动比的正负号表示。i_{AK} 为负值时，说明始末两轮的转动方向相反；i_{AK} 为正值时，说明始末两轮的转动方向相同。正负号根据外啮合齿轮的啮合对数确定，奇数为负，偶数为正。也可以用画箭头的方法来表示始末两轮的相对转向关系。

对于空间定轴轮系，若始末两轮的轴线平行，则先用画箭头的方法逐对标出转向。若始末两轮的转向相同，则等式右边取正号，否则取负号。正负号的含义同上。若始末两轮的轴线不平行，则只能用画箭头的方法判断两轮的转向，传动比取正号，但这个正号并不表示转向关系。

另外，在图 6-3-12 所示的轮系中，齿轮 4 同时与两个齿轮啮合，它既是前一级的从动轮，又是后一级的主动轮。其齿数 z_4 在上述计算式中的分子和分母上各出现一次，最后被消去，即齿轮 4 的齿数不影响传动比的大小。这种不影响传动比的大小，只起改变转向作用的齿轮称为惰轮或过桥齿轮。

【例 1】　如图 6-3-5 所示的空间定轴轮系，设 $z_1=z_2=z_{3'}=20$，$z_3=80$，$z_4=40$，$z_{4'}=2$(右旋)，$z_5=40$，$n_1=1000r/\text{min}$，求蜗杆 5 的转速 n_5 及各轮的转向。

解：因为该轮系为空间定轴轮系，所以只能用式(6-3-3)计算其传动比的大小。

$$i_{15}=\frac{n_1}{n_5}=\frac{z_2z_3z_4z_5}{z_1z_2z_{3'}z_{4'}}=\frac{20\times80\times40\times40}{20\times20\times20\times2}=160$$

蜗轮 5 的转速为：

$$n_5=\frac{n_1}{i_{15}}=\frac{1000}{160}=6.25r/\min$$

各轮的转向如图 6-3-5 中箭头所示。该例中齿轮 2 为惰轮，它不改变传动比的大小，只改变从动轮的转向。

6.3.3　周转轮系传动比计算

周转轮系与定轴轮系的根本区别：周转轮系由回转轴线固定的基本构件中心轮（太阳轮）、行星架（系杆或转臂）和回转轴线不固定的其他构件行星轮组成。由于有一个既有公转又有自转的行星轮，因此传动比计算时不能直接套用定轴轮系的传动比计算公式，因为定轴轮系中所有的齿轮轴线都是固定的。为套用定轴轮系传动比计算公式，必须设法将行星轮的回转轴线固定，同时由不能让基本构件的回转轴线发生变化。为此，假想给整个轮系加上一个公共的角速度（$-\omega_H$），据相对运动原理，各构件之间的相对运动关系并不改变，但此时系杆的角速度就变成了 $\omega_H-\omega_H=0$，即系杆可视为静止不动。于是，周转轮系就转化成了一个假想的定轴轮系，通常称这个假想的定轴轮系为周转轮系的转化机构。

因为周转轮系中有回转的转臂使行星轮的运动不是绕固定轴线的简单运动，所以其传动比不能直接用求解定轴轮系传动比的方法来计算，构件转化后的转速如表 6-3-2 所示。

表 6-3-2　轮系中各构件转化前后的转速列表

构件	构件原来转速	构件在转化轮系中的转速
齿轮 1	n_1	$n_1^H=n_1-n_H$
齿轮 2	n_2	$n_2^H=n_2-n_H$
齿轮 3	n_3	$n_3^H=n_3-n_H$
行星架 H	n_H	$n_H^H=n_H-n_H=0$

转化机构中 1、3 两轮的传动比为

$$n_{13}^H=\frac{n_1^H}{n_3^H}=\frac{n_1-n_H}{n_3-n_H}=(-1)^1\frac{z_2z_3}{z_1z_2}=-\frac{z_3}{z_1} \qquad (6\text{-}3\text{-}4)$$

式中的“—”号表示轮 1、轮 3 在转化机构中的转向相反。

推广到一般情况，周转轮系的转化机构的传动比计算公式为

$$i_{\mathrm{AK}}^H=\frac{n_{\mathrm{A}}-n_H}{n_{\mathrm{K}}-n_H}=(-1)^m\frac{A\text{ 至 }K\text{ 间各对啮合齿轮从动轮齿数的连乘积}}{A\text{ 至 }K\text{ 间各对啮合齿轮主动轮齿数的连乘积}} \qquad (6\text{-}3\text{-}5)$$

使用上式应注意：

（1）A、K 和 H 三个构件的轴线应互相平行，而且 n_A、n_K、n_H 是代数值，必须代入正、负号，对差动齿轮系，如两构件转速相反时，一构件用正值代入，另一个构件则以负值代入，第三个构件的转速用所求得的正负号来判断。

（2）$i_{ab}^H\neq i_{ab}$。i_{ab}^H 是行星齿轮系转化机构的传动比，亦即齿轮 a、b 相对于行星架 H 的传动比，而 i_{ab} 是行星齿轮系中 a、b 两齿轮的传动比。

【例 2】　在如图 6-3-13 所示的轮系中，设 $z_1{}'=z_2=30$，$z_3=90$。试求当构件 1、3 的转

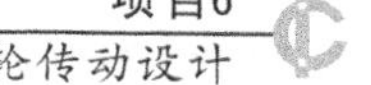

数分别为 $n_1=1, n_3=-1$(设转向沿逆时针方向为正)时,n_H 及 i_{1H} 的值。

解: 由式(6-3-5)可求得其转化轮系的传动比为

$$i_{13}^H=\frac{n_1-n_H}{n_3-n_H}=-\frac{z_2z_3}{z_1z_2}=-\frac{z_3}{z_1}$$

将已知数据代入(注意 n_1、n_3 的正负号),有

$$\frac{1-n_H}{-1-n_H}=-\frac{90}{30}=-3$$

得:$n_H=-\frac{1}{2}, i_{1H}=\frac{n_1}{n_H}=\frac{1}{-0.5}=-2$,

即当轮 1 逆时针转一转,轮 3 顺时针转一转时,行星架 H 将沿顺时针转 1/2 转。

【例 3】 在如图 6-3-14 所示的周转轮系中,设已知 $z_1=100, z_2=101, z_{2'}=100, Z_3=99$,试求传动比 i_{H1}。

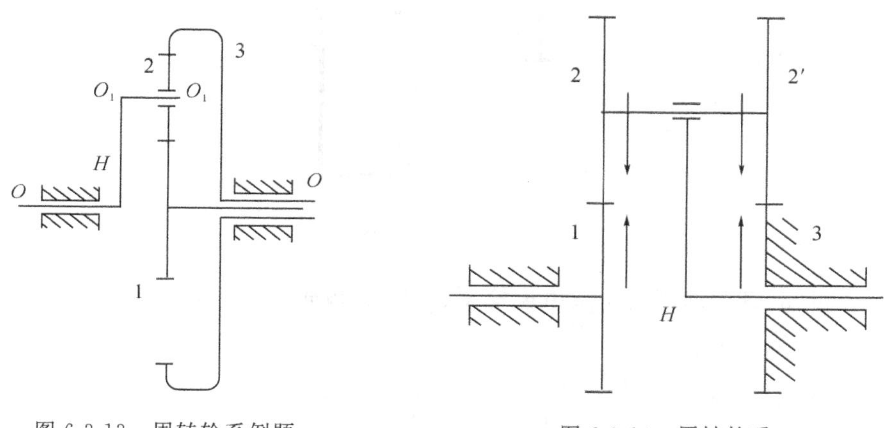

图 6-3-13　周转轮系例题　　图 6-3-14　周转轮系

解: 在图示的轮系中,由于轮 3 为固定轮(即 $n_3=0$),故该轮系为一行星轮系,其传动比的计算可以根据式(6-3-5)求得,为:

$$i_{1H}=1-i_{13}^H=1-\frac{z_2z_3}{z_1z'_2}=1-\frac{101\times 90}{100\times 100}=\frac{1}{1000}$$

$$i_{H1}=1/i_{1H}=10000$$

即当行星架转 10000 转时,轮 1 才转一转,其转向相同。

6.3.4　复合轮系的传动比计算

在复合轮系中既包含定轴轮系,又包含行星轮系,或者包含几个行星轮系。这种组合轮系既不能将其视为定轴轮系来计算,也不能应用单一的周转轮系的传动比计算。唯一正确的方法是将其所包含的各部分定轴轮系和各部分周转轮系一一加以分开,并分别列出其传动比的计算关系式,然后联立求解,从而求出复合轮系的传动比。

在计算复合轮系时,首要的问题是必须正确地将轮系中的各组成部分加以划分。而正确划分的关键是要把其中的周转轮系部分找出来。周转轮系的特点是具有行星轮和行星架,所以要找到轮系中的行星轮,然后找出行星架(行星架往往是由轮系中具有其他功用的

构件所兼任)。每一行星架,连同行星架上的行星轮和行星轮相啮合的太阳轮就组成一个基本的周转轮系,当周转轮系一一找出之后,剩下的便是定轴轮系部分了。下面将通过一个例子来介绍复合轮系的传动比的计算方法。

【例 4】 如图 6-3-15 所示复合轮系中,已知各轮齿数 $z_1=20$,$z_2=40$,$z_{2'}=20$,$z_3=30$,$z_4=80$,试计算传动比 i_{1H}。

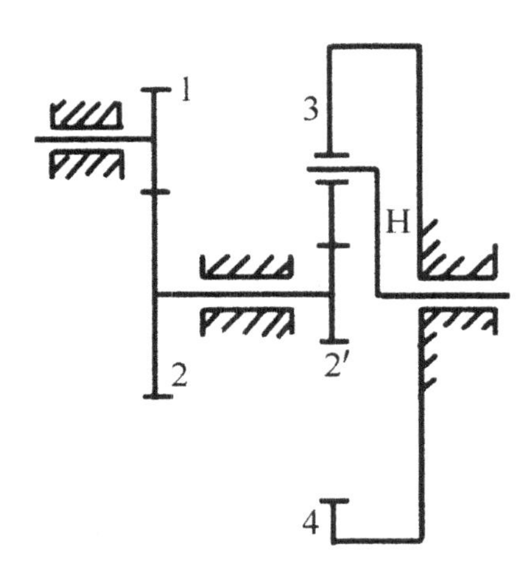

图 6-3-15 组合轮系

解:从图可知,其中的周转轮系由齿轮 2′、齿轮 3、齿轮 4 和系杆 H 组成,定轴轮系由齿轮 1 和齿轮 2 组成。

周转轮系传动比为:$i_{2'4}^{H}=\dfrac{n_{2'}^{H}}{n_4^{H}}=\dfrac{n_{2'}-n_H}{n_4-n_H}=-\dfrac{z_4}{z_{2'}}=-4$

定轴轮系传动比为:$i_{12}=\dfrac{n_1}{n_2}=-\dfrac{z_2}{z_1}=-2$

其中:$n_4=0$,$n_2=n_{2'}$

所以,传动比 $i_{1H}=\dfrac{n_1}{n_H}=-10$,负号说明行星架 H 与齿轮 1 转向相反。

【任务实施】

1. 工作任务分析

(1)机构方案确定

根据已知条件及设计要求,确定了该单排 $2K$-H 机构行星轮系的方案,如图 6-3-16 所示。中心轮 1 为输入构件,系杆 4 为输出构件,如图 6-3-16 所示。

(2)尺寸计算

按照给出的参数,周转轮系的传动比为 3.8,即系杆 4 和齿轮 1 的传动比为 $i_{1H}=3.8$

1)由传动比条件可得

$$i_{1H}=1+\frac{z_3}{z_1}$$

$$\frac{z_3}{z_1}=i_{1H}-1$$

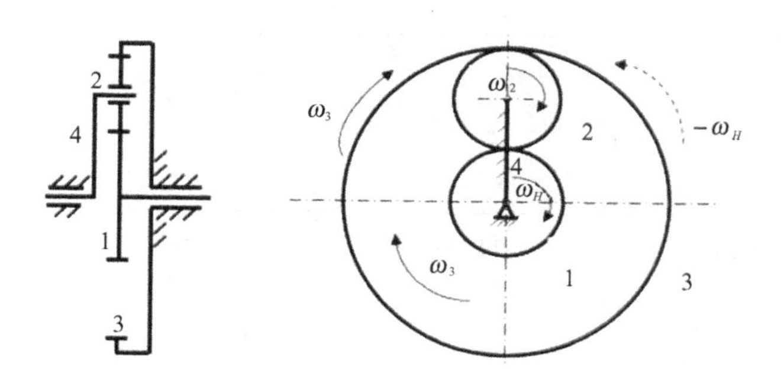

图 6-3-16　单排 2K-H 机构行星轮系的方案

$$z_3=(i_{1H}-1)z_1$$

预设 $z_1=20$，则有 $z_3=56$

2)由传同心条件可得

$$z_1+z_2=z_3-z_2$$

$$z_2=\frac{z_3-z_1}{2}$$

所以
$$z_2=\frac{i_{1H}-2}{2}z_1=0.9\times 20=18$$

取 $m=4$，则：

$$d_1=m\times z_1=4\times 20=80\ (\text{mm})$$

$$d_2=m\times z_2=4\times 18=72\ (\text{mm})$$

$$d_3=m\times z_3=4\times 56=224\ (\text{mm})$$

所选齿轮齿数符合设计要求，故取 $z_1=20$，$z_2=18$，$z_3=56$。

2. 填写设计任务单

表 6-3-3　设计任务单

任务名称	单排 2K-H 型周转轮系设计		
技术要求与条件	输入构件	输出构件	传动比 i_{1H}
	中心轮 1	系杆 4	3.8
机构方案			

续表

	计算项目	计算与说明	计算结果
工作步骤	1. 计算齿轮齿数 z_1、z_2、z_3	由 $i_{1H}=1+\frac{z_3}{z_1}$，可得：$z_3=(i_{1H}-1)z_1$ 预设 $z_1=20$，则有 $z_3=56$	
		根据 $z_1+z_2=z_3-z_2$，可得：$z_2=\frac{z_3-z_1}{2}$ 所以 $z_2=\frac{i_{1H}-2}{2}z_1=0.9\times20=18$	
	2. 确定模数 m 和分度圆直径 d	取 $m=4$，则有： $d_1=m\times z_1=4\times20=80$ (mm) $d_2=m\times z_2=4\times18=72$ (mm) $d_3=m\times z_3=4\times56=224$ (mm)	$d_1=80$ $d_2=72$ $d_3=224$
	结论	所选齿轮齿数符合设计要求，故取 $z_1=20$，$z_2=18$，$z_3=56$	

【课后巩固】

1. 定轴轮系与周转轮系有何区别？

2. 行星轮系与差动轮系有何区别？

3. 各种类型齿轮系的转向如何确定？$(-1)^m$ 方法适用于何种类型的齿轮系？

4. (1)$z_1=z_3=50$，$z_2=49$，$z_4=51$；(2)$z_1=z_2=z_3=50$，$z_4=51$；轮系如图 6-3-17 所示，求 i_{H1}。

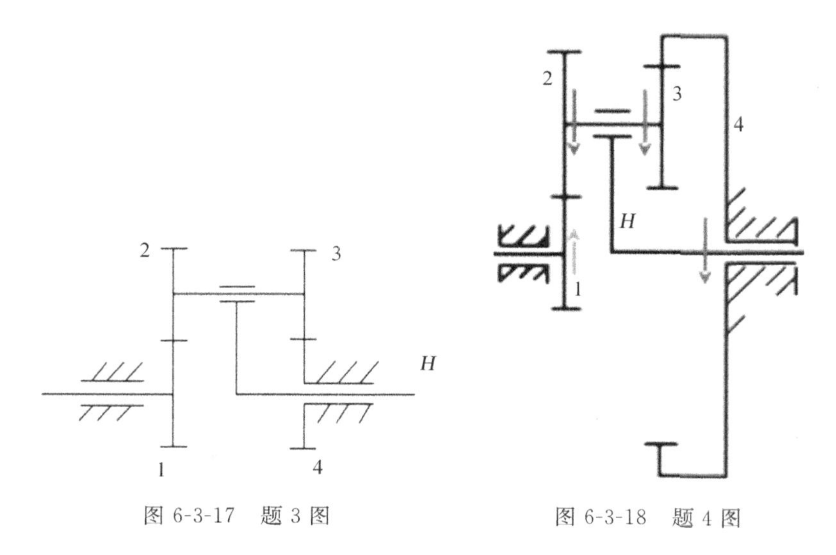

图 6-3-17　题 3 图　　图 6-3-18　题 4 图

5. 如图 6-3-18 所示的周转轮系中，已知各轮齿数为 $z_1=100$，$z_2=99$，$z_3=100$，$z_4=101$，行星架 H 为原动件，试求传动比 i_{H1}。

6. 如图 6-3-19 所示轮系中，已知各轮齿数 $z_1=20$，$z_2=40$，$z_{2'}=20$，$z_3=30$，$z_4=80$。试计算传动比 i_{1H}。

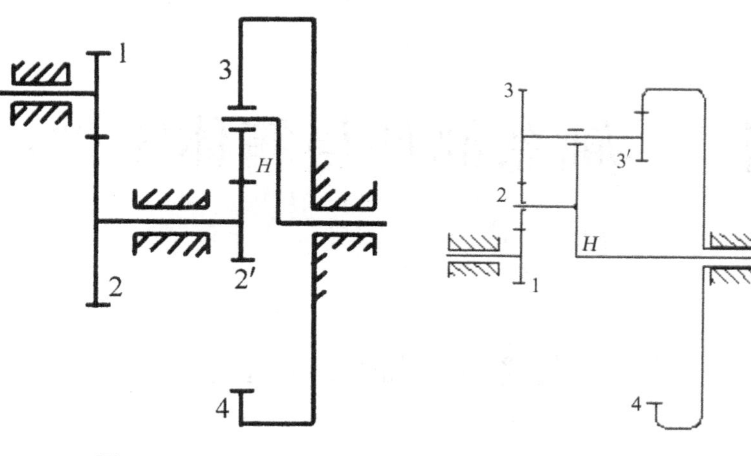

图 6-3-19　题 5 图　　　图 6-3-20　题 6 图

7. 在图 6-3-20 所示轮系中，已知各轮齿数 $z_1=50$，$z_3=30$，$z_{3'}=20$，$z_4=100$，且已知轮 1 和轮 4 的转速分别为 $|n_1|=100\text{r/min}$，$|n_4|=200\text{r/min}$。试分别求：当(1) n_1 与 n_4 同向时；(2) n_1 与 n_4 异向时，行星架 H 的转速及转向。

8. 图 6-3-21 中，已知轮系中 $z_1=60$，$z_2=15$，$z_{2'}=20$，各轮模数均相等，求 z_3 及 i_{1H}。

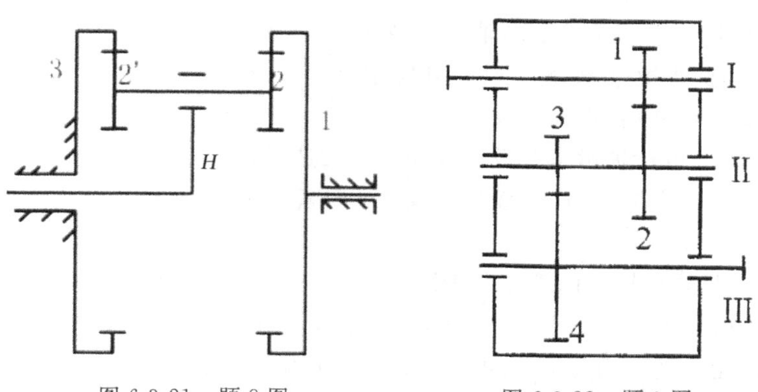

图 6-3-21　题 8 图　　　图 6-3-22　题 9 图

9. 如图 6-3-22 所示的某二级圆柱齿轮减速器，已知减速器的输入功率 $P_1=3.8\text{ kW}$，转速 $n_1=960\text{r/min}$，各齿轮齿数 $z_1=22$，$z_2=77$，$z_3=18$，$z_4=81$，齿轮传动效率 $\eta_{齿}=0.97$，每对滚动轴承的效率 $\eta_{滚}=0.98$。求：(1)减速器的总传动比 $i_{I\text{III}}$；(2)各轴的功率、转速及转矩。

10. 图 6-3-23 所示为车床溜板箱手动操纵机构。已知齿轮 1、2 的齿数 $z_1=16$，$z_2=80$，齿轮 3 的齿数 $z_3=13$，模数 $m=2.5\text{mm}$，与齿轮 3 啮合的齿条被固定在床身上。试求当溜板箱移动速度为 1m/min 时的手轮转速。

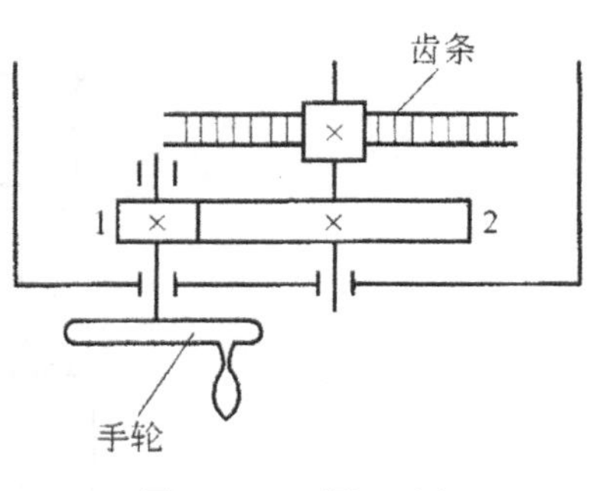

图 6-3-23　题 10 图

项目7　轴系部件与箱体零件设计

任务1　轴承的选型

【任务导读】

轴承是机械中的重要零件之一，合理地选择和使用轴承对提高机械的使用性能、延长寿命都起着重要作用。通过本任务的学习，使学生能熟悉轴承的类型、特点及应用场合，理解轴承代号所代表的含义，认识轴承的组合设计，熟悉轴承的主要失效形式及寿命的计算，从而掌握轴承选型所需的知识与能力。

【教学目标】

最终目标：能进行给定条件下的轴承选型计算

促成目标：1. 能理解轴承分类、特点和应用；

2. 能理解轴承代号及含义；

3. 会进行轴承组合设计及润滑方案选择；

4. 能理解轴承的失效形式及基本计算。

【工作任务】

任务描述：一带式运输机的工作原理图如7-1-1所示，其减速器从动轴上安装有一对滚动轴承。已知从动轴输入功率 $P=4.15\text{kW}$，转速 $n=84.21\text{r/min}$，安装轴承的轴段直径 $D=55\text{mm}$，轴上齿轮承受圆周力 $F_t=3920.92\text{N}$，径向力 $F_r=1427.1\text{N}$。工作时单向运转，载荷变化不大，空载启动，环境清洁，一班制工作，使用期限5年。试确定该轴承的型号。

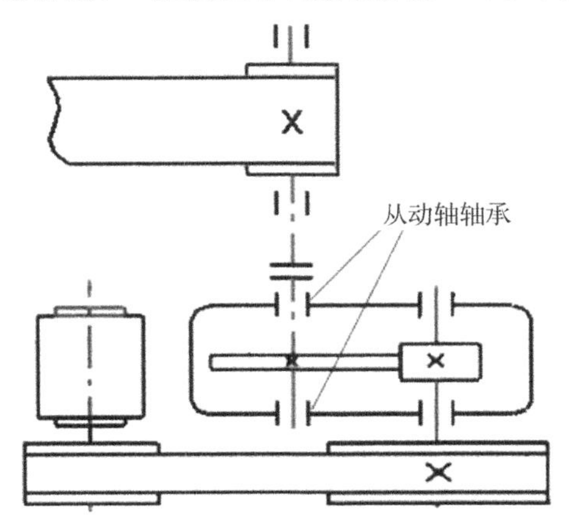

图7-1-1　带式运输机的工作原理图

任务具体要求：(1)选择轴承类型和型号，计算当量动载荷，验算轴承的基本额定动荷；(2)填写设计任务单。

表 7-1-1　设计任务单

<table>
<tr><td colspan="2">任务名称</td><td colspan="6">减速器从动轴轴承选择</td></tr>
<tr><td colspan="2">工作原理</td><td colspan="6">从动轴轴承</td></tr>
<tr><td colspan="2" rowspan="3">技术要求与条件</td><td rowspan="2">设计参数</td><td>输入功率
P(kW)</td><td>从动轴转速
n(r/min)</td><td>轴段直径
D(mm)</td><td>圆周力
F_t(N)</td><td>径向力
F_r(N)</td></tr>
<tr><td></td><td></td><td></td><td></td><td></td></tr>
<tr><td>其他条件与要求</td><td colspan="5"></td></tr>
<tr><td colspan="2">计算项目</td><td colspan="5">计算与说明</td><td>计算结果</td></tr>
<tr><td rowspan="3">工作步骤</td><td>1. 选择轴承类型和型号</td><td colspan="5"></td><td></td></tr>
<tr><td>2. 计算径向力</td><td colspan="5"></td><td></td></tr>
<tr><td>3. 验算算轴承的基本额定动荷</td><td colspan="5"></td><td></td></tr>
</table>

【知识储备】

7.1.1　轴承的类型及特点

轴是机械设备中的重要零件之一，它的主要功能是直接支承回转零件，如齿轮、车轮和带轮等，以实现回转运动并传递动力。这种起支持作用的零部件称为支承零部件。很多轴上零件需要彼此联接，它们的性能互相影响，所以将轴及轴上零部件统称为轴系零部件。

轴承的功能是支撑轴及轴上零件，使其回转并保持一定的旋转精度，减少相对回转零件间摩擦和磨损。合理地选择和使用轴承对提高机械的使用性能、延长寿命都起着重要作用。根据摩擦性质的不同，轴承可分为滚动轴承和滑动轴承两大类。

1. 滑动轴承

滑动轴承的主要优点是：结构简单，制造、装拆方便；具有良好的耐冲击性和吸振性能，运转平稳，旋转精度高，寿命长。其主要缺点是：维护复杂、润滑条件要求高、当轴承处于边界润滑状态时，摩擦磨损较严重。由于其优异的性能，因而在内燃机、发电机、轧钢机、雷达、汽轮机、卫星通信地面站及天文望远镜中多采用滑动轴承。此外，在低速重载、有冲击和环境恶劣的场合，如破碎机、水泥搅拌机、滚筒清沙机等机器中也常采用滑动轴承。

滑动轴承按承受载荷方向不同，可分为向心轴承（图 7-1-2(a)）和推力轴承（图 7-1-2(b)）。向心滑动轴承只能承受径向载荷，推力滑动轴承只能承受轴向载荷。其中向心滑动轴承又称径向滑动轴承，其按结构可分为整体式（图 7-1-3(a)）和（图 7-1-3(b)）剖分式两种。

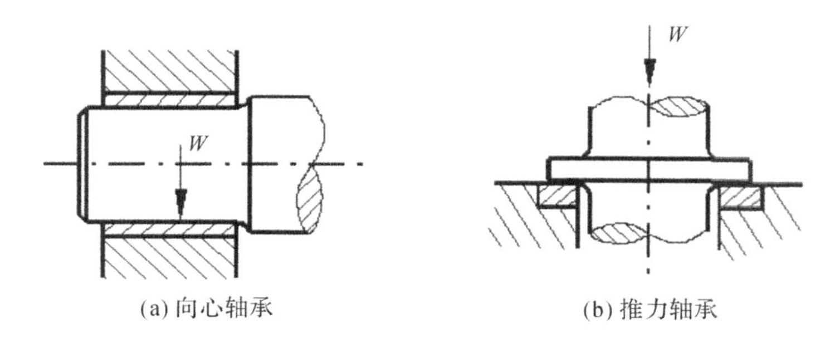

(a) 向心轴承　　(b) 推力轴承

图 7-1-2　滑动轴承的类型

滑动轴承一般由轴承座、轴瓦（或轴套）、润滑装置和密封装置等部分组成。滑动轴承按结构可分为整体式滑动轴承和剖分式滑动轴承，按摩擦状态可分为液体摩擦滑动轴承和非液体摩擦滑动轴承，按受载荷方向不同，滑动轴承可分为径向滑动轴承和止推滑动轴承。

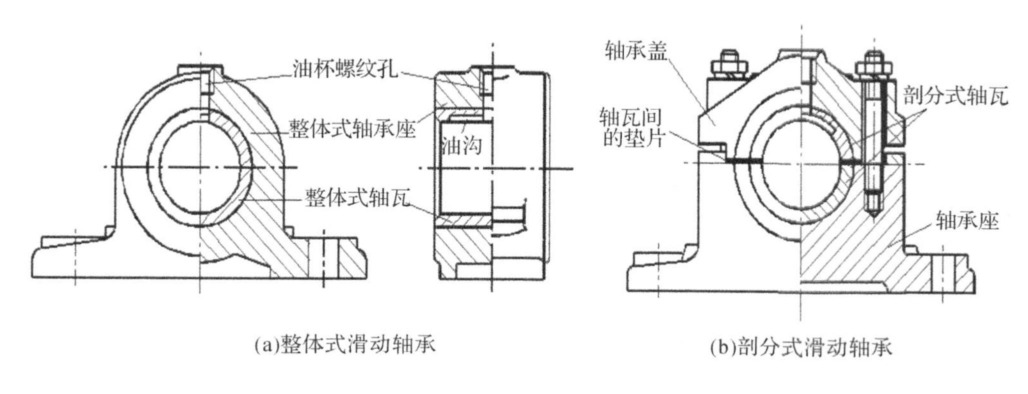

(a)整体式滑动轴承　　(b)剖分式滑动轴承

图 7-1-3　滑动轴承的基本结构

2. 滚动轴承

滚动轴承是广泛运用的机械支承，其功能是在保证轴承有足够寿命的条件下，用以支承轴及轴上的零件，并与机座作相对旋转、摆动等运动，使转动副之间的摩擦尽量降低，以获得较高传动效率。滚动轴承如图 7-1-4 示。

图 7-1-4　减速器中的滚动轴承

滚动轴承的结构如图 7-1-5 所示，一般由内圈、外圈、滚动体和保持架等四部分组成。一般情况下，内圈与轴一起运转；外圈装在轴承座中起支撑作用；用保持架将滚动体均匀隔开，避免各滚动体之间相互摩擦；有些滚动轴承没有内圈、外圈或保持架，但滚动体为其必备的主要元件。滚动体是实现滚动摩擦的滚动元件，除“自转”外，还绕轴线公转。滚动体根据需要可以制成各种不同形状。

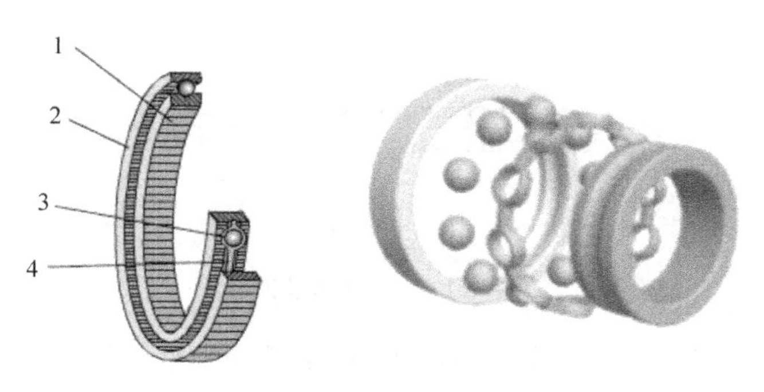

1-内圈　2-外圈　3-滚动体　4-保持架

图 7-1-5　滚动轴承结构

在工作过程中，滚动体在内、外圈是以点或线接触而相对转动，他们表面接触应力很大，所以要求其材料应具有良好的接触疲劳强度和冲击韧度，一般采用 GCr15、GCr15SiMn、GCr6、GCr9 等轴承钢制造，经热处理后表面硬度可达 61～65HRC。保持架多用低碳钢通过冲压成形方法制造，也可采用有色金属或塑料等材料。

滚动轴承具有下列优点：

1)应用设计简单,产品已标准化,并由专业生产厂家进行大批量生产,具有优良的互换性和通用性。

2)起动摩擦力矩低,功率损耗小,滚动轴承效率(0.98～0.99)比混合润滑轴承高。

3)负荷、转速和工作温度的适应范围宽,工况条件的少量变化对轴承性能影响不大。

4)大多数类型的轴承能同时承受径向和轴向载荷,轴向尺寸较小。

5)易于润滑、维护及保养。

滚动轴承也有下列缺点:

1)大多数滚动轴承径向尺寸较大。

2)在高速、重载荷条件下工作时,寿命短。

3)振动及噪音较大。

常用的滚动轴承已制定了国家标准,它是利用滚动摩擦原理设计而成,由专业化工厂成批生产的标准件。在机械设计中只需根据工作条件选用合适的滚动轴承类型和型号进行组合结构设计。

7.1.2 滚动轴承类型

滚动轴承按滚动体形状的不同,可分为球轴承和滚子轴承。滚子形状有圆柱形、圆锥形、球面滚子、螺旋滚子、滚针等(见图 7-1-6)。滚子轴承的滚动体与套圈滚道为线接触,球轴承的滚动体与套圈滚道为点接接触,因此在相同直径下,滚子轴承比球轴承承载能力大。

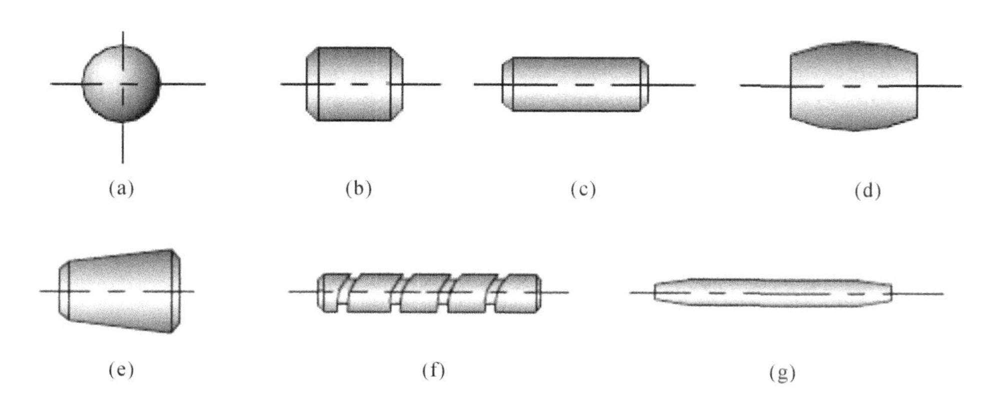

图 7-1-6 滚动体形状

按所能承受的负荷方向或公称接触角 α 的不同,滚动轴承可分为向心轴承和推力轴承两大类。

公称接触角 α 是垂直于轴心线的平面与经轴承套圈或垫圈传递给滚动体的合力作用线之间的夹角,如表 7-1-2 所示。公称接触角越大,承受轴向载荷的能力也越大。

当接触角 $0^\circ \leqslant \alpha \leqslant 45^\circ$ 时,轴承只承受或主要承受径向载荷,该类轴承称为向心轴承。当 $\alpha=0^\circ$ 时,轴承只承受径向载荷,故称为径向接触轴承;当 $0^\circ<\alpha \leqslant 45^\circ$ 时,轴承主要承受径向载荷,也可承受较小的轴向载荷,这类轴承称为角接触向心轴承。

表 7-1-2 各类轴承的接触角

轴承种类	向心轴承		推力轴承	
	径向接触	角接触	角接触	轴向接触
接触角 α	$\alpha=0°$	$0°<\alpha<45°$	$45°<\alpha<90°$	$\alpha=90°$
图例（以球轴承为例）				

当接触角 $45°<\alpha\leqslant90°$ 时，轴承只承受或主要承受轴向载荷，该类轴承称为推力轴承。当 $\alpha=90°$ 时，轴承只承受轴向载荷，故称为轴向接触轴承；当 $45°<\alpha<90°$ 时，轴承主要承受轴向载荷，也可以承受较小的径向载荷，这类轴承称为角接触推力轴承。

各类滚动轴承的特性及应用情况如表 7-1-3 所示。

表 7-1-3 滚动轴承的类型、特性及应用

类型代号	类型名称	简图及承载方向	主要特性及应用	标准号	原标准类型代号
1	调心球轴承		主要承受径向载荷，也可以承受不大的轴向载荷；能自动调心，允许角偏差≤2°～3°；适用于多支点传动轴、刚度较小的轴以及难以对中的轴	GB/T281	1
2	调心滚子轴承		与调心球轴承特性基本相同，允许角偏差≤1°～2.5°，承载能力比前者大；常用于其他种类轴承不能胜任的重载情况，如轧钢机、大功率减速器、吊车车轮等	GB/T288	3
	推力调心滚子轴承		主要承受轴向载荷；承载能力比推力球轴承大得多，并能承受一定的径向载荷；能自动调心，允许角偏差≤2°～3°；极限转速较推力球轴承高；适用于重型机床、大型立式电机轴的支承等	GB/T5859	9
3	圆锥滚子轴承		可同时承受径向载荷和单向轴向载荷，承载能力高；内、外圈可以分离，轴向和径向间隙容易调整；常用于斜齿轮轴、锥齿轮轴和蜗杆减速器以及机床主轴的支撑等。允许角偏差 2′，一般成对使用	GB/T297	7

续表

类型代号	类型名称	简图及承载方向	主要特性及应用	标准号	原标准类型代号
5	推力球轴承		只能承受轴向载荷，51000用于承受单向轴向载荷，52000用于承受双向轴向载荷；不宜在高速下工作，常用于起重机吊钩、蜗杆轴和立式车床主轴的支撑等	GB/T301	8
6	深沟球轴承		主要承受径向载荷，也能承受一定的轴向载荷；极限转速较高，当量摩擦因数最小；高转速时可用来承受不大的纯轴向载荷；允许角偏差≤2′～10′；承受冲击能力差；适用于刚度较大的轴上，常用于机床主轴箱、小功率电机等	GB/T276	0
7	角接触球轴承		可承受径向和单向轴向载荷；接触角α愈大，承受轴向载荷的能力也愈大，通常应成对使用；高速时用它代替推力球轴承较好；适用于刚度较大、跨距较小的轴，如斜齿轮减速器和蜗杆减速器中轴的支撑等；允许角偏差≤2′～10′	GB/T292	6
N	圆柱滚子轴承		只能承受径向载荷；内、外圈可以分离，内、外圈允许少量轴向移动，允许角偏差<2′～4′；能承受较大的冲击载荷；承载能力比深沟球轴承大；适用于刚度较大、对中良好的轴，常用于大功率电机、人字齿轮减速器等	GB/T283	2
NA	滚针轴承		只能承受径向载荷，可以没有内圈，适用于径向尺寸小且转速不高的场合	GB/T5801	4

7.1.3 滚动轴承的代号

由于滚动轴承的种类很多，每种轴承的结构、尺寸、精度和技术要求又有不同，为了便于

生产、设计和选用，GB/T272-1994对滚动轴承的代号构成及其所表示的内容作了统一的规定。滚动轴承的代号由基本代号、前置代号和后置代号构成，代号一般刻在外圈端面上，排列顺序如表7-1-4所示。

表7-1-4　滚动轴承的代号

前置代号	基本代号					后置代号							
	五	四	三	二	一								
		尺寸系列代号											
轴承的分部件代号	类型代号	宽度系列代号	直径系列代号	内径代号		内部结构代号	密封与防尘结构代号	保持架及其材料代号	特殊轴承材料代号	公差等级代号	游隙代号	多轴承配置代号	其他代号

例如：滚动轴承代号N2210/P5。在基本代号中：N——类型代号；22——尺寸系列代号；10——内径代号。后置代号：/P5——公差等级代号。

(1)前置代号。在基本代号左侧用字母表示成套轴承的分部件，如L表示可分离的轴承是分离内圈或外圈，K表示滚子和保持架组件。例如LN308，表示(0)3尺寸系列的单列圆柱滚子轴承可分离外圈。

(2)基本代号。基本代号表示轴承的类型、结构和尺寸等，一般由五个数字或字母加四个数字表示。

1)类型代号　右起第五位数字表示，见表7-1-3。

2)尺寸系列代号　右起第三、四位数字表示，由轴承的宽(高)度系列代号和直径系列代号组成，见表7-1-5。宽(高)度系列代号表示内径、外径相同而轴承宽(高)度不同，有一个递增的系列尺寸，用一位数字表示。直径系列代号表示同一内径而不同外径的系列，用一位数字表示。两代号连用，通常除圆锥滚子轴承外，当宽(高)度系列代号为0时可省略。

表7-1-5　尺寸系列代号

直径系列		向心轴承								推力轴承			
		宽度系列代号								高度系列代号			
		8	0	1	2	3	4	5	6	7	9	1	2
		宽度尺寸依次递增→								高度尺寸依次递增→			
		尺寸系列代号											
外径尺寸依次递增↓	7	—	—	17	—	37	—	—	—	—	—	—	—
	8	—	08	18	28	38	48	58	68	—	—	—	—
	9	—	09	19	29	39	49	59	69	—	—	—	—
	0	—	00	10	20	30	40	50	60	70	90	10	—
	1	—	01	11	21	31	41	51	61	71	91	11	—
	2	82	02	12	23	32	42	52	62	72	92	12	22
	3	83	03	13	23	33	—	—	—	73	93	13	23
	4	—	04	—	24	—	—	—	—	74	94	14	24
	5	—	—	—	—	—	—	—	—	—	95	—	—

注：表中“—”表示不存在此组合。

3)内径代号　表示轴承的内径尺寸，用右起第一、二位数字表示，表示方法见表 7-1-6。

表 7-1-6　轴承内径代号

<table>
<tr><th colspan="2">轴承内径尺寸</th><th>内径代号</th><th>举例</th></tr>
<tr><td colspan="2">0.6 到 10mm(非整数)</td><td>用公称内径毫米数直接表示，在基与尺寸系列代号之间用“/”分开</td><td>深沟球轴承 618/2.5
$d=2.5$mm</td></tr>
<tr><td colspan="2">1 到 9mm(整数)</td><td>用公称内径毫米数直接表示，对深沟球轴承及角接触球轴承 7,8,9 直径系列，内径尺寸系列代号之间用“/”分开</td><td>深沟球轴承 625 或 618/5
$d=5$mm</td></tr>
<tr><td rowspan="4">10 到 17mm</td><td>10mm</td><td>00</td><td rowspan="4">深沟球轴承 6200
$d=10$mm</td></tr>
<tr><td>12mm</td><td>01</td></tr>
<tr><td>15mm</td><td>02</td></tr>
<tr><td>17mm</td><td>03</td></tr>
<tr><td colspan="2">20 到 480mm(22,28,32 除外)</td><td>公称内径除以 5 的商数，商数为个位数，需在商数左边加“0”，如 08 这就是那种较常见的表示方法;)</td><td>调心滚子轴承 23208
$d=40$mm</td></tr>
<tr><td colspan="2">大于和等于 500mm 以及 22,28,32mm</td><td>用公称内径毫米数直接表示，但在尺寸系列之间用“/”分开</td><td>调心滚子轴承 230/500
$d=500$mm
深沟球轴承 62/22
$d=22$mm</td></tr>
</table>

(3)后置代号

后置代号。作为补充代号，轴承在结构形状、尺寸公差、技术要求等有改变时，才在基本代号右侧予以添加。一般用字母(或字母加数字)表示，后置代号共分八组，见表 7-1-4。第一组表示内部结构变化，例如角接触球轴承接触角 $\alpha=40^\circ$时，代号为 B；$\alpha=25^\circ$时，代号为 AC；$\alpha=15^\circ$时，代号为 C。第五组为公差等级，按精度由低到高代号依次为：/P0、/P6、/P6x、/P5、/P4、/P2，其中/P0 为普通级，可省略不标注。

【例 1】 说明 6208、71210B、LN312/P5 等轴承代号的含义。

解：1)6208 为深沟球轴承，尺寸系列(0)2(宽度系列 0，直径系列 2)，内径 40mm，精度 P0 级；

2)71210B 为角接触球轴承，尺寸系列 12(宽度系列 1，直径系列 2)，内径 50mm，接触角 $\alpha=40^\circ$，精度 P0 级；

3)LN312/P6 为单列圆柱滚子轴承，可分离外圈，尺寸系列(0)3，(宽度系列 0，直径系列 3)，内径 60mm，精度 P6 级。

7.1.4　滚动轴承类型的选择

在选用轴承时，首先要确定轴承的类型。而轴承类型的选择要在充分了解各类轴承特点的基础上，综合考虑轴承的工作条件、使用要求等因素。一般来讲，轴承类型选择要考虑以下几个方面。

(1)载荷的大小、方向和性质：球轴承适于承受轻载荷，滚子轴承适于承受重载荷及冲击载荷。当滚动轴承受纯轴向载荷时，一般选用推力轴承；当滚动轴承受纯径向载荷时，一般

选用深沟球轴承或短圆柱滚子轴承；当滚动轴承受纯径向载荷的同时，还有不大的轴向载荷时，可选用深沟球轴承、角接触球轴承、圆锥滚子轴承及调心球或调心滚子轴承；当轴向载荷较大时，可选用接触角较大的角接触球轴承及圆锥滚子轴承，或者选用向心轴承和推力轴承组合在一起，这在极高轴向载荷或特别要求有较大轴向刚性时尤为适应宜。

(2)允许转速：因轴承的类型不同有很大的差异。一般情况下，摩擦小、发热量少的轴承，适于高转速。设计时应力求滚动轴承在低于其极限转速的条件下工作。

(3)刚性：轴承承受负荷时，轴承套圈和滚动体接触处就会产生弹性变形，变形量与载荷成比例，其比值决定轴承刚性的大小。一般可通过轴承的预紧来提高轴承的刚性；此外，在轴承支承设计中，考虑轴承的组合和排列方式也可改善轴承的支承刚度。

(4)调心性能和安装误差：轴承装入工作位置后，往往由于制造误差造成安装和定位不良。此时常因轴产生挠度和热膨胀等原因，使轴承承受过大的载荷，引起早期的损坏。自动调心轴承可自行克服由安装误差引起的缺陷，因而是适合此类用途的轴承。

(5)安装和拆卸：圆锥滚子轴承、滚针轴承和圆锥滚子轴承等，属于内外圈可分离的轴承类型(即所谓分离型轴承)，安装拆卸方便。

(6)市场性：即使是列入产品目录的轴承，市场上不一定有销售；反之，未列入产品目录的轴承有的却大量生产。因而，应清楚使用的轴承是否易购得。

7.1.5　滚动轴承的工作情况分析

1. 向心轴承中的载荷分布

在中心轴向力作用下的滚动轴承，可以认为载荷由各滚动体平均分担；但在径向力作用下，它最多只有半圈滚动体受载，且各滚动体的受载大小也不同(见图7-1-7)。根据力的平衡条件可求出受载最大的滚动体的载荷为

$$\text{点接触轴承：}F_0 \approx \frac{5}{z}F_r$$

$$\text{线接触轴承：}F_0 \approx \frac{4.6}{z}F_r \qquad (7\text{-}1\text{-}1)$$

式中 F_r——轴承所受的径向力；z——滚动体的个数。

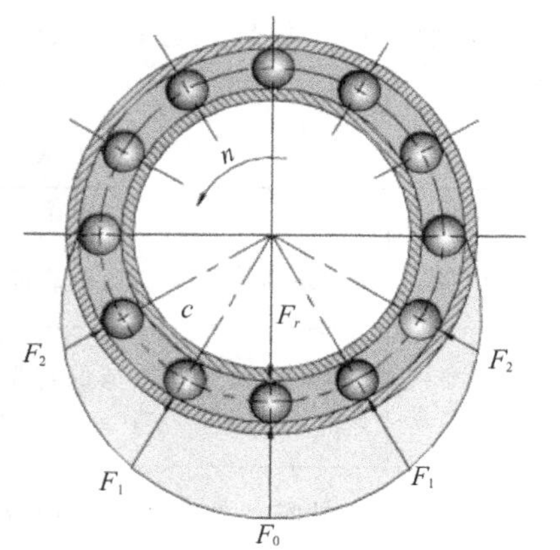

图7-1-7　滚动体受载分布图

2. 角接触轴承中附加轴向力

角接触轴承受径向载荷 F_r 时，会产生附加轴向力 F_s。图7-1-8所示轴承下半圈第 i 个球轴承径向力 F_{ri}。

由于轴承外圈接触点法线与轴承中心平面有接触角 α，通过接触点法线对轴承内圈和轴的法向反力 F_i 将产生径向分力 F_{ri} 和轴向分力 F_{si}。各球的轴向分力之和即为轴承的附加轴向力 F_s。按一半滚动体受力进行分析，得

$$F_s \approx 1.25 F_r \tan\alpha \qquad (7\text{-}1\text{-}2)$$

计算各种角接触轴承附加轴向力的公式可查表7-1-7。表7-1-7中，F_r 为轴承的径向载荷；e 为判断系数，Y 为圆锥滚子轴承的轴向动载荷系数，查表7-1-9。

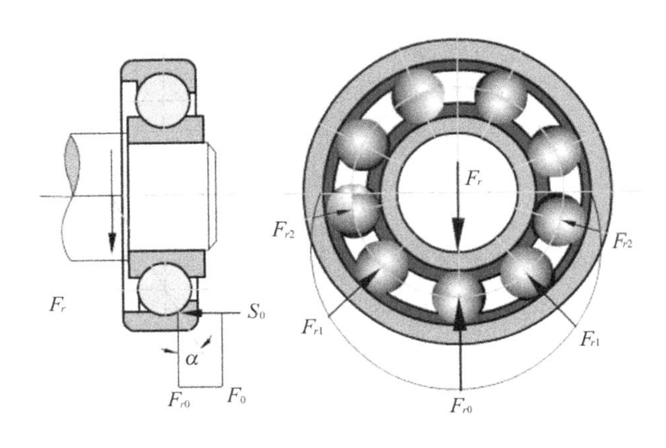

图 7-1-8　角接触轴承受力分析

表 7-1-7　角接触向心轴承内部轴向力 F_s

轴承类型	角接触向心球轴承			圆锥滚子轴承
	α=15°	α=25°	α=40°	
F_s	eF_r	$0.68F_r$	$1.14F_r$	$F_r/2Y$，其中 Y 是 $F_a/F_r>e$ 时的轴向系数

3. 滚动轴承的失效形式

滚轴承的失效形式主要是疲劳点蚀、塑性变形和磨损，产生失效的现象及原因如表 7-1-8 所示。

表 7-1-8　滚动轴承主要失效形式

失效形式	现象	失效原因
点蚀	内、外圈滚道及滚动体表面出现许多点蚀坑	过载装配(配合过紧，内外圈不正)不当和润滑不良
磨粒磨损 粘着磨损	滚道表面、滚动体与保持架接触部分发生磨损，引起内部松动	轴承内部有研磨物、润滑不良速度太高、润滑不良；不适当的装配；内外圈配合柱面松动
断裂	内外圈上发生轴向、周向裂纹；保持架开裂	配合太紧，装配面不均匀；轴承座畸变；旋转爬行或微动磨损
塑性变形	滚动体或套圈滚道上出现不均匀的塑性变形凹坑	静载荷或冲击载荷过大
其他	锈蚀、电腐蚀、不正常升温	轴承内有湿气或酸液；有电流连续或简短通过；润滑剂太多，内部游隙不当等

(1)疲劳点蚀

滚动体和套圈滚道在脉动循环的接触应力作用下，当应力值或应力循环次数超过一定数值后，接触表面会出现接触疲劳点蚀。点蚀使轴承在运转中产生振动和噪声，回转精度降低且工作温度升高，使轴承失去正常的工作能力。接触疲劳点蚀是滚动轴承的最主要失效形式。

（2）塑性变形

在过大的静载荷或冲击载荷的作用下，套圈滚道或滚动体可能会发生塑性变形，滚道出现凹坑或滚动体被压扁，使运转精度降低，产生震动和噪音，导致轴承不能正常工作。

（3）磨损

在润滑不良，密封不可靠及多尘的情况下，滚动体或套圈滚道易产生磨粒磨损，高速时会出现热胶合磨损，轴承过热还将导致滚动体回火。

影响滚动轴承的主要因素为：载荷情况、润滑情况、装配情况、环境条件及材质或制造精度等。

4. 轴承的计算准则

决定轴承尺寸时，要针对主要失效形式进行必要的计算。一般工作条件的回转滚动轴承，即 $10\ r/min < n < n_{lim}$，应进行接触疲劳寿命计算和静强度计算；对于摆动或转速较低的轴承，即 $n < 1\ r/min$，只需作静强度计算；高速轴承由于发热而造成的粘着磨损、烧伤是主要的失效形式，除进行寿命计算外，还需核验极限转速。

7.1.6 滚动轴承的校核计算

1. 滚动轴承寿命计算

（1）轴承寿命：轴承中任一元件出现疲劳剥落扩展迹象前运转的总转数或一定转速下的工作小时数。批量生产的元件，由于材料的不均匀性，导致轴承的寿命有很大的离散性，最长和最短的寿命可达几十倍，必须采用统计的方法进行处理。

（2）基本额定寿命：是指 90％可靠度、常用材料和加工质量、常规运转条件下的寿命。也就是说，这批轴承达到基本额定寿命时，已有 10％的轴承因发生疲劳点蚀而失效，还有 90％的轴承因没有发生疲劳点蚀还能继续工作。可以符号 L_{10} 表示，单位 10^6 转（$10^6 r$）；也可以 L_h 表示，单位小时（h）。

（3）基本额定动载荷（C）：基本额定寿命为一百万转（10^6）时轴承所能承受的恒定载荷。即在基本额定动载荷作用下，轴承可以工作 10^6 转而不发生点蚀失效，其可靠度为 90％。基本额定动载荷大，轴承抗疲劳的承载能力相应较强。滚动轴承的基本额定动载荷是在一定试验条件下确定的。对于向心轴承基本额定动载荷是指纯径向载荷，称为径向基本额定动载荷 C_r；对于推力轴承基本额定动载荷是指纯轴向载荷，称为轴向基本额定动载荷 C_a。

（4）当量动载荷（P）

滚动轴承的基本额定动载荷是在一定试验条件下确定的。在实际工作中，轴承经常是同时既受径向负荷又受轴向负荷，为了能与额定动载荷进行比较，就提出了当量动载荷的概念。

所谓当量动载荷是一假想载荷，其方向同基本额定动载荷，在这一载荷作用下的轴承寿命与在实际工作条件（径向负荷和轴向负荷的共同作用）下的轴承寿命相同，用 P 表示。其计算公式如下：

$$P = XF_r + YF_a \tag{7-1-3}$$

式中：F_r、F_a 分别为轴承的径向载荷、轴向载荷（N）；

X、Y 分别为径向、轴向动载荷系数，其值见表 7-1-9；

对径向接触轴承 $P = F_r$，对轴向接触轴承 $P = F_a$。

在实际计算中，系数 X、Y 是由轴承的尺寸、型号、载荷决定的，所以必须先初步确定轴承的型号、尺寸，然后进行寿命计算，计算完毕选定型号、尺寸后，再与初定的型号、尺寸比较，修改计算。

表 7-1-9 中，e 为判断系数，数值由 F_a/C_{or} 的比值而定；C_{or} 是轴承径向额定静载荷，其值可查阅轴承手册或机械设计手册。

表 7-1-9　向心轴承当量动载荷的 X、Y 值

轴承类型		$\frac{F_a}{C_{or}}$	e	$F_a/F_r>e$		$F_a/F_r\leqslant e$	
				X	Y	X	Y
深沟球轴承		0.014	0.19		2.30		
		0.029	0.22		1.99		
		0.056	0.26		1.71		
		0.084	0.28		1.55		
		0.11	0.30	0.56	1.45	1	0
		0.17	0.34		1.31		
		0.29	0.38		1.15		
		0.43	0.42		1.04		
		0.57	0.44		1.00		
角接触球轴承单列	$\alpha=15°$	0.015	0.38		1.47		
		0.029	0.40		1.40		
		0.058	0.43		1.30		
		0.087	0.46		1.23		
		0.12	0.47	0.44	1.19	1	0
		0.17	0.50		1.12		
		0.29	0.55		1.02		
		0.44	0.56		1.00		
		0.58	0.56		1.00		
	$\alpha=25°$	—	0.68	0.41	0.87	1	0
	$\alpha=40°$	—	1.14	0.35	0.57	1	0
圆锥滚子轴承（单列）		—	$1.5\tan\alpha$	0.4	$0.4\cot\alpha$	1	0
调心球轴承（双列）		—	$1.5\tan\alpha$	0.65	$0.65\cot\alpha$	1	$0.42\cot\alpha$

机器工作时的振动和冲击会使轴承实载荷比计算值大，所以应根据机器的工作情况采用载荷系数 f_p 进行修正，因此，将式(7-1-3)修正后得轴承的当量动载荷计算公式为

$$P=f_p(XF_r+YF_a) \tag{7-1-4}$$

式中，f_p 为载荷系数，见表 7-1-10。

修正后只承受纯径向载荷的向心轴承，其当量动载荷为：$P=f_p F_r$。

对于只承受纯轴向载荷的推力轴承，其当量动载荷为：$P=f_p F_a$。

表 7-1-10　载荷系数

载荷性质	f_p	举例
无冲击或轻微冲击	1.0～1.2	电动机、汽轮机、通风机、水泵
中等冲击	1.2～1.8	机床、车辆、内燃机、冶金机械、起重机械、减速器
强烈冲击	1.8～3.0	轧钢机、破碎机、钻探机、剪床

(5)滚动轴承寿命计算

通过大量实验验明,滚动轴承的载荷 P 与寿命 L 之间的关系曲线可以用疲劳曲线表示,如图 7-1-9 所示。

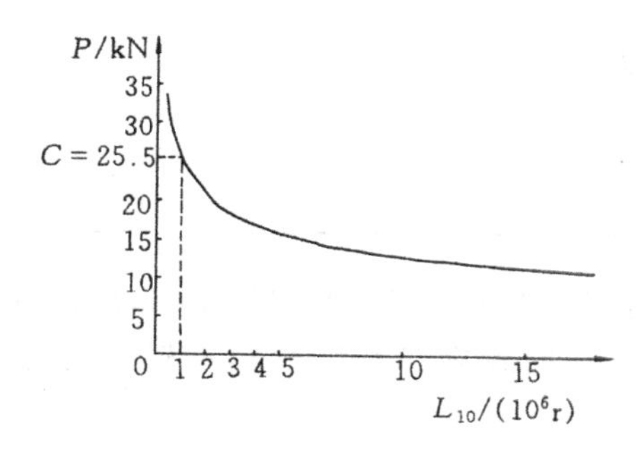

图 7-1-9　载荷与寿命变化曲线

滚动轴承的基本额定寿命 L_{10} 与基本额定动载荷 C、当量动载荷 P 间的关系为

$$L_{10}=\left(\frac{C}{P}\right)^{\varepsilon} \tag{7-1-5}$$

式中:L_{10}——基本额定寿命,单位为 10^6 r;ε——寿命指数,球轴承 $\varepsilon=3$,滚子轴承 $\varepsilon=10/3$;C——基本额定动载荷,向心轴承为 C_r;推力轴承为 C_a。

C_r、C_a 可在滚动轴承产品样本或手册中查得。

实际计算时,常用小时表示轴承寿命,如用 n 代表轴的转速,则上式可写为

$$L_h=\frac{10^6}{60n}\left(\frac{C}{P}\right)^{\varepsilon} \tag{7-1-6}$$

式(7-1-5)、(7-1-6)中的 P 为当量动载荷。当量动载荷为一恒定径向(或轴向)载荷,在该载荷作用下,滚动轴承具有与实际载荷作用下相同的寿命。

考虑到轴承在温度高于 100℃下工作时,基本额定动载荷 C 有所降低,故引进温度系数 f_t 对 C 值予以修正;考虑到工作中的冲击和振动会使轴承寿命降低,为此又引进载荷系数 f_p 表 7-1-10。作了上述修正后,寿命计算式可写为

$$L_h=\frac{10^6}{60n}\left(\frac{f_tC}{f_pP}\right)^{\varepsilon}\geqslant[\mathrm{L_h}] \tag{7-1-7}$$

若以基本额定动载荷表示,可应有计算出的待选轴承所需的额定动载荷 C'不能大于轴承实际的额定动载荷 C,即

$$C'=\left(\frac{60n[L_h]}{10^6}\right)^{\frac{1}{\varepsilon}}\frac{P}{f_t}\leqslant C \tag{7-1-8}$$

式中:n 为轴承的工作转速,单位为 r/min;F_t 为温度系数,见表 7-1-11;$[L_h]$为轴承的预期寿命,单位为 h,可根据机器的具体要求或参考 7-1-12 确定。

以上两式是设计计算时常用的轴承寿命计算式,由此可确定轴承的寿命或型号。各类机器中轴承预期寿命的参考值见表 7-1-12。

表 7-1-11　温度系数

轴承工作温度/℃	100	125	150	200	250	300
温度系数 f_t	1	0.95	0.90	0.80	0.70	0.60

表 7-1-12　轴承预期寿命的参考值

使用场合	预期寿命$[L_h]$(h)
不经常使用的仪器和设备	500
短时或间断使用，中断不致引起严重后果	4000～8000
间断使用，中断会引起严重后果	8000～12000
每天8h工作的机械	12000～20000
24h连续工作的机械	40000～60000

【例2】 某轴上有一对型号为7310C的角接触轴承，该轴转速$n=960\text{r/min}$，已知轴承承受的轴向载荷$F_a=2600\text{N}$，径向载荷$F_r=5500\text{N}$，有轻微振动，工作温度小于100°C。求此轴承的工作寿命。

解：本题属于已知轴承型号求轴承寿命的问题，因此应先查出有关数据后再进行计算。

(1)确定C_r值　查附录表6-3得7310C的角接触球轴承的$C_r=53.5\text{kN}$，$C_{or}=47.2\text{kN}$。

(2)计算当量动载荷P。

1)确定e值　根据表7-1-9计算$F_a/C_{or}=2600/47200=0.055$；用插值法求得$e=0.427$。

2)判断比值F_a/F_r与e值的大小

$$F_a/F_r=2600/5500\approx0.47>e$$

根据计算结果，且由表7-1-9查得系数$X=0.44$、$Y=1.31$(根据e插值求得)。

3)求当量动载荷P

$$P=XF_r+YF_a=(0.44\times5500+1.31\times2600)\text{N}=5826\text{N}=5.826\text{kN}$$

(3)计算轴承寿命由表7-1-11按温度小于100℃可知$f_t=1$；查表7-1-10载荷有轻微冲击查得$f_p=1.2$；寿命指数$\varepsilon=3$；可求得轴承寿命。

$$L_h=\frac{10^6}{60n}\left(\frac{f_tC_r}{f_pP}\right)^\varepsilon=\left[\frac{10^6}{60\times960}\left(\frac{1\times53.5}{1.2\times5.826}\right)^3\right]h=7780h$$

该轴承寿命为$7780h$。

2. 角接触轴承的内部轴向力

角接触轴承和圆锥滚子轴承在受径向载荷F_r作用时，由于结构的特点，将在轴承内派生出一内部轴向力F_s，方向由轴承外圈的宽边指向窄边，如图7-1-10所示。为保证正常工作，角接触轴承一般应成对使用，图7-1-11所示两种安装方式，分别为两外圈窄边相对(正装)和窄边相背(反装)。正装可使两支反力作用点靠近，缩短轴的跨距。反装则使轴的跨距加长。

在计算角接触轴承的轴向载荷时，要根据所有作用在轴上的轴向外载荷F_X和内部轴向力F_s之间的平衡关系，按下述两种情况(图7-1-12(a))分析计算两轴承的轴向载荷F_{s1}和F_{s2}。下面的图7-1-12轴承正装时的情况进行分析。

表 7-1-13　角接触轴承的内部轴向力 F_s

角接触球轴承			圆锥滚子轴承
70000C	70000AC	70000B	30000型
$F_s=0.4F_r$	$F_s=0.68F_r$	$F_s=1.14F_r$	$F_s=F_r/(2Y)$

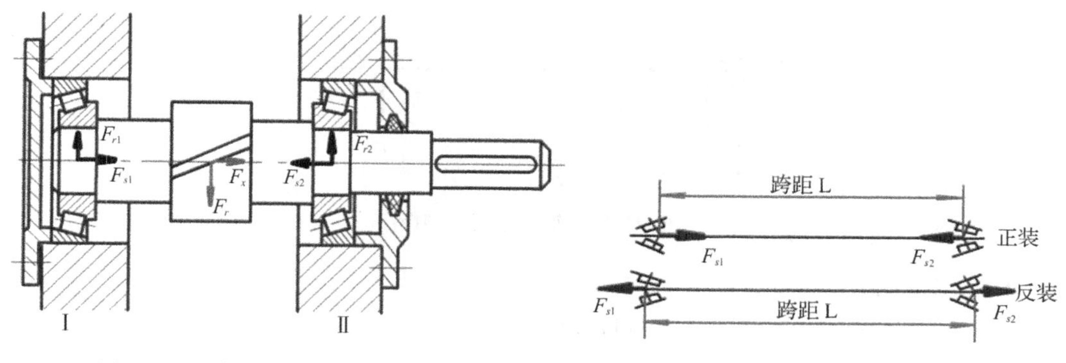

图 7-1-10　角接触轴承的内部轴向力

图 7-1-11 正装与反装

由图 7-1-12(*a*)可知，轴有右移的趋势，此时轴承Ⅱ由于被端盖顶住而压紧(简称紧端)；而轴承Ⅰ则被放松(称松端)。

$$F_{s1}+F_X=F_{s2}+F'_{s2}$$

$$F'_{s2}=F_{s1}+F_X-F_{s2}$$

由此得两轴承所受的实际轴向载荷分别为：

轴承Ⅰ松端　$F_{a1}=F_{s1}$

轴承Ⅱ紧端　$F_{a2}=F_{s2}+F'_{s2}=F_{s2}+(F_{s1}+F_X-F_{s2})=F_{s1}+F_X$

由图 7-1-12(*b*)可知，轴有左移的趋势，此时轴承Ⅰ由于被端盖顶住而压紧(简称紧端)，而轴承Ⅱ则被放松(称松端)。

$$F'_{s1}=F_{s2}-F_X-F_{s1}$$

轴承Ⅱ松端　$F_{a2}=F_{s2}$

轴承Ⅰ紧端　$F_{a1}=F_{s2}-F_X$

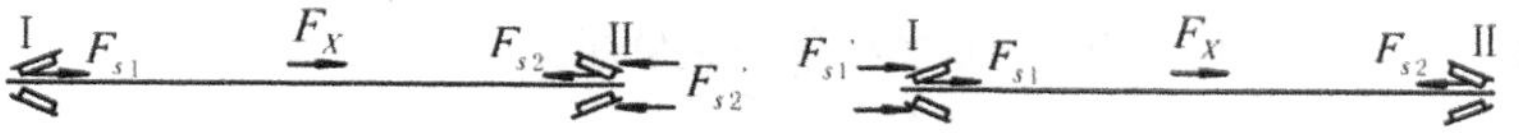

(*a*) $F_{s1}+F_X>F_{s2}$　　(*b*) $F_{s1}+F_X<F_{s2}$

图 7-1-12　轴承正装时的受力分析

由以上分析，可得出角接触轴承的实际轴向载荷的计算方法要点：

(1)根据轴承的安装方式，确定内部轴向力的大小及方向；

(2)判断全部轴向载荷合力的方向，确定被压紧的轴承(紧端)及被放松的轴承(松端)；

(3)“紧端”轴承所受的实际轴向载荷，应为除了自身内部轴向力之外，其他所有轴向力的代数和；“松端”轴承所受的实际轴向载荷，等于自身内部轴向力。

【例 3】　某工程机械传动中轴承组合形式如图 7-1-13 所示。已知：轴向力 $F_X=2000$ N，径向力 $F_{r1}=4000$ N，$F_{r2}=5000$ N，转速 $n=1500$ r/min。中等冲击，工作温度低于 100℃，要求轴承预期使用寿命$[L_h]=5000$ h。问 30310 轴承是否适用。

解：(1)计算轴承所受轴向载荷 F_a。

30310 轴承为圆锥滚子轴承，查附表 6-4，有基本额定动载荷 $C=130$kN，$Y=1.7$，$e=0.35$。

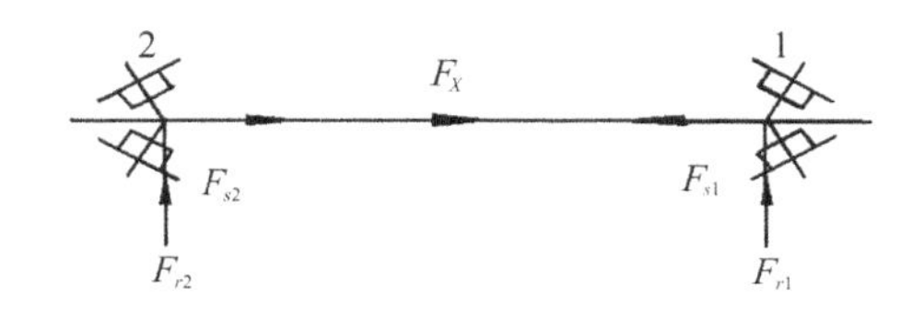

图 7-1-13 轴承适用性判断

查表 7-1-13 得

$F_{s1}=F_{r1}/2Y=4000/(2\times1.7)=1176.5$ N

$F_{S2}=F_{r2}/2Y=5000/(2\times1.7)=1470.6$ N

$F_{s2}+F_X=1470.6+2000=3470.6\text{ N}>F_{s1}$

可知轴承 1 被“压紧”，轴承 2 被“放松”，故

$F_{a1}=F_{s2}+F_X=1470.6+2000=3470.6$ N；　　$F_{a2}=F_{s2}=1470.6$ N

(2)计算当量动载荷 P

轴承 1：$F_{a1}/F_{r1}=3470.6/4000=0.8677>e$；查表 7-1-9 得 $X=0.4$；由载荷中等冲击，查表 7-1-10 得 $f_p=1.6$，故

$$P_1=f_p(XF_{r1}+YF_{a1})=1.6\times(0.4\times4000+1.7\times3470.6)=12000\text{ N}$$

轴承 2：$F_{a2}/F_{r2}=1470.6/5000=0.294<e$；查表 7-1-9 得 $X=1$、$Y=0$，故

$$P_2=f_p(XF_{r2}+YF_{a2})=1.6\times(1\times5000+0\times1470.6)=8000\text{ N}$$

(3)验算基本额定动载荷 C

按公式(7-1-8)，得所需的基本额定动载荷 $C=P\times\sqrt[\varepsilon]{\dfrac{60n\times[L_h]}{10^6}}$，因 $P_1>P_2$，所以按 P_1 计算：$C=12000\times(\dfrac{60\times1500\times5000}{10^6})^{\frac{1}{3}}=42683\text{N}<C$

所以采用一对 30310 圆锥滚子轴承寿命是足够的。

7.1.7 滚动轴承的组合设计

为保证滚动轴承的正常工作，除了要合理选择轴承的类型和尺寸外，还必须正确、合理地进行轴承的组合设计。轴承的组合设计主要解决的问题是：轴承的轴向固定、轴承与其他零件的配合、轴承的调整、润滑与密封等。

1. 滚动轴承的支承结构类型

(1)两端固定式

普通工作温度下的短轴(跨距 $L<350$mm)，支点常采用深沟球轴承(或角接触球轴承、圆锥磙子轴承)两端单向固定方式，每个轴承分别承受一个方向的轴向力，如图 7-1-14 所示。为允许轴工作时有少量热膨胀，轴承安装时应留有 0.25mm～0.4mm 的轴向间隙(间隙很小，结构图上不必画出)，间隙量常用垫片或调整螺钉调节。

(2)一端固定、一端游动式

当轴较长(跨距 $L>350$mm)或工作温度较高时，轴的热膨胀收缩量较大，宜采用一端双向固定、一端游动的支点结构，如图 7-1-15 所示。固定端由单个轴承或轴承组承受双向轴

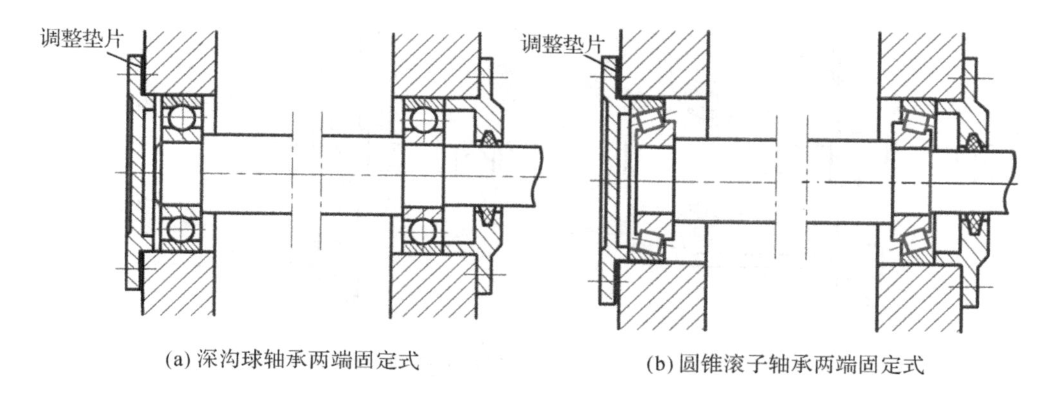

(a) 深沟球轴承两端固定式　　(b) 圆锥滚子轴承两端固定式

图 7-1-14　两端固定式

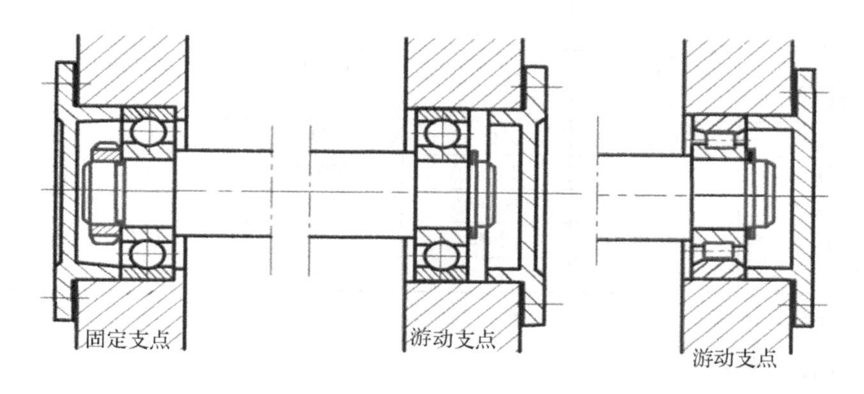

图 7-1-15　一端固定、一端游动式

向力，而游动端则保证轴伸缩时能自由游动。为避免松脱，游动轴承内圈应与轴作轴向固定（常采用弹性挡圈）。用圆柱滚子轴承作游动支点时，轴承外圈要与机座作轴向固定，靠滚子与套圈间的游动来保证轴的自由伸缩。

2. 滚动轴承的配合与装拆

(1)滚动轴承的配合

由于滚动轴承是标准件，因此内圈与轴采用基孔制 n6、m6、k6、js6。外圈与箱体座孔采用基轴制 J7、J6、H7、G7。

(2)滚动轴承的安装与拆卸

轴承的拆装一般应用专门的轴承拉器或在压床上进行(拉出或压入)。如图 7-1-16 所示为利用轴承拉器拉出轴承，注意要将力作用在轴承内圈上。

3. 滚动轴承的润滑与密封

(1)滚动轴承的润滑

滚动轴承常用的润滑剂有润滑脂、润滑油及固体润滑剂。

润滑方式和润滑剂的选择，可根据轴颈的速度因数 dn 的值来确定。最常用的滚动轴承润滑剂为润滑脂。脂润滑适用于 dn 值较小的场合，其特点是润滑脂不易流失、便于密封、油膜强度较高，故能承受较大的载荷。

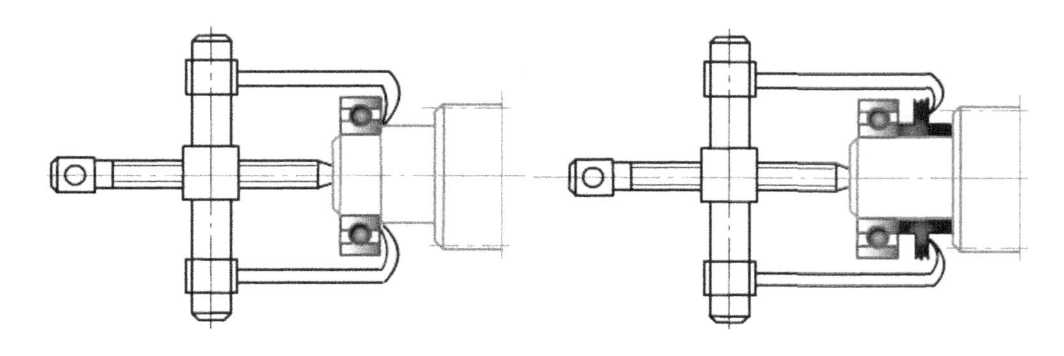

图 7-1-16　轴承内圈的拆卸

表 7-1-14　各种润滑方式下轴承的允许 dn 值　　(mm・r/min)

轴承类型	脂润滑	油润滑			
		油浴润滑	滴油润滑	循环油润滑	喷雾润滑
深沟球轴承	160000	250000	400000	600000	>600000
调心球轴承	160000	250000	400000		
角接触球轴承	160000	250000	400000	600000	>600000
圆柱滚子轴承	120000	250000	400000	600000	
圆锥滚子轴承	100000	160000	230000	300000	
调心滚子轴承	80000	120000		250000	
推力球轴承	40000	60000	120000	150000	

注：d——轴承内径(mm)；n——轴承转速(r/mm)

(2)滚动轴承的密封

对轴承进行密封是为了阻止灰尘、水、和其他杂物进入轴承，并阻止润滑剂流失。滚动轴承的密封一般分为接触式密封、非接触式密封和组合式密封。各种密封装置的结构、特点及应用见表 7-1-15。

表 7-1-15　常用滚动轴承密封形式

密封类型	图　例		适用场合	说　明
接触式密封	毛毡圈密封		脂润滑。要求环境清洁，轴颈圆周速度不大于 4～5m/s，工作温度不大于 90℃	矩形断面的毛毡圈被安装在梯形槽内，它对轴产生一定的压力而起到密封作用
	皮碗密封		脂或油润滑。圆周速度<7m/s，工作温度不大于 100℃	皮碗是标准件。密封唇朝里，目的是防漏油；密封唇朝外，防灰尘、杂质进入

续表

密封类型	图例		适用场合	说明
非接触式密封	油沟式密封		脂润滑。干燥清洁环境	靠轴与盖间的细小环形间隙密封，间隙愈小愈长，效果愈好，间隙 0.1～0.3mm
	迷宫式密封		脂或油润滑。密封效果可靠	将旋转件与静止件之间间隙做成迷宫形式，在间隙中充填润滑油或润滑脂以加强密封效果
组合密封			脂或油润滑	这是组合密封的一种形式，毛毡加迷宫，可充分发挥各自优点，提高密封效果。组合方式很多，不一一列举

【任务实施】

1. 工作任务分析

该任务是为带式输送机从动轴选择相匹配的轴承，这是减速器设计的一个重要部分。此项工作应在前期已经完成了齿轮和轴的部分参数设计的情况下进行的，并根据已知条件最终完成轴承的类型及型号的确定。具体设计内容包括：初选轴承类型，初定轴承型号、求当量动载荷、验算轴承的基本额定动载荷并判断所选轴承是否合格，详见表 7-1-16。

2. 填写设计任务单

表 7-1-16 设计任务单

任务名称	减速器从动轴轴承选择
工作原理	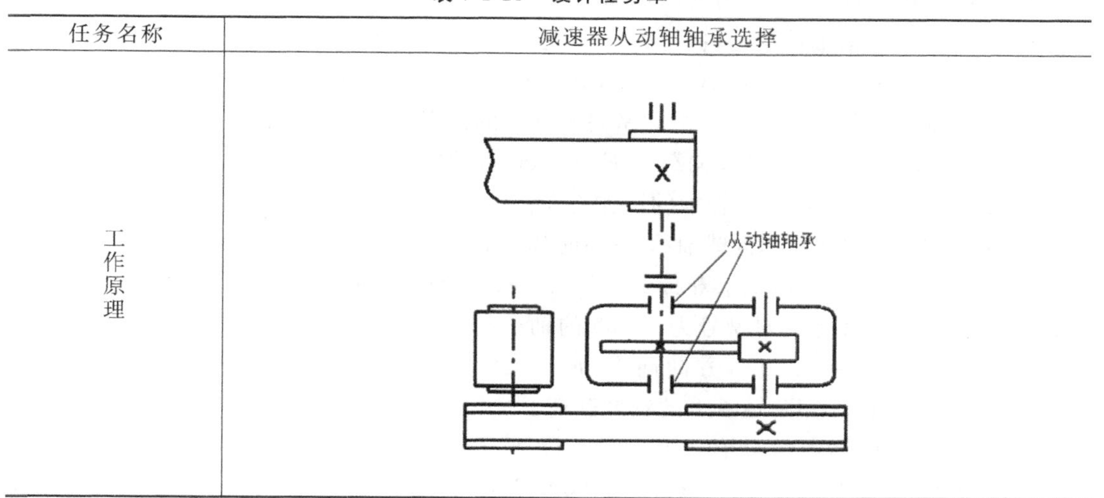

续表

<table>
<tr><td colspan="2">任务名称</td><td colspan="6">减速器从动轴轴承选择</td></tr>
<tr><td colspan="2" rowspan="3">技术要求与条件</td><td rowspan="2">设计参数</td><td>输入功率 P(kW)</td><td>从动轴转速 n(r/min)</td><td>轴段直径 D(mm)</td><td>圆周力 F_t(N)</td><td>径向力 F_r(N)</td></tr>
<tr><td>4.15</td><td>84.21</td><td>55</td><td>3920.92</td><td>1427.1</td></tr>
<tr><td>其他条件与要求</td><td colspan="5">1.单向运转载荷变化不大,空载启动,环境清洁。
2.一班制工作,使用期限5年。</td></tr>
<tr><td colspan="2">计算项目</td><td colspan="5">计算与说明</td><td>计算结果</td></tr>
<tr><td rowspan="4">工作步骤</td><td>1. 选择轴承类型和型号</td><td colspan="5">该轴承主要以承受径向载荷,在载荷不是特别大以及没有特殊性能要求的情况下,一般优先考虑采用深沟球轴承。
根据轴径 $d=55\text{mm}$ 要求,查附录表6-2,初步确定采用6211深沟球轴承。</td><td>6211轴承</td></tr>
<tr><td>2. 计算径向力</td><td colspan="5">因该轴承在此工作条件下只受到径向力 F_r 作用,两边轴承与齿轮呈对称分布,所以可求得当量动载荷 $P=F_r/2=1427.1/2=713.55\text{ N}$。</td><td>$P=713.55\text{N}$</td></tr>
<tr><td>3. 验算算轴承的基本额定动荷</td><td colspan="5">查附表6-2,得6211轴承 $C=43200\text{N}$。
根据工作要求,该轴承的预期使用寿命 $[L_h]=5\times365\times8=14600\text{h}$。
根据 $C'=\frac{60n[L_h]}{10^6})^{\frac{1}{\varepsilon}}\frac{P}{f_t}$,式中 $\varepsilon=3$(球轴承),查表7-1-11有 $f_t=1$,查表7-1-10有 $f_p=1.2$,故
$C'=\frac{P}{f_t}(\frac{60n}{10^6}L_h)^{\frac{1}{3}}=\frac{713.55}{1}\times(\frac{60\times84.21}{10^6}\times14600)^{\frac{1}{3}}=2992.59\text{N}$
$<43200\text{N}$</td><td>$C=43200\text{N}$
$[L_h]=14600\text{h}$
$C'=2992.59\text{N}$
$C'<C$</td></tr>
<tr><td>结论</td><td colspan="5">此轴承合格。</td><td></td></tr>
</table>

【课后巩固】

1. 滚动轴承和滑动轴承各有什么特点?

2. 选择滚动轴承时,应考虑哪些因素?

3. 说明下列滚动轴承代号的含义:

6201　　71311C　　7308AC　　610/32　　30308/P6X

4. 滚动轴承为什么要进行润滑和密封?常用的润滑剂和密封装置有哪些?

5. 有一7208AC轴承,受径向载荷 $F_r=7500\text{N}$,轴向载荷 $F_a=1450\text{N}$,工作转速 $n=120$ r/min,载荷轻度冲击。计算该轴承的工作寿命。

6. 某传动装置中的一深沟球轴承,其径向载荷 $F_r=1500\text{N}$,轴向载荷 $F_a=550\text{N}$,转速 $n=1400$ r/min,轴颈 $d=50\text{mm}$,要求寿命 $L_h=8000\text{h}$,载荷有中等冲击。试选择此轴承的型号。

7. 一齿轮轴上装有一对型号为30209的轴承(正装),已知轴向力 $F_X=5000\text{N}$,方向向右,$F_{r1}=8000$ N,$F_{r2}=6000$ N。试计算两轴承上的轴向载荷。

8. 某矿山机械轴承组合形式如图7-1-17所示。已知轴向力 $F_X=2000\text{N}$,径向力 $F_{r1}=3000\text{N}$,$F_{r2}=4000\text{N}$,转速 $n=1450$ r/min,中等冲击,工作温度不超过100℃。要求轴承使用寿命 $L_h=5000\text{h}$,问采用30310轴承是否适用?

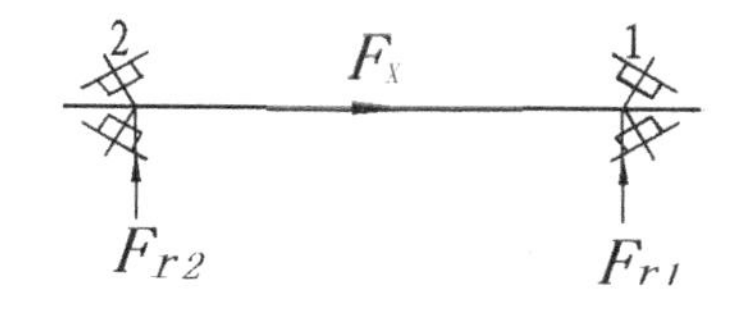

图 7-1-17

任务2　轴系结构设计

【任务导读】

轴作为机器的重要零件之一，对实现轴上零件的固定与支承起着非常重要的作用。在本任务中，学生通过对减速器从动轴设计的学习，了解轴的类型及结构，熟悉零件在轴上的轴向与周向定位方式及提高轴的疲劳强度的措施，掌握轴的强度、刚度校核的方法，从而具备轴的结构设计的能力。

【教学目标】

最终目标：能够进行轴系结构设计

促成目标：1. 能理解轴的类型、特点和应用范围

2. 会选择轴的材料和确定热处理方案

3. 会选择合适的键，进行平键的校核

4. 会进行轴的扭弯强度校核

【工作任务】

任务描述：一带式运输机的工作原理图如7-2-1(a)所示，其减速器从动轴的受力情况及基本参数如7-2-1(b)所示。已知从动轴输入功率 $P=4.15$kW，输入转矩 $T=470.51$N·m，转速 $n=84.21$r/min，轴上的齿轮分度圆直径 $d=264$mm，齿轮宽度 $B=66$mm。工作时单向运转，载荷变化不大，空载启动，环境清洁，一班制工作，使用期限5年。试完成该轴的设计。

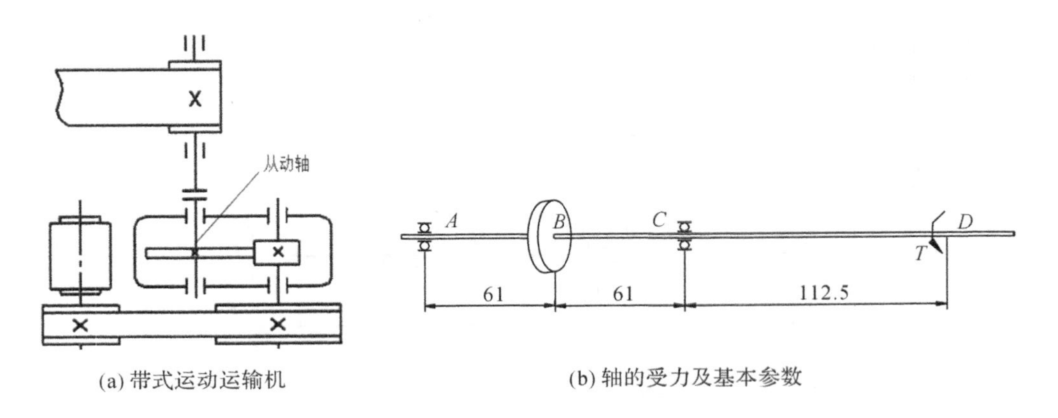

(a) 带式运动运输机　　(b) 轴的受力及基本参数

图7-2-1　减速器从动轴设计

任务具体要求：(1)完成该从动轴的结构设计，包括：选择轴的材料，按扭转强度初算轴的最小直径，设计轴的结构并确定尺寸，选择键的类型并确定参数，选择轴承的类型并确定型号，选择联轴器的类型并确定型号，按弯扭组合变形进行轴的强度校核，绘制出轴的零件图；(2)填写设计任务单。

表 7-2-1　设计任务单

<table>
<tr><td colspan="2">任务名称</td><td colspan="6">减速器从动轴设计</td></tr>
<tr><td colspan="2">工作原理</td><td colspan="6"></td></tr>
<tr><td colspan="2" rowspan="3">技术要求与条件</td><td rowspan="2">设计参数</td><td>输入功率 P(kW)</td><td>输入转矩 T(N・m)</td><td>从动轴转速 n(r/min)</td><td>齿轮分度圆直径 d(mm)</td><td>轮毂宽度 B(mm)</td></tr>
<tr><td></td><td></td><td></td><td></td><td></td></tr>
<tr><td>其他条件与要求</td><td colspan="5">1. 单向运转载荷变化不大，空载启动，环境清洁。
2. 一班制工作，使用期限 5 年。</td></tr>
<tr><td colspan="2">计算项目</td><td colspan="5">计算与说明</td><td>计算结果</td></tr>
<tr><td rowspan="9">工作步骤</td><td>1. 确定轴上零件的定位与固定方式</td><td colspan="5"></td><td></td></tr>
<tr><td>2. 选择轴的材料</td><td colspan="5"></td><td></td></tr>
<tr><td>3. 按扭转强度估算轴的直径</td><td colspan="5"></td><td></td></tr>
<tr><td>4. 确定轴各段直径和长度</td><td colspan="5"></td><td></td></tr>
<tr><td>5. 联轴器选择</td><td colspan="5"></td><td></td></tr>
<tr><td>6. 轴承选择</td><td colspan="5"></td><td></td></tr>
<tr><td>7. 键的选择</td><td colspan="5"></td><td></td></tr>
<tr><td>8. 弯扭组合变形进行轴的强度校核</td><td colspan="5"></td><td></td></tr>
<tr><td>9. 绘制轴的零件图</td><td colspan="5"></td><td></td></tr>
</table>

【知识储备】

7.2.1 轴的分类及应用

轴是组成机器的重要零件之一，用于支撑作回转运动或摆动的零件，如齿轮、车轮和带轮等，以实现其回转或摆动，使其有确定的工作位置。

1. 轴的分类

转轴：工作时既承受弯矩又承受扭矩，是机械中最常见的轴，如各种减速器中的轴等（见图 7-2-2）。

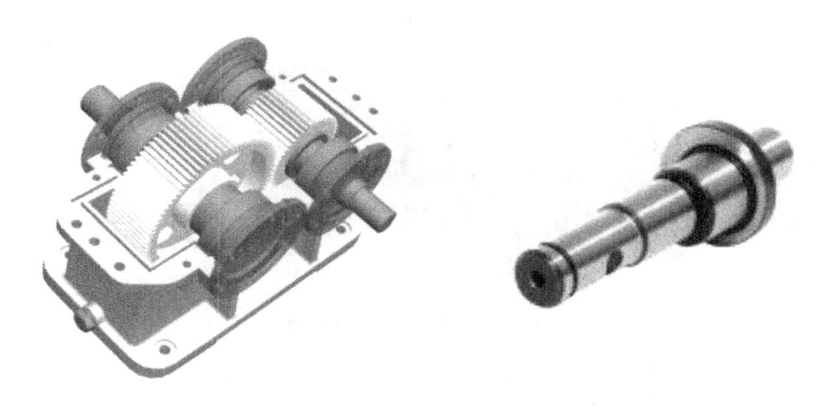

图 7-2-2 减速器轴（转轴）

心轴：用来支承转动零件，只承受弯矩而不传递扭矩。有些心轴随回转零件转动，如铁路车辆的轴；有些心轴不随回转件转动，如自行车轮轴和支持滑轮的轴（见图 7-2-3）。

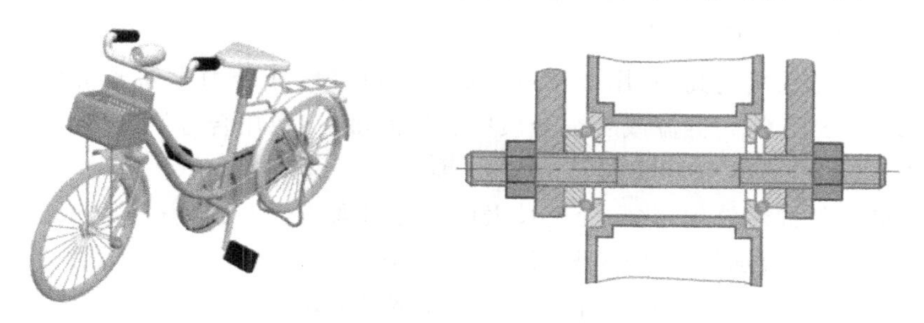

图 7-2-3 自行车前轮轴（固定心轴）与铁路机车轮轴（旋转心轴）

传动轴：主要用来传递扭矩而不承受弯矩，如起重机移动机构中的长光轴、汽车的驱动轴等（见图 7-2-4）。

根据轴线形状的不同，轴可以分为曲轴、直轴。直轴又可分为光轴（图 7-2-3）和阶梯轴（图 7-2-2）。大多数轴都是阶梯轴，阶梯轴有利于轴上零件的装拆和定位。曲轴是往复式机械中的专用零件，如汽车发动机曲轴、船用发动机曲轴和工业泵曲轴（见图 7-2-5）。本项目只讨论直轴。

2. 轴的材料和毛坯

轴的材料：首先应有足够的强度，对应力集中敏感性低；还应满足刚度、耐磨性、耐腐蚀

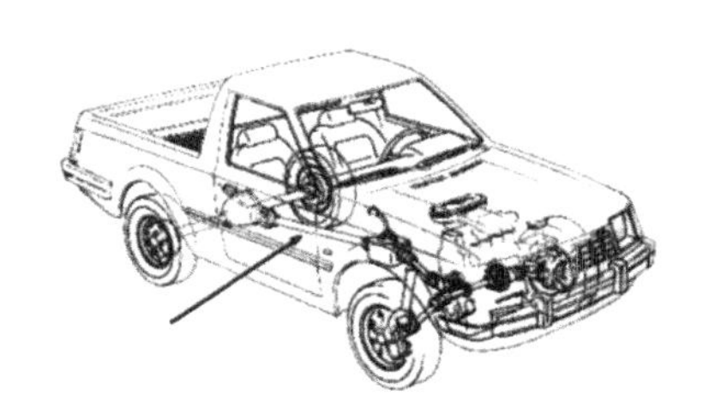

图 7-2-4　汽车中联接变速箱与后桥之间轴(传动轴)

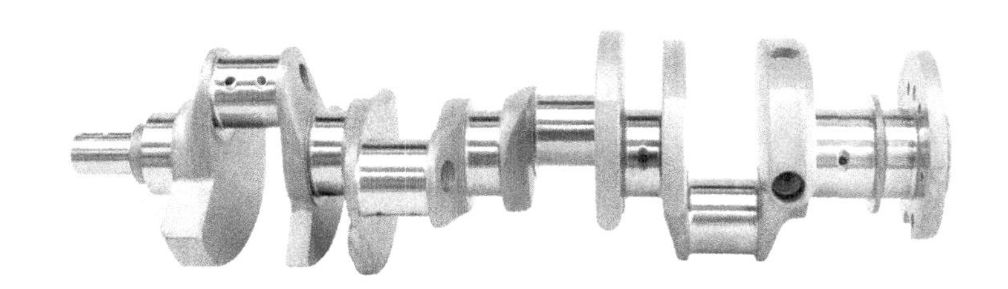

图 7-2-5　汽车发动机曲轴

性及良好的加工性。常用的材料主要有碳钢、合金钢、球墨铸铁和高强度铸铁。选择轴的材料时,应考虑轴所受载荷的大小和性质、转速高低、周围环境、轴的形状和尺寸、生产批量、重要程度、材料机械性能及经济性等因素,选用时注意如下几点:

(1)碳钢有足够高的强度,对应力集中敏感性较低,便于进行各种热处理及机械加工,价格低、供应充足,故应用最广。一般机器中的轴,可用 30、40、45、50 等牌号的优质中碳钢制造,尤以 45 号钢经调质处理最常用。

(2)合金钢机械性能更高,常用于制造高速、重载的轴,或受力大而要求尺寸小、重量轻的轴。至于那些处于高温、低温或腐蚀介质中工作的轴,多数用合金钢制造。常用的合金钢有:12CrNi2、12CrNi3、20Cr、40Cr、38SiMnMo 等。

(3)通过进行各种热处理、化学处理及表面强化处理,可以提高用碳钢或合金钢制造的轴的强度及耐磨性。特别是合金钢,只有进行热处理后才能充分显示其优越的机械性能。

(4)合金钢对应力集中的敏感性高,所以合金钢轴的结构形状必须合理,否则就失去用合金钢的意义。另外,在一般工作温度下,合金钢和碳钢的弹性模量十分接近,因此依靠选用合金钢来提高轴的刚度是不行的,此时应通过增大轴径等方式来解决。

(5)球墨铸铁和高强度铸铁的机械强度比碳钢低,但因铸造工艺性好,易于得到较复杂的外形,吸振性、耐磨性好,对应力集中敏感性低,价廉,故应用日趋增多。

轴的毛坯可用轧制圆钢材、锻造、焊接、铸造等方法获得。对要求不高的轴或较长的轴,毛坯直径小于 150mm 时,可用轧制圆钢材;受力大,生产批量大的重要轴的毛坯可由锻造提供;对直径特大而件数很少的轴可用焊件毛坯;生产批量大、外形复杂、尺寸较大的轴,可用铸造毛坯。轴常用的金属材料及力学性能见表 7-2-2。

表 7-2-2　轴的常用金属材料及力学性能

材料牌号	热处理类型	毛坯直径 mm	硬度 HBS	抗拉强度 σ_b/MPa	屈服点 σ_s/MPa	应用说明
Q275～Q235				600～440	275～235	用于不重要的轴
35	正火	≤100	149～187	520	270	用于一般轴
	调质	≤100	156～207	560	300	
45	正火	≤100	170～217	600	300	用于强度高、韧性中等的较重要的轴
	调质	≤200	217～255	650	360	
40Cr	调质	25	≤207	1000	800	用于强度要求高、有强烈磨损而无很大冲击的重要轴
		≤100	241～286	750	550	
35SiMn	调质	25	≤229	900	750	可代替 40Cr，用于中、小型轴
		≤100	229～286	800	520	
42SiMn	调质	25	≤220	900	750	与 35SiMn 相同，但专供表面淬火之用
		≤100	229～286	800	520	
		>100～200	217～269	750	470	
40MnB	调质	25	≤207	1000	800	可代替 40Cr，用于小型轴
		≤200	241～286	750	500	
35SiMn	调质	25	≤229	1000	350	用于重载的轴
		≤100	207～269	750	550	
		>100～300		700	500	
QT600-2			229～302	600	420	用于发动机的曲轴和凸轮等

7.2.2　轴的结构设计

轴的结构设计的任务，就是在满足强度、刚度和振动稳定性的基础上，根据轴上零件的定位要求及轴的加工、装配工艺性要求，合理地定出轴的结构形状和全部尺寸。轴的结构和形状取决于下面几个因素：(1)轴的毛坯种类；(2)轴上作用力的大小及其分布情况；(3)轴上零件的位置、配合性质及其联接固定的方法；(4)轴承的类型、尺寸和位置；(5)轴的加工方法、装配方法以及其他特殊要求。可见影响轴的结构与尺寸的因素很多，设计轴时要全面综合的考虑各种因素。

对轴的结构进行设计主要是确定轴的结构形状和尺寸。一般在进行结构设计时的已知条件有：机器的装配简图，轴的转速，传递的功率，轴上零件的主要参数和尺寸等。

图 7-2-6 是一减速器的主动轴。轴的结构很适合轴上零件的轴向或周向固定。其中轴与传动零件配合的部分称为轴头，与轴承配合的部分称为轴颈，连接轴颈和轴头部分称为轴身。要进行轴的结构设计，必须先了解轴系零件的定位方法。

1. 轴系零件的定位和固定

(1)零件的轴向定位

为保证机器正常工作，轴上零件需要正确定位。零件在轴上的轴向定位方法，主要取决于它所受轴向力的大小，此外还应考虑轴的制造及轴上零件装拆的难易程度、对轴强度的影响及工作可靠性等因素。

常用轴向定位方法有：轴肩(或轴环)、套筒、圆螺母、挡圈、圆锥形轴头等。

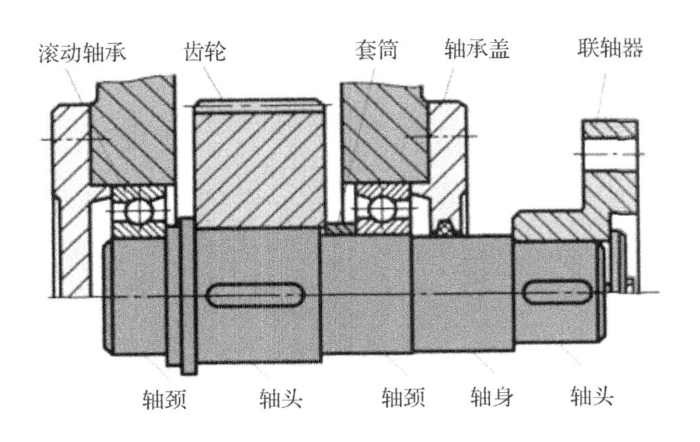

图 7-2-6　减速器主动轴

表 7-2-3　轴上零件轴向定位方法和特点

固定方法	简图	特点
轴肩、轴环	(a)　(b)	结构简单，定位可靠，可承受较大轴向力。常用于齿轮、链轮、带轮、联轴器和轴承等定位。高度 h 应大于轴的圆角半径 R 和倒角高度 C，一般取 $h_{min} \geqslant (0.07 \sim 0.1)d$；但安装滚动轴承的轴肩、轴环高度 h 必须小于轴承内圈高度 h_1（由轴承标准查取）以便轴承的拆卸。轴环宽度 $b \approx 1.4h$。
套筒		结构简单，定位可靠，轴上不需开槽、钻孔和切制螺纹，因而不影响轴的疲劳强度。一般用于零件间距较小场合，以免增加结构重量。轴的转速很高时不宜采用。
锁紧挡圈		结构简单，不能承受大的轴向力，不宜用于高速。常用于光轴上零件的固定。螺钉锁紧挡圈的结构尺寸见 GB/T884-1986。
圆锥面		能消除轴和轮毂间的径向间隙，装拆较方便，可兼做周向固定，能承受冲击载荷。多用于轴端零件固定，常与轴端压板或螺母联合使用，使零件获得双向轴向固定。圆锥形轴伸见 GB/T1570-2005。

续表

固定方法	简图	特点
圆螺母与止动垫圈		固定可靠，装拆方便，可承受较大的轴向力。由于轴上切制螺纹，使轴的疲劳强度降低。常用双圆螺母或圆螺母与止动垫圈固定轴端零件，当零件间距较大时，亦可用圆螺母代替套筒以减小结构重量。圆螺母和止动垫圈的结构尺寸见GB/T810-1988，GB/T812-1988及GB/T858-1988。
轴端挡圈	(a) (b)	适用于固定轴端零件，可承受剧烈振动和冲击载荷。螺栓紧固轴端挡圈的结构尺寸见GB/T892-1986(单孔)及JB/ZQ4349-1986(双孔)。
弹性挡圈		结构简单紧凑，只能承受很小的轴向力，常用于固定滚动轴承。轴用弹性挡圈的结构尺寸见GB/T894.1-1986。
紧定螺钉		适用于轴向力很小，转速很低或仅为防止零件偶然沿轴向滑动的场合。为防止螺钉松动，可加锁圈。紧定螺钉同时亦起周向固定作用。紧定螺钉用孔的结构尺寸见GB/T71-1985。

(2)零件的周向定位

为传递运动和动力，轴上的传动件必须具有可靠的周向固定，常用的周向固定方法有键联接及花键联接、销联接、过盈配合等。

1)平键联接

在本任务中着重介绍平键联接。平键的两侧面是工作面，上表面与轮毂槽底之间留有间隙(图7-2-7)。工作时，靠键与键槽的互相挤压传递转矩。常用的平键有普通平键、导向平键和滑键三种。普通平键的端部形状可制成圆头(A型)、方头(B型)或单圆头(C型)。圆头键的轴槽用指形铣刀加工，键在槽中固定良好。方头键轴槽用盘形铣刀加工，键卧于槽中用螺钉紧固。单圆头键常用于轴端。

导向平键和滑键都用于动连接。按端部形状，导向平键分为圆头(A型)和方头(B型)两种。导向平键一般用螺钉固定在轴槽中，导向平键与轮毂的键槽采用间隙配合，轮毂可沿导向平键轴向移动。为了装拆方便，键中间设有起键螺孔。导向平键适用于轮毂移动距离

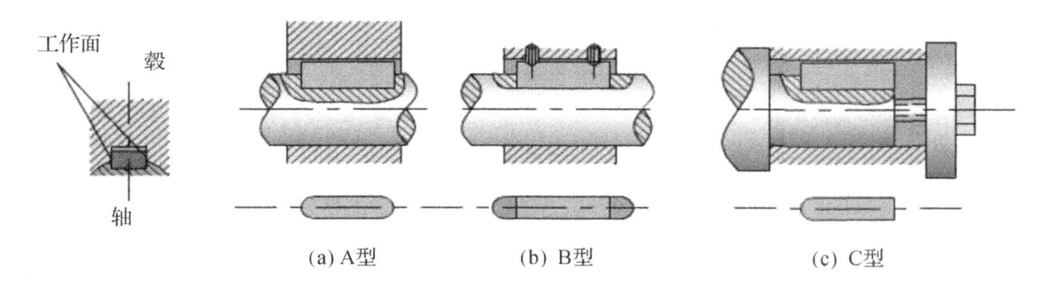

图 7-2-7　普通平键

不大的场合(图 7-2-8)。当轮毂轴向移动距离较大时,可用滑键固定在轮毂上,滑键随轮毂一起沿轴上的键槽移动,故轴上应铣出较长的键槽(图 7-2-9)。滑键结构依固定方式而定,图 7-2-9 所示是两种典型的结构。

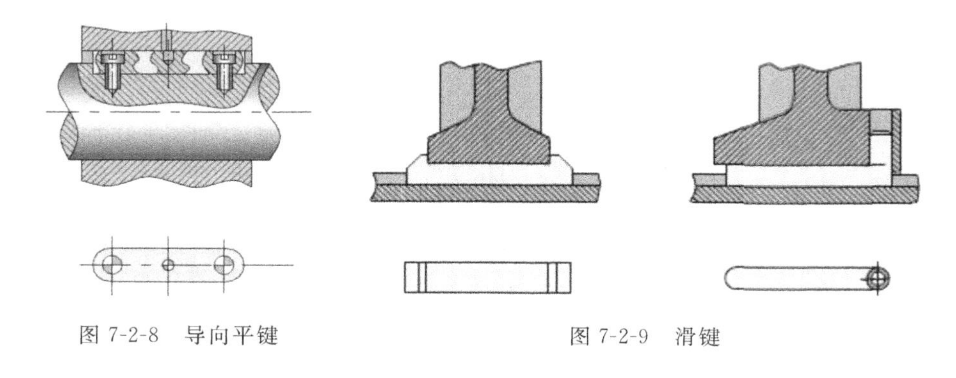

图 7-2-8　导向平键　　　　图 7-2-9　滑键

平键连接的主要失效形式是工作面的压溃和磨损(对于动连接)。除非有严重过载,一般不会出现键的剪断(如图 7-2-10 所示,沿 a-a 面剪断)。

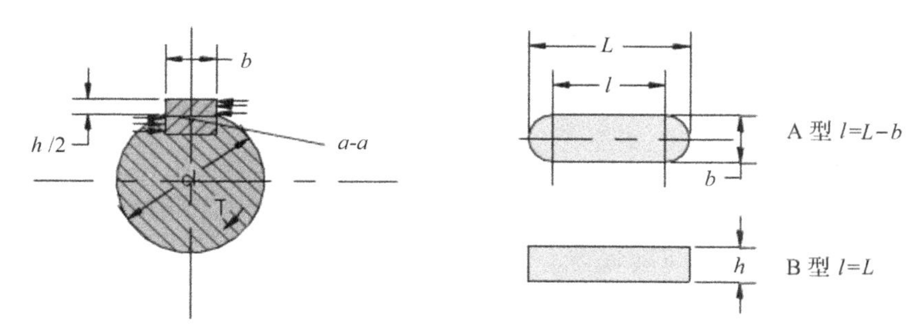

图 7-2-10　平键联轴的受力情况

设载荷为均匀分布,由图 7-2-10 可得平键连接的挤压强度条件

$$\sigma_P=\frac{4T}{dhl}\leqslant[\sigma_P] \tag{7-2-1}$$

对于导向平键、滑键组成的动连接,计算依据是磨损,应限制压强,即

$$p=\frac{4T}{dhl}\leqslant[P] \tag{7-2-2}$$

式中：T 为转矩（N·mm）；

d 为轴径（mm）；

h 为键的高度（mm）；

l 为键的工作长度（mm）；

$[\sigma_p]$为许用挤压应力（MPa）；

$[P]$为许用压强（MPa）（见表 7-2-4）。

表 7-2-4　键联接的挤压应力和许用压强表　MPa

许用值	轮毂材料	载荷性质		
		静载荷	轻微载荷	冲击载荷
$[\sigma_p]$	钢	125～150	100～120	60～90
	铸铁	70～80	50～60	30～45
$[P]$	钢	50	40	30

注：在键连接的组成零件（轴、键、轮毂）中，轮毂材料较弱。

若强度不够时，可采用两个键按 180°布置（图 7-2-11）。考虑到载荷分布的不均匀性，在强度校核中可按 1.5 个键计算。

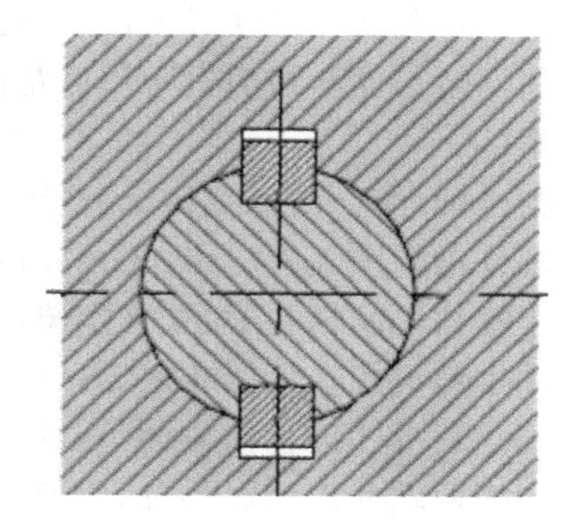

图 7-2-11　两个键按 180°布置

2）花键联结

轴和轮毂孔周向均布多个凸齿和凹槽所构成的联结称为花键联结。凸齿的侧面是工作面。

由于是多齿传递载荷，工作面积大所以承载能力高，轴上零件对中性、导向性好，齿根较浅，应力集中较小，轴、毂强度削弱小。

采用滚齿技术加工花键，但是加工需专用设备、制造成本高。

花键联结主要用于定心精度高、载荷大或经常滑移的联结。

花键联结的齿数、尺寸、配合等均应按标准选取。

花键联结按齿形可分为矩形花键 GB/T1144-1987（图 7-2-12（a））和渐开线花键 GB/T3478.1-1995（图 7-2-12（b））。

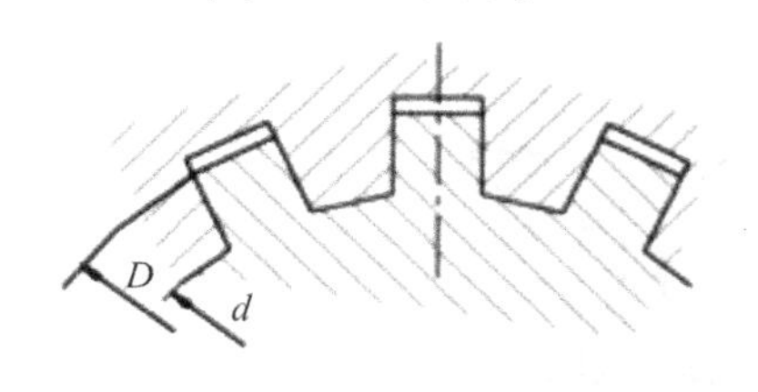

(a) 矩形花键

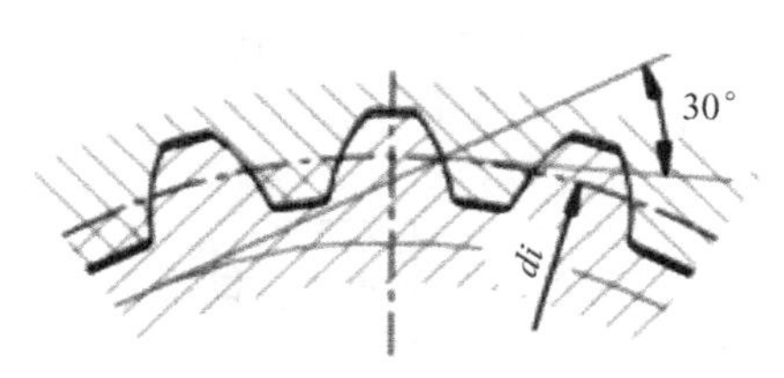

(b) 渐开线花键

图 7-2-12　花键联结

①矩形花键

矩形花键的齿形是矩形，容易加工，能用磨削方法获得较高加工精度。

标准中按齿的尺寸及数目不同可分为轻、中两系列，轻系列用于载荷较轻的静联结，中系列用于中等载荷。

为了提高轴和轴毂的同心度，国标中规定采用小径 d 定心，其定心精度易从工艺上得到保证，定心精度高。

矩形花键应用广泛，如飞机、汽车、拖拉机、机床及一般机械传动装置中都有。

②渐开线花键

渐开线花键的齿廓是渐开线，受载时齿上有径向分力，能起自动定心作用，各齿受力均匀。

渐开线花键制造工艺与齿轮完全相同，加工工艺成熟，制造精度高。

由于齿根部较厚，强度高，承载能力大，寿命长。齿根强度高，应力集中小，易于定心，用于载荷较大、轴径也大且定心精度高时的联结。

花键的主要失效形式为：键齿面的压溃（静联结）和键齿面的磨损（动联结）。所以对静联结一般进行挤压强度计算，动联结进行耐磨性计算。

平键与花键是标准件，具体规格与参数可查阅附录表 4-17、附录表 4-18。

3）销联接

用销将被联接件联成一体的可拆联接称为销联接，可传递不大的载荷，有时也作为过载剪断的保险零件。销的另一用途是固定两零件的相互位置，作为组合加工和装配时的重要辅助零件。

销已标准化，类型很多，大致可分为圆柱类销、圆锥类销、槽类销、开口销和销轴。

圆柱销如图 7-2-13(a)（GB/T119.1-2000），主要用于定位，也可用于联接。利用微量过盈固定在铰光的销孔中，如多次装拆则有损联接紧固和精确定位。宜用于不常拆卸处。

圆锥销如图 7-2-13(b)（GB/T117-2000），带有 1∶50 的锥度，能自锁，与有锥度的绞制孔相配。装拆比圆柱销方便，多次装拆对联接的紧固性及定位精度影响较小，因此应用广泛。一般两端伸出被联接件，方便装拆。

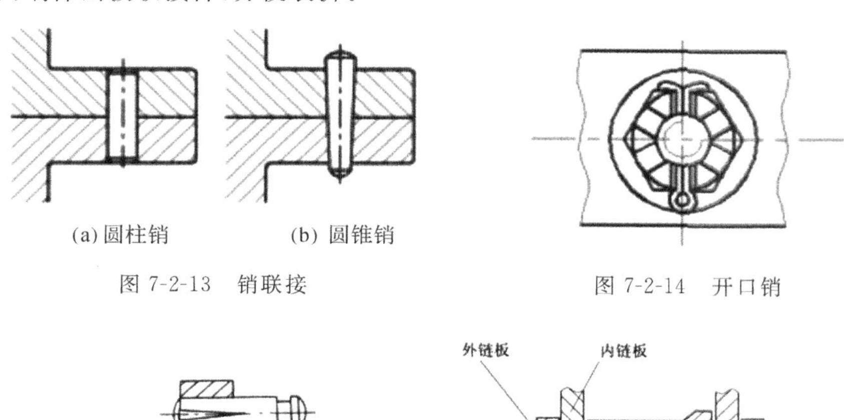

(a) 圆柱销　　(b) 圆锥销

图 7-2-13　销联接

图 7-2-14　开口销

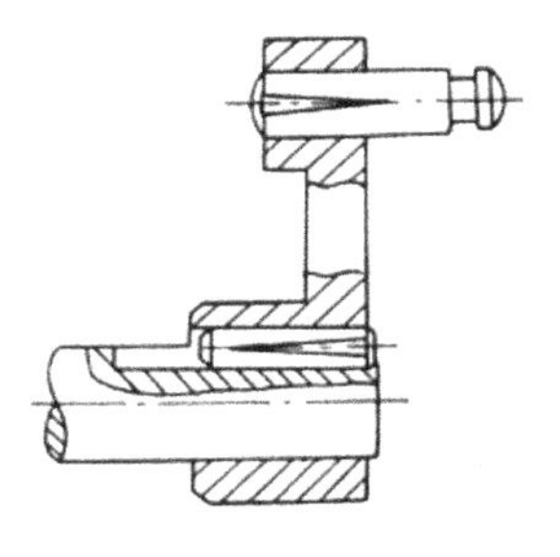

图 7-2-15　槽销

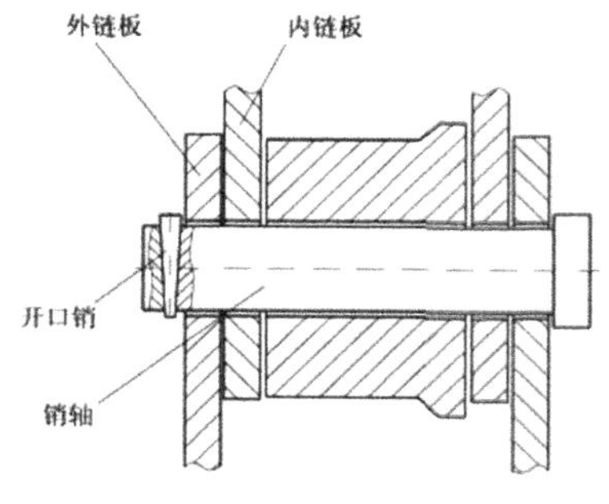

图 7-2-16　销轴

开口销如图 7-2-14(GB/T91-2000)，是一种防松零件，常与带槽螺母配用用于锁紧其他紧固件如进行螺纹防松。

图 7-2-16 是带槽的圆柱销，称为槽销(GB/T13829.1-2003)，用弹簧钢滚压或模锻而成。销上有三条压制的纵槽，借材料弹性挤紧在未经铰光的销孔中，可多次装拆，适用于承受振动和变载荷的联结。

销轴如图 7-2-16(GB/T882-2000)，可作为轴用，一端有挡边，另一端用开口销锁紧，工作可靠。

销是一种标准件，其具体规格及参数可查阅附录表 4-19。

4)过盈联结

过盈联结是利用零件间的过盈配合形成的联结，其配合表面多为圆柱面如图 7-2-17(a)，也有圆锥如图 7-2-17(b)或其他形式的配合面。

装配后孔被撑大，直径增大；轴被压缩，直径减小，在配合面间产生径向挤压应力，在配合面间产生摩擦力，可承受转矩、轴向力或两者复合的载荷。

承载能力高，耐冲击性能好。但配合表面的加工精度要求高，且装配和拆卸比较困难。

过盈联接结构简单，同轴性好，轴上不开孔或槽，轴强度削弱小。常用于某些齿轮、车轮、飞轮等的轴毂联接。

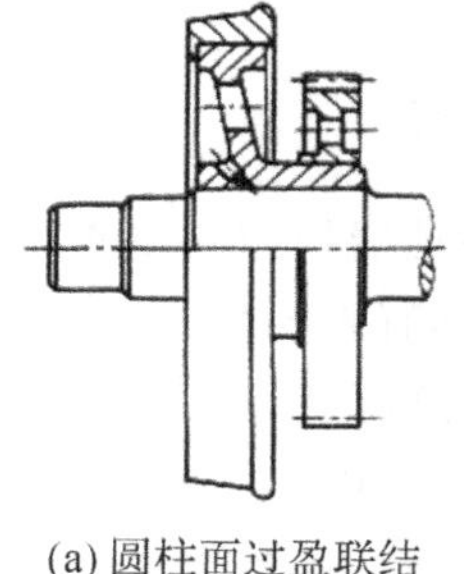

(a) 圆柱面过盈联结

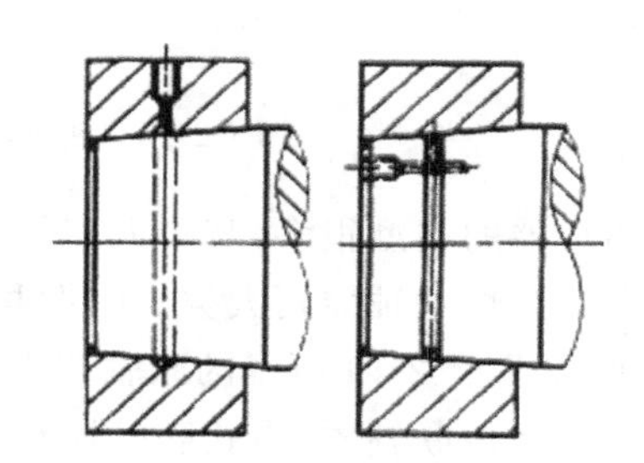

(b) 圆锥面过盈联结

图 7-2-17　过盈联结

圆柱面过盈联结的过盈量是由所选择的配合来确定。联结结构简单，加工方便，不宜多次装拆，应用广泛，用于轴毂联结、滚动轴承与轴的联结。

圆锥面过盈联结是利用轴、毂相对轴向移动并压紧获得过盈结合。联结时压合距离短，装拆方便，结合面不易擦伤，但结合面加工不便。多用于承载较大且需多次装拆的场合，如大型的轧钢机械、螺旋桨尾轴上。

过盈联结可采用压入法和温差法、液压法三种装配方法。

压入法装配工艺简单，但配合面易被擦伤，削弱了联结的紧固性，减小了承载能力。为了减少过大损伤，装配时配合表面应涂润滑油。适用于过盈量或尺寸较小的场合。

当配合面较长，或过盈量较大时应使用温差法装配。装配前将毂孔用电炉或在热油中加热使其膨胀，可同时将轴用干冰或低温箱进行冷却使其收缩，使装配实际在间隙状态下进行。

液压法是将高压油压入配合表面，使轮毂胀大，轴缩小，同时施以一定的轴向力，两者相对移动到预定位置，之后排出高压油。这种方法对配合面的接触精度要求很高，需要高压液压泵等专用设备。

温差法和液压法工艺较复杂，但配合表面损伤小，可重复装拆。适用于过盈量或尺寸较大的场合。温差法更适用于经热处理或涂覆过的表面，液压法主要用于圆锥面过盈联结。

过盈配合设计要点是按载荷选择适用的配合，并校核其最小过盈能传递的载荷，最大过盈不会引起轴或轮毂失效。

(3)轴与轴的联接

联轴器和离合器是机械传动中常用的部件，主要用来联接两轴，使之一同回转并传递转矩，有时也可用作安全装置。两者的区别是：联轴器只有在机器停转后将其拆开才使两轴分离；离合器在机器运转过程中可随时将两轴接合或分离。

1)联轴器

连轴器所联接的两根轴，由于制造、安装等原因，常产生相对位移，如图 7-2-18 所示。这就要求联轴器在结构上具有补偿一定范围位移量的性能。

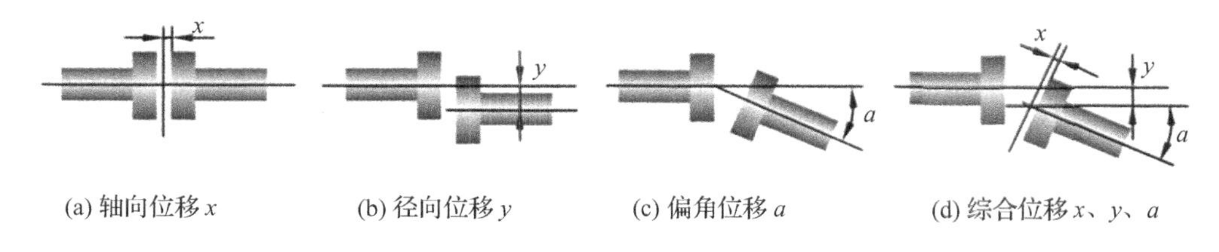

(a) 轴向位移 x　(b) 径向位移 y　(c) 偏角位移 a　(d) 综合位移 x、y、a

图 7-2-18　两轴轴线的相对位移

联轴器和离合器的类型很多，其中大多已标准化。联轴器根据其是否包含弹性元件，可分为刚性联轴器和弹性联轴器两大类。刚性联轴器根据其有否补偿位移的能力可分为固定式和可移式两种，如图 7-2-19 所示的联轴器中属于固定式的有套筒联轴器、凸缘联轴器，属于可移式的有十字滑块联轴器、齿式联轴器和万向联轴器。由于凸缘联轴器是使两轴刚性地联接在一起，所以在传递载荷时不能缓和冲击和吸收振动。此外要求对中精确，否则由于两轴偏斜或不同轴线都将引起附加载荷和严重磨损。故凸缘联轴器适用于联接低速、大转矩、振动不大、刚性大的短轴。

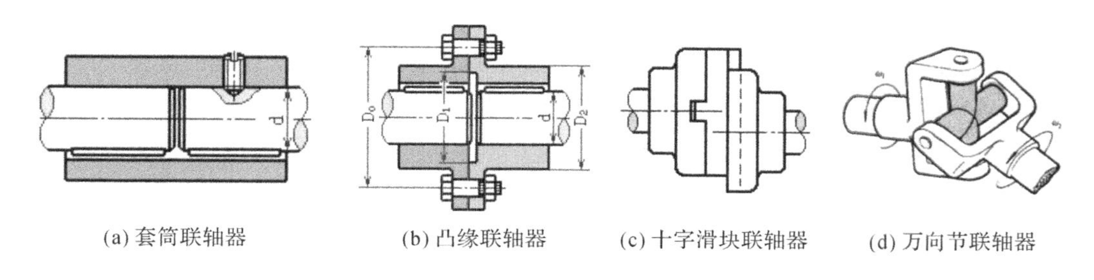

(a) 套筒联轴器　(b) 凸缘联轴器　(c) 十字滑块联轴器　(d) 万向节联轴器

图 7-2-19　刚性联轴器

弹性联轴器视其所具有弹性元件材料的不同，又可分为金属弹簧式和非金属弹性元件式两种。弹性联轴器不仅能在一定范围内补偿两轴线间的偏移，还具有缓冲减振的性能。常见的非金属弹性元件联轴器有弹性柱销联轴器、弹性套柱销联轴器、梅花形弹性联轴器等，如图 7-2-20 所示。

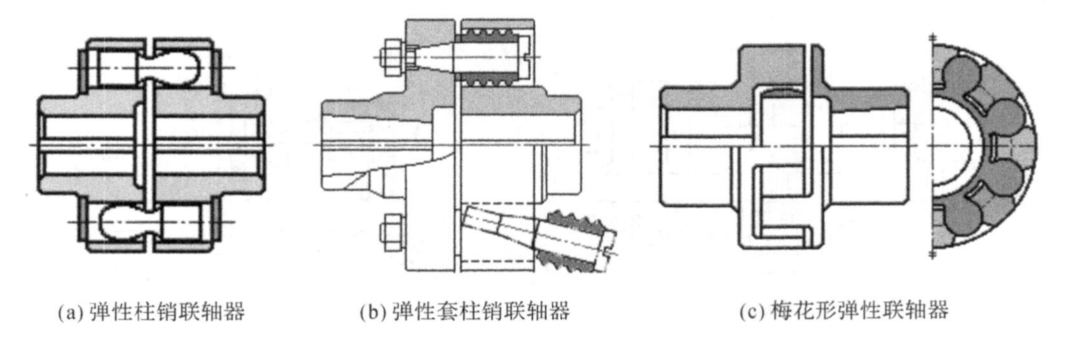

(a) 弹性柱销联轴器　(b) 弹性套柱销联轴器　(c) 梅花形弹性联轴器

图 7-2-20　弹性联轴器

联轴器设计时，只需参考手册，根据工作要求选择合适的类型，再按轴的直径、计算转矩和转速来确定联轴器和离合器的型号和结构尺寸，必要时再对其主要零件作强度验算。

联轴器计算转矩可按下式计算：

$$T_c = KT \tag{7-2-3}$$

式中：T 为名义转矩，单位为 N·mm；T_c 为计算转矩，单位为 N·mm；K 为工作情况系数，由表 7-2-5 查得。

表 7-2-5　工作情况系数 *K*

原动机	工作机	K
电动机	胶带运输机、鼓风机、连续运转的金属切削机床 链式运输机、刮板运输机、螺旋运输机、离心式泵、木工机床 往复运动的金属切削机床 往复式泵、往复式压缩机、球磨机、破碎机、冲剪机、锻锤机 起重机、升降机、轧钢机、压延机	1.25～1.5 1.5～2 1.5～2.5 2～3 3～4
涡轮机	发电机、离心泵、鼓风机	1.2～1.5
往复式发动机	发电机 离心泵 往复式工作机，如压缩机、泵	1.5～2 3～4 4～5

注：固定式、刚性可移式联轴器选用较大 K 值；弹性联轴器选用较小 K 值；嵌合式离合器 K＝2～3；摩擦式离合器 K＝1.2～1.5；安全联轴器取 K＝1.25。

在选择联轴器型号时，应同时满足以下条件：

$$T_c \leqslant T_m \qquad n \leqslant [n] \tag{7-2-4}$$

式中：T_m 为联轴器的额定转矩，单位为 N·mm；$[n]$为联轴器的许用转速，单位为 r/min，此二值可通过附录 7 的相应表中查得。

2）离合器

离合器主要用于在机器运转过程中随时将主动、从动轴接合或分离。离合器的类型很多，离合器大致上可以分为操作离合器和自动离合器（机械、气动、液压、电磁）两种，其中操作离合器又有啮合式和摩擦式两种，牙嵌离合器、齿轮离合器都属于啮合式；圆盘离合器、圆锥离合器属于摩擦式。自动离合分超越离合器（啮合式和摩擦式）、离心离合器（摩擦式）和安全离合器(啮合式和摩擦式)。

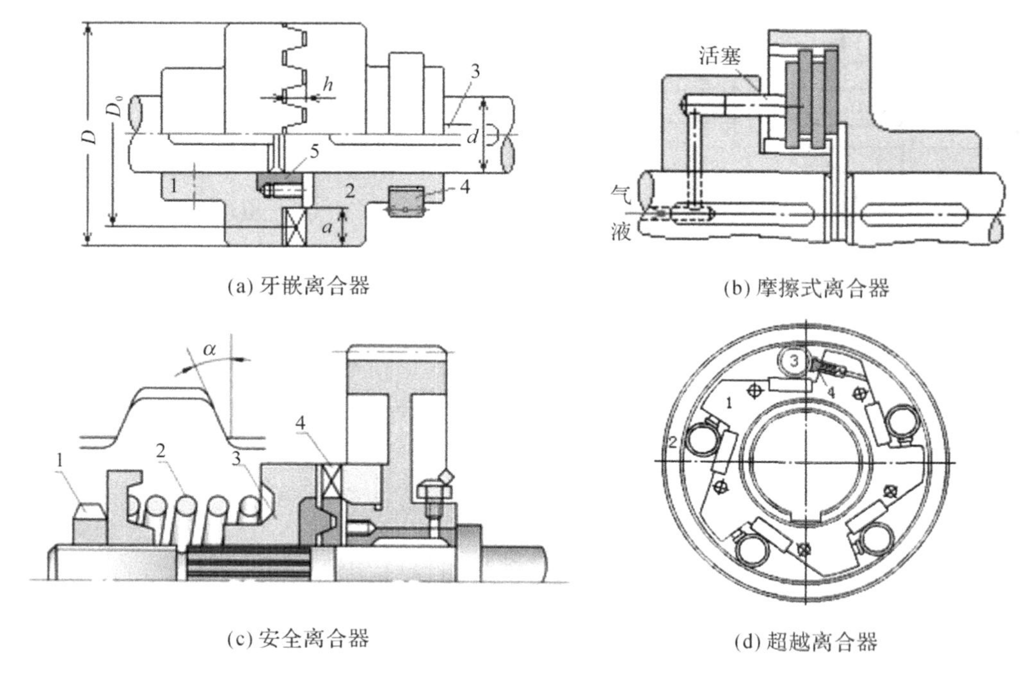

(a) 牙嵌离合器

(b) 摩擦式离合器

(c) 安全离合器

(d) 超越离合器

图 7-2-21　常见离合器

2. 各轴段直径和长度的确定

各轴段所需的直径与轴上载荷的大小有关。初步确定轴的直径时，通常还不知道支反力的作用点，不能决定弯矩的大小与分布情况，因而还不能按轴所受的具体载荷及其引起的应力来确定轴的直径。但在进行轴的结构设计前，通常已能求得轴所受的转矩。因此，可按轴所受的转矩初步估算轴所需的最小直径，然后再按轴上零件的装配方案和定位要求，从最小直径处起逐一确定各段轴的直径。在实际设计中，轴的直径亦可凭设计者的经验取定，或参考同类机械用类比的方法确定。

有配合要求的轴段，应尽量采用标准直径，如表 7-2-7 所示。安装标准件(如滚动轴承、联轴器、密封圈等)部位的轴径，应取为相应的标准值及所选配合的公差。

为了使齿轮、轴承等有配合要求的零件装拆方便，并减少配合表面的擦伤，在配合轴段前应采用较小的直径。为了使与轴作过盈配合的零件易于装配，相配轴段的压入端应制出锥度；或在同一轴段的两个部位上采用不同的尺寸公差。

确定各轴段长度时，应尽可能使结构紧凑，同时还要保证零件所需的装配或调整空间。轴的各段长度主要是根据各零件与轴配合部分的轴向尺寸和相邻零件间必要的空隙来确定的。为了保证轴向定位可靠，与齿轮和联轴器等零件相配合部分的轴段长度一般应比轮毂长度短 2～3mm。

3. 轴的结构工艺性

设计轴时，尽可能使轴的形状简单，有良好的加工和装配工艺性，保证零件能装配到合适位置并使轴的台阶尽可能少。轴台阶应保证零件通过和顺利装拆以及可靠定位。为便于安装零件和避免受到轴的尖角的伤害，轴端、轴头、轴颈的端面应做成倒角，倒角一般为

45°,也可以是30°或60°。

轴的结构尺寸如:直径、圆角半径,倒角、键槽、退刀槽和砂轮越程槽等的尺寸应符合相应的标准要求。

为减少加工时间,同根轴上所有圆角半径、倒角尺寸、退刀槽宽度应尽可能统一;当轴上有两个以上键槽时,应置于轴的同一条母线上,以便一次装夹后就能加工。轴上的某轴段需磨削时,应留有砂轮的越程槽(图7-2-22(a));需切制螺纹时,应留有退刀槽(图7-2-22(b))。当采用过盈配合联结时,配合轴段的零件装入端,常加工成导向锥面。若还附加键联接,则键槽的长度应延长到锥面处,便于轮毂上键槽与键对中,如图7-2-23所示。如果需从轴的一端装入两个过盈配合的零件,则轴上两配合轴段的直径不应相等,否则第一个零件压入后,会把第二个零件配合的表面拉毛,影响配合。

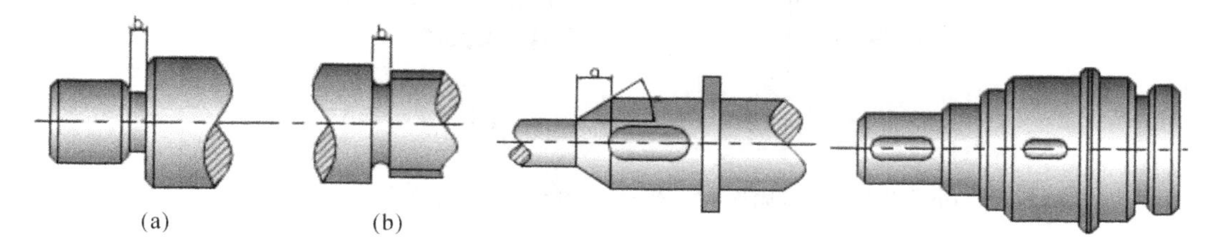

图7-2-22 退刀槽与越程槽

图7-2-23 键的布置

4. 提高轴的疲劳强度的方法

轴一般是在交变应力作用下工作的,其破坏形式多为疲劳断裂,设计轴时应设法提高轴的疲劳强度,方法有:

(1)采用合理结构减少应力集中

应力集中产生在轴的剖面尺寸急剧变化的地方,因此轴上相邻轴段的直径不应相差过大,在直径变化处,尽量用圆角过渡,圆角半径尽可能大。当圆角半径增大受到结构限制时,可将圆弧延伸到轴肩中,称为内切圆角。也可加装过渡肩环使零件轴向定位,如图7-2-24所示。

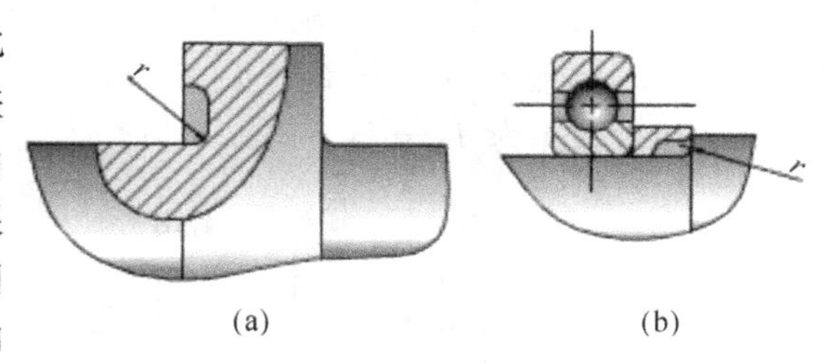

图7-2-24 过渡肩环

轴上与零件毂孔配合的轴段,会产生应力集中。配合越紧,零件材料越硬,应力集中越大。其原因是,零件轮毂的刚度比轴大,在横向力作用下,两者变形不协调,相互挤压,导致应力集中。尤其在配合边缘,应力集中更为严重。设计时,可在轴、轮毂上开卸载槽,如图7-2-25所示。

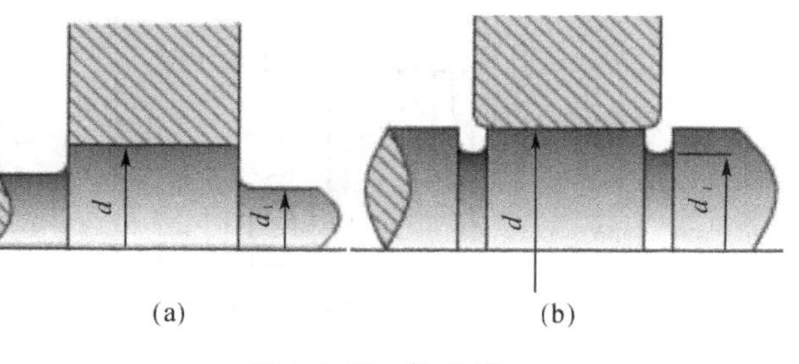

图7-2-25 卸载槽

选用应力集中小的定位方法。采用紧定螺钉、圆锥销钉、弹性挡圈、圆螺母等定位时,需在轴上加工出凹坑、横孔、环槽、螺纹,引起较大的应力集中,应尽量不用;用套筒定位无应力集中。在条件允许时，用渐开线花键代替矩形花键，用盘铣刀加工的键槽代替端铣刀加工的键槽，均可减小应力集中。

(2)提高轴表面质量

轴的表面质量对轴的疲劳强度有很大影响，从失效零件看轴上的疲劳裂纹常发生在表面最粗糙的地方。为提高轴的疲劳强度，还可以采用表面强化处理，如碾压、氮化、喷丸等方式，强化后可以显著提高轴的承载能力。

(3)改善轴的受力情况

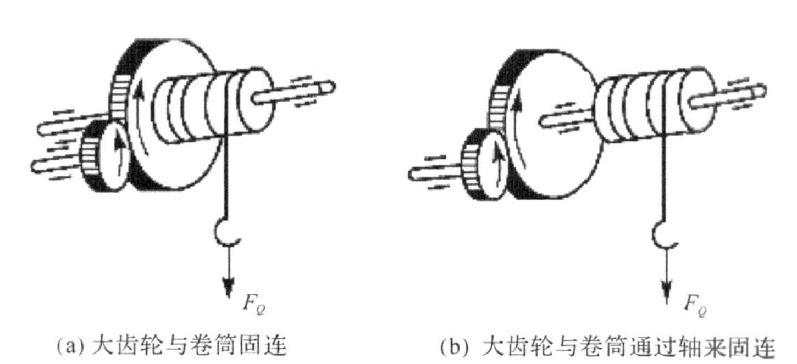

(a) 大齿轮与卷筒固连　　(b) 大齿轮与卷筒通过轴来固连

图 7-2-26　起重卷筒方案

结构设计时，还可以用改善受力情况、改变轴上零件位置等措施以提高轴的强度。例如，在图 7-2-26 所示的起重卷筒的两种不同方案中，图 7-2-26(a)的方案是大齿轮和卷筒联在一体，转矩经大齿轮直接传给卷筒。这样卷筒只受弯矩而不受转矩，在起重同样载荷 Q 时，轴的直径小于图 7-2-26(b)方案的直径。

再如，当动力需从两个轮输出时，为了减小轴上的载荷，尽量将输入轮置在中间。在图 7-2-27(a)中，当输入转矩为 T_1+T_2 而 $T_1>T_2$ 时，轴的最大转矩为 T_1；而在图 7-2-27(b)中，轴的最大转矩为 T_1+T_2。

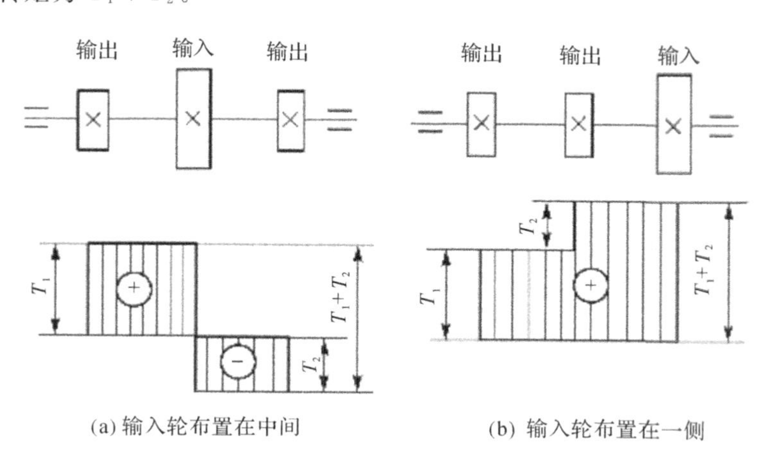

(a) 输入轮布置在中间　　(b) 输入轮布置在一侧

图 7-2-27　轴的不同受力方案

5. 轴的结构设计步骤

轴的结构设计须在经过初步强度计算，已知轴的最小直径以及轴上零件尺寸(主要是毂孔直径及宽度)后才进行。其主要步骤为：

(1)确定轴上零件装配方案：所谓装配方案，就是预定出轴上主要零件装配方向、顺序和相互关系，它是进行轴结构设计的前提，决定着轴的基本形式。图 7-2-28 所示为某传动装置的装配方案。

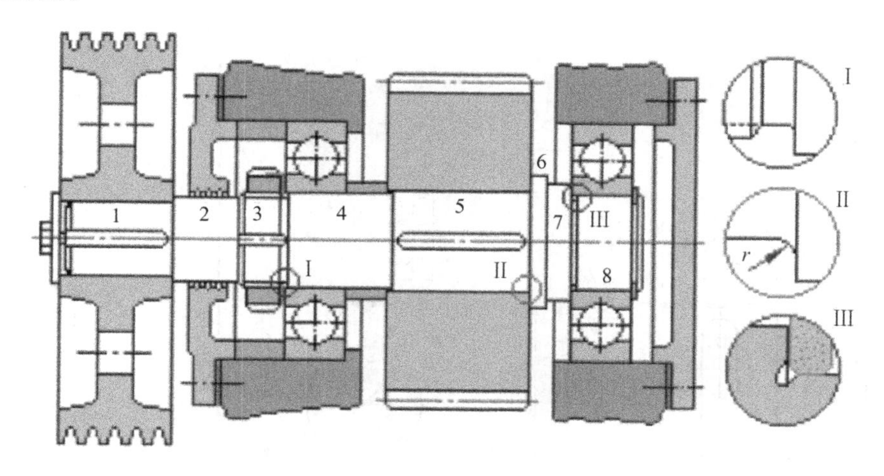

图 7-2-28　轴上零件装配方案

(2)确定轴上零件定位方式：根据具体工作情况，对轴上零件的轴向和周向的定位方式进行选择。轴向定位通常是轴肩或轴环与套筒、螺母、挡圈等组合使用，周向定位多采用平键、花键或过盈配合联结。

(3)确定各轴段直径：轴的结构设计是在初步估算轴径的基础上进行的，为了零件在轴上定位的需要，通常轴设计为阶梯轴。根据作用的不同，轴的轴肩可分为定位轴肩和工艺轴肩(为装配方便而设)，定位轴肩的高度值有一定的要求；工艺轴肩的高度值则较小，无特别要求。所以直径的确定是在强度计算基础上，根据轴向定位的要求，定出各轴段的最终直径。

(4)确定各轴段长度：主要根据轴上配合零件毂孔长度、位置、轴承宽度、轴承端盖的厚度等因素确定。

(5)确定轴的结构细节：如倒角尺寸、过渡圆角半径、退刀槽尺寸、轴端螺纹孔尺寸；选择键槽尺寸等。

(6)确定轴的加工精度、尺寸公差、形位公差、配合、表面粗糙度及技术要求：轴的精度根据配合要求和加工可能性而定。精度越高，成本越高。通用机器中轴的精度多为 IT5～IT7。轴应根据装配要求，定出合理的形位公差，主要有：配合轴段的直径相对于轴颈(基准)的同轴度及它的圆度、圆柱度；定位轴肩的垂直度；键槽相对于轴心线的平行度和对称度等。

(7)画出轴的工作图：轴的结构设计常与轴的强度计算和刚度计算、轴承及联轴器尺寸的选择计算、键联结强度校核计算等交叉进行，反复修改，最后确定最佳结构方案，画出轴的结构图。如图 7-2-29 所示为某减速器从动轴的工作图。

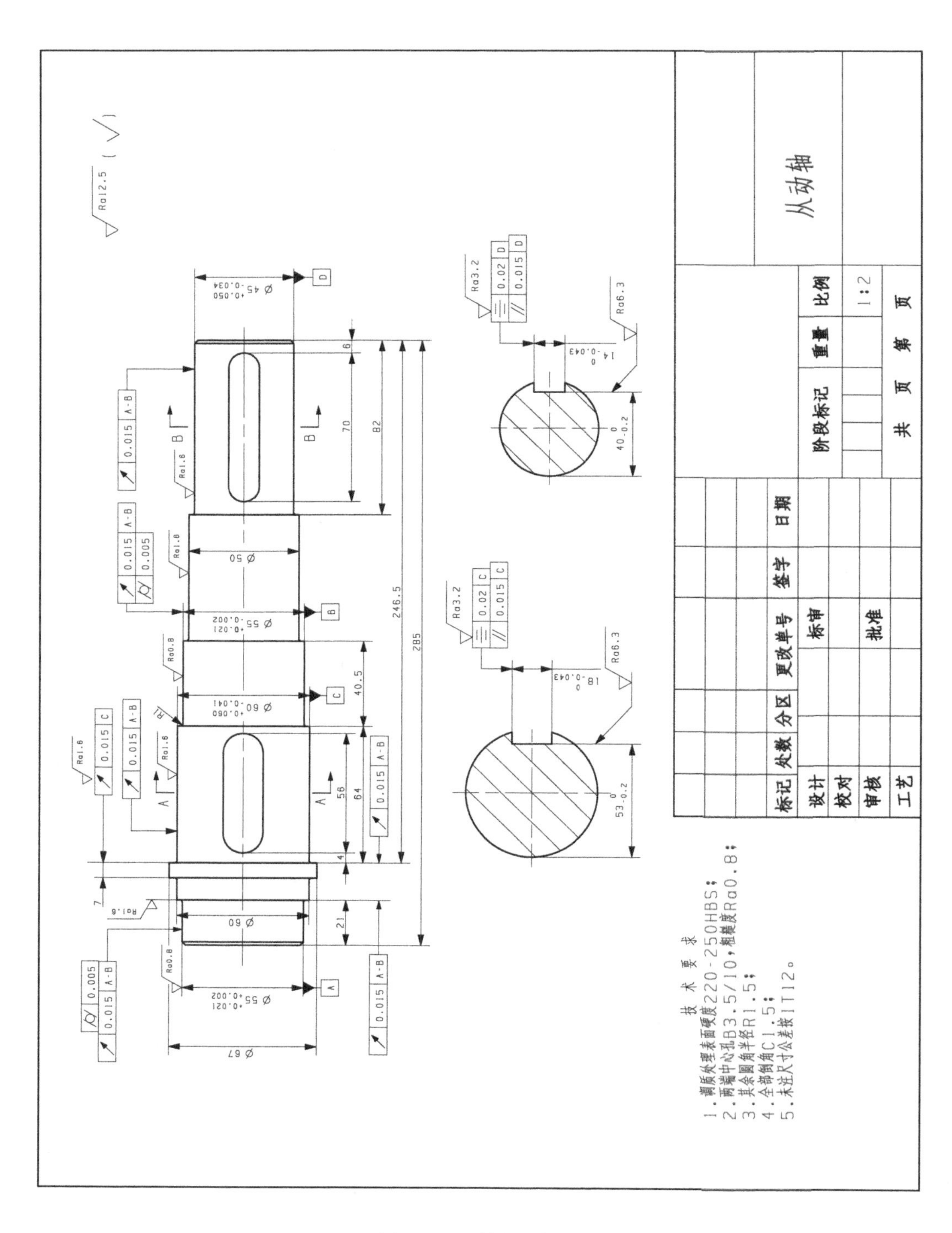
从动轴
比例 1:2
技术要求
1.调质处理表面硬度220-250HBS;
2.两端中心孔B3.5/10,粗糙度Ra0.8;
3.其余圆角半径R1.5;
4.全部倒角C1.5;
5.未注尺寸公差按IT12。

图 7-2-29 轴的工作图

7.2.3 轴的强度计算

1. 轴的失效形式和计算准则

轴的失效形式：主要有因疲劳强度不足而产生的疲劳断裂、因静强度不足而产生的塑性变形或脆性断裂、磨损、超过允许范围的变形和振动等。

轴的设计应满足如下准则：

(1)根据轴的工作条件、生产批量和经济性原则，选取适合的材料、毛坯形式及热处理方法。

(2)根据轴的受力情况、轴上零件的安装位置、配合尺寸及定位方式、轴的加工方法等具体要求，确定轴的合理结构形状及尺寸，即进行轴的结构设计。

(3)轴的强度计算或校核。对受力大的细长轴(如蜗杆轴)和对刚度要求高的轴，还要进行刚度计算。在对高速工作下的轴，因有共振危险，故应进行振动稳定性计算。

2. 轴的强度计算

轴的强度计算应根据轴的受力情况采用相应的计算方法。转轴应按弯曲和扭转合成强度计算。心轴只受弯矩应按弯曲强度计算。传动轴只受转矩应按扭转强度计算。现以转轴为例说明轴的强度和刚度计算方法。

在一般情况下，开始设计轴时，轴的跨度还不知道，因此无法按弯扭组合强度计算轴的直径，这时可用类比法或按扭转强度初步估算轴径，直到完成设计装配草图，零件在轴上的位置确定后轴的跨距就能定出，弯矩就能计算出来，此时方能按弯扭组合强度计算轴径，并根据计算结果调整轴的其他参数。

对于重要的轴，除按上述方法计算外，还需全面考虑影响轴强度的各种因素如应力集中、尺寸、表面质量等，对危险截面还要进行安全系数校核的计算。

(1)类比法初步确定轴的直径

类比法是参考同类型的机器设备，比较轴传递的功率、转速、工作条件，初步确定轴的结构和尺寸。在一般的减速器中，与电动机直接相连的高速输入轴的轴端直径 d，可按电动机轴的轴端直接 D 估算，取 $d=(0.8\sim1.2)D$；各级低速轴的直径可按同级齿轮中心距 a 估算，一般取 $d=(0.3\sim0.4)a$。

(2)按扭转强度初算轴的直径

这种计算方法假设轴只受扭矩，用降低许用扭切应力来考虑弯矩的影响。

由材料力学可知，轴受扭转的强度条件为

$$\tau=\frac{T}{W_T}=\frac{9.55\times10^6 P/n}{0.2d^3}\leqslant[\tau]\text{MPa} \tag{7-2-5}$$

写成设计公式，轴的最小直径

$$d\geqslant\sqrt[3]{\frac{9550\times10^3}{0.2[\tau]}}\cdot\sqrt[3]{\frac{P}{n}}=C\cdot\sqrt[3]{\frac{P}{n}}\ (\text{mm}) \tag{7-2-6}$$

其中：T—轴所传递的转矩，N·mm；d—轴径，mm；W_T—轴的抗扭截面系数，mm^3；P—轴传递功率，kW；n—轴的转速，r/min；$[\tau]$—材料的许用切应力，MPa；C—与轴材料有关的系数，可由表 7-2-6 查得。

表 7-2-6　轴强度计算公式中的系数 C

轴的材料	Q235,20		Q255,Q275,35		45		40Cr,38SiMnMo 等		
[τ]MPa	12	15	20	25	30	35	40	45	52
C	160	148	135	125	118	112	106	102	98

对于受弯矩较大的轴宜取较小的[τ]值。当轴上有键槽时，应适当增大轴径；单键增大3%，双键增大7%，然后圆整成标准直径。轴的标准直径见表 7-2-7。

表 7-2-7　轴的标准直径(节选自 GB/T2822-2005)　mm

12	13	14	15	16	17	18	19	20	21	22	24	25	26
28	30	32	34	36	38	40	42	45	48	50	53	56	60
63	67	71	75	80	85	90	95	100					

按扭转强度初算所得的轴的直径 d 可作为轴的最小直径，其他各段轴的直径，在进行轴的结构设计时可以用逐步增大的方法确定。

(3)按按弯扭组合强度计算

经过轴径初步计算可完成设计草图，确定轴承和传动件在轴上的位置、轴所受外载荷大小、方向及作用点，这时就可按弯扭组合强度计算轴径。

具体计算步骤有：

1)画出轴的空间受力图，将传动零件上的作用力分解成水平分力和垂直分力，然后分别求出轴承支座的水平反力和垂直反力。

2)分别画出水平面内弯矩图 M_H 和垂直面内弯矩图 M_V。

3)计算合成弯矩 $M=\sqrt{M_H^2+M_V^2}$，并画出合成弯矩图。

4)画扭矩(T)图。

5)按第三强度理论计算当量弯矩 $M_e=\sqrt{M^2+(\alpha T)^2}$，并画出当量弯矩图。

上式中 α 为扭矩变化特点而取的经验系数，不变扭矩取值 $\alpha=\frac{[\sigma_{-1b}]}{[\sigma_{+1b}]}=0.3$；脉动循环扭矩取 $\alpha=\frac{[\sigma_{-1b}]}{[\sigma_b]_0}=0.6$；对称循环扭矩 $\alpha=1$。其中，$[\sigma_{+1b}]$、$[\sigma_{0b}]$和$[\sigma_{-1b}]$分别为材料在静、脉动循环和对称循环应力状态下的许用弯曲应力，其值可由表 7-2-8 选取。必须说明，所谓不变的转矩只是理论上可以这样认为，实际上机器运转不可能完全均匀，且有扭转振动的存在，故为安全计，常按脉动转矩计算。

6)根据弯矩强度图找出危险截面，进行强度校核。

弯扭组合强度条件为

$$\sigma=\frac{M_e}{W}=\frac{\sqrt{M^2+(\alpha T)^2}}{0.1d^3}\leqslant[\sigma_{-1b}]\text{MPa} \tag{7-2-7}$$

式中：W 为轴抗弯截面系数，$W=0.1d^3$，单位为 mm^3

求轴径的公式为

$$d\geqslant\sqrt[3]{\frac{M_c}{0.1[\sigma_{-1b}]}}=\sqrt[3]{\frac{\sqrt{M^2+(\alpha T)^2}}{0.1[\sigma_{-1b}]}}\text{(mm)} \tag{7-2-8}$$

求得的轴径应与结构设计中初步确定的轴径比较，若结构设计中确定的轴径较小，说明

轴的强度不够，要修改结构的设计；若强度计算的轴径小，除非相差很大，否则以结构设计得出的轴径为准。同样，当轴上有单个键槽时，轴径增大3%，双键槽时，轴径增大7%，然后圆整成标准直径。

表 7-2-8　轴的许用弯曲应力　MPa

材料	σ_b	$[\sigma_{+1b}]$	$[\sigma_{0b}]$	$[\sigma_{-1b}]$
碳素钢	400	130	70	40
	500	170	75	45
	600	200	95	55
	700	230	110	65
合金钢	800	270	130	75
	900	300	140	80
	1000	330	150	90
铸钢	400	100	50	30
	500	120	70	40

7）绘制轴的零件工作图

【例 1】　某减速器主动轴（齿轮轴）的结构及轴上零件的定位方式如图7-2-30(a)所示，轴的简化图如(b)所示。已知齿轮模数 $m=3\text{mm}$，齿数为 $z=20$，齿轮宽 $b=65\text{mm}$，从带轮输入功率 $P=4.32\text{kW}$，输入的转矩为 $T=122.49\text{N}\cdot\text{m}$，转速为 $n=336.84\text{r/min}$。工作时单向运转，载荷变化不大，空载启动，环境清洁，一班制工作，使用期限5年。试对该轴进行结构设计。

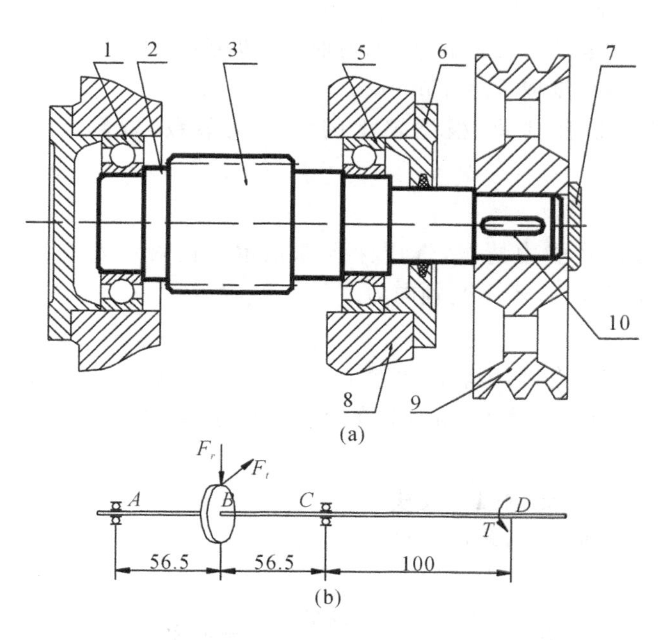

1,5-滚动轴承　2-轴　3-齿轮轴的轮齿段　4-套筒
6-密封盖　7-轴端挡圈　8-轴承端盖　9-带轮　10-键

图 7-2-30　轴及轴上零件的定位方式

解:(1)选择轴的材料

因减速器为一般机械,无特殊要求,故选用 45 钢并调质处理,查表 7-2-2,取 $\sigma_b=650\text{MPa}$,查表 7-2-8 得$[\sigma_{-1b}]=60\text{MPa}$。

(2) 按扭转强度估算轴的直径

查表 7-2-6 得 $C=112$,代入式(7-2-6)得:$d\geqslant C\cdot\sqrt[3]{\dfrac{P}{n_{\text{I}}}}=112\times\sqrt[3]{\dfrac{4.32}{336.84}}=26.2(\text{mm})$

由此可得,轴最小轴径 $d\geqslant 26.2(\text{mm})$。

(3) 确定轴各段直径和长度

1)右起第一段安装带轮,带轮与轴间用键联接(键的选用见第(5)步键),故应将轴径增大 5%,取 $D_1=30\text{mm}$,又因带轮的宽度 $B=(Z-1)\cdot e+2\cdot f=(3-1)\times18+2\times8=52\text{mm}$,故取第一段长度 $L_1=60\text{mm}$。

2)右起第二段,考虑联轴器的轴向定位要求,直径取 $D_2=35\text{mm}$,并根据轴承端盖的装拆以及对轴承添加润滑脂的要求和箱体的厚度,保证端盖的外端面与带轮的左端面间的距离至少为 30mm,则取第二段的长度 $L_2=70\text{mm}$。

3)右起第三段安装有 6208 深沟球轴承,根据轴承的参数(轴承的选用见第(4)步),取直径为 $D_3=40\text{mm}$,长度为 $L_3=32\text{mm}$。

4)右起第四段为轴承的定位轴肩,考虑到轴承装拆需要,其直径应小于滚动轴承的内圈外径,取 $D_4=48\text{mm}$,长度取 $L_4=10\text{mm}$。

5)右起第五段为齿轮轴段,齿轮的齿顶圆直径为 $d_a=66\text{mm}$,分度圆直径 $d=60\text{mm}$,齿轮的宽度为 $b=65\text{mm}$,此段的长度为 $L_5=b=65\text{mm}$。

6)右起第六段为轴承的定位轴肩,考虑到轴承装拆需要,其直径应小于滚动轴承的内圈外径,故取 $D_6=48\text{mm}$,长度取 $L_6=15\text{mm}$。

7)右起第七段安装有轴承,根据轴承的型号及参数,取轴径为 $D_7=40\text{mm}$,长度 $L_7=19\text{mm}$。

(4)轴承选择

根据轴的定位方式及受力情况,选用深沟球轴承。查附录表 6-2,确定轴承的型号为 6208。该轴承只承受径向力,不承受轴向力。

(5)键的选择

此轴右起第一段安装有键,因轴段直径 $D_1=30\text{mm}$,则查附录表 4-17 表得 $b\times h=8\times7$,l 要略短于轴段长度选标准长度 60mm,最终确定为普通 A 型平键:8×7×50(其中轴深 4,轮毂深3.3)。

(6)弯扭组合变形进行轴的强度校核

按弯扭组合校核轴的强度,具体步骤如下:

1)计算齿轮受力。

齿轮圆周力: $F_t=\dfrac{2T}{d}=\dfrac{2\times1.2249\times10^5}{60}=4083(\text{N})$

齿轮径向力: $F_r=F_t\tan\alpha=4083\times\tan20°=1486.1(\text{N})$

2)分别绘制轴的水平面和垂直面内的受力图,如图 7-2-31(b)、(c)所示。

3)计算支承反力

水平面支承反力：　$F_{HA}=F_{HC}=\frac{F_t}{2}=\frac{4083}{2}=2041.5(\text{N})$

垂直面支承反力：　$F_{VA}=F_{VC}=\frac{F_r}{2}=\frac{1486.1}{2}=743.05(\text{N})$

4)计算弯矩并绘制弯矩图。

B 截面的水平弯矩：　$M_{HB}=F_{HA}\times56.5=2041.5\times56.5=115345(\text{N}\cdot\text{mm})$

B 截面的垂直弯矩：　$M_{VB}=F_{HB}\times56.5=743.05\times56.5=41982(\text{N}\cdot\text{mm})$

B 截面的合成弯矩：

$$M_B=\sqrt{M_{HB}^2+M_{VB}^2}=\sqrt{115345^2+41982^2}=122748(\text{N}\cdot\text{mm})$$

分别作出该轴水平面内的弯矩图、垂直面内的弯矩图和合成弯矩图，如图(d)、(e)、(f)所示。

5)根据 $T=122.49\text{N}\cdot\text{m}$，作出扭矩图，如图 g 所示。

6)计算当量弯矩并绘制当量弯矩图

因为该轴为工作状态为单向回转，转矩为脉动循环，取 $\alpha=0.6$。于是，有

B 截面左的当量弯矩：

$$M_{eB1}=\sqrt{M_B^2+(\alpha T)^2}=\sqrt{122748^2+(0.6\times0)^2}=122748(\text{N}\cdot\text{mm})$$

B 截面右的当量弯矩：

$$M_{eB2}=\sqrt{M_B^2+(\alpha T)^2}=\sqrt{122748^2+(0.6\times122490)^2}=143068(\text{N}\cdot\text{mm})$$

CD 之间的当量弯矩：

$$M_{eC}=M_{eD}=\sqrt{M_B^2+(\alpha T)^2}=\sqrt{(0.6\times122490)^2}=73494(\text{N}\cdot\text{mm})$$

作出该轴的当量弯矩图，如图 h 所示。

7)判断危险截面并校核强度

由当量弯矩图可知，B 截面右的当量弯矩最大，故 B 截面为危险截面，需要进行强度校核。同时，也考虑到轴的最右段直径最小为 $\phi30$，故也应对其进行强度校核。

B 截面右的应力：

$$\sigma_{eB2}=M_{eB2}/W=M_{eB2}/(0.1\cdot d^3)=143068/(0.1\times52.5^3)=9.89\text{MPa}<[\sigma_{-1b}]$$

D 截面左的应力：

$$\sigma_{eD}=M_{eD}/W=M_{eD}/(0.1\cdot d_3)=73494/(0.1\times30^3)=27.22\text{MPa}<[\sigma_{-1b}]$$

所以该轴满足强度条件 。

7.3.4　轴的刚度计算

当轴受到载荷作用后，轴将发生弯曲、扭转等变形。轴受力后的变形程度由轴的刚度决定，如果变形过大，超过允许变形范围，轴上零件就不能正常工作，甚至影响机器的性能。例如机床主轴挠度过大将影响机床加工精度。因此，对于有刚度要求的轴，必须进行刚度校核。轴的刚度分为弯曲刚度和扭转刚度。

1. 弯曲刚度校核计算

产生的挠度 $y\leqslant[y]$，$[y]$为许用挠度；产生的偏转角 $\theta\leqslant[\theta]$，$[\theta]$为许用偏转角；$[y]$、$[\theta]$见表 7-2-9。

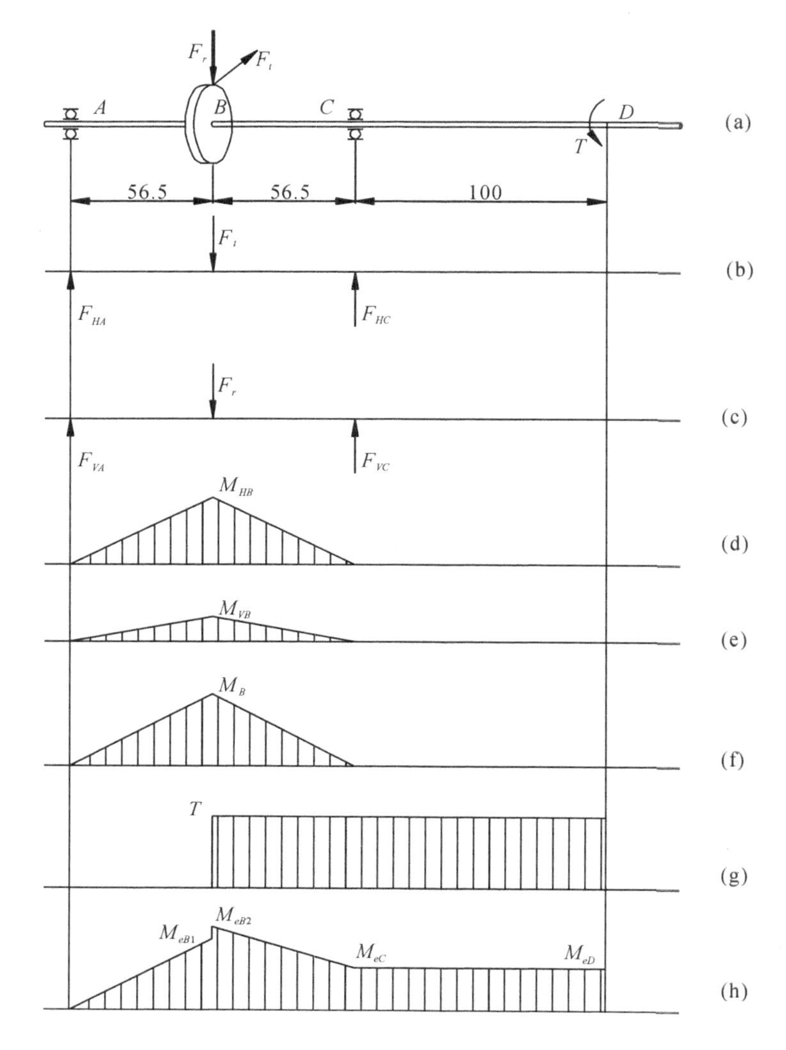

图 7-2-31　轴的受力图与弯矩图

表 7-2-9　轴的许用变形量

变形种类		应用场合	许用值	变形种类		应用场合	许用值
弯曲变形	许用挠度[y]	一般用途的转轴	(0.0003～0.0005)L	弯曲变形	许用转角[θ]	滑动轴承	0.001rad
		刚度要求高的转轴	≤0.0002L			深沟球轴承	0.005rad
						调心球轴承	0.05rad
		安装齿轮的轴	(0.01～0.03)m_n			圆柱滚子	0.0025rad
		安装蜗轮的轴	(0.02～0.05)m			圆锥滚子	0.0016rad
		感应电机轴	≤0.01b			安装齿轮处轴的截面	0.001rad
		L—支承间跨距				扭转变形	许用转角[φ]
		m_n—齿轮法向模数		扭转变形	许用转角[φ]	一般传动	0.5°～1°/m
		m—蜗轮端面模数				较精密的传动	0.25°～0.5°/m
		b—电机定子与转子间的间隙				重要传动	0.25°/m

2. 扭转刚度校核计算

应用材料力学的计算公式和方法可算出轴每米的扭转角 φ，并使 $\varphi \leqslant [\varphi]$，$[\varphi]$为许用扭转角，其值见表 7-2-9。

【任务实施】

1. 工作任务分析

由图 7-2-1 可知，该减速器由主动轴、主动齿轮、从动轴、从动齿轮、箱体等部分组成。其工作原理是电动机输出高速旋转运动，通过带传动传递给该圆柱齿轮减速器，然后由联轴器传递给滚筒，滚筒通过摩擦力驱动输送带运动。本任务的重点是减速器的从动轴设计，具体包括确定轴上零件的定位与固定方式、选择轴的材料、按扭转强度估算轴的直径、确定轴各段直径和长度、键的选择、轴承的选择、联轴器的选择、按弯扭组合变形进行轴的强度校核、绘制轴的零件图等内容详见表 7-2-10。

2. 填写设计任务单

表 7-2-10 设计任务单

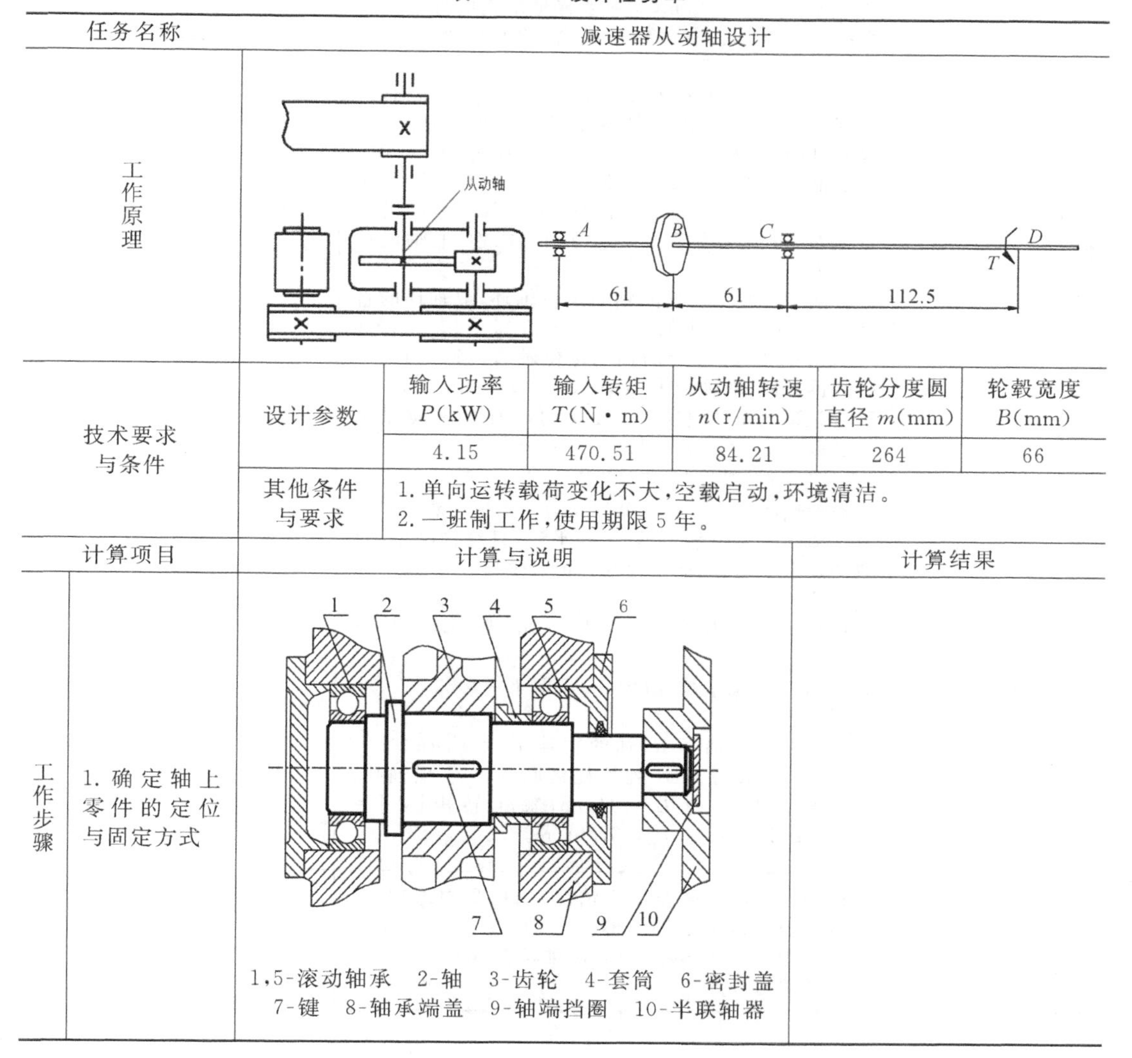

任务名称	减速器从动轴设计					
工作原理						
技术要求与条件	设计参数	输入功率 P(kW)	输入转矩 T(N·m)	从动轴转速 n(r/min)	齿轮分度圆直径 m(mm)	轮毂宽度 B(mm)
		4.15	470.51	84.21	264	66
	其他条件与要求	1. 单向运转载荷变化不大，空载启动，环境清洁。 2. 一班制工作，使用期限 5 年。				
计算项目		计算与说明			计算结果	
工作步骤	1. 确定轴上零件的定位与固定方式	1,5-滚动轴承 2-轴 3-齿轮 4-套筒 6-密封盖 7-键 8-轴承端盖 9-轴端挡圈 10-半联轴器				

续表

工作步骤	2. 选择轴的材料	因减速器为一般机械，无特殊要求，故选用45钢并调质处理，查表7-2-2，取 $\sigma_b=650\text{MPa}$，查表7-2-8得 $[\sigma_{-1b}]=60\text{MPa}$。	45钢并调质处理 $[\sigma_{-1b}]=60\text{MPa}$
	3. 按扭转强度估算轴的直径	查表7-2-6得 $C=112$，代入式(7-2-6)得 $d\geqslant C\cdot\sqrt[3]{\frac{P}{n_1}}=112\times\sqrt[3]{\frac{4.15}{84.21}}=41.06(\text{mm})$ 由此可得，轴最小轴径 $d\geqslant41.06\text{mm}$。	$d\geqslant41.06\text{mm}$
	4. 确定轴各段直径和长度	1)右起第一段安装联轴器，分别通过平键、键平轴端面挡圈实现周向和轴向定位，故应将轴径增大5%，取 $D_1=45\text{mm}$。考虑补偿轴的位移，选用HL4弹性柱销联轴器(联轴器的选用见第5步)。因半联轴器长度为 $L=84\text{mm}$，故确定轴段长 $L_1=82\text{mm}$。 2)右起第二段，考虑联轴器的轴向定位要求，该段的直径取 $D_2=50\text{mm}$，同时要保证端盖的外端面与半联轴器左端面有一定的距离，故取该段长为 $L_2=60\text{mm}$。 3)右起第三段，该段装有6211深沟球轴承和轴套，根据轴承的参数(轴承的选用见第5步)和轴套的尺寸，取直径为 $D_3=55\text{mm}$，长度为 $L_3=40.5\text{mm}$。 4)右起第四段，该段装有齿轮，且与齿轮通过键实现联接，直径要增加5%，故取 $D_4=60\text{mm}$，因齿轮宽为 $b=66\text{mm}$，为了保证定位的可靠性，取轴段长度为 $L_4=64\text{mm}$。 5)右起第五段为齿轮的轴向定位轴环，取轴环的直径为 $D_5=67\text{mm}$，长度取 $L_5=7\text{mm}$。 6)右起第六段，该段为轴承定位轴肩，考虑到轴承的装拆方便，取轴径为 $D_6=60\text{mm}$，$L_6=10.5\text{mm}$。 7)右起第七段，安装有6211深沟球轴承，根据轴承的参数取 $D_7=55\text{mm}$，长度 $L_7=21\text{mm}$。	$D_1=45\text{mm}$，$L_1=82\text{mm}$ $D_2=50\text{mm}$，$L_2=60\text{mm}$ $D_3=55\text{mm}$，$L_3=40.5\text{mm}$ $D_4=60\text{mm}$，$L_4=64\text{mm}$ $D_5=67\text{mm}$，$L_5=7\text{mm}$ $D_6=60\text{mm}$，$L_6=10.5\text{mm}$ $D_7=55\text{mm}$，$L_7=21\text{mm}$
	5. 联轴器选择	1)类型选择 由于两轴相对位移很小，运转平稳，且结构简单，对缓冲要求不高，故选用弹性柱销联轴器。 2)载荷计算 计算转矩 $T_C=K\times T_{\text{II}}=1.3\times518.34=673.84$ (N·m)。 其中K为工况系数，由表7-2-5取 $K=1.3$。 3)型号选择 根据 T_C，轴径 d，轴的转速 n，查标准GB/T 5014-2003，选用HL4弹性柱销联轴器，J型轴孔，半联轴器长度为 $L=84\text{mm}$，额定转矩 $[T]=1250\text{Nm}$，许用转速 $[n]=3750\text{r/m}$。	HL4联轴器45×84
	6. 轴承选择	根据轴的定位方式及受力情况，选用深沟球轴承。查附录表6-2，确定轴承的型号为6211，其尺寸为 $d\times D\times B=55\times100\times21$。该轴承只承受径向力，不承受轴向力。	轴承6211

续表

工作步骤	7. 键的选择	此轴有两处需要键联接，分别是右起第一段和第四段。 1）第一段轴径 $D_1=30\text{mm}$，则查附录表4-17得 $b\times h=14\times 9$，l 要略短于轴段长度选标准长度70mm，最终确定为普通A型平键：14×70（其中轴深5.5，轮毂深3.8）； 2）第四段轴径 $D_4=60\text{mm}$，则查录表4-17得 $b\times h=18\times 11$，l 要略短于轴段长度选标准长度50mm，最终确定为普通A型平键：18×50（其中轴深7，轮毂深4.4）。	普通A型平键： 键14×70 键18×50
	8. 弯扭组合变形进行轴的强度校核	按弯扭组合校核轴的强度，具体步骤如下： 1）计算齿轮受力。 齿轮圆周力：$F_t=\dfrac{2T}{d_2}=\dfrac{2\times 4.7051\times 10^5}{264}=3564.47\text{N}$ 齿轮径向力：$F_r=F_t\tan\alpha=3564.47\tan 20^\circ=1297.4\text{N}$ 2）分别绘制轴的受力简图及水平面与垂直面内的受力图，如图(a)、(b)、(c)所示。 3）计算支承反力 水平平面支承反力：$F_{HA}=F_{HC}=\dfrac{F_t}{2}=\dfrac{3564.47}{2}=1782.23\text{N}$ 垂直平面支承反力：$F_{VA}=F_{VC}=\dfrac{F_r}{2}=\dfrac{1297.4}{2}=648.7\text{N}$ 4）计算弯矩并绘制弯矩图。 B截面的水平弯矩：$M_{HB}=F_{HA}\times 61=1782.23\times 61=108716\text{N}\cdot\text{mm}$ B截面的垂直弯矩：$M_{VB}=F_{HB}\times 61=648.7\times 61=39571\text{N}\cdot\text{mm}$ B截面的合成弯矩： $M_B=\sqrt{M_{HB}^2+M_{VB}^2}=\sqrt{108716^2+39571^2}=115694\text{N}\cdot\text{mm}$ 分别作出该轴水平面内的弯矩图、垂直面内的弯矩图和合成弯矩图，如图(d)、(e)、(f)所示。 5）根据 $T=470.51\text{N}\cdot\text{m}$，作出转矩图，如图(g)所示。 6）计算当量弯矩并绘制当量弯矩图 因为该轴为工作状态为单向回转，转矩为脉动循环，取 $\alpha=0.6$。于是，有： B截面左的当量弯矩： $M_{eB1}=115694\text{N}\cdot\text{mm}$ B截面右的当量弯矩： $M_{eB2}=\sqrt{M_B^2+(\alpha T)^2}=$ $\sqrt{115694^2+(0.6\times 470510)^2}=305093\text{N}\cdot\text{mm}$ CD 之间的当量弯矩： $M_{eC}=M_{eD}=\sqrt{M_C^2+(\alpha T^2)}=\sqrt{(0.6\times 470510)^2}=282306\text{N}\cdot\text{mm}$	$F_t=3564.47\text{N}$ $F_r=1297.4\text{N}$ $F_{HA}=F_{HC}=1782.23\text{N}$ $F_{VA}=F_{VC}=648.7\text{N}$ $M_B=115694\text{N}\cdot\text{mm}$ $M_{eB1}=115694\text{N}\cdot\text{mm}$ $M_{eB2}=305093\text{N}\cdot\text{mm}$ $M_{eC}=M_{eD}=282306\text{N}\cdot\text{mm}$

续表

工作步骤	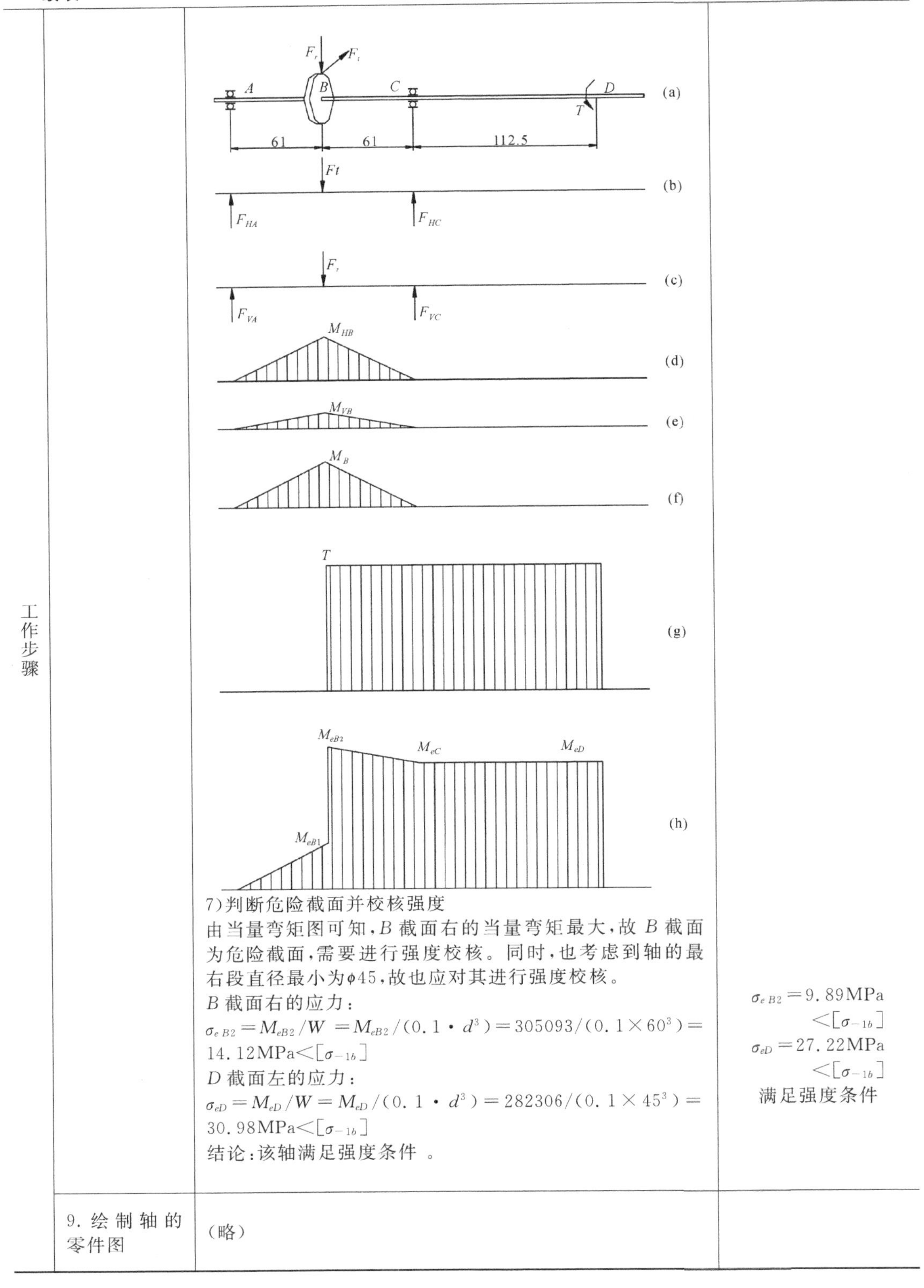 7)判断危险截面并校核强度 由当量弯矩图可知，B截面右的当量弯矩最大，故B截面为危险截面，需要进行强度校核。同时，也考虑到轴的最右段直径最小为φ45，故也应对其进行强度校核。 B截面右的应力： $\sigma_{e\,B2}=M_{eB2}/W=M_{eB2}/(0.1\cdot d^3)=305093/(0.1\times 60^3)=14.12\text{MPa}<[\sigma_{-1b}]$ D截面左的应力： $\sigma_{eD}=M_{eD}/W=M_{eD}/(0.1\cdot d^3)=282306/(0.1\times 45^3)=30.98\text{MPa}<[\sigma_{-1b}]$ 结论：该轴满足强度条件 。	$\sigma_{e\,B2}=9.89\text{MPa}<[\sigma_{-1b}]$ $\sigma_{eD}=27.22\text{MPa}<[\sigma_{-1b}]$ 满足强度条件
9. 绘制轴的零件图	（略）	

【课后巩固】

1. 何为转轴、心轴和传动轴？自行车的前轴、中轴、后轴及脚踏板轴分别是什么轴？

2. 轴上零件的轴向及周向固定各有哪些方法？各有何特点？各应用于什么场合？

3. 若轴的强度不足或者刚度不足时，可分别采取哪些措施？

4. 平键联接的工作原理是什么？主要失效形式有哪些？平键的剖面尺寸 $b\times h$ 和键的长度 L 是如何确定的？

5. 如果普通平键联接经校核强度不够，可采用哪些措施来解决？

6. 试指出下列图中的错误结构，并画出正确的结构图。

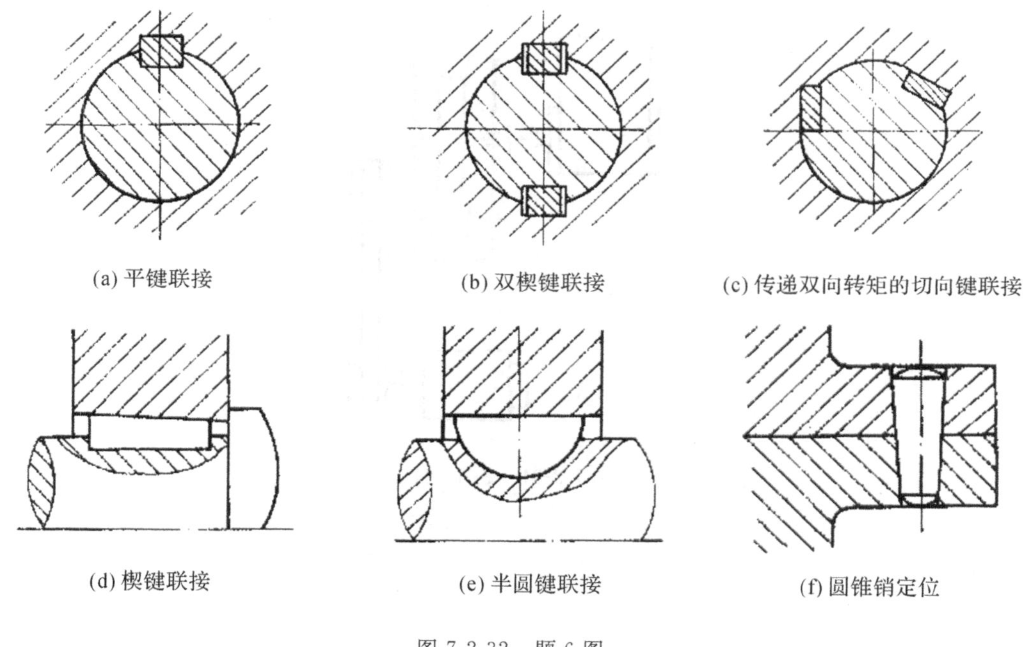

图 7-2-32　题 6 图

7. 一齿轮装在轴上，采用 A 型普通平键联接，齿轮、轴、键均用 45 号钢，轴径 $d=80$mm，轮毂长度 $L=150$mm，传递转矩 $T=2000$Nm，工作中有轻微冲击，试确定平键尺寸和标记并验算连接的强度。

8. 有一传动轴，材料为 45 钢，调质处理。轴传递的功率 $P=3$kW，转速 $n=260$r/min，试求该轴的最小直径。

9. 指出图 7-2-33 中轴的结构错误，并画出改正后的结构图。

10. 一单向转动的转轴，材料为 45 钢经调质处理，已知危险截面上所受的载荷为水平面弯矩 $M_H=4\times10^5$ N·mm，垂直面弯矩 $M_V=1\times10^5$ N·mm，转矩 $T=6\times10^5$ N·mm，危险截面的轴径 $d=50$mm，试对该轴进行强度校核。

11. 如图 7-2-34 所示为一电动机带动一级圆柱直齿齿轮减速器传动，输出端面与联轴器相接。已知输出轴传递的功率为 $P=4$kW，转速 $n=130$r/min，轴上齿轮分度圆直径 $d=300$mm，齿轮宽度 $b=90$mm。载荷基本平稳，工作时单向运转。试设计该减速器输出轴。

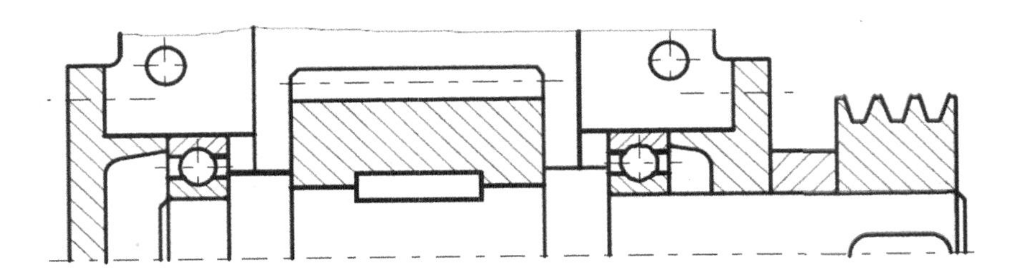

图 7-2-33　题 9 图

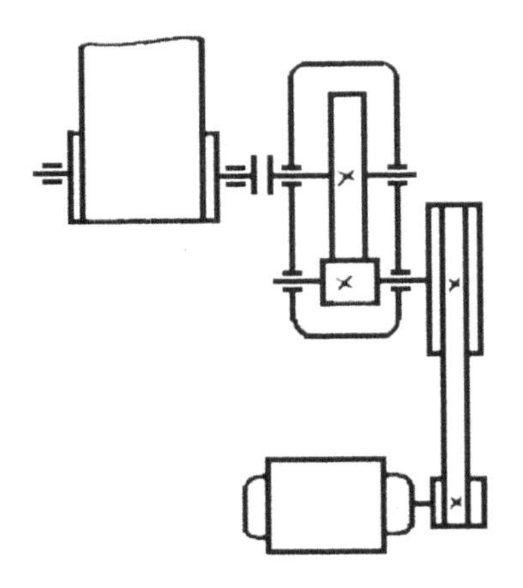

图 7-2-34　题 11 图

任务3　箱体零件设计

【任务导读】

箱体是机器中的一个重要零件,箱体的设计是机械零件设计的一项重要而复杂的内容。在完成了轴系零件设计的基础上,本任务通过对箱体零件的学习,使学生熟悉箱体的功能、分类等基本知识,并具备减速器箱体及其附件结构与尺寸的设计能力。

【教学目标】

最终目标:能够根据对应的轴系结构设计箱体

促成目标:1. 能理解箱体的功能、类型和应用范围

2. 能理解箱体零件设计的原则

3. 能对剖分式减速器箱体及附件进行结构尺寸设计

4. 会选择箱体的材料和确定热处理方案

【工作任务】

任务描述:某一级圆柱直齿齿轮减速器如图7-3-1,齿轮模数 $m=3$,小齿轮齿数 $z_1=20$,小齿轮宽 $B_1=65$,大齿轮齿数 $z_2=90$,大齿轮宽 $B_2=60$,主动轴的结构及尺寸见项目一任务1图1-1-1,轴承为深沟球轴承6208,从动轴的结构及尺寸见本项目任务2表7-2-10,轴承为深沟球轴承6211,试完成该减速器箱体及附件的结构与尺寸设计。

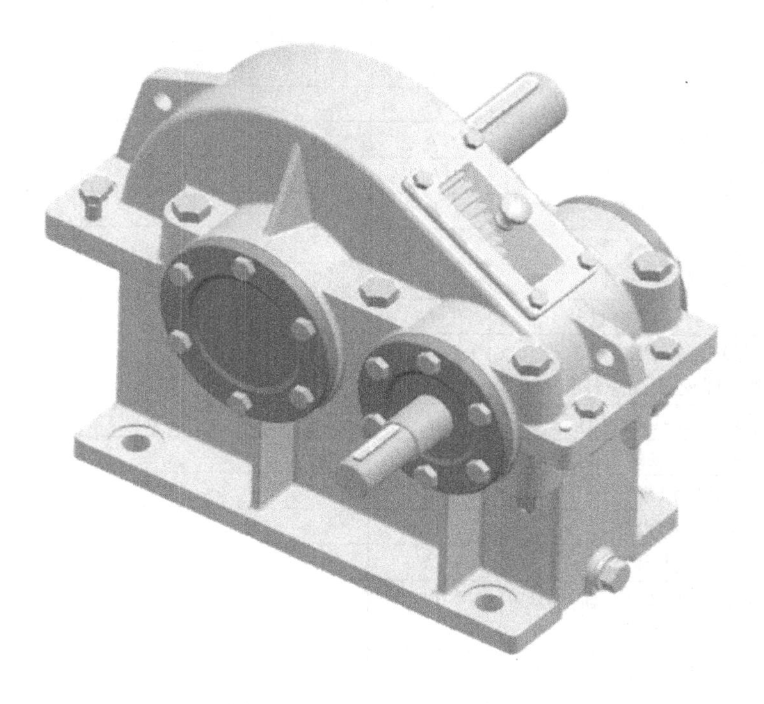

图7-3-1　减速器箱体设计

任务具体要求:(1)根据已知条件,完成箱体的结构及尺寸设计;(2)根据已知条件及箱

体结构，完成其附件的设计；(3)填写设计任务单。

表 7-3-1 设计任务单

<table>
<tr><td>任务名称</td><td colspan="5">减速器箱体及附件的设计</td></tr>
<tr><td>工作原理</td><td colspan="5"> 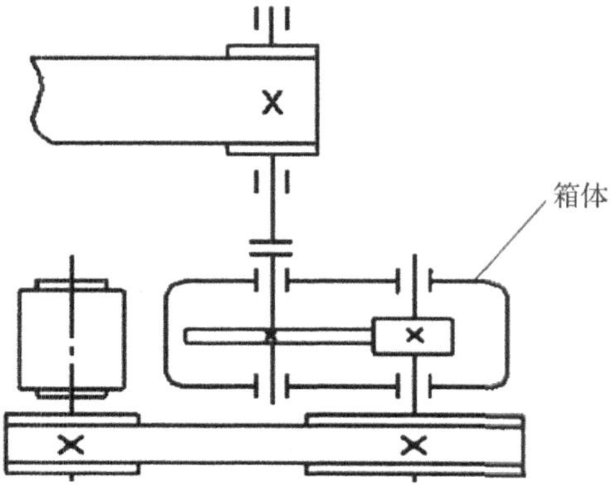箱体</td></tr>
<tr><td rowspan="5">技术要求与条件</td><td rowspan="4">设计参数</td><td>小齿轮齿数</td><td>小齿轮齿宽</td><td>大齿轮齿数</td><td>大齿轮齿宽</td></tr>
<tr><td></td><td></td><td></td><td></td></tr>
<tr><td>齿轮模数</td><td>主动轴轴承型号</td><td>从动轴轴承型号</td><td></td></tr>
<tr><td></td><td></td><td></td><td></td></tr>
<tr><td>其他条件与要求</td><td></td><td></td><td></td><td></td></tr>
</table>

1. 箱体设计

序号	名称	符号	计算与说明	计算结果
1	箱座壁厚	δ		
2	箱盖壁厚	δ_1		
3	箱座凸缘厚度	b		
4	箱盖凸缘厚度	b_1		
5	箱座底凸缘厚度	b_2		
6	地脚螺栓直径	d_f		
7	地脚螺栓数目	n		
8	轴承旁联接螺栓直径	d_1		
9	箱盖与箱座联接螺栓直径	d_2		
10	联接螺栓 d_2 的间距	l		
11	轴承端盖联接螺钉直径	d_3		
12	窥视孔盖联接螺钉直径	d_4		
13	定位销直径	d		
14	轴承旁凸台半径	R_1		
15	轴承旁凸台高度	h		
16	地脚螺栓到外箱壁、到凸缘边缘距离	C_1 C_2		
17	轴承旁螺栓到外箱壁、到凸缘边缘距离	C_1 C_2		
18	箱座箱盖联接螺栓到外箱壁、到凸缘边缘距离	C_1 C_2		

续表

19	外箱壁至轴承座端面距离	l_1			
20	大齿轮齿顶与内壁距离	Δ_1			
21	齿轮端面与内部距离	Δ_2			
22	箱盖、箱座肋厚	m、m_1			
23	轴承端盖外径	D_2			
24	轴承旁联接螺栓距离	S			
25	齿顶到内壁底部距离	H			

2. 端盖设计

序号	名称	符号	计算与说明	计算结果	
				大端盖	小端盖
1	螺钉孔直径	d_0			
2	螺钉孔数量	n			
3	螺钉孔所在圆直径	D_0			
4	凸缘直径	D_2			
5	凸缘厚度	e			
6	安装配合长度	e_1			
7	端盖嵌入长度	m			
8	锥孔直径	D_4			
9	透孔直径	d_1			
10	端盖厚度	b_1			

3. 窥视孔及孔盖设计

序号	名称	符号	计算与说明	计算结果
1	窥视孔长度	A		
2	盖板长度	A_1		
3	安装孔距离	A_2		
4	窥视孔宽度	B		
5	盖板宽度	B_1		
6	安装孔距离	B_2		
7	螺钉直径	d_4		
8	凸台圆角	R		
9	盖板高度	h		

4. 起重吊耳、吊钩设计

序号	名称	符号	计算与说明	计算结果
1	吊耳孔径	d		
2	吊耳宽度	b		
3	吊耳圆角	R		
4	吊耳孔到箱盖外壁距离	e		
5	吊钩长度	K		
6	吊钩外侧高度	H		
7	吊钩高度	h		
8	吊钩圆角	r		
9	吊钩宽度	b		
10	吊钩内侧高度	H_1		

续表

5. 其他附件选用				
序号	名称	数量	计算与说明	计算结果
1	通气器			
2	放油螺塞			
3	油圈			
4	油标			
5	圆锥定位销			
6	起盖螺钉			

【知识储备】

7.3.1 箱体的功能及分类

1. 箱体的主要功能

(1)支承并包容各种传动零件,如齿轮、轴、轴承等,使它们能够保持正常的运动关系和运动精度。箱体还可以储存润滑剂,实现各种运动零件的润滑。

(2)安全保护和密封作用,使箱体内的零件不受外界环境的影响,又保护机器操作者的人身安全,并有一定的隔振、隔热和隔音作用。

(3)使机器各部分分别由独立的箱体组成,各组成单元便于加工、装配、调整和修理。

(4)改善机器造型,协调机器各部分比例,使整机造型美观。

2. 箱体的分类

减速器箱体可按其功能、毛坯制造方式、剖分与否等分成各种型式。

(1)传动箱体、机壳类箱体和支架箱体

按箱体的功能可分为传动箱体、机壳类箱体和支架箱体。

1)传动箱体,如减速器(见图7-3-2(a))、汽车变速箱及机床主轴箱等的箱体,主要功能是包容和支承各传动件及其支承零件,这类箱体要求有密封性、强度和刚度。

2)机壳类箱体,如齿轮泵的泵体(见图7-3-2(b)),各种液压阀的阀体,主要功能是改变液体流动方向、流量大小或改变液体压力。这类箱体除有对前一类箱体的要求外,还要求能承受箱体内液体的压力。

3)支架箱体,如机床的支座、立柱等箱体零件(见图7-3-2(c)),要求有一定的强度、刚度和精度,这类箱体设计时要特别注意刚度和外观造型。

(2)铸造箱体、焊接箱和其他箱体

减速器箱体根据其制造方法可分为铸造箱体、焊接箱和其他箱体。

1)铸造箱体,常用的材料是铸铁,有时也用铸钢、铸铝合金和铸铜等。铸铁箱体的特点是结构形状可以较复杂,有较好的吸振性和机加工性能,常用于成批生产的中小型箱体。

2)焊接箱体,由钢板、型钢或铸钢件焊接而成,结构要求较简单,生产周期较短。焊接箱体适用于单件小批量生产,尤其是大件箱体,采用焊接件可大大降低成本。

3)其他箱体,如冲压和注塑箱体,适用于大批量生产的小型、轻载和结构形状简单的箱体。

(a) 蜗轮减速器箱体

(b) 齿轮泵泵体

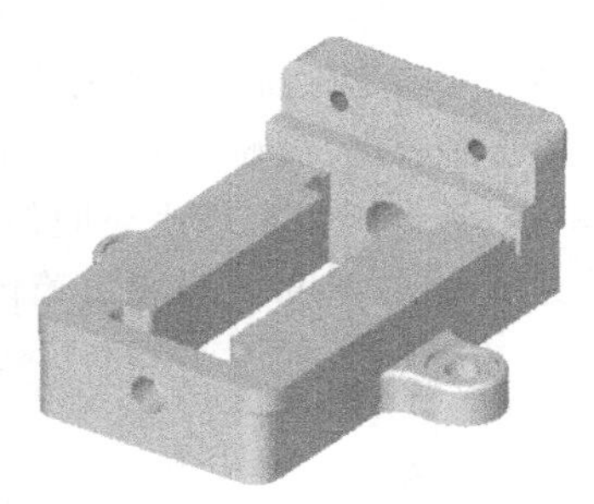
(c) 虎钳钳身

图 7-3-2　传动箱体、机壳类箱体和支架箱体

(3)剖分式和整体式箱体

减速器箱体还可以分为剖分式和整体式箱体。

1)剖分式箱体

剖分式箱体结构应用非常普遍。一般减速器(见图 7-3-3(a))只有一个剖分面,即沿轴线平面剖开、分为箱盖、箱座两部分,其剖分面多与传动零件轴线平面重合,这样有利于箱体制造和便于轴系零件的装拆。在大型的立式圆柱齿轮减速器中,为了便于制造和安装,可以采用两个剖分面。

2)整体式箱体

整体式箱体的结构尺寸紧凑,重量较轻,易于保证轴承与座孔的配合性质,但装拆不如剖分式箱体方便,常用于小型圆锥齿轮和蜗杆减速器(见图 7-3-3(b))。

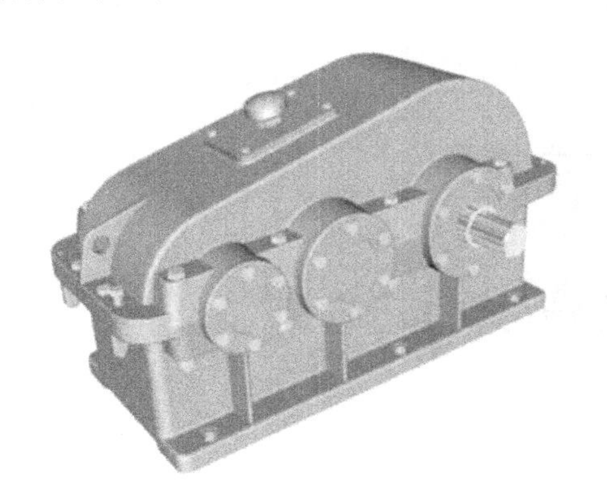
(a) 齿轮减速器箱体

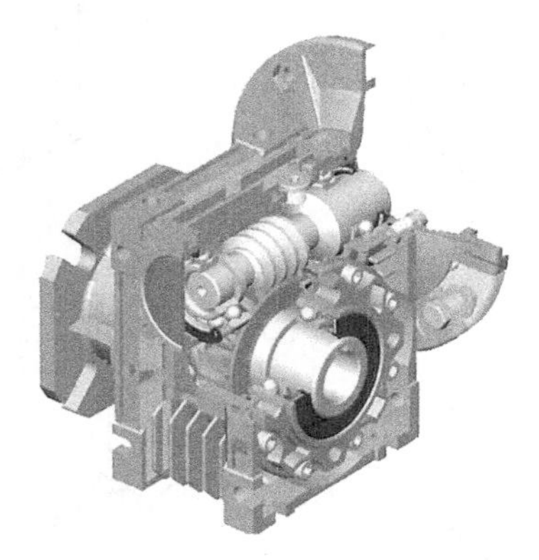
(b) 蜗轮减速器箱体

图 7-3-3　整体式与剖分式箱体

7.3.2　箱体的结构设计

1. 箱体结构设计的原则

(1)足够的强度和刚度。

对受力很大的箱体零件,满足强度是一个重要问题;但对于大多数箱体,评定性能的主要指标是刚度,因为箱体的刚度不仅影响传动零件的正常工作,而且还影响部件的工作精度。

提高箱体刚度和强度的措施有：轴承座由足够的厚度；在轴承座附近加支撑肋(图 7-3-4)，提高轴承座处的联接刚度，箱盖和箱座用螺栓联成一体；轴承座的联接螺栓应尽量靠近轴承孔，而轴承座旁的凸台应具有足够的承托面，以便放置联接螺栓(图 7-3-5 和 7-3-6)，凸台要留有扳手空间但高度不能超过轴承座孔的外圆；箱盖与箱座凸缘应由一定的厚度，凸缘的宽度 B 应超过箱体的内壁(图 7-3-7)，以保证箱盖和箱座的联接刚度。

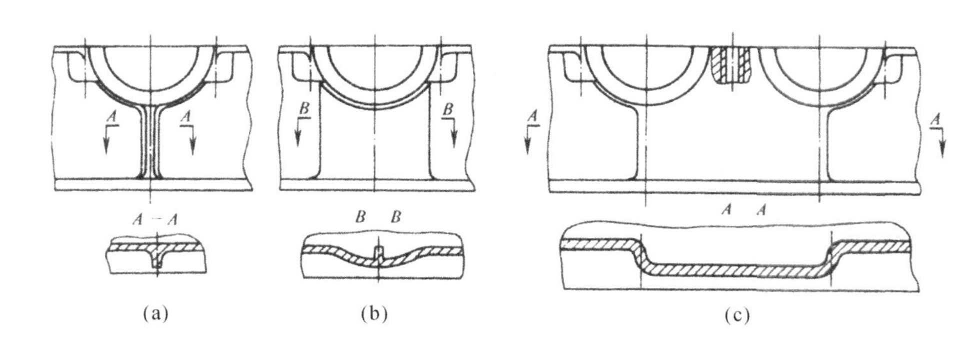

(a) (b) (c)

图 7-3-4 肋板的形式及结构

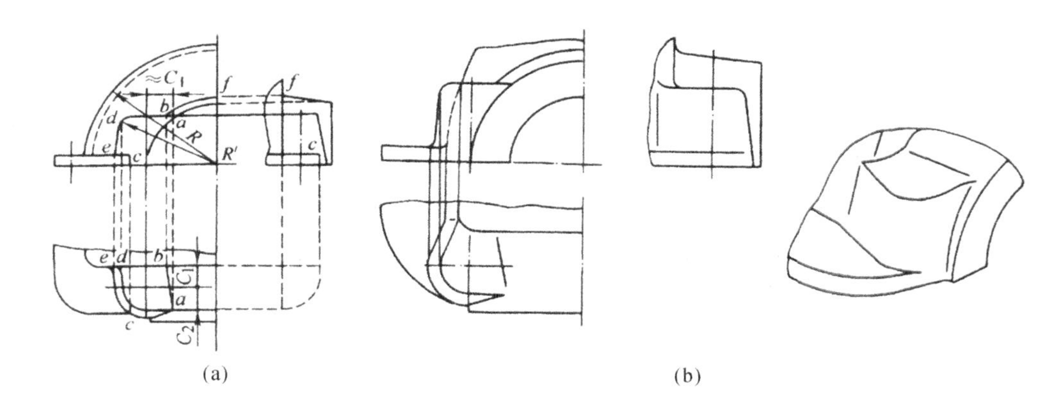

(a) (b)

图 7-3-5 凸台投影关系

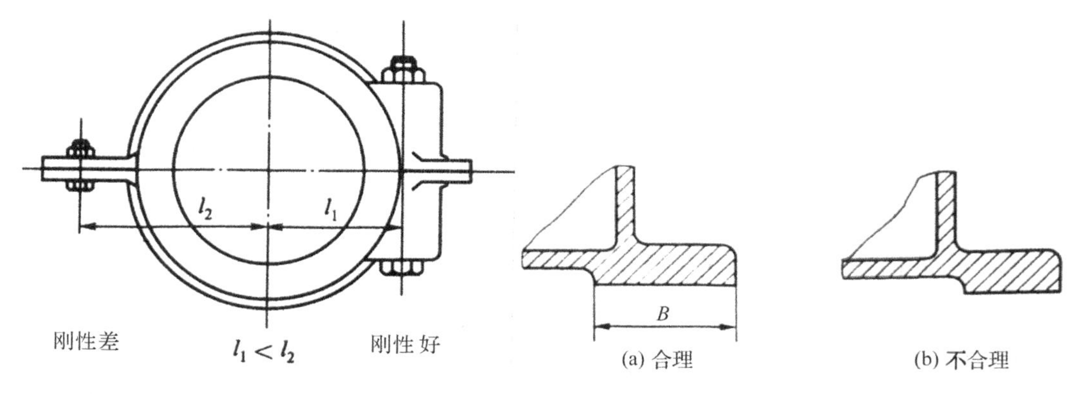

(a) 合理 (b) 不合理

图 7-3-6 轴承座孔联接螺栓的位置

图 7-3-7 箱体底座凸缘与内壁的位置

(2)箱体内零件的润滑、密封及散热

箱体内零件摩擦发热使润滑油粘度变化,影响其润滑性能。温度升高使箱体产生热变形,尤其是温度不均匀分布的热变形和热应力,对箱体的精度和强度有很大的影响。

提高密封性的具体措施有:箱体剖分面处的连接凸缘就有足够的宽度,连接螺栓的间距也不应过大(小于 150-200mm),以保证足够的压紧力;在剖分面上制出回油沟,使渗出的油沿回油沟回流到箱体内(图 7-3-8 和图 7-3-9)。

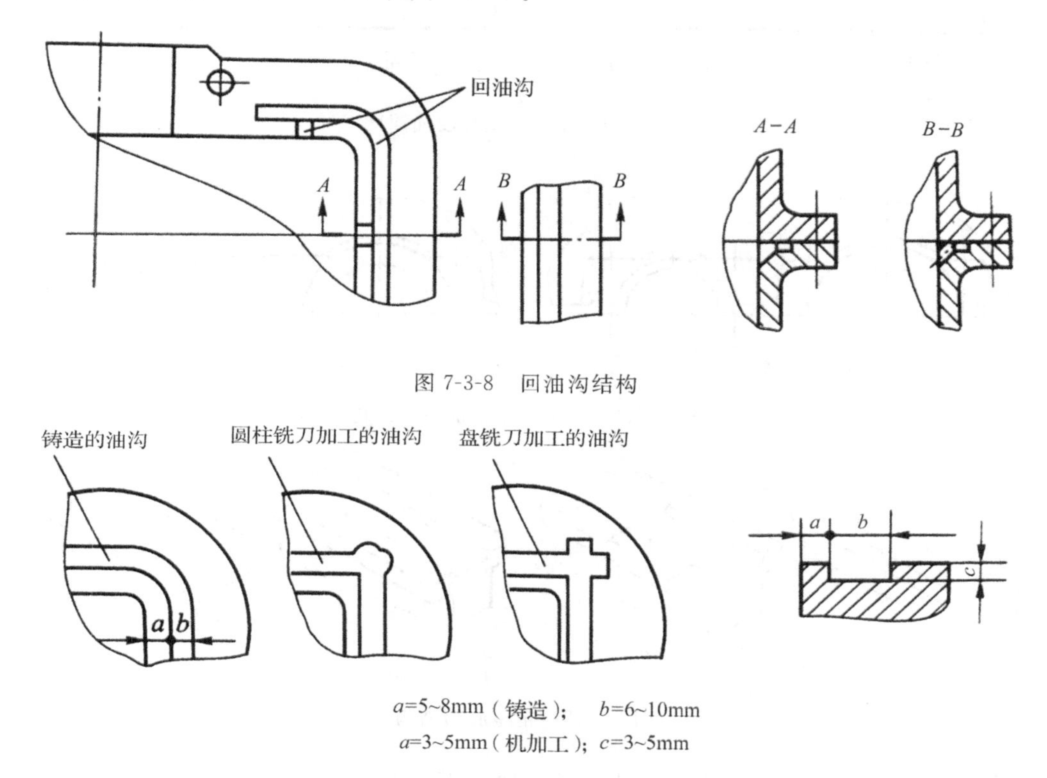

图 7-3-8　回油沟结构

图 7-3-9　回油沟的形状及尺寸

改善箱体内零件的润滑与散热条件的具体措施有:当传动件圆周速度 $v \leqslant 12$m/s,常采用浸油润滑,当圆周速度 $v \geqslant 12$m/s 时应采用喷油润滑;机体内应有足够的润滑油,用以润滑和散热;为了避免油搅动时沉渣泛起,齿顶到油池底面的距离不应小于 30～50mm(图 7-3-10),由此即可决定机座的高度;一般单级减速器每传递 1kW 功率,约需油量为0.35～0.7L,润滑油粘度大时,则用量较大,多级减速器则按级数成比例增加。

(4)箱体要有良好的工艺性

箱体的铸造工艺要求　在设计铸造箱体时,要力求箱体壁厚均匀、过渡平缓。铸件的箱壁不可太薄,砂型铸造圆角半径可取 $r \geqslant 5$mm。箱体造型力求简单,以便于拔模。铸件沿拔模方向应设置 1∶10～1∶20 的拔模斜度,尽量减少沿拔模方向的凸起结构。箱体应尽量避免狭缝,以免因砂型强度不够而导致浇铸和取模时形成破损,如图 7-3-11(b)所示为合理的结构。

箱体的加工工艺要求　在设计箱体结构形状时,应尽量减少加工面积,如图 7-3-12 所

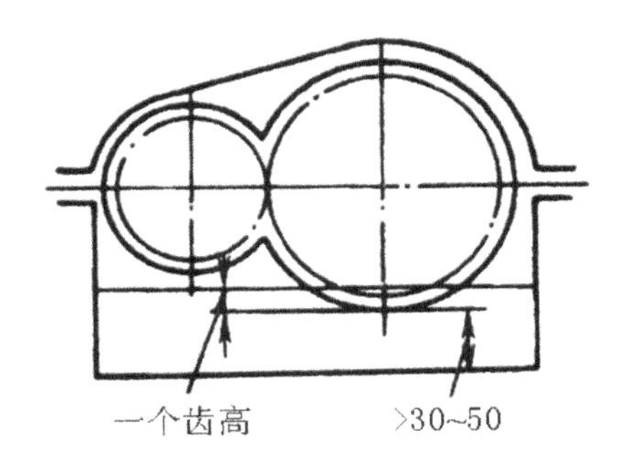

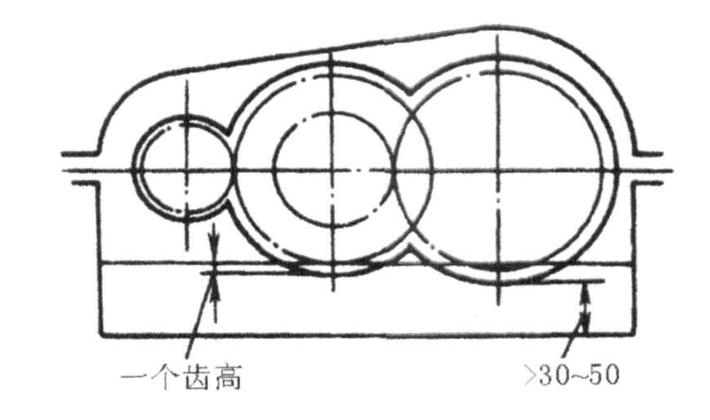

图 7-3-10　油池深度与浸油深度

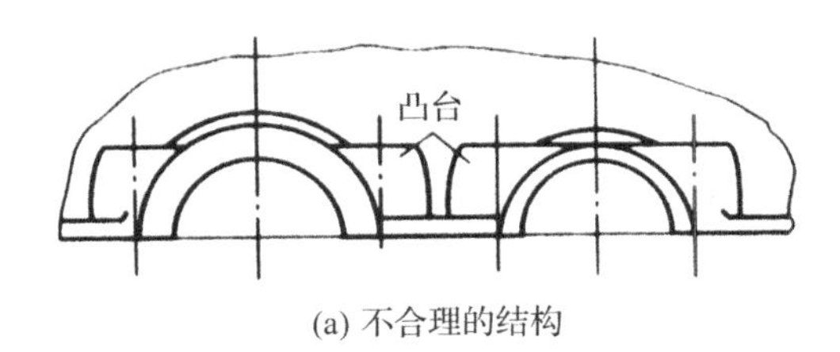

(a) 不合理的结构

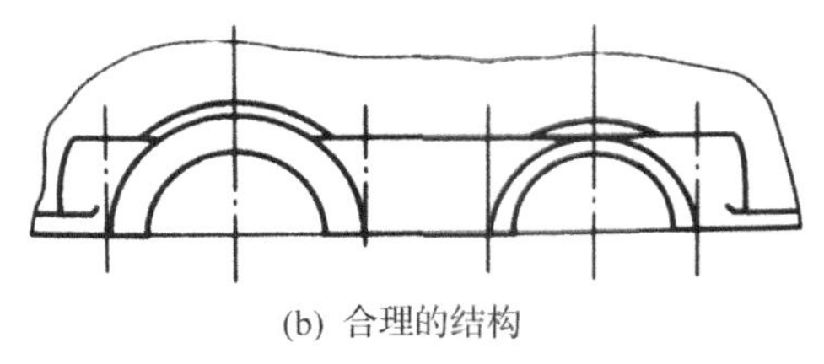
(b) 合理的结构

图 7-3-11　避免有狭缝的铸件结构

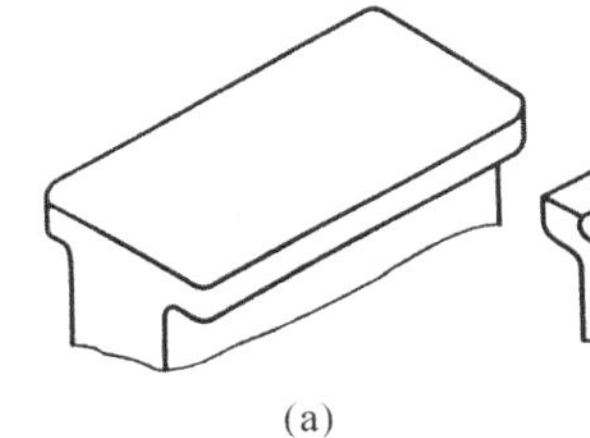
(a)

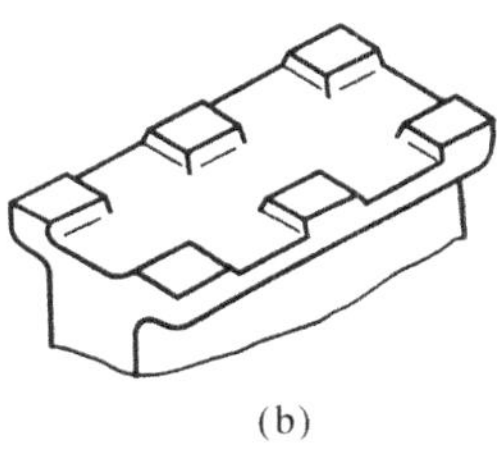
(b)

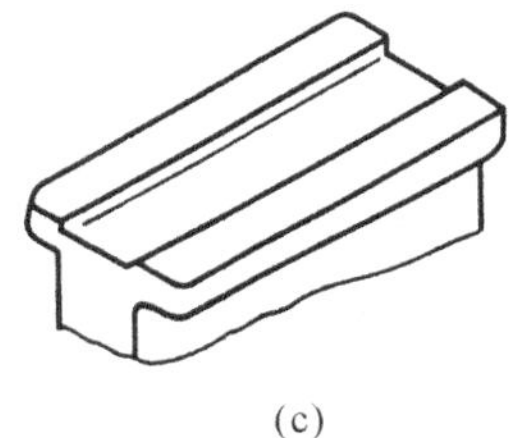
(c)

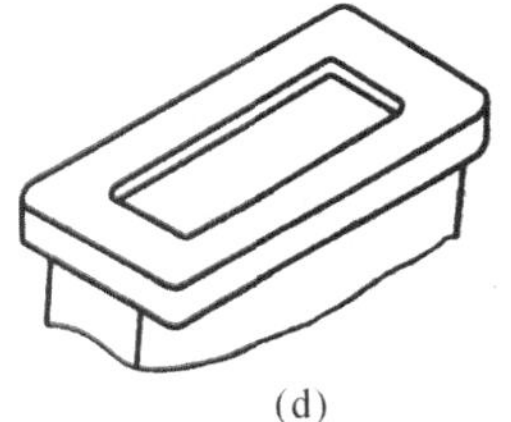
(d)

图 7-3-12　箱座底面结构

示为箱座底面结构中，图(b)的结构较合理。加工面与非加工面分别处于不同表面，如图7-3-13所示为合理结构。箱体上安装轴承盖、检查孔盖、通气器、油标尺、放油螺塞以及与地基结合面处应设计凸台，而螺栓头和螺母支承面加工时应锪出沉头座，沉头座的加工方法如图 7-3-14 所示。同一轴线上两轴承孔的直径、精度和表面精糙度应尽量一致，以便于一次走刀加工，同一侧的各轴承座端面最好位于同一平面内(图 7-3-15)，两侧轴承座端面应相对于箱体中心平面对称，以便于加工和检验。

(5)造型好、质量小

箱体的外形应简洁、整齐，尽量减少外凸件。例如，将箱体部分面的凸缘、轴承座凸台伸到箱体内壁，并设内肋，可以提高箱体的刚性，使其外形整齐、协调。

2. 箱体结构的尺寸参数

箱体的形状和尺寸常由箱体内部零件及内部零件间的相互关系来决定，决定箱体结构尺寸和外观造型的这一设计方法称为“结构包容法”，当然还应考虑外部有关零件对箱体形状和尺寸的要求。箱体壁厚的设计多采用类比法，对同类产品进行比较，参照设计者的经验或设计手册等资料提供的经验数据，确定壁厚、筋板和凸台等的布置和结构参数。对于重要

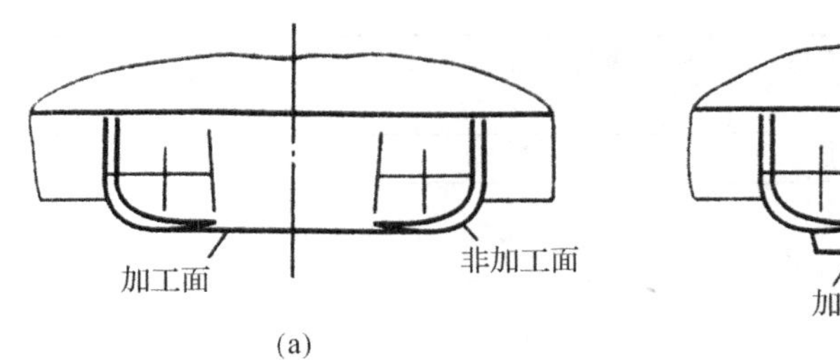

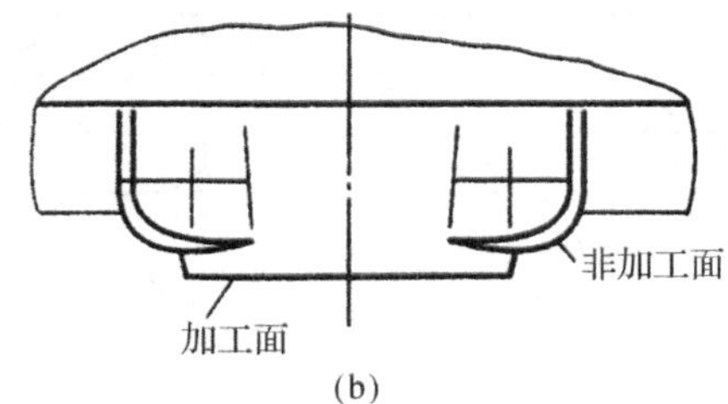

图 7-3-13　加工面与非加工面分开

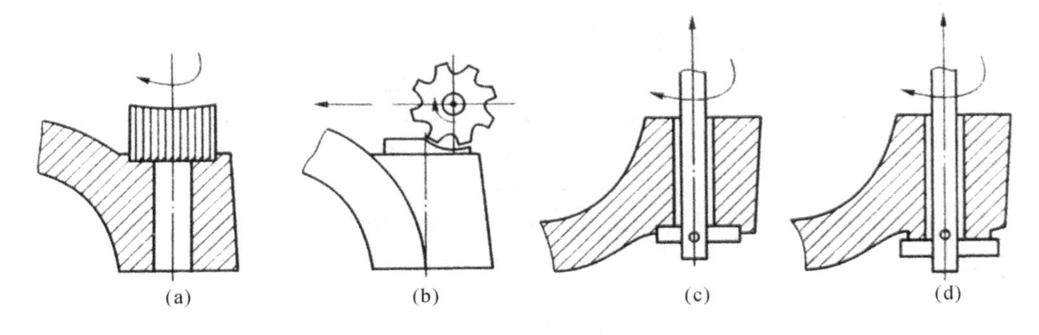

图 7-3-14　沉头座坑的加工方法

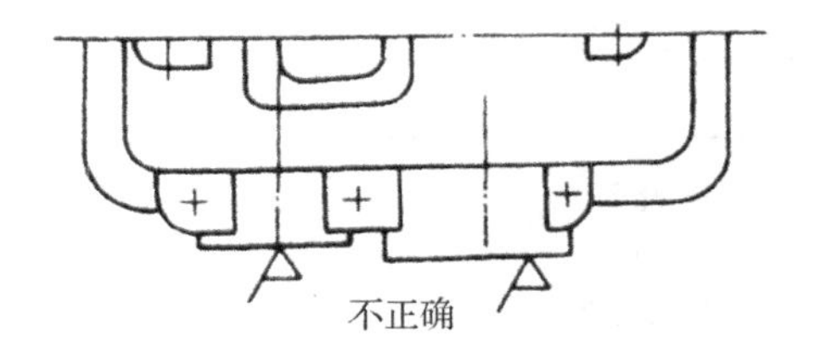

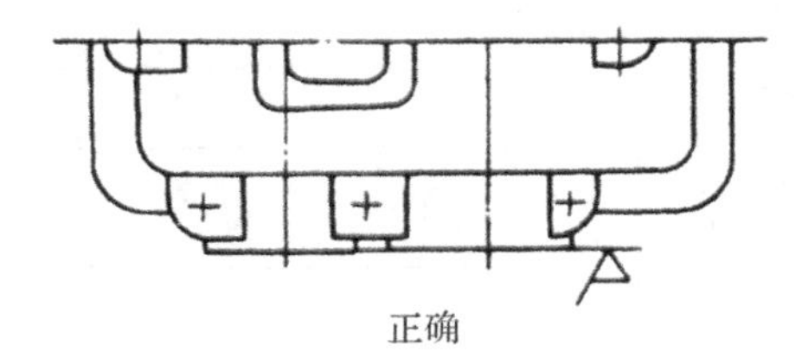

图 7-3-15　轴承座端面应位于同一平面

的箱体，可用计算机的有限元法计算箱体的刚度和强度，或用模型和实物进行应力或应变的测定，直接取得数据或作为计算结果的校核手段。对于齿轮减速器箱体，其结构如图 7-3-16 所示，其尺寸参数可以根据下面的推荐尺寸计算、选取。

表 7-3-2　减速器箱体的主要结构尺寸

名称	符号	减速器类型及尺寸			
		圆柱齿轮减速器		圆锥齿轮减速器	蜗杆减速器
箱座壁厚	δ	一级	$0.025a+1\geqslant 8$	$0.0125(d_{1m}+d_{2m})+1\geqslant 8$，或 $0.01(d_1+d_2)+1\geqslant 8$ d_{1m}、d_{2m}：小、大锥齿轮平均直径 d_1、d_2：小、大锥齿轮大端直径	$0.04a+3\geqslant 8$
		二级	$0.025a+3\geqslant 8$		
		三级	$0.025a+5\geqslant 8$		
箱座壁厚	δ_1	一级	$0.02a+1\geqslant 8$	$0.01(d_{1m}+d_{2m})+1\geqslant 8$，或 $0.0085(d_1+d_2)+1\geqslant 8$	蜗杆在上$\approx\delta$ 蜗杆在下$=0.85\delta\geqslant 8$
		二级	$0.02a+3\geqslant 8$		
		三级	$0.02a+5\geqslant 8$		

续表

因考虑铸造工艺,所有壁厚都不应小于8				
箱座凸缘厚度	b	1.5δ		
箱盖凸缘厚度	b_1	$1.5\delta_1$		
箱座底凸缘厚度	b_2	2.5δ		
地脚螺栓直径	d_f	$0.036a+12$	$0.018(d_{1m}+d_{2m})+1\geqslant 8$ 或 $0.0085(d_1+d_2)+1\geqslant 8$	$0.036a+12$
地脚螺栓数目	n	$a\leqslant 250$ 时,$n=4$ $a>250\sim 500$ 时,$n=6$ $a>500$ 时,$n=8$	$n=\dfrac{\text{箱座底凸缘周长之半}}{200\sim 300}\geqslant 4$	4
轴承旁联接螺栓直径	d_1	$0.75d_f$		
箱盖与箱座联接螺栓直径	d_2	$(0.5\sim 0.6)d_f$		
联接螺栓 d_2 的间距	l	$150\sim 200$		
轴承端盖联接螺钉直径	d_3	$(0.4\sim 0.5)d_f$		
窥视孔盖联接螺钉直径	$d4$	$(0.3\sim 0.4)d_f$		
定位销直径	d	$(0.7\sim 0.8)d_2$		
轴承旁凸台半径	R_1	C_2		
d_f、d_1、d_2 至外箱壁距离	C_1	见表 7-3-3		
d_f、d_2 至凸缘边缘距离	C_2	见表 7-3-3		
轴承旁凸台高度	h	根据 d_1 位置及轴承座外径确定,以便于扳手操作为准。		
外箱壁至轴承座端面距离	l_1	$C_1+C_2+(5\sim 10)$		
大齿轮齿顶与内壁距离	Δ_1	$>1.2\delta$		
齿轮端面与内部距离	Δ_2	$>\delta$		
箱盖、箱座肋厚	m、m_1	$m\approx 0.85\delta$、$m_1\approx 0.85\delta_1$		
轴承端盖外径	d_2	凸缘式:$D+(5\sim 5.5)d_3$;嵌入式:$1.25D+10$。(D——轴承外径)		
轴承旁联接螺栓距离	S	尽量靠近,以 Md_1 与 Md_3 互不干涉为准,一般取 $S=D_2$		

注:1. 多级传动时,a 取低速级中心距。对于圆锥——圆柱齿轮减速器,按圆柱齿轮传动中心距取值;

2. 此表为砂型铸造数据,球墨铸铁、可锻铸铁壁厚减少 20%。

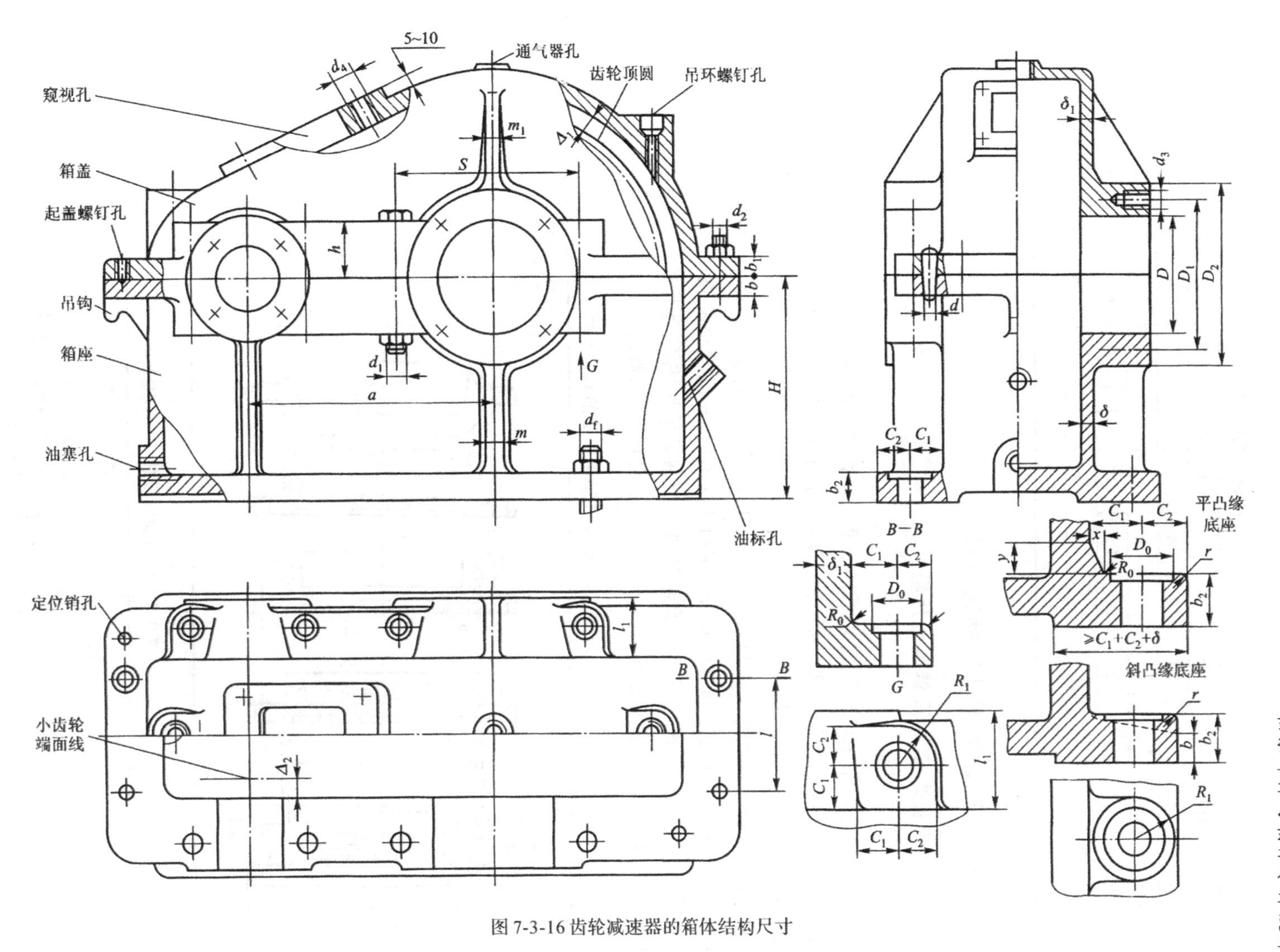

图7-3-16 齿轮减速器的箱体结构尺寸

表 7-3-3　凸台及凸缘的尺寸

螺栓直径		M8	M10	M12	M14	M16	M18	M20	M22	M24	M27	M30
至外箱壁的距离	$C_{1\min}$	13	16	18	20	22	24	26	30	34	38	40
至凸缘边的距离	$C_{2\min}$	11	14	16	18	20	22	24	26	28	32	35
沉头座直径	$C_{0\min}$	20	24	26	30	33	36	40	43	48	53	61
内圆角	$R_{0\max}$	5				8				10		
外圆角	$r_{\max}$	3					5			8		

7.3.3　减速器附件的结构设计

1. 轴承端盖、套杯及调整垫片组

(1)轴承端盖

轴承端盖是用来轴向固定轴承的位置、调整轴承间隙并承受轴向力的零件。轴承端盖有嵌入式和凸缘式两种。每一类又有透盖(有通孔,供轴穿出)和闷盖(无通孔)之分。其材料一般为 HT150 或钢(Q215、Q235)。

凸缘式轴承端盖的结构尺寸见表 7-3-4,设计时需注意:尺寸 m 由结构确定,当 m 较大时,为减缩配合和加工表面,应在端部铸出(或车出)一段较小的直径 D',但必须保证足够的配合长度 e_1,以免拧紧螺钉时轴承盖歪斜。当轴承采用飞溅润滑时,为使油沟中的的油能顺利进入轴承室,需在轴承盖端部车出一段较小直径 D' 和铣出尺寸为 $b\times h$ 的径向对称缺口。

表 7-3-4　凸缘式轴承端盖的结构尺寸　　mm

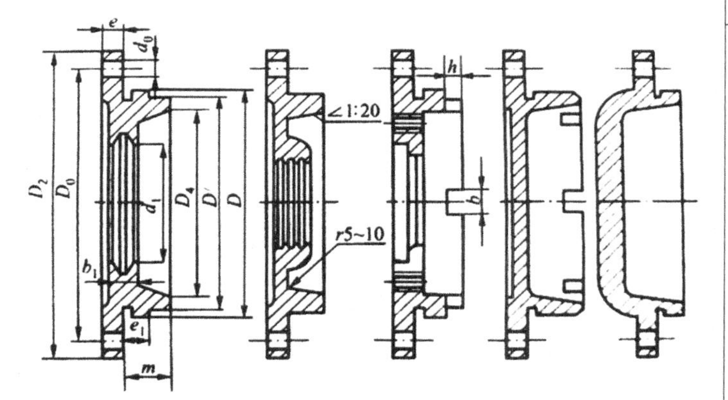

凸缘式轴承盖

$d_0=d_3+1$

$D_0=D+2.5d_3$

$D_2=D_0+2.5d_3$

$e=1.2\ d_3$

$e_1=(0.1\sim0.15)D\geqslant e$

m 由结构确定

$D_4=D-(10\sim15)$

$D'=D-(3\sim4)$

d_1、b_1 由密封尺寸确定

$b=5\sim10$,$h=(0.8\sim1)\ b$

表 7-3-5　毡圈油封及槽 (JB/ZQ460—86)　　mm

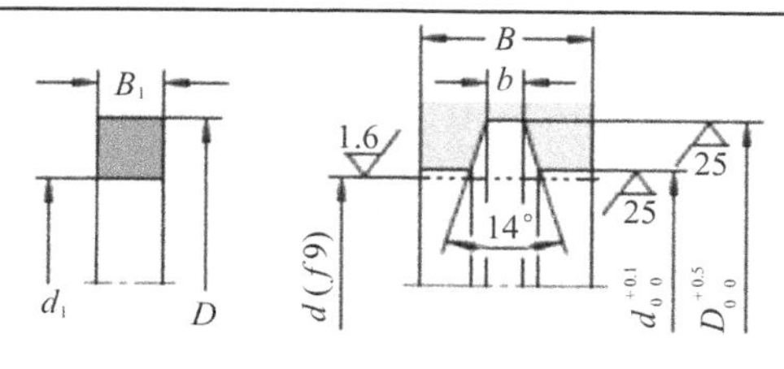

标记示例:

毡圈 40JB/ZQ4606-86:$d=40$ mm 的毡封油圈,材料:半粗羊毛毡

续表

<table>
<tr><th rowspan="3">轴径</th><th colspan="3">毡封油圈</th><th colspan="4">槽</th></tr>
<tr><th rowspan="2">D</th><th rowspan="2">d_1</th><th rowspan="2">B_1</th><th rowspan="2">D_0</th><th rowspan="2">d_0</th><th rowspan="2">b</th><th colspan="2">B_{min}</th></tr>
<tr><th>钢</th><th>铸 铁</th></tr>
<tr><td>15</td><td>29</td><td>14</td><td rowspan="2">6</td><td>28</td><td>16</td><td rowspan="2">5</td><td rowspan="2">10</td><td rowspan="2">12</td></tr>
<tr><td>20</td><td>33</td><td>19</td><td>32</td><td>21</td></tr>
<tr><td>25</td><td>39</td><td>24</td><td rowspan="4">7</td><td>38</td><td>26</td><td rowspan="4">6</td><td rowspan="11">12</td><td rowspan="11">15</td></tr>
<tr><td>30</td><td>45</td><td>29</td><td>44</td><td>31</td></tr>
<tr><td>35</td><td>49</td><td>34</td><td>48</td><td>36</td></tr>
<tr><td>40</td><td>53</td><td>39</td><td>52</td><td>41</td></tr>
<tr><td>45</td><td>61</td><td>44</td><td rowspan="7">8</td><td>60</td><td>46</td><td rowspan="7">7</td></tr>
<tr><td>50</td><td>69</td><td>49</td><td>68</td><td>51</td></tr>
<tr><td>55</td><td>74</td><td>53</td><td>72</td><td>56</td></tr>
<tr><td>60</td><td>80</td><td>58</td><td>78</td><td>61</td></tr>
<tr><td>65</td><td>84</td><td>63</td><td>82</td><td>66</td></tr>
<tr><td>70</td><td>90</td><td>68</td><td>88</td><td>71</td></tr>
<tr><td>75</td><td>94</td><td>73</td><td>92</td><td>77</td></tr>
<tr><td>80</td><td>102</td><td>78</td><td rowspan="3">9</td><td>100</td><td>82</td><td rowspan="7">8</td><td rowspan="7">8</td><td rowspan="7">18</td></tr>
<tr><td>85</td><td>107</td><td>83</td><td>105</td><td>87</td></tr>
<tr><td>90</td><td>112</td><td>88</td><td>110</td><td>92</td></tr>
<tr><td>95</td><td>117</td><td>93</td><td rowspan="4">10</td><td>115</td><td>97</td></tr>
<tr><td>100</td><td>122</td><td>98</td><td>120</td><td>102</td></tr>
<tr><td>105</td><td>127</td><td>103</td><td>125</td><td>107</td></tr>
<tr><td>110</td><td>132</td><td>108</td><td>130</td><td>112</td></tr>
</table>

注：本标准适用于线速度 $v<5\text{m/s}$。

嵌入式轴承端盖与轴承座孔接合处有带O形橡胶密封圈和不带橡胶密封圈两种结构型式，其结构尺寸见表7-3-6。与凸缘式轴承盖相比，嵌入式轴承盖结构简单、紧凑，无需固定螺钉，重量轻及外伸轴的伸出长度短，常用于要求重要轻及尺寸紧凑的场合；但座孔上需开环形槽，加工费时，且易漏油（尤其是不带O形橡胶密封圈），轴承游隙或间隙的调整较麻烦。

（2）套杯

套杯可用作固定轴承的轴向位置，同一轴线上的两端轴承外径不相等时使座孔可一次镗出，调整支承（包括整个轴承）的轴向位置。有时为避免因轴承座孔的铸造或机械加工缺陷而造成整个箱体报废，也可使用套杯。套杯的结构及尺寸见表7-3-7，可根据轴承部件的要求自行设计。

表 7-3-6　嵌入式轴承端盖的结构尺寸　　mm

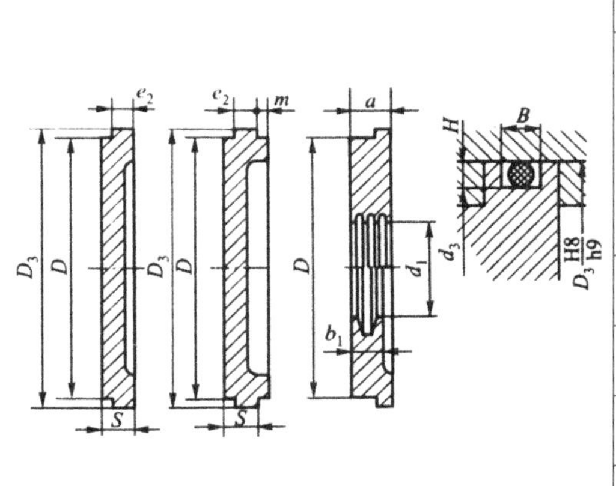

嵌入式轴承盖

$e_2=5\sim8$

$S=10\sim15$

m 由结构确定

$D_3=D+e_2$，装有 O 形圈的，按 O 形圈外径取。

d_1、b_1、a 由密封尺寸确定

沟槽尺寸(GB/T 3452.3——2005)

O 形圈截面直径 d_2	$B_0^{+0.25}$	$H_0^{+0.10}$	d_3 偏差值
2.65	3.6	2.07	0 −0.05
3.55	4.8	2.74	0 −0.06
5.3	7.1	4.19	0 −0.07

表 7-3-7　轴承套杯结构尺寸　　mm

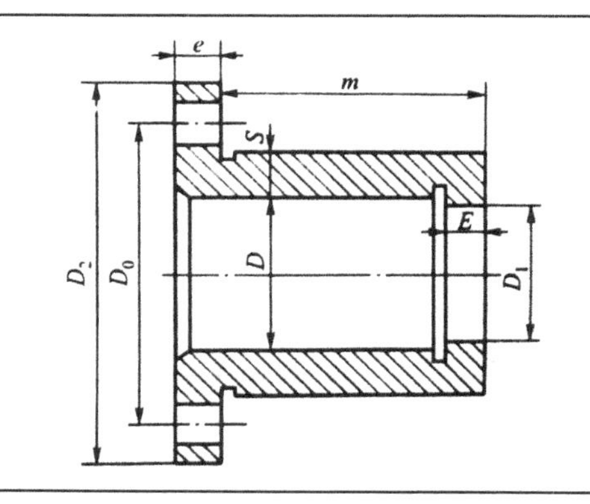

轴承套环

$E\approx e\approx S$

$S=7\sim12$

$D_0=D+2S+2.5d_3$

$D_2=D_0+2.5d_3$

m 由结构确定

D_0 由轴承安装尺寸确定

D——轴承外径

(3)调整垫片组

调整垫片组的作用是调整轴承游隙及支承(包括整个轴系)的轴向位置。垫片组由若干种厚度的垫片根据调整需要的厚度叠合而成，其材料为冲压铜片或 08F 钢抛光。调整垫片组的片数及厚度见表 7-3-8，也可自行设计。

表 7-3-8　调整垫片组　　mm

组别	A 组			B 组			C 组		
厚度 δ	0.50	0.20	0.10	0.50	0.15	0.10	0.50	0.15	0.125
片数 z	3	4	2	1	4	4	1	3	3

注：1. 材料：冲压铜片或 08 钢片抛光；

2. 凸缘式轴承端盖用的调整垫片：

$d_2=D+(2\sim4)$，　D：轴承外径；

D_0、D_2、n、和 d_0 由轴承端盖结构定。

3. 嵌入式轴承端盖用的调整环：

$D_2=D-1$

d_2 按轴承外圈的安装尺寸决定；无需 d_0 孔。

4. 建议准备 0.05mm 垫片若干，以备调整微量间隙用。

2. 窥视孔及窥视孔盖

为了检查传动零件的啮合情况、润滑状况、接触斑点、齿侧间隙、轮齿损坏情况，并向减速器箱体内注入润滑油，应在箱盖顶部的适当位置设置窥视（检查）孔，由窥视孔可直接观察到齿轮啮合部位，窥视孔应有足够的大小，允许手伸入箱体内检查齿面磨损情况，如图 7-3-17(a)所示为不合理结构，图 7-3-17(b)为合理结构。

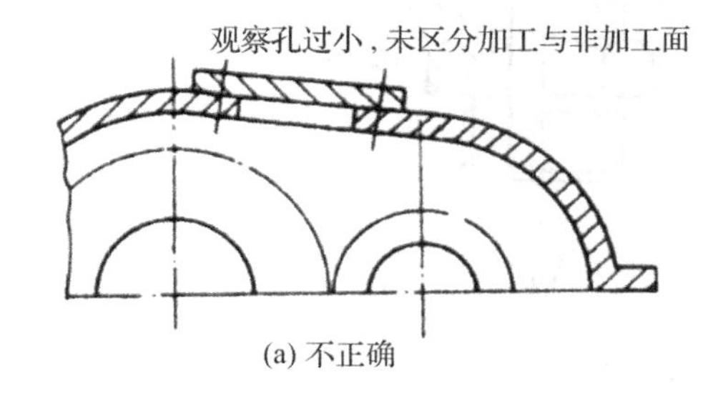

(a) 不正确

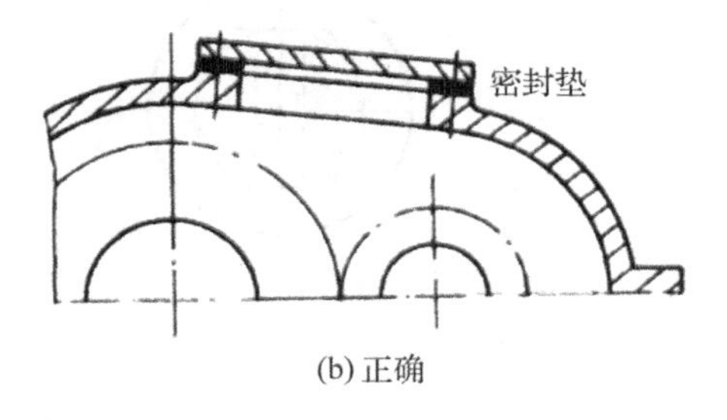

(b) 正确

图 7-3-17　窥视孔的结构

窥视孔盖板常用钢板、铸铁或有机玻璃制成，它和箱体之间应加密封垫片密封。箱体上开窥视孔处应设置凸台，以便机械加工出支承盖板的表面。平时检查孔用孔盖盖住，孔盖通过 M6～M8 螺钉固定在箱盖上。窥视孔及窥视孔盖的尺寸可按表 7-3-9 来选取。

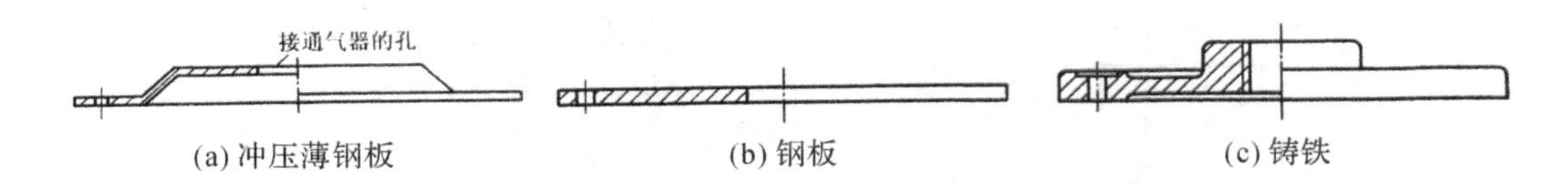

(a) 冲压薄钢板　(b) 钢板　(c) 铸铁

图 7-3-18　窥视孔盖的结构

表 7-3-9　窥视孔及窥视孔盖尺寸　　mm

	窥视孔及窥视孔盖
A	100,120,150,180,200
A_1	$A+(5\sim6)\ d_4$
A_2	$1/2(A+A_1)$
B	$B_1-(5\sim6)\ d_4$
B_1	箱体宽－(15～30)
B_2	$(B+B_1)/2$
d_4	$M_6\sim M_8$
R	5～10
h	自行设计

3. 通气器

减速器工作时，由于箱体内温度升速，气体膨胀，使压力增大，箱体内外压力不等，对减速器密封不利。为此，多在箱盖顶部或窥视孔盖上安装通气器（见图 7-3-19），使箱体内受热膨胀的气体自由排出，从而保持箱体内外压力平衡，提高箱体有缝隙处的密封性能。当使用带有过虑网的通气器时，可避免箱外灰尘、杂物进入箱内。通气器的结构形式和尺寸见表 7-3-10。

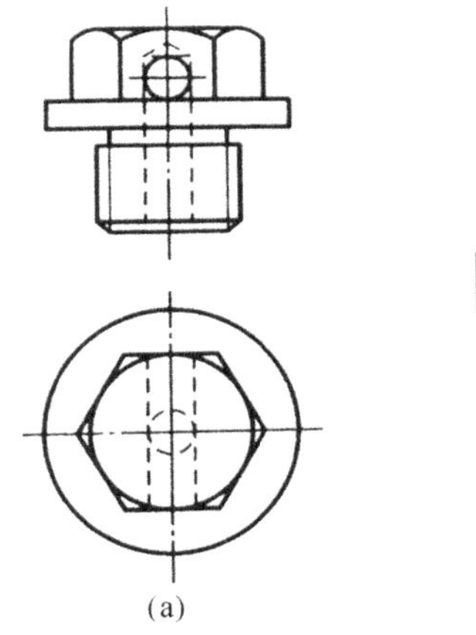

(a)

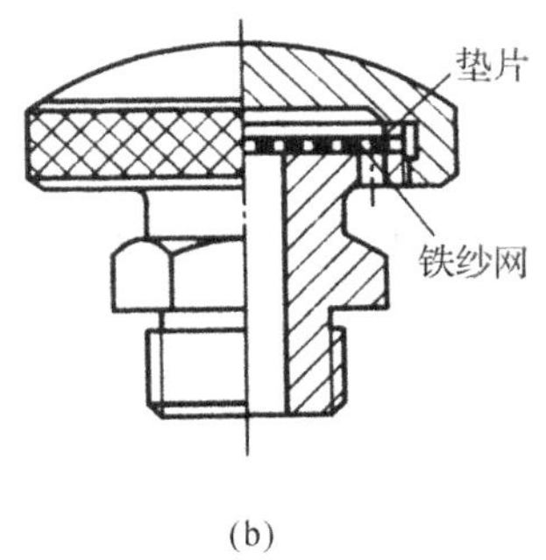

(b)

图 7-3-19　通气器

表 7-3-10　通气器的结构形式和尺寸　　mm

手提式通气器

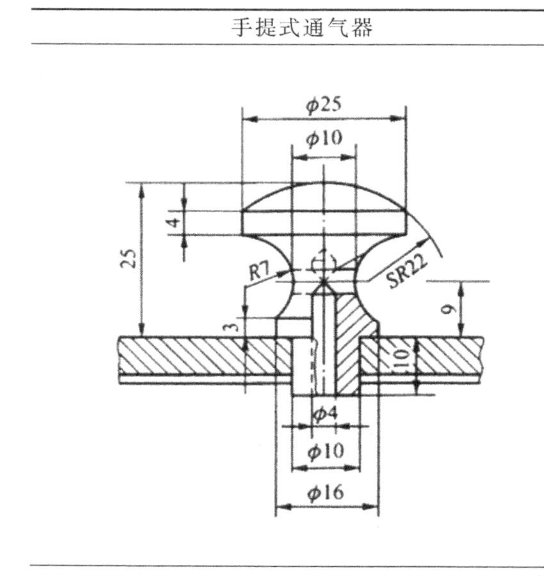

通气塞

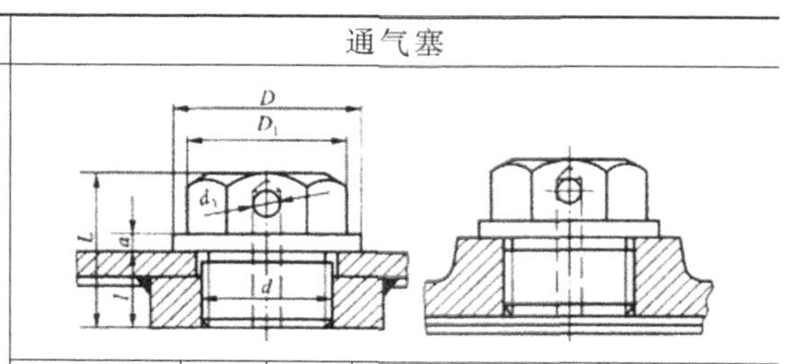

d	D	D_1	S	L	l	a	d_1
M12×1.25	18	16.5	14	19	10	2	4
M16×1.5	22	19.6	17	23	12	2	5
M20×1.5	30	25.4	22	28	15	4	6
M22×1.5	32	25.4	22	29	15	4	7
M27×1.5	38	31.2	27	34	18	4	8
M30×2	42	36.9	32	36	18	4	8
M33×2	45	36.9	32	38	20	4	8
M36×3	50	41.6	36	46	25	5	8

通气帽

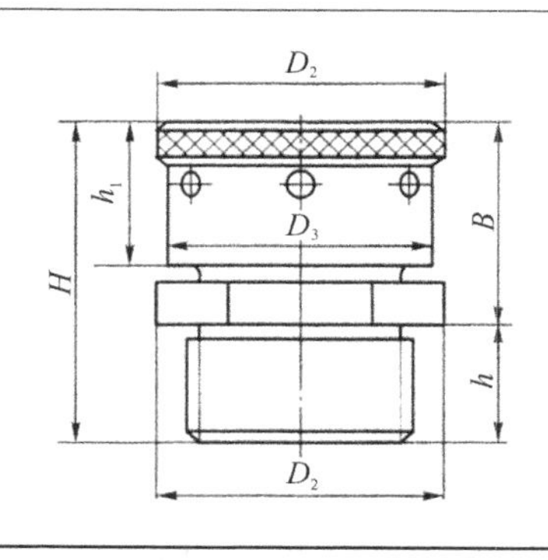

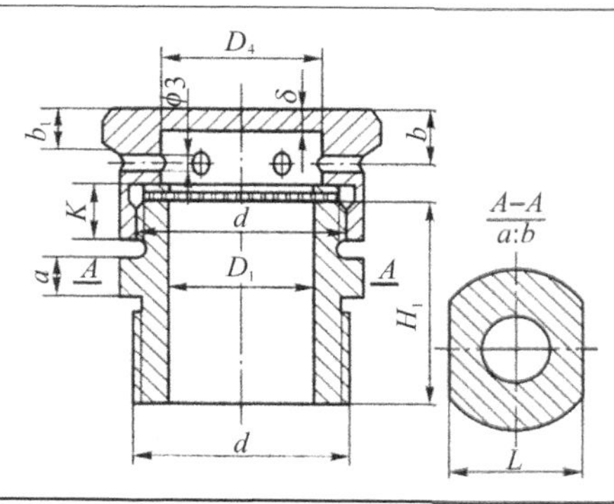

续表

d	D_1	B	h	H	D_2	H_1	a	δ	K	b	h1	b1	D_3	D_4	L	孔数
M27×1.5	15	≈30	15	≈45	36	32	6	4	10	8	22	6	32	18	32	6
M36×2	20	≈40	20	≈60	48	42	8	4	12	11	29	8	42	24	41	6
M48×3	30	≈45	25	≈70	62	52	10	5	15	13	32	10	56	36	55	8

通气罩

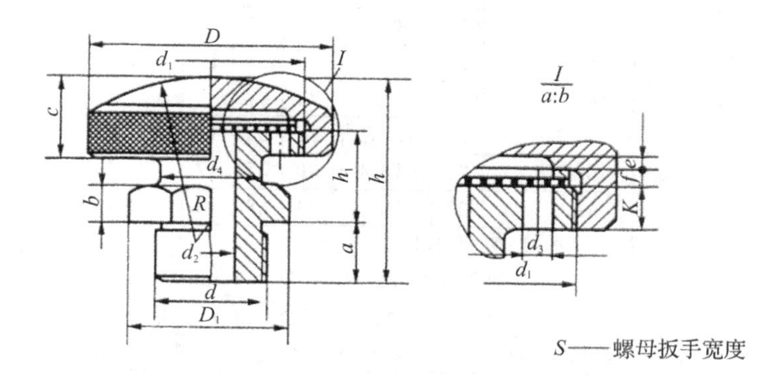

S——螺母扳手宽度

d	d_1	d_2	d_3	d_4	D	h	a	b	c	h_1	R	D_1	S	K	e	f
M18×1.5	M33×1.5	8	3	16	40	40	12	7	16	18	40	25.4	22	6	2	2
M27×1.5	M48×1.5	12	4.5	24	60	54	15	10	22	24	60	36.9	32	7	2	2
M36×1.5	M64×1.5	16	6	30	80	70	20	13	28	32	80	53.1	41	10	3	3

4. 放油孔及放油螺塞

为排放污油和便于清洗减速器箱体内部，常在箱体油池的最低处设置放油孔，如图 7-3-20 所示。油池底面可做成斜面，向放油孔方向倾斜 1°～5°，且放油螺塞孔应低于箱体的内底面，以利于油的放出。平时用放油螺塞将放油孔堵住，放油螺塞采用细牙螺纹。放油孔处机体上应设置凸台，在放油螺塞头和箱体凸台端面间应加防漏用的封油垫片（耐油橡胶、塑料、皮革等制成），以保证良好的密封。外六角放油螺塞及油圈的规格见表 7-3-11。

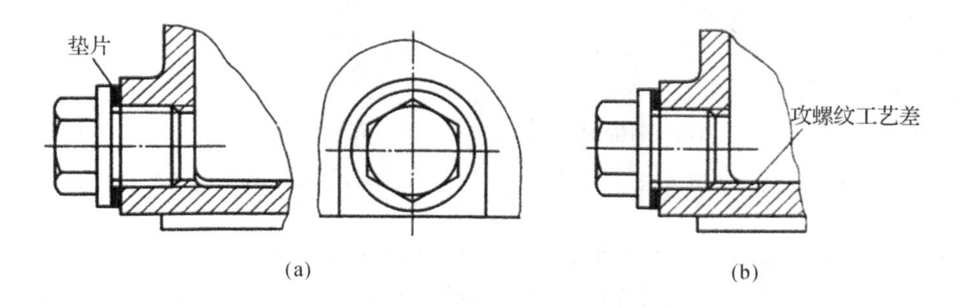

图 7-3-20　放油孔及放油螺塞

表 7-3-11　外六角螺塞(JB/T 1760-1991)、纸封油圈(ZB 71-1962)和皮封油圈(ZB 70-1962)

mm

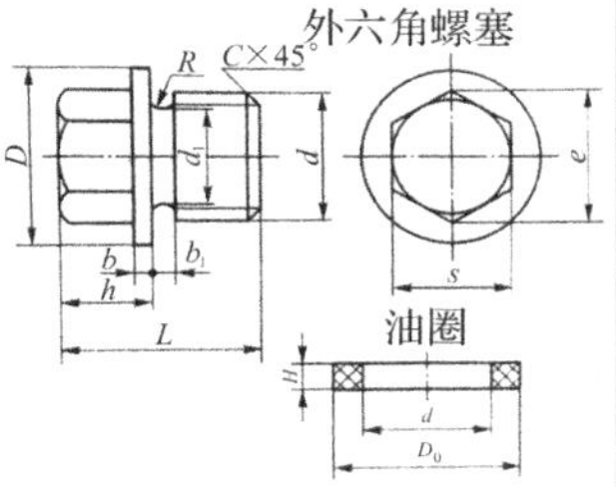

D	d_1	D	e	S	L	h	b	b_1	R	C	D_0	H 纸圈	H 皮圈
$M10\times1$	8.5	18	12.7	11	20	10	3	2	0.5	0.7	18	2	2
$M12\times1.25$	10.2	22	15	13	24	12				1.0	22		
$M14\times1.5$	11.8	23	20.8	18	25			3	1		25		
$M18\times1.5$	15.8	28	24.2	21	27	15							
$M20\times1.5$	17.8	30			30		4				30		
$M22\times1.5$	19.8	32	27.7	24						1.5	32	3	
$M24\times2$	21	34	31.2	27	32	16		4			35		2.5
$M27\times2$	24	38	34.6	30	35	17					40		
$M30\times2$	27	42	39.3	34	38	18					45		

标记示例：螺塞 $M22\times1.5$

油圈 32×22 ZB71($D_0=30$mm，$d=20$mm 的纸封油圈)

油圈 32×22 ZB70($D_0=30$mm，$d=20$mm 的皮封油圈)

材料：纸封油圈——石棉橡胶纸；皮封油圈——工业用革；螺塞——Q235

5. 油标

油标(见图 7-3-21)用来指示油面高度，一般设置在箱体便于观察且油面较稳定的部位(如低速级传动件附近)。常用的油标有圆形油标、长形油标、管状油标和杆式油标等。一般用带有螺纹的杆式油标。采用杆式油标时，应使箱座油标座孔的倾斜位置便于加工和使用，如图 7-3-22 所示。油标安置的部位不能太低，以防止油溢出。

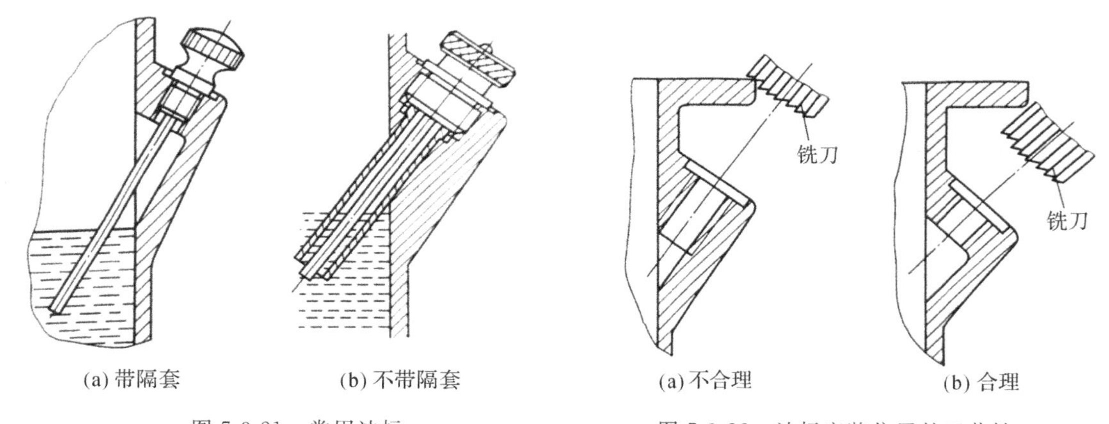

(a) 带隔套　(b) 不带隔套

图 7-3-21　常用油标

(a) 不合理　(b) 合理

图 7-3-22　油标安装位置的工艺性

油标上应有最低油面和最高油面标志。最低油面为传动件正常运转时所需的油面(减速器工作时所需的油面)，按传动件浸油润滑时的要求确定，最高油面为油面静止时的高度(减速器不工作时的高度)，最高油面与最低油面间差值常取为 5～10mm。杆式油标的规格及参数见表 7-3-12。

表 7-3-12 杆式油标

mm

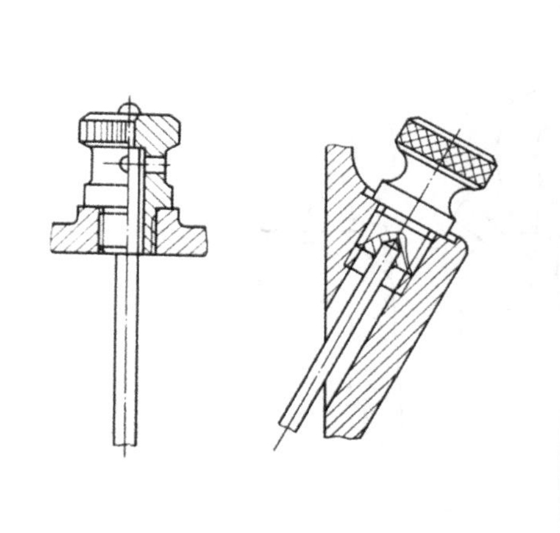
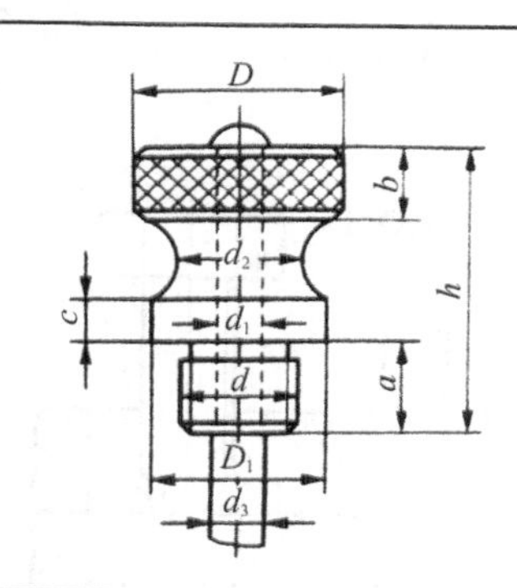

d	d_1	d_2	d_3	h	a	b	c	D	D_1
M12	4	12	6	28	10	6	4	20	16
M16	4	16	6	35	12	8	5	26	22
M20	6	20	8	42	15	10	6	32	26

6. 定位销

为保证剖分式箱体轴承座孔的加工精度及减速器箱盖的装配精度，应在精加工轴承座孔前，在箱盖与箱座的联接凸缘的长度方向两端各设一个圆锥定位销(图 7-3-23)。两定位锥销相距应尽量远些，以提高定位精度。对称箱体的两定位销的位置应呈非对称布置，以免错装。在上下箱体装配时应先装入定位销，然后再装入螺栓并拧紧。

圆锥定位销带有 1∶50 的锥度，能自锁，与有锥度的绞制孔相配。装拆比圆柱销方便，多次装拆对联结的紧固性及定位精度影响较小，因此应用广泛。一般两端伸出被联结件，方便装拆。

确定定位销的直径时，一般先计算 $d=(0.7\sim0.8)d_2$，d_2 为箱体联接螺栓的直径，然后从附录表 4-19 中选取标准值。定位销的长度应大于箱盖和箱座联接凸缘的总厚度，以利于拆装。

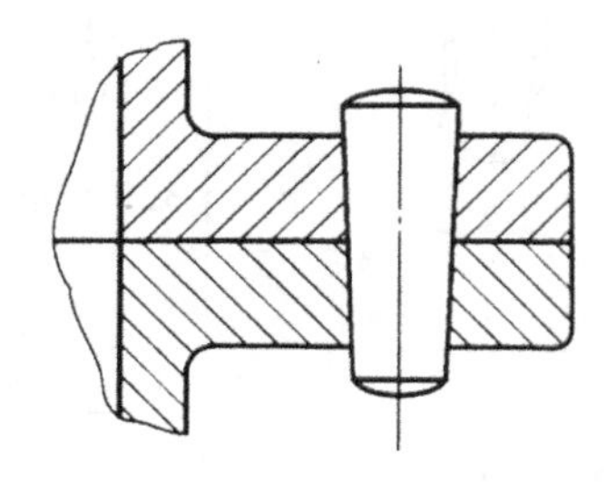

图 7-3-23 定位销

7. 起盖螺钉

由于装配减速器时在箱体剖分面上涂有密封用的水玻璃或密封胶，因而在拆卸时往往因胶结紧密难于开盖。为此，常在箱盖凸缘的适当位置加工出 1～2 个螺孔，装入起盖用的圆柱端螺钉(图 7-3-24)或半圆端螺钉，旋动起盖螺钉便可将箱盖顶起。螺钉杆端部要做成圆柱形，加工成大倒角或半圆形，以免顶坏螺纹。起盖螺钉的直径可与凸缘联接螺栓相同，螺纹的长度要大于箱盖联接凸缘的厚度。对于小型减速器也可不设启箱螺钉，拆卸减速器时用螺丝刀直接撬开箱盖。

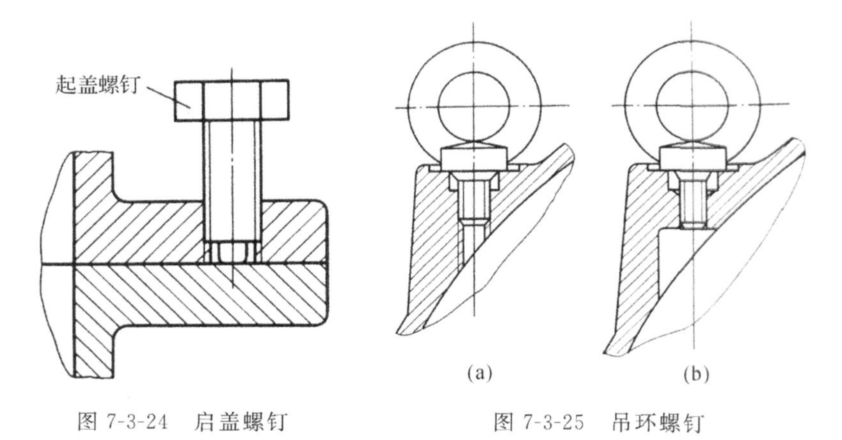

图 7-3-24　启盖螺钉　　　　图 7-3-25　吊环螺钉

8. 吊环螺钉、吊耳和吊钩

当减速器质量超过 25kg 时，为便于搬运，应在箱盖上装有吊环螺钉或铸出吊耳，并在箱座上铸出吊钩。吊环螺钉为标准件，可按起重量选取。由于吊环螺钉承载较大，故在装配时必须把螺钉完全拧入，使其台肩抵紧箱盖上的支承面。为此，箱盖上的螺钉孔必须局部锪大，如图 7-3-25 所示。吊环螺钉用于拆卸箱盖，也允许用来吊运轻型减速器。起重吊耳和吊钩的结构形式及参数见表 7-3-13。

表 7-3-13　起重吊耳和吊钩　　mm

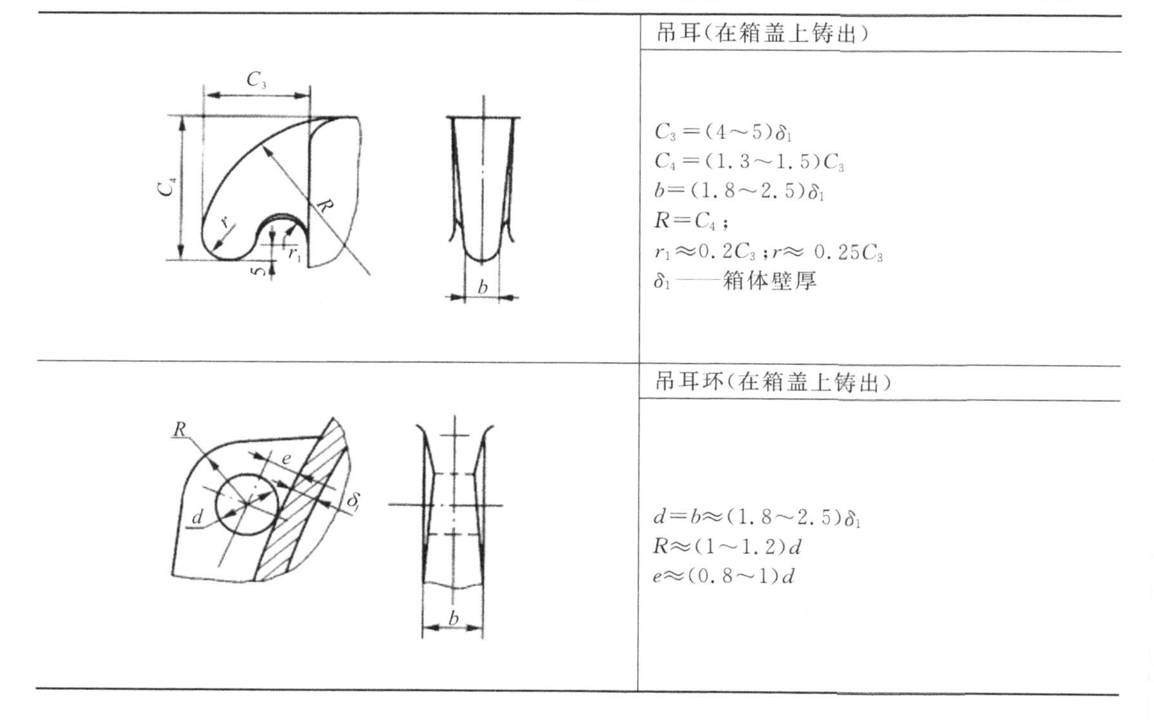

图	吊耳（在箱盖上铸出）
	$C_3=(4\sim5)\delta_1$ $C_4=(1.3\sim1.5)C_3$ $b=(1.8\sim2.5)\delta_1$ $R=C_4$； $r_1\approx0.2C_3$；$r\approx0.25C_3$ δ_1——箱体壁厚
	吊耳环（在箱盖上铸出）
	$d=b\approx(1.8\sim2.5)\delta_1$ $R\approx(1\sim1.2)d$ $e\approx(0.8\sim1)d$

续表

	吊钩(在箱座上铸出)
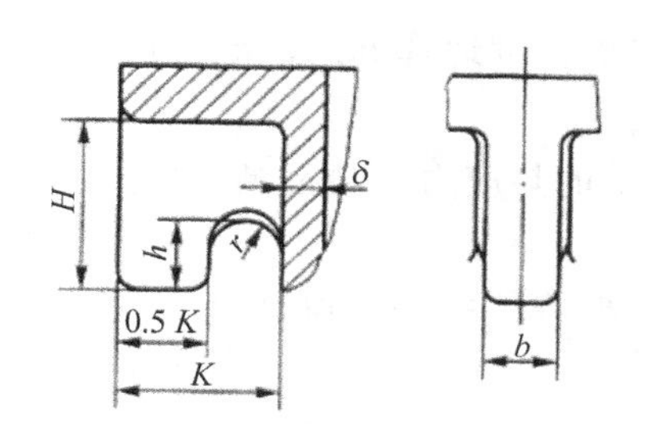 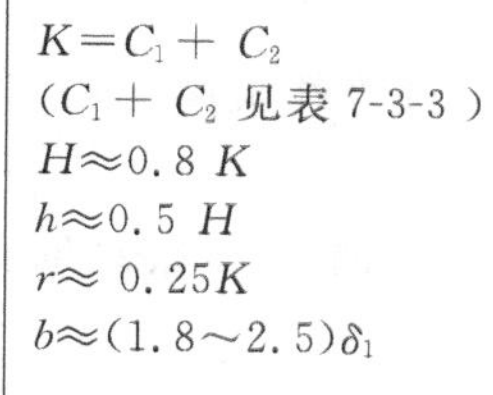	$K=C_1+C_2$ (C_1+C_2 见表 7-3-3) $H\approx 0.8K$ $h\approx 0.5H$ $r\approx 0.25K$ $b\approx(1.8\sim 2.5)\delta_1$
	吊钩(在箱盖上铸出)
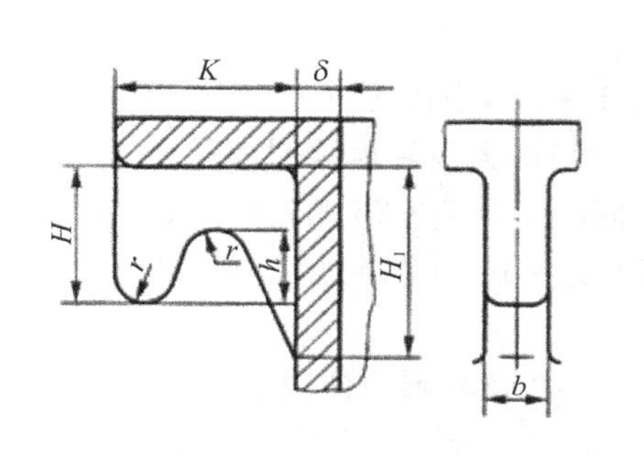	$K=C_1+C_2$(C_1+C_2 见表 7-3-3) $H\approx 0.8K$ $h\approx 0.5H$ $r\approx K/6$ $b\approx(1.8\sim 2.5)\delta_1$ H_1 按结构确定

7.3.4 箱体材料及热处理

1. 箱体的毛坯

选用铸造毛坯或焊接毛坯,应根据具体条件进行全面分析决定。铸造容易铸造出结构复杂的箱体毛坯,焊接箱体允许有薄壁和大平面,而铸造却较困难实现薄壁和大平面。焊接箱体一般比铸造箱体轻,铸造箱体的热影响变形小,吸振能力较强,也容易获得较好的结构刚度。

2. 箱体的常用材料

(1)铸铁

多数箱体的材料为铸铁,铸铁流动性好,收缩较小,容易获得形状和结构复杂的箱体。铸铁的阻尼作用强,动态刚性和机加工性能好,价格适度。加入合金元素还可以提高耐磨性。具体牌号查阅有关手册。

(2)铸造铝合金

用于要求减小质量且载荷不太大的箱体。多数可通过热处理进行强化,有足够的强度和较好的塑性。

(3)钢材

铸钢有一定的强度,良好的塑性和韧性,较好的导热性和焊接性,机加工性能也较好,但铸造时容易氧化与热裂。箱体也可用低碳钢板和型钢焊接而成。

3. 箱体的热处理

铸造或箱体毛坯中的剩余应力使箱体产生变形,为了保证箱体加工后精度的稳定性,对箱体毛坯或粗加工后要用热处理方法消除剩余应力，减少变形。常用的热处理措施有以下三类：

(1)热时效　铸件在500～600℃下退火，可以大幅度地降低或消除铸造箱体中的剩余应力。

(2)热冲击时效　将铸件快速加热，利用其产生的热应力与铸造剩余应力叠加，使原有剩余应力松弛。

(3)自然时效　自然时效和振动时效可以提高铸件的松弛刚性，使铸件的尺寸精度稳定。

【任务实施】

1. 工作任务分析

(1)确定箱体基本外形尺寸

根据已知条件，齿轮模数$m=3$，小齿轮齿数$z_1=22$，小齿轮宽$B_1=71$，大齿轮齿数$z_2=88$，大齿轮宽$B_2=66$，可知小齿轮齿顶圆直径$d_{a1}=72$，大齿轮齿顶圆直径$d_{a2}=270$，齿轮中心距$a=m(z_1+z_2)/2=3\times(22+88)/2=165$。同时由图7-3-26俯视图，取大齿轮齿顶到箱体内壁距离$\Delta_1=10$，小齿轮侧面到箱体内壁距离$\Delta_2=10$，小齿轮齿顶到箱体内壁距离根据轴承旁凸台结构需要设计为$\Delta_4=30$。

由图7-3-26主视图，大齿轮齿顶圆直径$d_{a2}=270$及其到箱体内壁距离$\Delta_1=10$，取箱盖大齿轮侧内壁圆弧$R145$，由小齿轮齿顶圆直径$d_{a1}=72$及其到箱体内壁距离$\Delta_4=30$，取箱盖小齿轮侧内壁圆弧$R66$，取大齿轮齿顶到内壁底部距离为$H=50$。由两齿轮中心距$a=165$，可取箱体壁厚$\delta=\delta_1=8$，并由此取箱座凸缘厚度$b=12$箱盖凸缘厚度$b_1=12$箱座底凸缘厚度$b_2=18$。

(2)联接螺栓的选择及凸台(凸缘)相关尺寸确定

根据齿轮中心距$a=165$，并结合螺纹联接的标准，选用M16螺栓作为地脚螺栓，个数为4个；并由此可依次确定轴承旁联接螺栓为M16，箱盖与箱座联接螺栓为M12，轴承端盖联接螺钉为M10，窥视孔盖联接螺钉M8，圆锥定位销直径8。查表7-3-3，确定地脚螺栓M20对应的$C_1=26$、$C_2=24$；轴承旁联接螺栓M16对应的$C_1=22$、$C_2=21$、凸台半径$R_1=21$，由于结构需要确定螺栓距离S分别165和135；箱盖与箱座联接螺栓M12对应的$C_1=21$、$C_2=17$、间距$l=160$；根据d_1位置及轴承座外径确定，以便于扳手操作为原则，确定轴承旁凸台高度$h=43$。根据轴承旁联接螺栓对应的C_1、C_2，确定外箱壁至轴承座端面距离$l_1=56$。箱盖、箱座肋厚$m=m_1=8$。

(3)附件结构及尺寸

1)轴承端盖

大端盖选用凸缘式结构，根据轴承6211外圈直径$D=100$和端盖联接螺栓M10，确定端盖直径$D_2=150$，联接螺栓孔直径$d_0=11$，数量为6，均布在$D_0=125$的圆上；选端盖的与孔的配合长度$e_1=18$，端盖厚度$e=12$，并根据箱体、轴、轴承的结构和尺寸确定为$m=31$。靠近联轴器侧大端盖为透盖，另一侧为闷盖。对于透盖，由于轴径$d=55$，故选择油封毡圈55 JB/ZQ4606-86，并由该毡圈的尺寸，确定厚度$b_1=16$，直径$d_1=56$。

小端盖选用凸缘式结构，根据轴承6208外圈直径D=80和端盖联接螺栓M10，确定端盖直径$D_2=130$，联接螺栓孔直径$d_0=11$，数量为6，均布在$D_0=105$的圆上；选端盖的与孔

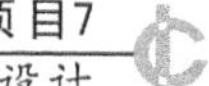

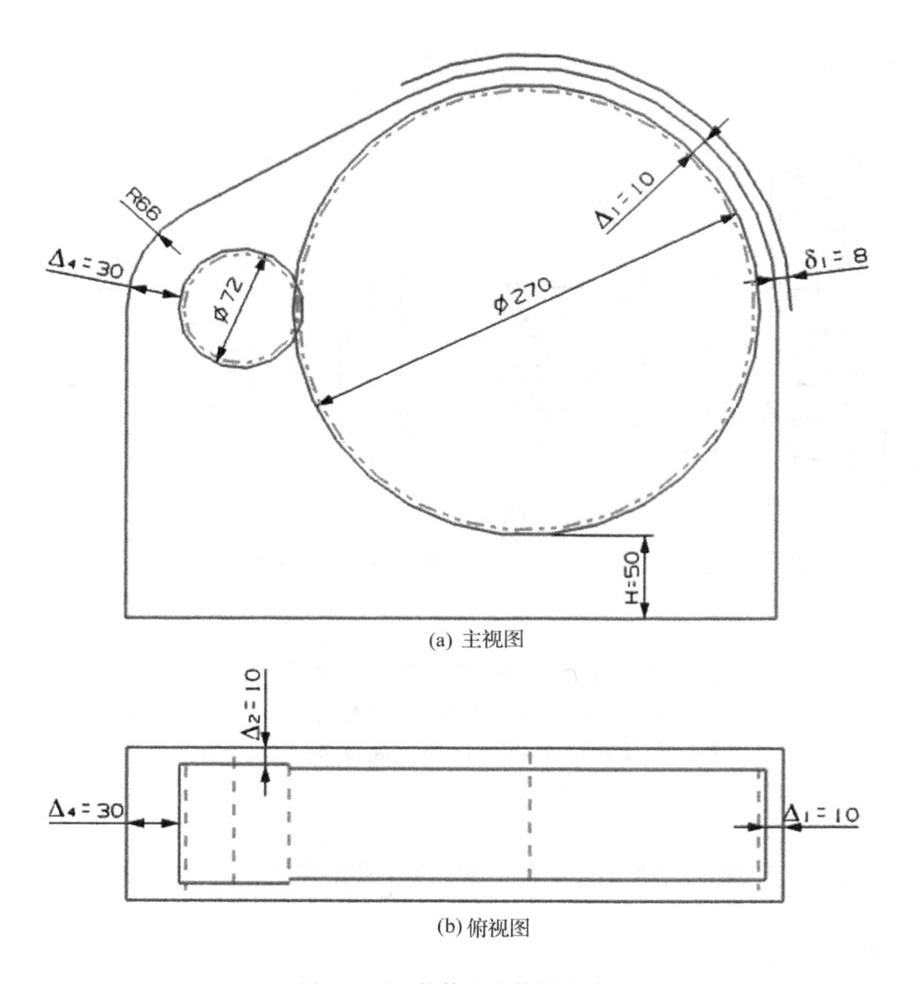

(a) 主视图

(b) 俯视图

图 7-3-26 箱体基本外形尺寸

的配合长度 $e_1=18$，端盖厚度 $e=12$，并根据箱体、轴、轴承的结构和尺寸确定为 $m=33.5$。靠近带轮侧端盖为透盖，另一侧为闷盖。对于透盖，由于轴径 $d=35$，故选择油封毡圈 35 JB/ZQ4606-86，并由该毡圈的尺寸，确定厚度 $b_1=16$，直径 $d_1=36$。

2)窥视孔及窥视孔盖

根据箱盖形状及窥视盖联接螺栓 M8 的尺寸，结合表 7-3-9，选择 $A=100$ 和 $B=40$ 作为窥视孔的基本尺寸。由此，也可计算并确定 $A_1=140$，$A_2=120$，$B_1=80$，$B_2=60$，$R=6$。因为考虑观察方便的原因，盖板可以选择 4mm 厚的有机玻璃板。

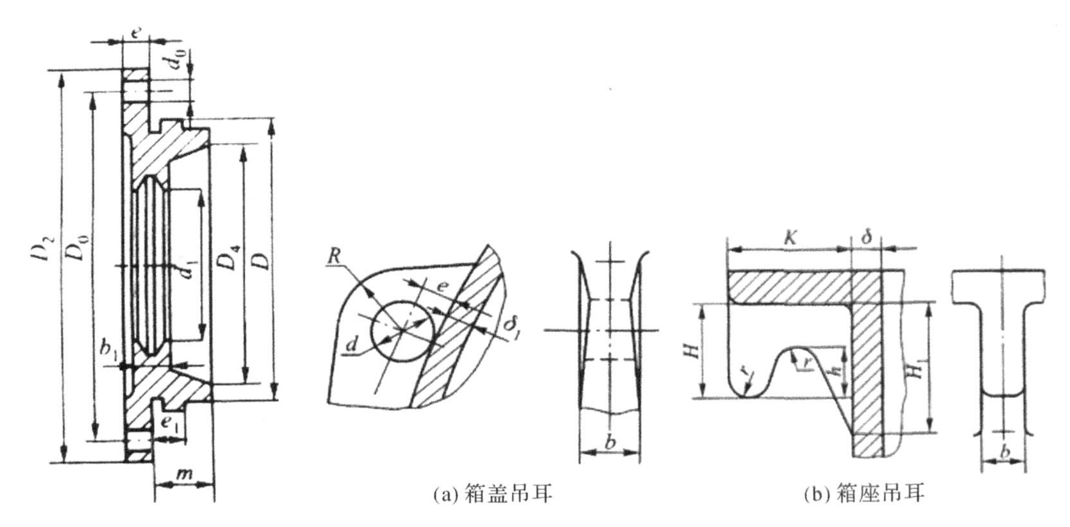

图 7-3-27　凸缘式端盖　　　　图 7-3-28　吊耳的结构形式

3)起重吊耳和吊钩

在箱盖上左右两侧各设计一个吊耳环，取孔直径 $d=16$，圆角 $R=18$，孔中心距箱盖外壁的距离 $e=14$，吊耳环宽 $b=16$，其他尺寸根据结构确定。在箱座的左右两侧设计两个形状及尺寸相同的吊耳，取吊耳 $K=37$，高度 $H=30$，高度 $h=15$，圆角 $r=6$，宽度 $b=20$，并根据结构确定 $H_1=42$。

4)通气器

选择手提式通气器，尺寸见表 7-3-10。使用时，需在盖板中心开一 $\phi10$ 孔，作为通气器的定位安装孔。

5)放油孔及放油螺塞

选择螺塞 M18×1.5 的放油螺塞，皮封油圈规格为 28×18ZB70。在箱座底部需铸有放油螺塞的安装凸台，并通过机加工方法加工出 M18×1.5 的螺纹孔。

6)油标

选择杆式油标 M16，尺寸见表 7-3-12。在箱座上需铸有油标的安装凸台，位置以不影响凸台的沉孔加工为原则。

7)定位销

选择圆锥销 GB119-86 A8×30，尺寸见附录表 4-19。在箱盖与箱座的两对角各需加工一个圆锥孔，圆锥孔的大小与定位锥度相符。

8)起盖螺钉

启盖螺钉选择 M12，头部需加工成大倒角

2. 填写设计任务单

表 7-3-14　设计任务单

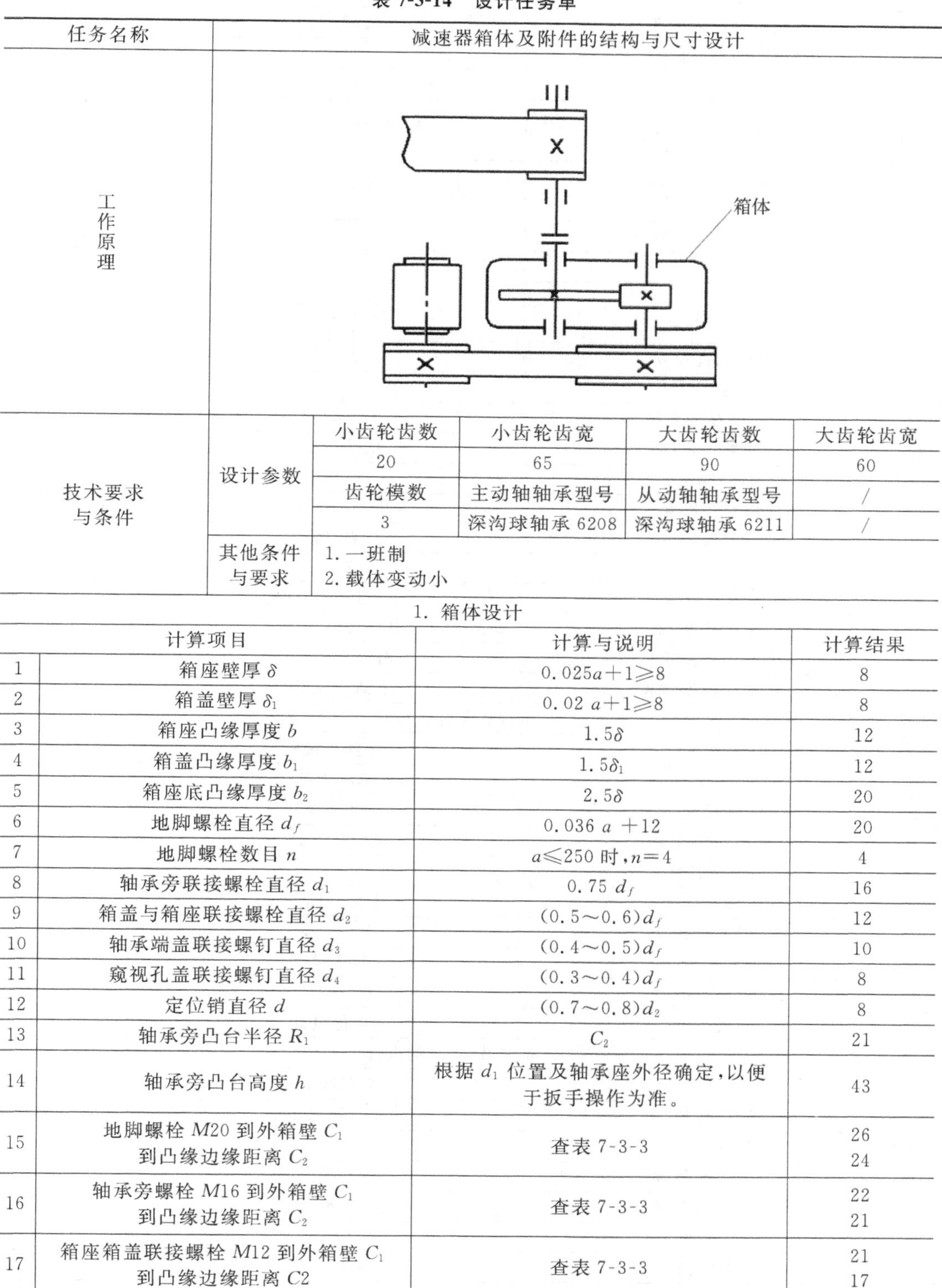

任务名称	减速器箱体及附件的结构与尺寸设计				
工作原理	（见图）				
技术要求与条件	设计参数	小齿轮齿数	小齿轮齿宽	大齿轮齿数	大齿轮齿宽
		20	65	90	60
		齿轮模数	主动轴轴承型号	从动轴轴承型号	/
		3	深沟球轴承 6208	深沟球轴承 6211	/
	其他条件与要求	1. 一班制 2. 载体变动小			

1. 箱体设计

	计算项目	计算与说明	计算结果
1	箱座壁厚 δ	$0.025a+1\geqslant 8$	8
2	箱盖壁厚 δ_1	$0.02\,a+1\geqslant 8$	8
3	箱座凸缘厚度 b	1.5δ	12
4	箱盖凸缘厚度 b_1	$1.5\delta_1$	12
5	箱座底凸缘厚度 b_2	2.5δ	20
6	地脚螺栓直径 d_f	$0.036\,a+12$	20
7	地脚螺栓数目 n	$a\leqslant 250$ 时，$n=4$	4
8	轴承旁联接螺栓直径 d_1	$0.75\,d_f$	16
9	箱盖与箱座联接螺栓直径 d_2	$(0.5\sim0.6)d_f$	12
10	轴承端盖联接螺钉直径 d_3	$(0.4\sim0.5)d_f$	10
11	窥视孔盖联接螺钉直径 d_4	$(0.3\sim0.4)d_f$	8
12	定位销直径 d	$(0.7\sim0.8)d_2$	8
13	轴承旁凸台半径 R_1	C_2	21
14	轴承旁凸台高度 h	根据 d_1 位置及轴承座外径确定，以便于扳手操作为准。	43
15	地脚螺栓 M20 到外箱壁 C_1 到凸缘边缘距离 C_2	查表 7-3-3	26 24
16	轴承旁螺栓 M16 到外箱壁 C_1 到凸缘边缘距离 C_2	查表 7-3-3	22 21
17	箱座箱盖联接螺栓 M12 到外箱壁 C_1 到凸缘边缘距离 C2	查表 7-3-3	21 17

续表

18	外箱壁至轴承座端面距离 l_1	$C_1+C_2+(5\sim10)$	49
19	大齿轮齿顶与内壁距离 Δ_1	$>1.2\delta$	10
20	齿轮端面与内部距离 Δ_2	$>\delta$	10
21	箱盖、箱座肋厚 m、m_1	$m\approx0.85\delta$、$m_1\approx0.85\delta_1$	8
22	轴承端盖外径 D_2	凸缘式：$D+(5\sim5.5)d_3$	大端盖：150 小端盖：130
23	轴承旁联接螺栓距离 S	由于结构需要，两边距离不同	135 165
24	齿顶到内壁底部距离 H	>30-50	50

2. 端盖设计

	计算项目	计算与说明	计算结果	
			大端盖	小端盖
1	螺钉孔直径 d_0	d_3+1	11	11
2	螺钉孔数量 n		6	6
3	螺钉孔所在圆直径 D_0	$D+2.5d_3$	125	105
4	凸缘直径 D_2	$D_0+2.5d_3$	150	130
5	凸缘厚度 e	$1.2\ d_3$	12	12
6	安装配合长度 $e1$	$(0.1\sim0.15)D\geqslant e$	15	15
7	端盖嵌入长度 m	由结构确定	31.5	34.5
8	锥孔直径 D_4	D-$(10\sim15)$	90	70
9	透孔直径 d_1	由密封尺寸确定	56	36
10	端盖厚度 $b1$	由密封尺寸确定	16	16
11	大端盖毡圈规格	由轴直径确定	55 JB/ZQ4606-86	
12	小端盖毡圈规格	由轴直径确定	35 JB/ZQ4606-86	

3. 窥视孔及孔盖设计

	计算项目	计算与说明	计算结果
1	窥视孔长度 A	100,120,150,180,200	100
2	盖板长度 A_1	$A+(5\sim6)\ d_4$	140
3	安装孔距离 A_2	$1/2(A+A_1)$	120
4	窥视孔宽度 B	B_1-$(5\sim6)\ d_4$	40
5	盖板宽度 B_1	箱体宽-(15～30)	80
6	安装孔距离 B_2	$(B+B_1)/2$	60
7	螺钉直径 d_4	$M6\sim M8$	$M8$
8	凸台圆角 R	5～10	6
9	盖板高度 h	自行设计	4

4. 起重吊耳、吊钩设计

	计算项目	计算与说明	计算结果
1	吊耳孔径 d	$\approx(1.8\sim2.5)\delta_1$	16
2	吊耳宽度 b	d	16
3	吊耳圆角 R	$\approx(1\sim1.2)d$	18
4	吊耳孔到箱盖外壁距离 e	$\approx(0.8\sim1)d$	14
5	吊钩长度 K	$=C_1+C_2$	37
6	吊钩外侧高度 H	$\approx0.8\ K$	30

续表

7	吊钩高度 h	$\approx 0.5H$	15
8	吊钩圆角 r	$\approx K/6$	6
9	吊钩宽度 b	$\approx(1.8\sim2.5)\delta_1$	20
10	吊钩内侧高度 $H1$	按结构确定	42

5. 其他附件选用

计算项目		数量	计算与说明	计算结果
1	通气器	1	表 7-3-10	手提式通气器
2	放油螺塞	1	表 7-3-11	$M18\times1.5$
3	皮封油圈	1	表 7-3-11	$28\times18ZB70$
4	杆式油标	1	表 7-3-12	$M16$ 杆式油标
5	圆锥定位销	2	表 7-3-13	GB119-86 A8×30
6	起盖螺钉	1	头部加工成大倒角	$M12$

【课后巩固】

1. 箱体的主要作用是什么？有哪些分类方法？
2. 设计箱体时，主要考虑哪些方面？
3. 减速器箱座的高度是怎样确定的？
4. 箱体中油面的高度如何测定的？
5. 为什么需要定位销？它的布置有何特点？
6. 启盖螺钉的构造有何特点？
7. 轴承旁凸缘的联接螺栓为什么大且长？
8. 轴承端盖有什么作用？它有哪些类型？
9. 窥视孔及窥视孔盖有何作用？
10. 通气孔有什么作用，其构造怎样的？
11. 放油孔及放油螺塞有什么作用？它们一般布置在箱体的什么部位？如何防渗漏？

项目 8　圆柱齿轮减速器设计

【任务导读】

减速器是用于降低转速、增大转矩，把原动机的运动和动力传递给工作机的速度变换装置，减速器的设计是进行机械设计的重要而复杂的工作内容。

在本项目中，将按照课程设计的形式，通过对某带式运输机的单级直齿圆柱齿轮减速器设计相关内容的学习，使学生具备运用机械设计知识、查阅设计手册对减速器进行设计的能力，利用软件绘制装配图和零件图的能力和撰写设计说明书的能力。

【教学目标】

最终目标：能运用机械设计知识、查阅设计手册、利用相关软件，进行单级圆柱齿轮减速器的装配设计和零件设计。

促成目标：1. 能理解减速器的结构、类型、特点和应用；

2. 能综合运用 V 带传动设计、齿轮传动设计、轴系部件设计以及箱体零件设计的相关知识，进行单级圆柱齿轮减速器的装配设计和零件设计；

3. 能利用软件绘制减速器的装配图与零件图；

4. 会设计说明书的编写。

【工作任务】

任务描述：一带式运输机(如图 8-1-1)，其工作状态数据为运输拉力 $F=2.55\text{kN}$，运输带速度 $v=1.5\text{m/s}$，卷筒直径 $D=340\text{mm}$。要求运输机连续工作，单向运转载荷变化不大，空载启动，环境清洁。减速器小批量生产，使用期限 5 年，一班制工作，卷筒不包括其轴承效率为 98%，运输带允许速度误差为 5%。试完成该带式运输机上的一级直齿圆柱齿轮减速器设计。

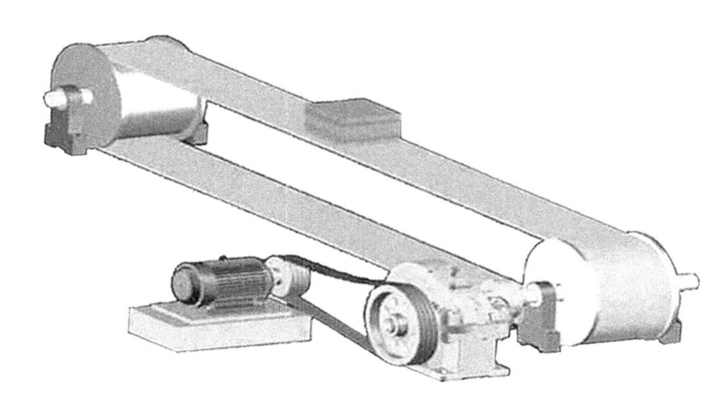

图 8-1-1　带式运输机

任务具体要求：

(1)拟定该运输机的传动方案；

(2)确定该运输机的电机型号；

(3)确定总传动比及分配各级传动比；

(4)完成该运输机的 V 带传动设计；

(5)完成减速器的齿轮传动设计；

(6)完成减速器轴系部件设计；

(7)完成减速器箱体零件及附件的设计；

(8)绘制减速器装配图一张，轴、齿轮零件图纸各一张；

(9)撰写减速器设计说明书一份，如表 8-1-1 所示。

表 8-1-1 设计说明书

<table>
<tr><td>任务名称</td><td colspan="4">一级直齿圆柱齿轮减速器设计</td></tr>
<tr><td>工作原理</td><td colspan="4">滚筒
输送带
联轴器
轴承
电动机
齿轮
一级圆柱齿轮减速器
带传动</td></tr>
<tr><td rowspan="3">设计要求与条件</td><td rowspan="2">设计参数</td><td>运输拉力 F(kN)</td><td>运输带速度 v(m/s)</td><td>卷筒直径 D(mm)</td></tr>
<tr><td>2.55</td><td>1.5</td><td>340</td></tr>
<tr><td>其他条件与要求</td><td colspan="3">1. 连续工作，单向运转载荷变化不大，空载启动，环境清洁；
2. 小批量生产，使用期限 5 年，一班制工作；
3. 卷筒不包括其轴承效率为 98%，运输带允许速度误差为 5%。</td></tr>
<tr><td colspan="5">传动装置的总体设计</td></tr>
</table>

<table>
<tr><td colspan="2">计算项目</td><td>计算与说明</td><td>计算结果</td></tr>
<tr><td rowspan="4">工作步骤</td><td></td><td></td><td></td></tr>
<tr><td></td><td></td><td></td></tr>
<tr><td></td><td></td><td></td></tr>
<tr><td></td><td></td><td></td></tr>
<tr><td colspan="4">V 带传动设计</td></tr>
<tr><td colspan="2">计算项目</td><td>计算与说明</td><td>计算结果</td></tr>
<tr><td rowspan="4">工作步骤</td><td></td><td></td><td></td></tr>
<tr><td></td><td></td><td></td></tr>
<tr><td></td><td></td><td></td></tr>
<tr><td></td><td></td><td></td></tr>
</table>

续表

圆柱齿轮传动设计			
计算项目		计算与说明	计算结果
工作步骤			

主动轴设计			
计算项目		计算与说明	计算结果
工作步骤			

从动轴设计			
计算项目		计算与说明	计算结果
工作步骤	1.		
	2.		
	3.		
	……		

箱体设计			
计算项目		计算与说明	计算结果
1			
2			
3			
……			

端盖设计				
计算项目		计算与说明	计算结果	
			大端盖	小端盖
1				
2				
3				
……				

窥视孔及孔盖设计			
计算项目		计算与说明	计算结果
1			
2			
3			
……			

起重吊耳、吊钩设计			
计算项目		计算与说明	计算结果
1			
2			
3			

续表

……				
其他附件设计与选用				
计算项目		数量	计算与说明	计算结果
1				
2				
3				
……				

【知识储备】

8.1.1 减速器类型

为了满足工作机转速的需要，往往在工作机与原动机之间设置专门的速度变换装置。其中将原动机转速变换成一种固定转速输给工作机的装置称为减速器（一般是降低原动机转速，实现定传动比传动）；将原动机转速变换成多种转速输给工作机的装置称为变速器（实现可变传动比传动）。减速器是一种封闭在刚性壳体内的独立传动装置。其功用是降低转速，增大转矩，把原动机的运动和动力传递给工作机。减速器结构紧凑，效率较高，传递运动准确可靠，使用维护方便，可以成批生产，因此应用非常广泛。减速器主要由传动件、轴、轴承和箱体四部分组成。减速器类型很多，其分类方法一般有以下几种：

（1）按传动件类型可分为圆柱齿轮减速器、圆锥齿轮减速器、蜗杆减速器、行星齿轮减速器、摆线针轮减速器和谐波齿轮减速器，如图 8-1-2 所示；

(a) 蜗杆减速器

(b) 行星齿轮减速器

(c) 摆线针轮减速器

(d) 谐波齿轮减速器

图 8-1-2　按传动件分类

（2）按传动比级数可分为单级减速器和多级减速器（图 8-1-3），其中二级减速器按齿轮在箱体内的布置方式不同又分为展开式、分流式、同轴线式（表 8-1-2 中二级圆柱齿轮减速器）和中心驱动式。

（3）按轴在空间的相对位置可分为卧式减速器（图 8-1-3）和立式减速器（图 8-1-2a）。

实际中常用减速器的类型及特点如表 8-1-2 所示，设计者可以根据具体设计要求，结合每种减速器的特点选择合理的方案。

(a) 单级减速器

(b) 多级减速器

图 8-1-3 按传动比级数分类

表 8-1-2 常用减速器的类型及特点

类型	简图及特点
一级圆柱齿轮减速器	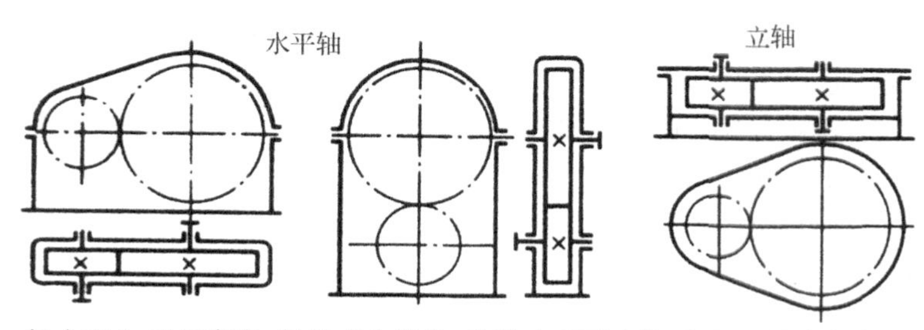 传动比一般小于 5，可用直齿、斜齿或人字齿，传递功率可达数万千瓦，效率较高、工艺简单，精度易于保证，一般工厂均能制造，应用广泛。 轴线可作水平布置、上下布置或铅垂布置。
二级圆柱齿轮减速器	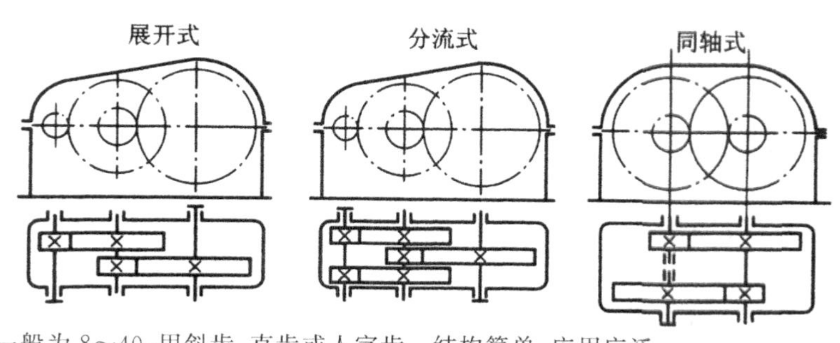 传动比一般为 8～40，用斜齿、直齿或人字齿。结构简单，应用广泛。 展开式由于齿轮相对于轴承为不对称布置，因而载荷沿齿向分布不均，要求轴有较大刚度；分流式齿轮相对于轴承对称布置，常用于较大功率、变载荷场合；同轴式减速器长度方向尺寸较小，但轴向尺寸较大，中间轴较长，刚度较差，两级大齿轮直径接近，有利于浸油润滑。 轴线可多为水平。

续表

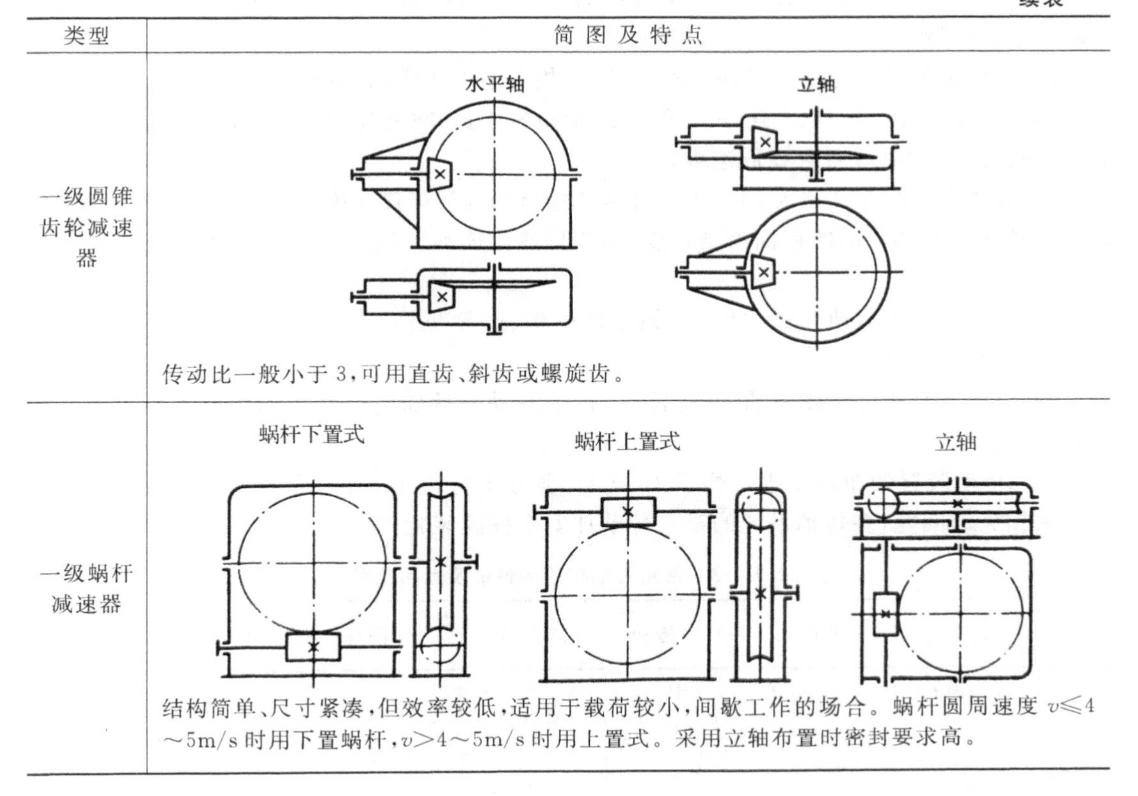

类型	简图及特点
一级圆锥齿轮减速器	水平轴　立轴 传动比一般小于3,可用直齿、斜齿或螺旋齿。
一级蜗杆减速器	蜗杆下置式　蜗杆上置式　立轴 结构简单、尺寸紧凑,但效率较低,适用于载荷较小,间歇工作的场合。蜗杆圆周速度 $v \leq 4 \sim 5\text{m/s}$ 时用下置蜗杆,$v > 4 \sim 5\text{m/s}$ 时用上置式。采用立轴布置时密封要求高。

8.1.2 减速器的设计内容

1. 传动装置的总体设计

(1)分析拟定传动方案

机器通常是由动力机、传动系统和工作机构三部分组成。传动系统用于将动力机的运动和动力传给工作机构,并协调二者的转速和转矩,以实现工作机的工作要求,是机器的主要组成部分。

合理的传动系统方案,除了应满足工作机性能要求、适合工况条件及工作可靠外,还应使传动系统结构简单、尺寸紧凑、加工方便、成本低廉、效率高及便于使用和维护等。要同时满足这许多要求常常是困难的,在进行传动系统方案设计时应统筹兼顾、保证重点。

传动方案通常用运动简图来表示,它用简单的符号来代表一些运动图、构件及机构,简明地表示了运动和动力的传递方式和路线,以及各部件之间的组成和联接关系。

常用传动机构的性能及适用范围如表8-1-3所示。当采用几种传动形式组成的多级传动时,拟定运动方案(简图)时要合理布置其传动顺序主要注意以下几点:

1) 带传动承载能力较低,在传递相同转矩时结构尺寸较啮合传动大。但带传动平稳,能吸振缓冲,应尽量置于传动系统的高速级。

2) 滚子链传动运转不均匀,有冲击,宜布置在传动系统的低速级;

3) 螺杆传动多用于传动比大,传递功率不大的情况,因其承载能力较齿轮为低,故常将其布置在高速级;

4）因锥齿轮的模数增大后加工更为困难，一般应将其置于传动系统的高速级，且对其传动比加以限制；

5）斜齿轮传动的传动平稳性较直齿轮好，相对地可用于高速级；

6）开式齿轮传动一般工作环境较差，润滑条件不良，故寿命较短，对外廓的紧凑性要求低于闭式传动，相对应布置在低速级；

7）蜗杆传动的传动比大，承载能力较齿轮传动低，常布置在传动系统的高速级，以获得较小的结构尺寸和较高的齿面滑动速度，易于形成流体动压润滑油膜，提高承载能力和传动效率；

8）一般将改变运动形式的机构（如连杆机构、凸轮机构）布置在传动系统末端或低速处，以简化传动装置。

9）制动器通常设在高速轴，并需注意：位于制动器后面的传动机构绝对不能出现带传动和摩擦传动；

10）传动装置的布局要求结构紧凑、匀称、强度和刚度好，有时需为防止过载而造成机器重大损失的问题，在传动系统的某一环节加安全保险装置。

表 8-1-3　常用传动机构的性能及适用范围

传动机构 选用指标		平带传动	V 带传动	链传动	圆柱齿轮传动		蜗杆传动
功率(常用值) /kW		小 (≤20)	中 (≤100)	中 (≤100)	大 (最大达 50000)		小 (≤50)
单级传动比	常用值	2～4	2～4	2～5	圆柱 3～5	圆锥 2～3	10～40
	最大值	5	7	6	8	5	80
传动效率		查表 8-1-4					
许用的线速度 /(m/s)		≤25	≤25～30	≤40	6 级精度直齿 $v\leqslant18$，非直齿 $v\leqslant36$，5 级精度 v 可达 100		≤15～35
外廓尺寸		大	大	大	小		小
传动精度		低	低	中等	高		高
工作平稳性		好	好	较差	一般		好
自锁性能		无	无	无	无		可有
过载保护作用		有	有	无	无		无
使用寿命		短	短	中等	长		中等
缓冲吸振能力		好	好	中等	差		差
要求制造及 安装精度		低	低	中等	高		高
要求润滑条件		不需	不需	中等	高		高
环境适应性		不能接触酸、碱、油、爆炸性气体		好	一般		一般

表 8-1-4 机械传动和摩擦副的效率概略值

种类		效率 η	种类		效率 η
圆柱齿轮传动	很好跑合的6级精度和7级精度齿轮传动(稀油润滑)	0.98～0.99	丝杠传动	滑动丝杠	0.3～0.6
	8级精度的一般齿轮传动(稀油润滑)	0.97		滚动丝杠	0.85～0.95
	9级精度的齿轮传动(稀油润滑)	0.96	滚动轴承	球轴承(稀油润滑)	0.99
	加工齿的开式齿轮传动(干油润滑)	0.94～0.96		滚子轴承(稀油润滑)	0.98
	铸造齿的开式齿轮传动	0.90～0.93		平摩擦传动	0.85～0.92
圆柱齿轮传动	很好跑合的6级精度和7级精度齿轮传动(稀油润滑)	0.97～0.98	摩擦传动	槽摩擦传动	0.88～0.90
	8级精度的一般齿轮传动(稀油润滑)	0.94～0.97		卷绳轮	0.95
	加工齿的开式齿轮传动(干油润滑)	0.92～0.95		浮动联轴器	0.97～0.99
	铸造齿的开式齿轮传动	0.88～0.92		齿轮联轴器	0.99
蜗杆传动	自锁蜗杆	0.4～0.45	联轴器	弹性联轴器	0.99～0.995
	单头蜗杆	0.7～0.75		万向联轴器($\alpha \leqslant 3°$)	0.97～0.98
	双头蜗杆	0.75～0.82		万向联轴器($\alpha > 3°$)	0.95～0.97
	三头和四头蜗杆	0.8～0.92		梅花接轴	0.97～0.98
	圆弧面蜗杆传动	0.85～0.95		液力联轴器(在设计点)	0.95～0.98
带传动	平带无压紧轮的开式传动	0.98	复滑轮组	滑动轴承($i=2～6$)	0.98～0.90
	平带有压紧轮的开式传动	0.97		滚动轴承($i=2～6$)	0.99～0.95
	平带交叉传动	0.9		单级圆柱齿轮减速器	0.97～0.98
	V带传动	0.96		双级圆柱齿轮减速器	0.95～0.96
链传动	焊接链	0.93	减(变)速器	单级行星圆柱齿轮减速器	0.95～0.96
	片式关节链	0.95		单级行星摆线针轮减速器	0.90～0.97
	滚子链	0.96		单级圆锥齿轮减速器	0.95～0.96
	无声链	0.97		双级圆锥—圆柱齿轮减速器	0.94～0.95
滑动轴承	润滑不良	0.94		无级变速器	0.92～0.95
	润滑正常	0.97		轧机人字齿轮座(滑动轴承)	0.93～0.95
	润滑特好(压力润滑)	0.98		轧机人字齿轮座(滚动轴承)	0.94～0.96
	液体摩擦	0.99		轧机主减速器(包括主联轴器和电机联轴器)	0.93～0.96

(2)选择电动机

电动机是通用机械中应用极为广泛的动力机，电动机已经系列化，一般由专门工厂按标准系列成批大量生产。我国广泛应用按照国际电工委员会(IEC)标准全国统一设计的Y系列全封闭自扇冷式笼型三相异步电动机。在机械设计中，通常根据工作载荷(大小、特性及其变化情况)、工作要求(转速高低、允差和调速要求、启动和反转频繁程度)、工作环境(尘土、金属屑、油、水、高温及爆炸气体等)、安装要求及尺寸、质量有无特殊限制等条件从产品目录中选择电动机的类型和结构形式、容量(功率)和转速，确定具体的型号。

1)电动机的功率确定

电动机的功率(容量)选得合适与否,对电动机的工作和经济性有较大的影响。一般根据工作机所需要的功率大小和中间传动装置的效率以及机器的工作条件来确定。合理的选择步骤如下:

① 计算工作机所需的功率 P_W

如图 8-1-4 所示的带式运输机,其工作机所需要的电动机输出功率为

$$P_d=\frac{P_W}{\eta} \tag{8-1-1}$$

式中:P_W 为工作机所需输入功率,即指运输带主动端所需的功率,单位为 kW;η 为电动机至工作机主动端的总效率。

工作机所需功率 P_W(kW)计算应由机器的工作阻力和运动参数计算求得:

$$P_W=\frac{Fv}{1000\eta_W} \tag{8-1-2}$$

或

$$P_W=\frac{Tn_W}{1000\eta_W}$$

式中:F 为工作机的工作阻力,N;v 工作机卷筒的线速度,m/s;T 为工作机的阻力矩,N·m;n_w 为工作机的转速,单位为 r/min;η_W 工作机的效率。

由电动机至工作机的传动装置总效率 η 为:

$$\eta=\eta_1\cdot\eta_2\cdot\eta_3\cdots\cdots\eta_n \tag{8-1-3}$$

其中 $\eta_1,\eta_2,\eta_3,\cdots\cdots,\eta_n$ 分别为传动装置中各传动副、轴承、联轴器的效率,其概略值可按表 8-1-4 选取。由此可知,应初选联轴器、轴承类型及齿轮精度等级,以便于确定各部分的效率。

计算传动装置的总效率时需注意以下几点:

- 表 8-1-4 中所列为效率值的范围时,一般可取中间值;
- 同类型的几对传动副、轴承或联轴器,均应单独计入总效率;
- 轴承效率均指一对轴承的效率;
- 蜗杆传动效率与蜗杆的头数及材料有关,设计时应先选头数并估计效率,待设计出蜗杆的传动参数后再最后确定效率,并核验电动机所需功率。

② 电动机的转速确定

在三相交流异步电动机产品规格中,同一功率有四种同步转速。在电动机功率和工作机转速一定时,电动机转速越高,磁极数越少,尺寸及重量越小,价格就越低。就电动机本身的经济性而言,宜选极数少而转速高的电动机,但传动装置的总传动比必然增大,传动系统结构复杂、传动级数将增多,尺寸及重量增大,传动装置的成本增加。极数多而转速低的电动机尺寸大、重量重、价格高,但能使传动系统的总传动比减小。因而,在确定电动机转速时,应综合考虑、分析和比较电动机和传动系统的性能、尺寸、重量和价格等因素,作出最佳选择。

电动机的极数为 2 极、4 极、6 极、8 级,其同步转速分别为 3000r/min、1500r/min、1000r/min、750r/min 四种,并可从产品规格中查到与同步转速相应的满载转速 n_m。机械设计课程设计中,可根据设计的原始数据和具体要求选用同步转速为 1500r/min 或 1000r/min 的电动机为宜。

【例 1】 如图 8-1-4 所示带式运输机的传动方案。已知卷筒直径 $D=500\text{mm}$，运输带的有效拉力 $F=1500\text{N}$，运输带速度 $v=2\text{m/s}$，卷筒效率为 0.96，长期连续工作。试选择合适的电动机。

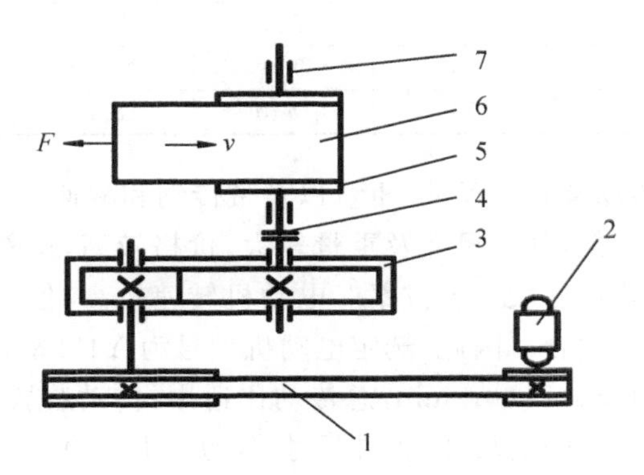

1-V 带传动；2-电动机；3-圆柱传动减速器；
4-十字滑块联轴器；5-滚筒；6-输送带；7-向心滚子轴承
图 8-1-4 带式运输机传动装置

解：1)选择电动机类型

按已知的工作要求和条件，选用 Y 形全封闭笼型三相异步电动机。

2)选择电动机的功率

工作机时所需电动机输出功率为：$P_d=\dfrac{P_W}{\eta}$

因 $P_W=\dfrac{Fv}{1000\eta_W}$，所以有 $P_d=\dfrac{Fv}{1000\eta_W\eta}$

电动机至工作机间的总效率(包括工作机效率)为

$\eta\cdot\eta_W=\eta_1\cdot\eta_2^2\cdot\eta_3\cdot\eta_4\cdot\eta_5\cdot\eta_6$

η_1、η_2、η_3、η_4、η_5、η_6 分别为带传动、齿轮传动的轴承，齿轮传动、联轴器、卷筒轴的轴承及卷筒的效率。查表 8-1-4，取 $\eta_1=0.96$，$\eta_2=0.99$，$\eta_3=0.97$，$\eta_4=0.97$，$\eta_5=0.98$，$\eta_6=0.96$。

由电动机至工作机之间的总效率(包括工作机效率)为

$\eta\cdot\eta_W=\eta_1\cdot\eta_2^2\cdot\eta_3\cdot\eta_4\cdot\eta_5\cdot\eta_6=0.96\times0.99^2\times0.97\times0.97\times0.98\times0.96=0.83$

所以 $P_d=\dfrac{Fv}{1000\eta_W\eta}=\dfrac{1500\times2}{1000\times0.83}=3.61\text{kW}$

3)确定电动机转速

卷筒轴的工作转速为：$n_W=\dfrac{60\times1000v}{\pi D}=\dfrac{60\times1000\times2}{\pi\times500}=76.4\ r/\text{min}$

按推荐的合理传动比范围取 V 带传动的传动比 $i_1'=2\sim4$，单级齿轮传动比 $i_2'=3\sim5$ 则合理总传动比的范围为：$i'=6\sim20$，故电动机转速的可选范围为

$$n'_d=i'\cdot n_w=(6\sim20)\times76.4=458\sim1528\ \text{r/min}$$

符合这一范围的同步转速有 750 r/min，1000 r/min，1500 r/min。再根据计算出的容量查有关手册选择电动机型号，本设计中可参考表 8-1-5，然后将选择结果列于下表。

表 8-1-5 可选方案

方案	电动机型号	额定功率	电动机转速(r/min)		传动装置的的传动比		
		P_{ed}/kW	同步转速	满载转速	总传动比	带	齿轮
1	Y160M1－8	4	750	720	9.42	3	3.14
2	Y132M1－6	4	1000	960	12.57	3.14	4
3	Y112M－4	4	1500	1440	18.85	3.5	5.385

综合考虑电动机和传动装置的尺寸、重量以及带传动和减速器的传动比，比较三个方案可知，方案 1 的电动机转速低，外廓尺寸及重量较大，价格较高，虽然总传动比不大，但因电动机转速低，导致传动装置尺寸较大。方案 3 电动机转速较高，但总传动比大，传动装置尺寸较大。方案 2 适中，比较适合。因此，选定电动机型号为 Y132M1-6 是所选电动机的额定功率 $P_{ed}=4$kW，满载转速 $n_m=960$r/min，总传动比适中，传动装置结构紧凑。查手册求出其他尺寸(中心高、外型尺寸、安装尺寸、轴伸尺寸、键联接尺寸等)。

(3)分配传动比

由选定的电动机满载转速 n_m 和工作机轴的转速 n_w，可得出传动系统的总传动比 i，然后将总传动比合理地分配给各级传动。传动系统的总传动比为

$$i=\frac{n_m}{n_w} \tag{8-1-4}$$

对于多级串联传动系统的总传动 i 为各级传动比之积，即

$$i=i_1 \cdot i_2 \cdot i_3 \cdot \cdots \cdot i_n \tag{8-1-5}$$

在进行多级传动系统总体设计时，合理分配传动比是一个重要步骤。能否合理分配传动比，将直接影响到传动系统的外廓尺寸、重量、结构、润滑、成本及工作能力。传动比分配应注意以下几点：

1)各级传动的传动比一般应在推荐的常用值范围内选取，参见表 8-1-3。

2)应使传动装置的结构尺寸较小、重量较轻。在卧式齿轮减速器中，为便于采用浸油润滑方式，应使高速级和低速级大齿轮的浸油深度大致相等，即两个大齿轮的直径应相近。

3)各级传动间应做到尺寸协调、结构匀称、利于安装，避免相互干涉碰撞。

4)总传动比的分配还应考虑载荷的性质，对平稳载荷，各级传动比可取简单的整数，对于周期性变载荷，为防止局部破坏，各级传动比通常取为质数。

传动件的参数确定后，应验算实际转速是否在允许的误差范围内，如不能满足要求，应重新调整传动比，若未规定允许的误差范围，则通常取±3%～5%

(4)计算传动装置的运动和动力参数

为进行传动件的设计计算，应首先推算出传动装置的运动和动力参数(即各轴的转速、功率和转矩)，一般按由电动机至工作机之间运动传递的路线推算各轴的运动和动力参数，现以二级减速器为例进行说明。

1)各轴转速(r/min)

$$\left.\begin{aligned} n_1&=n_m/i_0 \\ n_2&=n_1/i_1=n_m/(i_0 i_1) \\ n_3&=n_2/i_2=n_m/(i_0 \cdot i_1 \cdot i_2) \end{aligned}\right\} \tag{8-1-6}$$

式中：n_m 为电动机的满载速度，单位为 r/min；n_1、n_2、n_3 分别为 1、2、3 轴(1 轴为高速轴，3 轴

为低速轴)的转速,单位为 r/min;i_0 为电动机至 I 轴的传动比;i_1 为 I 轴至 II 轴的传动比;i_2 为 II 轴至 III 轴的传动比。

2)各轴的输入功率:

$$\left.\begin{aligned}P_1&=P_d\cdot\eta_{01}\\P_2&=P_1\cdot\eta_{12}=P_d\cdot\eta_{01}\cdot\eta_{12}\\P_3&=P_2\cdot\eta_{23}=P_d\cdot\eta_{01}\cdot\eta_{12}\cdot\eta_{23}\end{aligned}\right\}\tag{8-1-7}$$

式中:P_d 为电动机的输出功率,P_1、P_2、P_3 分别为 1、2、3 轴的输入功率,η_{01}、η_{12}、η_{23} 分别为电动机轴与 I 轴、I 轴与 II 轴、II 轴与 III 轴间的传动效率。

3)各轴转矩:

$$\left.\begin{aligned}T_1&=T_d\cdot i_0\cdot\eta_{01}\\T_2&=T_1\cdot i_1\cdot\eta_{12}\\T_3&=T_2\cdot i_2\cdot\eta_{23}\end{aligned}\right\}\tag{8-1-8}$$

T_1、T_2、T_3 分别为 I、II、III 轴的输入转矩

T_d 为电动机轴的输出转矩:$T_d=9550P_d/n_m$

【例 2】 同例 1 的已知条件和计算结果,计算传动装置各轴的运动和动力参数。

解:(1)各轴的转速:

$n_1=n_m/i_0=960/3.14=305.73$ r/min

$n_2=n_1/i_1=305.73/4=76.4$ r/min

$n_w=76.4$ r/min

(2)各轴的输入功率:

$P_1=P_d\eta_{01}=3.6\times0.96=3.456$ kW

$P_2=P_1\eta_{12}=P_1\eta_2\eta_3=3.456\times0.99\times0.97=3.32$ kW

$P_3=P_2\eta_2\eta_4=3.32\times0.99\times0.97=3.19$ kW

(3)各轴的输入转矩:

$T_d=9550P_d/n_m=9550\times3.61/960=35.91$ (N·m)

$T_1=T_d i_0\eta_{01}=T_d i_0\eta_1=35.91\times3.14\times0.96=108.25$ (N·m)

$T_2=T_1 i_1\eta_{12}=T_1 i_1\eta_2\eta_3=108\times4\times0.99\times0.97=415.82$ (N·m)

$T_3=T_2\eta_2\eta_4=415.82\times0.99\times0.97=399.31$ (N·m)

将运动和动力参数的计算结果列于表 8-1-6。

表 8-1-6 运动和动力参数

参数 \ 轴名	电动机轴	Ⅰ轴	Ⅱ轴	卷筒轴
转速 n(r/min)	960	305.73	76.4	76.4
输入功率 P(kW)	3.6	3.456	3.32	3.19
输入转矩 T(N·m)	35.91	108.25	415.82	399.31
传动比 i	3.14	4	1	
效率 η	0.96	0.96	0.96	

2. 传动零件设计

在装配图设计之前应首先设计计算传动件。当减速器外有其他传动件时,可先对外部

传动和执行构件进行计算(连杆机构、凸轮机构)。传动零件的设计包括选择或确定传动零件的材料、热处理方法、参数、尺寸和主要结构。一般而言,机械设计课程设计对传动系统中减速器外的传动零件(如V带传动、链传动、开式圆柱齿轮传动等),只须确认已分配的传动比和所选定的传动效率,不作具体的结构设计;而对传动系统中减速器内的传动零件(齿轮传动或蜗杆传动)则必须进行设计计算、结构设计。

(1)减速器外传动零件设计

减速器外常用传动零件有V带传动、链传动、开式齿轮传动和联轴器等,设计中有以下一些注意点。

表 8-1-7　外常用传动零件设计要点

传动形式	设计内容	注意事项
V带传动	确定V带的型号、长度和根数;带轮的材料和结构、传动中心距及带的张紧装置、压轴力等	检查带轮尺寸于传动装置的外廓尺寸是否相配、各轴孔直径和长度于安装轴应协调一致。轮毂宽度由电机输出轴确定,轮缘宽度由带的型号及根数确定。
链传动	确定链的链号、节距、排数、链节数,传动中心距、链轮的材料和结构尺寸、张紧装置及润滑方式、压轴力等	检查链轮尺寸、轴孔尺寸、轮毂尺寸是否于减速器或工作机相适应,大小链轮齿数最好选择奇数或不能整除链节数的数,一般Z最小齿数为17、最大齿数为120,链节数取偶数以避免过渡链节。
开式齿轮	选择材料、确定齿轮传动齿数、模数、中心距、螺旋角、变位系数、齿宽等齿轮的其他几何尺寸作用在轴上的力等	一般用于低速、常采用直齿轮,注意材料的匹配,检查外廓尺寸是否与相关零部件发生干涉。作悬臂布置时,齿宽系数取小些。
联轴器选择	选择联轴器的类型	根据所传递的转矩、轴的转速和安装形式的几何尺寸要求从标准件中选择,分为刚性联轴器(凸缘联轴器、齿式联轴器等)、弹性联轴器(弹性柱销联轴器、梅花形弹性联轴器。弹性套柱销联轴器等)

(2)减速器内传动零件的设计

减速器一般由轴系零部件(齿轮、轴及轴承、端盖)、减速器箱体、减速器附件三部分组成,如图8-1-5和图8-1-6所示分别是圆柱齿轮减速器和蜗杆减速器的典型结构图。关于减速器的箱体、轴系部件和附件的设计,请参与本教材项目6和项目7中的相关内容,在此只讨论应注意的事项。

1)在选用齿轮的材料前,应先估计大齿轮的直径。如果大齿轮直径较大,则多采用铸造毛坯,齿轮材料应选用铸钢或铸铁材料。如果小齿轮的齿根圆直径与轴径接近,齿轮与轴可制成一体,选用的材料应兼顾轴的要求。同一减速器的各级小齿轮(或大齿轮)的材料应尽可能一致,以减少材料的牌号,降低加工的工艺要求。

2)计算齿轮的啮合几何尺寸时应精确到小数点后2到3位,角度应精确到“″”(秒),而中心距、齿宽和结构尺寸应尽量圆整为整数。斜齿轮传动的中心距应通过改变β角(螺旋角)的方法圆整为以0.5结尾的整数。

3)传递动力的齿轮,其模数应大于1.5~2mm。

4)锥齿轮的分度圆锥角δ_1、δ_2可由传动比i算出,i值的计算应精确到小数点后4位,δ

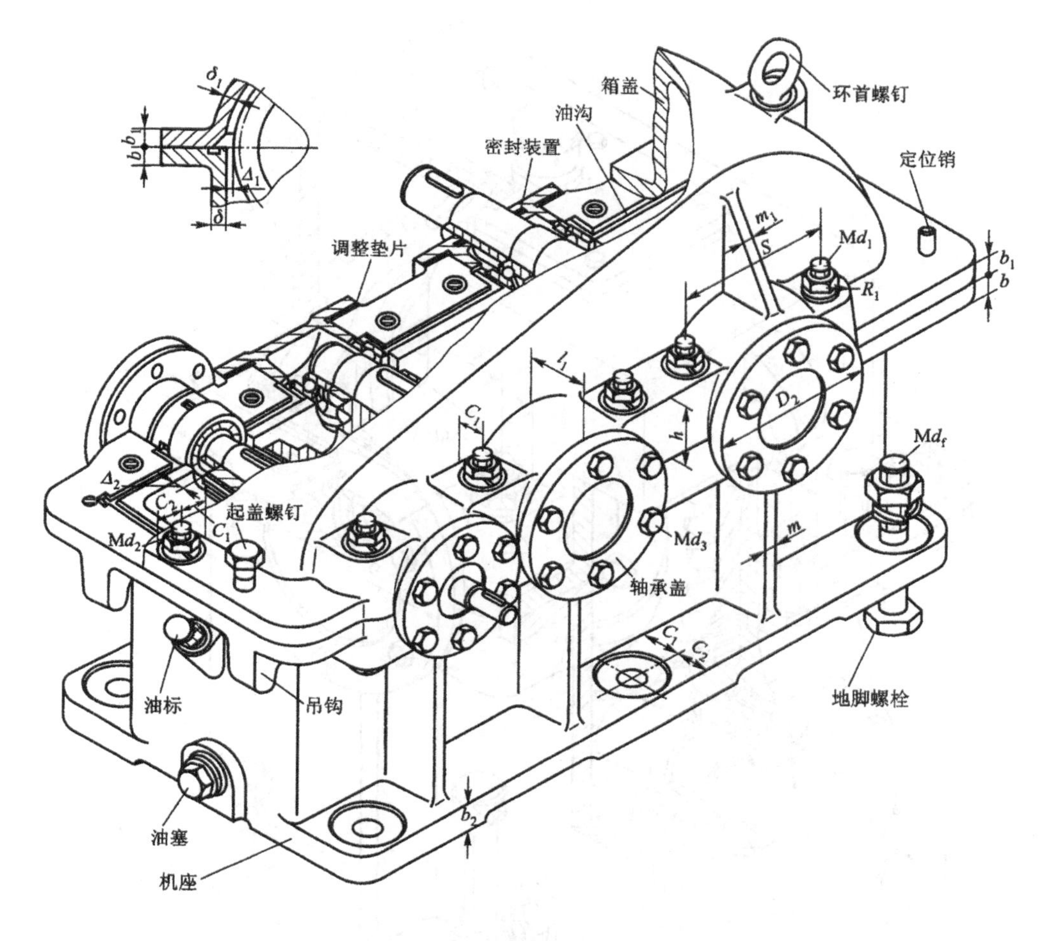

图 8-1-5 圆柱齿轮减速器

值的计算应精确到“″”(秒)。

5)蜗杆传动的中心距应尽量圆整成尾数为 0 或 5 的整数，蜗杆的螺旋线方向应尽量选用右旋，以便于加工。蜗杆传动的啮合几何尺寸也应精确计算。

6)当蜗杆的圆周速度 $v<4\sim5\text{m/s}$ 时，一般采用蜗杆下置式；当 $v>4\sim5\text{m/s}$ 时，则采用蜗杆上置式。

7)蜗杆的强度和刚度验算以及蜗杆传动的热平衡计算都要在装配草图的设计中进行。

8)各齿轮的参数和几何尺寸的计算结果应及时整理并列表备用。

3. 减速器装配工作图设计

减速器装配图是用来表达减速器的工作原理及各零件间装配关系的图样，也是制造、装配减速器和拆绘减速器零件图的依据。必须认真绘制且用足够的视图和剖面将减速器结构表达清楚。装配工作图的设计既包括结构设计又包括校核计算，设计过程比较复杂，常常需要边绘图、边计算、边修改。因此，为保证设计质量，初次设计时，应先绘制草图。一般先用细线绘制装配草图，经过设计过程中的不断修改，待全部完成并经检查、审查后再加深或重新绘制正式的装配图。

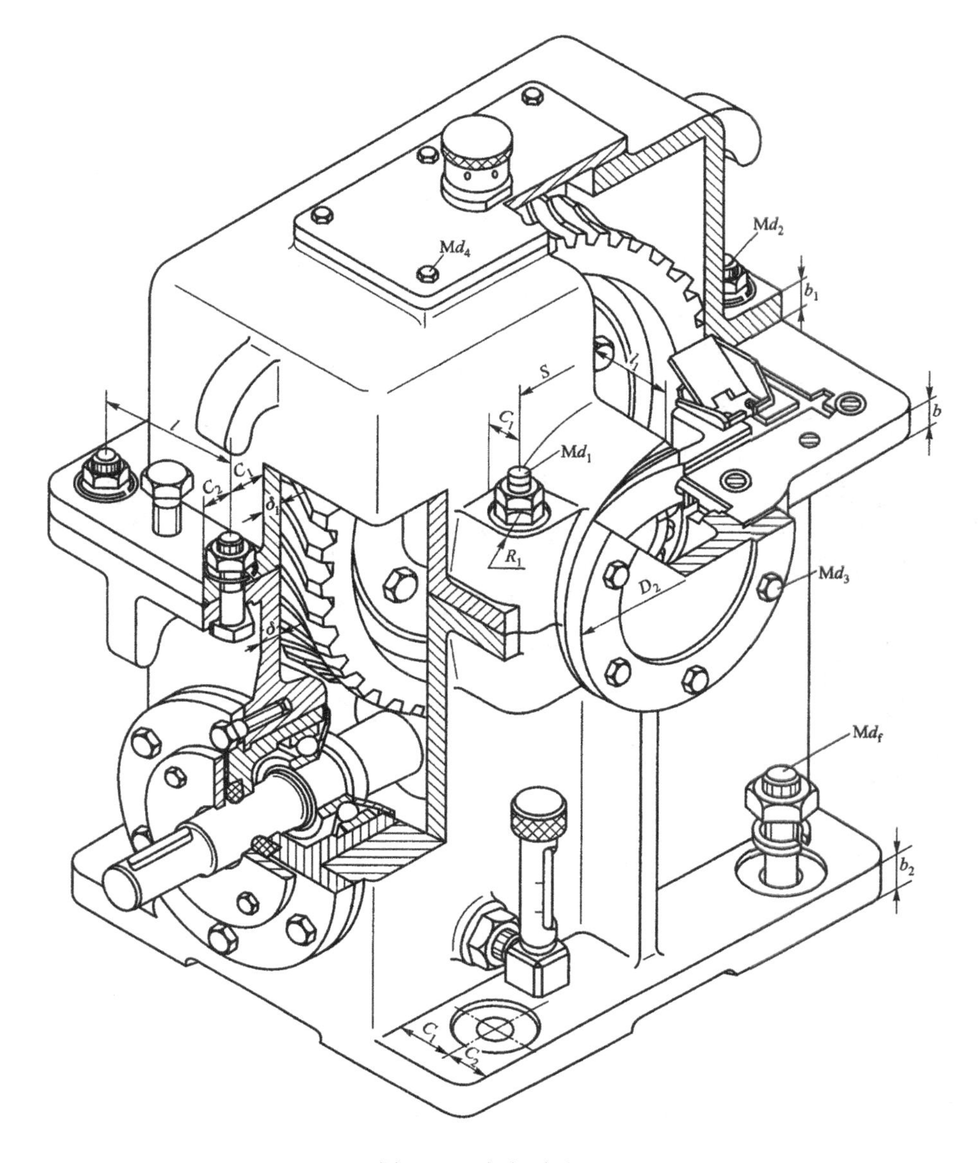

图 8-1-6　蜗杆减速器

(1)装配图设计的准备阶段

1)绘制装配图之前,应将传动装置的总体设计、传动件及轴的设计计算所得的尺寸、数据进行归纳、汇总并确定减速器箱体的结构方案。

2)绘图前,选好比例尺,布置好视图位置,对于准备工作中没有计算的一些具体尺寸,可边绘图边计算交叉进行。

一般装配图需要有三视图、技术要求、明细栏和标题栏等内容,其布置形式如图 8-1-7 所示。

(2)装配图设计的第一阶段

1)确定减速器箱体内壁及箱体内各主要零件之间的相关位置。

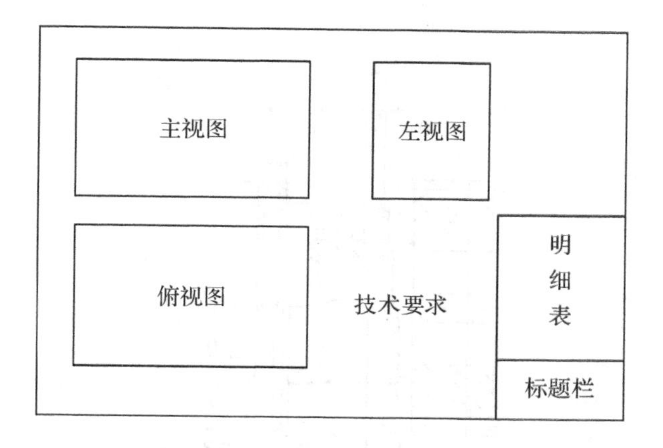

图 8-1-7 装配图的布置

① 内壁位置的确定

在主视图中根据前面计算内容定出各齿轮中心线位置，画分度圆，在俯视图中定出各齿轮的对称中心线，画出齿轮的轮廓。注意高速级齿轮和低速级轴不能相碰，否则应重新分配传动比，小齿轮宽度应略大于大齿轮宽度 5～10mm，以免因安装误差影响齿轮接触宽度。关于 δ、δ_1、Δ_1 和 Δ_2 等参数的含义及确定方法详见本教材项目 7 任务 3 中的相关内容。如图 8-1-8 所示是本阶段绘制的一级圆柱齿轮减速器的装配草图。

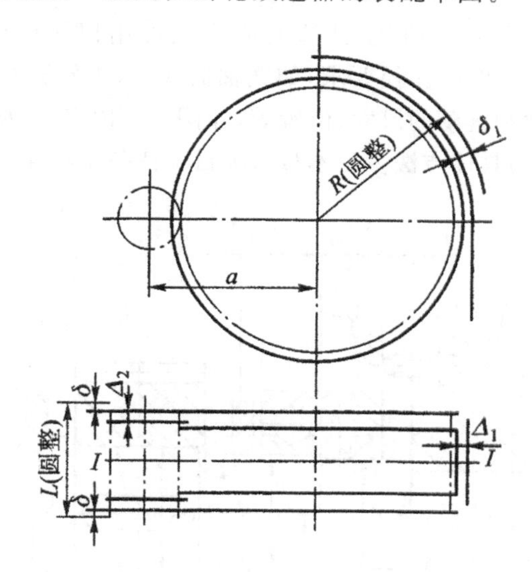

图 8-1-8 一级圆柱齿轮减速器的装配底图(一)

② 轴承及轴承座位置的确定

如图 8-1-9 所示，箱体内壁与轴承座端面的距离 L，取决于壁厚 δ、轴承旁联接螺栓 d_1 及其所需的扳手空间 C_1、C_2 的尺寸。因此 $L=\delta+C_1+C_2+(5\sim10)$mm，(5～10)mm 为区分加工面与毛坯面所留出的尺寸即轴承座端面凸出箱体外表面的距离，其目的是为了便于进行轴承座端面的加工。两轴承座端面间的距离应进行圆整。轴承内侧与机体内壁之间的距离 Δ_3 根据实际润滑情况来定，当轴承为油雾飞溅润滑时可取 3～5，当轴承采用油脂润滑

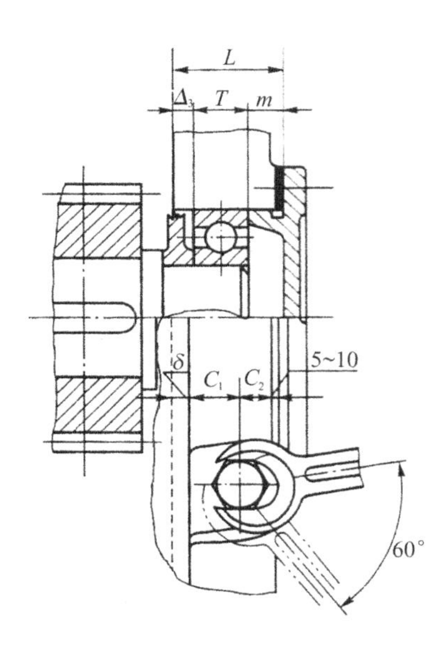

图 8-1-9　轴承及轴承座位置

时，因需要装挡油环故可取 5～10mm。

2）轴的结构设计

按纯扭转受力状态初步估算轴径，计算时应降低许用扭转剪应力确定轴端最小直径 d_{min}，该轴径必须符合相配零件的孔径要求，如联轴器孔径、带轮孔径等。然后确定轴的结构形状、各轴段的直径与长度和键槽的尺寸、位置等，如图 8-1-10 所示为阶梯轴的结构形状和各段尺寸。关于轴结构设计的具体方法参见本教材项目 7 任务 1 和任务 2 中的相关内容。

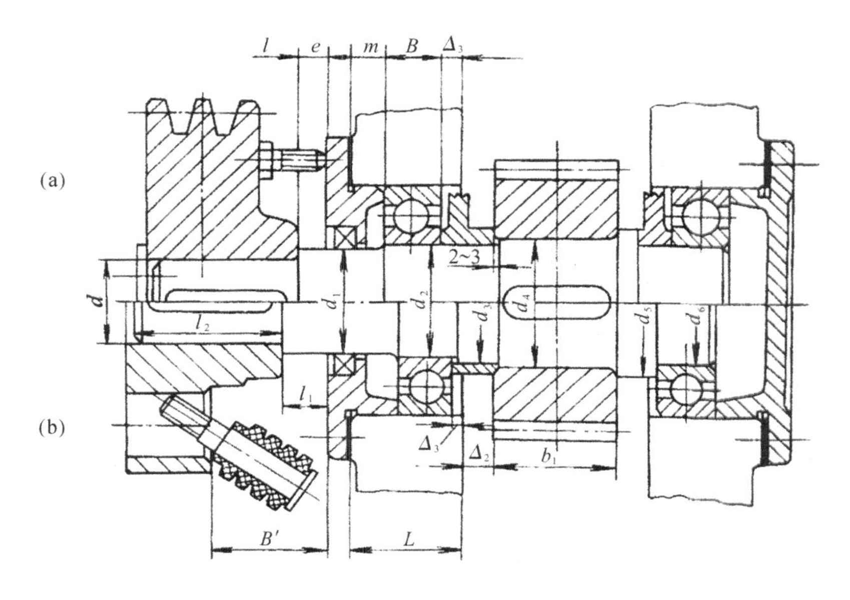

图 8-1-10　轴的各段直径与长度

设计过程中，对于所查出的各种标准、所计算的各种数据和零件尺寸，均应作好记录，以备后用。图 8-1-11 所示为此阶段绘制的一级圆柱齿轮减速器的装配底图，图中各参数的确定方法参见本教材项目 7 任务 1、任务 2 和任务 3 中的相关内容。

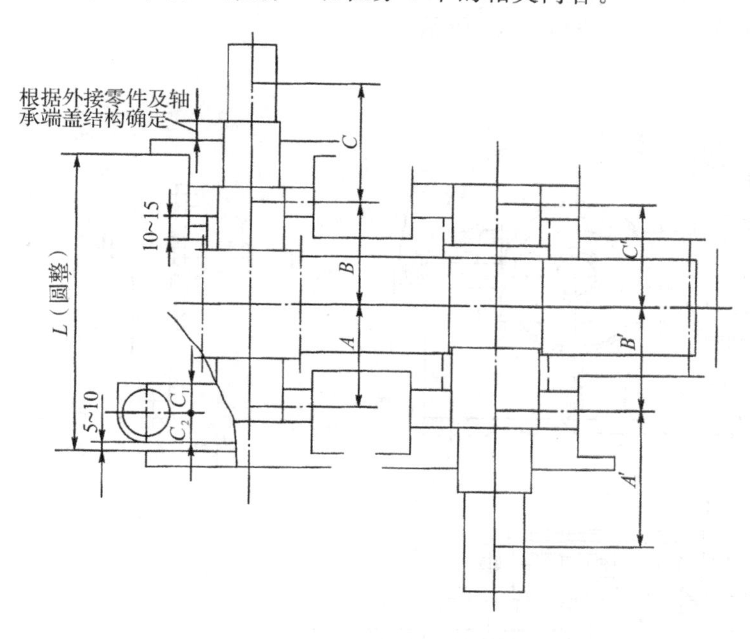

图 8-1-11　一级圆柱齿轮减速器的装配底图（二）

（3）装配图设计的第二阶段

这一阶段的主要内容是轴上传动零件及轴的支承零件的结构设计，即齿轮的结构设计、轴承端盖的结构、轴承的润滑和密封设计，具体设计方法见教材项目 7 任务 1 和任务 3 的相关内容。这一阶段绘制的一级圆柱齿轮减速器的装配底图如图 8-1-12 所示。

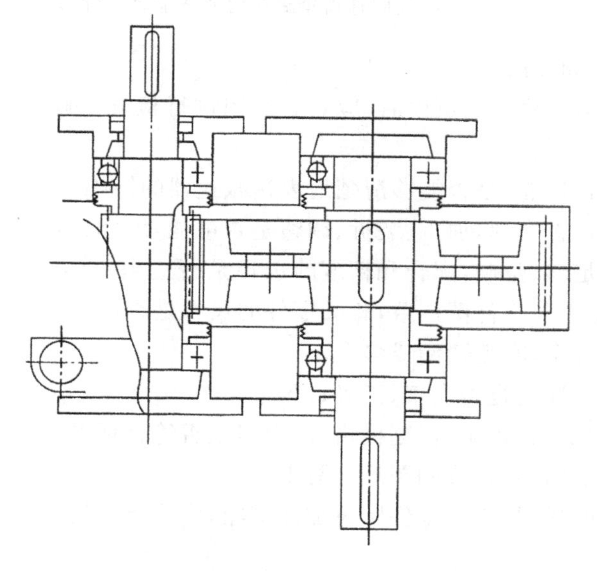

图 8-1-12　一级圆柱齿轮减速器的装配底图（三）

(4)装配图设计的第三阶段

这一阶段的主要内容是进行减速器箱体和附件(窥视孔及盖、通气器、吊环螺钉、吊耳及吊钩、定位销、启盖螺钉、油标等)的设计,具体设计方法见教材项目 7 任务 3 中的相关内容。这一阶段完成的装配底图如图 8-1-13 所示。

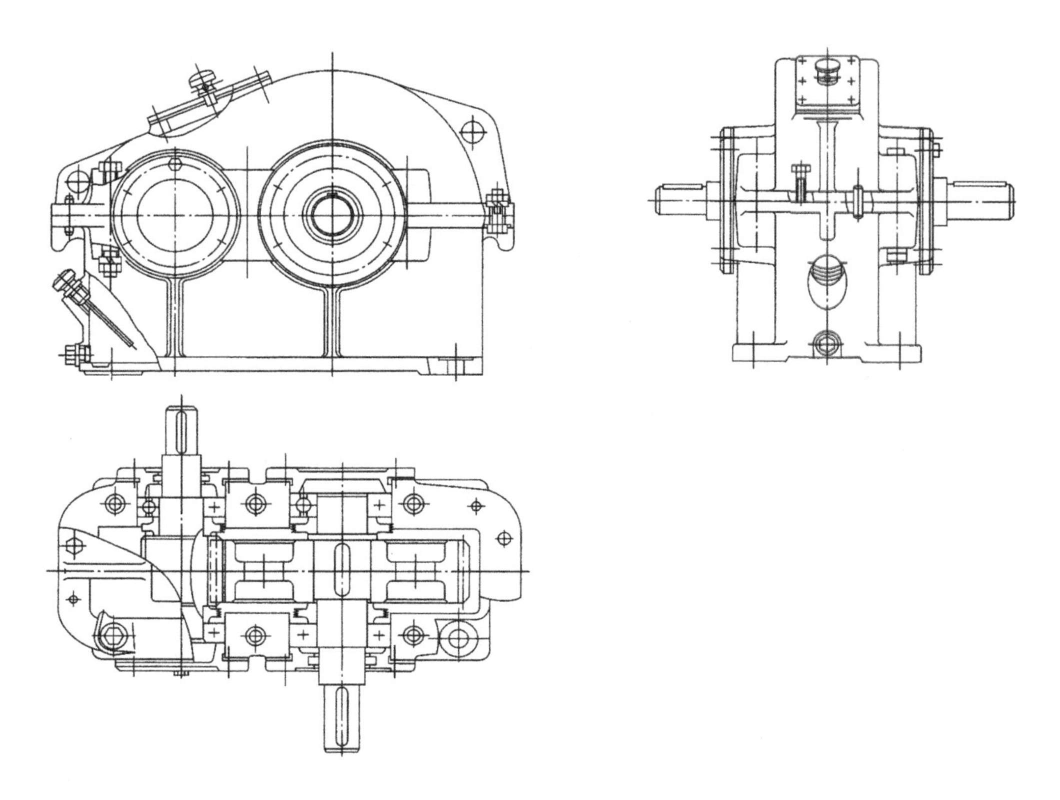

图 8-1-13　一级圆柱齿轮减速器的装配底图(四)

(5)装配图的检查和修改

当装配图设计的第三阶段结束以后,应对装配图进行检查与修改,首先检查主要问题,然后检查细部。具体如下:

1)视图的数量是否足够,是否能够清楚地表达减速器的结构和装配关系;

2)各零件的结构是否合理,加工、装拆、调整是否可能,维修、润滑是否方便;

3)尺寸标注是否足够、正确,配合和精度的选择是否适当,重要零件的位置及尺寸是否符合设计计算要求,是否与零件图一致,相关零件的尺寸是否协调;

4)零件编号是否齐全,有无遗漏或多余;

5)技术要求和技术性能是否完善、正确;

6)明细栏所列项目是否正确,标题栏格式、内容是否符合标准;

7)所有文字是否清晰,是否按制图规定写出。

图纸经检查及修改后,待画完零件图再加深描粗,应注意保持图纸整洁。

(6)完成装配图

这一阶段的主要内容如下:

1)尺寸标注

装配图上应标注的尺寸有以下几类:

① 特性尺寸　表示机器或部件性能及规格的尺寸,如传动零件中心距及偏差。

② 最大外形尺寸　如减速器的总长、总宽、总高等尺寸。

③ 安装尺寸　箱座底面尺寸(包括底座的长、宽、厚),地脚螺栓孔中心的定位尺寸,地脚螺栓孔之间的中心距和地脚螺栓孔的直径及个数,减速器中心高尺寸,外伸轴端的配合长度和直径等。

④ 主要零件的配合尺寸　对于影响运转性能和传动精度的零件,其配合尺寸应标注出尺寸、配合性质和精度等级,例如轴与传动件、轴承、联轴器的配合,轴承与轴承座孔的配合等。对于这些零件应选择恰当的配合与精度等级,这与提高减速器的工作性能,改善加工工艺性及降低成本等有密切的关系。

标注尺寸时应注意布图整齐、标注清晰,多数尺寸应尽量布置在反映主要结构的视图上,并尽量布置在视图的外面。减速器主要零件的配合精度可参照表 8-1-8 并根据具体情况进行选用。

表 8-1-8　减速器主要零件的荐用配合

配合零件	荐用配合	装拆方法
大中型减速器的低速级齿轮与轴的配合	$\frac{H7}{r6}$,$\frac{H7}{s6}$	用压力机或温差法(中等压力的配合,小过盈配合)
一般齿轮、带轮、联轴器与轴的配合	$\frac{H7}{r6}$	用压力机(中等压力的配合)
要求对中性良好,即很少装拆的齿轮、联轴器与轴的配合	$\frac{H7}{n6}$	用压力机(较紧的过渡配合)
较常装拆的齿轮、联轴器与轴的配合	$\frac{H7}{m6}$,$\frac{H7}{k6}$	手锤打入(过渡配合)
滚动轴承内孔与轴的配合(内圈旋转)	j6(轻负荷),k6,m6(中等负荷)	用压力机(实际为过盈配合)
滚动轴承外圈与箱体座孔的配合(外圈不转)	H7,H6(精度要求高时)	木槌或徒手装拆
轴套、挡油环、封油环、溅油轮等与轴的配合	$\frac{D11}{k6}$,$\frac{F9}{k6}$,$\frac{F9}{m6}$,$\frac{F8}{h7}$,$\frac{F8}{h8}$	木槌或徒手装拆
轴承套杯与箱体孔的配合	$\frac{H7}{h6}$,$\frac{H7}{js6}$	
轴承盖与箱体孔(或套杯孔)的配合	$\frac{H7}{h8}$,$\frac{H7}{f9}$	
嵌入式轴承盖的凸缘与箱体孔槽之间的配合	$\frac{H11}{h11}$	

2)技术特性与技术要求

① 技术特性　装配图绘制完成后,应在装配图的适当位置写出减速器的技术特性,包括输入功率和转速、传动效率、总传动比和各级传动比等。

表 8-1-9　技术特性表的格式

功率/kW	输入转速/(r/min)	效率 η	总传动比 i	传动特性							
				第一级				第二级			
				m_n	z_2/z_1	β	精度等级	m_n	z_2/z_1	β	精度等级

② 技术要求

技术要求通常包括以下几方面：

● 对零件的要求：装配前所有零件要用煤油或汽油清洗，箱体内不允许有任何杂物存在，箱体内壁涂防侵蚀涂料。

● 对零件安装、调整的要求：在安装、调整滚动轴承时必须留有一定的游隙或间隙。游隙或间隙的大小应在技术要求中注明。

● 对密封性能的要求：剖分面、各接触面及密封处均不许漏油。剖分面允许涂以密封油漆或水玻璃，不允许使用任何填料。

● 对润滑剂的要求：技术要求中应注明所用润滑剂的牌号、油量及更换时间等。

● 对包装、运输、外观的要求：对外伸轴和零件需涂油严密包装，箱体表面涂灰色油漆，运输或装卸时不可倒置等。

3)对全部零件进行编号

零件编号方法有两种，一种是标准件和非标准件混在一起编排，另一种是将非标准件编号填入明细栏中，而标准件直接在图上标注规格、数量和图标号或另外列专门表格。

如图 8-1-14 所示，编号指引线尽可能均匀分布且不要彼此相交，指引线通过有剖面线的区域时，要尽量不与剖面线平行，必要时可画成折线，但只允许弯折一次，对于装配关系清楚的零件组可采用公共指引线。标注序号的横线要沿水平或垂直方向按顺时针或逆时针次序排列整齐。每一种零件在各视图上只编一个序号，序号字体要比尺寸数字大一号或两号。

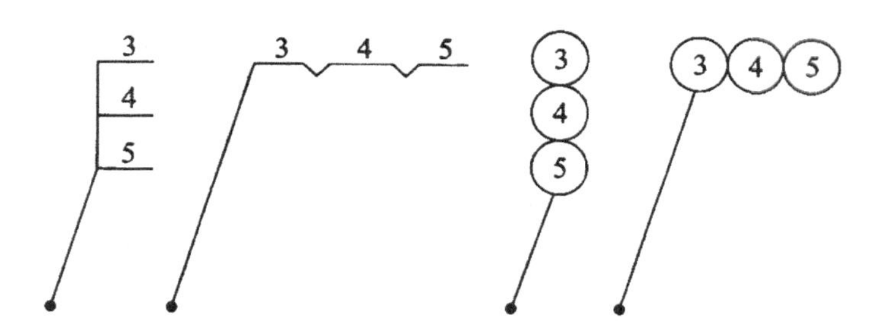

图 8-1-14　零件编号方法

4)编制零件明细栏及标题栏，格式如下：

标题栏布置在图纸右下角，用以说明减速器名称、绘图比例及姓名、学号及班级等。

明细表是减速器所有零件的详细目录，应注明各零件或组件的序号、名称、数量、材料及标准规格等，且必须与零件序号一致。

装配图标题栏和明细表可采用以下参考格式，如表 8-1-10 和表 8-1-11 所示。

表 8-1-10　明细栏格式

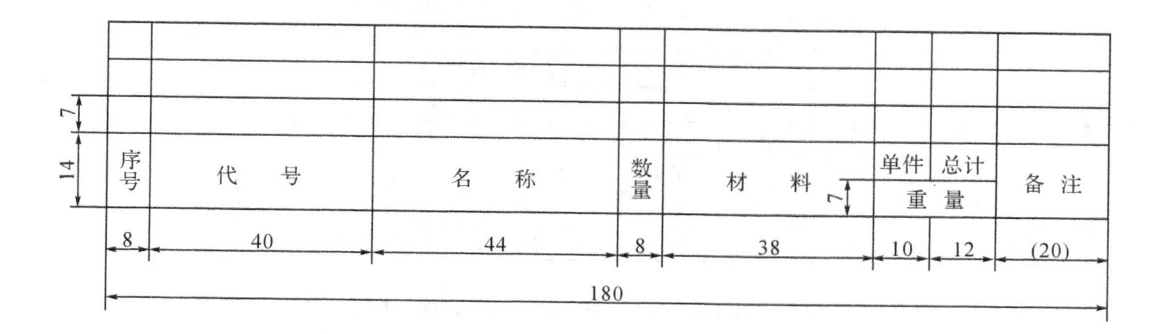

表 8-1-11　标题栏格式

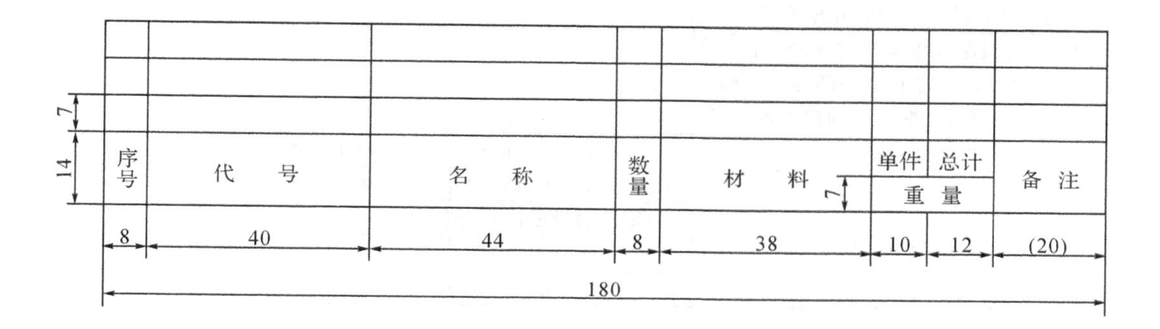

(6)减速器装配图常见错误

减速器装配图常见错误见附录10。

4. 零件工作图的设计

零件工作图是制造检验零件和制订工艺规程的基本技术文件,零件工作图应包括制造和检验零件时所需的全部内容,即零件的图形、尺寸及公差、形位公差、表面粗糙度、材料、热处理及其他技术要求、标题栏等。

(1)轴类零件工作图设计要点

1)视图　一般只需一个视图,有键槽或孔的位置,应增加必要的剖面图,对不易表达清楚的部位如中心孔、退刀槽应绘制局部放大视图,尽量选用1∶1的绘图比例以增加真实感。

2)标注尺寸　主要是轴向和径向尺寸。不同直径段的轴类零件径向尺寸均要标出,有配合处的轴径,要标出尺寸偏差,尺寸和偏差相同的直径应逐一标出,不得省略;轴向尺寸应首先根据加工工艺性选好定位基准面,注意不能标出封闭的尺寸链。所有倒角、圆角都应标注或在技术要求中说明。

3)表面粗糙度　与轴承相配合的表面及轴肩端面表面粗糙度值的选择查表8-1-12。轴的所有表面都要加工,其表面粗糙度值可参照表8-1-13。

表 8-1-12　配合面的表面粗糙度

轴或轴承座直径/mm		轴或外壳孔配合表面直径公差等级								
		IT5			IT6			IT7		
		表面粗糙度/μm								
超过	到	*Rz*	*Ra*		*Rz*	*Ra*		*Rz*	*Ra*	
			磨	车		磨	车		磨	车
	80	4	0.4	0.8	6.3	0.8	1.6	10	1.6	3.2
80	500	6.3	0.8	1.6	10	1.6	3.2	16	1.6	3.2
端面		10	1.6	3.2	25	3.2	6.3	25	3.2	6.3

注：与/P0、/P6(P6x)级公差轴承配合的轴，其公差等级一般为IT6，外壳孔一般为IT7。

表 8-1-13　轴加工表面粗糙度的推荐值

加工表面	表面粗糙度 Ra /μm			
与传动件及联轴器等轮毂相配合的表面	1.6～0.8			
与 G、E 级滚动轴承相配合的表面	见表 8-1-12			
与传动件及联轴器相配合的轴肩端面	1.6～0.8			
与滚动轴承相配合的轴肩端面	见表 8-1-12			
平键键槽	工作面：＜1.6　非工作面：＜6.3			
密封处的表面	毡圈油封	橡胶油封		隙缝密封及迷宫式密封
	与轴接触处的圆周速度/(m/s)			3.2～1.6
	≤3	＞3～5	＞5～10	
	0.8～0.4	0.8～0.4	0.8～0.2	

4)形位公差　在轴的零件图上必须标注形位公差，以保证减速器的装配质量及工作性能。表 8-1-14 列出了轴上推荐标注的形位公差项目。

表 8-1-14　轴的形位公差推荐项目

内容	项目	符号	精度等级	对工作性能影响
形状公差	与传动零件相配合直径的圆度	○	7～8	影响传动零件与轴配合的松紧及对中性
	与传动零件相配合直径的圆柱度	⌭		
	与轴承相配合直径的圆柱度	⌭	表 8-1-12	影响轴承与轴配合的松紧及对中性
位置公差	齿轮的定位端面相对轴心线的端面圆跳动	↗	6～8	影响齿轮和轴承的定位及其受载均匀性
	轴承的定位端面相对轴心线的端面圆跳动		表 8-1-12	
	与传动零件相配合的直径相对于轴心线的径向圆跳动		6～8	影响传动件的运转同心度
	与轴承相配合的直径相对于轴心线的径向圆跳动	↗	5～6	影响轴和轴承的运转同心度
	键槽侧面对轴中心线的对称度(要求不高时不注)	⌯	7～9	影响键受载的均匀性及装拆的难易

5）技术要求

① 材料的机械性能及化学成分的要求；

② 热处理要求；

③ 对加工的要求：如是否保留中心孔，如保留应在零件图上画中心孔或按国标加以说明；

④ 其他：对未注圆角、倒角的说明。

（2）齿轮类零件工作图设计要点

1）视图　一般需两个视图，尽量选用 1∶1 的绘图比例。

2）尺寸标注　径向尺寸以中心线为基准，齿宽方向的尺寸以端面为基准标注，轴孔应标注尺寸偏差，键槽标注参照有关手册。

3）表面粗糙度　齿轮类零件所有表面都应注明表面粗糙度，可从表 8-1-15 推荐值选取。

表 8-1-15　齿轮（蜗轮）轮齿表面粗糙度推荐 *Ra* 值

<table>
<tr><td colspan="2" rowspan="2">加工表面</td><td colspan="4">传动精度等级</td></tr>
<tr><td>6</td><td>7</td><td>8</td><td>9</td></tr>
<tr><td rowspan="3">轮齿工作面</td><td>圆柱齿轮</td><td rowspan="3">1.6 1.8</td><td rowspan="2">3.2 0.8</td><td rowspan="3">1.6 1.8</td><td rowspan="3">6.3 3.2</td></tr>
<tr><td>锥齿轮</td></tr>
<tr><td>蜗杆及蜗轮</td><td>1.6 0.8</td></tr>
<tr><td colspan="2">齿顶圆</td><td colspan="4">12.5 3.2</td></tr>
<tr><td colspan="2">轴孔</td><td colspan="4">3.2 1.6</td></tr>
<tr><td colspan="2">与轴肩配合的端面</td><td colspan="4">6.3 3.2</td></tr>
<tr><td colspan="2">平键键槽</td><td colspan="4">6.3 3.2（工作面）　12.5（非工作面）</td></tr>
<tr><td colspan="2">齿圈与轮体的配合面</td><td colspan="4">3.2 1.6</td></tr>
<tr><td colspan="2">其他加工表面</td><td colspan="4">12.5 6.3</td></tr>
<tr><td colspan="2">非加工表面</td><td colspan="4">100 50</td></tr>
</table>

4）形位公差

轮坯的形位公差对齿轮类零件的传动精度影响很大，一般需标注的项目有：①齿顶圆的径向圆跳动；②基准端面对轴线的端面圆跳动；③键槽侧面对孔心线的对称度；④轴孔的圆柱度。具体内容和精度等级可从表 8-1-16 的推荐项目中选取。

表 8-1-16　轮坯形位公差的推荐项目

项目	符号	精度等级	对工作性能影响
圆柱齿轮以顶圆作为测量基准时齿顶圆的径向圆跳动 锥齿轮的齿顶圆锥的径向圆跳动 蜗轮外圆的径向圆跳动 蜗杆外圆的径向圆跳动	↗	按齿轮、蜗轮精度等级确定	影响齿厚的测量精度，并在切齿时产生相应的齿圈径向跳动误差。 导致传动件的加工中心与使用中心不一致，引起分齿不均。同时会使轴心线与机床的垂直导轨不平行而引起齿向误差。 影响齿面载荷分布及齿轮副间隙的均匀性
基准端面对轴线的端面圆跳动			
键槽侧面对孔中心线的对称度	⌯	8～9	影响键侧面受载的均匀性
轴孔的圆度	○	7～9	影响传动零件与轴配合的松紧及对中性
轴孔的圆柱度	⌭	7～8	

5)啮合参数表

啮合参数表的内容包括齿轮的主要参数及误差检验项目等。表 8-1-17 所示为圆柱齿轮啮合参数表的主要内容，其中误差检验项目和公差值可查有关齿轮精度的国家标准（如 GB/T10095.1-2001，GB/T10095.2-2001）

表 8-1-17　啮合参数表

模数	$m(m_n)$		精度等级			
齿数	z		相啮合齿轮图号			
压力角	α		变位系数		x	
齿顶高系数	h_a^*		误差检测项目			
齿根高系数	$h_a^*+c^*$					
齿全高	h					
螺旋角	β					
轮齿倾斜方向	左或右					

6)齿轮的精度等级

圆柱齿轮精度摘自（GB10095—88），现将有关规定和定义简要说明如下：

①精度等级

齿轮及齿轮副规定了 12 个精度等级，第 1 级的精度最高，第 12 级的精度最低。齿轮副中两个齿轮的精度等级一般取成相同，也允许取成不相同。

齿轮的各项公差和极限偏差分成三个组。

根据使用的要求不同，允许各公差组选用不同的精度等级，但在同一公差组内，各项公差与极限偏差应保持相同的精度等级。参见齿轮传动精度等级选择

②齿轮检验与公差

根据齿轮副的使用要求和生产规模，在各公差组中选定检验组来检定和验收齿轮精度。

③齿轮副的检验与公差

齿轮副的要求包括齿轮副的切向综合误差 $\Delta F_{ic}'$，齿轮副的一齿切向综合误差 $\Delta f_{ic}'$，齿

轮副的接触斑点位置和大小以及侧隙要求，如上述四方面要求均能满足，则此齿轮副即认为合格。

④齿轮侧隙

齿轮副的侧隙要求，应根据工作条件用最大极限侧隙 j_{nmax}（或 j_{tmax}）与最小极限侧隙 j_{nmin}（或 j_{tmin}）来规定。

中心距极限偏差（$\pm f_a$）按“中心距极限偏差”表的规定。

齿厚极限偏差的上偏差 E_{ss} 及下偏差 E_{si} 从齿厚极限偏差表来选用。例如上偏差选用 F（$=-4f_{Pt}$），下偏差选用 L（$=-16f_{Pt}$），则齿厚极限偏差用代号 FL 表示。

若所选用的齿厚极限偏差超出齿厚极限偏差表所列 14 种代号时，允许自行规定。

⑤齿轮各项公差的数值表

齿轮各项公差包括：齿距累积公差 F_P 及 K 个齿距累公差 F_{PK}、齿向公差 F_β、公法线长度变动公差 F_w、轴线平行度公差、中心距极限偏差（$\pm f_a$）、齿厚极限偏差、接触斑点、齿圈径向跳动公差 F_r、径向综合公差 F_i''、齿形公差 F_f、齿距极限偏差（$\pm f_{Pt}$）、基节极限偏差（$\pm f_{Pb}$）、一齿径向综合公差 f_i''、齿坯尺寸和形状公差、齿坯基准面径向和端面跳动、齿轮的表面粗糙度 R_a、圆柱直齿轮分度圆上弦齿厚及弦齿高。

⑥图样标注

在齿轮零件图上应标注齿轮的精度等级和齿厚极限偏差的字母代号。

标注示例：

a) 齿轮三个公差组精度同为 7 级，其齿厚上偏差为 F，下偏差为 L：

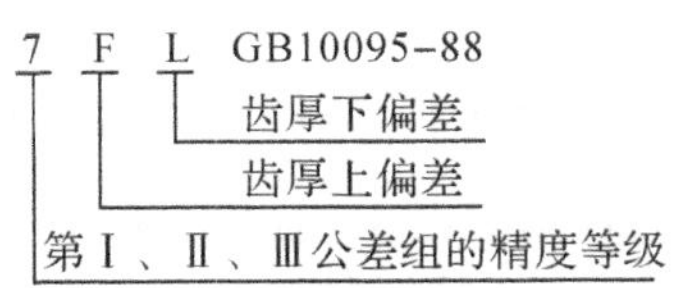

b) 第Ⅰ公差组精度为 7 级，第Ⅱ、Ⅲ公差组精度为 6 级，齿厚上偏差为 G，齿厚下偏差为 M：

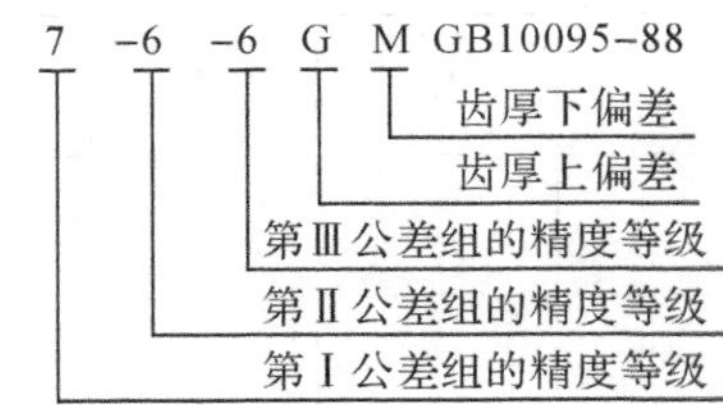

c) 齿轮的三个公差组精度同为 4 级，其齿厚上偏差为 -330 m，下偏差为 -405 m：

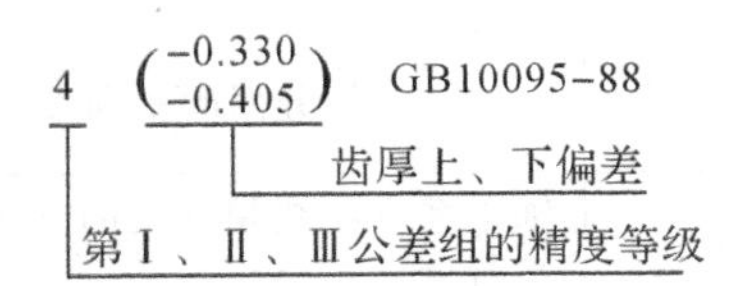

7）技术要求

① 对毛坯的要求（铸件、锻件）；

② 对材料的力学性能和化学成分的要求；

③ 对未注圆角、倒角的说明；

④ 对机械加工未注公差尺寸的公差等级的要求；

⑤ 对高速齿轮平衡试验的要求。

（3）箱体零件工作图的设计要点

1）视图　可按箱体工作位置布置主视图，辅以左视图、俯视图及若干局部视图，表达箱体的内外结构形状，尽量选用 1∶1 的绘图比例。细部：螺纹孔、回油孔、油尺孔、销钉孔、槽等，也可用局部剖视、剖面、向视图表示。

2)尺寸标注　标注时应考虑设计、制造、测量的要求。

首先找出尺寸基准将各部分结构分为形状尺寸和定位尺寸。形状尺寸如箱体长、宽、高、壁厚、孔径等直接标出；定位尺寸如孔中心位置尺寸应从基准直接标出。

设计基准与工艺基准力求一致，如箱座、箱盖高度方向的尺寸以剖分面为基准，长度方向尺寸以轴孔中心线为基准。对影响机器工作性能及零部件装配性能的尺寸应直接标出，如轴孔中心距、嵌入式端盖其箱体沟槽外侧两端面间的尺寸等。

同时标注尺寸时要考虑铸造工艺特点，木模多由基本形体拼接而成，故应在基本形体的定位尺寸标出后，再标注各部分形体自身的形状尺寸。

重要配合尺寸标出极限偏差。机体尺寸多，应避免遗漏、重复、封闭。

3)表面粗糙度按表面作用在下列荐用表 8-1-18 数值中查阅

表 8-1-18　箱体加工表面粗糙度推荐值

加工部位		表面粗糙度 Ra /μm
箱体剖分面		3.2～1.6(刮研或磨削)
轴承座孔		3.2～1.6
轴承座孔外端面		6.3～3.2
锥销孔		1.6～0.8
箱体底面		12.5～6.3
螺栓孔沉头座		12.5
其他表面	配合面	6.3～3.2
	非配合面	12.5～6.3

4)形位公差　箱体按表面作用在下列荐用表 8-1-19 数值中查阅。

表 8-1-19　箱体形位公差推荐标注项目

类别	项目	符号	精度等级	对工作性能的影响
形状公差	轴承孔的圆柱度	⌭	7	影响箱体与轴承的配合性能及对中性
	剖分面的平面度	▱	7	影响箱体剖分面的密封性
位置公差	轴承孔中心线相互间的平行度	//	6	影响齿轮接触斑点及传动平稳性
	轴承孔端面对其孔中心线的垂直度	⊥	7～8	影响轴承的固定及轴向受载的均匀性
	两轴承孔中心线的同轴度	◎	6～7	影响减速器的装配及轮齿载荷分布的均匀性
	圆锥齿轮减速器轴承孔中心线相互间的垂直度	⊥	7	影响传动平稳性及载荷分布的均匀性

5)技术要求

① 清砂、时效处理；

② 铸造斜度及铸造圆角；

③ 内表面清洗后涂防锈漆；

④ 其他。

5. 编写设计说明书

设计计算说明书既是图纸设计的理论依据又是设计计算总结，也是审核设计是否合理的技术文件之一。因此，编写设计说明书是设计工作的一个重要环节。

设计计算说明书要求计算正确、论述清楚、文字简练、书写工整。

设计计算说明书应包括有关简图，如传动方案简图、轴的受力分析图、弯矩图、传动件草图等，引用的公式、数据、应注明来源、参考资料编号、页次。

用A4纸书写，标出页次，编好目录，做好封面，最后装订成册。

设计说明书主要内容大致包括：

(1)目录

(2)设计任务书

(3)传动方案分析

(4)电动机的选择

(5)传动装置运动及动力参数的计算

(6)传动零件的设计计算

(7)轴的计算

(8)滚动轴承的选择和计算

(9)键联接的选择和计算

(10)联轴器的选择

(11)润滑方式、润滑油牌号及密封装置的选择

(12)参考资料(资料编号、书名、主编、出版单位、出版年)

设计简明书可以参照表8-1-14所示格式撰写，也可以根据需要自行设计其他格式。

表8-1-14　设计说明书参考示例

项目	设计内容	设计计算依据和过程	计算结果或结论
…… 四、齿轮传动计算 ……	…… 1. 选择材料及热处理方式 2. 精度选择 ……	…… 小齿轮 40Cr，淬火 42HRC；…… ……	……

【任务实施】

根据工作任务的要求，拟采用电机—V带传动——级圆柱齿轮传动—输送带的组合方式，即可满足传动比要求。该减速器的设计内容包括传动装置的总体设计、V带传动设计、圆柱齿轮传动设计、主动轴设计、从动轴设计、箱体设计、减速器附件设计等内容，其设计过程如表8-1-15所示。

表 8-1-15　设计说明书

<table>
<tr><td>任务名称</td><td colspan="4">一级直齿圆柱齿轮减速器设计</td></tr>
<tr><td>工作原理</td><td colspan="4">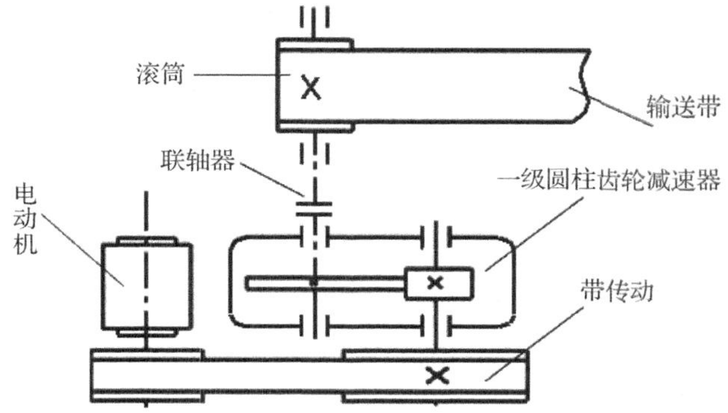
</td></tr>
<tr><td rowspan="3">技术要求与条件</td><td rowspan="2">设计参数</td><td>运输拉力 F(kN)</td><td>运输带速度 v(m/s)</td><td>卷筒直径 D(mm)</td></tr>
<tr><td>2.55</td><td>1.5</td><td>340</td></tr>
<tr><td>其他条件与要求</td><td colspan="3">1. 连续工作，单向运转载荷变化不大，空载启动，环境清洁；
2. 小批量生产，使用期限 5 年，一班制工作；
3. 卷筒不包括其轴承效率为 98%，运输带允许速度误差为 5%。</td></tr>
<tr><td colspan="5">传动装置的总体设计</td></tr>
<tr><td colspan="2">计算项目</td><td colspan="2">计算与说明</td><td>计算结果</td></tr>
<tr><td rowspan="2">工作步骤</td><td>1. 拟定传动方案</td><td colspan="2">根据工作任务的要求，拟采用电机—V 带传动——一级圆柱齿轮传动—输送带的组合方式，即可满足传动比要求，同时由于带传动具有良好的缓冲吸振性能，适应工况要求，结构简单，成本低，使用维护方便。</td><td>电机—V 带传动——一级圆柱齿轮传动—输送带</td></tr>
<tr><td>2. 选择电动机</td><td colspan="2">1)电动机类型和结构的选择：选择 Y 系列三相异步电动机，此系列电动机属于一般用途的全封闭自扇冷电动机，其结构简单，工作可靠，价格低廉，维护方便，适用于不易燃，不易爆，无腐蚀性气体和无特殊要求的机械。
2)电动机容量选择：
电动机所需工作功率为：
$P_d=\frac{Fv}{1000\eta_w\eta}$
从电动机到运输带存在着 1 组带传动、2 对轴承、1 对齿轮、一个联轴器，一对卷筒轴承和一个卷筒，查表 8-1-4，分别有 $\eta_1=0.96$，$\eta_2=0.99$，$\eta_3=0.97$，$\eta_4=0.99$，$\eta_5=0.98$，$\eta_6=0.96$，因此可计算由电动机至运输带的传动总效率为：
$\eta\cdot\eta_w=\eta_1\cdot\eta_2^2\cdot\eta_3\cdot\eta_4\cdot\eta_5\cdot\eta_6=0.96\times0.99^2+0.97\times0.99\times0.98\times0.96=0.85$
所以，电机所需的工作功率：
$P_d=\frac{Fv}{1000\eta_w\eta}=\frac{2550\times1.5}{1000\times0.85}=4.5\text{kW}$
3)确定电动机转速
卷筒工作转速为：
$n_w=\frac{60\times1000v}{\pi D}=\frac{60\times1000\times1.5}{\pi\times340}=84.3\text{r/min}$</td><td>$\eta\cdot\eta_w=0.85$
$P_d=4.5\text{kW}$
$n_w=84.3\text{r/min}$</td></tr>
</table>

续表

工作步骤

2. 选择电动机

根据表 8-1-3 推荐的合理传动比范围，取 V 带传动的传动比 $i'_1=2\sim4$，一级圆柱齿轮传动比 $i'_2=3\sim5$ 则合理总传动比的范围为：$i'=6\sim20$，故电动机转速的可选范围为：$n'_d=i'\cdot n_w=(6\sim20)\times84.3=506\sim1686$ r/min。

符合这一范围的同步转速有：750、1000 和 1500r/min。根据容量和转速，由附录表 9-1 查出三种适用的电动机型号：（如下表）

方案	电动机型号	额定功率 kW	电动机转速 (r/min) 同步转速	电动机转速 (r/min) 满载转速	电动机重量 N	参考价格	传动装置传动比 总传动比	传动装置传动比 V 带传动	传动装置传动比 减速器
1	Y132S-4	5.5	1500	440	650	1200	17.79	3.5	5.08
2	Y132M2-6	5.5	1000	60	0	150	11.39	2.85	4
3	Y160M2-8	5.5	750	720	1240	2100	8.54	2.5	3.42

综合考虑电动机和传动装置的尺寸、重量、价格和带传动、减速器传动比，可见第 2 方案比较适合，由此选定电动机型号为 Y132M2-6。该电动机主要外形和安装尺寸如下：

中心高 H	外形尺寸 $L\times(AC/2+AD)\times HD$	地脚安装尺寸 $A\times B$	地脚螺栓孔直径 D	轴伸尺寸 $D\times E$	装键部位尺寸 $F\times GD$
132	520×345×315	216×17	12	28×80	10×1

结果：$n'_d=506\sim1686$r/min；电动机型号：Y132M2-6

3. 分配传动比

1)由选定的电动机满载转速 nm 和工作机主动轴转速 n_w 可得传动装置总传动比为：

$$i=\frac{n_m}{n_w}=\frac{960}{84.3}=11.39$$

2)分配各级传动装置传动比：
总传动比等于各传动比的乘积

$$i=i_0\cdot i_1$$

根据上述方案二及表 8-1-3 中普通 V 带和齿轮的传动比范围，取带传动传动比 $i_0=2.85$，取齿轮传动传动比 $i_1=i/i_0=11.39/2.85=4$。

结果：$i=11.39$；$i_0=2.85$；$i_1=4$

4. 计算传动装置的运动和动力参数

设Ⅰ轴、Ⅱ轴分别为传动装置高速轴和低速轴，η_{01}、η_{12}、η_{23} 分别为各轴的传动效率，$P_Ⅰ$、$P_Ⅱ$、$P_Ⅲ$ 分别为各轴的输入功率(kW)，$T_Ⅰ$、$T_Ⅱ$、$T_Ⅲ$ 分别为各轴的输入转矩(N·m)，$n_Ⅰ$、$n_Ⅱ$、$n_Ⅲ$ 分别为各轴的输入转速(r/min)。可按电动机轴至工作运动传递路线推算，得到各轴的运动和动力参数

1)计算各轴的转数：

Ⅰ轴：$n_Ⅰ=nm/i_0=960/2.85=336.84$ (r/min)

续表

	计算项目	计算与说明	计算结果
工作步骤	4. 计算传动装置的运动和动力参数	Ⅱ轴：$n_{Ⅱ}=n_{Ⅰ}/i_1=336.84/4=84.21r/min$ 卷筒轴：$n_{Ⅲ}=n_{Ⅱ}=84.21r/min$ 2)计算各轴的输入功率： Ⅰ轴：$P_{Ⅰ}=P_d \cdot \eta_{01}=P_d \cdot \eta_1=4.5\times0.96=4.32(kW)$ Ⅱ轴：$P_{Ⅱ}=P_I \cdot \eta_{12}=P_I \cdot \eta_2 \cdot \eta_3=4.32\times0.99\times0.97=4.15(kW)$ 卷筒轴：$P_{Ⅲ}=P_{Ⅱ} \cdot \eta_{23}=P_{Ⅱ} \cdot \eta_2 \cdot \eta_4=4.15\times0.99\times0.99=4.07(kW)$ 3)计算各轴的输入转矩： 电动机轴输出转矩为：$T_d=9550 \cdot P_d/n_m=9550\times4.5/960=44.77\ (N \cdot m)$ Ⅰ轴：$T_{Ⅰ}=T_d \cdot i_0 \cdot \eta_{01}=T_d \cdot i_0 \cdot \eta_1=44.77\times2.85\times0.96=122.49\ (N \cdot m)$ Ⅱ轴：$T_{Ⅱ}=T_I \cdot i_1 \cdot \eta_{12}=T_I \cdot i_1 \cdot \eta_2 \cdot \eta_3=122.49\times4\times0.99\times0.97=470.51\ (N \cdot m)$ 卷筒轴输入轴转矩：$T_{Ⅲ}=T_{Ⅱ} \cdot \eta_2 \cdot \eta_4=470.51\times0.99\times0.99=461.15\ (N \cdot m)$	$n_{Ⅰ}=336.84\ r/min$ $n_{Ⅱ}=84.21\ r/min$ $n_{Ⅲ}=84.21\ r/min$ $P_{Ⅰ}=4.32(kW)$ $P_{Ⅱ}=4.15(kW)$ $P_{Ⅲ}=4.07(kW)$ $T_d=44.77\ (N \cdot m)$ $T_{Ⅰ}=122.49\ (N \cdot m)$ $T_{Ⅱ}=470.51\ (N \cdot m)$ $T_{Ⅲ}=461.15\ (N \cdot m)$

参数	电动机轴	Ⅰ轴	Ⅱ轴	卷筒轴
转速 n(r/min)	960	336.84	84.21	84.21
输入功率 P/kW	4.5	4.32	4.15	4.07
输入转矩 T/(N·m)	44.77	122.49	470.51	461.15
传动比 i	2.85	4	1	
效率 η	0.96	0.96	0.98	

V 带传动设计

	计算项目	计算与说明	计算结果
工作步骤	1. 确定计算功率 P_C	查表 5-1-8，有 $K_A=1.1$，根据公式 5-1-8 计算功率为 $P_C=K_A \cdot P=1.1\times5.5=6.05(kW)$	$P_C=6.05kW$
	2. 选择带型号	根据 $P_C=6.05kW$，$n_1=960r/min$，由图 5-1-10 知其交点在 A、B 型交界线处，故可靠起见取 B 型 V 带。	B 型 V 带
	3. 选择带轮的基准直径 d_{d1} 和 d_{d2}	由表 5-1-5 取小带轮 $d_{d1}=125mm$，由式(5-1-9)得 $d_{d2}=\frac{n_1}{n_2} \cdot d_{d1}(1-\varepsilon)=i \cdot d_{d1}(1-\varepsilon)=2.85\times125\times(1-0.02)=349(mm)$ 由表 5-1-9 取 $d_{d2}=355mm$(虽使 n_2 略有减少，但其误差小于 5%，故允许)	$d_{d1}=125mm$ $d_{d2}=355mm$
	4. 验算带速 v	带速验算： $v=\frac{\pi d_{d1} n_1}{60\times1000}=\frac{\pi\times125\times960}{60\times1000}=6.28m/s$ 在 5～25m/s 范围内，带速合适。	$v=6.28m/s$ 合适

续表

工作步骤	5. 确定中心距 a 和带的基准长度 L_d	1)初定中心距 a_0： $0.7(d_{d1}+d_{d2})\leqslant a_0\leqslant 2(d_{d1}+d_{d2})$ $0.7\times(125+355)\leqslant a_0\leqslant 2\times(125+355)$ $336\leqslant a_0\leqslant 960$ 取 $a_0=600$ 2)初定带长 L_0 $L_0=2a_0+\frac{\pi}{2}(d_{d1}+d_{d2})+\frac{(d_{d2}-d_{d1})^2}{4a_0}$ $=2\times600+\frac{\pi}{2}(125+355)+\frac{(355-125)^2}{4\times600}$ $=1976(\mathrm{mm})$ 3)确定带长 L_d 由表 5-1-3 选用带长 $L_d=2000\mathrm{mm}$ 4)最终确定实际中心距 $a\approx a_0+\frac{L_d-L_0}{2}=600+\frac{2000-1976}{2}=612\mathrm{mm}$ 中心距调整范围： $a_{\min}=a-0.015L_d=612-0.015\times2000=582\mathrm{mm}$ $a_{\max}=a+0.03L_d=612+0.03\times2000=672\mathrm{mm}$	$L_d=2000(\mathrm{mm})$ $a=612(\mathrm{mm})$
	6. 验算小带轮包角 α_1	验算小带轮上的包角 α_1 $\alpha_1=180°-\frac{d_{d2}-d_{d1}}{a}\times57.3°\approx158.5°>120°$ $\alpha_1>120$ 合适	$\alpha_1>120$ 合适
	7. 确定带的根数 z	查课本表 5-1-5 得 $P_0=1.65\mathrm{kW}$，查表 5-1-6 得 $\Delta P_0=0.30\mathrm{kW}$，查表 5-1-3 得 $K_L=0.98$，查表 5-1-7 得 $K_\alpha=0.944$。 根据公式 5-1-15 确定带的根数 $z\geqslant\frac{P_c}{[P_0]}=\frac{P_c}{(P_0+\Delta P_0)K_\alpha K_L}=\frac{6.05}{(1.65+0.3)\times0.944\times0.98}=3.35$ 故取 4 根 B 型普通 V 带	$z=4$
	8. 确定单根 V 带的初拉力 F_0	由公式 5-1-16 的初拉力公式有 $F_0=\frac{500P_c}{zv}(\frac{2.5}{K_\alpha}-1)+qv^2$ $=\frac{500\times6.05}{4\times6.28}(\frac{2.5}{0.944}-1)+0.17\times6.28^2$ $=205.2(\mathrm{N})$	$F_0=203.2(\mathrm{N})$
	9. 计算带对轴的压力 F_Q	由公式 5-1-17 得作用在轴上的压力 $F_Q=2\cdot zF_0\cdot\sin\frac{\alpha}{2}=2\times3\times205.2\times\sin79.25°=1612.8(\mathrm{N})$	$F_Q=1612.8(\mathrm{N})$
	10. 确定带轮结构，绘制工作图	小带轮采用 S 型(实心式)结构，大带轮采用 E 型(椭圆轮辐式)结构，其他略。	

续表

圆柱齿轮传动设计			
计算项目		计算与说明	计算结果
工作步骤	1. 选定齿轮材料、热处理方式、精度等级，确定许用应力	1)选定齿轮的材料、热处理方式 查表6-1-5，选取小齿轮的材料为45钢调质，齿面硬度为250HBS，大齿轮选用45钢正火，齿面硬度为200HBS。 2)确定许用应力 查图6-1-19，有 $\sigma_{H\lim1}=580\text{MPa}$，$\sigma_{H\lim2}=560\text{MPa}$； 查图6-1-20，有许用应力 $\sigma_{F\lim1}=245\text{MPa}$，$\sigma_{F\lim2}=220\text{MPa}$； 根据表6-1-7，取 $S_H=1$，$S_F=1.25$，则 $[\sigma_H]_1=\frac{\sigma_{H\lim1}}{S_H}=580\text{MPa}$，$[\sigma_H]_2=\frac{\sigma_{H\lim2}}{S_H}=560\text{MPa}$ 取两式计算中的较小值，即$[\sigma_H]=560\text{MPa}$； $[\sigma_F]_1=\frac{\sigma_{F\lim1}}{S_F}=\frac{210}{1.25}=168\text{MPa}$， $[\sigma_F]_2=\frac{\sigma_{F\lim2}}{S_F}=\frac{190}{1.25}=152\text{MPa}$ 3)初选齿轮精度 根据减速器的工作要求，初选齿轮精度8级，要求齿面粗糙度 $R_a\leqslant3.2\sim6.3\mu\text{m}$。	小齿轮： 45钢调质 齿面硬度250HBS 大齿轮： 45钢正火 齿面硬度200HBS $[\sigma_H]_1=580\text{MPa}$ $[\sigma_H]_2=560\text{MPa}$ $[\sigma_F]_1=168\text{MPa}$ $[\sigma_F]_2=152\text{MPa}$ 初选8级精度
	2. 按齿面接触疲劳强度计算	1)载荷系数 K 查表6-1-7，取 $K=1.2$； 2)齿数 z_1、z_2 和齿宽系数 ψ_d 取小齿轮齿数 $z_1=22$，则大齿轮齿数 $z_2=z_1\cdot u=22\times4=88$； 因单级齿轮传动为对称布置，而齿轮齿面又为软件齿面，由表6-1-11取 $\psi_d=1$； 3)材料弹性影响系数 Z_E 根据齿轮的材料，查表6-1-9得材料弹性影响系数 $Z_E=189.8\sqrt{\text{MPa}}$； 4)齿轮直径 d_1 和模数 m 将转矩 $T_1=1.2249\times10^5\ \text{N}\cdot\text{mm}$ 及上述参数代入式(6-1-28)，有 $d_1\geqslant\sqrt[3]{\frac{1KT_1}{\psi_d}\frac{u+1}{u}\left(\frac{3.52Z_E}{[\sigma_H]}\right)^2}$ $=\sqrt[3]{\frac{1.2\times1.2249\times10^5}{1}\frac{4+1}{4}\left(\frac{3.52\times189.8}{560}\right)^2}$ $=63.95(\text{mm})$ $m=d_1/z_1\geqslant63.95/22=2.907$ 由表6-1-2，取标准模数值 $m=3$。	$K=1.2$ $z_1=22$ $z_2=88$ $\psi_d=1$ $Z_E=189.8\sqrt{\text{MPa}}$ $d_1\geqslant63.95\text{mm}$ $m=3$

续表

工作步骤	3. 齿轮主要尺寸计算数	根据表 6-1-3 计算齿轮的主要尺寸 $d_1=m\cdot z_1=3\times22=66(\text{mm})$ $d_2=m\cdot z_2=3\times88=264(\text{mm})$ $a=m\cdot(z_1+z_2)/2=3\times(22+88)/2=165(\text{mm})$ $b=\psi_d\cdot d_1=1\times66=66(\text{mm})$ 取大齿轮齿宽 $b_2=b=66\text{mm}$，根据 $b_1=b_2+5\sim10\text{mm}$，取小齿轮齿宽 $b_1=71\text{mm}$。	$d_1=66\text{mm}$ $d_2=264\text{mm}$ $a=165\text{mm}$ $b_1=71\text{mm}$ $b_2=66\text{mm}$
	4. 按齿根弯曲疲劳强度校核计算	按齿根弯曲疲劳强度校核 1)查表 6-1-10，利用插值法，得复合齿轮系数 $Y_{FS1}=4.35$，$Y_{FS2}=3.96$； 2)齿根弯曲疲劳强度校核 将上述参数代入校核公式(6-1-31)，有 $\sigma_{F1}=\frac{2KT_1Y_{FS1}}{bm^2z_1}=\frac{2\times1.2\times1.2249\times10^5\times4.35}{66\times3^2\times22}$ $=97.85\text{MPa}<[\sigma_F]_1$ $\sigma_{F2}=\sigma_{F1}\frac{Y_{FS2}}{Y_{FS1}}=97.85\times\frac{3.96}{4.35}=89.08\text{MPa}<[\sigma_F]_2$ 故满足齿根弯曲疲劳强度要求。	$Y_{FS1}=4.35$ $Y_{FS2}=3.96$ $\sigma_{F1}<[\sigma_F]_1$ $\sigma_{F2}<[\sigma_F]_2$ 满足要求
	5. 验算初选精度等级	齿轮圆周速度为 $v=\frac{\pi d_1n_1}{60\times1000}=\frac{\pi\times66\times336.84}{60\times1000}=1.164\text{m/s}$ 对照表 6-1-12 可知，选择 8 级精度合适。	8 级精度合适
	6. 齿轮结构设计并绘制工程图	（略）	

主动轴设计

	计算项目	计算与说明	计算结果
工作步骤	1. 确定轴上零件的定位与固定方式	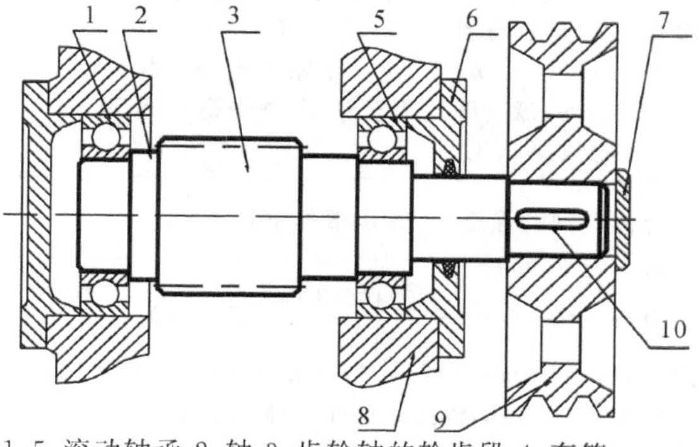 1,5-滚动轴承 2-轴 3-齿轮轴的轮齿段 4-套筒 6-密封盖 7-轴端挡圈 8-轴承端盖 9-带轮 10-键	
	2. 选择轴的材料	因减速器为一般机械，无特殊要求，故选用 45 钢并调质处理，查项目 7 任务 2 表 7-2-2，取 $\sigma_b=650\text{MPa}$，查表 7-2-10 得 $[\sigma_b]_{-1}=65\text{MPa}$。	45 钢并调质处理 $[\sigma_b]_{-1}=65\text{MPa}$
	3. 按扭转强度估算轴的直径	查表 7-2-8 得 $C=112$，代入式(7-2-4)得 $d\geqslant C\cdot\sqrt{\frac{P}{n_1}}=112\times\sqrt[3]{\frac{4.32}{336.84}}=26.2(\text{mm})$ 由此可得，轴最小轴径 $d\geqslant26.2\text{mm}$。	$d\geqslant26.2\text{mm}$

续表

工作步骤	4. 确定轴各段直径和长度	1)右起第一段安装带轮,带轮与轴间用键联接(键的选用见第 6 步键),故应将轴径增大 5%,取 $D_1=30\text{mm}$。大带轮采用轮辐式结构,其宽度 $B=(Z-1)\cdot e+2\cdot f=(4-1)\times 19+2\times 12.5=82\text{mm}$,与轴配合的长度 $l=2d=2\times 30=60$,故取第一轴段长度 $L_1=58\text{mm}$。 2)右起第二段,考虑联轴器的轴向定位要求,直径取 $D_2=35\text{mm}$,并根据轴承端盖的装拆以及对轴承添加润滑脂的要求和箱体的厚度,同时方便端盖的拆卸等维护工作,需保证端盖外端面与带轮的左端面间的足够空间,取第二段的长度 $L_2=75\text{mm}$。 3)右起第三段安装有 6208 深沟球轴承,根据轴承的参数(轴承的选用见第 5 步),取直径为 $D_3=40\text{mm}$,长度为 $L_3=18\text{mm}$。 4)右起第四段为轴承的定位轴肩,考虑到轴承装拆需要,其直径应小于滚动轴承的内圈外径,取 $D_4=48\text{mm}$,长度取 $L_4=15\text{mm}$。 5)右起第五段为齿轮轴段,齿轮的齿顶圆直径为 $d_a=72\text{mm}$,分度圆直径 $d=66\text{mm}$,齿轮的宽度为 $b=71\text{mm}$,此段的长度为 $L_5=b=71\text{mm}$。 6)右起第六段为轴承的定位轴肩,考虑到轴承装拆需要,其直径应小于滚动轴承的内圈外径,故取 $D_6=48\text{mm}$,长度取 $L_6=15\text{mm}$。 7)右起第七段安装有轴承,根据轴承的型号及参数,取轴径为 $D_7=40\text{mm}$,长度 $L_7=18\text{mm}$。	$D_1=30\text{mm}, L_1=58\text{mm}$ $D_2=35\text{mm}, L_2=75\text{mm}$ $D_3=40\text{mm}, L_3=18\text{mm}$ $D_4=48\text{mm}, L_4=15\text{mm}$ $D_5=66\text{mm}, L_5=71\text{mm}$ $D_6=48\text{mm}, L_6=15\text{mm}$ $D_7=40\text{mm}, L_7=18\text{mm}$
	5. 轴承选择	根据轴的定位方式及受力情况,选用深沟球轴承。查附录表 6-2,确定轴承的型号为 6208。	轴承 6208
	6. 键的选择	此轴右起第一段安装有键,因轴段直径 $D_1=30\text{mm}$,则查附录表 4-17 得 $b\times h=8\times 7$,l 要略短于轴段长度选标准长度 60mm,最终确定为普通 A 型平键:8×50(其中轴深 4,轮毂深 3.3)。	普通 A 型平键: 键 8×50
	7. 弯扭组合变形进行轴的强度校核	按弯扭组合校核轴的强度,具体步骤如下: 1)计算齿轮受力。 齿轮圆周力:$F_t=\frac{2T}{d}=\frac{2\times 1.2249\times 10^5}{66}=3711.8\text{N}$ 齿轮径向力:$F_r=F_t\tan\alpha=3711.8\times\tan 20^\circ=1351\text{N}$ 2)分别绘制轴的受力简图及水平面与垂直面内的受力图,如图(a)、(b)、(c)所示。 3)计算支承反力 水平面支承反力:$F_{HA}=F_{HC}=\frac{F_t}{2}=\frac{3711.8}{2}=1855.9\text{N}$ 垂直面支承反力:$F_{VA}=F_{VC}=\frac{F_r}{2}=\frac{1351}{2}=675.5\text{N}$ 4)计算弯矩并绘制弯矩图。 B 截面的水平弯矩:$M_{HB}=F_{HA}\times 59.5=11855.9\times 59.5=110427\text{N}\cdot\text{mm}$	$F_t=3711.8\text{N}$ $F_r=1351\text{N}$ $F_{HA}=F_{HC}=1855.9\text{N}$ $F_{VA}=F_{VC}=675.5\text{N}$

续表

<table>
<tr><td>工作步骤</td><td>7. 弯扭组合变形进行轴的强度校核</td><td>B截面的垂直弯矩：$M_{VB}=F_{HB}\times59.5=675.5\times59.5=40192(\mathrm{N\cdot mm})$
B截面的合成弯矩：
$M_B=\sqrt{M_{HB}^2+M_{VB}^2}=\sqrt{110427^2+40192^2}=117514(\mathrm{N\cdot mm})$
分别作出该轴水平面内的弯矩图、垂直面内的弯矩图和合成弯矩图，如图(d)、(e)、(f)所示。
5)根据 $T=122.49\mathrm{N\cdot m}$，作出扭矩($T$)图，如图(g)所示。
6)计算当量弯矩并绘制当量弯矩图
因为该轴为工作状态为单向回转，转矩为脉动循环，取 $\alpha=0.6$。于是，有B截面左的当量弯矩：
$M_{eB1}=117514\mathrm{N\cdot mm}$
B截面右的当量弯矩：
$M_{eB2}=\sqrt{M_B^2+(\alpha T)^2}=\sqrt{1117514^2+(0.6\times122490)^2}=138603\mathrm{N\cdot mm}$
CD之间的当量弯矩：
$M_{eC}=M_{eD}=\sqrt{M_B^2+(\alpha T)^2}=\sqrt{(0.6\times122490)^2}=73494\mathrm{N\cdot mm}$
作出该轴的当量弯矩图，如图(h)所示。
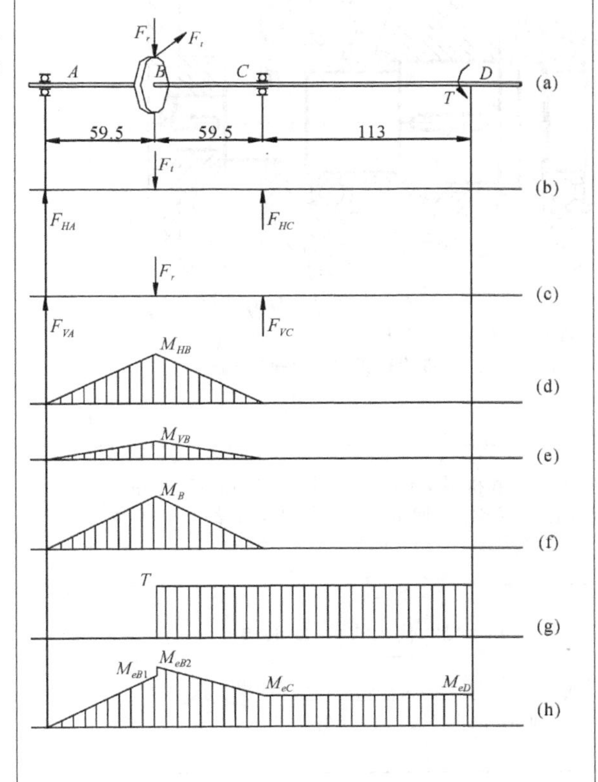
</td><td>$M_B=117514\mathrm{N\cdot mm}$
$M_{eB1}=117514\mathrm{N\cdot mm}$
$M_{eB2}=138603\mathrm{N\cdot mm}$
$M_{eC}=M_{eD}=73494\mathrm{N\cdot mm}$</td></tr>
</table>

续表

工作步骤	7. 弯扭组合变形进行轴的强度校核	7)判断危险截面并校核强度 由当量弯矩图可知，B 截面右的当量弯矩最大，故 B 截面为危险截面，需要进行强度校核。同时，也考虑到轴的最右段直径最小为 $\Phi30$，故也应对其进行强度校核。 B 截面右的应力： $\sigma_{eB2}=M_{eB2}/W=M_{eB2}/(0.1\cdot d^3)=138603/(0.1\times58.5^3)=6.92\text{MPa}<[\sigma_{-1b}]$ D 截面左的应力： $\sigma_{eD}=M_{eD}/W=M_{eD}/(0.1\cdot d^3)=73494/(0.1\times30^3)=27.22\text{MPa}<[\sigma_{-1b}]$ 所以该轴满足强度条件 。	$\sigma_{eB2}=6.92\text{MPa}<[\sigma_{-1b}]$ $\sigma_{eD}=27.22\text{MPa}<[\sigma_{-1b}]$
	8. 齿轮结构设计并绘制轴的零件图	（略）	

从动轴设计

	计算项目	计算与说明	计算结果
工作步骤	1. 确定轴上零件的定位与固定方式	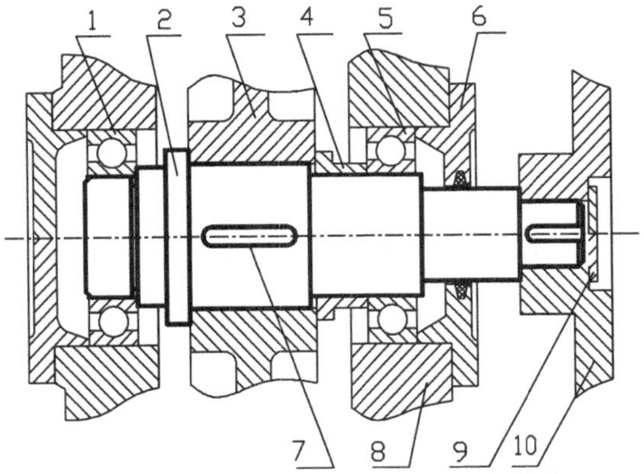 1,5-滚动轴承 2-轴 3-齿轮 4-套筒 6-密封盖 7-键 8-轴承端盖 9-轴端挡圈 10-半联轴器	
	2. 选择轴的材料	因减速器为一般机械，无特殊要求，故选用 45 钢并调质处理，查表 7-2-2，取 $\sigma_b=650\text{MPa}$，查表 7-2-8 得 $[\sigma_{-1b}]=60\text{MPa}$。	45 钢并调质处理 $[\sigma_{-1b}]=60\text{MPa}$
	3. 按扭转强度估算轴的直径	查表 7-2-6 得 $C=112$，代入式(7-2-6)得 $d\geqslant C\cdot\sqrt[3]{\frac{P}{n_1}}=112\times\sqrt[3]{\frac{4.15}{84.21}}=41.04\text{mm}$ 由此可得，轴最小轴径 $d\geqslant41.06\text{mm}$。	$d\geqslant41.06\text{mm}$

续表

工作步骤	4. 确定轴各段直径和长度	1)右起第一段安装联轴器,分别通过平键、轴端面挡圈实现周向和轴向定位,故应将轴径增大5%,取 $D_1=45\text{mm}$。考虑补偿轴的位移,选用 *HL*4 弹性柱销联轴器(联轴器的选用见第5步)。因半联轴器长度为 $L=84\text{mm}$,故确定轴段长 $L_1=82\text{mm}$。 2)右起第二段,考虑联轴器的轴向定位要求,该段的直径取 $D_2=50\text{mm}$,同时要保证端盖的外端面与半联轴器左端面有一定的距离,故取该段长为 $L_2=60\text{mm}$。 3)右起第三段,该段装有6211深沟球轴承和轴套,根据轴承的参数(轴承的选用见第5步)和轴套的尺寸,取直径为 $D_3=55\text{mm}$,长度为 $L_3=40.5\text{mm}$。 4)右起第四段,该段装有齿轮,且与齿轮通过键实现联接,直径要增加5%,故取 $D_4=60\text{mm}$,因齿轮宽为 $b=66\text{mm}$,为了保证定位的可靠性,取轴段长度为 $L_4=64\text{mm}$。 5)右起第五段为齿轮的轴向定位轴环,取轴环的直径为 $D_5=67\text{mm}$,长度取 $L_5=7\text{mm}$。6)右起第六段,该段为轴承定位轴肩,考虑到轴承的装拆方便,取轴径为 $D_6=60\text{mm}$,$L_6=10.5\text{mm}$。 7)右起第七段,安装有6211深沟球轴承,根据轴承的参数取 $D_7=55\text{mm}$,长度 $L_7=21\text{mm}$ 。	$D_1=45\text{mm}$,$L_1=82\text{mm}$ $D_2=50\text{mm}$,$L_2=60\text{mm}$ $D_3=55\text{mm}$,$L_3=40.5\text{mm}$ $D_4=60\text{mm}$,$L_4=64\text{mm}$ $D_5=67\text{mm}$,$L_5=7\text{mm}$ $D_6=60\text{mm}$,$L_6=10.5\text{mm}$ $D_7=55\text{mm}$,$L_7=21\text{mm}$
	5. 联轴器选择	1)类型选择 由于两轴相对位移很小,运转平稳,且结构简单,对缓冲要求不高,故选用弹性柱销联轴器。 2)载荷计算 计算转矩 $T_C=K\times T_{\text{II}}=1.3\times518.34=673.84$ (N·m)。 其中 K 为工况系数,由表7-2-5取 $K=1.3$。 3)型号选择 根据 T_C,轴径 d,轴的转速 n,查标准GB/T 5014-2003,选用HL4弹性柱销联轴器,J型轴孔,半联轴器长度为 $L=84\text{mm}$,额定转矩 $[T]=1250\text{Nm}$,许用转速 $[n]=3750\text{r/m}$。	HL4联轴器 45×84
	6. 轴承选择	根据轴的定位方式及受力情况,选用深沟球轴承。查附录表6-2,确定轴承的型号为6211,其尺寸为 $d\times D\times B=55\times100\times21$。该轴承只承受径向力,不承受轴向力。	轴承6211
	7. 键的选择	此轴有两处需要键联接,分别是右起第一段和第四段。 1)第一段轴径 $D_1=30\text{mm}$,则查附录表4-17得 $b\times h=14\times9$,l 要略短于轴段长度选标准长度70mm,最终确定为通 *A* 型平键:14×70(其中轴深5.5,轮毂深3.8); 2)第四段轴径 $D_4=60\text{mm}$,则查录表4-17得 $b\times h=18\times11$,l 要略短于轴段长度选标准长度50mm,最终确定为通 *A* 型平键:18×50(其中轴深7,轮毂深4.4)。	普通 *A* 型平键: 键 14×70 键 18×50

续表

工作步骤	8. 弯扭组合变形进行轴的强度校核	按弯扭组合校核轴的强度，具体步骤如下： 1)计算齿轮受力。 齿轮圆周力：$F_t=\frac{2T}{d_2}=\frac{2\times4.7051\times10^5}{264}=3564.47(N)$ 齿轮径向力：$F_r=F_t\tan\alpha=3564.47\tan20^\circ=1297.4(N)$ 2)分别绘制轴的受力简图及水平面与垂直面内的受力图，如图(a)、(b)、(c)所示。 3)计算支承反力 水平平面支承反力：$F_{HA}=F_{HC}=\frac{F_t}{2}=\frac{3564.47}{2}=1782.23(N)$ 垂直平面支承反力：$F_{VA}=F_{VC}=\frac{F_r}{2}\frac{1297.4}{2}=648.7(N)$ 4)计算弯矩并绘制弯矩图。 B截面的水平弯矩：$M_{HB}=F_{HA}\times61=1782.23\times61=108716(N\cdot mm)$ B截面的垂直弯矩：$M_{VB}=F_{HB}\times61=648.7\times61=39571(N\cdot mm)$ B截面的合成弯矩： $M_B=\sqrt{M_{HB}^2+M_{VB}^2}=\sqrt{108716^2+39571^2}=115694(N\cdot mm)$ 分别作出该轴水平面内的弯矩图、垂直面内的弯矩图和合成弯矩图，如图(d)、(e)、(f)所示。 5)根据 $T=470.51N\cdot m$，作出转矩图，如图 g 所示。 6)计算当量弯矩并绘制当量弯矩图 因为该轴为工作状态为单向回转，转矩为脉动循环，取 $\alpha=0.6$。于是，有： B截面左的当量弯矩： $M_{eB1}=115694N\cdot mm$ B截面右的当量弯矩 $M_{eB2}=\sqrt{M_B^2+(\alpha T)^2}$ $=\sqrt{115694^2+(0.6\times470510)^2}=305093N\cdot mm$ CD之间的当量弯矩： $M_{eC}=M_{eD}=\sqrt{M_c^2+(\alpha T)^2}=\sqrt{(0.6\times470510)^2}=282306N\cdot mm$	$F_t=3564.47N$ $F_r=1297.4N$ $F_{HA}=F_{HC}=1782.23N$ $F_{VA}=F_{VC}=648.7N$ $M_B=11569N\cdot mm$ $M_{eB1}=115694N\cdot mm$ $M_{eB2}=305093N\cdot mm$ $M_{eC}=M_{eD}=282306N\cdot mm$

续表

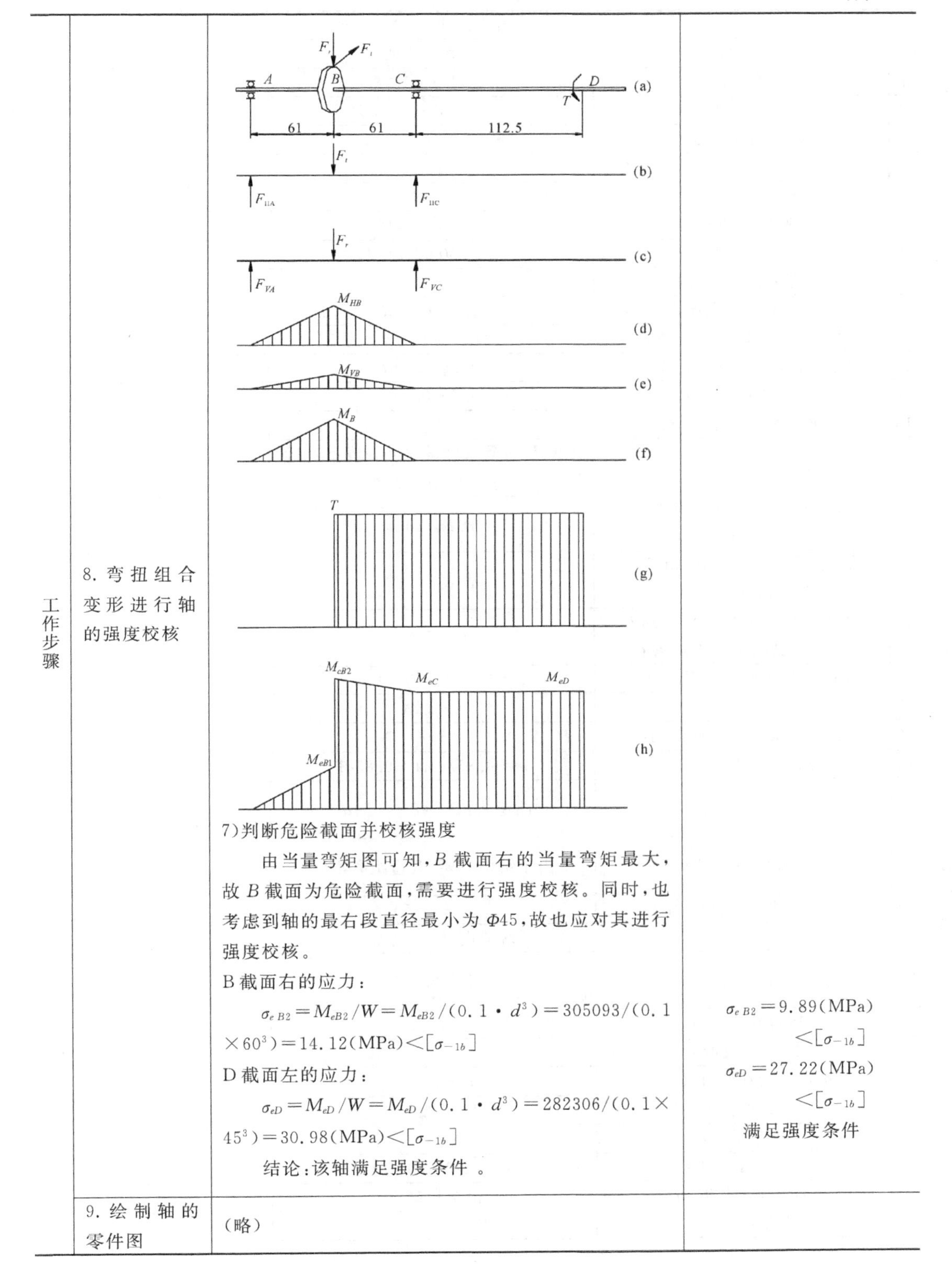

工作步骤	8. 弯扭组合变形进行轴的强度校核	7)判断危险截面并校核强度 由当量弯矩图可知，B 截面右的当量弯矩最大，故 B 截面为危险截面，需要进行强度校核。同时，也考虑到轴的最右段直径最小为 Φ45，故也应对其进行强度校核。 B 截面右的应力： $\sigma_{e\,B2}=M_{eB2}/W=M_{eB2}/(0.1\cdot d^3)=305093/(0.1\times 60^3)=14.12(\text{MPa})<[\sigma_{-1b}]$ D 截面左的应力： $\sigma_{eD}=M_{eD}/W=M_{eD}/(0.1\cdot d^3)=282306/(0.1\times 45^3)=30.98(\text{MPa})<[\sigma_{-1b}]$ 结论：该轴满足强度条件 。	$\sigma_{e\,B2}=9.89(\text{MPa})<[\sigma_{-1b}]$ $\sigma_{eD}=27.22(\text{MPa})<[\sigma_{-1b}]$ 满足强度条件
	9. 绘制轴的零件图	（略）	

续表

箱体设计			
计算项目		计算与说明	计算结果
1	箱座壁厚 δ	$0.025a+1\geqslant 8$	8
2	箱盖壁厚 δ_1	$0.02\ a+1\geqslant 8$	8
3	箱座凸缘厚度 b	1.5δ	12
4	箱盖凸缘厚度 b_1	$1.5\delta_1$	12
5	箱座底凸缘厚度 b_2	2.5δ	20
6	地脚螺栓直径 d_f	$0.036\ a+12$	20
7	地脚螺栓数目 n	$a\leqslant 250$ 时，$n=4$	4
8	轴承旁联接螺栓直径 d_1	$0.75\ d_f$	16
9	箱盖与箱座联接螺栓直径 d_2	$(0.5\sim 0.6)d_f$	12
10	轴承端盖联接螺钉直径 d_3	$(0.4\sim 0.5)d_f$	10
11	窥视孔盖联接螺钉直径 d_4	$(0.3\sim 0.4)d_f$	8
12	定位销直径 d	$(0.7\sim 0.8)d_2$	8
13	轴承旁凸台半径 $R1$	C_2	21
14	轴承旁凸台高度 h	根据 d_1 位置及轴承座外径确定，以便于扳手操作为准。	43
15	地脚螺栓 M20 到外箱壁 C_1 到凸缘边缘距离 C_2	查表 7-3-3	26 24
16	轴承旁螺栓 M16 到外箱壁 C_1 到凸缘边缘距离 C_2	查表 7-3-3	22 21
17	箱座箱盖联接螺栓 M12 到外箱壁 C_1 到凸缘边缘距离 C_2	查表 7-3-3	21 17
18	外箱壁至轴承座端面距离 l_1	$C1+C2+(5\sim 10)$	49
19	大齿轮齿顶与内壁距离 Δ_1	$>1.2\delta$	10
20	齿轮端面与内部距离 Δ_2	$>\delta$	10
21	箱盖、箱座肋厚 m、$m1$	$m\approx 0.85\delta$、$m1\approx 0.85\delta 1$	8
22	轴承端盖外径 D_2	凸缘式：$D+(5\sim 5.5)d_3$	大端盖：150 小端盖：130
23	轴承旁联接螺栓距离 S	由于结构需要，两边距离不同	135 165
24	齿顶到内壁底部距离 H	$>30-50$	50

端盖设计				
计算项目		计算与说明	计算结果	
			大端盖	小端盖
1	螺钉孔直径 d_0	d_3+1	11	11
2	螺钉孔数量 n		6	6
3	螺钉孔所在圆直径 d_0	$D+2.5d_3$	125	105
4	凸缘直径 D_2	$D_0+2.5d_3$	150	130
5	凸缘厚度 e	$1.2\ d_3$	12	12
6	安装配合长度 e_1	$(0.1\sim 0.15)D\geqslant e$	15	15
7	端盖嵌入长度 m	由结构确定	31.5	34.5
8	锥孔直径 D_4	$D-(10\sim 15)$	90	70

续表

9	透孔直径 d_1	由密封尺寸确定	56	36
10	端盖厚度 b_1	由密封尺寸确定	16	16
11	大端盖毡圈规格	由轴直径确定	55 JB/ZQ4606-86	
12	小端盖毡圈规格	由轴直径确定	35 JB/ZQ4606-86	

窥视孔及孔盖设计

	计算项目	计算与说明	计算结果
1	窥视孔长度 A	100,120,150,180,200	100
2	盖板长度 A_1	A +(5～6) d_4	140
3	安装孔距离 A_2	1/2(A + A_1)	120
4	窥视孔宽度 B	B_1-(5～6) d_4	40
5	盖板宽度 B_1	箱体宽-(15～30)	80
6	安装孔距离 B_2	(B+ B_1)/2	60
7	螺钉直径 d_4	M6～M8	M8
8	凸台圆角 R	5～10	6
9	盖板高度 h	自行设计	4

起重吊耳、吊钩设计

	计算项目	计算与说明	计算结果
1	吊耳孔径 d	≈(1.8～2.5)δ1	16
2	吊耳宽度 b	d	16
3	吊耳圆角 R	≈(1～1.2)d	18
4	吊耳孔到箱盖外壁距离 e	≈(0.8～1)d	14
5	吊钩长度 K	= C1+ C2	37
6	吊钩外侧高度 H	≈0.8 K	30
7	吊钩高度 h	≈0.5 H	15
8	吊钩圆角 r	≈ K/6	6
9	吊钩宽度 b	≈(1.8～2.5)δ1	20
10	吊钩内侧高度 H1	按结构确定	42

其他附件选用

	计算项目	数量	计算与说明	计算结果
1	通气器	1	项目 7 任务 3 表 7-3-10	手提式通气器
2	放油螺塞	1	项目 7 任务 3 表 7-3-11	M18×1.5
3	皮封油圈	1	项目 7 任务 3 表 7-3-11	28×18ZB70
4	杆式油标	1	项目 7 任务 3 表 7-3-12	M16 杆式油标
5	圆锥定位销	2	项目 7 任务 3 表 7-3-13	GB119-86 A8×30
6	起盖螺钉	1	头部加工成大倒角	M12

【课后巩固】

1. 什么是减速器和变速器？有何区别？

2. 二级减速器的齿轮在箱体内有哪些布置方式？各有何特点？

3. 图 8-1-15 所示为某带式运输机的传动方案。已知卷筒直径 D=500mm，运输带的有效拉力 F=1500 N，运输带速度 v=2m/s，卷筒效率为 0.96，长期连续工作。试选择合适的电动机。

4. 如题 3 带式运输机的传动方案，计算传动装置各轴的运动和动力参数。

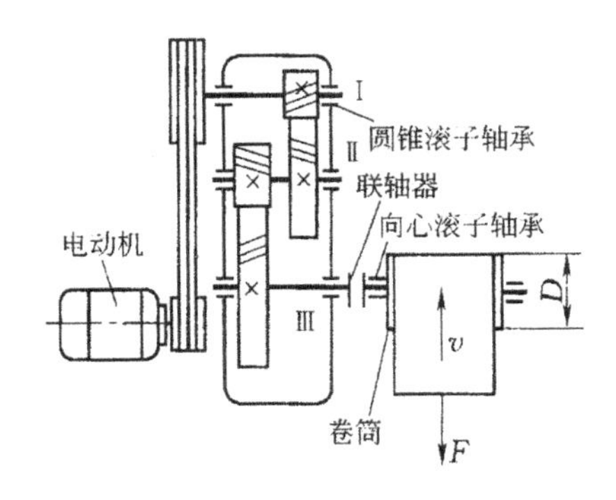

图 8-1-15 带式运输机的传动方案

5. 带式运输机传动装置设计

(1)原始数据

已知条件	题号							
	1	2	3	4	5	6	7	8
输送带工作拉力 F/kN	3	4	4.5	5	5.5	6	6.5	7
输送带速度 v/(m/s)	2.5	2.0	1.8	1.4	1.3	1.2	1.1	1
卷筒直径 D/mm	400	400	450	450	400	400	450	450

(2)工作条件

1)工作情况:两班制工作(每班按 8h 计算),连续单向运转,载荷变化不大,空载起动;输送带速度容许误差±5%;滚筒效率 $\eta=0.96$。

2)工作环境:室内,灰尘较大,环境温度 30℃左右。

3)使用期限:折旧期 8 年,4 年一次大修。

4)制造条件及批量:普通中、小制造厂,小批量。

(3)参考传动方案(图 8-1-16)

(4)设计工作量

1)设计说明书一份。

2)减速器装配图一张(0 号或 1 号图)。

3)减速器主要零件的工作图 1~3 张。

6. 卷扬机传动装置设计

(1)原始数据

已知条件	题号					
	1	2	3	4	5	6
钢绳工作拉力 F/kN	14	17	19	24	27	29
钢绳速度 v/(m/s)	10	11	11	12	11	10
卷筒直径 D/mm	250	300	350	400	400	450

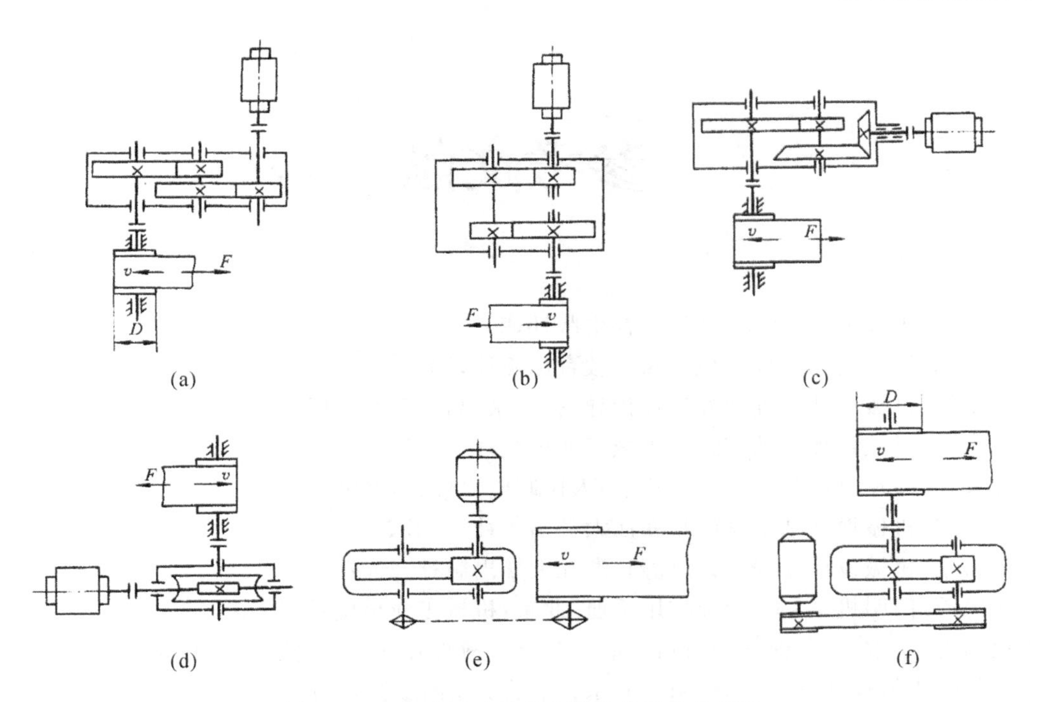

图 8-1-16　带式运输机传动装置参考传动方案

(2)工作条件

1)工作情况:三班制工作(每班按 8h 计算),间歇工作,载荷变动小;钢绳速度允许误差±5%。

2)工作环境:室外,灰尘较大,环境最高温度 40℃左右。

3)使用期限:折旧期 15 年,3 年一次大修。

4)制造条件及批量:专门工厂制造,小批量生产。

(3)参考传动方案(图 8-1-17)

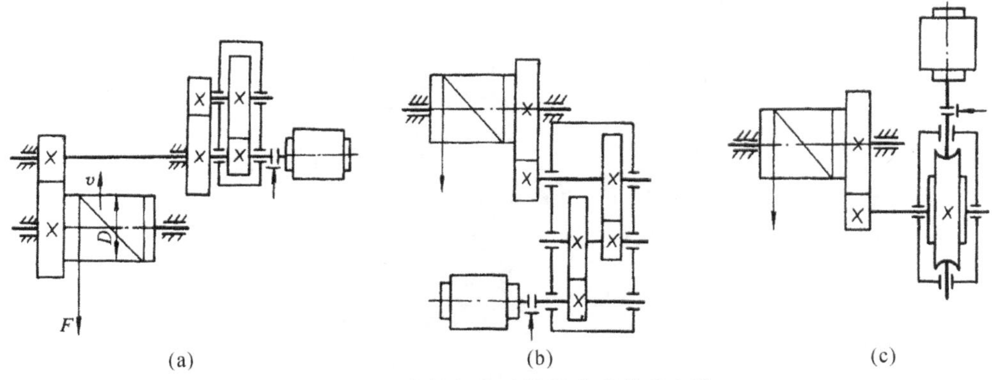

图 8-1-17　卷扬机传动装置参考传动方案

(4)设计工作量

1)设计说明书一份。

2)减速器装配图一张(0 号或 1 号图)。

参考文献

[1] 张定华.工程力学.北京:高等教育出版社,2000
[2] 陈立德.机械设计基础.北京:高等教育出版社,2007
[3] 陈立德.机械设计基础课程设计指导书.北京:高等教育出版社,2007
[4] 胡家秀.机械设计基础.北京:机械工业出版社,2005
[5] 陈霖,甘露萍.机械设计基础.北京:人民邮电出版社,2008
[6] 陈秀宁.机械设计基础.杭州:浙江大学出版社,2007
[7] 陈秀宁.机械设计课程设计.杭州:浙江大学出版社,2007
[8] 胡家秀.简明机械零件设计实用手册.北京:机械工业出版社,1999
[9] 史新逸,李敏,徐剑锋.机械设计基础(项目化教程).北京:化学工业出版社,2012
[10] 张萍.机械设计基础(第二版).北京:化学工业出版社,2011
[11] 刘扬.机械设计基础.北京:清华大学出版社,2011
[12] 莫解华.大连:大连理工出版社,2006
[13] 成大先.机械设计手册.北京:化学工业出版社,2008
[14] 荣涵锐.机械设计(第2版).哈尔滨:哈尔滨工业大学出版社,2006
[15] 王云,潘玉安.机械设计基础案例教程(上册).北京:北京航空航天大学出版社,2006
[16] 柴鹏飞.机械设计基础.北京:机械工业出版社,2004

配套教学资源与服务

一、教学资源简介

本教材通过 www.51cax.com 网站配套提供两种配套教学资源：

■ 新型立体教学资源库：**立体词典**。“立体”是指资源多样性，包括视频、电子教材、PPT、练习库、试题库、教学计划、资源库管理软件等等。“词典”则是指资源管理方式，即将一个个知识点（好比词典中的单词）作为独立单元来存放教学资源，以方便教师灵活组合出各种个性化的教学资源。

■ 网上试题库及组卷系统。教师可灵活地设定题型、题量、难度、知识点等条件，由系统自动生成符合要求的试卷及配套答案，并自动排版、打包、下载，大大提升了组卷的效率、灵活性和方便性。

二、如何获得立体词典？

立体词典安装包中有：1)立体资源库。2)资源库管理软件。3)海海全能播放器。

■ 院校用户(任课教师)

请直接致电索取立体词典(教师版)、51cax 网站教师专用账号、密码。其中部分视频已加密，需要通过海海全能播放器播放，并使用教师专用账号、密码解密。

■ 普通用户(含学生)

可通过以下步骤获得立体词典(学习版)：在 www.51cax.com 网站“请输入序列号”文本框中输入教材封底提供的序列号，单击“兑换”按钮，即可进入下载页面；2)下载本教材配套的立体词典压缩包，解压缩并双击 Setup.exe 安装。

四、教师如何使用网上试题库及组卷系统？

网上试题库及组卷系统仅供采用本教材授课的教师使用，步骤如下：

1)利用教师专用账号、密码(可来电索取)登录 51CAX 网站 http://www.51cax.com；2)单击“在线组卷系统”键，即可进入“组卷系统”进行组卷。

五、我们的服务

提供优质教学资源库、教学软件及教材的开发服务，热忱欢迎院校教师、出版社前来洽谈合作。

电话：0571－28811226，28852522

邮箱：market01@sunnytech.cn，book@51cax.com

机械精品课程系列教材

序号	教材名称	第一作者	所属系列
1	AUTOCAD 2010 立体词典:机械制图(第二版)	吴立军	机械工程系列规划教材
2	UG NX 6.0 立体词典:产品建模(第二版)	单岩	机械工程系列规划教材
3	UG NX 6.0 立体词典:数控编程(第二版)	王卫兵	机械工程系列规划教材
4	立体词典:UGNX6.0 注塑模具设计	吴中林	机械工程系列规划教材
5	UG NX 8.0 产品设计基础	金杰	机械工程系列规划教材
6	CAD 技术基础与 UG NX 6.0 实践	甘树坤	机械工程系列规划教材
7	ProE Wildfire 5.0 立体词典:产品建模(第二版)	门茂琛	机械工程系列规划教材
8	机械制图	邹凤楼	机械工程系列规划教材
9	冷冲模设计与制造(第二版)	丁友生	机械工程系列规划教材
10	机械综合实训教程	陈强	机械工程系列规划教材
11	数控车加工与项目实践	王新国	机械工程系列规划教材
12	数控加工技术及工艺	纪东伟	机械工程系列规划教材
13	数控铣床综合实训教程	林峰	机械工程系列规划教材
14	机械制造基础—公差配合与工程材料	黄丽娟	机械工程系列规划教材
15	机械检测技术与实训教程	罗晓晔	机械工程系列规划教材
16	机械 CAD(第二版)	戴乃昌	浙江省重点教材
17	机械制造基础(及金工实习)	陈长生	浙江省重点教材
18	机械制图	吴百中	浙江省重点教材
19	机械检测技术(第二版)	罗晓晔	“十二五”职业教育国家规划教材
20	逆向工程项目实践	潘常春	“十二五”职业教育国家规划教材
21	机械专业英语	陈加明	“十二五”职业教育国家规划教材
22	UGNX 产品建模项目实践	吴立军	“十二五”职业教育国家规划教材
23	模具拆装及成型实训	单岩	“十二五”职业教育国家规划教材
24	MoldFlow 塑料模具分析及项目实践	郑道友	“十二五”职业教育国家规划教材
25	冷冲模具设计与项目实践	丁友生	“十二五”职业教育国家规划教材
26	塑料模设计基础及项目实践	褚建忠	“十二五”职业教育国家规划教材
27	机械设计基础	李银海	“十二五”职业教育国家规划教材
28	过程控制及仪表	金文兵	“十二五”职业教育国家规划教材